PROTOPLASMATOLOGIA

HANDBUCH DER PROTOPLASMAFORSCHUNG

BEGRÜNDET VON

L. V. HEILBRUNN · F. WEBER
PHILADELPHIA GRAZ

HERAUSGEGEBEN VON

M. ALFERT · H. BAUER · C. V. HARDING
BERKELEY TÜBINGEN NEW YORK

BAND XII

PROTOPLASMATISCHE ÖKOLOGIE DER PFLANZEN

1

WASSER UND TEMPERATUR

WIEN
SPRINGER-VERLAG
1962

PROTOPLASMATISCHE ÖKOLOGIE DER PFLANZEN

WASSER UND TEMPERATUR

VON

RICHARD BIEBL

WIEN

MIT 92 TEXTABBILDUNGEN

WIEN

SPRINGER-VERLAG

1962

Softcover reprint of the hadrcover 1st edition 1962
ISBN-13: 978-3-211-80612-8 e-ISBN-13: 978-3-7091-5763-3
DOI: 10.1007/ 978-3-7091-5763-3

Protoplasmatische Ökologie der Pflanzen

Wasser und Temperatur

Von

Prof. Dr. RICHARD BIEBL

Aus dem Pflanzenphysiologischen Institut der Universität Wien

Mit 92 Textabbildungen

Inhaltsübersicht

Zweiter Teil: Die Temperatur

Einleitung

Gestützt auf die Ergebnisse der Pflanzenphysiologie, die in weitgehender Spezialisierung die einzelnen Lebensvorgänge der Pflanzen unter konstanten Laboratoriumsbedingungen untersucht, ist die pflanzliche Lebensforschung seit den ersten Jahrzehnten unseres Jahrhunderts darangegangen, als experimentelle Pflanzenökologie die einzelnen Lebenserscheinungen auch im freien Wechselspiel der Außenfaktoren zu erforschen. Sie untersucht, wie sich die Pflanze in ihrer natürlichen Umwelt ernährt, wie sie atmet, wächst, transpiriert, sich bewegt und fortpflanzt, um schließlich jene Eigentümlichkeiten zu verstehen, die es den einen Pflanzen ermöglichen, mit den gegebenen Bedingungen eines bestimmten Standortes ihr Auslangen zu finden, während anderen ein Leben unter gleichen Umweltsverhältnissen unmöglich ist.

Erst verhältnismäßig spät wandte sich die Botanik als Zellforschung dem Studium der lebenden Pflanzenzelle zu. Diese begann mit einer Beschreibung des Zellinhaltes und einem Studium der Strukturen, des Feinbaues und der Eigenschaften seiner Teile. Plasma, Kern und Plastiden werden auf ihren Form- und Strukturwechsel unter verschiedenen Außenbedingungen untersucht, leblose Inhaltskörper und die Zellwand auf Aufbau und Entstehung geprüft. Diese vorzugsweise cytomorphologische Forschung hat in Küsters Werk „Die Zelle“ (1935, 3. Aufl., 1956) eine erste große zusammenfassende Darstellung erfahren. In den letzten Jahren hat sich der Schwerpunkt dieser Richtung auf die Erforschung sublichtmikroskopischer Strukturen der Zellwand und des Protoplasmas und seiner Inhaltskörper verlagert.

Die Entdeckung des plasmatisch verschiedenen Verhaltens morphologisch gleich aussehender Zellen führte zu der zukunftsreichen Disziplin der protoplasmatischen Anatomie (Weber 1930, Reuter 1955).

Von Zellphysiologie im engeren Sinn spricht man in allen jenen Fällen, „in denen es gelingt oder wenigstens angestrebt wird, die Leistungen einer Zelle, eines einzelnen Zellindividuums, zu erkennen oder gar die physiologischen Leistungen eines Teiles der Zelle“ (Küster 1924).

Aufbauend auf solche Erkenntnisse, versucht die Forschung durch Vergleich der Plasmaeigenschaften verschiedener Pflanzen für größere oder kleinere Gruppen innerhalb des Systems kennzeichnende Gemeinsamkeiten zu finden und Plasmatypen aufzustellen: Vergleichende Protoplasmatik (Höfler 1932).

Alle diese Zweige botanischer Zellforschung sind heute noch in voller Aktivität. Doch wie die Makrophysiologie ist auch die Zellphysiologie nicht im Laboratorium stehengeblieben. Auch sie sucht die an bestimmtem, der Untersuchung gut zugänglichem Zellmaterial gewonnenen Erfahrungen im Freiland anzuwenden, die Eigenschaften des Plasmas und des Zellsaftes in Abhängigkeit von den gegebenen Umweltverhältnissen zu verstehen und die Beziehungen zwischen Plasmaeigenschaften und Standort zu erkunden.

Vorliegender Beitrag verfolgt den Zweck, die wichtigsten bisher auf diesem Gebiet der ökologischen Forschung gesammelten Erfahrungen als Protoplasmatische Ökologie zusammenfassend darzustellen. Gegen diesen Namen kann man einwenden, daß jede Lebenserscheinung eine Äußerung des Protoplasmas ist und es somit gar keine andere Ökologie als eine protoplasmatische geben kann. Die besonders betonte „Protoplasmatische Ökologie" will aber in einem engeren Sinn nur jene standortbedingten Eigenschaften des Protoplasmas behandeln, die zumeist schon an der einzelnen Zelle beobachtet und vorzugsweise mit zellphysiologischen Methoden erfaßt werden können. So werden neben der allgemeinen Zell- und Plasmaresistenz gegen extreme, das Vorkommen der Pflanzen begrenzende Standortfaktoren, im einzelnen auch die Wirkungen dieser äußeren Einflüsse auf Viskosität und Permeabilität des Protoplasmas, auf Formänderungen von Inhaltskörpern, auf Änderungen von Quellungszuständen der Zellwand, auf vitale Schrumpfelungserscheinungen der Zelle und nicht zuletzt auch auf den osmotischen Wert zu besprechen sein.

Unsere Kenntnis über das standortbedingte protoplasmatische Verhalten der Pflanzenzelle ist heute in vielen Punkten noch sehr lückenhaft und es wird häufig notwendig sein, auf offene Fragen hinzuweisen.

Außerhalb unserer Betrachtungen bleiben die makrophysiologisch zu erfassenden Beziehungen zwischen Standort und Wuchsform, zwischen Umweltsverhältnissen und Atmung, Transpiration und Assimilation. Sie werden nur gelegentlich zum Vergleich herangezogen werden.

Unter extremen Verhältnissen lassen die Pflanzen ihre besonderen Fähigkeiten bzw. ihre Mindestansprüche an die Umwelt besonders deutlich erkennen. Die Ökologie findet daher in den Pflanzen extremer Standorte, wie etwa der Wüste, der Trockensteppe, des Hochgebirges, des feuchten Waldes, verschiedener Salzböden oder des Salz-, Brack- und Süßwassers usw. ihre interessantesten und aufschlußreichsten Untersuchungsobjekte.

Nach Thienemanns zweitem biozönotischem Grundprinzip sind die Pflanzengesellschaften um so artenärmer, je extremer die Standortbedingungen sind (Thienemann 1920, 1954). Diese wenigen Arten sind aber infolge fehlender Konkurrenz durch großen Individuenreichtum ausgezeichnet. An diesen Arten die plasmatischen Eigentümlichkeiten zu erforschen, wäre daher eine der wichtigsten, bisher noch viel zu wenig gepflegten Aufgaben der protoplasmatischen Ökologie.

Das Ideal ökologischer Darstellung wäre es, die physiologischen Leistungen und die protoplasmatischen Eigentümlichkeiten von Pflanzen einzelner Lebensgebiete unter Berücksichtigung sämtlicher auf sie einwirkenden Außenbedingungen zu beschreiben. „Der Ökologe darf nie vergessen, daß die Pflanze einen einheitlichen Organismus darstellt, in dem alle Teile aufeinander abgestimmt sind und der auch auf Veränderungen der Umgebung, selbst wenn diese zunächst nur einzelne Funktionen beeinflussen, doch stets als Ganzes reagiert" (WALTER 1956). Eine solche allseitige Darstellung wäre aber erst in den wenigsten Fällen möglich. Zumeist, vor allem so weit es sich um zellphysiologische Beobachtungen handelt, beschränken sich die Untersuchungen nur auf die hervorstechendsten Umweltfaktoren. So sehr auch die Pflanzensoziologie geeignet ist, physiologische Fragen zu stellen, wäre es doch verfrüht, unseren Stoff schon jetzt nach Lebensgebieten oder Pflanzengesellschaften ordnen zu wollen. Die Darstellung muß sich vielmehr noch auf eine Behandlung der Einflüsse einzelner ökologischer Faktoren auf das Zellgeschehen beschränken. Die Reihenfolge soll sein:

1. Wasser (Feuchtigkeit und Trockenheit)
2. Temperatur (Hitze und Kälte)
3. Licht
4. Chemische Faktoren im Boden
5. Chemische Faktoren im Wasser.

Erster Teil

Das Wasser

„In der Rangordnung aller Lebensvoraussetzungen gebührt dem Wasser der erste Platz" (THIENEMANN 1952). Das Wasser bestimmt wie kein zweiter Umweltfaktor Vorkommen und Verbreitung der Pflanzen. Es gibt kaum einen Ort auf Erden, der dauernd zu heiß oder zu kalt, zu stark oder zu schwach belichtet oder von zu extremer Zusammensetzung des Untergrundes wäre, als daß nicht irgendwelche pflanzlichen Organismen darauf zur Entwicklung kommen könnten, sofern ihnen nur eine hinreichende Menge Wasser zur Entfaltung ihrer Lebenstätigkeiten zur Verfügung steht. Es hält, wenn wir von dem in den Pflanzenstoffen chemisch gebundenen Konstitutionswasser absehen, als Quellungswasser den Quellungszustand des Protoplasmas und der übrigen quellbaren Zellbestandteile aufrecht und ist in tropfbar-flüssiger Form als Lösungswasser in den Zellsaftvakuolen, in den Leitungsbahnen oder in sonstigen Kapillarräumen der Pflanze vorhanden.

Methoden und Begriffsbestimmungen

Ausschlaggebend für die Wasserversorgung einer Pflanzenzelle ist nicht die Menge des in ihr oder in ihrer Umgebung vorhandenen Wassers an sich, sondern das Dampfdruckgefälle zwischen Außenwelt und Zelle. Jeder Quellkörper steht mit Luft von bestimmtem Feuchtigkeitsgehalt im Gleichgewicht. Ist die Luftfeuchtigkeit höher, so nimmt der Quellkörper Wasser auf, ist sie niedriger, so gibt er Wasser ab. Die Luft, die mit reinem Wasser im Gleichgewicht steht, hat den höchsten Feuchtigkeitsgehalt. Als relativen Dampfdruck (rel. Dampfspannung, rel. Feuchtigkeit) bezeichnet man die Menge des in der Luft tatsächlich vorhandenen Wassergehaltes, ausgedrückt in Prozenten des bei gleicher Temperatur maximal möglichen.

Walter kennzeichnet nun den Wasserzustand eines Körpers oder einer Lösung durch die rel. Dampfspannung der Luft, die mit ihm oder ihr im Gleichgewicht stehen würde und bezeichnet diesen Wasserzustand als „Hydratur".

Wie sich ein beliebiger Quellkörper mit der Luftfeuchtigkeit seiner Umgebung ins Gleichgewicht setzt, so tun dies auch — in der Terminologie

Tab. 1. *Relative Dampfspannungen (Hydratur) bei verschiedenen osmotischen Werten bei 20° C* (nach Walter 1950).

Osmot. Wert in Atm.	% rel. Dampfspannung	Osmot. Wert in Atm.	% rel. Dampfspannung	Osmot. Wert in Atm.	% rel. Dampfspannung
0	100	68,4	95	217	85
6,7	99,5	82,5	94	298	80
13,4	99	96,7	93	384	75
20,1	98,5	111	92	476	70
26,9	98	125	91	681	60
33,8	97,5	140	90	924	50
40,6	97	155	89	1221	40
47,5	96.5	171	88	1606	30
54,5	96	186	87	2146	20
61.4	95,5	201	86	3071	10

Walters (1950, 1958) — die poikilohydren Pflanzen (Bakterien, Algen, Pilze, Flechten, Moose, ferner auch manche Farne und ganz wenige Blütenpflanzen). Diesen steht gegenüber die Gruppe der homoiohydren Pflanzen, die ihre Hydratur weitgehend unabhängig von der gegebenen Luftfeuchtigkeit zu halten vermögen. Der Wasserzustand des Plasmas setzt sich, nach Walter, jedoch ins Gleichgewicht mit dem des Zellsaftes, so daß dessen osmotischer Wert, auf rel. Dampfspannung umgerechnet (Tab. 1), bis zu einem gewissen Grad auch als Maß für die Hydratur des Protoplasmas gelten kann. Eine Lösung mit einem osmotischen Wert von 26,9 Atm. besitzt z. B. 98% der Dampfspannung von reinem Wasser, und wirkt ebenso wasserentziehend wie Luft von 98% rel. Feuchtigkeit.

Stocker (1947) spricht von einem Potential des Wassers in der pflanzlichen Zelle, das aber nicht allein von der rel. Dampfspannung ihres Inhaltes, sondern auch von dem Druck der elastisch gespannten Zellwand abhängig ist. Auch die Saugkraft (Saugkraft = osmotischer Wert — Wanddruck) ist ein Ausdruck des Wasserpotentials. Erst im Grenzfall der völlig entspannten, welken Zelle wird der Wert gleich der Hydratur Walters.

Ein Sinken des Wassergehaltes im Plasma unter die zur Aufrechterhaltung seiner Lebensvorgänge nötigen Schwelle muß nicht sogleich mit einer tödlichen Schädigung verbunden sein, sondern die Zelle vermag oft solche vorübergehende Austrocknungen in einem inaktiven Lebenszustand zu überdauern.

Stocker (1947) nennt die relative Luftfeuchtigkeit, bei der das aktive Leben (Wachstum, Zellteilungen bei Einzellern) infolge Wassermangel aufhört, den „Latenzpunkt" und jene, bei der auch das völlig ruhende, inaktive Leben erlischt, den „Letalpunkt". Hier sind die Zellen getötet, nicht mehr plasmolysierbar und das Plasma schon offensichtlich zerstört. Höfler (1950) spricht im Austrocknungsversuch von einer „vitalen Grenze", bei der noch alle Zellen leben, einem „kritischen Schwellenwert", bei dem ein Teil der Zellen, und einer „letalen Grenze", bei der alle Zellen getötet sind.

Abb. 1. Dampfkammern für Austrocknungsversuche. *a* nach Renner 1915, *b* nach Hosokawa und Kubota 1957.

Diese Kardinalpunkte werden in der Weise bestimmt, daß man die Zellen, Thallus- oder Sproßstückchen, kleine Blättchen oder Gewebeschnitte in Dampfkammern bei verschiedener Luftfeuchtigkeit durch eine gewisse Anzahl von Stunden oder Tagen austrocknen läßt. Die Dampfkammern (Renner 1915, 1932, Iljin 1927, Mägdefrau 1931) sind kleine, durch vaselineabgedichtete Glasplatten verschließbare Glasgefäße, die etwa zur Hälfte mit verschieden konzentrierten Kochsalz- oder Schwefelsäurelösungen beschickt sind. Auf einen Glassockel, der über den Flüssigkeitsspiegel emporragt, können Uhrschälchen oder Deckgläser mit den Versuchsobjekten aufgelegt werden. Im Luftraum über der Lösung stellt sich nach Verschluß des Gefäßes rasch jene Dampfspannung ein, die der Konzentration der Lösung entspricht (Abb. 1).

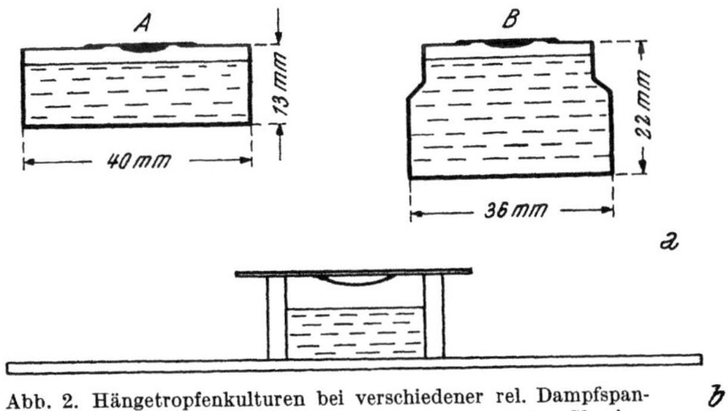

Abb. 2. Hängetropfenkulturen bei verschiedener rel. Dampfspannung. *a* Glasschälchen, *b* auf Objektträger aufgekitteter Glasring. (Nach H. Walter 1934, 1950.)

Zur direkten mikroskopischen Beobachtungen auf festen Substraten (meist Gelatine) wachsender Schimmelpilze, Bakterien, Hefen oder Pollenschläuchen werden Hängetropfenkulturen verwendet. Die Deckgläschen, die an ihrer Unterseite den erstarrten und beimpften Nährgelatinetropfen tragen, werden mit Vaseline abgedichtet entweder auf einen hohlgeschliffenen Objektträger, der einige Tropfen der entsprechenden Salz- oder Schwefelsäurelösung enthält (Renner 1919, Walderdorff 1924), auf kleine Glasschälchen (Walter 1924, Heintzeler 1939, v. Plotho 1940) oder auf mit Kanadabalsam an Objektträger festgekittete 20 mm breite und 6—8 mm hohe, oben und unten plangeschliffene Glasringe (Burcik 1950, Walter 1950) aufgesetzt (Abb. 2).

Tab. 2 bringt eine Zusammenstellung der relativen Dampfspannungen verschiedener Kochsalz- und Schwefelsäurelösungen bzw. der relativen Luftfeuchtigkeit, die sich in Dampfkammern über ihnen einstellen.

Tab. 2. *Relative Dampfspannungen verschiedener Kochsalz- und Schwefelsäurelösungen bzw. relative Luftfeuchtigkeiten, die sich in Dampfkammern über diesen Lösungen einstellen.*

Relative Dampfspannungen und osmotische Werte von NaCl-Lösungen: (nach Mägdefrau aus Walter 1931.)

Rel. Dampfspannung in %	Mol NaCl pro Liter Lösung	Mol NaCl pro Liter Wasser	Osmotischer Wert in Atm. bei 20° C
99,68	0,1	0,100	4,33
99,37	0,2	0,201	8,39
99,07	0,3	0,303	12,48
98,77	0,4	0,404	16,57
98,44	0,5	0,507	20,96
98,10	0,6	0,610	25,66
97,89	0,7	0,714	29,65
97,47	0,8	0,817	34,24
97,14	0,9	0,923	38,56
96,8	1,0	1,03	43,2
93,0	2,0	2,12	96,4
88,3	3,0	3,27	166,0
83,0	4,0	4,49	249
78,4	5,0	5,79	323
75,8	gesättigt	6,07	369

Relative Dampfspannungen und spezifische Gewichte für verschiedene H_2SO_4-Konzentrationen (nach Walter 1931).

Rel. Dampfspannung in %	g H_2SO_4 auf 100g Wasser	% H_2SO_4, d. h. g H_2SO_4 in 100 g Lösung	Spezifisches Gewicht bei 15° C
99,5	0,97	0,96	1,006
99,0	1,95	1,01	1,012
98,5	9,92	2,84	1,019
98,0	3,90	3,75	1,025
97,5	4,87	4,65	1,031
97,0	5,85	5,53	1,037
96,5	6,82	6,38	1,043
96,0	7,80	7,24	1,049
95,5	8,78	8,08	1,054
95,0	9,75	8,88	1,060
94,5	10,70	9,67	1,066
94,0	11,60	10,40	1,071
93,5	12,50	11,10	1,076
93,0	13,40	11,80	1,081
92,5	14,30	12,50	1,086
92,0	15,18	13,17	1,091
91,5	16,08	13,84	1,096
91,0	16,95	14,50	1,101
90,5	17,85	15,15	1,106
90,0	18,72	15,75	1,110

Rel. Dampf-spannung in %	g H_2SO_4 auf 100 g Wasser	% H_2SO_4, d. h. g H_2SO_4 in 100 g Lösung	Spezifisches Gewicht bei 15° C
89,0	20,47	17,0	1,119
88,0	22,15	18,2	1,128
87,0	23,90	19,3	1,137
86,0	25,50	20,4	1,145
85,0	27,20	21,4	1,153
84,0	28,80	22,4	1,161
83,0	30,40	23,3	1,168
82,0	32,00	24,2	1,175
81,0	33,55	25,1	1,182
80,0	35,00	25,9	1,189
79,0	36,45	26,7	1,195
78,0	37,90	27,5	1,201
77,0	39,30	28,2	1,207
76,0	40,68	28,9	1,213
75,0	42,02	29,6	1,219
74,0	43,38	30,2	1,224
73,0	44,70	30,9	1,229
72,0	46,00	31,5	1,234
71,0	47,30	32,1	1,239
70,0	48,60	32,7	1,244

Relative Dampfspannungen höherer H_2SO_4-Konzentrationen (nach Höfler 1943, Abel 1956)

Vol.% H_2SO_4	2,5	5	10	15	20	25	30	35	40	45	50	60
Rel. Dampfspannung bei 20° C	97,2	95,5	90,0	82,3	71,6	60,2	48,2	36,5	25,6	15,0	6,2	2,5
Vol.% H_2SO_4	70	80	96									
Rel. Dampfspannung bei 20° C	0,75	0,15	0,08									

Man kann die Pflanzen nach ihrem Verhältnis zum Wasser in drei große Gruppen ordnen: 1. Pflanzen feuchter Standorte (Hygrophyten), 2. Pflanzen mittelfeuchter Standorte (Mesophyten) und 3. Pflanzen trockener Standorte (Xerophyten). Wir finden sie unter Algen und Pilzen ebenso wie unter Moosen, Farnen oder Blütenpflanzen.

Besonderes Interesse wurde seitens der Physiologie und Ökologie seit jeher den Pflanzen trockener Standorte zugewendet. Nur einige Tatsachen und Begriffe seien für unseren Zusammenhang in Erinnerung gebracht. Als Xerophyten bezeichnet man heute im weitesten Sinn alle an Trockenstandorte in irgendeiner Weise angepaßten Pflanzen, gleichgültig ob die Anpassung in einem Ausweichen der Trockenzeiten durch Ruhezustände (Samen, Rhizome, Zwiebeln, Knollen, Knospen) oder in einem Erreichen des Grundwassers durch ein tiefgründiges Wurzelsystem, in der Ausbildung von Wasserspeichern, einer besonderen Regulierbarkeit der Transpiration, einem die Wasserdampfabgabe herabsetzenden xeromorphen Bau oder aber, was für die protoplasmatische Ökologie vor allem interessiert, einerseits in einer großen Austrocknungsfähigkeit des Protoplasmas, andererseits in der Entwicklung sehr hoher Saugkräfte besteht (Maximow 1923, 1929, Maximow-Krasnosselsky 1924, Huber 1923 a, 1935, Stocker 1928, Walter 1926, 1931, Killian und Lemée 1956 u. a.).

Die Terminologie der Trockenresistenzforschung ist recht uneinheitlich, doch handelt es sich bei den meisten verwendeten Begriffspaaren letzten Endes um Bezeichnungen für 1. die Trockenresistenz des Protoplasmas und 2. die Trockenresistenz der ganzen Pflanze bzw. einzelner Teile derselben (Blätter). Diese Zweiteilung wurde erstmals von Iljin (1930, S. 383) durchgeführt, der scharf unterschied zwischen 1. einer Widerstandsfähigkeit gegen im Experiment durchgeführte Austrocknung: „Austrocknungsresistenz" und 2. einer Widerstandsfähigkeit gegen am Standort gegebene Trockenheit oder Dürre: „Dürreresistenz".

Die Austrocknungsresistenz wird zellphysiologisch definiert. Der Grad der Austrocknungsfähigkeit einer Zelle wird durch jene rel. Luftfeuchtigkeit angegeben, die in einer Dampfkammerreihe mit abgestuften Dampfspannungen in einer bestimmten Zeit eben noch ertragen wird. Höfler (1943 a, b, Höfler, Migsch, Rottenburg 1941) bemerkt hiezu, daß die so gemessene Austrocknungsresistenz der Zelle allerdings noch immer nicht der Austrocknungsresistenz des Plasmas selbst entsprechen muß, da auch der Trockentod der Zelle, vor allem so weit es sich um Zellen höherer Pflanzen handelt, nicht allein von den inneren Eigenschaften des Protoplasmas, sondern auch von den durch die Schrumpfung der Zellwand beim Austrocknen verursachten mechanischen Schäden abhängt. Unter besonderen Vorsichtsmaßnahmen, wie stufenweise Austrocknung oder Austrocknung plasmolysierter Zellen bzw. Befeuchten ausgetrockneter Zellen nicht mit Wasser, sondern mit plasmolysierenden Lösungen (Iljin 1933) kann die Austrocknung des Protoplasmas oft wesentlich weiter getrieben werden. Höfler empfiehlt daher noch eine Unterscheidung zwischen einer Austrocknungsresistenz des Plasmas und einer Austrocknungsresistenz der Zelle.

Die Dürreresistenz im Sinne Iljins tritt vor allem ökologisch in Erscheinung und ist sehr komplexer Natur. Sie kommt in der Fähigkeit der Pflanze zum Ausdruck, Dürreperioden am natürlichen Standort ohne Schädigung zu überdauern. Ihr kann eine hohe Austrocknungsresistenz des Protoplasmas zugrunde liegen (= „drought-tolerance" nach Levitt 1958), sie kann aber auch durch alle vorhin erwähnten Xerophytenmerkmale anatomischer und physiologischer Natur, die einer Dehydrierung des Protoplasmas entgegenwirken (= „drought-avoidance" nach Levitt 1958), bedingt sein.

In Maximows Terminologie ist „drought-resistance" im wesentlichen der „Austrocknungsresistenz" und der Begriff „xerophytism" jenem der „Dürreresistenz" gleichzusetzen. Parker (1956) verwendet wie Levitt (1951) den

Begriff „desiccation resistance“ (= Austrocknungsresistenz) und „drought resistence“ (= Dürreresistenz) im Sinne ILJINS. 1956 schlägt LEVITT jedoch vor, den Ausdruck „resistance“ allgemein für die auf der Summe ihrer physiologischen, anatomischen und morphologischen Eigentümlichkeiten beruhende Widerstandsfähigkeit einer Pflanze gegen extreme Außeneinflüsse vorzubehalten und die Fähigkeit der Zelle bzw. des Protoplasmas, unmittelbar einwirkende extreme Umwelteinflüsse zu überleben, als „hardiness“ zu bezeichnen. Er stellt daher heute der „drought-resistance“ die „drought-hardiness“ gegenüber.

Um untereinander streng vergleichbare und numerisch mit zunehmender Trockenhärte ansteigende Werte zu erhalten, empfiehlt LEVITT die drought-hardiness Hd (= Austrocknungsresistenz des Protoplasmas) durch die Anzahl der Prozente der rel. Luftfeuchtigkeit anzugeben, um welche die zum Trockentod führende rel. Luftfeuchtigkeit (R_k) unter der rel. Luftfeuchtigkeit liegt, die im Gleichgewicht steht mit der Konzentration des Zellsaftes der turgeszenten Pflanze (R_o), also $Hd = R_o - R_k$.

STOCKER (1947, 1954, 1956) spricht schließlich nur von Dürreresistenz und scheidet diese in eine plasmatische und eine konstitutionelle. Die plasmatische Dürreresistenz beruht auf der Fähigkeit des Plasmas, auch bei geringem Wasserpotential seine Vitalität gegenüber einer sehr kleinen äußeren rel. Luftfeuchtigkeit aufrechtzuerhalten. Die konstitutionelle Dürreresistenz beruht hingegen auf der Fähigkeit der Pflanze, durch ihre gesamte morphologische und physiologische Organisation (Konstitution) dem Plasma eine eigene Umgebung mit einem gegenüber der Atmosphäre erhöhten Wasserpotential zu geben. STOCKER (1956) weist aber selbst darauf hin, daß diese Unterscheidung nicht scharf ist, „weil letzten Endes auch die submikroskopische Struktur und das zellphysiologische Geschehen des Plasmas zur Gesamtkonstitution einer Art gehören, ja für sie grundlegend sind“.

Schärfer ist die Unterscheidung ARVIDSONS (1951), die die „aktive Dürreresistenz“ WALTERS (bei der die Assimilationsorgane während der Dürreperiode erhalten bleiben, im Gegensatz zur „passiven Dürreresistenz“, bei der diese zugrunde gehen) unterteilt in a) primäre Dürreresistenz = Fähigkeit, intensive und mehr permanente Dehydrierung zu ertragen, und b) sekundäre Dürreresistenz = Fähigkeit, Dehydrierung zu vermeiden.

Haben sich die bisher gegenübergestellten Begriffspaare auf die Art und Weise bezogen, in der die Pflanzen Trockenperioden zu überdauern vermögen, so hat STOCKER in der Unterscheidung phänotypische und genotypische Dürreresistenz auch der modifikativen Äußerungsform der Dürreresistenz gedacht (SCHMIDT, DIWALD, STOCKER 1940, STOCKER 1947, 1954, 1956). Unter Zugrundelegung der 1954 gegebenen Definition ist unter „phänotypisch“ die unter den gegebenen Umweltbedingungen zu beobachtende Resistenz mit den damit verbundenen physiologischen Begleiterscheinungen zu verstehen, die bei manchen Pflanzen durch Abhärtung oder Gewöhnung in einem weiten Bereich schwanken kann. „Genotypisch“ ist hingegen die der Pflanze potentiell innewohnende Resistenz, die nur im

Versuch in ihrer ganzen Breite erfaßt werden kann und die die phänotypischen Reaktionsmöglichkeiten der Pflanze begrenzt. Bei Pflanzen, deren Dürreresistenz keiner Härtung oder Verweichlichung zugänglich ist, ist die phänotypische Resistenz gleich der genotypischen.

Das dritte Stockersche Begriffspaar vitale und letale Dürreresistenz wäre vielleicht, ohne an den Begriffsinhalten etwas zu ändern, aus sprachlichen Gründen („letale Resistenz") besser umzubenennen in „vitale Austrocknung" (= physiologische Vorgänge und plasmatische Veränderungen im Verlauf der Austrocknung bis zur vitalen Austrocknungsgrenze und bei Wiederbefeuchtung) und „letale Austrocknung" (= Vorgänge und Veränderungen, die zum Trockentod führen).

Die Grenze der Dürreresistenz (im Sinne Iljins) kann am natürlichen Standort nur nach langandauernden trockenen Witterungsperioden am Gesundheitszustand der Pflanze beobachtet werden. Als Anzeiger der Austrocknungsfähigkeit ganzer Pflanzen oder von Pflanzenteilen hat Stocker (1929) den Begriff des Sättigungsdefizites eingeführt, worunter die Differenz des am Standort vorhandenen Frischwassergehaltes der Pflanze (Frischgewicht — Trockengewicht) gegenüber dem Wassergehalt bei voller Wassersättigung der Pflanze (Sättigungsgewicht — Trockengewicht), ausgedrückt in Prozenten des Sättigungswassergehaltes, zu verstehen ist:

$$\text{Sättigungsdefizit} = \frac{\text{Sättigungswassergehalt} - \text{Frischwassergehalt}}{\text{Sättigungswassergehalt}} \cdot 100$$

Läßt man abgeschnittene, frischgewogene Pflanzenteile verschieden lang austrocknen und bestimmt durch stufenweises Austrocknen jenes „kritische Sättigungsdefizit", bei dem nach Wiedereinwässern eine volle Aufsättigung auf das Ausgangsgewicht nicht mehr erreicht werden kann, so hat man damit ein Maß für die Austrocknungsresistenz dieses ganzen Pflanzenteiles gewonnen. Mit den natürlichen Sättigungsdefiziten am Standort verglichen, gibt dies ein Maß der „Beanspruchung" dieser Pflanzen in Trockenzeiten (Rouschal 1938 a, b, Höfler, Migsch, Rottenburg 1941).

I. Standort und Trockenresistenz

Algen, Pilze, Flechten, Moose, zarte Farne und einige wenige Blütenpflanzen besitzen keinen anatomischen Transpirationsschutz oder sonstige Möglichkeiten ihre Wasserabgabe zu regulieren. Der Wasserzustand der Zelle kann im wesentlichen jenem der umgebenden Luft gleichgesetzt werden. Die Transpiration folgt weitgehend der Evaporation. Walter (1931, 1958) spricht von einer poikilohydren, Stocker und Holdheide (1937) von einer Quellkörper- und Stålfelt (1939) von einer hydraturlabilen Organisation. Dieser steht gegenüber die homoiohydre, Spaltöffnungs- oder hydraturstabile Organisation der meisten höheren Gefäßpflanzen, die als echte Landpflanzen durch Einlagerung von Cutin und Suberin in ihre Zellwände, durch verschiedene anatomische Baueigentümlichkeiten und vor allem durch die Regulationsapparate der Spaltöffnungen ihre Wasserabgabe in bestimmten Grenzen und damit den Dampfdruck in ihren Zellen auch schwankenden Feuchtigkeitsverhältnissen der Umwelt gegenüber in einem annähernd konstanten Zustand zu erhalten vermögen.

P o i k i l o h y d r e Pflanzen müssen, sofern sie an trockenen Standorten vorkommen, eine hohe Austrocknungsresistenz der Zellen bzw. des Protoplasmas (plasmatische Resistenz, hardiness) besitzen. Wenn die Zellen im Dampfkammerversuch bei einer bestimmten Lufttrockenheit absterben, so ist das ein Beweis dafür, daß auch am natürlichen Standort diese Lufttrockenheit im allgemeinen nicht unterschritten wird (Höfler 1942 a, b). Die Dürreresistenz (drought resistance) kann bei diesen Pflanzen nicht höher sein als ihre Austrocknungsresistenz.

Die Fähigkeit Lufttrockenheit zu ertragen, bedeutet dabei für Pflanzen verschieden feuchter Standorte noch nicht eine gleiche Austrocknungsbeanspruchung ihres Protoplasmas. Wenn zarte Meeresalgen in der Gezeitenzone während der Ebbe ihren Wassergehalt bis zur Lufttrockenheit herabsetzen, kommt das bei einer rel. Luftfeuchtigkeit von 90—94% (Helgoland, Juli, Mittag) im Dampfkammerversuch erst einer Austrocknung über 10—12% H_2SO_4 gleich. Trocknen hingegen niedere Pflanzen in der Macchie Istriens in einer Schönwetterperiode bei 35% rel. Luftfeuchtigkeit (Rouschal 1938) bis zur Lufttrockenheit aus, so entspricht das bereits einer Austrocknung über 50% H_2SO_4. Es ergibt sich somit für poikilohydre Pflanzen verschiedener Standorte die protoplasmatisch-ökologische Frage, ob ihre Austrocknungsfähigkeit nur so hoch ist, daß sie jeweils den Anforderungen ihrer Standorte gerecht wird, oder ob sie über diese von der Natur geforderte Höhe hinausreicht und für verschiedene Plasmasorten charakteristische Grenzwerte besitzt.

Für die h o m o i o h y d r e n Pflanzen lassen sich über die Austrocknungsfähigkeit von Gewebeschnitten, die ihres natürlichen Transpirationsschutzes (Kutikula etc.) beraubt sind, von vorneherein keine Voraussagen machen. Hier muß erst das Experiment entscheiden. Zeigt das Protoplasma ihrer Zellen eine geringere Austrocknungsresistenz, als sie von den am Standort gelegentlich auftretenden Minima der rel. Luftfeuchtigkeit gefordert wird, so ist die Differenz auf die tatsächlich vorhandene Dürreresistenz als ein Ausdruck der anatomischen und physiologischen Leistungen der Pflanze im Dienste der Aufrechterhaltung des Wasserzustandes ihrer Zellen anzusehen.

Im folgenden soll an Vertretern verschiedener systematischer Einheiten die Beziehung zwischen Austrocknungsresistenz und Standorterfordernissen gezeigt und eine Ordnung in ökologische Gruppen vorgenommen werden.

1. Algen

a) Luftalgen

Das eigentliche Lebenselement der Algen ist das Wasser, das Süßwasser oder das Meer. Landbewohnende Algen haben daher schon immer ein besonderes Augenmerk auf sich gezogen (vgl. Oltmanns 1923, S. 395). Als Luftalgen, aerophile, aerische, aerophytische oder terrestrische Algen bezeichnet man jene Algenformen, die am Land auf Gestein, auf Holz und Rinde, auf verschiedener anderer fester Unterlage, im Boden oder epiphytisch auf anderen Pflanzen leben und die Fähigkeit haben, vorübergehend Trockenheit ohne Ausbildung besonderer Dauerorgane in vegetativem Zustand zu ertragen.

Im einzelnen sind die Ansprüche dieser Luftalgen an die Feuchtigkeit sehr verschieden. Die einen können Trockenzustände wohl überdauern, brauchen aber für ihre eigentlichen Lebenstätigkeiten flüssiges Wasser, während die anderen die erforderliche Feuchtigkeit in dampfförmigem Zustand der Luft entnehmen können und durch ständigen Aufenthalt in flüssigem Wasser sogar geschädigt werden.

SCHMID (1927) zählt daher die ersten noch zu den „echten Wasseralgen" und bezeichnet die zweiten als „eigentliche Luftalgen". BRAND und STOCKMAYER (1925) wählen für die erste Gruppe mit SCHRÖTER (1908) die Bezeichnung „hygrophytisch" und stellen ihnen die eigentlichen Luftalgen als „atmophytisch" gegenüber. Um auch deren vielfach noch verschiedenen Abstufungen des Wasserbedarfes gerecht zu werden, teilen sie die atmophytischen Algen noch weiter in Oligo-, Meso- und Polyatmophyten.

Oligoatmophyten nennen die genannten Autoren jene rhizoidfreien Bestandteile der grünen Luftalgen, welche auf einer an sich fast trockenen Unterlage lebend, nur eines beständigen minimalen Wassergehaltes der Luft und einer gelegentlichen Befeuchtung durch Meteorwasser bedürfen, auch zeitweilig direkte Besonnung und mäßige Austrocknung ertragen, während sie durch längere Immersion und allzu großen Lichtmangel geschädigt werden. Diese Formen leben meist auf stark geneigten bis senkrechten Flächen.

Polyatmophyten sind solche Arten, welche immer eines feuchten Untergrundes sowie eines ständigen Schutzes gegen Insolation bedürfen und gegen Immersion weniger empfindlich sind. Derartige Algen pflegen nicht weit über den Boden aufzusteigen und bevorzugen minder geneigte bis horizontale Flächen, so daß das Meteorwasser samt den in ihm gelösten Stoffen längere Zeit auf sie einwirken kann.

Mesoatmophyten sind schließlich jene Formen, welche in biologischem Sinn zwischen den zwei genannten Typen die Mitte halten.

Terrestrische Kieselalgen

Aerophile oder atmophytische Kieselalgen finden sich im Staub, in der Erde (BRISTOL 1920), auf verschiedensten modernden Unterlagen oder auf Pflanzen und hier besonders reichlich in den den unteren Stengelteilen oder den Rhizoiden von Moosen anhaftenden Humusteilchen (BEGER 1927).

BRISTOL (1920) fand in 44 verschiedenen Böden (Gartenerde, Ackerkrume, Moorerde usw.), die er 4—26 Wochen austrocknen ließ, nach Aufschwemmung mit Wasser 20 Arten lebender Kieselalgen, 24 Myxophyceen und 20 Chlorophyceen. Bei der langen Lufttrocknung der Bodenproben ist anzunehmen, daß alle jene Formen auch die an ihren natürlichen Standorten vorkommenden Austrocknungen des Bodens überdauern können. Am häufigsten waren unter den austrocknungsfähigen Kieselalgen *Navicula muticae formae, Navicula atomus, Navicula balfouriana, Navicula brebissonii var. diminuta,*

Pinnularia intermedia, Nitzschia obtusa var. scapelliformis, Navicula (Diploneis) hyalina var. minima und in einem nach 26 Wochen Trockenheit aufgeschwemmtem Boden *Navicula pupula, Navicula contenta* und *Hantzschia amphioxys.*

BEGER (1927) beobachtete in einem Moosrasen von *Bryum argenteum,* der zwei Monate lang offen in einem geheizten Zimmer gelegen hatte, nach Ausdrücken in Wasser mehrfach lebende *Pinnularia borealis* und *Hantzschia amphioxys* und in einem *Homalia trichomanoides*-Rasen, der ein Jahr lang trocken in einem Papiersäckchen aufbewahrt war, reichlich lebensfähige *Pinnularia borealis* und *Melosira roeseana*-Frusteln.

Nach BEGER treten die atmophytischen Diatomeen, entsprechend der Ökologie der sie beherbergenden Moose, in floristisch gut gekennzeichneten Typen auf:

1. Xerophiler Typus. Zu ihm gehören die Kieselalgen, die an trockenen, nur periodisch durch Regen, Taubildung oder schmelzenden Schnee durchfeuchteten Baum-, Fels-, Mauer- und Dach- sowie in beschränktem Maß in Erdmoosen weit verbreitet sind. Als trockenresistenteste Arten zählen zu diesem Typ *Pinnularia borealis* und *Hantzschia amphioxys* (meist in der *var. pusilla*), die bisweilen sogar in rein xerischen Moosen, wie *Polytrichum piliferum* oder in dürren Flechtenrasen von *Cladonia glauca* vorkommen. Sehr widerstandsfähig gegen Wassermangel sind weiter auch *Melosira roeseana, Achnanthes coarctata* und *Navicula contenta.*

2. Mesophiler Typus. Dieser ist an Moose feuchter Standorte gebunden. Er enthält den gleichen Grundstock von atmophytischen Kieselalgen, die den xerophilen Typ bilden, nur sind die Stetigkeitsverhältnisse andere. Zu diesen kommen aber noch einige Zusatzarten, die als Anzeiger für die geänderten Lebensbedingungen dienen können. So erscheint als neue Vollkonstante in allen Proben *Microneis minutissima,* deren Stetigkeit im xerotischen Typ nur 57% betrug. *Hantzschia amphioxys* wird mit 67% etwas seltener, während *Navicula mutica* mit 83% gegenüber 63% im xerotischen Typ etwas zunimmt. *Navicula contorta,* die im xerotischen Typ bis zu 35% vorhanden ist, fehlt vollkommen. Als Zusatzarten erscheinen hingegen kleine Naviculeen wie *Navicula atomus, Navicula perpusillus* u. a.

In der auch zum Typus gerechneten Fazies der Brunnenmoose und der Fazies der bergfeuchten Felswände treten die Formen des xerotischen Typus an Zahl noch mehr zurück. *Pinnularia borealis* ist in der Fazies der Brunnenmoose nur mehr zu 33% vorhanden, *Melosira roeseana* und *Achnanthes coarctata* fehlen vollkommen.

Die selektive Wirkung der periodischen Austrocknung verhindert aber auch in dieser Gruppe noch die Entwicklung der rein hygrophytischen Arten wie sie als 3. hydrophiler Typus an überrieselten Moosrasen auftreten.

Terrestrische Blau-, Grün- und Rotalgen

Einige überaus trockenresistente Blaualgen beschreibt SCHWABE (1960) aus Sandböden des großklimatisch extrem ariden nordchilenischen Küstenbereiches. Es sind dies *Calothrix desertica, Plectonema polymorpha* var. *viridis*, *Schizothrix adunca* und *Schizothrix atacamensis*. Alle vier Arten haben entweder verschleimende oder stark klebrige Scheiden, mittels derer sie Sandkörner verkitten, oder sie bewirken durch reichliche Schleimbildung eine Abdichtung des Substrates. Ihre Lager sind nicht häutig, sondern peripher und nach unten in das Substrat hinein unscharf abgesetzt, so daß sie selbst schwammartig flüssiges Wasser zu speichern und wohl auch wirksam gegen Verdunstung zu schützen vermögen. Außer den erwähnten Arten konnten keinerlei andere Algen aus den gesammelten Bodenproben kultiviert werden.

Das Gegenbeispiel einer Blaualge, die schon durch geringe Austrocknung in ihrer Lebenstätigkeit geschädigt wird, bietet die von Mägdefrau (1932) untersuchte *Oscillatoria princeps*, die bei 20° C in Dampfkammern über Wasser bzw. über Kochsalzlösungen kultiviert, sich nur über reinem Wasser nach 4 Wochen noch in frischem Zustand befand, während schon über 0,18 mol NaCl (= ca. 99,5% r. L. F.) ein Teil der Zellen abgestorben war.

Typische terrestrische oder aerophile Grünalgen finden sich in dem pulvrigen, grünen Anflug an Baumrinden, Holzwerk, Mauern, Felsen usw. Ihre große Masse besteht aus den Formen von *Protococcus* und *Pleurococcus*. Brand und Stockmayer (1925) fassen sie als „proto-pleurococcoide Algen" zusammen. Zu ihnen zählen sie *Chlorococcum murorum*, *Chlorococcum sociabile*, *Desmococcus vulgaris*, *Apatococcus vulgaris* und *Pleurococcus vulgaris*. Daneben finden sich noch verschiedene andere einzellige Grünalgen, wie etwa *Dactylococcus bicaudatus* und *Trochiscia protococcoides* sowie auch Fadenformen (Hormidium-Stadium) von *Prasiola crispa*.

Auch manche anders gefärbte Algen kommen in grünen, austrocknungsfähigen Anflügen vor wie haematochromhaltige *Trentepohlia*-Arten, *Porphyridium cruentum* und verschiedene Cyanophyceen (vgl. Petersen 1915, Vischer 1935, Geitler 1944, 1953).

Als ganz besonders trockene Standorte von *Trentepohlia aurea* führen Brand und Stockmayer mit Ölfarbe gestrichene Wegmarkierungen an. Dem großen Austrocknungsvermögen dieser Luftalgen entspricht eine rasche Erholung bei Wiederanfeuchtung. Bei 50% rel. Luftfeuchtigkeit luftgetrocknete *Trentepohlia aurea* wird nach 3—5 Minuten Befeuchtung wieder vollkommen straff und frisch aussehend (Renner 1932).

Von *Pleurococcus* wird nach Schröder (1886) Lufttrockenheit durch 20 Wochen, von *Hormidium parietinum* und *Cystococcus humicola* 16 Wochen lang zu einem Großteil ertragen.

Mit diesen Graden der Austrocknung ist aber die Grenze der Austrocknungsfähigkeit der Luftalgen noch lange nicht erreicht. Wird *Pleurococcus naegeli* 9 Wochen lang über konz. H_2SO_4 (= 0% rel. Luftfeuchtigkeit) ausgetrocknet, so finden sich nach Wiederanfeuchtung in der Probe noch immer eine große Zahl lebender Zellen (Fritsch und Haines 1923). Selbst die aktive Lebensfähigkeit reicht bei dieser Luftalge bis zu sehr großer Lufttrockenheit. Während im allgemeinen bei niederen Pflanzen (Bakterien, Pilze) unter 83% rel. Luftfeuchtigkeit kein Wachstum mehr zu beobachten ist (Walter 1924, Walderdorff 1924), finden bei *Pleurococcus* noch bei weit geringeren Dampfspannungen Zellteilungen statt. Dabei erweist sich das hiefür nötige

Hydraturminimum von der Temperatur abhängig: Es liegt bei 1° C bei 68%, bei 10° C bei 55% und bei 20 und 30° C bei 48% rel. Luftfeuchtigkeit. Damit dürfte auch für *Pleurococcus* die unterste Grenze erreicht sein.

Im Dauerversuch wird von *Pleurococcus* eine rel. Luftfeuchtigkeit von 70% bis zu 8 Wochen ohne Schaden ertragen. Von der 8. bis zur 10. Woche halten sich die Zunahme der Zellen durch neue Teilungen und die Abnahme durch Absterben die Waage und erst von der 10. Woche ab nimmt die Zahl der lebenden Zellen allmählich ab.

Wie die untere, so ist auch die obere Hydraturgrenze der Teilungsfähigkeit von *Pleurococcus* temperaturabhängig: Bei 1—10° C finden sich lebhafte Teilungen bis zu 100% r. L. F., bei +20° C stellen die Zellen schon bei Feuchtigkeitsgraden über 90% ihre Teilungen ein und weisen verschiedentlich Schädigungen auf und bei +30° C sind Wachstum und Teilungen überhaupt nur unter 90% r. L. F. zu beobachten (Zeuch 1934). Trockenheit wird also von *Pleurococcus* um so leichter ertragen, je höher die Temperatur ist.

Auch die Zellgröße von *Pleurococcus* ist von der rel. Luftfeuchtigkeit abhängig. Wie ganz allgemein bei xeromorphen Pflanzen zu beobachten, nimmt sie mit zunehmender Trockenheit ab. Beträgt der Durchmesser bei wassergesättigter Luft 8,6 μ, so sinkt er schon bei 99% r. L. F. auf 6,3 μ, bei 93% auf 5,5 μ und bei 83% r. L. F. auf 3 μ ab (Zeuch 1934).

Die echten Luftalgen, die ihr zum Leben nötiges Wasser hauptsächlich dem Wasserdampf der Luft entnehmen, sind zumeist durch Unbenetzbarkeit ausgezeichnet. Gießt man bei trockenem Wetter gegen einen Baumstamm, dessen Rinde von einem grünen Anflug bedeckt ist, einen Eimer Wasser, so kann man in vielen Fällen beobachten, daß die vorzugsweise von *Prasiola* besiedelte Basis bis zu einer Höhe von 40—50 cm hinauf naßgrün erscheint, während von dem darüberliegenden, besonders von *Pleurococcus* bedeckten Teil das Wasser ohne nennenswerte Benetzung abläuft (Schmid 1927). Durch diesen einfachen Versuch lassen sich die beiden schon von Petersen (1915) an Baumstämmen beschriebenen, ökologisch im Sinne von Luft- und Wasseralgen gegensätzlichen Areale sichtbar machen.

Werden Proben von *Prasiola* von den unteren Stammteilen und von *Pleurococcus* aus der oberen, unbenetzbaren Zone unter Wasser kultiviert, so entwickelt sich *Prasiola* im Laufe eines Monates zu schönen, bäumchenförmigen, grünen Watten, die lebhaft assimilieren, während *Pleurococcus* schon nach einer Woche abzusterben und zu faulen beginnt. Die Assimilation wird unter Wasser nach kürzester Zeit eingestellt.

Auch sonst unterscheiden sich die physiologischen Leistungen von *Prasiola* in vielen Punkten von denen der typischen Luftalge *Pleurococcus.* Lufttrockener *Pleurococcus* erfährt durch Aufnahme flüssigen Wassers nur eine Gewichtszunahme von 53,7%, die Wasserkapazität von *Prasiola crispa* erreicht dagegen einen Wert von 860,6% vom Trockengewicht. Für *Pleurococcus,* der fast alles aufnehmbare Wasser aus dem Wasserdampf der Luft kondensieren kann, ist tropfbar flüssiges Wasser für das Wachstum unnötig. *Prasiola* kann hingegen nur etwa 14% des aufnehmbaren Wassers aus der Luft kondensieren und wird durch flüssiges Wasser in seinem Wachstum sehr gefördert. Während sich *Pleurococcus* bei 20° C noch bei einer rel. Luftfeuchtigkeit von 48% zu teilen vermag, liegt für *Prasiola* das Minimum der r. L. F. für das Wachstum bei 10°, 14° und 20° C bei 88% und nimmt im Gegensatz zu *Pleurococcus* bei einer Herabsetzung der Luftfeuchtigkeit sehr rasch ab (Itzerott 1936).

Ähnlich wie *Prasiola* verhalten sich auch andere terrestrische, hygrophytische Algen. So zeigte z. B. an trockenem, steinigem Standort gesammelte *Zygnema ericetorum,* die in einem Parallelversuch fünf Monate lang teils luftgetrocknet, teils in Wasser gehalten wurde, nach Wiedereinwässerung des getrockneten Materials in beiden Proben gleiches morphologisches und physiologisches Verhalten (Fritsch 1916).

Für die Rotalge *Porphyridium cruentum* gibt Geitler (1944) eine interessante Beobachtung an: Die einzellige, formlose Gallertlager bildende *Bangiacee* siedelt auf Erde oder auf Mauern, wo es zwar bei schönem Wetter feucht, bei Regenwetter aber am trockensten ist. Sie ist ombrophob. Werden die Algen in Wasser gebracht, so tritt häufig ein Platzen der Zellen, eine Art Plasmoptyse auf. Es ist dies sogar noch in 5%iger Rohrzuckerlösung zu beobachten und auch in 10%iger Lösung dehnen sich noch viele Zellen aus. „Nach dem Aufplatzen im hypotonischen Medium ist die Zellwand wesentlich dicker, der Durchmesser der entleerten Zelle ist um ein Drittel gesunken." Dieses Aufplatzen der Zelle ließ sich auch am natürlichen Standort, wenn dieser einmal vom Regen erreicht wurde, beobachten. Indirekt und langsam können die Zellen aber Wasser ohne Schaden aufnehmen. Auch Kulturversuche Vischers (1935) zeigten, daß die Alge, wenn ihr genügend Zeit gelassen wird, den Wassergehalt des Plasmas entsprechend zu regulieren vermag. Für das Vorkommen von *Porphyridium cruentum* wirkt somit nicht nur zu starke Trockenheit, sondern auch zu starke Benetzung des Standortes begrenzend.

Exakte Werte über die Austrocknungsresistenz und Austrocknungsgrenzen von amphibischen Algen, besonders *Vaucheria*-Arten (*Vaucheria terrestris, Vaucheria sessilis* u. a.), die untergetaucht in kleinen Pfützen und Tümpeln, an überrieselten Felswänden oder anderen zeitweise unter Wasser stehenden Standorten gedeihen, aber auch nach Austrocknen ihrer Standorte auf dem nur mehr mäßig feuchten Boden weiterzuvegetieren vermögen, liegen noch nicht vor.

Welchen Anforderungen an ihre Austrocknungsfähigkeit die Litoralalgen an Süßwasserseen in der Austrocknungszone, die bei Niedrigwasser vollständig austrocknet, und in der Brandungszone, die auch bei tiefem Pegelstand dauernd feucht gehalten wird (Naumann 1928, Ruttner 1936) ausgesetzt sind, geht aus den Untersuchungen von Kann (1933, 1940, 1941 a, b, 1943) an Litoral- und Krustenalgen deutlich hervor. Austrocknungsgrenzen wurden bisher an ihnen ebensowenig bestimmt wie an ständig submersen Süßwasseralgen.

b) Meeresalgen

Besonders hohe Anforderungen an die Austrocknungsfähigkeit und das Ertragen plötzlicher Wiederbefeuchtung wird an die große Zahl von Algen gestellt, die an der Meeresküste die Gezeitenzone besiedeln, also jenen Teil der Küste, der in regelmäßigem Wechsel bei Ebbe trocken fällt und bei Flut überspült wird. Steigt in diesem Gebiet die Küste nur allmählich an, so kann bei einem Tidenhub von etwa 4 m, wie er an manchen Stellen der Nordsee, oder bis zu 12 m, wie er an der atlantischen Küste zu finden ist, bei Ebbe eine weite Fläche des Meeresgrundes, das Watt, freigelegt werden. Handelt es sich dabei nicht wie etwa an der Küste Frieslands oder Schleswig-Holsteins um ein Schlammwatt, sondern wie z. B. um Helgoland, an der Südküste Englands oder der Küste der Bretagne um ein Felswatt, so findet sich dieser steinige Untergrund von einer dichten, überaus artenreichen Algenvegetation bedeckt.

Im einzelnen gesehen sind die Lebensbedingungen auch innerhalb dieser Gezeitenzone noch sehr verschieden. Es grenzen eng aneinander Standorte, die die verschiedensten Grade der Austrocknungsfähigkeit ihres Algenbewuchses verlangen. Große und kleine zurückbleibende Tümpel, wassergefüllte Felsnischen und von herabhängenden Algenvorhängen geschützte ständig feuchte Grotten und Höhlungen wechseln mit extrem trockenen Standorten auf Klippen, Felsblöcken und Uferschutzbauten.

Von ihnen unterschieden sind die Standorte unmittelbar an der Tiefwasserlinie, die auch bei Niederwasser noch vom Wellenschlag erreicht wird und schließlich die der ständig vom Wasser bedeckten Tiefenalgen. Eine anschauliche und lebendige Schilderung dieser Lebensräume gibt GESSNER (1940, 1955).

Es sei hier schon vorweg genommen, daß die vergleichende Untersuchung des Resistenzverhaltens der Meeresalgen auch gegenüber anderen Standortfaktoren wie Konzentration und Aussüßung des Seewassers, Kälte und Wärme oder Lichtintensität d r e i ö k o l o g i s c h e G r u p p e n unterscheiden läßt (BIEBL 1939 b), nämlich

1. E c h t e G e z e i t e n a l g e n, die bei Niedrigwasser freiliegen,
2. A l g e n d e r E b b e l i n i e u n d d e r G e z e i t e n t ü m p e l (tidepools) und
3. T i e f e n a l g e n, die ständig vom Wasser bedeckt sind.

Die Tatsache, daß Meeresalgen, die während der Ebbe zeitweise freiliegen, als wesentliche Eigenschaft eine gewisse Austrocknungsfähigkeit besitzen müssen, ist schon lange erkannt worden (OLTMANNS 1923, SCHIMPER-FABER 1935). „Die Arten von Wasserpflanzen, die hoch an den Küsten hinauf gehen, haben die Fähigkeit, einer Austrocknung Widerstand zu leisten, die den in größeren Tiefen wachsenden Algen abgeht“ (BAKER 1909). MONTFORT (1934) kommt auf Grund von Versuchen mit Algen aus verschiedenen Standorten der Meeresküste, deren Assimilations- und Atmungsleistung er nach Entquellung außerhalb des Wassers und nach verschieden langer Zeit erfolgter Wiedereinquellung untersucht hat, zu der Überzeugung „daß die Abstufung der Entquellungsresistenz in den oberen Regionen ein entscheidender Faktor für die regionale Gliederung sein muß“ und weiter, „daß konstitutionelle Typen solcher Resistenz bestehen, die gerade deshalb an bestimmte Horizonte gebunden sind, weil eine an sich gegebene plasmatische Konstitution, deren Auswirkung sich im Photosyntheseverhalten nach bestimmter Zeit der Entquellung und erfolgter Einquellung aufzeigen läßt. sie zu Gliedern jener Horizonte zwingt".

Die Assimilationsleistung der Gezeitenalgen hängt während der Ebbe wesentlich vom Wassergehalt der Algen ab (STOCKER und HOLDHEIDE 1937). Die dicken, schleimig verquollenen Fucaceen vermögen wesentlich länger zu assimilieren (6—10 Stunden) als die rasch austrocknenden papierdünnen Thalli von *Porphyra, Ulva* und *Enteromorpha,* die selbst bei bedecktem Himmel schon nach 1¼ bis 2 Stunden ihren Kompensationspunkt erreichen. Diese Zeit entspricht aber nur einem Viertel bis Fünftel der Zeitdauer des Trockenfallens. Bezogen auf die Masse, rücken jedoch *Porphyra* und *Enteromorpha* infolge ihrer großen relativen Oberfläche mit einem Gesamtstoffgewinn von rund 20 mg CO_2 auf 1 g Trockengewicht während der Dauer einer Ebbe trotzdem in eine Linie mit den Riementangen.

Daß die erblichen Anlagen ausschlaggebender sind als der augenblickliche Einfluß des Standortes, zeigen Beobachtungen von MONTFORT (1937) an drei *Fucus*-Arten, die sich im allgemeinen zonenweise im Litoral von unten nach oben derart anordnen, daß zu unterst *Fucus serratus,* dann *Fucus vesiculosus* und zu oberst *Fucus platycarpus* vorkommt. Auf Helgoland finden sich gelegentlich alle drei Arten auf gleichem Standort bei Ebbe freiliegend. Läßt man diese drei Arten fünf Stunden lang trocken liegen und bringt sie dann wieder 15 Minuten in Seewasser, so zeigt sich, daß *Fucus platycarpus* schon 97%, *Fucus vesiculosus* 72% und *Fucus serratus* erst 42% der normalen Assimilationsleistung nicht ausgetrockneter Vergleichproben erreicht hat. Erst nach Stunden tritt bei *Fucus serratus* wieder vollständige Erholung ein.

Schnelligkeit und Verlauf der Austrocknung lassen noch keine allgemeingültigen Unterschiede zwischen Oberflächen- und Tiefenalgen erkennen. Ihre Austrocknungskurven gleichen weitgehend denen toter Quellkörper (PRINGSHEIM 1923, STOCKER und HOLDHEIDE 1937, BIEBL 1938 a). Nur der Wasserreichtum der Gewebe und die Beschaffenheit der Zellwände sind maßgebend für den Verlauf der Wasserabgabe. „Die Transpiration ist im Extremfall Funktion der Außenbedingungen und der Evaporation identisch" (SEYBOLD 1929).

Der Aufbau der Zellwand ist aber keineswegs so, daß er bei den Tiefenalgen durchwegs von besonderer Zartheit und bei den Oberflächenalgen von dicker gelatinöser Beschaffenheit wäre. Wir finden unter den Tiefenalgen starre, fast drahtartige Thalli (*Ahnfeldtia*) und unter den Oberflächenalgen Formen mit besonders zarten Membranen (*Ulva, Urospora, Rhodochorton*), die der Wasserabgabe nur geringen Widerstand entgegensetzen. Werden bei 75% rel. Luftfeuchtigkeit luftgetrocknete Oberflächen- und Tiefenalgen daher im Exsikkator weiter ausgetrocknet, so zeigt es sich, daß die lufttrockenen Tiefenalgen nicht selten noch eine größere Wassermenge enthalten als die luftgetrockneten Gezeitenalgen. Von den lufttrockenen Oberflächenalgen hatte z. B. *Polysiphonia nigrescens* nur noch 2,5%, *Cladophora rupestris* 1,7% und *Ulva lactuca* 4,8% des Frischgewichtes an Wasser abzugeben, während die Tiefenalge *Plocamium coccineum* noch 7,9% des Frischgewichtes über Chlorkalzium verlor (BIEBL 1938 a).

Die verschiedene Austrocknungsresistenz der Tiefen- und Oberflächenalgen muß daher in erster Linie eine Folge der verschiedenen Eigenschaften ihres Zellbaues, ihrer Protoplasten und der verschiedenen Widerstandsfähigkeit des Plasmas gegen Austrocknung sein.

Die Fähigkeit der Gezeitenalgen, Lufttrockenheit längere Zeit zu ertragen, wurde häufig beschrieben. OLTMANNS (1923) beobachtete sie in Norwegen an *Pelvetia canaliculata,* BERTHOLD (1882) fand *Bangia* und *Porphyra* nach 8 bis 14 Tagen Austrocknung in Seewasser wieder aufleben und MUENSCHER (1915) ließ die echten Gezeitenalgen *Fucus evanescens* und *Gloiopeltis furcata* 2 Tage und *Porphyra perforata* 1 Tag lang an der Luft austrocknen, ohne daß nach Wiedereinwässerung Schädigungen zu beobachten waren, während die Tiefenalgen *Nereocystis* und *Alaria valida* bei gleicher Behandlung schon nach etwa 1 Stunde zugrunde gingen.

Besonders schön zeigt sich aber die den Standorten entsprechende, verschieden hohe Austrocknungsresistenz, wenn man Gezeitenalgen, Algen der Ebbelinie und Tiefenalgen vergleichend in Dampfkammerreihen (siehe S. 7) bei verschieden hoher Luftfeuchtigkeit austrocknet (BIEBL 1938).

Die Algen wurden in diesen Versuchen der verschieden trockenen Luft durch 14 Stunden ausgesetzt, hierauf samt dem Deckgläschen, auf dem sie lagen, in Seewasser gebracht und kurz danach auf ihren Lebenszustand untersucht. Da hier in erster Linie die Fähigkeit der Algen, die Austrocknung am Standort zu ertragen und nicht die tatsächlich höchste Austrocknungsfähigkeit ihres Plasmas interessiert, genügt die Versuchsdauer von 14 Stunden, da am natürlichen Standort bei Ebbe auch kein längeres Trockenliegen in Frage kommt. Das für Austrocknungsversuche unvorsichtige plötzliche Wiederbenetzen ist im Hinblick auf die ökologische Fragestellung gleichfalls gerechtfertigt, da ja auch am Standort die zurückkehrende Flut mit einem Schlag die eben noch trocken gelegenen Algen unter Wasser setzt.

Tab. 3 zeigt, daß T i e f e n a l g e n während 14 Stunden nur ein Freiliegen über Salzkonzentrationen ertragen, die nicht oder nicht viel höher konzentriert sind als normales Seewasser. Nimmt man den Salzgehalt des Seewassers mit rund 33% an, so kommt dies einer NaCl-Lösung von etwa 0,5 mol gleich, der in der Dampfkammer eine darüber herrschende relative Luftfeuchtigkeit von ungefähr 98,5% entspricht. Die so robust erscheinende Tiefenrotalge *Plocamium coccineum* wird innerhalb von 14 Stunden schon bei einer rel. Luftfeuchtigkeit von 98,4% teilweise geschädigt und bei 97,8% rel. Luftfeuchtigkeit getötet. Auch die übrigen untersuchten Tiefenalgen ordnen sich mit ihren Schädigungsgrenzen in den Bereich zwischen 0,5 bis 1,0 mol NaCl bzw. zwischen 98,4 bis 98,8% rel. Luftfeuchtigkeit ein.

Die kurz oder gar nicht freiliegenden A l g e n d e r E b b e l i n i e können in der gleichen Zeit bis herunter zu einer rel. Luftfeuchtigkeit von etwa 94% (= über 1,8 mol NaCl) lebend bleiben, während die am natürlichen Standort vollständig trocken fallenden e c h t e n G e z e i t e n a l g e n auch bei 88% r. L. F. (= über 3,0 mol NaCl), bzw. 83% (= über 4,0 mol NaCl) und weniger nicht geschädigt werden. So erträgt die Rotalge *Porphyra laciniata,* die zusammen mit der grünen *Urospora penicilliformis* an der

Helgoländer Uferschutzmauer die höchsten Standorte einnimmt, auch ein mehrtägiges Trockenliegen auf dem Arbeitstisch bei einer r. L. F. von 74% ohne Schaden. Solche Austrocknungsgrade werden aber am natürlichen Standort kaum mehr gefordert, da dort infolge der Nähe der Wasserfläche stets eine höhere Luftfeuchtigkeit herrscht. So hat man im Juli bei bedecktem Himmel um die Mittagszeit bei einer Lufttemperatur von 18° C auf den bei Ebbe freiliegenden Schichtköpfen der Helgoländer Abrasions-

Tab. 3. *Austrocknungsresistenz von Meeresalgen verschiedener Standorte auf Helgoland* (nach R. Biebl 1938).

(l = lebend.)

Alge	Austrocknungsresistenz 14 Stunden in % relat. Luftfeuchtigkeit																					Standort
	99,1	98,8	98,4	98,1	97,8	97,5	97,2	96,8	96,4	96,1	94,6	94,2	93,8	93,0	92,2	91,1	90,6	88,0	86,0	85,0	83,0	
Porphyra laciniata	l	l	l	l	l	l	l	l	l	l	l	l	l	l	l	l	l	l	l	l	l	Gezeitenzone
Rhodochorton floridulum	l	l	l	l	l	l	l	l	l	l	l	l	l	l	l	l	l	l				Gezeitenzone
Elachista fucicola	l	l	l	l	l	l	l	l	l	l	l	l	l	l	l	l	l	l	l			Gezeitenzone
Ulva lactuca	l	l	l	l	l	l	l	l	l	l	l	l	l	l	l	l	l	l	l	l	l	Gezeitenzone
Enteromorpha linza	l	l	l	l	l	l	l	l	l	l	l	l	l	l	l	l	l	l	l	l	l	Gezeitenzone
Cladophora rupestris	l	l	l	l	l	l	l	l	l	l	l	l	l	l	l	l	l	l	l	l	l	Gezeitenzone
Cladophora gracilis	l	l	l	l	l	l	l	l	l	l	l	l	l	l	l	l	l	l	l			Gezeitenzone
Polysiphonia nigrescens	l	l	l	l	l	l	l	l	l	l	l	l	l	l	l	l	l	l	l			Ebbelinie
Membranoptera alata	l	l	l	l	l	l	l	l	l	l	l											Ebbelinie
Ptilota elegans	l	l	l	l	l	l	l	l	l	l	l											Ebbelinie
Dictyota dichotoma	l	l	l	l	l	l	l	l	l	l	l											Ebbelinie
Plocamium coccineum	l	l																				Tiefe
Antithamnium plumula	l	l	l																			Tiefe
Trailliella intricata	l	l	l																			Tiefe
Halarachnium ligulatum	l	l	l	l	l	l	l	l														Tiefe

terrasse rel. Luftfeuchtigkeiten von 90 bis 94% und oben auf der Uferschutzmauer solche von 89% gemessen.

In Pacific Grove (nächst Monterey, Californien) vorgenommene Austrocknungsversuche (Biebl 1956 a) in Dampfkammern über Schwefelsäure ergaben für die bei Ebbe vollkommen trockenliegende *Porphyra perforata* bei 14stündiger Versuchsdauer eine Lebensfähigkeit bis zu einer r. L. F. von 60,6% (= über 25% H_2SO_4). Bei einer r. L. F. von 48,3% (= über 30% H_2SO_4) waren alle Zellen tot. Die in seichten Salzwasserteichen (salt ponds) flottierende *Enteromorpha clathrata* lebte bei einer r. L. F. von 83,9% (= über 15% H_2SO_4) zur Gänze, war bei 71% r. L. F. (= über 20% H_2SO_4) teilweise und bei 60,6% r. L. F. (= 25% H_2SO_4) vollständig getötet. Die im Bereich der Ebbelinie und tiefer siedelnde, häufig angeschwemmte *Ulva rigida* war hingegen erst bei einer r. L. F. von 90% (= über 10% H_2SO_4) vollkommen ungeschädigt und schon über 15% H_2SO_4 teilweise getötet.

Die im Verhältnis zu *Porphyra* (Abb. 3) und anderen Gezeitenalgen nicht so hohe Austrocknungsresistenz von *Rhodochorton floridulum* und *Elachista fucicola* (Tab. 3, tot über 4,0 mol NaCl = 83% r. L. F.) läßt sich

Abb. 3. *Porphyra laciniata* bei Ebbe (Helgoland).

Abb. 4. *Elachista fucicola* auf *Fucus serratus* (Helgoland).

dadurch erklären, daß diese Algen infolge ihrer Wuchsform mit einer geringeren Trockenresistenz ihr Auslangen finden. Beide bilden kleine kugelförmige Büschel feiner Zellfäden, die dicht aneinander haften und während der ganzen Zeit der Ebbe Wasser kapillar zurückhalten. Auf Helgoland bildet *Rhodochorton* seine kleinen Kugelrasen auf sandigem oder steinigem Untergrund, während *Elachista* dort ausschließlich epiphytisch auf *Fucus serratus* zu finden ist (Abb. 4).

Im Golf von Neapel nimmt *Bangia fuscopurpurea* die extrem trockenfallenden Standorte ein (Biebl 1939 a). Die zarte, fädige Rotalge, die sich zu Büscheln vereinigt, findet man oft vollkommen ausgetrocknet als fest angeklebte, haubenartige Überzüge auf den aus dem Wasser emporragenden Klippen oder als obersten Vegetationsstreifen an den Molen und den Mauern der direkt ans Meer gebauten Paläste, 1—2 m über der normalen Spritzzone, wo sie nur selten bei starkem Wind von dem hochgepeitschten Wasser erreicht werden.

Abb. 5. *Urospora penicilliformis* an einer eisernen Boje vor Helgoland.

Ein einfacher Versuch zeigt, daß diese Alge das stunden- uud tagelange Trockenliegen an ihren extremen Standorten geradezu benötigt: Hält man in diffusem Tageslicht Proben von *Bangia fuscopurpurea* in Seewasser und parallel dazu angetrocknet auf Objektträgern und beobachtet an aufeinanderfolgenden Tagen, so sieht man die in Seewasser liegenden Algen schon nach 6 Tagen blasser werden. Nach 9 Tagen sind schon einzelne, nach 18 Tagen bereits sehr viele und nach 21 Tagen beinahe alle Zellen tot. Nach der gleichen Zeit sind die auf den Glasplatten aufgetrockneten Algen nach vorsichtigem Ablösen und Wiederaufweichen in Seewasser vollkommen lebend und gesund und nach einigen Stunden Erholung mikroskopisch von frisch gesammeltem Material nicht zu unterscheiden.

Mit gleichem Ergebnis läßt sich derselbe Versuch auf Helgoland mit der dort ähnliche Standorte besiedelnden *Urospora penicilliformis* ausführen. Auch sie scheint eine ständige Berührung mit dem Wasser zu vermeiden.

Auf den in der See verankerten eisernen Bojen, die sich mit dem Wasserstand heben und senken und daher den Wirkungen von Ebbe und Flut entzogen sind, setzen sich diese Algen als ein schmaler Gürtel, etwa 60 cm hoch über der Wasserlinie fest. Von dem übrigen Algenbewuchs der Tonne sind sie durch eine breite vegetationslose Zone getrennt. Sie ziehen sich solcherart aus dem Bereich des ständigen Wellenschlages in eine Höhe zurück, in der sie nur zeitweise von stärkeren Wellen erreicht werden und bei ruhiger See, ebenso wie an der Küste bei Ebbe, durch Stunden hindurch bis zur Lufttrockenheit austrocknen können (Abb. 5).

2. Bakterien und Pilze

Ökologisch auswertbare Angaben über die Austrocknungsresistenz von Bakterien liegen heute noch kaum vor. Wenn in Kulturversuchen festgestellt wurde, daß luftgetrocknete Bakterienausstriche weiter entwicklungsfähig geblieben sind (Ficker 1929), so kann dies auf einige wenige, von anderen verdeckt gewesene und daher nicht vollkommen ausgetrocknete Bakterienzellen oder auch nur auf ein Überleben sehr trockenresistenter Dauerstadien (Sporen) zurückzuführen sein.

Die unmittelbare Feststellung des Lebenszustandes einer Bakterienzelle bereitet gewisse Schwierigkeiten. Die bei größeren Pflanzenzellen übliche plasmolytische Methode ist nur in den seltensten Fällen anwendbar, doch hat Strugger (1940, 1941, Strugger und Hilbrich 1942, Strugger 1943) im Akridinorange einen Fluoreszenzfarbstoff gefunden, der geeignet ist, infolge konzentrationsbedingter Änderungen der Fluoreszenzfarbe lebende und tote Bakterien- oder auch Hefezellen mikroskopisch auseinanderzuhalten. Stark verdünnte Akridinorangelösungen (1 : 10.000 bis 100.000) leuchten in grüner Fluoreszenzfarbe, konzentriertere Lösungen (1 :500 bis 1000), in denen die die Färbung bedingenden Kationen polymerisieren, fluoreszieren rot. Lebendes Plasma speichert wenig Farbstoff und erscheint daher in grüner Fluoreszenzfarbe, totes Plasma hingegen speichert mehr und leuchtet deshalb im ultravioletten Licht kupferrot auf.

Einige bisher untersuchte Bakterienarten, wie *Sarcina lutea, Bacillus bombycis* u. a., zeigten auf lufttrockenen Ausstrichen stets eine kupferrote Fluoreszenzfarbe. Sie waren tot. Nur ganz vereinzelt wurden grün leuchtende, abschwemmbare, vermutlich durch irgendwelche günstigen Umstände nicht vollkommen entquollene, lebende Individuen beobachtet. Im allgemeinen dürfte daher Lufttrockenheit von vegetativen Bakterienzellen schlecht ertragen werden.

Hefezellen erweisen sich demgegenüber als wesentlich trockenresistenter. Aufschwemmungen von frischer Bäckerhefe in Leitungswasser wurden mit einer Platinöse auf entfettete Objektträger ausgestrichen und bei Zimmertemperatur getrocknet (Strugger 1943): Das Ausgangsmaterial war zu 98% lebend. Eine halbe Stunde nach dem Austrocknen der Hefesuspension waren nur mehr 40% und nach 24 Stunden nur mehr 30% der Zellen lebend. Dieser Zustand blieb aber dann bis 1 Monat lang ziemlich konstant und erst im Laufe von 4 bis 5 Monaten nahm die Zahl der lebensfähigen Zellen allmählich bis auf ganz vereinzelte überlebende ab. Die fluoreszenzoptisch festgestellte Lebensfähigkeit der Hefezellen wurde laufend durch Anlegen von Kulturplatten kontrolliert und bestätigt.

Lepeschkin (1935) benützte als Lebensreagens für Hefezellen Färbung in 0,04% Methylenblaulösung. Um eine Giftwirkung des Farbstoffes zu vermeiden, dauerte die mikroskopische Untersuchung nie länger als 5 Minuten. Trockentote Zellen zeigten neben einer intensiven Blaufärbung ein geschrumpftes Plasma und Verlust des Turgors. Geschädigte Zellen waren

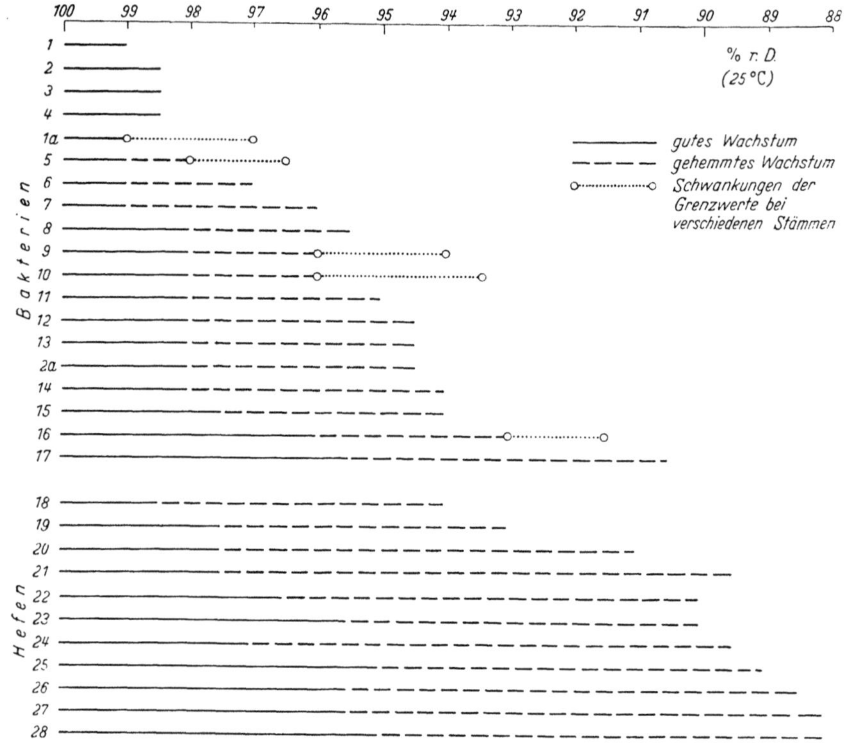

Abb. 6. Hydratur-Grenzwerte des Wachstums bei Bakterien und Hefen. Nachstehend in Klammern ( ) die Zahl der untersuchten Stämme. *1 Bac. mycoides* (3), *1a Bac. mycoides* (2), *2 Pseudomonas pyocyanea* (1), *2a Pseudomonas pyocyanea* (3), *3 Bac. luteus* (2), *4 Bac. asterosporus* (2), *5 Bact. radicicola* (3), *6 Azotomonas insolita* (1), *7 Pseudomonas tumefaciens* (3), *8 Bac. mesentericus* (3), *9 Bact. vulgare* (3), *10 Bact. coli* (3), *11 Bac. subtilis* (2), *12 Bact. prodigiosum* (4), *13 Bact. aerogenes* (4), *14 Mycobact. siliacum* (1), *15 Pseudomonas iniqua* (1), *16 gelbe Luftsarzinen* (5), *17 Micrococcus roseus* (3); *18 Torula utilis* (1), *19 Schizosaccharomyces jörgensohnii* (1), *20 Willia spec.* (1), *21 Saccharomyces cerevisiae* (3), *22 Mycoderma cerevisiae* (1). *23 Zygosaccharomyces polymorphus* (1), *24 Oospora lactis* (2), *25 „Rosahefe“* (1), *26 Endomyces magnusii* (1) *27 Willia anomala* (1), *28 Endomyces vernalis* (3). (Nach Burcik 1950.)

schwächer gefärbt und turgeszent, während die gesunden Zellen völlig ungefärbt blieben. Lepeschkin fand, daß die Mehrzahl der Preßhefe-Zellen nur ein einmaliges Austrocknen verträgt, während bei wiederholtem Austrocknen und Wiederanfeuchten allmählich alle Zellen absterben. Luftzutritt beschleunigte das Absterben. In einer luftdicht verschlossenen Flasche aufbewahrte Trockenhefe enthielt nach 7½ Monaten noch 25% lebende Zellen, während Trockenhefe in einem offenen Gefäß nach der gleichen Zeit vollkommen abgestorben war (Lepeschkin 1938).

Burcik (1950) untersuchte das Wachstum von 19 Bakterienarten (50 Stämme) und 10 Hefen (14 Stämme) bei verschiedener relativer Luftfeuchtigkeit (Abb. 6) und stellte für das Wachstum von Bakterien ein absolutes Minimum bei 90% r. L. F. und für Hefen bei 88% r. L. F. fest. Auch hier erwiesen sich also die Hefen austrocknungsresistenter als die Bakterien. Versuche, die geprüften Mikroorganismen an niederere relative Dampfspannungen anzupassen, verliefen innerhalb von 6 Monaten Versuchsdauer ohne gesicherte Ergebnisse.

Eine deutliche Steigerung der Trockenresistenz von *Saccharomyces cerevisiae* (Bäckerhefe) gelang hingegen (Füchtbauer 1957 a) durch Anzucht dieser in hypertonischer Sorbitlösung (1,1 mol Sorbit in Nährlösung gelöst).

Tab. 4. *Steigerung der Trockenresistenz von Saccharomyces cerevisiae durch Anzucht in hypertonischer Sorbitlösung. Mittelwerte der Überlebendzahlen nach fünftägiger Austrocknung bei verschiedener Luftfeuchtigkeit* (nach W. Füchtbauer 1957 a).

% r. L. F.	Kontrolle			Sorbit		
	Vers. 1	Vers. 2	Vers. 3	Vers. 1	Vers. 2	Vers. 3
90	100	100	100	100	100	100
80	84	80	85	96	100	97
70	87	79	72	99	100	95
60	54	39	31	80	63	73

Die Kontrollen waren in der entsprechenden Nährlösung allein herangezogen worden. Um eine unmittelbare Schutzwirkung des Sorbits während der Austrocknung auszuschalten, wurden die aus Einzell-Kulturen stammenden Hefen vor der Austrocknung dreimal in der Zentrifuge mit dest. H_2O ausgewaschen und dann mit gleicher Suspensionsdichte in kleine Petrischalen pipettiert. Nach 3 Stunden hatten sich die Hefen so fest abgesetzt, daß das überstehende Wasser abgegossen werden konnte. Darauf wurden sie 5 Tage bei verschiedener Luftfeuchtigkeit getrocknet. Wie Tab. 4 zeigt, hatte die in der hypertonischen Sorbit-Lösung herangezogene Hefe trotz des dreistündigen Liegens in dest. H_2O eine wesentlich höhere Trockenresistenz aufzuweisen. Als Lebensreagens diente Methylenblaufärbung.

Die Sorbit-Zellen zeigten bei gleicher durchschnittlicher Größe wie die Kontrollen stets wesentlich kleinere Vakuolen. Es war also ihr Plasmavolumen größer geworden, ein Befund, der für die Resistenzerhöhung von Bedeutung sein dürfte.

Walter (1924) beobachtete in Dampfkammern über verschieden konzentrierten H_2SO_4-Lösungen das Wachstum von S c h i m m e l p i l z e n und B a k t e r i e n in Abhängigkeit vom Wassergehalt des Protoplasmas. Versuche auf verschiedenen Nährböden, wie Erbsensamen, *Bryophyllum*-Blättern, gedörrten Fleischstücken, Brot usw., ergaben allgemein, daß die Bakterien bei höheren Feuchtigkeitsgraden gedeihen als die Schimmelpilze. Bei 100% r. L. F. entwickelten sich fast nur Bakterien. Unter 96% r. L. F. stellten sie aber bereits ihr Wachstum ein. Das entspricht gut der schon vorhin angeführten geringen Widerstandsfähigkeit der vegetativen Bakterienzelle gegen Lufttrockenheit. Gewisse Schimmelpilze können dagegen größere Trockenheiten ertragen, doch scheint auch für sie bei 85% r. L. F. die Grenze der Entwicklungsfähigkeit gelegen zu sein.

Verhältnismäßig trockenresistent sind unter den Schimmelpilzen *Aspergillus* und *Penicillium*, deren Wachstumskurve bei allmählicher Entquellung anfangs keine wesentliche Änderung zeigt und erst bei einer rel. Luftfeuchtigkeit von 95 bis 96% steil abzufallen beginnt, um bei etwa 85% r. L. F. fast den Nullpunkt zu erreichen. Bei 80 bis 76% r. L. F. war Schimmelbildung höchstens mikroskopisch feststellbar. Um Schimmelbildung zu verhindern, genügt es daher, die schimmelgefährdeten Gegenstände soweit zu trocknen, daß ihr Wassergehalt eine relative Dampfspannung von 75% nicht übersteigt.

Tab. 5. *Minimale Dampfspannung für das Wachstum verschiedener Mikroorganismen* (nach H. Walter 1924).

Organismus	Untere Grenze des Wachstums bei einer r. L. F. von etwa
Bacillus mycoides (auf Hefewassergelatine)	96—97%
Bacterium coli (auf Hefewassergelatine)	96%
Bacterium prodigiosum (auf Malzwürzeagar)	96%
Rhizopus spec. (Myzelien)	95%
Phycomyces nitens + (Myzelien)	95%
Kahmhefe (aus Bier)	95%
Oidium lactis (aus Milch)	95%
Hefe (aus kondensierter Milch)	90%
Aspergillus glaucus	85%
Penicillium glaucum	85%

Für andere Mikroorganismen fand Walter (1924) wesentlich höhere Grenzwerte für das Einsetzen des Wachstums (Tab. 5).

Auch Walderdorff (1924), die eine große Zahl von Schimmelpilzen auf ihr Wachstum bei verschiedener relativer Luftfeuchtigkeit untersuchte, fand unter 19 Pilzen nicht einen, der mit seiner Wachstumsfähigkeit eine relative Dampfspannung von 85% unterschritten hätte. Einer Dampfspannung von 85% entspricht eine Saugkraft von etwa 220 Atmosphären. Die unteren Grenzwerte für die Entwicklung der Pilze scheinen sich aber, nach Versuchen in Dampfkammern, in einem Bereich zwischen 27 bis 210 Atmosphären zu halten (Tab. 6).

Walter (1931) unterscheidet nach der Entwicklungsfähigkeit bei verschiedener relativer Dampfspannung drei Gruppen von Mikroorganismen:

1. Xerophile Arten, deren Hydraturminimum zwischen 90 und 85% r. L. F. liegt (*Penicillium, Aspergillus*),
2. mesophile Arten mit einer unteren Entwicklungsgrenze zwischen 90 und 95% r. L. F. (*Rhizopus, Phycomyces, Hefen*) und
3. hygrophile Arten mit einem Hydraturminimum bei 95% und höher (*Merulius lacrimans, Chaetocladium,* die Mehrzahl der Bakterien).

Tab. 6. *Minimale Dampfspannung für das Wachstum verschiedener Schimmelpilze* (nach M. WALDERDORFF 1924).

Organismus	rel. L. F. % ca.	Saugkraft Atm. 18° C	Dampfraum über Mol NaCl 18° C
Chaetocladium	98	27	0,6
Phycomyces nitens	95,5	59	1,3
Mucor spec.	95	69	1,5
Pilaria anomala	94,5	79	1,7
Alternaria tenuis	94	84	1,8
Heliocostylum piriferum	93	94	2,0
Thamnidium elegans	93	94	2,0
Cumminghammia elegans	92,5	99,5	2,1
Zygorhynchus exponens	92	110,5	2,3
Rhizopus spec.	91,5	116	2,4
Mucor plumbeus	91	127	2,6
Penicillium brevicaule	91	127	2,6
Cephalothecium roseum	90	138	2,8
Mucor racemosus	90	138	2,8
Syncephalastrum cinerium	89,5	149	3,0
Absidia glauca	89	155,5	3,1
Aspergillus glaucus	85,5	210	3,9
Penicillium spec.	85	217	4,0
Aspergillus sulphureus	85	217	4,0

Die Wachstumskurven dieser drei Gruppen sind entsprechend verschieden (Abb. 7). Während bei den hygrophilen Arten die Entwicklungshemmung schon bei Dampfspannungen knapp unter 100% r. L. F. eintritt, wird die Entwicklung der Myzelien xerophiler Arten bis zu einer r. L. F. von 95% und weniger nicht gehemmt.

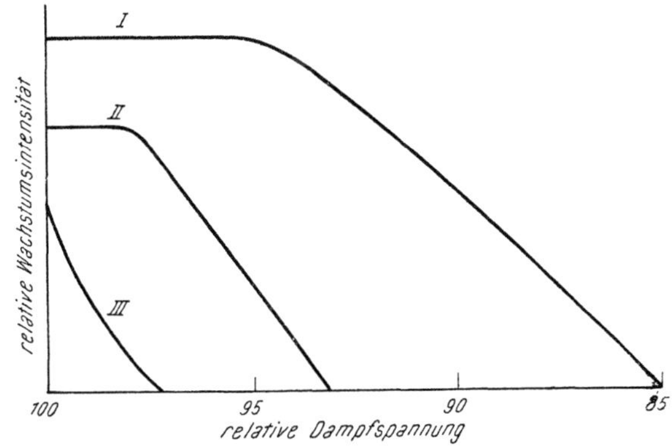

Abb. 7. Abhängigkeit der Wachstumsintensität von der relativen Dampfspannung bei Schimmelpilzen. *I* xerophile Arten, *II* mesophile Arten, *III* hygrophile Arten. (Die Ordinatenwerte sind bei den verschiedenen Kurven nicht vergleichbar. Halbschematisch.) (Nach H. WALTER 1931.)

HEINTZELER (1939) kommt hinsichtlich der Austrocknungsfähigkeit bzw. des optimalen Hydraturbereiches gleichfalls zu einer Einteilung der Schimmelpilze in drei Gruppen: 1. Xerische Arten (unter 80% r. L. F.), 2. mesophytische Arten (bestes Wachstum zwischen 80 bis 90% r. L. F.) und 3. hygrophytische Arten (bestes Wachstum über 90% r. L. F.).

Der große Unterschied in den Ansprüchen an den Wassergehalt bei der Entwicklung der Schimmelpilze machen es wahrscheinlich, daß auch ihre Plasmen Unterschiede in der Austrocknungsresistenz zeigen würden. Versuche hierüber liegen noch nicht vor.

Ebenso wie die niederen Pilze zeigen auch die H u t p i l z e in ihrer Entwicklung deutliche Unterschiede in ihren Wasseransprüchen. FRIEDRICH

(1940) fand, daß hiefür die Luftfeuchtigkeit ebenso von Bedeutung ist wie die Bodenfeuchtigkeit. Werden z. B. junge, noch nicht voll entfaltete Fruchtkörper des Parasolpilzes (*Lepiota procera*) mit den Stielen in Wasser gestellt und in verschieden feuchte Kammern gebracht, so bleiben sie bei einer Luftfeuchtigkeit von 35 bis 45% in ihrer Entwicklung stehen, während sie bei 85 bis 98% r. L. F. schon nach wenigen Stunden ihre geschlossenen Hüte zu entfalten beginnen.

Ein üppiges Pilzgedeihen beobachtete Friedrich im Buchenwald bei einem Bodenwassergehalt von 25 bis 40% (vom Frischgewicht), während dieselben Böden bei 15 bis 25% Bodenfeuchtigkeit ein recht spärliches Pilzvorkommen aufwiesen. Mit einem geringeren Wassergehalt geben sich nur die ausgesprochen xerophilen Arten zufrieden, wie etwa der Fliegenpilz. *Amanita muscaria,* der bei 11%, und der wollige Milchling, *Lactarius vellereus,* der bei 12% Bodenwassergehalt schon fruktifizierend gefunden wurde.

Auch unter den holzbewohnenden Arten lassen sich relativ xero-, meso- und hygrophile Pilze feststellen. Geringe Ansprüche an den Wassergehalt (17 bis 20% vom Frischgewicht des Holzes) machen *Polyporus versicolor, Polyporus zonalus, Xylaria hypoxylon, Schizophyllum commune* und *Panus stipticus.* Größere Ansprüche an den Wassergehalt (50%) stellen *Collybia velutipes* und noch größere (51—80%) die auf faulem, moderndem Holz lebenden *Hypholoma sublateritium, Armillaria mellea, Pluteus cervinus* oder *Collybia longipes.*

3. Flechten

Umfassende vergleichende Untersuchungen über die Grenzen der Austrocknungsresistenz von Flechten verschiedener Standorte stammen erst aus neuerer Zeit (Lange 1953), doch ließen auch schon die älteren Untersuchungen über den Wasserhaushalt der Flechten (Jumelle 1892, Zukal 1895, Sievers 1908, Bachmann 1922, 1923, Tobler 1925, Goebel 1926, Stocker 1927, Kolumbe 1927, Smyth 1934, Neubauer 1938 u. a.), sowie die bloße Beobachtung der wasserökologisch so ungleichwertigen Standorte erd- und felsbewohnender oder epiphytischer Flechten oder des verschiedenartigen Baues der einzelnen Krusten-, Laub- und Strauchflechten Unterschiede in ihrer Austrocknungsfähigkeit erwarten.

Die Wasserabgabe der Flechten geht sehr rasch vor sich. Der Zustand der Lufttrockenheit, der dann in Abhängigkeit von der relativen Feuchtigkeit der Luft gleichsinnig wie ein Haarhygrometer schwankt, wird rasch erreicht. Nach Stocker (1927) werden im Sommer bei Versuchsbeginn wassergesättigte Flechten schon nach ½ Stunde spröde und nach ¾—1 Stunde ist Lufttrockenheit erreicht. Im Schatten dauert der Vorgang etwa doppelt so lang.

Die Wasserabgabe folgt, wie bei den Algen, den auch für tote Quellkörper geltenden physikalischen Gesetzen. Hinzu kommt noch, daß bei den Flechten das Wasser zum Hauptteil extrazellulär gespeichert wird, zum kleineren Teil als Kapillarwasser in den Hohlräumen zwischen den Hyphen oder in den toten, luftgefüllten Hyphenlumina selbst, zum größeren als Quellungswasser in den Hyphenwänden. Die Zellen der Algensymbionten

(Gonidien) kommen bei ihrem geringen Volumen als Wasserspeicher nicht in Betracht und könnten auch den austrocknenden Pilzen gegenüber ihren Wassergehalt gar nicht behaupten.

Die Fähigkeit, aus feuchter Luft Wasserdampf aufzunehmen, kommt allen Flechten zu, doch ist das Ausmaß der auf diesem Weg aufnehmbaren Wassermenge für die einzelnen Flechten verschieden (STOCKER 1927, KOLUMBE 1927). NEUBAUER (1938) fand, daß *Parmelia caperata* in einer Dampfkammer über Wasser 40%, *Parmelia furfuracea* 60% und *Usnea dasypoga* 48% des Trockengewichtes an Wasser enthält. Diese Wassermengen können auch aus Feuchtigkeit gesättigter Luft aufgenommen werden. Dem stehen jedoch im wassergesättigten Zustand wesentlich höhere Werte gegenüber. So enthält die wassergesättigte *Parmelia caperata* 123,3%, *Parmelia furfuracea* 144,4% und *Usnea dasypoga* 122% des Trockengewichtes an Wasser. Solche Wassermengen waren auch unmittelbar nach Regen am natürlichen Standort festzustellen.

Nach SCOFIELD und YARMAN (1943) erhöhten *Umbilicaria pustulata* und *Gyrophora dillenii* (auf Sandsteinfelsen im Hocking County, Ohio) ihren Wassergehalt nachts auch ohne Regen bis auf Werte von 112,3 bzw. 85,4% des Trockengewichtes. An trockenen Tagen wird aber dieses Wasser sehr rasch abgegeben. So trocknete *Umbilicaria* bis zu einem Wassergehalt von 6,4% des Trockengewichtes aus.

In NEUBAUERS Versuchen (1938) handelte es sich um epiphytisch in Buchenkronen (Umgebung von Lunz, Niederösterreich) lebende Flechten. Nach seinen Beobachtungen enthielten an einem warmen sonnigen Vormittag im Juli, 1 Tag nach starkem Regen, am gleichen Standort *Parmelia caperata* nur etwa 2%, *Parmelia furfuracea* 4,7% und *Usnea dasypoga* 14,5% des Trockengewichtes an Wasser.

Auch LANGE (1953) gibt als niederste Wassergehalte an natürlichen Standorten Werte zwischen 2,0% des Trockengewichtes (*Collema multifidum* an einem S-exponierten Kalkfelsen im Gardaseegebiet) und 8,9% (*Candellariella vitellina* auf einem Sandsteinfelsen im südlichen Schwarzwald) an.

Trotz dieser hohen Austrocknungsresistenz und Anpassung an rasch schwankenden Wassergehalt hat auch die Widerstandsfähigkeit der Flechten gegen langes Austrocknen ihre Grenzen. JUMELLE (1892) fand nach drei Monate dauernder Trockenheit die Assimilationsfähigkeit von *Cladonia rangiferina, Ramalina farinacea* und *Usnea* nach Wiederbefeuchtung so geschwächt, daß im Licht auch bei vielstündiger Exposition entweder gar kein Gaswechsel oder nur ein schwacher Atmungsüberschuß eintritt (zit. nach STOCKER 1927). Die Beobachtungen an *Cladonia rangiferina* wurden von TOBLER (1925) bestätigt. Drei Monate luftgetrocknete Exemplare begannen nach Wiedereinwässerung wohl wieder zu atmen, die Assimilationsfähigkeit war aber verlorengegangen. Assimilationsversuche mit frischen Flechten ergaben gleichfalls bei verschiedenen Luftfeuchtigkeiten mit steigender Lufttrockenheit eine Abnahme der assimilatorischen Leistung (HENRICI 1921, STOCKER 1927, NEUBAUER 1938).

In den meisten Fällen reicht die Wasserversorgung aus der bloß wasserdampfgesättigten Luft für eine volle Assimilationstätigkeit nicht aus.

Tab. 7. *Lebenszustand von Flechten nach verschieden langer Lufttrocknung* (nach O. L. Lange 1953).

Zeichenerklärung für Tab. 7 und 8:

● Schädigungsstufe 1, ungeschädigt ○ Schädigungsstufe 3, stark geschädigt
◐ „ 2, leicht geschädigt + „ 4, tot oder fast tot

Art, Standort (Meereshöhe in m; etwa)	Trockenperiode in Wochen: 0	8	38	54	62	69	78	94
Cladonia laxiuscula								
W-Irland, Heidemoor (50)	●	●	+					
Lobaria laetevirens								
SW-Irland, Eichenwald (50)	●	●	+					
Lobaria pulmonaria								
SW-Irland, Eichenwald (50)	●	●	+					
Lobaria pulmonaria								
Schwarzwald, auf *Acer* (Hochwald) (1220)	●	●	+					
Usnea rupestris								
W-Irland, am Craiggamore-See (10)	●	●	+					
Cetraria pinastri								
Schwarzwald, auf *Abies* (Hochwald) (1240)	●	●	○	+				
Sticta sylvatica								
SW-Irland, Eichenwald (50)	●	●	○	+				
Usnea dasypoga								
Schwarzwald, auf *Acer* (Hochwald) (1110)	●	●	○	+				
Usnea florida								
Schwarzwald, auf *Abies* (Hochwald, (1180)	●	●	○	+				
Alectoria jubata								
Schwarzwald, auf *Sorbus*, schattig (1200)	●	●	○	+				
Ramalina scopulorum								
W-Irland, Felsblöcke am Strand (0)	●	●	◐	+				
Cladonia subcervicornis								
W-Irland (10)	●	●	◐	○				
Cetraria islandica								
Schwarzwald, Nardetum (1440)	●	●	●	+				
Cladonia rangiformis v. *pungens*								
Kaiserstuhl, Boden im Fagetum (380)	●	●	●	+				
Cladonia sylvatica								
Schwarzwald, Hochmoorbulten (1100)	●	●	●	+				
Nephroma resupinatum								
Schwarzwald, feuchter Baumgrund (1280)	●	●	●	+				
Peltigera canina								
Kaiserstuhl, Boden im Fagetum (380)	●	●	●	+				
Sphaerophorus fragilis								
Schwarzwald, offener Fels (1460)	●	●	●	+				
Sphaerophorus globosus								
Schwarzwald, Fuß eines Felsens (1370)	●	●	●	+				
Cetraria cucullata								
Schwarzwald, Nardetum (1450)	●	●	●	○	+			
Peltigera variolosa								
Schwarzwald, Nardetum (1300)	●	●	●	○	+			
Stereocaulon coralloides								
Schwarzwald, offener Fels (1110)	●	●	●	○	+			
Cladonia rangiformis v. *pungens*								
Kaiserstuhl, Xerobrometum (350)	●	●	●	◐	+			
Peltigera canina								
Kaiserstuhl, Mesobrometum (400)	●	●	●	◐	+			
Peltigera malacea								
Schwarzwald, Nardetum (1300)	●	●	●	◐	○	○	+	
Dermatocarpon aquaticum								
SW-Irland, Ufer des Clonee-Lake (10)	●	●	●	◐	◐	◐	○	

Art, Standort (Meereshöhe in m; etwa)	Trockenperiode in Wochen: 0	8	38	54	62	69	78	94
Umbilicaria cylindrica Schwarzwald, offener Fels (1450)	●	●	●	●	○	+		
Cladonia foliacea v. *convoluta* Kaiserstuhl, Xerobrometum (350)	●	●	●	●	◐	○	+	
Dermatocarpon aquaticum Schwarzwald, zeitw. bespültes Bachgeröll (1430) ..	●	●	●	●	◐	○	○	+
Ephebe lanata Schwarzwald, zeitw. befeuchteter Fels (1220)	●	●	●	●	◐	◐	◐	○
Umbilicaria pustulata Schwarzwald, offener Fels (1390)	●	●	●	●	●	◐	◐	+

Flüssiges Wasser wird daher auch von den meisten Flechten schnell und gierig aufgenommen. Nach STOCKER (1927) genügt für *Umbilicaria pustulata* und *Lobaria pulmonaria* ein 5 Sekunden langes Eintauchen lufttrockener Exemplare in Wasser, um die Hyphenwände rapid aufquellen und die Pflanzen die Hälfte des überhaupt aufnehmbaren Wassers absorbieren zu lassen. Zur Aufnahme der gleichen Wassermenge in Dampfform wären mindestens 6—8 Tage nötig.

Flechten brauchen daher im allgemeinen auch an ihren Standorten tropfbar flüssiges Wasser, wie Regen, Nebel, Tau oder schmelzenden Schnee. Da die Wasseraufnahme und -abgabe durch die gesamte Oberfläche geschieht, so sind die natürlichen Standorte der Flechten auch weniger von der Bodenfeuchtigkeit als vom Vorhandensein tropfbaren atmosphärischen Wassers, besonders in Form von Nebel, bestimmt. STOCKER (1927) weist mit Nachdruck darauf hin, daß für alle Standorte mit üppiger Flechtenentwicklung (Gebirge, Nordländer, typische Regenwälder, Bergregionen des Kaplandes, Teile der nordchilenischen Wüste) nicht so sehr die Regenmenge und Regenhäufigkeit, als vielmehr Häufigkeit, Dichte und Tagesperiode des Nebels kennzeichnend sind. Nur für die Erdflechten werden auch Niederschläge und Bodenfeuchtigkeit von großem Einfluß sein. Die große Bedeutung, die vor allem dem Tau für die Flechten- und Algenvegetation zukommt, hebt JAAG (1945) hervor.

Die erste eingehende Bearbeitung der Trockenresistenz von Flechten an einem größeren Material stammt von LANGE (1953). Zur Beurteilung der Vitalität wurde nach Abschluß der Austrocknungsversuche die Atmung der Gesamtflechte bestimmt. Da die CO_2-Produktion dabei vor allem dem Hyphenanteil zukommt, wurden die Flechtenalgen zudem noch durch Kultur der Gonidien in Nährlösungen auf ihren Lebenszustand geprüft. Eine große Zahl von Flechten verschiedenster Standorte wurde teils verschieden langer Lufttrockenheit, teils in großen Exsikkatoren der praktisch wasserfreien Luft über Phosphorpentoxyd durch mehrere Wochen ausgesetzt (Tab. 7 und 8).

Aus beiden Tabellen läßt sich entnehmen, daß verschiedene Flechten in ihrer Austrocknungsresistenz erhebliche Unterschiede zeigen und daß diese in guter Übereinstimmung stehen mit den Wasserverhältnissen der Standorte. Die geringste, wenn auch an sich noch immer sehr hohe Widerstands-

Tab. 8. *Lebenszustand von Flechten nach verschieden langer Austrocknung über Phosphorpentoxyd* (nach O. L. Lange 1953).

Art, Standort (Meereshöhe in m; etwa)	Trockenperiode in Wochen: 0	8	16	24	32	40	48	56
Lobaria pulmonaria Zentral-Jämtland, auf *Salix caprea* (400)	●	●	●	○	+	+	+	+
Collema auriculatum Meißner, bemooste Kalksteinmauer (400)	●	●	●	○	○	○	+	
Alectoria ochroleuca N-Schwed.-Lappld., Fuß eines Felsens (550)	●	●	●	◐	◐	○	+	+
Alectoria sarmentosa Zentr.-Schwed.-Lappld., auf *Picea* (Wald) (250)	●	●	●	◐	◐	◐	○	○
Evernia prunastri Bayr. Wald, auf *Acer* (Hochwald) (1180)	●	●	●	●	○	+	+	
Lobaria pulmonaria Bayr. Wald, auf *Acer* (Hochwald) (1235)	●	●	●	●	◐	+	+	
Alectoria sarmentosa Bayr. Wald, auf *Picea* (Hochwald) (1250)	●	●	●	●	◐	○	+	
Alectoria implexa Harz, auf *Picea* (Hochwald) (890)	●	●	●	●	●	+	+	
Cetraria hiascens W-Jämtland, Hochmoorschlenken (520)	●	●	●	●	●	○	+	+
Cladonia furcata v. *racemosa* Harz, schattiger Waldboden (650)	●	●	●	●	●	○	○	+
Cladonia rangiferina Bayr. Wald, schattiger Waldboden (1190)	●	●	●	●	●	○	○	+
Usnea dasypoga Bayr. Wald, auf *Picea* (Hochwald) (1390)	●	●	●	●	●	◐	+	
Peltigera aphthosa N.-Schwed.-Lappld., im subalpin. Birkenwald (380)	●	●	●	●	●	●	○	+
Ramalina fastigiata Fichtelgebirge, auf *Acer*, schattig (680)	●	●	●	●	●	●	◐	○
Nephroma arcticum W-Jämtland, Boden im Fichtenwald (550)	●	●	●	●	●	●	◐	◐
Ramalina farinacea Stockholmer Schärenhof (5—10)	●	●	●	●	●	●	◐	◐
Cladonia subrangiformis Göttingen, Mesobrometum (240)	●	●	●	●	●	●	●	◐
Cladonia foliacea v. *convoluta* Kaiserstuhl, Xerobrometum (350)	●	●	●	●	●	●	●	●
Cladonia rangiformis v. *pungens* Kaiserstuhl, Xerobrometum (350)	●	●	●	●	●	●	●	●
Parmelia miniuscula N-Schwed.-Lappld., Felsfläche (1200)	●	●	●	●	●	●	●	●
Ramalina polymorpha N-Schwed.-Lappld., Fels (550)	●	●	●	●	●	●	●	●
Stereocaulon alpinum N-Schwed.-Lappld., subalpin. Birkenwald (380)	●	●	●	●	●	●	●	●
Stereocaulon alpinum Schweizer Alpen, Vorfeld Rhonegletscher (1800)	●	●	●	●	●	●	●	●
Stereocaulon paschale W-Jämtland, verheidetes Moor (700)	●	●	●	●	●	●	●	●
Umbilicaria arctica N-Schwed.-Lappld., Fels (550)	●	●	●	●	●	●	●	●
Umbilicaria cylindrica Harz, offener Felsblock (920)	●	●	●	●	●	●	●	●
Umbilicaria deusta f. *brotera* Harz, halbschattiger Felsblock (900)	●	●	●	●	●	●	●	●
Umbilicaria pustulata Stockholmer Schärenhof, Strandfelsen (5—10)	●	●	●	●	●	●	●	●
Umbilicaria hirsuta Bayr. Wald, halbschattige Gneiswand (1370)	●	●	●	●	●	●	●	●

fähigkeit gegen Austrocknung haben die hygrophytischen Schattenflechten, eine wesentlich höhere weisen die xerophytischen Arten auf. Wie schon erwähnt, können die lufttrockenen Flechten noch immer etwa 2—14% ihres Trockengewichtes an Wasser enthalten, während ihr Wassergehalt über Phosphorpentoxyd nach 4 Tagen schon nur mehr 0,8—0,73% des Trockengewichtes beträgt. Es scheint somit weniger der Austrocknungsgrad als die Dauer der Trockenperiode von entscheidender Bedeutung zu sein.

Ein Vergleich der Trockenresistenz von Flechten gleicher Art aus verschieden feuchten Standorten zeigt, daß ihr modifikatives Verhalten hinsichtlich der Trockenresistenz nicht gleich ist. Bei den einen überwiegt die Artspezifität der Trockenresistenz, bei den anderen die Fähigkeit zur Abhärtung bzw. Verweichlichung. So ist *Lobaria pulmonaria* stets verhältnismäßig wenig resistent, während *Umbilicaria pustulata* und *Dermatocarpon*

Tab. 9. *Atmung zweier Flechten von trockenen und feuchten Standorten nach 24 Wochen Austrocknung über Phosphorpentoxyd* (nach O. L. LANGE 1953).

Art		Atmung nach 24 Wochen Austrocknung mg CO_2/g	% der normalen Atmung
Cladonia rangiformis var. pungens	Xerobrometum	0,10	68 %
	Fagetum	0,01	9 %
Peltigera canina	Mesobrometum	0,23	52 %
	Fagetum	0,02	5 %

aquaticum immer eine große Austrocknungsresistenz aufweisen. Andere unter verschiedenen Feuchtigkeitsverhältnissen herangewachsene Arten zeigen hingegen nach Austrocknung eine verschiedene Vitalität. Die Exemplare der stark der Sonne exponierten Trockenrasen besitzen größere Widerstandsfähigkeit als die Proben des schattigen Waldbodens (Tab. 9).

LANGE führte auch einige Trockenresistenzbestimmungen an Flechtenalgen durch, die ergaben, daß die Austrocknungsresistenz der Gonidien nicht hinter der mit der Atmungsmethode ermittelten Widerstandsfähigkeit der ganzen Flechte zurücksteht. Algen von *Alectoria implexa* und *A. sarmentosa, Lobaria pulmonaria, Ramalina farinacea* und *Usnea dasypoga* (alle von schattigen Standorten des Hochschwarzwaldes) wurden nach 3 Wochen Austrocknung an Luft und anschließend 6 Wochen über Phosphorpentoxyd in Kultur genommen. Sie wiesen noch keine Schädigung ihrer Vitalität auf. Gonidien von *Cladonia foliacea var. convoluta* und *Clad. rangiformis var. pungens* aus Trockenrasen des Kaiserstuhls waren sogar nach 41 Wochen Austrocknung über P_2O_5 noch lebensfähig.

Hingegen können Gonidien durch längere Flüssigkeitskultur verweichlicht werden. So waren Algen von *Solorina saccata* aus dem Gardaseegebiet, die gleich nach ihrer Einsammlung 8 und 18 Wochen an Luft getrocknet wurden, normal lebend. Nach 23 Wochen Lufttrocknung waren sie leicht und nach 28 Wochen stark geschädigt. Wurden die Algen der gleichen Flechte hingegen nach 9 Wochen Flüssigkeitskultur auf ihre Austrocknungsresistenz geprüft, so waren sie nach 1 Woche Lufttrocknung normal lebend, nach 5 Wochen leicht und nach 10 Wochen stark geschädigt. Dieser durch

Flüssigkeitskultur herabgesetzten Austrocknungsresistenz der Flechtenalgen entsprechen auch die geringeren Resistenzwerte, die THOMAS (1939) für kultivierte Flechtenbildner angibt.

Trotz der für Flechten verschieden feuchter Standorte im Versuch nachweisbaren verschiedenen Austrocknungsresistenz kommt LANGE (1953) zu dem allgemeinen Schluß: „Keine der untersuchten Flechtenarten kann an irgendeinem natürlichen Standort unseres Klimagebietes von so langen Trockenperioden betroffen werden, daß eine unmittelbare Trockenschädigung eintreten und dadurch die Verbreitung eingeschränkt werden könnte."

RIED (1960 a, b) hat in jüngster Zeit die Flechtenzonierungen an Bachufern und ihre Beziehungen zur jährlichen Überflutungsdauer und zum Mikroklima, sowie den Wasser- und Assimilationshaushalt und die Entquellungsresistenz von Krustenflechten benachbarter Standorte untersucht. Er unterscheidet an Ufersteinen vier ökologisch voneinander unterschiedene Gürtel: 1. Wasserflechten, die mehr oder weniger regelmäßig bis unter die Niederwasserlinie vordringen und bei relativ kurzer Emersionsdauer ihre obere Verbreitungsgrenze finden (z. B. *Verrucaria*-Arten), 2. amphibische Flechten, die fast durchwegs an zeitweilig überflutete Standorte gebunden sind, meist aber nicht unter den Niedrigwasserspiegel vordringen (z. B. *Dermatocarpon aquaticum, Aspicilia lacustris, Porina lectissima)*, 3. terrestrische Flechten mit geringer Empfindlichkeit gegen Submersion, die sie kurzfristig (bis mehrere Wochen) ertragen (z. B. *Lezidia soredizodes, Peltigera canina*) und 4. sehr submersionsempfindliche rein terrestrische Flechten, die durch eine scharfe Linie (besonders Parmelien) den Hochwasserstand markieren (z. B. *Parmelia saxatilis, Rhizocarpon geographicum*).

Im einzelnen zeigt sich, daß für die Lage der Gürtel und ihre Zusammensetzung außer der Überflutungsdauer auch noch andere Faktoren, wie Gewässertyp, Lichtfeld, Luftfeuchtigkeit und Oberflächentemperatur von Bedeutung sind.

Die Charakterarten der einzelnen Überflutungsgürtel unterscheiden sich aber deutlich in ihrer Entquellungsresistenz: die Wasserflechte *Verrucaria elaeomelaena* erleidet schon durch eintägige Entquellung bei 40% r. L. F. irreversible Photosynthesehemmungen und läßt sich monatelang bei unveränderter oder steigender Assimilationsleistung in Bachwasser halten. Auch die amphibischen Flechten zeigen bei Submersion von ähnlicher Dauer keine Störungen ihrer Photosynthese. *Lecidea soredizodes* aus der Zone 3 erleidet hingegen durch ein- bis dreiwöchige Submersion leichte, mehr oder weniger reversible Schädigungen ihrer photosynthetischen Leistung, während *Rhizocarpon geographicum* einerseits 6 Monate lange Trockenheit erträgt, andererseits aber ebenso wie *Parmelia saxatilis* schon durch ein- bis dreiwöchige Submersion schwere und irreversible Schäden der Assimilationsfähigkeit erfährt.

RIED sieht die ökologische Bedeutung des Wasserfaktors für die Flechtenzonierung an Bachufern nicht im Auftreten unmittelbar lebenvernichtender Entquellungsschäden, sondern in der Beeinflussung der Stoffbilanz.

4. Moose

a) Lebermoose

Während für Laubmoose, über die im folgenden Abschnitt berichtet werden soll, schon ältere Beobachtungen über Beziehungen ihrer Austrocknungsresistenz zu den Wasserverhältnissen der Standorte vorliegen, wurden die Lebermoose, und zwar die Jungermaniales, erstmals von HÖFLER (1943 a, b, HERZOG und HÖFLER 1944, HÖFLER 1946, 1950 a, 1953, 1954 a, b) zum Gegenstand ausführlicher protoplasmatisch-ökologischer Trockenresistenzstudien gemacht. Die foliosen Lebermoose erwiesen sich für das Studium der Austrocknungsgrenzen des Protoplasmas als besonders günstige Objekte, da bei ihnen, vielleicht infolge eines besonderen Membranbaues, das rasche Wiederanfeuchten der Zellen und Aufquellen des Plasmas im allgemeinen schadlos ertragen wird, während bei den Gewebszellen höherer Pflanzen, wie ILJIN (1930) zeigte, der Plasmatod beim Anfeuchten ausgetrockneter Zellen häufig mechanisch durch Zerreißen des Plasmamantels infolge der plötzlichen Streckung der vorher geschrumpften Zellwand herbeigeführt wird.

In den Versuchen HÖFLERS wurden einzelne Lebermoosstämmchen in Dampfkammern bei verschiedener Luftfeuchtigkeit zur Austrocknung gebracht. Die Zellen der einschichtigen Blättchen werden unmittelbar von der verschieden trockenen Luft der Dampfkammern umstrichen, so daß sich der Wassergehalt der Protoplaste rasch mit dem der umgebenden Luft ins Gleichgewicht setzt. Die Dampfspannung der Luft kann daher schon nach kurzer Zeit als ein Maß des Wasserzustandes der verschieden stark dehydrierten Protoplaste angesehen werden. Nach 24 bis 48 Stunden Aufenthalt in den kleinen Exsikkatoren wurden die Stämmchen in feuchte Luft gebracht, sodann behutsam mit Wasser benetzt und darin aufgeweicht. Der Lebenszustand wurde durch Plasmolyse, meist in Traubenzucker, bestimmt. Ein weiteres vorzügliches Lebensreagens bilden die Ölkörper, die nach MÜLLER (1939) bei etwa 89% aller Lebermoosarten vorkommen. Ist der Trockentod eingetreten, so verschwinden oder zerfallen die Ölkörper nach dem Wasserzutritt meist bald.

Die solcherart nach Austrocknung und Wiederbefeuchtung bei bestimmter relativer Luftfeuchtigkeit gefundene Lebensgrenze der standortfrischen Moose bezeichnet HÖFLER (1943 a) als „primäre Trockengrenze". Die Grenze liegt nicht immer ganz scharf. So waren z. B. bei einer Art nach 24 Stunden Aufenthalt über 30 und 35% H_2SO_4 alle Zellen lebend („vitale Grenze"), über 40% H_2SO_4 etwa die Hälfte der Zellen („kritischer Schwellenwert") und über 50% H_2SO_4 alle Zellen tot („letale Grenze"). Tab. 10 gibt eine summarische Zusammenstellung der von HÖFLER in seinen verschiedenen Untersuchungen für Lebermoose bestimmten Trockengrenzen, geordnet nach ihrer Austrocknungsfähigkeit bzw. der Feuchtigkeit ihrer Standorte. Die Unterscheidung in Hygro-, Meso- und Xerophyten erfolgte teils nach den Originalstandortbeschreibungen des Autors, teils nach den Angaben von MÜLLER (1912/16).

Tab. 10. *Austrocknungsgrenzen der von* HÖFLER *untersuchten Lebermoose.* (Bei Vorliegen mehrerer Werte von verschiedenen Standorten sind die empfindlicheren in die Tabelle aufgenommen.)

% rel. L. F.	100	95,5	92,0	90,0	87,0	82,3	75,0	71,6	66,2	60,2	56,5	48,2	36,4	25,6	15,0	6,2	2,5	1,0	0,75	0,15	0,08	
Aplozia sphaerocarpa v. *amplexicaulis*	1	○	+	+	+	+	+	+	+	+	+	+	+	+	+	+	+	+	+	+	+	Hygrophyten
Pellia fabroniana	1	○	+	+	+	+	+	+	+	+	+	+	+	+	+	+	+	+	+	+	+	
Lophozia incisa	1	○	+	+	+	+	+	+	+	+	+	+	+	+	+	+	+	+	+	+	+	
Riccardia pinguis f. *angustior*	1	1		+	+	+	+	+	+	+	+	+	+	+	+	+	+	+	+	+	+	
Chiloscyphus rivularis	1	1	○		●	+	+	+	+	+	+	+	+	+	+	+	+	+	+	+	+	
Aplozia riparia f. *rivularis*	1	1	○	●	●	+	+	+	+	+	+	+	+	+	+	+	+	+	+	+	+	
Cephalozia connivens	1	1	1	○	+	+	+	+	+	+	+	+	+	+	+	+	+	+	+	+	+	
Eucalyx obovatus v. *rivularis*	1	1	1	○	○	+	+	+	+	+	+	+	+	+	+	+	+	+	+	+	+	
Calypogeia sphagnicola	1	1	1	○	○	○	○	+	+	+	+	+	+	+	+	+	+	+	+	+	+	
Marsupella aquatica	1	1	1	1	○	○	○	+	+	+	+	+	+	+	+	+	+	+	+	+	+	
Marsupella emarginata	1	1	1	1		○		+	+	+	+	+	+	+	+	+	+	+	+	+	+	
Eucalyx obovatus	1	1	1	1		○		+	+	+	+	+	+	+	+	+	+	+	+	+	+	
Geocalyx graveolens	1	1	1	1		○		+	+	+	+	+	+	+	+	+	+	+	+	+	+	
Trichocolea tomentella	1	1	1	1	1	1	1	1	1			+	+	+	+	+	+	+	+	+	+	
Blepharostoma trichophyllum	1	○		○	+	+	+	+	+	+	+	+	+	+	+	+	+	+	+	+	+	Mesophyten
Sphenolobus exsectiformis	1	○		○	+	+	+	+	+	+	+	+	+	+	+	+	+	+	+	+	+	
Pellia neesiana	1	1		○	+	+	+	+	+	+	+	+	+	+	+	+	+	+	+	+	+	
Microlepidozia trichoclados	1	1		○		+	+	+	+	+	+	+	+	+	+	+	+	+	+	+	+	
Aplozia atrovirens	1	1		○		+	+	+	+	+	+	+	+	+	+	+	+	+	+	+	+	
Aplozia riparia	1	1		○		+	+	+	+	+	+	+	+	+	+	+	+	+	+	+	+	
Aplozia breidleri	1	1		○		+	+	+	+	+	+	+	+	+	+	+	+	+	+	+	+	
Aplozia caespiticia	1	1			○		○				+	+	+	+	+	+	+	+	+	+	+	
Aplozia sphaerocarpa	1	1		○		○		●		●												
Scapania undulata	1	1	1	1		○		+	+	+	+	+	+	+	+	+	+	+	+	+	+	
Chiloscyphus pallescens	1	1	1	1		○		+	+	+	+	+	+	+	+	+	+	+	+	+	+	
Calypogeia neesiana	1	1	1	1		○		+	+	+	+	+	+	+	+	+	+	+	+	+	+	
Lophozia mülleri	1	1	1	1		○		+	+	+	+	+	+	+	+	+	+	+	+	+	+	
Lophozia quinquedentata	1	1	1	1		○		●	+	+	+	+	+	+	+	+	+	+	+	+	+	
Lophozia cuspidata	1	1	1	1		○		○		+	+	+	+	+	+	+	+	+	+	+	+	
Scapania undulata	1	1	1	1	1	+	+	+	+	+	+	+	+	+	+	+	+	+	+	+	+	
Scapania dentata	1	1	1	1	1	○	○	+	+	+	+	+	+	+	+	+	+	+	+	+	+	
Leptoscyphus annomalus	1	1	1	1	1	○	○	+	+	+	+	+	+	+	+	+	+	+	+	+	+	
Calypogeia trichomanis	1	1	1	1	1		○	+	+	+	+	+	+	+	+	+	+	+	+	+	+	
Lophozia porphyroleuca	1	1	1	1	1	1		+	+	+	+	+	+	+	+	+	+	+	+	+	+	
Diplophyllum albicans	1	1	1	1	1	1		○	+	+	+	+	+	+	+	+	+	+	+	+	+	
Scapania nemorosa f. *alata*	1	1	1	1	1	1		○		●		+	+	+	+	+	+	+	+	+	+	
Bazzania tricrenata	1	1	1	1	1	1		○		○		+	+	+	+	+	+	+	+	+	+	
Bazzania trilobata	1	1	1	1	1	1		○		○		○	○	○								
Lophozia ventricosa	1	1	1	1	1	1	1		○		+	+	+	+	+	+	+	+	+	+	+	
Calypogeia trichomanis	1	1	1	1	1	1	1		○	○												
Alicularia geoscyphus	1	1	1	1	1	1	1	1		+	+	+	+	+	+	+	+	+	+	+	+	
Plagiochila asplenioides	1	1	1	1	1	1	1	1		○		○		+	+	+	+	+	+	+	+	

% rel. L. F.	100	95,5	92,0	90,0	87,0	82,3	75,0	71,6	66,2	60,2	56,5	48,2	36,4	25,6	15,0	6,2	2,5	1,0	0,75	0,15	0,08	
Lejeunea cavifolia	1	1	1	1	1	1	1	1		○		○		●	+	+	+	+	+	+	+	Mesophyten
Metzgeria conjugata	1	1	1	1	1	1	1	1		○		●		+	+	+	+	+	+	+	+	
Scapania nemorosa	1	1	1	1	1	1	1	1	1		○		+	+	+	+	+	+	+	+	+	
Scapania aspera	1	1	1	1	1	1	1	1	1			○		+	+	+	+	+	+	+	+	
Alicularia scalaris	1	1	1	1	1	1	1	1	1	1		○	○	○	+	+	+	+	+	+	+	
Bazzania trilobata	1	1	1	1	1	1	1	1	1	1		○	○	●		+	+	+	+	+	+	
Pedinophyllum interruptum	1	1	1	1	1	1	1	1	1	1		○		○	●	+	+	+	+	+	+	
Metzgeria pubescens	1	1	1	1	1	1	1	1	1	1	1		+	+	+	+	+	+	+	+	+	
Ptilidium pulcherrimum	1	1	1	1	1	1	1	1	1	1	1		○		+	+	+	+	+	+	+	
Ptilidium ciliare	1	1	1	1	1	1	1	1	1	1	1	1	○	○	○							
Lophozia barbata	1	1	1	1	1	1	1	1	1	1	1	1	1	1	1	○	●	+	+	+	+	
Frullania dilatata	1	1	1	1	1	1	1	1	1	1	1	1	1		○			●			+	Xerophyten
Cololejeunea calcarea	1	1	1	1	1	1	1	1	1	1	1	1	1	1	1	1	1	1	1	1	1	
Madotheca platyphylla	1	1	1	1	1	1	1	1	1	1	1	1	1	1	1	1	1	1	1	1	1	

Erklärung: 1 = lebend; ○ = ca. 50% tot; ● = vereinzelt lebende Zellen; + = alles tot.

Die Beziehungen der Austrocknungsgrenzen zu den Erfordernissen der Standorte sind unverkennbar. Völlig austrocknungsfähige Arten, die einen Aufenthalt über konz. H_2SO_4 24 Stunden und länger ertragen, sind nicht allzu häufig. Höfler (1943 a) nennt *Cololejeunea calcarea* von trockenen Kalkfelsen und *Madotheca platyphylla* aus dem pannonischen Klimagebiet der Thermalalpen südlich von Wien (Mödling, Baden). Demgegenüber liegen die Trockengrenzen bei den „mesophytischen" Moosen der feuchten Zentralalpen im Durchschnitt um 80% r. L. F. (ca. über 15 Vol.% H_2SO_4) [1]. Bei derben Moosen des Waldbodens, wie etwa *Plagiochila asplenioides,* liegt die Grenze der Austrocknungsfähigkeit etwa zwischen 50 und 70% r. L. F., während sie bei „hygrophilen" Moosen, wie z. B. solchen aus der Sprühregion des Krimmler Wasserfalles (Salzburg) auf Luftfeuchtigkeiten von etwa 95% (= über 5 Vol.% H_2SO_4) hinaufsteigt (*Aplozia sphaerocarpa var. amplexicaulis*).

Die Werte der Trockengrenzen geben Höchstgrenzen des Sättigungsdefizites an, die das betreffende Moos ertragen kann und ihr Vorkommen an einem Standort beweist im allgemeinen, daß eine entsprechende rel. Luftfeuchtigkeit dort nicht unterschritten wird. Trockenresistente Moose können unter Umständen in trockenempfindlichere Verbände eingehen, während trockenempfindliche Arten auch von nur zeitweilig trockenen Standorten ausgeschlossen bleiben.

Besonders schön tritt die ökologische Brauchbarkeit dieser Austrocknungs-

[1] Hergestellt durch Verdünnung einer 50 Vol.% H_2SO_4-Stammlösung. Diese ist gleich einer 64,8 Gewichtsprozent-Lösung = 736 g konz. H_2SO_4 vom spez. Gewicht 840 + 400 g H_2O.

grenzen hervor, wenn sich die Untersuchung der Trockenresistenz nicht auf einzelne willkürlich herausgegriffene Arten, sondern auf die Angehörigen bestimmter Moosverbände bezieht, wie dies HÖFLER im Gebiet von Golling bei Salzburg durchgeführt hat (HERZOG und HÖFLER 1944).

Für die Verteilung der kleinen und kleinsten Vegetationseinheiten in einem Gebiet gleichen Großklimas und gleicher Jahresniederschläge ist das Mikroklima der Standorte ausschlaggebend. Von diesem aber sind wiederum die Extremwerte der Lufttrockenheit in erster Linie bestimmend.

In den feuchten Fichtenwäldern von Golling treten nach HÖFLER und HERZOG (1944), von Hylocomien abgesehen, zwei Moosgesellschaften kennzeichnend hervor, nämlich die *Bazzania trilobata*-Sozion auf Faulholz und holzgedüngtem Waldhumus und die *Plagiochila-Trichocolea*-Gesellschaft auf frischer Erde. Die erste ist durch eine kritische Austrocknungsgrenze der hochwüchsigen hygromorphen Form von *Bazzania trilobata* bei etwa 50% r. L. F. (= 30 Vol.% H_2SO_4), die zweite durch die kritische Trockengrenze von *Plagiochila asplenioides* bei 60% r. L. F. (= 25 Vol.% H_2SO_4) und von *Trichocolea tomentella* bei etwa 70% r. L. F. (= 20 Vol.% H_2SO_4) charakterisiert. Im allgemeinen entsprechen dem Kleinklima dieser feuchten, eingesenkten Lagen des Gollinger Fichtenwaldgebietes bei den untersuchten Lebermoosen vitale Trockengrenzen bei rund 70% r. L.F.

In freier Lage, wo trockene Luftströmungen teilweise Zutritt haben, findet sich auf Kalkblöcken, die von tiefen Humuslagen bedeckt sind, eine kleine Moosgesellschaft, in der besonders das Lebermoos *Lophozia ventricosa* und die Flechte *Cladonia squamaria* neben *Hylocomium proliferum* vertreten sind. *Lophozia ventricosa* hat ihre kritische Austrocknungsgrenze bei etwa 40 bis 45% r. L. F. (= 35 Vol.% H_2SO_4). Die noch vitale Austrocknungsgrenze liegt bei 60% r. L. F.

Unter den Moosverbänden der Fels- und Blocklandschaft ist auf feuchten, nach Norden oder sonst streng schattig gelegenen und vor stärkeren Luftströmungen geschützten Felshängen ein *Lophozia mülleri-Aplozia*-Verband dominierend, der kritische Trockengrenzen bei 90 bis 82% r. L. F. (= 10 bis 15 Vol.% H_2SO_4) zeigt.

An schattigen, die direkte Besonnung meidenden Kalkblöcken, die frei im Fichtenwald liegen und gegen Luftströmungen ungeschützt sind, gedeihen Moosverbände, deren durchschnittliche Austrocknungsgrenzen bei 60 bis 48% r. L. F. (= 25 bis 30 Vol.% H_2SO_4) gelegen sind. Die hier siedelnden *Pedinophyllum-Fissidens adianthioides-Lejeunea cavifolia*-Vereine meiden zwar direkte Besonnung, können aber an den freiliegenden Kalkblöcken während kurzer sommerlicher Hitzeperioden zeitweise recht weitgehende Austrocknung erleiden.

Auf den der Lufttrockenheit voll ausgesetzten Blöcken herrscht der *Ctenidium molluscum-Lophozia barbata*-Verein. An dem derb mesomorphen Leitmoos *Lophozia barbata* konnte HÖFLER bei feuchter Einbringung des Mooses in die Dampfkammer eine Austrocknungsgrenze bei 6% r. L. F. (= 50 Vol.% H_2SO_4) und bei vom Föhnwind ausgetrockneten Exemplaren sogar eine kritische Grenze bei 0,15% r. L. F. (= 80 Vol.% H_2SO_4) feststellen.

Das Auftreten solcher Trockenhärtungen durch Dürreperioden wurde weiter verfolgt und auch in verschiedenem Ausmaß an anderen Lebermoosen wiedergefunden. Besonders deutlich bei *Metzgeria conjugata* (Höfler 1946, 1950), deren kritische Austrocknungsgrenze nach lang andauerndem Feuchtwetter bei 48 bis 60% r. L. F. (= 25 bis 30 Vol.% H_2SO_4), nach einer heißen Föhnwindperiode hingegen bei 2,5% r. L. F. (= 60 Vol.% H_2SO_4) lag. In anderen Fällen waren die Schwankungen nicht so groß.

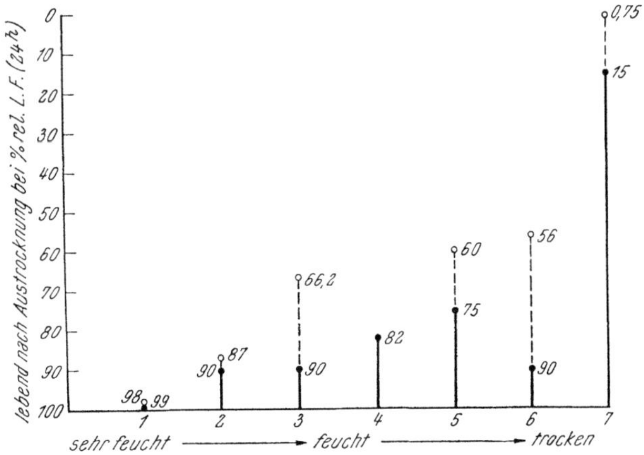

Abb. 8. Veränderlichkeit der Trockenresistenz einiger *Lophozia*-Arten an verschieden feuchten Standorten. *1 Lophozia incisa, 2 L. mülleri, 3 L. cuspidata, 4 L. porphyroleuca, 5 L. ventricosa, 6 L. quinquedentata, 7 L. barbata (= Barbilophozia barbata).* (Nach K. Höfler 1943 a, 1954, Th. Herzog und K. Höfler 1944.)

Abb. 8 gibt die Grenzen der Trockenresistenz verschiedener *Lophozia*-Arten wieder, die jeweils an zwei verschieden feuchten Standorten untersucht wurden. Die bei der einzelnen Art auftretenden Unterschiede in der Lage der plasmatischen Resistenzgrenzen können als Ausdruck der Anpassung (Härtung bzw. Verweichlichung) an die gegebenen Standortfeuchtigkeiten angesehen werden.

Noch eindeutiger wird dies in Untersuchungen von Clausen (1952), die zu verschiedenen Jahreszeiten die Austrocknungsresistenz verschiedener Lebermoose von dem gleichen Moospolster am gleichen Standort untersuchte (Abb. 9). Durchwegs läßt sich erkennen, daß die Trockenresistenz in den Monaten mit oder nach großer Lufttrockenheit höher ist als in der feuchten Jahreszeit. Ob bei diesen Resistenzunterschieden auch jahreszeitlich bedingte Schwankungen der Austrocknungsresistenz des Protoplasmas mitspielen, wie sie Abel (1956) für das Laubmoos *Bryum capillare* (siehe S. 52) zeigen konnte, läßt sich auf Grund der wenigen Werte nicht entscheiden.

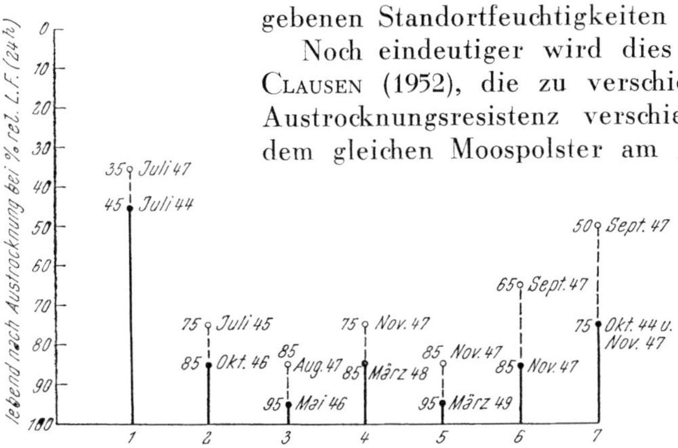

Abb. 9. Veränderlichkeit der Trockenresistenz einiger Lebermoose von gleichen Standorten zu verschiedenen Jahreszeiten. *1 Barbilophozia barbata, 2 Lepidozia reptans, 3 Lophocolea heterophylla, 4 Calypogeia trichomanis, 5 Mylia anomala, 6 Lepidozia reptans, 7 Lophocolea bidentata.* (Dargestellt nach E. Clausen 1952.)

Höfler (1943 a, b, 1946, 1950 b) hat das Problem der Trockenhärtung bei Lebermoosen auch im Experiment weiter verfolgt. Bei Härtungsversuchen sind zwei Möglichkeiten gegeben: 1. der Vergleich trocken und feucht herangezogenen Materials, dem in der Natur das Vorkommen gleicher Arten an feuchten und trockenen Standorten entspricht und 2. der Vergleich fertiger, erwachsener Zellen oder Gewebe, die vor dem Austrocknungsversuch angefeuchtet oder leicht vorgetrocknet wurden, ein Versuch, dem die Bestimmung der Trockengrenzen an ein- und demselben Standort nach Regen oder nach vorangegangener Dürreperiode gegenübersteht. HÖFLERS Versuche bezogen sich nur auf diese zweite Frage.

Es gelang bei verschiedenen Lebermoosen durch leichte Vortrocknung (Lufttrockenheit) die Austrocknungsfähigkeit des Plasmas deutlich zu steigern, und zwar etwa bis zu der Höhe, die am natürlichen Standort nach längerer Trockenheit zu beobachten war (Tab. 11).

Tab. 11. *Veränderlichkeit der Austrocknungsresistenz einiger wassergesättigt bzw. leicht vorgetrocknet in die Dampfkammern gebrachter Lebermoose* (nach HÖFLER 1943 a und HERZOG u. HÖFLER 1944).

Lebermoos	Kritischer Grenzwert			
	feucht		trocken	
	% r. L. F.	Vol.% H_2SO_4	% r. L. F.	Vol.% H_2SO_4
Metzgeria conjugata	60,2	25	2,5	60
Pedinophyllum interruptum	60,2	25	48—36	30—35
Lejeunea cavifolia	60,2	25	48—36	30—35
Scapania aspera	6,2	50	2,5	60
Lophozia barbata	6,2	50	0,15	80

Die Möglichkeit der Trockenhärtung scheint auf solche Lebermoose beschränkt zu sein, die an vorherrschend feuchten Standorten gelegentlich auch einer vorübergehenden Trockenheit ausgesetzt sind. Andere Lebermoose, die wie *Aplozia riparia* oder *Lophozia mülleri* nur in ständig feuchtem Mikroklima gedeihen und von Standorten, die auch nur vorübergehend trocken werden, ausgeschlossen sind, zeigen ein trockenempfindliches, nicht härtungsfähiges Plasma (HÖFLER 1950 b).

Ein bemerkenswerter Unterschied der Plasmen schwach und stark austrocknungsfähiger Lebermoose ergibt sich aus den Beobachtungen von CLAUSEN (1952) über die Resistenzgrenzen nach verschieden langer Austrocknung: Abb. 10 läßt deutlich erkennen, daß sich bei den trockenempfindlichen Lebermoosen die Resistenzgrenzen mit zunehmender Austrocknungsdauer (2—24 Stunden) nach immer höherer Luftfeuchtigkeit zu verschieben, während die trockenresistenten Lebermoose kein so fein reagierendes Plasma besitzen und auch nach 24 Stunden Austrocknung keine größeren Schäden zeigen als nach zwei Stunden Austrocknung.

Lebermoose wie *Lophozia incisa* und *Pellia fabroniana*, die beide schon bei 96% r. L. F. und noch darüber getötet werden, trotzdem aber an Standorten mit sicher zeitweilig niedrigerer Luftfeuchtigkeit vorkommen, gehören zu jenen Jungermaniales, die offenbar durch ein gutes Wasserleitungsvermögen ihr Transpirationswasser dauernd aus dem feuchten Substrat nachzuschaffen vermögen (HÖFLER 1943 a, 1954 a).

Bei einigen anderen Lebermoosen konnten höhere Austrocknungsgrenzen beobachtet werden, wenn die Wiederanfeuchtung nicht direkt in Wasser, sondern langsam in feuchten Kammern über H_2O durchgeführt wurde. So war nach Wiederanfeuchtung über H_2O bei *Leptoscyphus taylori* die kritische Austrocknungsgrenze von 86% r. L. F. nach 72% und bei *Trichocolea tomentella* von 88% r. L. F. nach 77% r. L. F. verschoben. Bei anderen Moosen blieben die Unterschiede gering. Während somit im allgemeinen die Austrocknungsfähigkeit der Lebermoose wesentlich als plasmatisch bedingt angesehen werden muß, dürfte bei Arten, die bei schonender

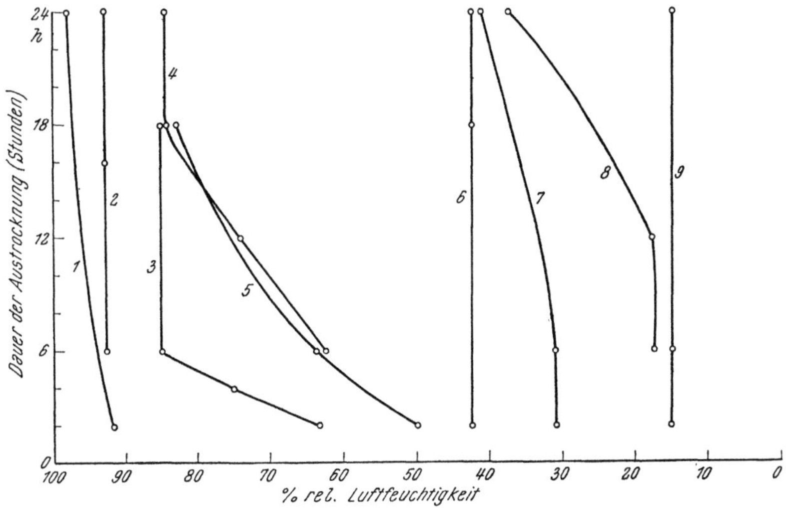

Abb. 10. Lebensgrenzen einiger trockenempfindlicher und trockenresistenter Lebermoose nach verschieden langer Austrocknung. *1 Cephalozia media, 2 Cephalozia bicuspidata, 3 Lepidozia reptans, 4 Cladiopodiella fluitans, 5 Scapania scandia, 6 Tritomaria exsectiformis, 7 Plagiochila asplenioides, 8 Barbilophozia hatcheri, 9 Radula complanata* (gleichlaufend auch: *Lophocolea heterophylla, Frullania dilatata, Frullania tamarisci, Ptilidium pulcherrimum, Cephaloziella byssacea, Porella platyphylla*). (Gezeichnet nach E. CLAUSEN 1952, Fig. 9.)

Wiederbefeuchtung eine Verschiebung der Austrocknungsschwellen in den lufttrockeneren Bereich zeigen, doch auch mechanische Schädigungen des Plasmas beim Eintrocknen bzw. Aufweichen der Zellen, wie sie ILJIN (1930) für Gewebszellen höherer Pflanzen beschrieben hat, eine Rolle spielen.

Im sommerlich trockenen pannonischen Klima um Wien dominiert an schattig-trockenen Kalkfelsen weithin *Madotheca platyphylla*. Diese bleibt im mehrtägigen Austrocknungsversuch sogar über 100% H_2SO_4, also bei völliger Austrocknung am Leben. Bemerkenswert an dieser trockenresistenten Form ist, daß sie auch an schattigen, luftfeuchten Biotopen, z. B. im Bachbett unterhalb des Gollinger Wasserfalls (Salzburg) in der Gesellschaft der Landform von *Cinclidotus fontinaloides* gut zu leben vermag und trotzdem auch dort ihre völlige Austrocknungsfähigkeit bis über konz. H_2SO_4 beibehält (HERZOG und HÖFLER 1944). Ähnlich verhält es sich auch mit *Scapania nemorosa f. alata*, die als Wasserform von *Scapania nemorosa*, gleichfalls eine für einen ständig nassen Standort auffallend hohe Austrocknungsresistenz besitzt (siehe Tab. 11).

Bei der Wertung der Lebermoose als Kleinklimaanzeiger auf Grund ihrer Austrocknungsresistenz ist zusammenfassend dreierlei zu beachten:

1. Keinen Aufschluß über die unterste Grenze der am Standort vorkommenden Luftfeuchtigkeiten geben jene Moose, die infolge ihres reichen Rhizoidenfilzes dauernd Transpirationswasser aus dem Boden bzw. Substraten guter Wasserführung (Holz) nachschaffen können (z. B. *Lophozia incisa, Pellia fabroniana*).

2. Keinen Aufschluß geben auch Moose, die eine genetisch so fest verankerte Austrocknungsresistenz besitzen, daß sie diese auch in feuchten Lebensräumen beibehalten (z. B. *Madotheca platyphylla*).

3. Die große Mehrzahl der foliosen Lebermoose besitzt aber eine mit den Feuchtigkeitsverhältnissen ihrer Standorte im Einklang stehende Austrocknungsresistenz, die unter Umständen durch „Härtung" oder „Verweichlichung" (im Versuch durch Vortrocknung oder Wassersättigung, am Standort durch vorhergehende Trocken- oder Regenperioden) in einer gewissen Spanne modifikativ veränderlich ist.

Als „Kleinklimaanzeiger" sind immer die trockenempfindlichsten und nicht die resistentesten Moose eines Standortes heranzuziehen. Die besten „Feuchtigkeits-Leitformen" sind dabei jene austrocknungsempfindlichen Arten, deren Trockenresistenz sich nicht oder nur in geringem Ausmaß modifikativ zu ändern vermag.

b) Laubmoose

Schon Schröder (1886), der als einer der ersten die Resistenz einiger Laubmoosarten gegen Austrocknung an der Luft und im Schwefelsäure-Exsikkator beobachtet hat, kam zu dem Schluß, daß die Trockenresistenz der einzelnen Arten „den verschiedenen Substraten, welchen sich die Moose angepaßt haben, entsprechend ist".

Irmscher (1912) hat eine große Zahl von Laubmoosen verschiedener Standorte auf ihre Fähigkeit Lufttrocknung und Austrocknung über konz. H_2SO_4 zu ertragen, untersucht und gleichfalls deutliche Beziehungen zwischen der Austrocknungsresistenz und den Wasserverhältnissen der Standorte gefunden. Tab. 12 bringt seine Ergebnisse geordnet nach den Standorten der untersuchten Moose. Der Lebenszustand der Zellen wurde nach Wiederbefeuchtung durch Plasmolyse in KNO_3-Lösungen (5—10%) festgestellt.

Die auffallend langen vitalen Austrocknungszeiten Irmschers erklären sich wohl aus der Verwendung ganzer Moosrasen oder -polster bei seinen Versuchen. Sie geben dadurch wohl ein gutes Bild von der Trocken- oder besser Dürreresistenz dieser Moose an ihren natürlichen Standorten, wo besonders bei den Xerophyten an exponierten Standorten Polsterbildung und Dichtrasigkeit stark ausgeprägt sind. Sie sind aber wenig aufschlußreich für die Kenntnis der Austrocknungsfähigkeit ihres Protoplasmas. Auch Irmscher selbst weist darauf hin, daß in gleicher Weise ausgetrocknete Einzelstämmchen von *Barbula muralis, Funaria hygrometrica, Ceratodon purpureus* und *Bryum capillare,* deren ganze Polster eine Lufttrocknung durch 20 bzw. 8, 18 und 20 Wochen ohne große Schädigung ertrugen, nach der gleichen Zeit vollständig abgestorben waren. Die Herabsetzung der verdunstenden Oberfläche in den dichten Moosrasen ist, zusammen mit dem kapillar zwischen den einzelnen Moosstämmen und Blättchen festgehaltenen Wasser, zweifellos von großer Bedeutung für das Überdauern von Trockenperioden.

So hat auch ROMOSE (1940) gezeigt, daß *Homalothecium sericeum*-Rasen bei voller Wassersättigung etwa 900% der Trockensubstanz an Wasser binden können, während der Wassergehalt einzelner Stämmchen bei 100% r. L. F. nur 110% der Trockensubstanz erreicht.

MÄGDEFRAU und WUTZ (1951) haben das von Art zu Art verschiedene maximale Vermögen von Moosrasen, Wasser aufzusaugen, untersucht und durch den Quotienten

$$\frac{\text{aufgenommene Wassermenge}}{\text{Trockengewicht}}$$

als „spezifische Wasserkapazität" ausgedrückt. Die Unterschiede der Arten treten deutlich hervor: z. B. *Leucobryum* 15, *Sphagnum* 8,6 bis 12,1, *Scleropodium purum* 7,9 bis 11,2, *Dicranum scoparium* 3,7 bis 6,5, *Polytrichum formosum* 2,5 bis 3,8. Die Autoren zeigten auch, daß es verschieden lange dauert, bis nach erfolgter Wassersättigung ein Gleichgewicht zwischen dem Wassergehalt des Moosrasens und dem der umgebenden Luft erreicht wird (Abb. 11).

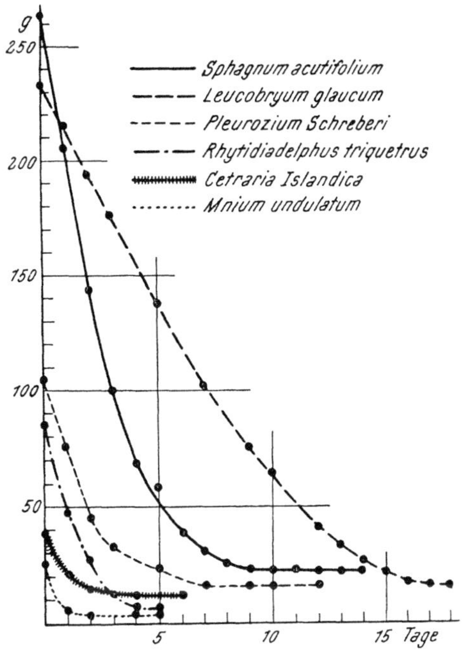

Abb. 11. Wasserabgabe wassergesättigter Moose bei etwa 60% r. L. F. (Nach MÄGDEFRAU und WUTZ 1951.)

Einige Angaben über die Austrocknungsresistenz von Herbarmoosen gibt MALTA (1921), wonach Herbarexemplare von *Grimmia elatior* nach 70 Monaten, *Orthotrichum rupestre* nach 22 Monaten, *Bryum argenteum* nach 23 und *Anomodon longifolius* nach 29 Monaten noch zur Regeneration seitlicher Sprosse vornehmlich aus älteren Teilen des Stammes befähigt waren. *Grimmia Mühlbeckii* zeigte sogar nach 18 Monate langem Liegen im Herbarium und *Blindia acuta* nach 2 Monaten Aufenthalt im Herbar noch eine Lebensfähigkeit und Weiterentwicklung der Terminalscheitelzelle.

Am natürlichen Standort sind nach dem Gesagten die meisten Laubmoose durch ihre dichte Rasenbildung und die damit verbundene Fähigkeit, Wasser zu speichern und nur langsam abzugeben, gegenüber fast allen Lebermoosen wasserökologisch im Vorteil. Auch spielt bei manchen Laubmoosen, wie etwa *Mnium hornum* und *Mnium undulatum* (BOWEN 1933) auch eine innere Wasserversorgung durch den Zentralstrang eine gewisse Rolle.

Tab. 12. *Austrocknungsresistenz und Standort verschiedener Laubmoose.* Zur Austrocknung gelangten ganze Moosrasen. Zeichen: ⎵| lebend, + tot, ◕ einzelne Zellgruppen lebend, Lufttemperatur 20° C (nach E. Irmscher 1912).

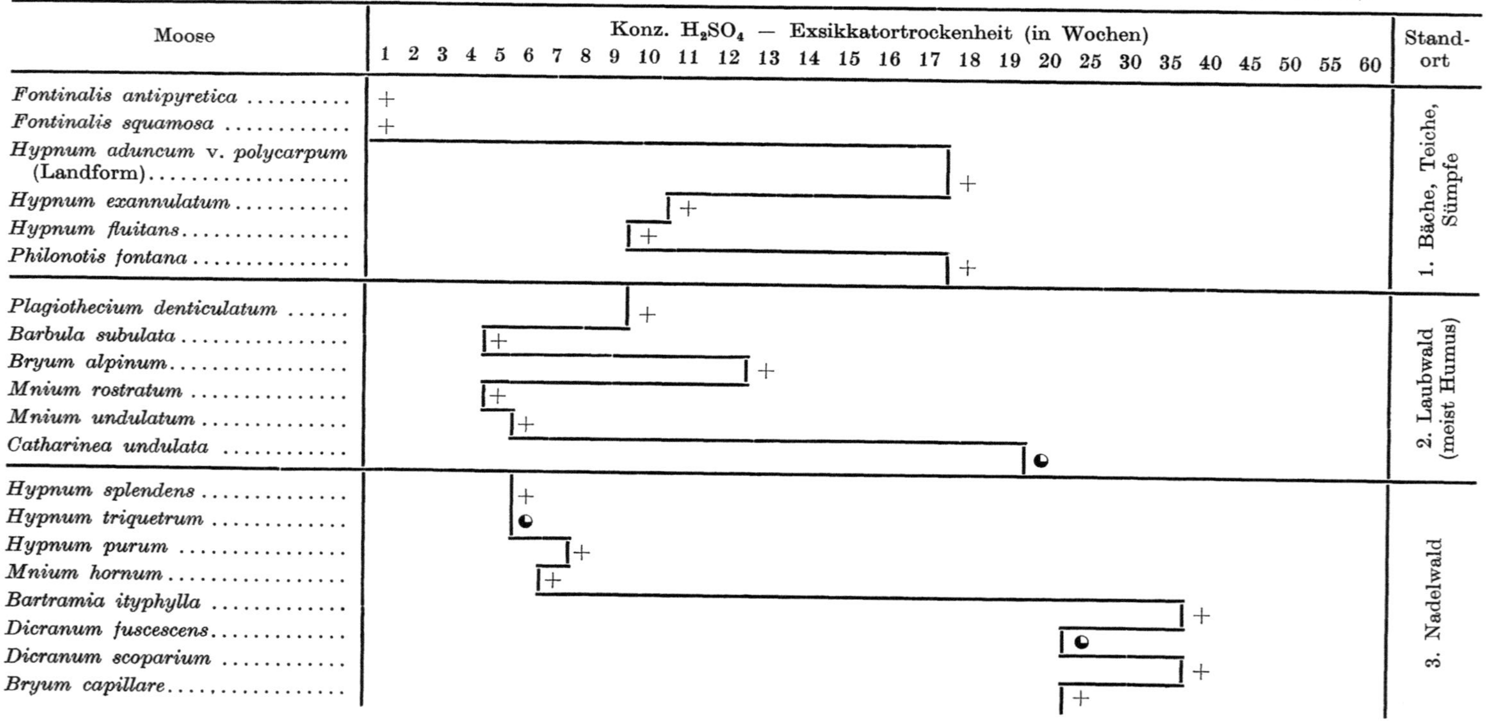

Moose	Konz. H_2SO_4 — Exsikkatortrockenheit (in Wochen)																												Standort
	1	2	3	4	5	6	7	8	9	10	11	12	13	14	15	16	17	18	19	20	25	30	35	40	45	50	55	60	
Tortula ruralis															◕														4. Erdboden: Sand
Pattia lanceolata																							+						Lehm
Funaria hygrometrica									+																				
Physcomitrium pyriforme			+																										
Bryum pallens							+																						
Rhacomitrium aciculare																						+							Humus
Ceratodon purpureus															+														
Bryum argenteum															+														
Leptobryum pyriforme							+																						5. Felsen, Mauern, Dächer
Bryum caespiticium																				+									
Schistidium maritimum																				◕									
Grimmia pulvinata																												+	
Grimmia ovata																								+					
Rhacomitrium heterostichum																								+		+			
Rhacomitrium canescens																								+					
Barbula muralis																				◕									
Enthostodon fascicularis							+																						
Didymodon rubellus																										+			
Pylaisia polyantha																		+											6. Baumstämme, Zäune
Ulota Ludwigii																												+	
Orthotrichum speciosum																									+				
Orthotrichum stramineum																												+	

Ochi (1952) verwendet zur Angabe des niedersten ertragbaren Wassergehaltes bei Laubmoosen den Begriff der „hydrability", worunter er den Quotienten $\frac{\text{Frischwassergehalt}}{\text{Sättigungswassergehalt}}$ versteht. Er findet, daß im allgemeinen der Sättigungswassergehalt (in % des Trockengewichtes) bei xerophilen Moosen kleiner ist als bei mesophilen und bei diesen kleiner als bei hygrophilen Arten, während die geringste ertragbare „hydrability" bei xerophilen und mesophilen Moosen ungefähr gleich, bei beiden aber kleiner als bei hydrophilen ist. Ein Vergleich der „hydrability" lufttrockener lebender und lufttrockener toter Moose zeigt bei den xerophilen Arten gleiche Werte, während sie bei den lufttrockenen lebenden mesophilen Moosen höher gefunden wird als bei lufttrockenen abgetöteten. Die untersuchten hygrophilen Laubmoose starben im lufttrockenen Zustand überhaupt ab.

Daß die Austrocknungsresistenz des Protoplasmas auch bei den Laubmoosen sehr verschieden ist und in guter Übereinstimmung mit den Wasserverhältnissen der Standorte steht, geht besonders schön aus einer umfangreichen Studie von Abel (1956) hervor. Ein großer Fortschritt in der Methodik Abels war, daß er vor Versuchsbeginn für alle zur Austrocknung gelangenden Moosblättchen hinsichtlich des Wassergehaltes ihrer Plasmen gleiche Ausgangssituationen schuf. Jeder Versuch wurde parallel geführt, und zwar einmal mit Blättchen, die einige Stunden in Wasser gelegen waren und sich voll aufsättigen konnten, und andererseits mit Blättchen, die vor Beginn des Austrocknungsversuches 24 Stunden über 5% H_2SO_4, d. i. bei einer r. L. F. von etwa 96% leicht vorgetrocknet worden waren. Die dadurch erzielte „Härtung" wirkte sich im nachfolgenden Austrocknungsversuch in sehr charakteristischer Weise aus (Tab. 13). Bemerkenswert ist, daß Vortrocknung bei geringerer Luftfeuchtigkeit keine solchen Härtungserfolge erzielen ließ.

Ein Vortrocknungseffekt liegt wohl auch der von Lange (1955) im Zusammenhang mit Hitzeresistenzversuchen beobachteten hohen Austrocknungsfähigkeit sehr vieler Laubmoose zugrunde, die, durch einige Stunden auf Fließpapier luftgetrocknet, anschließend 36—50 Stunden im Exsikkator in völliger Lufttrockenheit über Phosphorpentoxyd ausgetrocknet werden konnten.

In der Tab. 13 sind die Versuchsmoose Abels nach ihrer Austrocknungsfähigkeit innerhalb ihrer ökologischen Gruppierung in Hygro-, Meso- und Xerophyten gereiht. Die Zuordnung zu diesen erfolgte nach den Originalstandortangaben Abels und den Angaben von Juratzka (1882).

Abel nennt die Lebensgrenze der wassergesättigt in die Exsikkatoren eingebrachten Moosblättchen „primäre Resistenzgrenze". Ein Blick auf die Tabelle zeigt vor allem die äußerst geringe primäre Resistenz fast aller Hygrophyten und die außerordentlich hohe der Xerophyten. Charakteristisch ist, daß Vortrocknung bei den meisten Hygrophyten kaum eine Erhöhung ihrer Austrocknungsresistenz bewirkt. Dies steht sehr im Gegensatz zu dem Verhalten der mesophytischen Laubmoose, die zu einem Großteil zwar auch eine verhältnismäßig geringe primäre Austrocknungsresistenz besitzen, jedoch nach Vortrocknung fast durchwegs eine Austrocknung bis auf 5% r. L. F. herunter ertragen. Es zeigt dies, daß diese Moose auch am natürlichen Standort vorübergehende Trockenperioden, die ja mit einer allmählichen Austrocknung beginnen, zu ertragen vermögen. Die Austrocknungsresistenz der standortfrischen Moose liegt in verschiedener Höhe zwischen diesen beiden Grenzwerten.

Daß selbst ein in der feuchten Luft des Glashauses kultiviertes, aus einem von Wasser umgebenen Blumentopf emporwachsendes Moos noch bei weitem nicht die unterste Resistenzgrenze (primäre Resistenzgrenze) erreicht, zeigt z. B. *Mnium seligeri.* Vollständig unbehandelt dem Kulturgefäß entnommene Blättchen haben ihre vitale Austrocknungsgrenze bei 37% r. L. F., einige Stunden vor der Austrocknung in Wasser eingelegte Blättchen haben ihre Lebensgrenze schon bei 72% r. L. F., und 24 Stunden bei 96% r. L. F. vorgetrocknete Blättchen zeigen eine Resistenzgrenze bei 26% r. L. F.

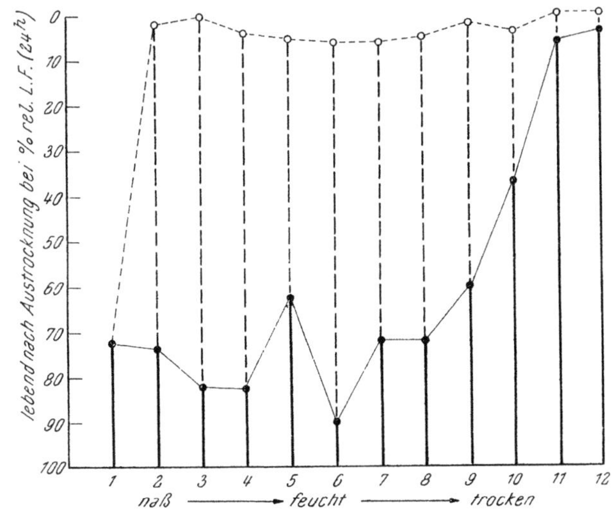

Abb. 12. Primäre und Vortrocknungsresistenz von *Mnium*-Arten verschieden feuchter Standorte. *1 Mnium cinclidioides, 2 M. seligeri, 3 M. medium, 4 M. marginatum, 5 M. punctatum, 6 M. rostratum, 7 M. cuspidatum, 8 M. affine, 9 M. stellare, 10 M. hornum, 11 M. undulatum, 12 M. spinosum.* Vorbehandlung: ——— 1—3 h wassergesättigt, - - - - - 24 h Vortrocknung bei 97% r. L. F. (über 5 Vol.% H_2SO_4). (Gezeichnet nach Angaben W. ABEL 1956.)

Interessant ist ein Vergleich der primären und der Vortrocknungsresistenzen bei verschiedenen *Mnium*- und *Bryum*-Arten. Unter beiden finden sich Bewohner sehr feuchter und trockener Standorte, wobei die Bewohner der trockenen Standorte gegenüber den feuchte Standorte besiedelnden Arten durchwegs durch eine wesentlich geringere primäre Trockenresistenz (= Austrocknungsresistenz der wassergesättigten Blättchen) ausgezeichnet sind. Werden aber die Austrocknungsgrenzen nach Vortrocknung bestimmt, so ergeben sich auffallende Unterschiede. Während bei den *Mnium*-Arten (Abb. 12) mit Ausnahme von *Mnium cinclidioides* auch die feuchtigkeitsliebenden Arten bis auf 1% r. L. F. und weniger ausgetrocknet werden konnten, zeigen die *Bryum*-Arten (Abb. 13) eine weit extremere Aufspaltung in Hygro-, Meso- und Xerophyten. Die sehr austrocknungsempfindlichen Hygrophyten sind durch Vortrocknung nicht oder nur in geringstem Maß zu härten, während die beiden untersuchten Mesophyten zwar eine geringere primäre Resistenz, jedoch eine sehr gute Härtungsfähigkeit erkennen ließen und der ausgesprochene Xerophyt *Bryum pendulum* schon eine primäre Austrocknungsresistenz bis zur völligen Trockenheit über 100% H_2SO_4 auf-

Tab. 13. *Grenzen der Austrocknungsresistenz von Laubmoosblättchen* (24 Stunden Austrocknung) 1 = primäre Resistenz (Blättchen vor Versuchsbeginn wassergesättigt) — = Resistenz nach 24 Stunden Vortrocknung bei 96% r. L. F., + = tot (nach W. O. ABEL 1956).

% rel. L. F.	100		90		80		70		60		50		40		30		20		10	5		0	
Sphagnum subsecundum	1	+	+	+	+	+	+	+	+	+	+	+	+	+	+	+	+	+	+	+	+	+	Hygrophyten
Bryum schleicheri	1	+	+	+	+	+	+	+	+	+	+	+	+	+	+	+	+	+	+	+	+	+	
Schistostega osmundacea	1	+	+	+	+	+	+	+	+	+	+	+	+	+	+	+	+	+	+	+	+	+	
Aulacomnium palustre	1	—	—	+	+	+	+	+	+	+	+	+	+	+	+	+	+	+	+	+	+	+	
Philonotis calcarea	1	—	—	+	+	+	+	+	+	+	+	+	+	+	+	+	+	+	+	+	+	+	
Fontinalis antipyretica	1	1	+	+	+	+	+	+	+	+	+	+	+	+	+	+	+	+	+	+	+	+	
Philonotis seriata	1	1	+	+	+	+	+	+	+	+	+	+	+	+	+	+	+	+	+	+	+	+	
Campylium stellatum	1	1	+	+	+	+	+	+	+	+	+	+	+	+	+	+	+	+	+	+	+	+	
Dicranum bergeri	1	1	—	+	+	+	+	+	+	+	+	+	+	+	+	+	+	+	+	+	+	+	
Bryum ventricosum	1	1	—	+	+	+	+	+	+	+	+	+	+	+	+	+	+	+	+	+	+	+	
Bryum duvalii	1	1	—	+	+	+	+	+	+	+	+	+	+	+	+	+	+	+	+	+	+	+	
Bryum bimum	1	1	1	+	+	+	+	+	+	+	+	+	+	+	+	+	+	+	+	+	+	+	
Scorpidium scorpidioides	1	1	1	+	+	+	+	+	+	+	+	+	+	+	+	+	+	+	+	+	+	+	
Georgia pellucida	1	1	1	+	+	+	+	+	+	+	+	+	+	+	+	+	+	+	+	+	+	+	
Mnium cinclidioides	1	1	1	1	1	1	+	+	+	+	+	+	+	+	+	+	+	+	+	+	+	+	
Dicranodontium denudatum	1	1	1	—	—	—	—	—	—	—	—	+	+	+	+	+	+	+	+	+	+	+	
Mnium medium	1	1	1	1	—	—	—	—	—	—	—	—	—	—	—	—	—	—	—	—	—	—	
Mnium seligeri	1	1	1	1	1	—	—	—	—	—	—	—	—	—	—	—	—	—	—	—	—	+	
Drepanocladus uncinatus	1	1	1	1	1	—	—	—	—	—	—	—	—	—	—	—	—	—	—	—	+	+	
Fontinalis squamosa	1	1	1	1	1	1	1	1	1	1	1	1	1	1	1	1	1	1	1	1	1	+	
Plagiothecium undulatum	1	1	—	—	—	—	—	—	—	—	—	—	—	—	—	—	—	—	+	+	+	+	Mesophyten
Eurhynchium speciosum	1	1	1	—	—	—	—	—	—	—	—	—	—	—	—	—	—	—	—	—	+	+	
Mnium rostratum	1	1	1	—	—	—	—	—	—	—	—	—	—	—	—	—	—	—	—	—	+	+	
Plagiothecium silvaticum	1	1	1	—	—	—	—	—	—	—	—	—	—	—	—	—	—	—	—	—	+	+	
Bryum caespiticium	1	1	1	—	—	—	—	—	—	—	—	—	—	—	—	—	—	—	—	—	—	+	
Plagiothecium platyphyllum	1	1	1	—	—	—	—	—	—	—	—	—	—	—	—	—	—	—	—	—	—	+	
Climacium dendroides	1	1	1	—	—	—	—	—	—	—	—	—	—	—	—	—	—	—	—	—	—	+	
Ceratodon purpureus	1	1	1	—	—	—	—	—	—	—	—	—	—	—	—	—	—	—	—	—	—	—	
Mnium marginatum	1	1	1	1	—	—	—	—	—	—	—	—	—	—	—	—	—	—	—	—	—	+	
Pohlia cruda	1	1	1	1	1	—	—	—	—	—	—	—	—	—	—	—	—	—	+	+	+	+	
Plagiothecium roeseanum	1	1	1	1	1	—	—	—	—	—	—	—	—	—	—	—	—	—	—	—	+	+	
Fissidens taxifolius	1	1	1	1	1	—	—	—	—	—	—	—	—	—	—	—	—	—	—	—	+	+	
Cirriphyllum cirrosum	1	1	1	1	1	—	—	—	—	—	—	—	—	—	—	—	—	—	—	—	+	+	
Pohlia elongata	1	1	1	1	1	—	—	—	—	—	—	—	—	—	—	—	—	—	—	—	—	+	
Bryum capillare	1	1	1	1	1	—	—	—	—	—	—	—	—	—	—	—	—	—	—	—	—	+	
Mnium affine	1	1	1	1	1	1	—	—	—	—	—	—	—	—	—	—	—	—	—	—	—	+	
Mnium punctatum	1	1	1	1	1	1	1	1	—	—	—	—	—	—	—	—	—	—	—	—	+	+	
Mnium cuspidatum	1	1	1	1	1	1	1	1	—	—	—	—	—	—	—	—	—	—	—	—	+	+	
Hylocomium splendens	1	1	1	1	1	1	1	1	—	—	—	—	—	—	—	—	—	—	—	—	+	+	
Rhytidiadelphus squarrosus	1	1	1	1	1	1	1	1	—	—	—	—	—	—	—	—	—	—	—	—	—	+	
Atrichum undulatum	1	1	1	1	1	1	1	1	—	—	—	—	—	—	—	—	—	—	—	—	—	+	
Pogonatum aloides	1	1	1	1	1	1	1	1	—	—	—	—	—	—	—	—	—	—	—	—	—	+	

% rel. L. F.	100		90		80		70		60		50		40		30		20		10		5	0	
Campylium sommerfeltii	1	1	1	1	1	1	1	1	–	–	–	–	–	–	–	–	–	–	–	–	–	+	Mesophyten
Rhytidiadelphus triqueter	1	1	1	1	1	1	1	1	1	–	–	+	+	+	+	+	+	+	+	+	+	+	
Plagiothecium neglectum	1	1	1	1	1	1	1	1	1	1	–	–	–	–	–	–	–	–	–	–	–	+	
Mnium hornum	1	1	1	1	1	1	1	1	1	1	1	–	–	–	–	–	–	–	–	–	–	+	
Pleurozium schreberi	1	1	1	1	1	1	1	1	1	1	1	1	1	1	1	1	1	1	–	–	+	+	
Dicranum scoparium	1	1	1	1	1	1	1	1	1	1	1	1	1	1	1	1	1	1	1	–	–	–	
Rhytidiadelphus loreus	1	1	1	1	1	1	1	1	1	1	1	1	1	1	1	1	1	1	1	1	+	+	
Dicranum viride	1	1	1	1	1	1	1	1	1	1	1	1	1	1	1	1	1	1	1	1	–	–	
Mnium spinosum	1	1	1	1	1	1	1	1	1	1	1	1	1	1	1	1	1	1	1	1	–	–	
Mnium undulatum	1	1	1	1	1	1	1	1	1	1	1	1	1	1	1	1	1	1	1	1	–	–	
Polytrichum attenuatum	1	1	1	1	1	1	1	1	1	1	1	1	1	1	1	1	1	1	1	1	–	–	
Pohlia rothii	1	1	1	1	1	1	1	1	1	1	1	1	1	1	1	1	1	1	1	1	1	–	Xerophyten
Bryum pendulum	1	1	1	1	1	1	1	1	1	1	1	1	1	1	1	1	1	1	1	1	1	–	
Encalypta contorta	1	1	1	1	1	1	1	1	1	1	1	1	1	1	1	1	1	1	1	1	1	–	
Neckera crispa	1	1	1	1	1	1	1	1	1	1	1	1	1	1	1	1	1	1	1	1	1	–	
Pterogonium gracile	1	1	1	1	1	1	1	1	1	1	1	1	1	1	1	1	1	1	1	1	1	–	
Rhacomitrium canescens	1	1	1	1	1	1	1	1	1	1	1	1	1	1	1	1	1	1	1	1	1	–	
Hedwigia albicans	1	1	1	1	1	1	1	1	1	1	1	1	1	1	1	1	1	1	1	1	1	–	
Syntrichia ruralis	1	1	1	1	1	1	1	1	1	1	1	1	1	1	1	1	1	1	1	1	1	1	
Grimmia sp.	1	1	1	1	1	1	1	1	1	1	1	1	1	1	1	1	1	1	1	1	1	1	

weist. Die Standortdifferenzierung der *Bryum*-Arten liegt vielleicht erdgeschichtlich länger zurück und ist damit phylogenetisch tiefer verankert als bei den *Mnium*-Arten.

Auffallend sind die Resistenzunterschiede des Paares *Fontinalis antipyretica* und *Fontinalis squamosa* (Tab. 13). Beide sind wasserbewohnende Hygrophyten. Während aber die erste Art eine große primäre Trockenempfindlichkeit aufweist, die durch Vortrocknung nicht gesteigert werden kann, besitzt die zweite schon eine auffallend hohe primäre Trockenresistenz, die nicht hinter jener von Xerophyten zurücksteht. Als Erklärung dieser Erscheinung können zwei Möglichkeiten in Betracht kommen, die aber noch geprüft werden müßten: entweder trocknen die Standorte von *Fontinalis squamosa* zeitweise aus, so daß eine ökologische Anpassung an diese Verhältnisse notwendig ist, oder aber diese trockenresistente

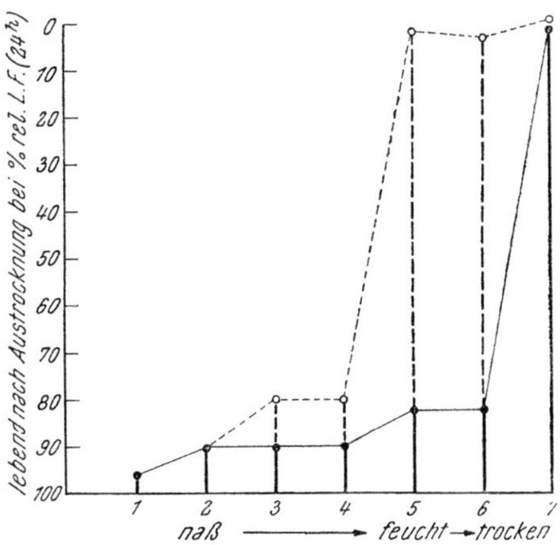

Abb. 13. Primäre und Vortrocknungsresistenz von *Bryum*-Arten verschieden feuchter Standorte. *1 Bryum schleicheri, 2 B. bimum, 3 B. ventricosum, 4 B. duvalii, 5 B. caespitosum, 6 B. capillare, 7 B. pendulum.* Vorbehandlung: ——— 1–3 h wassergesättigt, - - - - - 24 h Vortrocknung bei 96% r.L.F. (über 5 Vol.% H_2SO_4). (Gezeichnet nach Angaben W. ABEL 1956.)

Plasmakonstitution ist aus einer Zeit erhalten geblieben, da dieses Moos noch als Landpflanze hohen Lufttrockenheiten ausgesetzt war.

Schließlich hat Abel auch an gleichen Standorten für einige Laubmoose die Austrocknungsresistenz zu verschiedenen Jahreszeiten untersucht. Hier weisen die Ergebnisse bei *Bryum capillare* (Abb. 14) besonders eindringlich auf jahreszeitliche Änderungen der Resistenzschwellen hin. Ob die Ende März im Freiland gefundenen höchsten Trockenresistenzgrenzen durch winterliche Kälte, durch den Entwicklungszustand oder eine endonome Resistenzrhythmik verursacht sind, ist danach noch nicht zu entscheiden und bedarf weiterer Untersuchung. Anzeichen, daß die Trockenresistenz zu-

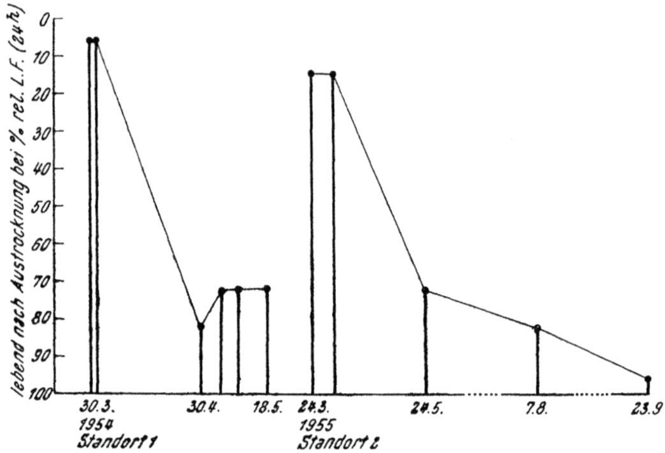

Abb. 14. Änderung der Austrocknungsgrenzen von *Bryum capillare*-Blättchen im Laufe des Jahres. Gleiche Standorte. Blättchen bei Versuchsbeginn wassergesättigt. 24 Stunden Austrocknung. (Gezeichnet nach Angaben W. Abel 1956.)

mindest im März erhöht ist, finden sich auch noch bei zahlreichen anderen Arten, so z. B. *Fissidens taxifolius, Mnium punctatum, Rhytidiadelphus squarrosus.*

Angaben über die Austrocknungsresistenzen von epiphytischen Laubmoosen eines Buchenwaldes in Südwestjapan bringen Hosokawa und Kubota (1957). Tab. 14 zeigt das Ergebnis eines Versuches, in dem die einzelnen Moose in kleinen Schwefelsäureexsikkatoren (s. Abb. 1) relativer Luftfeuchtigkeit von 0 bis 100% verschieden lange ausgesetzt waren.

Die von den beiden Autoren angegebene Tabelle der relativen Luftfeuchtigkeit über verschiedenen Schwefelsäurekonzentrationen zeigt gegenüber den Tabellen von Walter und Höfler (s. Tab. 2) zu hohe Werte. Da jene aber mit den entsprechenden Daten in den physikalisch-chemischen Tabellen von Landolt-Börnstein (1960) übereinstimmen, scheint diese einer Überprüfung zu bedürfen.

Die vier ersten Moose der Tabelle, die die untersten Standorte an der Stammbasis einnehmen (siehe auch Abb. 40, S. 114), zeigen deutlich eine größere Austrocknungsempfindlichkeit als jene, die höher am Stamm hinaufreichen oder erst in größeren Höhen vorzukommen beginnen. Bemerkenswert ist, daß die beiden die höchsten Standorte (15—17 m) erreichenden

Moose *Boulaya mittenii und Ulota crispula* zwar in 70—90% r. L. F. nach Abschluß der Versuchsdauer von 43 Tagen noch vollständig lebten, in 100% r. L. F., die von allen anderen Moosen während der ganzen Versuchsdauer ertragen wurden, jedoch schon nach 20—27 Tagen abstarben. Es scheint hier, ähnlich wie bei extremen Gezeitenalgen (vgl. S. 24), eine ständige Durchfeuchtung sogar schädigend zu wirken.

Tab. 14. *Austrocknungsresistenz epiphytischer Laubmoose eines Buchenwaldes in Südwest-Japan.*
> = lebend am Tag des Versuchsabschlusses. Versuchsbeginn: 25. August (nach Hosokawa und Kubota 1957).

Moos	Lebensdauer in Tagen bei Aufenthalt in verschiedener r. L. F.							
	0%	10%	20%	30%	40%	70%	80%	90%	100% r. L. F.
Homaliodendron scalpellifolium	3	6	6	9	?	30	32	37	>43
Thuidium cymbifolium	4	6	8	8	8	30	37	43	>43
Thamnium sandei	5	7	8	8	8	30	37	>43	>43
Hylocomium cavifolium	4	6	8	9?	9?	30	30	>43	>43
Anomodon giraldii	4	7	8	12	14	37	37	>43	>43
Macrosporiella scabriseta	4	6	9	14	>14	>43	>43	>43	>43
Neckera yezoana	4	8	10	12?	>14	40	>43	>43	>43
Pterobryum arbuscula	7	12	14	>14	>14	43	>43	>43	>43
Forsstroemia cryphaeoides	5	7	10	14	14	37	>43	>43	>43
Frullania moniliata	6	8	8	9	9	30	30	>43	>43
Dicranoloma fragiliforme	4	6?	?	10	10	37	>43	>43	>43
Macromitrium gymnostomum	5	8	10	14	14	32	>43	>43	>43
Boulaya mittenii	5	7	8	>14	>14	>43	>43	>43	20—27
Ulota crispula	6	12	12	12	14	>43	>43	>43	20—27

Eine Wiederholung des Versuches im Winter (Versuchsbeginn 9. November) zeigte eine allgemeine Steigerung der Austrocknungsresistenz. Sämtliche Versuchsmoose lebten bei einer relativen Luftfeuchtigkeit von 30, 45 und 60%, aber auch in 100%, länger als 102 Tage.

5. Farne

Mit der Ausbildung regulierbarer Spaltöffnungen, eines unter Umständen tiefgreifenden Wurzelsystems und einer gut funktionierenden inneren Wasserleitung beginnen sich die Farne von der Luftfeuchtigkeit ihres Standortes unabhängiger zu machen als Algen, Flechten und Moose. Es wird daher bei der großen Zahl von Farnen mittelfeuchter Standorte keine so fein abgestufte Übereinstimmung zwischen Austrocknungsfähigkeit des Protoplasmas und Standortfeuchtigkeit mehr zu erwarten sein. Das Interesse der Untersucher wandte sich darum auch den Vertretern extrem feuchter bzw. extrem trockener Lebensräume zu.

Härtel (1940) untersuchte die Austrocknungsresistenz einiger feuchtigkeitliebender Hymenophyllaceen. Sie wurden in Dampfkammern verschiedener Lufttrockenheit ausgesetzt und nach vorsichtiger Wiederbefeuchtung untersucht. Als Letalpunkt wurde das Auftreten von über 20% toter Zellen (Plasmolyse als Lebensreagens) angenommen (Tab. 15).

Die Wassernachfuhr ist bei diesen Farnen gering. HÄRTEL (1940) kittete Wedel bzw. Wedelstücke mit den Stielenden in mit Wasser gefüllte Glaskapillaren ein und setzte sie so über Kochsalzlösungen den verschiedenen Luftfeuchtigkeiten aus. Dabei beobachtete er, daß *Hymenophyllum demissum* in einer Atmosphäre von 95% r. L. F. bei Wasserzufuhr noch mit einer rel. Transpiration von 0,14 gegenüber einer solchen von 0,32 im turgeszenten Zustand weiter zu transpirieren vermag. Bei 75% r. L. F. sinkt sie schon auf

Tab. 15. *Letale Austrocknungsgrenzen einiger Hymenophyllaceen* (nach O. HÄRTEL 1940).

Versuchspflanze	Todesgrenze bei % rel. Luftfeuchtigkeit	
	Wedel unmittelbar ins Plasmolytikum gebracht	Wedel vorher in feuchter Kammer aufgesättigt
Hymenophyllum demissum	ca. 95%	ca. 80%
Hymenophyllum sanguinolentum ..	95–97%	95–97,5%
Hymenophyllum dilatatum	80–90%	90%
Trichomanes radicans	90–95%	90–95%
Trichomanes prolongatum	90–95%	90–95%

0,07% und in Zimmerluft wird sie gleich Null (unter „rel. Transpiration" wird das Verhältnis der Verdunstung der Wedel zu der eines feuchten Filterpapieres verstanden).

Schon RENNER (1932, S. 246) beobachtete an natürlichen Standorten in Regen- und Nebelwäldern auf Bali, daß an offenen Stellen die kleineren Hymenophyllaceen an Baumstämmen, selbst auf der Höhe der Regenzeit im Jänner und Februar, vertrocknet und zusammengekräuselt waren, wenn nur ein paar Stunden die Sonne geschienen hatte.

Ökologisch von Bedeutung ist die Möglichkeit, einen eingetretenen Wasserverlust durch Wasserdampfaufnahme aus der Luft wieder ausgleichen zu können. Dabei zeigen ausgesprochen hygrophile Hymenophyllaceen ein anderes Verhalten als epiphytische. So brachte SHREVE (1911) bei 70—80% r. L. F. oberflächlich getrockneter Blätter verschiedener Arten in feuchte Kammern (>95% r. L. F.). Nach 24 Stunden hatte das Gewicht von *Hymenophyllum asplenioides, H. polyanthes* und *H. sericeum* zu-, das von *Trichomanes rigidum* und *Tr. radicans* hingegen abgenommen. Diese beiden hygrophilen Arten zeigten leichte, in den darauffolgenden Tagen sogar noch weiter zunehmende Schrumpfelung.

KALTWASSER (1938), der die Assimilationsleistung nach Austrocknung und Wiedereinwässerung als Gradmesser der Trockenschädigung benützt, reiht *Trichomanes radicans* gleichfalls unter die sehr wenig trockenresistenten Formen ein. Die Trockenempfindlichkeit läßt sich durch Bestimmung von Atmung und Assimilation schon bei Austrocknungsgraden feststellen, die noch nicht zum Absterben einzelner Zellen führen und daher durch bloße mikroskopische Beobachtung noch nicht erkennbar sind. Die Atmungskurve nach Austrocknung ist der Assimilationskurve entgegengesetzt. „Die Photosynthese ist unmittelbar nach erreichter Sättigung des Gewebes (und damit des Protoplasmas) je nach Abstufung der physiologischen Resistenz mehr oder weniger stark herabgesetzt. Zur gehemmten Photosynthese gesellt sich eine anfängliche Steigerung der Atmung, die bei empfindlichen Typen den Dunkelwert der CO_2-Abgabe des nicht entquollenen Gewebes im Extrem bis auf 290% anschwellen läßt" (MONTFORT und HAHN 1950).

Besonders die Beobachtung der Atmungsintensität nach Austrocknung und Wiedereinquellung läßt nach MONTFORT und HAHN eine deutliche Unterscheidung der Trockenresistenz von *Polypodium vulgare* auf der einen und *Scolopendrium vulgare* und *Cystopteris fragilis* auf der anderen Seite zu. Während eine Austrocknung auf 30% des ursprünglichen Wassergehaltes nach erfolgter Wiedereinquellung bei *Polypodium* noch kaum eine Änderung der Atmungsintensität erkennen läßt, ist diese bei den beiden anderen Farnen auf 230—240% des Ausgangswertes der frischen Pflanzen gesteigert. Hier muß der Zellphysiologe neidlos den Vorzug makrophysiologischer Methoden für die Aufdeckung solcher feiner Unterschiede in der konstitutionellen Prägung von Resistenztypen anerkennen.

Ähnlich wie im vorigen mehrfach für Algen und Moose hervorgehoben, kommt auch hier meist dem Erbgut größere Bedeutung zu als einer standortbedingten modifikativen „Härtung" oder „Verweichlichung". *Cystopteris fragilis* und *Polypodium vulgare*, vom gleichen Standort einer nach Norden gerichteten Bachmauer im tiefen Waldschatten, zeigten in ihrem Atmungsverhalten nach Austrocknung die gleichen, obenangeführten großen Unterschiede. Durch seine größere Austrocknungsresistenz ist *Polypodium vulgare* befähigt, einen breiteren ökologischen Bereich zu besiedeln. Während *Cystopteris* und *Scolopendrium* auf ausgesprochen feuchte und schattige Stellen beschränkt sind, ist *Polypodium vulgare* auch epiphytisch auf Baumstämmen und in Baumkronen zu finden (HEGI 1906). WITTROCH (1891) gibt sogar eine vitale Austrocknungsfähigkeit von *Polypodium vulgare* über konzentrierter Schwefelsäure an.

Während *Polypodium vulgare* in der Natur wohl selten in die Lage kommt, seine ihm innewohnende Trockenresistenz voll auszunützen, werden andere Farne extrem trockener Standorte regelmäßig während jeder Dürreperiode weitgehend dehydriert. Wie tote, entwässerte Quellkörper überdauern sie die Trockenzeit. PESSIN (1924) nennt in dieser Hinsicht *Polypodium polypodioides*, ILJIN (1931) *Notholaena marantae*, WALTER (1931, 1938) *Notholaena eckloniana, Ceterach cordata, Cheilanthes hirta, Pellea* und *Actinopteris*, ROUSCHAL (1938 b) *Ceterach officinarum*. Auch *Asplenium trichomanes, Asplenium ruta muraria* und *Asplenium septentrionales* erfahren gelegentlich an ihren Standorten weitgehende Austrocknung.

Die vitale Austrocknungsgrenze bestimmte ILJIN (1931) im Dampfkammerversuch für *Notholaena marantae* mit 50% r. L. F. ROUSCHAL (1938) fand bei *Ceterach officinarum* sogar über 100% H_2SO_4 nur ein Blatt etwas geschädigt. Alle anderen waren frisch. Auf den Sättigungswassergehalt bezogen, wurden von *Ceterach* Wasserdefizite bis zu 98,4% ertragen. Auch in Iljins Versuchen konnte *Notholaena* bis 94% ihres Wassers verlieren. Nach Walter (1939 b) enthielten lufttrockene junge Blättchen von *Notholaena eckloniana* nur mehr 6,8% des Frischgewichtes an Wasser (= 7,3% des Trockengewichtes), *Ceterach cordata* 8,0% (7,4%) und *Cheilanthes hirta* 7,2% (6,7%). Die genannten Farne überdauern Dürreperioden bis zur Lufttrockenheit entwässert in eingerolltem Zustand.

Ähnlich verhält sich auch *Selaginella lepidophylla*.

6. Blütenpflanzen

Stark austrocknungsfähige Plasmen finden sich unter den Blütenpflanzen nur selten. Die Blütenpflanzen sind die charakteristischen Vertreter des homoiohydren Organisationstypus, dessen Eigenart es ist, dem Protoplasma durch morphologische, anatomische und physiologische Einrichtungen eine von der Lufttrockenheit möglichst unabhängige innere Feuchtigkeit zu erhalten. Die Existenz poikilohydrer Blütenpflanzen „ist deshalb besonders bemerkenswert, weil ihr sporadisches Vorkommen offenbar auf Neuerwerbung dieser eigenartigen plasmatischen Fähigkeit hinweist" (Huber 1935 b).

Zu den bekannten Formen gehören die Gesneriaceen *Ramondia nathaliae*, eine felsspaltenbewohnende Pflanze des Balkans (Cerniawsky 1928, zit. nach Maximow 1929 b), *Ramondia pyrenaica* und die gleichfalls auf der Balkanhalbinsel heimische *Haberlea ferdinandi coburgi*, ferner die Myrothamnacee *Myrothamnus flabellifolia* auf Felsen Südafrikas (Thoday 1921, Walter 1955) und die Scrophulariacee *Chamaegigas intrepidus* (Heil 1925), die zwar als Wassersukkulente in kleinen flachen Wasserbecken auf heißen, fast kahlen Gneishügeln Südwestafrikas ihr Lebensoptimum hat, trotzdem aber während der Trockenzeit monatelang vollkommen austrocknen kann, um nach wenigen Minuten Regen wiederum aufzuleben. Die dicken, doppelt gezipfelten, durch Verwachsung zweier Einzelblätter entstandenen Unterwasserblätter ziehen sich beim Austrocknen harmonikaartig zusammen und bleiben trotz weitgehender Deformation der Zellen lebend. Auch die Blätter von *Larrea tridentata* werden als austrocknungsfähig angegeben (Ashby 1932). Schließlich sind noch die flachwurzelnde Cyperacee *Carex physodes* in der heißen Sandwüste im südöstlichen Kara-Kum in Turkestan, wo die Oberflächentemperaturen des Bodens 80° C erreichen (Vassiljev 1931 a) und *Craterostigma plantagineum* in Südafrika (Boss 1952, Gessner 1956 a) zu nennen.

Zur Austrocknungsresistenz der genannten Pflanzen liegen, trotz des großen Interesses, das sie verdienen, nur wenige experimentelle Angaben vor. Mehrfachaustrocknungen von *Ramondia pyrenaica* (Abb. 15) und *Haberlea* ergaben, daß die jungen Blätter widerstandsfähiger sind als die älteren (Walter 1931).

Myrothamnus flabellifolia enthält in seinen ausgetrockneten Blättern nur noch 7% Wasser (Thoday 1921). Bei *Carex physodes* sind die ausgetrockneten Blattspreiten nicht deformiert, aber brüchig, daß man sie zu Pulver zerreiben kann. Sofort nach dem Bewässern werden sie aber wieder elastisch und die braun gewordenen Blätter ergrünen von der Blattbasis her. An der Übergangszone sind Zellen von verschiedenem Ergrünungsgrad anzutreffen, aber auch die Zellen im nichtgrünen Teil des wiederauflebenden Blattes haben normales Aussehen, sind von abgerundeter Form und von Protoplasma erfüllt. Die Plastiden sind aber noch gelblich gefärbt. Die ältesten Blätter leben meist nicht wieder auf (Vassiljev 1931 a).

Abb. 15. Links: *Ramondia pyrenaica*; rechts: nicht austrocknungsfähige Blätter von *Saxifraga sarmentosa*. Oben: Blätter im natürlichen Zustand, Mitte: nach 8tägigem Trockenliegen auf der Zentralheizung, unten: nach darauffolgendem 24stündigen Aufenthalt im Wasser. (Nach Boss aus F. Gessner 1956 a.)

Tab. 16. *Letale Austrocknungsgrenzen von Gewebeschnitten von Pflanzen verschieden feuchter Standorte* (nach ILJIN 1930).

Namen der Pflanzen	Gewebe	Osmotische Werte Mol Rohrzucker	Bei welcher relativen Luftfeuchtigkeit die Zellen sterben %
Wasserpflanzen:			
Bidens tripartitus	Epidermis	0,25	97
Malachium aquaticum	,,	0,26	97
,, ,,	Mesophyll	0,35	96
Sium latifolium	,,	0,35	96
,, ,,	Epidermis	0,35	96
Stachys palustris	Mesophyll	0,35	96
,, ,,	Epidermis	0,35	96
Scrophularia nodosa	Mesophyll	0,39	94
,, ,,	Epidermis	0,39	94
Iris pseudacorus	Mesophyll	0,35	94
,, ,,	,,	0,55	92
Wiesenpflanzen:			
Rumex acetosa	Mesophyll	0,30	97
,, ,,	Epidermis	0,28—0,30	97
Cirsium palustre	Mesophyll	0,40—0,45	95—94
Ranunculus repens	Epidermis	0,40	95—94
,, ,,	Mesophyll	0,45	92
Plantago media	Epidermis	0,45	92
,, ,,	Mesophyll	0,45	92
Centaurea scabiosa	Epidermis	0,50—0,60	92
,, ,,	Mesophyll	0,60—0,65	90
Halophyten:			
Aster tripolium	Epidermis	0,65	90
,, ,,	Mesophyll	0,65	90
Tetragonolobus siliquosus	Epidermis	0,75	90
Plantago maritima	,,	1,00	90
Felspflanzen:			
Veronica spicata	Mesophyll	0,60	94
Dorycnium germanicum	,,	0,50	92
Clematis vitalba	Epidermis	0,60	92
Centaurea renana	Mesophyll	0,60	90
Helianthemum fumana	,,	0,65	92
Poa badensis	,,	0,65	92—88
Bupleurum falcatum	,,	—	90
Stachys recta	,,	0,70	92—90
Linaria genistifolia	,,	0,80	90—88
Potentilla arenaria	,,	—	88
Felsmoose:			
Ceratodon purpureus	Blätter	Alle Zellen blieben am Leben bei jeder Luftfeuchtigkeit	
Thuidium abietinum	,,		
Grimmia pulvinata	,,		
Tortella tortuosa	,,		
Rhytidium rugosum	,,		

An *Craterostigma plantagineum* führte Boss (1952) Transpirationsmessungen durch, die einen vollkommenen Gleichlauf von Evaporation und Transpiration erkennen ließen (Abb. 16). Die fleischigen Blätter trockneten wie feuchtes Filterpapier und nahmen mit Zunahme der Luftfeuchtigkeit wieder an Gewicht zu.

Das Ausmaß der Austrocknungsfähigkeit dieser poikilohydren Blütenpflanzen wird besonders eindrucksvoll, wenn man es vergleicht mit der Austrocknungsresistenz ungeschützter Gewebeschnitte von homoiohydren Pflanzen verschieden feuchter Standorte, wie sie ILJIN (1930) in Dampfkammerreihen in großer Zahl untersucht hat (Tab. 16).

Wenn auch die Werte ILJINS eine gewisse Abstufung der Austrocknungsfähigkeit des Plasmas von Blütenpflanzen in Übereinstimmung mit den

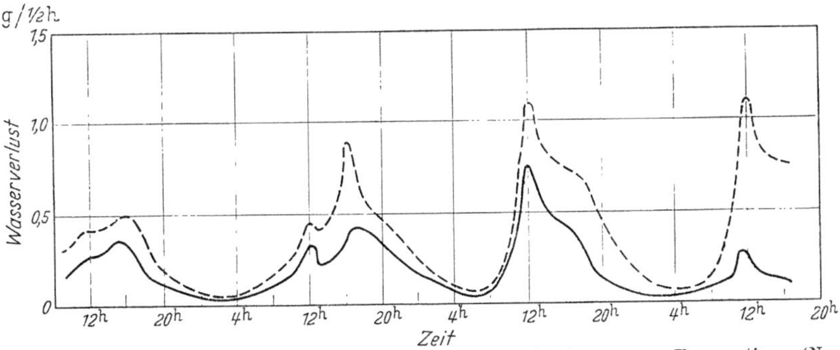

Abb. 16. *Craterostigma plantagineum*, Transpiration. ——— Transpiration, ----- Evaporation. (Nach BOSS aus F. GESSNER 1956 a.)

Feuchtigkeitsverhältnissen ihrer Standorte erkennen lassen, so würde diese plasmatische Austrocknungsresistenz doch bei weitem nicht hinreichen, um den Pflanzen bei den wesentlich geringeren Luftfeuchtigkeiten ihrer Lebensräume auch nur ein Überdauern der normalen Tagesschwankungen zu ermöglichen. Der Schutz gegen eine weitergehende Dehydratation des Plasmas muß daher jenen morphologischen, anatomischen und physiologischen Eigentümlichkeiten zugeschrieben werden, die das Wesen der homoiohydren Pflanzen im allgemeinen und der nicht austrocknungsfähigen Xerophyten im besonderen ausmachen.

Eine andere Möglichkeit, um etwas über die Austrocknungsfähigkeit von Blütenpflanzen aussagen zu können, ist die Bestimmung des zu ersten sichtbaren Trockenschäden führenden W a s s e r d e f i z i t e s. TUMANOW (1930) wandte diese Methode erstmals zur vergleichenden Bestimmung der Dürreresistenz verschiedener Kulturpflanzen an. Die Versuchspflanzen wurden unter verschiedenen Bedingungen (gedüngt, ungedüngt, im Licht und im Schatten) in porösen Lehm- oder Porzellangefäßen kultiviert und von einem bestimmten Zeitpunkt ab nicht mehr begossen. In verschiedenen Welkestadien wurden Proben entnommen, an ihnen der Wassergehalt der oberirdischen Teile (getrennt nach Blättern und Stengeln) bestimmt und in Prozenten des Trockengewichtes angegeben. Durch Vergleich des Wassergehaltes der gewelkten Pflanze mit dem der wassergesättigten Kontrolle wurden schließlich die Wasserdefizite berechnet (Tab. 17).

Vergleicht man in Tab. 17 die gedüngten Hafer- und Hirsepflanzen, so zeigt sich, daß beim Hafer bei einem Wassersättigungsdefizit der Blätter von 38% bereits 96% der Blätter absterben, während bei der Hirse bei einem Wasserdefizit von sogar 88% nur 22% der Blätter ganz oder zum Teil tödlich geschädigt werden. Tumanow weist allerdings selbst darauf hin, daß das Wasserdefizit nicht immer den tatsächlichen Entwässerungsgrad der Pflanze anzeigen muß. Es kann der Wasserverlust von wasserspeichernden Geweben den tatsächlichen Entwässerungsgrad der übrigen Gewebe überdecken. So besitzt anfangs auch die Hirse im Vergleich zum Hafer

Tab. 17. *Prozentwert der überlebenden Blätter und des Wasserdefizites einiger Kulturpflanzen in verschiedenen Welkestadien* (nach Tumanow 1930).

Nr. des Versuchs	Pflanze	% überlebender Blätter			% Wasserdefizit in lebenden Blättern			% Wasserdefizit in lebenden Stengeln		
		Schwaches Welken	Mittleres Welken	Maximales Welken	Schwaches Welken	Mittleres Welken	Maximales Welken	Schwaches Welken	Mittleres Welken	Maximales Welken
1	Hafer, gedüngt	92	40	4	18	65	58	28	57	61
	Hafer, ungedüngt ...	86	42	0	25	63	—	37	57	62
	Hirse, gedüngt	95	86	78	30	72	88	31	63	81
	Hirse, ungedüngt ...	94	84	82	15	65	82	28	64	77
2	Hafer im Licht	—	67	0	—	54	—	—	49	57
	Hafer im Schatten ..	—	49	0	—	60	—	—	47	56
	Hirse im Licht	—	84	82	—	70	82	—	70	83
3	Buchweizen	100	95	34	21	29	57	4	0	10
	Kichererbse	100	89	80	7	29	64	7	30	61
	Bohne	100	72	56	3	27	33	18	34	56
4	Mais	—	76	39	—	46	59	—	29	23
	Sorgho	—	83	55	—	20	61	—	42	66
5	Luzerne *(M. sativa)*	—	13	1	—	—	—	—	—	—
	Luzerne *(M. falcata)*	—	84	38	—	—	—	—	—	—
6	Sojabohne	—	41	36	—	54	55	—	48	52

einen relativen Wasserüberschuß. Diesem ist aber bei länger andauerndem Welken keine Bedeutung zuzumessen. Bei Wassermangel im Boden verbraucht die Hirse diesen Wasservorrat sehr schnell und wenig wirtschaftlich, und ihr Wassergehalt sinkt, auf die Einheit der Trockensubstanz bezogen, noch tiefer als beim Hafer. Es ist daher kein Zweifel, daß die Hirse bei einem bedeutend niedrigeren Wassergehalt ihrer Organe am Leben zu bleiben vermag als der Hafer. Tumanow schließt daher, daß die Hirse zu jener Pflanzengruppe gehört, deren Dürreresistenz „nicht durch äußere anatomische oder morphologische Eigentümlichkeiten, sondern durch die Fähigkeit des Protoplasmas, starkes Austrocknen zu ertragen, bedingt wird". Während das tödliche Wasserdefizit für die Hirse über 80% liegt, erscheint es für die besonders empfindlichen Bohnenblätter mit 33% als besonders niedrig. Für die Mehrzahl der übrigen untersuchten Pflanzen betrug es 60—65%.

Oppenheimer (1932) bestimmte als erster das „subletale Wassersättigungsdefizit" an abgeschnittenen Blättern verschiedener mediterraner Gehölze und verglich es mit dem maximalen natürlichen Sättigungsdefizit am Standort. Unter subletalem Wassersättigungsdefizit versteht er denjenigen Anteil des Sättigungswassergehaltes, dessen Entzug das Absterben der empfindlichsten oder der im Wassernachschub am meisten benachteiligten Zellen zur Folge hat. Die Bestimmung des Sättigungsdefizites erfolgte nach dem Vorgang Stockers (1929):

$$\frac{\text{Sättigungsgewicht} - \text{Frischgewicht}}{\text{Sättigungsgewicht} - \text{Trockengewicht}} \times 100.$$

Nach der Austrocknung wurden die Blätter 3 Tage in feuchten Kammern wiederum voll aufgesättigt, wobei sich je nach dem Grad des Wasserentzuges folgende Möglichkeiten ergaben: 1. Wiederherstellung der natürlichen Farbe und Turgeszenz, 2. Absterben einer gewissen, quantitativ unbedeutenden Zone oder 3. Bräunung des gesamten Organs. Der 2. Fall stellt die Grenze des gesuchten subletalen Defizites dar.

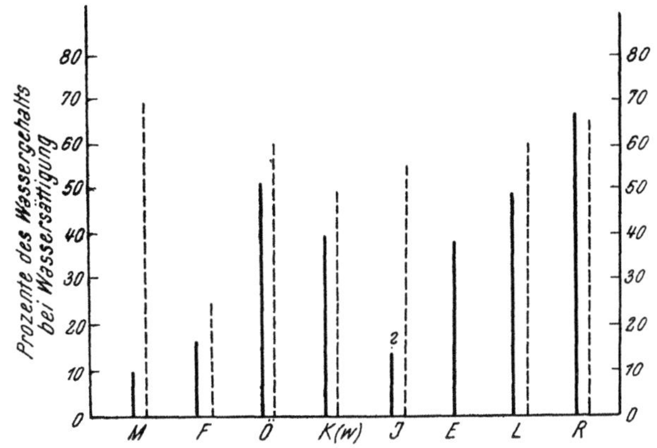

Abb. 17. Höchstes natürliches (ausgezogen) und subletales (gestrichelt) Wassersättigungsdefizit der Blätter einiger mediterraner Pflanzen. *M* = Mandel, *Amygdalus communis*, *F* = Feige, *Ficus carica*, *Ö* = Ölbaum, *Olea europaea*, *K (w)* = Aleppokiefer, *Pinus halepensis*, *J* = Johannisbrotbaum, *Ceratonia siliqua*, *E* = Erdbeerbaum, *Arbutus unedo*, *L* = Lorbeer, *Laurus nobilis*, *R* = Rosmarin, *Rosmarinus officinalis*. (Nach H. R. Oppenheimer 1932.)

Ein Vergleich dieses im Experiment gefundenen subletalen Wassersättigungsdefizites der Blätter mit den bei trockener Witterung am Standort gefundenen höchsten natürlichen Wassersättigungsdefiziten ließ erkennen, wie weit für die einzelne Pflanze noch eine stärkere Beanspruchung auf Wassermangel möglich gewesen wäre (Abb. 17). Danach erwiesen sich *Olea, Laurus* und *Rosmarinus* während der sommerlichen Trockenperiode bis an die äußerste Grenze des Erträglichen durch Wassermangel belastet.

Den Angaben Oppenheimers entsprechen gut die von Rouschal (1938 a) gleichfalls für mediterrane Pflanzen bestimmten natürlichen und subletalen Wassersättigungsdefizite (Tab. 18). Als Grenzwert der Austrocknungsfähigkeit abgeschnittener Blätter wurde der Zustand gewählt, bei dem etwa 5% der Blattflächen tot waren.

Diesen hohen subletalen Wassersättigungsdefiziten der Macchienpflanzen stehen bei verschiedenen einheimischen Bäumen häufig wesentlich niedrigere Werte gegenüber. So beobachtete Rouschal nach einer 3 Wochen langen Schönwetterperiode im Tharandter Forstgarten im August 1938 leichte Blattschäden und Blattfall (die Werte entsprechen somit den subletalen Defiziten!) bei der Himbeere bei 37,7%, bei der Linde bei 30% und bei Birke, Buche und Holunder sogar schon bei 15% Wassersättigungsdefizit. Ähnliche Werte gibt auch CHIEN REN CHU (1936) an. Im Gegensatz hiezu zeigten aber *Vaccinium myrtillus* mit 71,2% und *Hieracium pilosella* mit 59,1% gleichfalls sehr hohe subletale Sättigungsdefizite. Hohe Wassersättigungsdefizite von Pflanzen gemäßigter Zonen, die die Werte von

Tab. 18. *Natürliche und subletale Wassersättigungsdefizite einiger Macchienpflanzen* (zusammengestellt nach E. ROUSCHAL 1938 a).

Pflanze	Maximales natürliches Wassersättigungsdefizit nach drei Wochen Trockenzeit %	Subletales Wassersättigungsdefizit %	Natürliches Sättigungsdefizit in Prozenten des subletalen
Cistus villosus	65	72	90,4
Viburnum tinus	45	65	69,2
Rosa sempervirens	28,8	65,9	43,7
Spartium junceum	36,5	67,9	43,7
Quercus ilex	26,8	62,6	63,0
Arbutus unedo	32,8	63,6	51,5
Rhamnus alaternus	33	61	54,1
Laurus nobilis	25,5	64,7	39,4
Phillyrea media	52,1	64,6	80,5
Fraxinus ornus	25,9	58,1	44,6
Pistacia terebinthus	22,4	47,2	47,5

Wüstenpflanzen (STOCKER 1928) erreichen oder sogar übertreffen, wurden auch von anderer Seite nachgewiesen (SCHANDERL 1930, MÜLLER-STOLL 1935, HÄRTEL 1936).

Austrocknungsversuche an Freilandpflanzen von einem xerothermen Standort am Frauenstein von Mödling (bei Wien) ergaben Werte, die den von ROUSCHAL für Macchienpflanzen gefundenen vollkommen gleichkommen (HÖFLER, MIGSCH, ROTTENBURG 1941). Die Autoren bezeichnen das Sättigungsdefizit, bei dem die ausgetrockneten Blätter nach Einstellen in Wasser eben noch voll aufzusättigen vermögen bzw. bei dem erste sichtbare Trockenschäden auftreten als „kritisches Sättigungsdefizit" (entspricht dem „subletalen Sättigungsdefizit") und führen den Ausdruck „Trockenbeanspruchung" $= \frac{\text{natürliches Sättigungsdefizit}}{\text{kritisches Sättigungsdefizit}} \times 100$ ein (Tab. 19). Die Austrocknung der Blätter wurde im Zimmer bei 48—55% r. L. F. vorgenommen.

Anthyllis vulneraria mit einer Austrocknung am natürlichen Standort auf 95,8% des kritischen Sättigungsdefizites dürfte kaum durch eine andere mitteleuropäische Blütenpflanze übertroffen werden. *Hieracium pilosella* überdauert die trockene Sommerzeit regelmäßig in welkem Zustand mit eingerollten Blättern, die bei Anfeuchtung sofort wieder turgeszent werden.

Auch seine Dürreresistenz ist zweifellos in erster Linie in einer sehr hohen Austrocknungsresistenz des Plasmas begründet (HÄRTEL 1936).

Abgeschnittene Blätter von *Artemisia tridentata,* einer Halbwüstenpflanze des westlichen Nordamerika, zeigen hingegen schon tödliche Schädigungen, wenn ihr Wassergehalt etwas unter 50% des Trockengewichtes herabsinkt (PARKER 1956). Die Pflanze vermag jedoch in diesen Trockengebieten zu leben, weil ihre sehr tiefgründigen Wurzeln bis in ständig wasserreiche Bodenschichten hinabreichen (HALL und CLEMENTS 1939). Blätter von *Passerina,* die ähnlich trockene Standorte besiedelt, können jedoch wieder bis zu einem Wassergehalt von 35% des Trockengewichtes ohne Schaden austrocknen (THODAY 1921). Im zweiten Fall wird daher die Austrocknungsfähigkeit des Protoplasmas einen weit größeren Anteil an der in beiden Fällen sehr hohen Dürreresistenz haben.

Tab. 19. *Natürliche und kritische Wassersättigungsdefizite einiger Pflanzen eines xerothermen Standortes* (nach HÖFLER, MIGSCH, ROTTENBURG 1941).

Pflanze	Natürliches Sättigungsdefizit	Kritisches Sättigungsdefizit	Beanspruchung
Hieracium pilosella	73,6%	87,2%	84,5
Potentilla arenaria	52,5	81,8	63,8
Anthyllis vulneraria	77,0	80,4	95,8
Globularia cordifolia	56,2	75,1	74,8
Cynanchum vincetoxicum	57,8	74,2	77,8
Onosma visianii	37,6	72,4	52,0
Thymus praecox	44,3	70,8	62,7
Teucrium montanum	57,2	70,2	81,5
Orthanta lutea	55,6	66,8	83,4
Bupleurum falcatum	28,1	66,2	42,6
Anemone pulsatilla	33,3	66,0	50,5
Linum tenuifolium	57,2	65,0	87,0
Scorzonera austriaca	45,0	64,8	69,5
Dorycnium germanicum	29,4	64,5	45,8
Teucrium chamaedrys	50,0	61,4	82,1
Helianthemum canum	53,2	60,5	88,0
Sanguisorba minor	34,2	59,0	57,8
Inula oculus christi	53,0	56,3	94,5
Inula ensifolia	49,7	55,2	90,0
Aster linosyris	45,3	48,2	93,3

Austrocknungsversuche wurden auch an Blättern einer Reihe von Kulturpflanzen vorgenommen, die jedoch überwiegend eine wesentlich geringere Austrocknungsresistenz aufwiesen (Tab. 20). Als „letales Sättigungsdefizit" wird jenes bezeichnet, bei dem eine Wiederaufsättigung der ausgetrockneten Blätter auf das Ausgangsgewicht nicht mehr möglich war und auch starke Trockenschäden sichtbar wurden.

Analoge Untersuchungen stellte ARVIDSON (1951) an Pflanzen verschieden feuchter Standorte an. Auch sie arbeitete mit abgeschnittenen Blättern oder Sprossen, die bis zur Erreichung der Austrocknungsgrenze welken und dann wieder in feuchten Kammern aufsättigen gelassen wurden. Als sichtbares Zeichen der erreichten Austrocknungsgrenze wurde 5—10% abgestorbene

Blattfläche oder fehlendes Wiederaufsättigungsvermögen angenommen. Diese Austrocknungswerte wurden mit den in der Natur gefundenen Wassersättigungsdefiziten verglichen. Sie liegen bei den Pflanzen des trockenen Kalksteingrundes des Alvars (Berg in Öland, Schweden) wesent-

Tab. 20. *Kritisches und letales Wassersättigungsdefizit von Blättern einiger Kulturpflanzen* (nach Höfler, Migsch, Rottenburg 1941).

Pflanze	Kritischer Sättigungs-defizit-bereich	Kritisches Sättigungs-defizit %	Subletaler Sättigungs-defizit-bereich	Letales Sättigungs-defizit %
1. *Medicago sativa*, Luzerne	68—70	*70*	70—73	73
2. *Vicia faba*, Pferdebohne	65—68	*68*	68—71	71
3. *Capsicum annuum*, Paprika	65—68	*68*	68—71	71
4. *Fagopyrum (hart)*, Buchweizen	65—67	*67*	67—70	70
5. *Pisum sativum*, Erbse	63—65	*65*	65—68	68
6. *Salvia officinalis*, Salbei	61—64	*64*	64—67	67
7. *Fagopyrum (weich)*, Buchweizen	60—63	*63*	63—66	66
8. *Vicia sativa*, Futterwicke	56—63	*63*	63—65	65
9. *Beta vulgaris ssp. rapa f. rubra*, Rote Rübe	59—62	*62*	62—66	66
10. *Carum carvi*, Kümmel	57—61	*61*	61—64	64
11. *Allium cepa*, Zwiebel	58—60	*60*	60—62	62
12. *Petroselinum hortense*, Petersilie	56—60	*60*	60—64	64
13. *Lupinus albus*, Lupine	55—59	*59*	59—61	61
14. *Brassica oleracea f. botrytis*, Blumenkohl	58—60	*60*	60—64	64
15. *Brassica nigra*, Schwarzer Senf	54—59	*59*	59—61	61
16. *Brassica rapa f. rapifera*, Weiße Rübe	50—55	*55*	55—58	58
17. *Brassica oleracea f. sabauda*, Wirsing	52—55	*55*	55—59	59
18. *Solanum nigrum*, Nachtschatten	52—55	*55*	55—58	58
19. *Phaseolus vulgaris*, Bohne	51—54	*54*	54—59	59
20. *Brassica oleracea f. gongylodes*, Kohlrabi	50—54	*54*	54—58	58
21. *Solanum lycopersicum*, Tomate	48—52	*52*	52—56	56
22. *Cucurbita pepo*, Kürbis	49—51	*51*	51—56	56
23. *Cucumis sativum*, Gurke	47—51	*51*	51—54	54
24. *Helianthus annuus*, Sonnenblume	48—50	*50*	50—52	52
25. *Pastinaca sativa*, Pastinak	47—50	*50*	50—53	53
26. *Ricinus communis*, Ricinus	46—48	*48*	48—50	50
27. *Foeniculum vulgare*, Fenchel	45—48	*48*	48—51	51
28. *Daucus carota*, Gelbe Rübe	40—42	*42*	42—44	44
29. *Soja hispida*, Soja	38—41	*41*	41—46	46

lich höher als bei Sumpf- und Strandpflanzen (Abb. 18). Die Übereinstimmung zwischen Austrocknungsresistenz und ökologischem Typ ist unverkennbar.

Bestimmungen des subletalen Wassersättigungsdefizites an Pflanzen mit verschiedenem Wasserhaushalt aus einem Trespen-Halbtrockenrasen (Mesobrometum) wurden von Bornkamm (1958) durchgeführt. Bei 6 von 11 untersuchten Arten lag es um 77%, bei 5 zwischen 60 und 70%. „Unter den untersuchten Arten fand sich nicht eine Art, die eine geringe Transpiration, niedrige Tagesschwankung und maximale Austrocknungsresistenz miteinander verbunden hätte. Starke Transpirationseinschränkung, der eine Erniedrigung (bei *Hieracium pilosella* wenigstens Stabilisierung) des Defizites trotz steigender Evaporation in den Mittagsstunden entsprach, fand sich nur bei

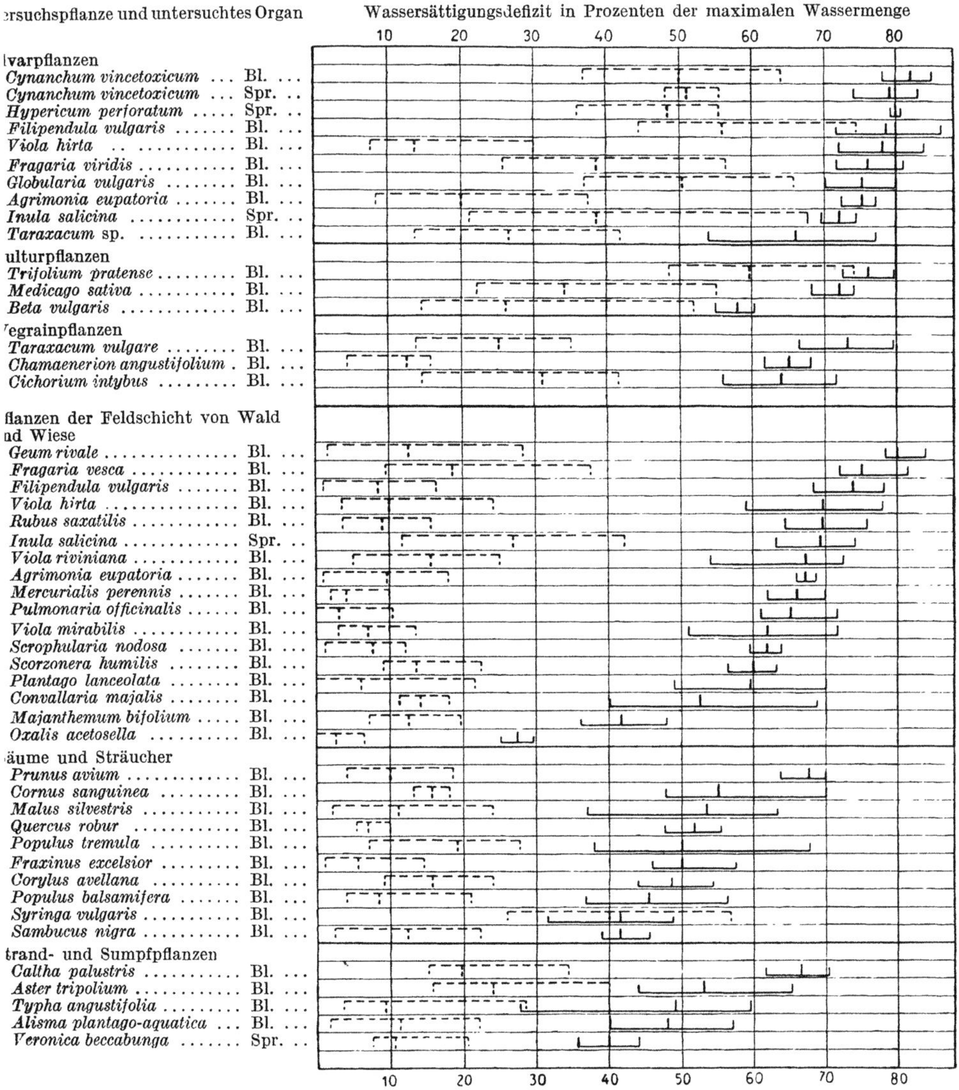

Abb. 18. Grenzwerte und Mittel des natürlichen und des experimentell festgestellten Wassersättigungsdefizites verschiedener krautiger Pflanzen, Sträucher und Bäume. Bl. = Blätter, Spr. = Sprosse, - - - - - höchste Mittel der in der Natur gefundenen Wassersättigungsdefizite nebst Maximal- und Minimalwert desselben, ——— höchste Mittel der experimentell festgestellten Grenzwerte des Wassersättigungsdefizits nebst Maximal- und Minimalwert desselben. (Nach J. Arvidson 1951.)

Arten mit starker Tagesschwankung des Defizites, deren subletales Defizit unter 75% lag (*Lotus* und *Brachypodium*), und bei *Hieracium pilosella*, dessen subletales Defizit zwar über 75% liegt, dessen maximale Transpiration aber sehr hoch ist."

Einen Einblick in die bei Wassersättigung und bei subletaler Austrocknung bei verschiedenen Pflanzen vorhandenen Wassermengen geben Messungen von Pisek und Berger (1938): Tab. 21.

Vergleicht man an Blättern gleicher Pflanzen zu verschiedenen Zeiten oder von verschiedenen Autoren bestimmte Austrocknungswerte, so ergeben

Tab. 21. *Sättigungswassergehalt, subletaler Wassergehalt und subletales Wassersättigungsdefizit einiger Sukkulenten, Kräuter, Zwergsträucher, Nadel- und Laubhölzer* (nach Pisek und Berger 1938).
(Ergänzt durch die Spalte „Subletales Sättigungsdefizit".)

	Wassergehalt im gesättigten Zustand (Wasserkapazität)	Subletaler Wassergehalt	Subletales Wassersättigungsdefizit
	in Prozenten des Trockengewichtes		% des Sättigungswassergehaltes
Sedum maximum	1240 bis 1070	630 bis 590	52
Veronica beccabunga	825 „ 730	190	78
Opuntia camanchica	790 „ 600	350 bis 300	55
Caltha palustris	742 „ 630	270 „ 220	60
Impatiens noli tangere	690 „ 640	295 „ 279	55
Stellaria nemorum	680 „ 650	um 300	56
Convolvulus arvensis	600 „ 520	208 bis 192	64
Asarum europaeum	592 „ 534	280 „ 250	46
Pulmonaria officinalis	560 „ 430	200 „ 190	54
Coronilla varia	447 „ 350	um 180	53
Stachys recta (ganzer Sproß)	345 „ 302	„ 90	75
Hedera helix	274 „ 225	110 bis 95	62
Betula verrucosa	209 „ 177	100 „ 80	50
Arctostaphylos uva ursi[1]	201 „ 160	63 „ 45	68
Taxus baccata[1]	198 „ 190	63	67
Pinus silvestris[1]	189 „ 166	62 bis 50	65
Rhododendron ferrugineum[1]	181 „ 151	66 „ 50	84
Picea excelsa[1]	170 „ 160	um 100	45
Quercus robur	160 „ 130	69 bis 65	46
Fagus silvatica (Schatten)	150 „ 143	um 80	47
Corylus avellana	140 „ 135	um 80	43
Fagus silvatica (Sonne)	130 „ 107	„ 80	37

[1] Heurige Triebe im September.
Caltha wurde im Juni geprüft, alle übrigen in den Monaten Juli—August.

sich oft Unterschiede. Das rührt daher, daß einzelne Organe derselben Pflanze verschiedene Dürreresistenz besitzen können, daß am Stamm angewelkte Blätter oft eine höhere Austrocknung ertragen als turgeszente (Pisek und Berger 1938) und daß schließlich die physiologische Vorgeschichte des Materials, das Heranwachsen bei Feuchtigkeit oder Trockenheit usw. für die Höhe der letalen Wassersättigungsdefizite von wesentlicher Bedeutung ist. Im großen gesehen, stehen aber die im Versuch bestimmten subletalen (kritischen) Wassersättigungsdefizite in guter Übereinstimmung mit den wasserökologischen Erfordernissen der Standorte. Wenn auch die so festgestellte unterschiedliche Trockenresistenz ganzer Blätter nicht allein auf die verschiedene Austrocknungsfähigkeit ihrer Plasmen zurückgeführt werden darf, so ist doch daraus zu schließen, daß eine plasmatische Austrocknungsresistenz der oberirdischen Organe auch bei den homoiohydren Blütenpflanzen eine ökologisch nicht unbedeutende Rolle spielt.

LARCHER (1957) gibt eine zusammenfassende Darstellung (Abb. 19) der von der Innsbrucker Schule in den Jahren 1932—1957 an Nadeln und Blättern von vier immergrünen Nadelbäumen und Zwergsträuchern der Wald-

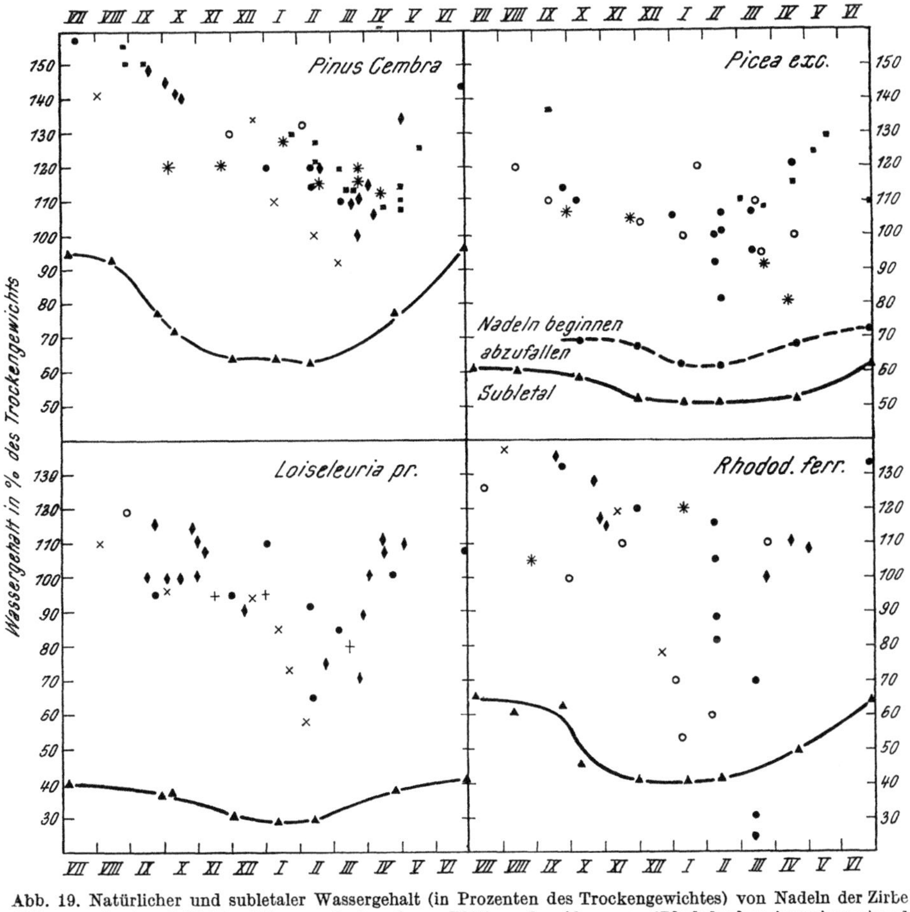

Abb. 19. Natürlicher und subletaler Wassergehalt (in Prozenten des Trockengewichtes) von Nadeln der Zirbe (*Pinus cembra*) und Fichte (*Picea excelsa*) und von Blättern der Alpenrose (*Rhododendron ferrugineum*) und Gemsenheide (*Loiseleuria procumbens*) ohne Schneeschutz auf dem Patscherkofel im Winter.
Die Austrocknungsresistenz (subletal) ist als ausgezogene Linie eingetragen. Die natürlichen Wassergehalte sind je nach Autor durch Merken gekennzeichnet: + PISEK und CARTELLIERI (1933), × PISEK, SOHM und CARTELLIERI (1935), △ CARTELLIERI (1935), ○ ULMER (1937), * PISEK und SCHIESSL (1947), ▫ unveröffentlichte Bestimmungen von E. WINKLER (1954—1956), ● LARCHER (1951, 1952, 1955, 1957).
Unter den Zirbenwerten betreffen die × und △ 2 m hohe, alle anderen Merken 7—10 m hohe Bäume. (Nach W. LARCHER 1957.)

grenze zu verschiedenen Jahreszeiten festgestellten natürlichen Wassergehaltswerte im Vergleich zu dem gleichzeitig bestimmten subletalen Wassergehalt.

Die Jahresgänge lassen deutlich eine Anpassung des Protoplasmas an die höhere Austrocknungsbeanspruchung im Winter ersehen, zeigen aber auch, daß diese z. B. bei *Rhododendron ferrugineum* unter den gegebenen Standortverhältnissen nicht immer ausreicht, um der Winterdürre ohne Schaden zu begegnen.

Daß trocken herangezogene Blütenpflanzen Dürreperioden besser überdauern als vorher reichlich bewässerte, ist eine Erfahrungstatsache. Über die Ursachen dieser Trockenhärtung von Blütenpflanzen liegen aber noch wenig exakte Untersuchungen vor. Clark und Levitt (1956) haben diese Frage bei der Sojabohne eingehend geprüft. Die Versuchspflanzen wurden in Blumentöpfen bis zum Alter von einem Monat gleich behandelt und dann in zwei Gruppen geteilt, von denen die eine täglich ein- bis zweimal bewässert, die andere aber nur nach Eintreten deutlichen Welkens mit Wasser versorgt wurde. Diese „Trockenpflanzen" zeigten im Transpirationsversuch eine herabgesetzte Wasserabgabe und ein späteres Welken. Sie waren gegen Wassermangel resistenter geworden. Ein Vergleich der Austrocknungsresistenz der Zellen von Blattstiellängsschnitten der Trocken- und Feuchtpflanzen zeigte jedoch keinen Unterschied. In beiden Fällen lebten bei 98% r. L. F. noch alle Zellen, bei 97% r. L. F. waren 25% und bei 90% r. L. F. 100% der Zellen tot. Ursache der höheren Dürreresistenz war somit nicht eine erhöhte Austrocknungsfähigkeit des Protoplasmas der Trockenpflanzen, sondern, wie festgestellt werden konnte, die herabgesetzte Kutikulartranspiration infolge vermehrter Bildung von Fettstoffen an der Oberfläche der Epidermisaußenwände.

Levitt, Sullivan und Krull (1960) haben ähnliche Untersuchungen auch an *Sorghum* (Hirse), *Brassica oleracea* (Kohl), *Triticum* (Weizen) und *Avena* (Hafer) vorgenommen und sind zu dem gleichen Ergebnis gekommen, daß nämlich durch Trockenkultur wohl die Dürreresistenz, nicht aber — oder nur in sehr geringem Ausmaß — die Austrocknungsresistenz (drought tolerance) des Protoplasmas von Blütenpflanzen erhöht werden kann. „It is because drought resistance is so commonly due completely to avoidance", wobei unter „drought avoidance" alle morphologischen und physiologischen Einrichtungen verstanden werden, die ein Austrocknen des Protoplasmas vermeiden lassen (vgl. S. 10).

Nach diesen Erfahrungen erscheint es fraglich, ob es bei den Blütenpflanzen, ähnlich wie bei den Moosen, überhaupt zu einer echten Trockenhärtung des Protoplasmas kommen kann. Vergleichende Untersuchungen in größerem Umfang wären hier dringend erwünscht.

Über die Beziehungen zwischen Ausbildung des Wurzelsystems, Wasserhaushalt und Dürreresistenz liegen schon reichlich Erfahrungen vor, die aber außerhalb unserer Betrachtungen bleiben (Lit. bei Parker 1956, Kutschera 1960). Extreme Austrocknungen dürften im Bereich der aktiv tätigen Wurzeln nicht allzu oft vorkommen. Parker (1956) fand, daß Wurzelspitzen von *Pinus ponderosa* bei einer relativen Luftfeuchtigkeit von weniger als 95% innerhalb von vier Tagen getötet werden. Vergleichende Untersuchungen über Bodentrockenheit und Trockenresistenz von Wurzeln stehen noch aus.

II. Das Austrocknungsbild der Zelle und der Trockentod

Die ersten Beschreibungen des Austrocknungsvorganges und des Aussehens trockentoter Zellen stammen von SCHRÖDER (1886) und STEINBRINCK (1900 a, b, 1903, 1906), spätere gaben HOLLE (1915), ILJIN (1927, 1930, 1933), RENNER (1932), LAUÉ (1938), BIEBL (1938), ETZ (1939), HÖFLER (1943 a, 1947), ABEL (1956) u. v. a.

Wird durch Verdunstung zellsaftreichen Zellen Wasser entzogen, dann kann sich das Plasma nicht wie bei Wasserentzug in einer hypertonischen Lösung, die durch die Zellwand einzutreten vermag, von der Wand loslösen und der sich verkleinernden Vakuole nachfolgen. Es muß daher zu einer Schrumpfung, einer Faltenbildung oder Eindellung der Zellwand kommen. Zahlenmäßige Angaben über die Reduktion der Zellgröße infolge Austrocknung finden sich bei ILJIN (1930) und SCHRATZ (1931).

Bei Zellen mit dünnen, biegsamen Wänden tritt, wie RENNER (1932) und LAUÉ (1938) in Dampfkammerversuchen zeigten, die erste Membranschrumpfung (Grenzdeformation) bei der Luftfeuchtigkeit ein, die sich über jener Lösung einstellt, deren Konzentration auch Grenzplasmolyse auslösen würde. Eine Verwendung dieser „Schrumpfelungsmethode" zur Bestimmung des osmotischen Wertes ist allerdings nur bei besonders geeigneter morphologischer Beschaffenheit der Zellen (dünne Wände, großer Zellsaftraum) möglich.

STEINBRINCK (1900 a) unterschied drei Stufen der Austrocknung der Zellen und legte dafür Termini fest, die auch heute noch gebraucht werden: 1. der Turgor sinkt, die Zellwand wird entspannt: Erschlaffung der Zellwand, 2. der Kohäsionszug des abnehmenden Zellsaftes zieht die Zellwand in Falten nach innen: Schrumpfelung der Zellwand und 3. nach erfolgter Abgabe des Wassers aus dem Zellinneren trocknen auch die Zellwände aus: Schrumpfen der Zellwand.

Das Aussehen der durch den Kohäsionszug sich zusammenziehenden, schrumpfelnden Zellen ist verschieden, je nachdem ob es sich um Zellfäden, um Zellen in einem flächigen oder räumlichen Verband, um große oder kleine oder um zellsaftreiche oder zellsaftarme Zellen handelt.

ILJIN (1927, 1930, 1933, 1957) hat mit Nachdruck darauf hingewiesen, daß die Trockenschädigung des Protoplasten zu einem wesentlichen Teil auf mechanische Einwirkungen zurückgeführt werden müsse, denen der sich bei der Austrocknung verkleinernde Protoplast infolge einer innigen Verbindung mit der nicht gleichmäßig nachfolgenden Zellwand ausgesetzt ist. Vor allem sieht er die Gefahr der Schädigung beim plötzlichen Wiederbefeuchten der ausgetrockneten Zellen gegeben. Die geschrumpften Zellwände dehnen sich bei Wasserzutritt beinahe blitzartig aus, das Wasser kann aber nicht so schnell in die Vakuole eintreten, der Protoplast wird von den Wänden losgerissen und liegt im Zustand einer „Pseudoplasmolyse" inmitten der Zelle. In solchen Fällen kann es also auch erst im Moment der Wiederbefeuchtung zum Eintritt des „Trockentodes" kommen.

Tatsächlich konnten sehr austrocknungsempfindliche Stengel- und Blattparenchymzellen mesophytischer Pflanzen, wie *Cirsium canum, Iris ger-*

manica, Brassica oleracea (Rotkohl), *Rhoeo discolor* u. a. bei langsamer, stufenweiser Austrocknung oder vorübergehender Entwässerung durch Plasmolyse und ebenso langsamem Wiederbefeuchten durch Übertragung in Dampfkammern mit immer größerer Luftfeuchtigkeit oder durch Aufweichen in Zuckerlösungen sogar nach tagelanger, fast völliger Austrocknung am Leben erhalten werden (Iljin 1927). Dabei war es gleich, ob irgendwelche Salzlösungen, Zucker, Glyzerin oder Harnstoff als Plasmolytikum Verwendung fanden. Daraus schloß Iljin, daß die hohe Austrocknungsresistenz nach Plasmolyse nicht auf einer Steigerung der Widerstandsfähigkeit der Plasmakolloide gegen Koagulation durch bestimmte „Schutzstoffe" beruht, sondern lediglich auf der Abhebung des Protoplasten von der Zellwand vor der beginnenden Zellwandschrumpfelung. Angaben über Prozentzahlen von lebenden Zellen bei verschiedenen Austrocknungsarten gibt Iljin 1935. Auch Etz (1939) beobachtete, daß in Rohrzucker getrocknete Schnitte besonders lang am Leben bleiben, er bezweifelt aber, daß diese stark plasmolysierten Schnitte tatsächlich lufttrocken waren.

Die Gefahr einer mechanischen Schädigung des Plasmas beim Austrocknen ist nach Iljin um so geringer, je kleiner das Verhältnis von Volumen zu Oberfläche der Zelle ist, je kleiner die Zellen überhaupt sind und je dicker der Plasmabelag bzw. je kleiner die Vakuole ist.

Für die große Austrocknungsfähigkeit von Samen, Sporen und embryonalen Zellen meristematischer Gewebe sind diese anatomischen Eigentümlichkeiten zweifellos mit von Bedeutung. Das Protoplasma dieser fast vollständig vakuolenfreien und inhaltsstoffreichen Zellen wird weder beim Austrocknen noch beim Befeuchten erheblichen mechanischen Deformationen ausgesetzt.

Über die Austrocknungsfähigkeit von Samen berichten schon Saussure (1827), de Candolle (1835), Treviranus (1838), Nobbe (1876) und andere. Farnsporen konnten nach 50 Jahren Lufttrocknung noch zur Keimung gebracht werden (Treviranus 1838) und Schimper (1848) teilt ähnliches für Moossporen mit. Schröder (1886) brachte Sporen von *Zygnema* nach fünfjähriger Austrocknung zur Entwicklung. Ähnliche Ergebnisse erzielte Klebs (1883) mit Zygoten von *Chlorogonium* und A. Braun (1850) mit ruhenden Zellen von *Haematococcus pluvialis.* Ebenso widerstandsfähig gegen Austrocknung sind Sporen und Sklerotien von Pilzen (de Bary 1866, Hoffmann 1860, Brefeld 1877 u. a. zit. nach Iljin 1927).

In neuerer Zeit hat Wollersheim (1957) die Keimungsphysiologie der Sporen von *Equisetum arvense* und *E. limosum* untersucht und gefunden, daß diese auffallenderweise bei feuchter Aufbewahrung etwa dreimal so lange lebensfähig bleiben als bei trockener Aufbewahrung.

Auch Pollenkörner wurden ausführlich auf ihre Austrocknungsresistenz untersucht (Lit. bei Pruzsinszky 1960). Ähnlich wie die Sporen sind auch die Pollen mit wenigen Ausnahmen gegen Austrocknung nicht nur sehr unempfindlich, sondern es ist sogar trockene Luft für ein langes Erhaltenbleiben der Keimfähigkeit eine unerläßliche Voraussetzung. In einer umfassenden vergleichenden Untersuchung hat Pfundt (1910) Pollen in Exsikkatoren mit 30, 60 und 90% r. L. F. aufbewahrt und nach verschiedenen Zeiten auf ihre Keimfähigkeit geprüft. Nur bei *Abutilon darwinii* und *Hippuris vulgaris* lagen die optimalen Aufbewahrungsbedingungen bei 60%—90% r. L. F., während die meisten übrigen Pollen in trockener Luft (30% r. L. F.), ja sogar über konz. H_2SO_4 am längsten lebten. Ökologische Zusammenhänge zwischen Austrocknungsresistenz der Pollen und Standort der zugehörigen Pflanzen konnten nicht festgestellt werden. So ertrugen Pollen von typischen Wasserpflanzen, wie *Nuphar advena, Nymphaea alba* und *Ranunculus aquatilis* nicht nur eine Austrocknung über konz. H_2SO_4, sondern lebten hier sogar länger als in feuchter Luft.

Pruzsinszky (1960), der Pollen von etwa 130 Angiospermen in einer 15-stufigen Reihe von 0 bis 100% r. L. F. austrocknete, konnte für die meisten Pollen die beste Keimfähigkeit nach einer Aufbewahrung bei 2—15% r. L. F. beobachten. Als Ausnahmen fand er die Pollen von *Parnassia palustris* und *Triglochyn maritima,* die in feuchter Luft länger lebten als in trockener.

Als Ursachen der großen Austrocknungsfähigkeit der meisten Pollen werden einerseits im Sinne eines mechanischen Schutzes die Zellform, der große Plasmareichtum, das Fehlen oder Vorhandensein nur ganz kleiner Vakuolen, sowie der Reichtum an Reservestoffen, andrerseits aber auch die besonderen Eigenschaften des Protoplasmas selbst angenommen.

Saussure (1827) untersuchte die Austrocknungsfähigkeit junger Keimlinge, bei denen er drei Stadien unterschied: 1. die Wurzeln halb so lang wie der Same, 2. Wurzeln ebenso lang oder etwas länger, aber Plumula noch nicht hervorgebrochen und 3. Plumula eben hervorgebrochen. Die Unterscheidung läßt sich allerdings nicht in allen Fällen so durchführen, da bei manchen Samen (z. B. Weizen, Roggen) die Plumula gleichzeitig mit der Wurzel zum Durchbruch kommt. Gegen H_2SO_4-Trockenheit erwiesen sich nur die ersten Stadien von *Triticum, Secale, Hordeum* und *Brassica* resistent. Wurzeln im zweiten und dritten Stadium starben meist ab und wurden durch neue ersetzt.

Ähnliche Versuche über die Austrocknungsresistenz wurden in der Folgezeit häufig durchgeführt (Lit. bei Rabe 1905). Rabe kommt zu dem gleichen Ergebnis: „Mit zunehmendem Keimstadium und fortschreitender Entleerung der Reservestoffbehälter nimmt die Resistenz der Samen gegen Austrocknung ab.“ „Die Wurzeln der Keimlinge sterben durch völlige Trockenheit stets ab, soweit sie hervorgebrochen sind. Die Reservestoffbehälter sind resistenter als die Plumulae und in letzteren die Vegetationspunkte und Achsenknospen resistenter als die Knospenblätter.“

In neuerer Zeit beschrieb Milthorpe (1950) die hohe Austrocknungsresistenz meristematischer Gewebe an Weizenkeimlingen, die in verschiedenem Alter in Dampfkammern über konz. H_2SO_4 einer Austrocknung unterworfen wurden. Die jüngsten Keimlingsstadien blieben bis zu einem Verlust von 98% des Wassergehaltes ungeschädigt. 1—2 cm lange Wurzeln wurden jedoch bei einem Wasserverlust von 77% in ihrem Wachstum gehemmt und bei einem solchen von 92% getötet. Mit zunehmendem Streckungswachstum und zunehmender Vakuolisierung der Zellen nimmt die Austrocknungsempfindlichkeit zu. Milthorpe erklärt die hohe Austrocknungsfähigkeit der noch vakuolenfreien Meristemzellen im Sinne Iljins durch die geringe mechanische Beanspruchung des Plasmas bei der Austrocknung.

Iljin betont allerdings in einer späteren Arbeit (1935 a), daß man die verschiedene Austrocknungsresistenz der Zellen nicht allein auf deren mechanische Struktur zurückführen darf. Es seien auch die Eigenschaften des Protoplasmas von Bedeutung, d. h. dessen Fähigkeit, dem Austrocknen mehr oder minder standzuhalten. Besonders die Tatsache, daß einzelne Arten nach einigen Tagen Austrocknung sterben, während andere 1—3 Wochen am Leben bleiben, weist ihn darauf hin: „Die Unterschiede sind nicht durch den Zellbau, sondern auch durch die verschiedenen Eigenschaften des Protoplasmas zu erklären, welche dessen Fähigkeit zur Koagulation in trockenem Zustand beeinflussen." Neuere Zusammenfassungen über die Ursachen des Trockentodes gab Iljin 1953 und 1957.

Die klarste Antwort auf die Frage, ob die Natur gewisse Schutzeinrichtungen gegen Austrocknung ihrer Zellen bevorzugt, wird man erhalten, wenn man nicht Austrocknungsversuche an Zellen vornimmt, die in ihrem Lebensraum kaum je solchen Wasserverlusten unterworfen sind, sondern wenn man direkt die Austrocknungsbilder der Zellen poikilohydrer Pflanzen betrachtet, die auch an ihren natürlichen Standorten ohne Schaden bis zur Lufttrockenheit auszutrocknen vermögen.

Eine ganze Auswahl verschiedenster Zellformen und Austrocknungsbilder findet sich z. B. bei den regelmäßig trocken fallenden Meeresalgen der Gezeitenzone. Die extremsten Schrumpfelungen zeigen unter ihnen die aus einzelnen Zellfäden bestehenden Algen, doch sind auch hier die Austrocknungsbilder im einzelnen verschieden. Bei *Rhodochorton floridulum* werden die einander gegenüberliegenden Wände der langen schmalen Zellen bis zur Berührung zusammengezogen, so daß der Zellinhalt auseinandergepreßt und gegen die beiden Querwände gedrängt wird. Die Zellwände fallen dabei in aufeinanderfolgenden Zellen immer unter einem rechten Winkel zusammen, so daß die eine Zelle als schmaler Streifen, die nächste wieder von der Oberfläche her zu sehen ist. Die Querwände sind hingegen besonders fest und setzen einer Schrumpfung großen Widerstand entgegen, so daß dadurch für die auseinandergepreßten Protoplaste ein gewisser Hohlraum erhalten bleibt.

Anders bei Zellen von *Cladophora*-Arten oder von *Elachista fucicola* (s. Abb. 4). Hier pressen sich die Membranen bei der Austrocknung entweder an den beiden Längsseiten oder nur im mittleren Teil der langgestreckten Zellen aneinander, so daß der Zellinhalt entweder als ein Längswulst in der Mitte der Zelle oder als zwei Längswülste an den beiden Längsseiten zu liegen kommt. Dabei erleiden auch die Querwände unter dem Einfluß der Austrocknung eine Formveränderung (Biebl 1938). Dies kann bis zu dem entgegengesetzten Fall führen, den Renners Schülerin Laué (1938) an Zellen der meisten Zygnemalen (*Spirogyra, Zygnema, Mougeotia*) beschreibt, bei denen zunächst die Querwände sich verkleinern, ohne daß es zu einer Faltung der Längswände kommt, so daß die Zellen mehr minder tonnenförmig erscheinen. Faltenbildungen und seitliche Eindellungen findet Etz (1939) hingegen wieder an verschiedenen austrocknenden Haarzellen.

Bei manchen Gezeitenalgen mag eine der Austrocknung vorangehende Plasmolyse im Sinne ILJINS einen gewissen Schutz für das Protoplasma bedeuten. Die bei Ebbe trockenfallenden Algenbüschel können durch Verdunstung des in ihnen zurückgehaltenen Seewassers in hypertonische Salzlösungen geraten, die eine Plasmolyse vor ihrer Austrocknung verursachen. Beobachtet wurde Plasmolyse bei Ebbe am natürlichen Standort z. B. an *Ceramium ciliatum* (HÖFLER 1931, BIEBL 1936). Höchstwahrscheinlich werden sich Plasmolysen auch bei austrocknenden *Cladophora*-Arten der Gezeitenzone finden, da diese bei einer osmotischen Resistenz bis über dreifach konzentriertes Seewasser im Versuch schon bei 1,5fachem Seewasser Grenzplasmolyse zeigen (BIEBL 1936). Steigt die Konzentration des umgebenden Seewassers durch Verdunstung allerdings nur langsam an, so wirkt in sehr vielen Fällen der Plasmolyse eine Endosmose der Salzlösung und damit eine Erhöhung des osmotischen Wertes entgegen (BIEBL 1938 b), doch soll davon erst bei der Behandlung der Hypertonieresistenz der Meeresalgen die Rede sein.

Andere fadenförmige Meeresalgen der Gezeitenzone wie *Urospora penicilliformis* oder *Bangia fuscopurpurea* sind wiederum sehr inhaltsreich und schrumpfeln nicht bis zur Zusammenpressung gegenüberliegender Seiten, sondern trocknen bei mehr rundlichem Querschnitt unter Bildung zahlreicher feiner Längsfalten aus.

Am weitesten kommt der ILJINschen Forderung nach mechanisch möglichst schonender Formveränderung die Austrocknung von *Porphyra* entgegen, die während der Ebbe wie trockene Häute die Klippen umspannen oder fast papiertrocken von Steinen herabhängen (s. Abb. 3).

Bei *Porphyra* ziehen sich die sehr dehnbaren Membranen um den kleiner werdenden Zellinhalt zusammen, so daß die trockene Zelle im mikroskopischen Bild zwar kleiner, aber sonst normal geformt erscheint. Der große, zentral gelagerte Chromatophor zieht seine buckeligen, am Zellrand oft umgelappten und dadurch dunkel erscheinenden Fortsätze ein. Wie Lichttransmissionsmessungen zeigen, ist die Lichtdurchlässigkeit der trockenen Thalli größer geworden (BIEBL 1953). Setzt man Wasser zu, so geht die ganze Zellfläche wie eine sich dehnende Kautschukplatte auseinander. Die Zellen werden wieder größer und die Plastiden nehmen normales Aussehen an. Interessant ist, daß das Austrocknungsbild anders ist, wenn durch Hitze oder Alkohol abgetötete Thalli an der Luft getrocknet werden. Hier behalten die Zellen nicht mehr ihre natürliche Anordnung, sondern es kommt zu einer ganz eigenartigen strangförmigen Verzerrung der Zellen. Die im toten Zustand austrocknenden Zellen erliegen anscheinend ganz den strukturbedingten Veränderungen und Spannungen der austrocknenden Zellwände (Abb. 20).

Sehr geringe Deformationen bei der Austrocknung erleiden die terrestrischen Algen, deren Zellen viel Plasma und Reservestoffe, aber so gut wie keine Zellsaftvakuolen haben. RENNER (1932) nennt als Beispiele hiefür die Grünalgen *Scytonema, Trentepohlia crassisaepta* und *Phycopeltis*. Das gleiche gilt für rinden- und erdbewohnende Grünalgen, die keine Vakuolen besitzen. Die kugeligen Zellen von *Pleurococcus* werden beim Austrocknen eckig, die Fäden des *Hormidium*-Zustandes von *Prasiola crispa* bekommen leichte Längsfalten (FRITSCH 1922, FRITSCH und HAINES 1923, zit. nach RENNER 1932).

Bei den Moosen findet sich hingegen häufig auch bei Vorhandensein großer Zellsafträume eine hohe Austrocknungsresistenz. Schon STEINBRINCK (1903) bildet extrem geschrumpfelte Zellen von *Mnium punctatum* ab. LAUÉ (1938) gibt erstmals photographische Bilder verschiedener Austrocknungsstadien des Laubmooses *Hookeria lucens* (Abb. 21). Ähnliche

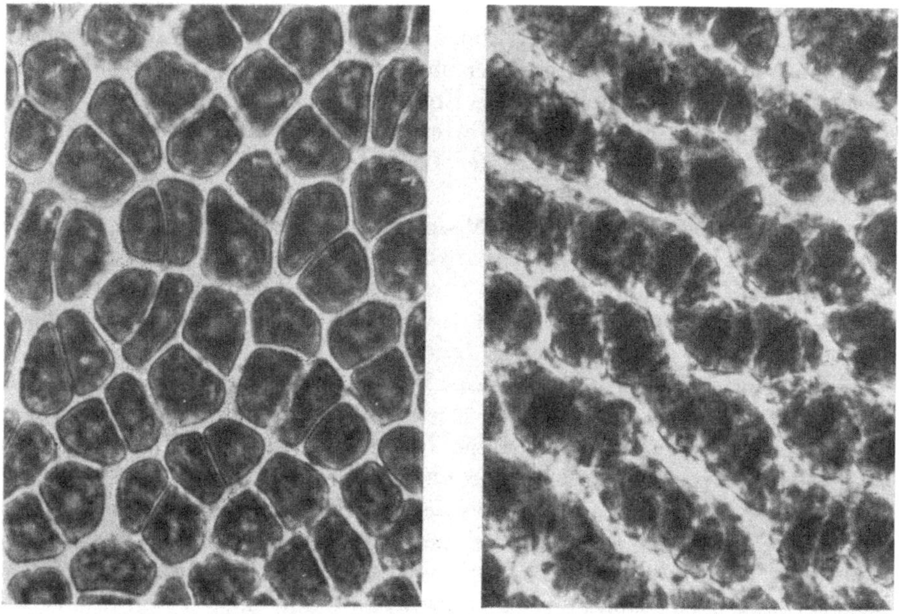

a b

Abb. 20. *Porphyra umbilicalis* f. *laciniata*. *a* lebend 6 Stunden auf Objektträger an der Luft getrocknet, *b* abgetötet 4 Stunden auf Objektträger an der Luft getrocknet. (Nach BIEBL 1953.)

Schrumpfelungen zeigten auch Blätter anderer Moose wie *Funaria, Radula* und *Frullania*. Die zahlreichen von HÖFLER an Lebermoosen und von ABEL (1956) an Laubmoosen beobachteten und beschriebenen Austrocknungsbilder weisen ebenfalls auf starke Deformationen der ausgetrockneten Zellen hin.

Im allgemeinen kommt es bei der Austrocknung zu keiner Ablösung des Protoplasten von der Zellwand. Nur gelegentlich wurde bei Moos-, Farn- oder Flechtenzellen eine Loslösung des Plasmas an einzelnen Stellen beobachtet (SCHRÖDER 1886, STEINBRINCK 1903, HOLLE 1915, RENNER 1915, 1932, LAUÉ 1938, ETZ 1938 u. a.). In diesen Fällen bilden sich zwischen Zellwand und Protoplast Wasserdampf- oder Luftblasen, die bei Übertragung in Wasser schnell, bei Übertragung in feuchte Luft langsam verschwinden.

So tritt bei Rindenzellen mancher Flechten Luft schon in einer Dampfkammer über 2 mol NaCl auf, was erst 96 Atm. entspricht. RENNER (1932) beobachtete dies z. B. an der Flechte *Leptogium* und LAUÉ (1938) an den Rindenhyphen von *Peltigera polydactyla, Xanthoria parietina* und *Cetraria islandica.* Bei *Peltigera* tritt die Loslösung des Protoplasten von der Zellwand sogar schon im Dampfraum über 1,5 mol NaCl, d. i. bei etwa 70 Atm. Saugkraft, ein. Nach Berechnungen RENNERS (1925) müßten die Poren in der Zellwand, um Luft von außen her in die unverletzte Zelle eindringen zu lassen, bei einem Kapillarzug von 25 Atm. bis 0,12 μ breit sein, was aber unwahrscheinlich ist. Es sei daher anzunehmen, daß wenigstens im allgemeinen der durch zunehmende Austrocknung entstehende Kohäsionszug von innen her durch Ausscheidung von Wasserdampf und Luft unterbrochen wird. Eine jüngste zusammenfassende Darstellung über Gasblasen in austrocknenden Zellen gab RENNER 1959.

Auf die bekannten Kohäsionsmechanismen (Farnannulus) ist hier nicht einzugehen, weil es sich dabei nicht um plasmaführende lebende, sondern um tote, wassergefüllte Zellen handelt (RENNER 1915, URSPRUNG 1915).

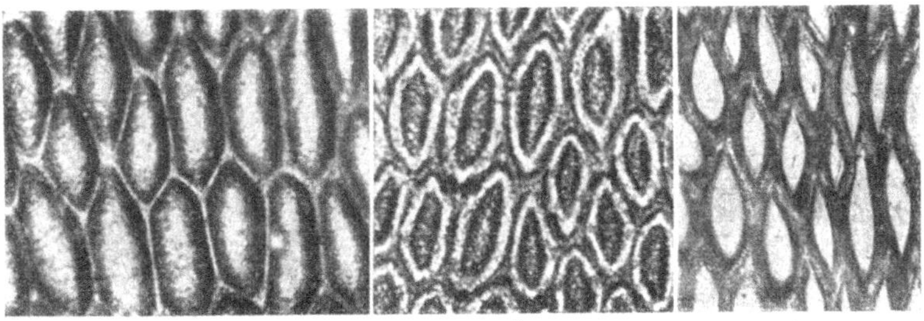

a b c

Abb. 21. Verschiedene Stadien der Austrocknung von *Hookeria lucens*. *a* über 0,4 mol Harnstoff, *b* über 0,61 mol Harnstoff, *c* über 2 mol NaCl. (Nach LAUÉ 1938.)

Stärkster Austrocknung am natürlichen Standort sind, wie im vorigen Abschnitt gezeigt, auch verschiedene poikilohydre Farne unterworfen. Die anatomischen Verhältnisse, die das Austrocknungsbild bestimmen und unter Umständen für die mechanische Beanspruchung des Plasmas von Bedeutung sein könnten, sind auch hier wieder recht verschieden.

Bei *Notholaena marantae* wird eine übermäßige Schrumpfelung der großen, zellsaftreichen Zellen dadurch verhindert, daß sich der Zellsaft bei Wasserentzug rasch verfestigt und so einer weiteren Verkleinerung der austrocknenden Zellen ein Hindernis entgegensetzt (ILJIN 1931). Die Fähigkeit des Zellsaftes, leicht aus dem Sol- in den Gelzustand überzugehen, beruht dabei auf dem hohen Gehalt des Zellsaftes an Katechingerbstoffen, wie sie von ROUSCHAL (1938 b) auch für *Ceterach officinarum* nachgewiesen wurde. Bei *Notholaena hookeri* (WALTER und BAUER 1937) sind die Radialwände der oberen Epidermis stark verdickt. Bei der Austrocknung ziehen sich die Außenwände, ähnlich wie beim Farnannulus, stark nach innen und bewirken so eine Einrollung des ganzen Blattes nach oben. Daß diese Einrollung der Farnblätter für ihre Austrocknungsfähigkeit aber keineswegs wesentliche Voraussetzung ist, zeigt der von WALTER in der Arizona-Wüste untersuchte Farn *Notholaena sinuata* var. *integerrima*, dessen Blätter sich bei gleichfalls großer Austrocknungsfähigkeit nicht einrollen. Bei einem anderen Farn, *Pellaea mucronata*, rollen sich bei der Austrocknung die Blätter wiederum nach unten ein. Hier kommt es durch Schrumpfeln der

Mesophyllzellen zu einer Abnahme der Blattdicke bis auf die Hälfte, wobei die Verkürzung der Zellen in der Richtung senkrecht zur Blattfläche und wahrscheinlich auch eine Entquellung der verdickten Membranen eine Einrollung nach unten bedingt. Bei *Ceterach officinarum* schließlich kommt es durch einen Antagonismus zwischen Palisaden- und Schwammparenchym zu einer starken Verkürzung der Blattoberfläche und damit wieder zu einer Einrollung nach oben. Unterstützt wird dieser Mechanismus durch starke Verdickungen der Radialwände der Palisadenzellen (SCHMIDT 1910, WALTER und BAUER 1937) und durch extrem schrumpfelnde Zellen der oberen Epidermis (Abb. 22). Zudem scheinen auch die geräumigen Interzellularen eine gewisse Verschiebbarkeit der austrocknenden Zellen zu ermöglichen, wodurch Spannungen vermieden werden, die sich sonst voll auf die Zellen selbst auswirken würden. ROUSCHAL (1938) nimmt an, daß die radialen Verdickungen der Palisadenzellen, die er als ein Seitenkollenchym bezeichnet, nicht so sehr dem Rollmechanismus des Blattes dienen als dem Schutz der Palisadenzellen gegen gänzliche Zerknitterung. Junge Blätter, die diese Leisten noch nicht besitzen, rollen sich nämlich beim Austrocknen auch nach oben ein. Sie sterben aber im Austrocknungsversuch früher ab als die älteren.

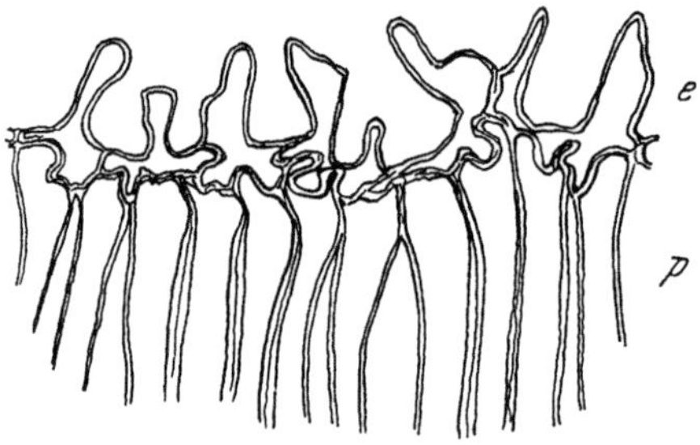

Abb. 22. *Ceterach officinarum*, Querschnitt durch das trockene Blatt. *e* = obere Epidermis, *p* = Palisadenzellen. (Nach ROUSCHAL 1938 b.)

Über die Anatomie und die Austrocknungsbilder der Zellen von austrocknungsfähigen Phanerogamen ist noch kaum etwas bekannt. Für *Haberlea* wird das Vorhandensein großer Interzellularen und eines lockeren Schwammparenchyms besonders erwähnt (WALTER 1931), und GESSNER (1956) hebt hervor, daß an *Ramondia pyrenaica* keines der anatomischen Merkmale realisiert ist, die im Sinne ILJINS als Schutz gegen eine gefährliche Zerknitterung der austrocknenden Zellen angesehen werden könnte. Die Zellen zeigen normalen Bau und große Vakuolen, so daß im anatomischen Bild nichts darauf hindeutet, daß es sich hier um Gewebe handelt, die am natürlichen Standort völliger Austrocknung ausgesetzt sind und diese ertragen.

Dieser kurze Blick auf die vitalen Austrocknungsbilder poikilohydrer Pflanzen zeigt, daß keineswegs immer bestimmte anatomische Einrichtungen vorhanden sind, die einer mechanischen Beanspruchung der eintrocknenden Zellen entgegenwirken. Besonders das Vorhandensein großer, dünnwandiger, zellsaftreicher Zellen bei Pflanzen, die an ihren natürlichen Standorten zeitweise extrem auszutrocknen vermögen, spricht dafür, daß die Austrocknungsresistenz des Protoplasmas selbst als das wesentliche und gemeinsame Merkmal aller dieser austrocknungsfähigen Pflanzen angesehen werden muß. Es steht aber außer Zweifel, daß manche Plasmen gegen die mit der Austrocknung verbundenen mechanischen Beanspruchung zusätzlich durch besondere anatomische Eigentümlichkeiten der Zelle geschützt sind, wie z. B.

durch Fehlen von Vakuolen, mechanische Versteifungen, elastisch sich zusammenziehende Zellwände usw.

Ist die Austrocknung über die letale Grenze hinausgegangen, dann zeigen sich nach Wiederanfeuchtung und Wiederausdehnung der Membran charakteristische Nekrosebilder, die auch bis zu einem gewissen Grad auf die Art der Zelldeformation während der Austrocknung rückschließen lassen. Höfler (1947) unterscheidet bei den Lebermoosen vier Grundtypen von Nekroseformen, die bei bestimmten Moosen mit großer Regelmäßigkeit wiederkehren, die aber gelegentlich auch je nach den Umständen

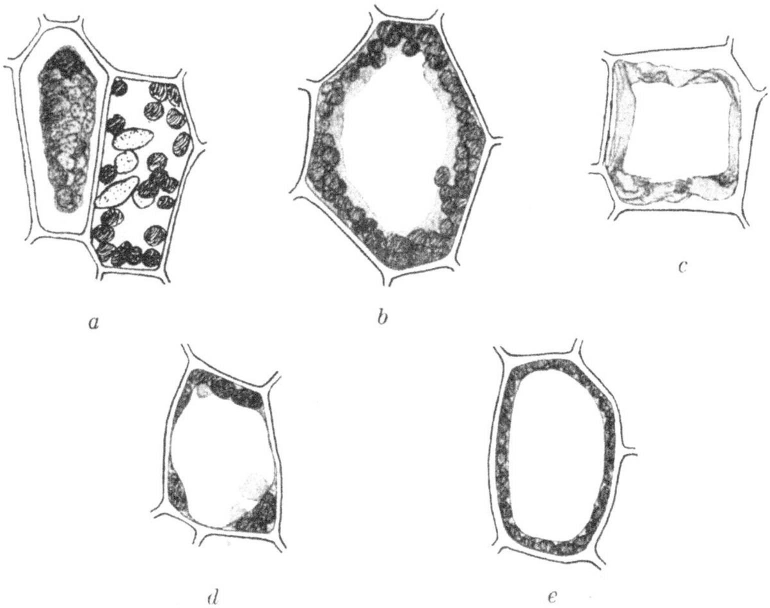

Abb. 23. Trockennekrosen bei Lebermoosen. *a* Schrumpfnekrose, daneben normale Zelle mit Ölkörperchen (*Aplozia riparia*), *b* Kranznekrose (*Calypogeia neesiana*), *c* Rahmennekrose (*Lepidozia reptans*, alte natürliche Nekrose), *d* Saumnekrose (*Aplozia riparia*, Tonoplast und Zellsaft erhalten). *e* Saumnekrose (*Lepidozia reptans*). (Nach K. Höfler 1947.)

der Austrocknung, in gleichartigen Zellen vorkommen können: 1. Schrumpfnekrose. Sie tritt auf, wenn sich bei der Austrocknung der Protoplast in der Mitte der Zelle zusammenzieht und bei der plötzlichen Ausdehnung der Zellwand nach Wiederbefeuchtung von dieser losreißt und geschrumpft, rundlich oder auch unregelmäßig konturiert im Inneren der Zellen liegen bleibt. 2. Kranznekrose. Das getötete Plasma legt sich mit den Chloroplasten ringsum der Zellwand an. Der mittlere Teil der Zelle bleibt als farbloses Feld frei. Diese Nekroseform entsteht dort, wo sich bei Austrocknen der Zellen die Zellwände bis zur Berührung aneinandergelagert und den Protoplasten an den Rand der Zelle gedrängt haben. 3. Rahmennekrose. Ein vorgeschrittenes Stadium der Kranznekrose. Der Plasmaschlauch ist nur mehr als ein dünner, knitteriger, ringförmiger Wulst erhalten. Inhaltskörper sind nicht mehr zu erkennen. 4. Saumnekrose. Der noch erhaltene und turgeszente Tonoplast preßt das degenerierende Plasma mit den noch frischen Chloroplasten, jedoch schon meist in Zerfall begriffenen Ölkörpern, gegen die Zellwand (Abb. 23).

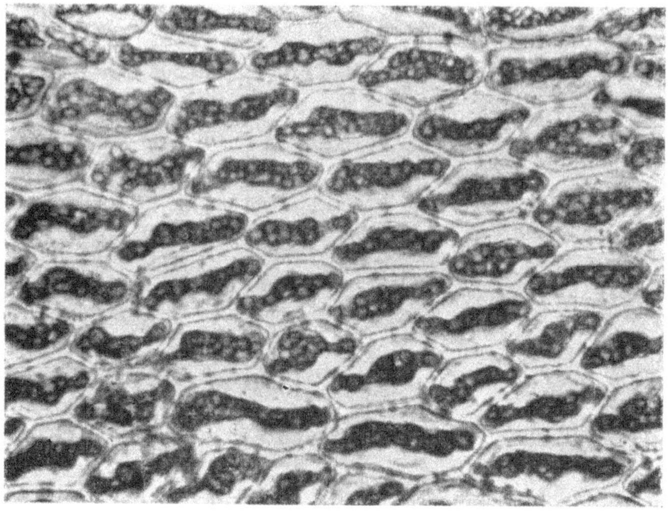

Abb. 24. Schrumpfnekrose bei *Bryum capillare* nach Austrocknung bei 1% r. L. F. und Wiederbefeuchtung. (Nach W. Abel 1956.)

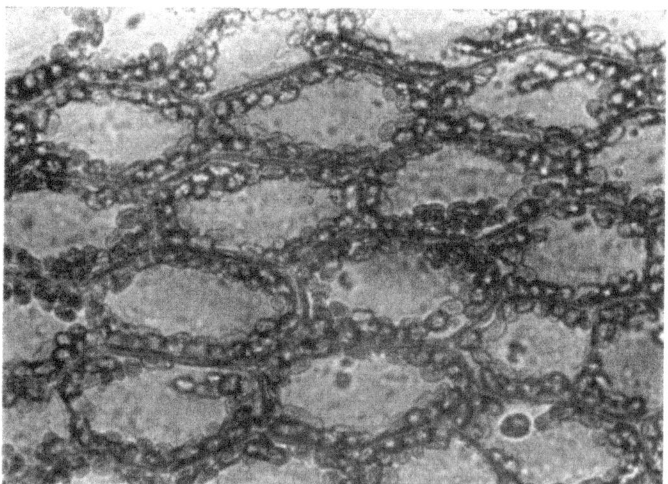

Abb. 25. Kranznekrose bei *Mnium seligeri* nach Austrocknung bei 60% r. L. F. und Wiederbefeuchtung. (Nach W. Abel 1956.)

Entsprechende Nekrosebilder finden sich auch bei Austrocknung von Laubmoosen. Abb. 24 zeigt eine Schrumpfnekrose bei *Bryum capillare* und Abb. 25 eine Kranznekrose bei *Mnium seligeri.*

Ein typisches Absterbestadium nekrobiotischer, noch turgeszenter Zellen an der Grenze zwischen lebenden und toten Arealen vieler Lebermoosblättchen ist nach Höfler (1947) durch Zellsäfte gekennzeichnet, die im UV-Licht nach Akridinorangefärbung gelb fluoreszieren („akridinogilbende Zellsäfte"). Ein gutes Anzeichen eingetretener Trockenschädigung ist bei Lebermoosen auch das Verschwinden der Ölkörper. Ist Trockentod eingetreten, so verschwinden die Ölkörper nach Wasserzugabe meist bald oder zerfallen in Elementarkügelchen (Höfler 1943). Das Auftreten von eigenartigen, ihrer chemischen Natur nach noch nicht näher untersuchten Fällungskugeln bei der Austrocknung von verschiedenen Laubmoosen, wie von *Fissidens adiantoides* (Abb. 26), verschiedenen *Dicranum*-Arten, *Diphyscium sessile, Pleurozium schreberi* u. a. beschreibt Abel (1956).

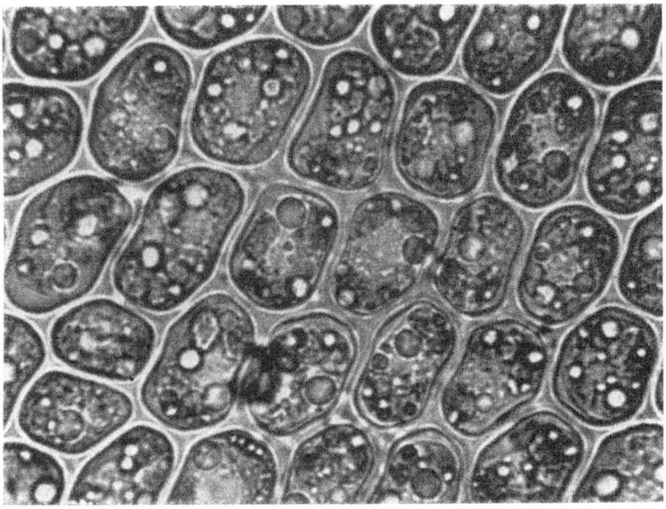

Abb. 26. Fällungskugeln im Protoplasten von *Fissidens adiantoides* nach Austrocknung. (Nach W. Abel 1956.)

Den Schrumpfnekrosen bei Leber- und Laubmoosen entsprechende Bilder wiederangefeuchteter trockentoter Zellen von Angiospermen beschreibt Iljin (1927) als „Pseudoplasmolysen". Parker (1952) findet gleiche Nekroseformen in Zellen ausgetrockneter und wiederbefeuchteter *Pinus*-Blätter.

Im allgemeinen scheinen junge Blättchen austrocknungsresistenter zu sein als alte. Höfler fand bei seinen Versuchen mit Lebermoosen, in denen Stämmchen mit zehn oder mehr Blättchen austrocknen gelassen wurden, die älteren Blättchen stets austrocknungsempfindlicher als die jungen. Auch Arvidson (1951) gibt Beispiele entsprechender Gradienten der Austrocknungsresistenz und nimmt unter Bezug auf die Stoffwechseluntersuchungen von Mothes (1928 b) an, daß die Abbauprodukte aus den älteren Blättern der Kräuter nach Achselknospen und jüngeren, höher inserierten Blättern transportiert werden. Diese saugen also während kritischer Perioden nicht nur Wasser, sondern auch darin gelöste Stoffe von den älteren Blättern her auf. Der bereits vorhandene Saugkraftunterschied zwischen jüngeren und älteren Blättern steigt hiebei an. Die der Eiweißstoffe entleerten älteren Blätter können die Eiweißsynthese nicht aufs neue aufnehmen, auch wenn sie bei Zuführung von Wasser wieder voll turgeszent geworden sind. Sie sind für das Leben der Pflanze verloren. Der Vorgang stellt sich als ein Altern der untersten Blätter der Pflanze dar, das durch Wassermangel beschleunigt wurde (vgl. Mothes 1960).

Es sind aber auch entgegengesetzte Resistenzgradienten bei Austrocknung beobachtet worden. So fand Rouschal (1938b) bei Überschreitung der letalen Austrocknungsgrenze die jungen Blättchen von *Ceterach officinarum* früher absterben als die alten. Es wird dies mit den bei den jungen Blättern noch fehlenden mechanischen Verfestigungen der Palisadenzellen in Zusammenhang gebracht. Abel (1956) trocknete nicht ganze Moosstämmchen,

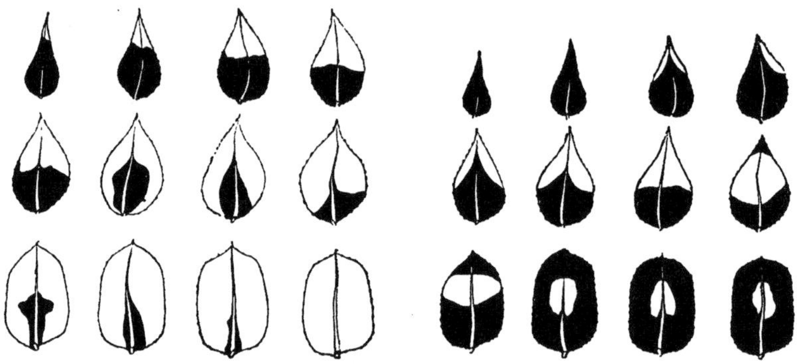

Abb. 27. Austrocknungsresistenz von 12 verschieden alten Blättchen eines Stämmchens von *Mnium seligeri*. *a* bei 37% r. L. F., *b* bei 6% r. L. F., einzeln ausgetrocknet. Von links oben nach rechts unten Zunahme des Alters (schwarz = tot, weiß = lebend). (Nach W. Abel 1956.)

sondern einzelne, verschieden alte Blättchen des Laubmooses *Mnium seligeri* (Abb. 27) und fand bei diesem Vorgang die jungen Blättchen weniger austrocknungsfähig als die alten.

Da leider kein Vergleichsversuch mit einem ganzen Moosstämmchen durchgeführt wurde, fehlt der Beweis für die Annahme, daß sich verschieden alte Blättchen am intakten Stämmchen anders verhalten, ja vielleicht sogar eine Umkehr des Gradienten zeigen würden. In Abb. 27 ist weiters auch das Bestehen von Resistenzgradienten innerhalb der einzelnen Blättchen zu erkennen.

III. Standortfeuchtigkeit und Plasmazustand

1. Permeabilität

Die botanische Permeabilitätsforschung begann mit Untersuchungen an einigen wenigen geeigneten pflanzlichen Objekten. Diese reichten hin, um an ihnen brauchbare Theorien über den Weg der Diosmotika durch das Plasma bzw. über deren verschieden schnelle Permeation zu entwickeln: 1. Die Lipoidtheorie Overtons (1895, 1899) nimmt an, daß die Permeabilität eines Stoffes um so größer ist, je besser er sich in den Plasmalipoiden löst. 2. Die Ultrafiltertheorie Ruhlands (1912, 1914, Ruhland und Hoffmann 1925) sieht das Protoplasma als ein Ultrafilter, durch das die kleinmolekularen Stoffe schneller durchtreten können als die großmolekularen. 3. Die Lipoidfiltertheorie COLLANDERS (1925, 1932, COLLANDER und BÄRLUND 1926, 1933) schließlich vereinigt auf Grund eines nun schon größeren Tatsachenmaterials die beiden ersten Theorien durch die Annahme, daß Lipoidlöslichkeit zwar der in erster Linie die Durchtrittsgeschwindigkeit regulierende Faktor ist, daß aber kleinmolekulare Stoffe (etwa bis zur Molekülgröße 60) schneller als ihrer Lipoidlöslichkeit entspricht, auf dem Porenweg durch das Plasma zu treten vermögen. Auch die Methoden der Permeabilitätsbestimmung, etwa die quantitativ plasmolytische, „plasmometrische" Methode HÖFLERS (1918), konnten schon an einzelnen günstigen Objekten ausgearbeitet werden.

An diese „Gründungszeit" der Permeabilitätsforschung schloß die Zeit der „Vergleichenden Permeabilitätsforschung", in der die Permeabilitätsverhältnisse bei einer großen Zahl einander systematisch fernstehender Pflanzen und auch verschiedener Zellsorten ein und derselben Pflanze geprüft wurde. Sie wurde eingeleitet durch HÖFLER und seine Mitarbeiter (HÖFLER und STIEGLER 1921, 1930, HUBER und HÖFLER 1930, HOFMEISTER 1935), denen Untersuchungen zahlreicher anderer Autoren folgten. Die Permeationsgeschwindigkeit einzelner Stoffe erwies sich hiebei bei verschiedenen Pflanzen als sehr unterschiedlich. Diese verschieden schnelle Permeation wurde zu einem unterscheidenden Merkmal der Protoplasmen verschiedener Pflanzen, ja sogar verschiedener Zellsorten derselben Pflanze („spezifische Permeabilitätsreihen"). Dabei lag allerdings schon 1930 (HÖFLER und STIEGLER) eine gewisse Einschränkung in der Aussage, daß diese Permeabilitätsunterschiede „zwar nicht konstant (im Original nicht gesperrt), aber doch in gewissen nicht allzu weiten Grenzen beschlossen" sind.

Eine entwicklungsphysiologische Veränderlichkeit der Harnstoffpermeabilität wurde erstmals von WEBER an *Spirogyra* (1931) und an Stomatazellen von *Ranunculus ficaria* (1932) nachgewiesen. In beiden Fällen zeigen die vollentwickelten Zellen eine wesentlich höhere Harnstoffpermeabilität als die jungen.

Der dritte Abschnitt der botanischen Permeabilitätsforschung könnte als der der „Untersuchung der entwicklungsphysiologischen und modifikativen Veränderlichkeit der Permeabilitätseigenschaften" bezeichnet werden. Er setzt wesentlich mit dem Erscheinen der Untersuchungen von MARKLUND (1936) und WAHRY (1936) ein, von denen der erste Belege für die Verschiedenheit der Permeabilitätsreihen verschieden alter Blätter von *Taraxacum pectinatiforme* und *Elodea densa* und über Wandlungen der *Taraxacum*-Reihe mit den Jahreszeiten, die zweite — allerdings nicht unwidersprochen gebliebene — Angaben über verschiedene Reihen der im Licht und Dunkel behandelten Luft- und Wasserblätter von *Hippuris vulgaris* brachte. JÄRVENKYLÄ (1937) fand bei *Rhoeo discolor* und *Elodea densa* eine lichtbedingte Permeabilitätserhöhung für Nichtelektrolyte. Dies und besonders auch die Untersuchungen HOFMEISTERS (1938), wonach subepidermale Blattscheidenzellen von *Ranunculus repens* in der ersten Hälfte der Vegetationszeit gewöhnlich den Harnstofftyp der Permeabilität (Harnstoff permeiert schneller als Glyzerin), im

Herbst hingegen häufig den Glyzerintyp (Glyzerin permeiert schneller als Harnstoff) zeigen, führte Höfler (1937) zu einer erweiterten Definition seiner „spezifischen Permeabilitätsreihen": „Für die gegebene Zellsorte ist ihre Permeabilitätsreihe, deren Wandel mit dem Entwicklungszustand und Veränderlichkeit unter dem Einfluß von Außenfaktoren bezeichnend."

Diese Veränderlichkeit des Permeabilitätsverhaltens bestimmter Plasmen trat in den folgenden Jahren immer deutlicher hervor (Schmidt 1936, 1939, Ruhland, Ullrich und Endo 1938, Bogen 1938, 1940, 1941, Ruhland und Ullrich 1939, Schmidt, Diwald und Stocker 1940, Biebl 1942, Lenk 1956; Zusammenfassung Kramer 1955 a) und sie ist es auch, die vom protoplasmatisch-ökologischen Gesichtspunkt aus besonders interessiert. Die Tatsache aber, daß die bisherigen vergleichenden Permeabilitätsuntersuchungen gelehrt haben, daß nicht nur zwischen den Plasmen einzelner Pflanzengruppen große Unterschiede hinsichtlich der Permeabilität für verschiedene Stoffe bestehen (Höfler 1942 a), sondern daß auch das Ausmaß der modifikativen Schwankungen bei verschiedenen Pflanzen recht verschieden sein kann, zeigt die Notwendigkeit, auch bei der Untersuchung von Umweltseinflüssen auf die Plasmapermeabilität (wie auch anderer Plasmaeigenschaften), sich nicht auf einige wenige Objekte zu beschränken, sondern die Untersuchung auf ein möglichst großes Vergleichsmaterial auszudehnen.

Es müßte als eine vierte Phase der Permeabilitätsforschung nun auch auf breiter Basis eine „Vergleichende Untersuchung dieser — bisher auch erst an einzelnen Objekten beobachteten — modifikativen und entwicklungsphysiologischen Veränderlichkeit" einsetzen, um wirklich gemeinsame Züge erfassen zu können und zu ersehen, ob nicht auch hier wiederum die einzelnen Plasmasorten unter Umständen ein verschiedenes Verhalten besitzen können. Soweit sich die Untersuchungen auf die Wirkung ökologisch maßgebender Faktoren beziehen, findet die „Protoplasmatische Ökologie" auf diesem Gebiet ein noch weithin offenes Arbeitsfeld.

Neue zusammenfassende Darstellungen der Theorie der Plasmapermeabilität geben Bancher und Höfler (1959) und Höfler (1960).

Daß Feuchtigkeit bzw. Trockenheit die Permeabilitätsverhältnisse des Protoplasmas beeinflussen, steht außer Zweifel. Die Angaben über die Art der Veränderungen sind jedoch nicht einheitlich. Es muß aber auch gleich betont werden, daß alle bisherigen Kenntnisse auf den Untersuchungen an einigen wenigen Pflanzenarten fußen, und zwar von Levitt und Scarth (1936) an Zellen von *Spartium junceum,* von Schmidt (1939) an *Lamium maculatum,* von Schmidt, Diwald und Stocker (1940) an drei verschieden dürreresistenten Hafersorten und von Whiteside (1941, zit. nach Levitt 1956) an zwei Weizensorten.

Levitt und Scarth fanden in Zellen von vierzehn Tage nicht bewässerten *Spartium junceum*-Pflanzen ein Ansteigen der Harnstoffpermeabilität um mehr als 100% und Whiteside beobachtete in Zellen von zwei Weizensorten nach zwölftägiger Trockenkultur ein Ansteigen der Harnstoffpermeabilität sogar auf den dreifachen Wert.

Diesen Befunden stehen die Ergebnisse von Schmidt (1939) gegenüber, der *Lamium maculatum* im Freiland und in Mitscherlich-Gefäßen, trocken und bewässert heranzog, und zwar im Freiland auf bewässerten Beeten (etwa 80% Wasserkapazität) und auf trocken gehaltenen, bei Regenwetter überdachten Beeten (etwa 30% Wasserkapazität in 45 cm Tiefe), im Gewächshaus in den Mitscherlich-Gefäßen bei konstant 80% bzw. 20% Wasserkapazität. Die Versuchspflanzen entstammten einem einzigen, durch Stecklinge vermehrten Klon, der aus einer Wildpflanze gewonnen worden war. Das Ausmaß der Permeabilität wurde in den Freilandversuchen durch Angabe der Plasmolysezeit, in den Gefäßversuchen nach der plasmometrischen Methode bestimmt. In beiden Fällen zeigte sich in den trocken gezogenen Planzen die Permeabilität für Harnstoff erniedrigt, die für Glyzerin hingegen erhöht. Eine Herabsetzung der Permeabilität ergab sich in den Trockenkulturen auch für Sulfoharnstoff, Methylharnstoff, Malonamid und Lactamid, während die Durchlässigkeit für Äthylenglycol und Erythrit ebenso wie für Glyzerin anstieg. Für Fruktose war die Permeabilität in den bewässerten und den trocken gehaltenen Pflanzen annähernd gleich. SCHMIDT hat nach der Formel von HÖFLER (1934) auch die Oberflächen-Permeabilitätskonstante (P) für die einzelnen Stoffe berechnet und diese in logarithmischer Skala dargestellt (Abb. 28).

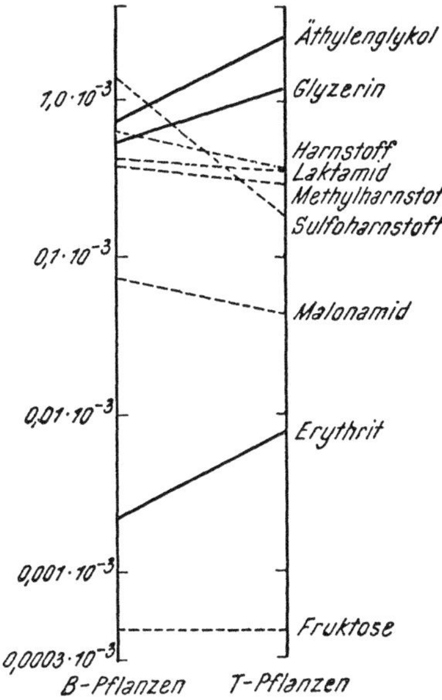

Abb. 28. Permeabilität (P-Werte) feucht (B) und trocken (T) kultivierter Pflanzen von *Lamium maculatum* (Stengelepidermis). (Nach H. SCHMIDT 1939.)

Ein Absinken der Harnstoff- und ein Ansteigen der Glyzerinpermeabilität wurde auch an verschieden dürreresistenten Hafersorten beim Übergang von Feucht- zu Trockenkultur festgestellt (SCHMIDT, DIWALD, STOCKER 1940). Die bewässerten Pflanzen zeigten wie *Lamium* den Harnstoff-, die trocken gezogenen den Glyzerintyp der Permeabilität. Auch die Wasserpermeabilität nahm bei allen drei untersuchten Hafersorten in den Trockenkulturen ab. Im Vergleich dürreresistenter (Beseler und Fläminggold) und dürreempfindlicher Sorten (Vienauer) ist die Permeabilität sowohl in den Feucht-, wie in den Trockenkulturen für Wasser, Harnstoff und Glyzerin bei den resistenten Sorten größer. Die Ursachen der größeren Dürreresistenz wurden nicht näher analysiert. Nur das Wurzelsystem wird als tiefergreifend beschrieben, so daß — nach einer kritischen Bemerkung von LEVITT (1956) — möglicherweise die höhere Dürreresistenz nur auf eine bessere Wasserversorgung nicht aber auf eine höhere Austrocknungsresistenz des Plasmas dieser Sorten zurückzuführen wäre. STOCKER bezeichnet die bei Trockenkultur zu beobachtenden Permeabilitätsänderungen als phänotypische, die bei dürreresistenten Sorten gegenüber den dürreempfindlichen allgemein höhere Permeabilität als genotypische plasmatische Merkmale.

Den phänotypischen Dürreeffekt faßt STOCKER (1948) als einen Reizvorgang mit Reaktions- und Restitutionsphase auf und stellt ihn in Parallele zu dem von KAHL (zit. STOCKER 1948, 1956) erstmals beobachteten Schütteleffekt. Wie nach zehn Minuten langem Schütteln von Pflanzenteilen käme es auch bei beginnendem Austrocknen (Dürrereiz) zu einer Zerreißung zwischenmolekularer Bindungen, einer Auflockerung der plasmatischen Struktur, einer Ausweitung einzelner Maschen des Gerüsteiweißes und damit zu einer Erhöhung der Porenpermeabilität (verbunden mit einer Herabsetzung der Plasmaviskosität).

In der Restitutionsphase soll das Plasma wieder festeren Bindungen zustreben und nach einiger Zeit mit Eintritt der Abhärtungsphase (die als Teil der Restitutionsphase angesehen wird) durch Überkompensation zu einer noch dichteren Vernetzung des Eiweißgerüstes oder Zusammendrängung des Plasmas auf ein kleineres Volumen als bei normaler Feuchtigkeit führen. In diesem Zustand wäre gegenüber den Feuchtpflanzen die Erniedrigung der Permeabilität für Wasser, Harnstoff und andere auf dem Porenweg permeierende Amide zu beobachten (verbunden mit einer Erhöhung der Plasmaviskosität). Als Ursache der gleichzeitigen Erhöhung der Permeabilität für Glyzerin, Äthylenglycol und Erythrit wird eine Änderung der Lipoidpermeabilität angenommen, etwa in dem Sinn, daß die Grenzplasmalipoide einen mehr basischen Charakter annehmen und damit ihr Lösungsvermögen für Amide vermindern, für Alkohole jedoch erhöhen.

Diese Untersuchungen wurden in jüngster Zeit von ROSS (1960), einer Schülerin STOCKERS, weitergeführt und bestätigt. „Harnstoff-, Wasser- und Glyzerinpermeabilität werden in der Reaktionsphase des schnellen Austrocknungsvorganges gefördert. Die beiden ersten nehmen in der Restitutionsphase wieder ab und unterschreiten in der Abhärtungsphase ihre Ausgangswerte. Dagegen steigt die Glyzerinpermeabilität noch weiter an. Nach Wiederherstellung optimaler Wasserverhältnisse kehrte die Permeabilität für alle drei geprüften Stoffe in den Normalzustand zurück" (ROSS 1960).

Den Widerspruch zu den von LEVITT und SCARTH (1936) und WHITESIDE (1941) bei trocken gehaltenen Pflanzen beobachteten Permeabilitätssteigerungen für Harnstoff sucht STOCKER (1956) durch die Annahme zu lösen, daß diese Autoren das Permeabilitätsverhalten während der Reaktionsphase beobachtet hätten, in welcher auch nach STOCKERS Theorie die Erweiterung des Porennetzes eine Steigerung der Permeabilität bedingen soll, während sie erst in der von STOCKER und Mitarbeitern untersuchten Restitutionsphase durch Verengung der Poren vermindert wird.

Diese Erklärung vermag aber nicht zu befriedigen, da auch die amerikanischen Autoren ihre Permeabilitätsmessungen an Pflanzen vorgenommen haben, die schon 12—14 Tage unbewässert gehalten worden waren, so daß auch hier die Restitutionsphase schon längst hätte einsetzen müssen. WHITESIDE stellte sogar ausdrücklich für die Zellen der von ihm verwendeten Versuchspflanzen (Weizen) fest, daß mit dem Austrocknen auch ein Ansteigen der plasmatischen Austrocknungsresistenz verbunden war, was nach STOCKER sogar schon einem fortgeschrittenen Stadium der Restitutionsphase entsprechen würde.

Die Lösung dieser Widersprüche werden zweifellos erst vergleichende Untersuchungen an einer großen Zahl verschiedener Pflanzen unter verschiedensten Bedingungen der Austrocknung und Bewässerung bringen können. Es sei nur an die Beeinflussung der Permeabilität, besonders der Wasserpermeabilität, durch Bodensalze erinnert, die bei Austrocknung verschieden zusammengesetzter Böden in verschiedener Weise zur Wirkung kommen können. So sahen auch SCHMIDT, DIWALD und STOCKER (1940) nach einer Volldüngung die Wasserpermeabilität zweier untersuchter Hafersorten beim Übergang zur Trockenkultur absinken, bei Kalium- und Stickstoffmangel hingegen ansteigen. Es sei auch noch einmal an die Änderung des Permeabilitätsverhaltens im Verlauf der individuellen Entwicklung oder überhaupt an das verschiedene Permeabilitätsverhalten einzelner Pflanzengruppen erinnert.

SCHMIDT sprach schon 1936 von einer bei verschiedenen Plasmen verschiedenen Beeinflussung der Harnstoffpermeabilität durch langandauernde Plasmolyse. So beobachtete er z. B., daß bei niedrig harnstoffpermeablen Pflanzen (*Rhoeo discolor, Vallisneria spiralis, Callisia repens, Majanthemum bifolium, Salvinia auriculata, Allium cepa, Sedum sieboldi*) der Einfluß vorhergehender Zuckerplasmolyse im allgemeinen sehr gering ist, daß aber bei hoch harnstoffpermeablen Pflanzen (*Gentiana macrophylla, Taraxacum officinale, Lamium maculatum*) durch Zuckerplasmolyse eine starke Erniedrigung der Harnstoffpermeabilität eintritt. Es führte ihn dies zu der Arbeitshypothese, daß das Protoplasma der wenig beeinflußbaren Pflanzen als vorwiegend „lipoidpermeabel", das der stark beeinflußbaren als vorwiegend „porenpermeabel" aufzufassen ist. — All das wird sich aber im Einzelfall wahrscheinlich auch auf die Änderung der Permeabilität bei Trocken- oder Feuchtkultur auswirken.

Wie sehr, wohl vor allem unter dem Einfluß verschiedener Feuchtigkeit, die Harnstoffpermeabilität am natürlichen Standort variieren kann, geht aus Versuchen von HÖFLER (1949) hervor. Im feuchtmilden Klima des Gollinger Wasserfall-Gebietes (Salzburg, um 500 m Seehöhe) gedeiht *Gentiana sturmiana* auf einer windgeschützten, halb sonnigen, halb beschatteten Halde in hygromorpher 40 cm hoher Wuchsform. Bei warmem, sonnigem Wetter zeigte die Pflanze eine recht hohe Harnstoffdurchlässigkeit der roten Stengelepidermiszellen (Änderung des Plasmolysegrades in der Minute $d_g = 0{,}03$—$0{,}10$), doch waren die Werte nie so extrem hoch wie bei den niederen, mehr xeromorphen Formen in der Ramsau bei Schladming (Steiermark, 1100 m Seehöhe). Sieht man die Feuchtigkeit als den wesentlich unterscheidenden ökologischen Faktor der beiden Standorte an, so würde schon dies auf eine höhere Harnstoffpermeabilität bei größerer Trockenheit hinweisen. Noch eindringlicher drängt sich aber dieser Gedanke auf beim Vergleich der Harnstoffpermeabilität von Gollinger Pflanzen bei Schön- und Regenwetter. Der oben angeführten hohen Schönwetterpermeabilität steht an einem düsteren Regentag ein ganz langsamer Rückgang der Harnstoffplasmolyse gegenüber ($d_g = 0{,}08$—$0{,}013$). Wie weit dabei eventuell auch Licht und Temperatur eine Rolle spielen, bliebe noch zu untersuchen. — Dreitägige Wässerung von Stengelepidermisschnitten setzte die Wasserpermeabilität stark und die Harnstoffpermeabilität mäßig (etwa im Verhältnis 5 : 8) herab.

Vielleicht wird sich bei Trockenheit bzw. bei Trockenkultur in jenen Fällen eine Erhöhung der Harnstoffpermeabilität zeigen, in denen in der umgekehrten Richtung bei steigender Wassersättigung, bei Dauerwässerung von Schnitten (KREUZ 1941, HÖFLER 1942 a, 1949, BIEBL 1948 u. a.) oder nach Einwässern abgeschnittener Pflanzenteile in feuchtem Raum die Harnstoffpermeabilität stark gehemmt wird. So deplasmolysieren z. B. Blattstielepidermiszellen frisch aus dem Freiland eingebrachter Blätter von *Nicotiana glauca* in 1,5 mol Harnstoff innerhalb von 4 bis 5 Minuten, während die Deplasmolysezeit nach zweitägigem Aufenthalt im feuchten Raum auf 13—15 Minuten und nach 6 Tagen sogar auf 15—20 Minuten und darüber ansteigt (BIEBL 1956).

Mit dieser Annahme ist aber die Möglichkeit einer umgekehrten Änderung der Harnstoffpermeabilität in Trockenkulturen nicht in Abrede gestellt, denn es liegen auch für die Wässerungsversuche genau entgegengesetzte Beobachtungen vor: FITTING (1919) fand an Epidermisschnitten von *Rhoeo discolor* und HOFMEISTER (1938) an solchen von *Ranunculus repens* durch langdauernde Wässerung die Harnstoffpermeabilität stark erhöht. Auch in frischen Pflanzen von *Ranunculus repens,* die in feuchtem Filterpapier eingeschlagen waren, fand HOFMEISTER innerhalb von 24 Stunden ein Ansteigen der Harnstoffpermeabilität von $P' = 0{,}29$ auf $P' = 0{,}77$, während die Glyzerinwerte unverändert $P' = 0{,}59$ waren.

Dieser scheinbare Widerspruch, einerseits Hemmung, andrerseits Förderung der Harnstoffpermeabilität bei reichlich wassergesättigtem Plasma, läßt sich vielleicht durch folgende Vorstellung lösen: Zu einer Hemmung der Harnstoffpermeabilität durch Verquellung der Plasmaporen kommt es bei allen jenen Pflanzen, bei denen der Harnstoff wesentlich den Porenweg benützt, kurz bei hoch harnstoffpermeablen Pflanzen. Zu einer Förderung der Harnstoffpermeabilität bei Wassersättigung des Plasmas kommt es hingegen bei jenen Pflanzen, bei denen der Harnstoff stets langsamer als der größermolare, aber besser lipoidlösliche Methylharnstoff permeiert, d. h. bei denen auch der Harnstoff vorwiegend den Lösungsweg benützt (vgl. BANCHER und HÖFLER 1959). Von den angeführten Beispielen besitzen auch tatsächlich *Nicotiana glauca,* ebenso wie *Solanum tuberosum* (BIEBL 1948) im Normalzustand eine sehr hohe Harnstoffpermeabilität, während bei *Rhoeo discolor* und *Ranunculus repens* Harnstoff langsamer als Glyzerin durch das Plasma tritt.

Diese verschiedenen und widersprechenden Beispiele wurden nicht gebracht, um Verwirrung in das Problem „Standortfeuchtigkeit und Permeabilität“ zu tragen, sondern um zu zeigen, daß es wahrscheinlich verfrüht ist, auf Grund der bisherigen Beobachtungen an einigen wenigen Pflanzen für alle Pflanzen Gültiges auszusagen. Es werden auch hier, wie dies für Transpiration, Assimilation und Atmung schon ausführlich geschehen ist, Tagesgänge oder zumindest periodische Permeabilitätsmessungen nach trockener und feuchter Witterung bzw. nach verschiedener experimenteller Wasserversorgung des Bodens an einer großen Zahl verschiedener

Pflanzen vorgenommen werden müssen. Wahrscheinlich werden sich dabei recht verschiedene Reaktionstypen herausstellen.

Vielleicht können auch Permeabilitätsmessungen an abgeschnittenen, und damit den Beeinflussungen durch das Substrat entzogenen, langsam austrocknenden Blättern eine gewisse Klärung bringen. Auch vergleichende Permeabilitätsbestimmungen an Moosblättchen, die verschieden lang in Dampfkammern mit bestimmten, subletalen Dampfspannungen anwelken gelassen wurden, könnten zur Frage beitragen. Daß die Permeabilität von Lebermoosplasmen modifikative, besonders altersbedingte, Veränderungen erfahren kann, geht schon aus den Untersuchungen von PECKSIEDER (1947), besonders an *Chiloscyphus,* hervor. Die Blattzellen dieses Mooses zeigen während des Streckungswachstums vorübergehend rapiden Harnstoff- bzw. Porentyp. Ähnliches wurde auch für Helodeablättchen festgestellt (COLLANDER und WIKSTRÖM 1949). Im jugendlichen Zustand zeigen die Zellen den Normaltyp, bei dem die Stoffe gemäß ihrer Lipoidlöslichkeit permeieren. Zur Zeit des Streckungswachstums kommt es vorübergehend zur Ausbildung einer rapiden Harnstoffpermeabilität (Porentyp), während die voll erwachsenen Zellen wieder annähernd zum Normaltyp (Lösungstyp) zurückkehren.

Zusammenfassend sei festgehalten, daß trocken und feucht gezogene Pflanzen sowie auch Pflanzen am selben Standort bei Trockenheit und nach langem Regen Änderungen ihrer Plasmaeigenschaften erfahren können, die sich anscheinend vor allem auf die den Porenweg benützenden kleinmolekularen Stoffe bis zur Größenordnung des Harnstoffes (Mol.-Vol. 60) auswirken. Einander widersprechende Beobachtungen über die Richtung der Permeabilitätsänderung dürften in der besonderen Art der betreffenden Plasmen (vorwiegender Poren- oder Lösungstyp) ihre Erklärung finden.

2. Viskosität

Von den meisten Beobachtern wird bei zunehmender Wasserabgabe der Zelle eine Zunahme der Plasmaviskosität beschrieben. Es zeigt sich dies z. B. bei Ausbildung von Ruhestadien. SEIFRIZ (1920) fand in *Fucus*-Oogonien mit Herannahen des Reifens die Viskosität des Protoplasmas erhöht und WEBER (1924 b) beobachtete Gleiches bei der Bildung von *Spirogyra*-Zygoten. Auch bei der Sporenbildung der Bakterien gibt das Protoplasma Wasser ab. LEBLOND (1919) stellte umgekehrt eine Viskositätsverminderung beim Übergang von Zellen aus dem Ruhezustand in den aktiven Zustand fest.

Die vergleichenden Viskositätsmessungen wurden zumeist nach der Plasmolyseform- (WEBER 1924 a, 1925) und der Plasmolysezeitmethode (WEBER 1929 a) oder mittels der Zentrifugierungsmethode (WEBER 1929 b) vorgenommen.

Beim Studium der Wirkung verschiedener Außenfaktoren auf die Viskosität des Protoplasmas ist es wichtig, auf streng vergleichbares Zellmaterial zu achten. Die protoplasmatisch-anatomischen Verschiedenheiten sind, besonders im Hinblick auf die Viskosität, oft sehr groß. Dies gilt für Algen ebenso wie für Moose und Blütenpflanzen.

Flächige Meeresalgen, wie die Rotalge *Cryptopleura ramosum* var. *uncinnatum* besitzen in den Randzellen eine höhere Viskosität als in den weiter innen gelegenen (Biebl 1937 b). Einen Gradienten der Verlagerbarkeit der Plastiden durch Zentrifugierung fand Höfler (1936) an den strauchförmigen Rotalgen *Griffithsia opuntioides* und *Gr. furcellata.* In beiden Fällen wiesen die jüngeren Zellen an den Zweigenden die höhere Viskosität auf. Ein entgegengesetzter Gradient zeigt sich hingegen nach Zentrifugierung bei *Callithamnium tetragonum* var. *brachiatum* und *Polysiphonia urceolata* (Biebl 1937 b). Bei diesen Rotalgen besitzen die älteren Zellen an der Basis der Thalluszweiglein die höhere Plasmaviskosität.

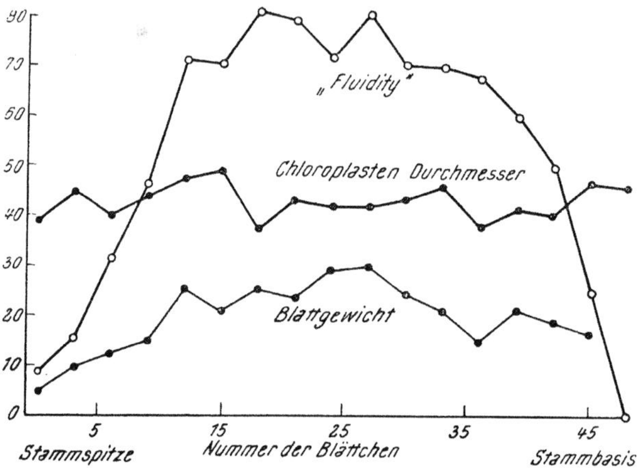

Abb. 29. *Linum usitatissimum*, „Fluidity“ des Protoplasmas in verschieden hoch inserierten Blättern. (Nach M. G. Stålfelt 1954.)

Für Leber- und Laubmoose werden wiederum längere Plasmolysezeiten und damit höhere Viskositätsgrade in den jüngeren Blättchen angegeben (Kressin 1935, Scheibmair 1938, Biebl 1940).

Stålfelt (1954) untersuchte an einer Reihe von Blütenpflanzen (*Linum usitatissimum, Saponaria calabrica, Vicia sepium, Chenopodium album, Capsella bursa pastoris*) die Plasmaviskosität verschieden hoch inserierter Blätter. Die Viskosität nahm dabei im allgemeinen von den mittleren, voll ausgebildeten Blättern, sowohl nach oben gegen die jüngeren, wie auch nach unten gegen die älteren Blättchen zu. Stålfelt maß den Flüssigkeitsgrad, die „Fluidität“ des Protoplasmas, die den reziproken Wert der Viskosität $\frac{1}{\text{Viskosität}}$ darstellt. Seine Kurven sind daher als Viskosität gegenläufig zu lesen (Abb. 29).

Ausführliche Beiträge zur Frage Plasmaviskosität und Alter finden sich bei Borris (1938), Paech (1940a, b), Ruge (1940), Fischer (1948, 1949, 1950). Widersprüche im Gradientenverlauf lassen vermuten, daß neben dem Zellalter gelegentlich auch sekundäre Faktoren entscheidend auf die Plasmaviskosität Einfluß nehmen und dann zu gegensätzlichen Viskositätsänderungen führen können.

Innerhalb eines Blättchens fand Mender (1938) bei dem Laubmoos *Bryum capillare* in den Basalzellen die höchste Viskosität. Es entspricht dies den Beobachtungen von Strugger (1934) an *Helodea densa*-Blättchen. In beiden Fällen sind die Basiszellen die jüngeren. Auch Borris (1938) fand in den ausgewachsenen Blattfeldzellen von *Helodea densa* ein Minimum der Viskosität. Bei *Helodea crispa* stieg hingegen nach einem anfänglichen Absinken in der Streckungsphase die Plasmolysezeit in den ausgewachsenen Blattfeldzellen noch einmal an. Stålfelt (1954) untersuchte 30 Fiederblättchen eines Blattes von *Achillea millefolium* und konnte gleichfalls ein Ansteigen von den untersten, ältesten Fiederchen zu den jüngsten, oberen feststellen.

Bei der Beurteilung gegenläufiger Gradienten der Plasmaviskosität im Blatt wird auch daran zu denken sein, daß im heranwachsenden Blatt die verbleibenden meristematischen Zonen an der Blattspitze, aber auch an der Blattbasis oder sogar an den Seiten des Blattes zu finden sein können (Oehlkers 1956). Daraus würden sich, bei Annahme einer allgemein höheren Viskosität der jugendlichen Zellen, auch in Blättern verschiedener Pflanzen gegensinnig verlaufende Viskositätsgradienten durch gleiche Altersunterschiede erklären lassen.

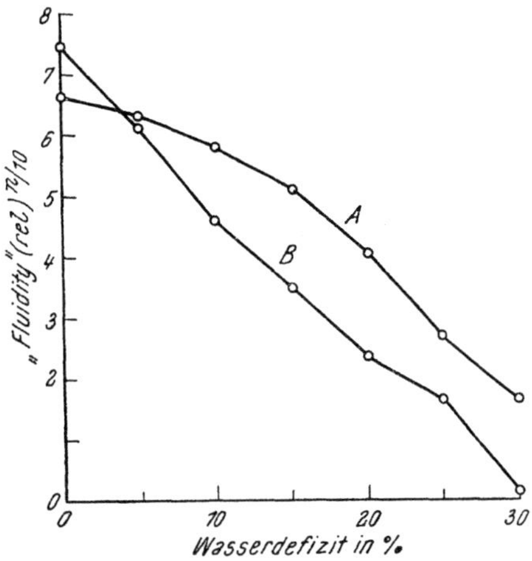

Abb. 30. Beziehung zwischen der Fluidität des Protoplasmas $\left(= \frac{1}{\text{Viskosität}}\right)$ und dem Wassersättigungsdefizit (in Prozenten des Wassergehaltes bei Wassersättigung der Blätter). A = *Achillea millefolium*, B = *Vicia sepium*. (Nach M. G. Stålfelt 1954.)

Um den Einfluß verschiedener Außenfaktoren, besonders des Wassergehaltes und des Lichtes, auszuschalten, hat Stålfelt (1954) seine Versuche stets an gleich gestimmtem Ausgangsmaterial vorgenommen: die Blätter wurden vor Versuchsbeginn 2—3 Tage bei Dunkelheit in einer feuchten Kammer gehalten und die Schnitte bei der Zentrifugierung in Paraffinöl eingelegt. Da gelegentlich schon innerhalb weniger Minuten ein Zurückwandern der Chloroplasten (beobachtet an Zellen der Subepidermis) eintritt, wurden die Schnitte nach der Zentrifugierung durch einminutenlanges Eintauchen in kochendes Wasser fixiert. Näheres zur Methodik Stålfelt (1945, 1946).

Wie fein das Protoplasma in seiner Viskosität auf zunehmende Entwässerung reagiert, zeigten die Versuche von Stålfelt (1954) an Blättern von *Achillea millefolium* und *Vicia sepium*. Die Blätter wurden, wie oben ausgeführt, zuerst 2—3 Tage im Dunkeln aufsättigen und dann an der Luft ohne Wasserzufuhr transpirieren gelassen. Jeweils nach Zunahme des Wassersättigungsdefizites um 5% (der vollen Wassersättigung) wurden Proben zentrifugiert. Beide Pflanzen zeigten im Verlauf einiger Stunden mit zunehmender Entwässerung eine gleichmäßig abnehmende Fluidität, d. h. eine zunehmende Viskosität des Protoplasmas (Abb. 30). Die Reaktion trat dabei deutlicher in den jüngeren als in den basalen Teilen und in größerem Ausmaß an der Blattunterseite als an der Blattoberseite ein.

Zu den ersten Beobachtungen über die Beziehung von Feuchtigkeit und Viskosität gehören die von Northen (1938), der Roggenkeimlinge feucht und trocken heranzog und im Alter von 7 bis 11 Tagen mit der Zentrifugierungsmethode die Verlagerungsfähigkeit der Chloroplasten in den Zellen der Koleoptile untersuchte. Wurzeln und über die Koleoptile emporragende Primärblätter wurden abgeschnitten, die Koleoptile mit dem eingeschlossenen Primärblatt zentrifugiert. Der Bodenwassergehalt wurde auf lufttrockenen Boden bezogen. Der Versuch (Tab. 22) ergab mit Zunahme der

Tab. 22. *Wirkung der Bodenfeuchtigkeit auf die Protoplasmaviskosität in Zellen von Roggen-Koleoptilen (spring rye).*

+ = Chloroplasten verlagert, 0 = Chloroplasten nicht verlagert, * = ab 9. Versuchstag wiederbewässert (nach H. T. Northen 1938).

Alter der Keimlinge (Tage)	Bodenfeuchtigkeit	Turgeszenzgrad der Primärblätter	Verlagerung der Chloroplasten			
			680 × Schwerkraft 1 Minute		170 × Schwerkraft 4 Minuten	
			Gefäßnahe Zellen	Gefäßferne Zellen	Gefäßnahe Zellen	Gefäßferne Zellen
7	schwach trocken	turgeszent	+	+	+	+
7	feucht	turgeszent	+	+	+	+
8	5,9 %	leicht welk	+	+	0	0
8	18,8 %	turgeszent	+	+	+	0
9	2,8 %	leicht welk	0	0	0	0
9	17,1 %	turgeszent	+	+	+	+
10	feucht*	turgeszent	+	0	+	0
10	feucht (Kontr.)	turgeszent	+	+	+	0
11	feucht*	turgeszent	+	+	+	0
11	feucht (Kontr.)	turgeszent	+	+	+	0

Austrocknung eine Zunahme der Viskosität bis zur völligen Unverlagerbarkeit der Plastiden bei der verwendeten Zentrifugalkraft. Nach Wiederbewässerung der Trockenkultur am 9. Tag nahm die Viskosität innerhalb von 24 Stunden wiederum ab. Nur bei Verwendung schwacher Zentrifugalkräfte konnte auch 2 Tage später in den gefäßfern gelegenen Zellen der ursprünglich trocken gehaltenen Pflanzen noch eine Herabminderung der Plasmaviskosität festgestellt werden.

Schmidt (1939) hat an den gleichen *Lamium maculatum* Trocken- und Feuchtkulturen, die zur Untersuchung der Beeinflussung der Permeabilität durch die Trockenheit dienten, auch Viskositätsmessungen vorgenommen. Die Bestimmungen wurden an Stengelepidermiszellen mit der Plasmolyseform- und Plasmolysezeitmethode, an chlorophyllhaltigen Hypodermzellen mit der Zentrifugierungsmethode ausgeführt.

In beiden Fällen zeigten die Plasmen der trocken herangezogenen Pflanzen eine wesentlich höhere Viskosität. In den Epidermiszellen verhielten sich die Plasmolysezeiten bei den Feucht- und Trockenkulturen (Schnitte ohne vorheriges Wässern in Traubenzucker eingelegt) wie 1 : 2,2 bis 1 : 3,04, in den Hypodermzellen verhielten sich die bis zur vollständigen Verlagerung sämtlicher Chloroplasten nötigen Zentrifugierungszeiten bei 2500 Umdrehungen in der Minute und einer Temperatur von 19,8 bis 20,5° C bei den Feucht- und Trockenpflanzen wie 1 : 2,0 bis 1 : 2,3.

In einer späteren Arbeit (Schmidt, Diwald, Stocker 1940) wurden nicht nur genetisch gleiche Pflanzen bei Trocken- und Feuchtkultur verglichen, sondern auch dürreresistente und dürreempfindliche Sorten bestimmter Arten. Versuche mit zwei verschiedenen Hafersorten (Vinauer empfindlich, Baseler resistent) ergaben innerhalb der einzelnen Sorten wie bei *Lamium* in jedem Fall bei den Trockenpflanzen ein viskoseres Plasma als bei den bewässerten. Im Vergleich der verschieden dürreresistenten Sorten zeigte unter gleichen Kulturbedingungen die dürreresistente die höhere Plasmaviskosität. Das gleiche war auch beim Vergleich von resistenten und empfindlichen Sorten von Weizen, Gerste und Zuckerrübe festzustellen, so daß höhere Plasmaviskosität anscheinend als ein vielleicht allgemeines Kennzeichen dürreresistenter Sorten angesehen werden darf.

Beysel (1957) beobachtete an di- und polyploiden Zuckerrübensorten mit zunehmender Austrocknung des Bodens einen Anstieg der Viskosität des Protoplasmas. Bei ansteigender Bodenfeuchtigkeit nach vorausgegangener Trockenperiode konnte nur in jungen Blättern ein stärkeres Absinken der Viskosität festgestellt werden. Besonders ausgeprägt war der Viskositätsabfall bei tetraploiden Pflanzen.

Simonis (1952) weist auf das verschiedene physiologische Verhalten gewisser Pflanzen bei Bodentrockenheit hin und betont die Notwendigkeit einer Untersuchung solcher verschiedener Typen. Er wählte dazu *Vicia faba* und *Rorippa nasturtium aquaticum*. Bei *Vicia* tritt in Trockenkulturen eine Verringerung des Blattwassergehaltes sowie der Oberflächenentwicklung und eine Erhöhung des Sukkulenzgrades und des Hartlaubcharakters ein. Bei *Rorippa* ist hingegen in den Trockenkulturen der Wassergehalt (bezogen auf das Trockengewicht) bedeutend erhöht, der Hartlaubcharakter erniedrigt, Sukkulenzgrad und Oberflächenentwicklung jedoch in gleicher Weise wie bei *Vicia faba* verändert. Obwohl sich also die beiden Pflanzen bei der Anzucht unter Wassermangel als zwei verschiedene Reaktionstypen erwiesen haben, zeigten doch beide einen gleichartigen Anstieg der Plasmaviskosität und auch des osmotischen Wertes. Die Beobachtung der gesteigerten Viskosität auch bei Erhöhung des Blattwassergehaltes in der Trockenkultur von *Rorippa* führt Simonis zur Ansicht, daß die Viskositätserhöhung nicht durch eine Entquellung des Plasmas, sondern durch eine erhöhte Reibung infolge erhöhter Hydratation der Plasmakolloide zu erklären sei.

Ähnlich deutet Füchtbauer (1957b) auch die Ergebnisse von Versuchen an Zellen der Bäckerhefe (*Saccharomyces cerevisiae*), die durch Anzucht in hypertonischer Sorbit-Lösung austrocknungsresistenter geworden waren (vgl. S. 27). Diesen kann unter dem Einfluß eines wasserentziehenden Mittels etwa dreimal so wenig Wasser entzogen werden, wie den in normaler Nährlösung heranwachsenden Kulturen. Da die Sorbit-Zellen bei gleicher Größe wie die Kontrollen durch kleinere Vakuolen und daher vermehrten Plasmagehalt ausgezeichnet sind, der Wassergehalt (bezogen auf das Trockengewicht) jedoch nach Eintrocknen der Zellen bei definierter Luftfeuchtigkeit bei den in Sorbit herangezogenen Zellen aber sogar größer ist als bei den

Kontrollen, müsse es zu einer Hydratationserhöhung des Plasmas gekommen sein. „Wertet man diese Hydratationserhöhung als eine Ursache der gesteigerten Trockenresistenz, so hieße das, die Zellen würden dem Wasserentzug in der Weise einen Widerstand entgegensetzen, daß sie einen Teil des Wassers in vermehrter Hydratation festlegen, bei Bäckerhefe auf Kosten von Zellsaftwasser. Auch mag die Hydratationszunahme die Stabilität der Plasmastruktur erhöhen (Bogen 1949, Simonis 1952) und das Plasma so wenigstens teilweise vor Schädigungen beim Trocknen (Iljin 1933) verschonen."

Die bei Trockenkulturen fast durchwegs beobachtete Erhöhung des osmotischen Wertes ist eine verständliche Folge der Entwässerung bzw. der

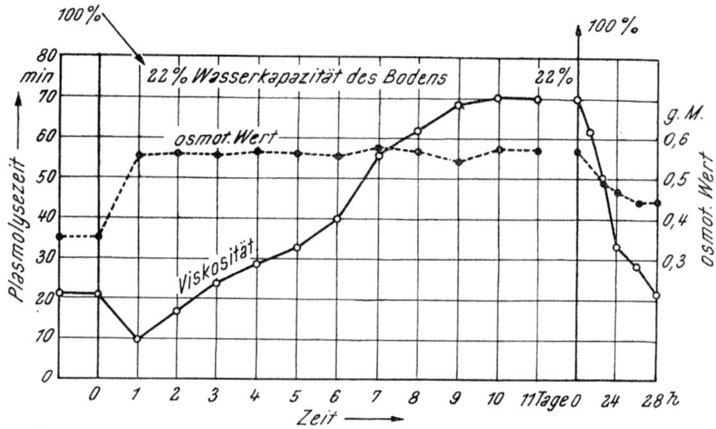

Abb. 31. Veränderung der Plasmaviskosität und des osmotischen Wertes in Stengelepidermiszellen von *Lamium maculatum* nach Austrocknung des Bodens (innerhalb von 26 Stunden von 100% auf 22%) und Wiederbewässerung nach 11 Tagen (von 22% auf 100%). [Nach Ross (aus Stocker und Ross 1956).]

spärlichen Wasserversorgung. Sie scheint aber für die Änderung der Viskosität nicht unmittelbar von Bedeutung zu sein. Es sei in diesem Zusammenhang nur daran erinnert, daß z. B. in der *Lemna*-Wurzel die Minima des osmotischen Wertes mit einem Maximum der Plasmaviskosität zusammenfallen (Pirson und Seidel 1950).

Besonders schön geht die Unabhängigkeit der Viskosität vom osmotischen Wert aus Untersuchungen von Ross (in Stocker und Ross 1956) hervor. *Lamium maculatum*-Pflanzen wurden in Töpfen innerhalb von 26 Stunden von 100% Bodenwassergehalt auf 22% Bodenwassergehalt ausgetrocknet und dann bei diesem niederen Wassergehalt konstant gehalten. Innerhalb dieser Zeit zeigten osmotischer Wert und Viskosität einen gegensinnigen Verlauf (Abb. 31). Die Viskosität nahm ab, der osmotische Wert zu. Erst nach 24 Stunden begann dann die Viskosität stetig anzusteigen, während der osmotische Wert nunmehr auf gleicher Höhe blieb. Am 11. Tag, an dem die Plasmolysezeit (gemessen als „Halbwertszeit", bei der 50% aller Zellen ihre Plasmolyse beendet haben) von 10 Minuten auf 70 Minuten angestiegen war, wurden die Pflanzen wieder bis zur vollen Wasserkapazität des Bodens bewässert. Osmotischer Wert und Viskosität der Stengel-Epidermiszellen sanken darauf innerhalb von 48 Stunden wieder auf ihre Ausgangswerte ab.

Das bisher von anderer Seite noch nie beobachtete Absinken der Viskosität als erste Antwort auf einen plötzlich eintretenden Dürrereiz, wird der im vorigen Abschnitt schon erwähnten STOCKERschen „Reaktionsphase", das nachfolgende Ansteigen aber der „Restitutionsphase" der Dürrewirkung zugeschrieben. STOCKER (1956) betont, daß der Viskositätsabfall nur nach einem plötzlich einsetzenden, starken Dürrereiz zu beobachten ist, während bei allmählicher Austrocknung „die Restitution von Anfang an Zeit hat, der Reaktion entgegenzuwirken, wodurch der Viskositätsabfall gar nicht zustande kommt".

HENCKEL (1954) verwendet die Elastizität des Protoplasmas als ein Kriterium der Austrocknungsfähigkeit. Er mißt sie, wie die Viskosität, durch Zentrifugierung. Als Maß der Viskosität dient der Grad der durch die Zentrifugierung erzielten Verlagerung der Chloroplasten und anderer Inhaltskörper im Protoplasma. Um Aussagen über die Elastizität des Plasmas zu erhalten, bringt HENCKEL die Gewebeschnitte vor der Zentrifugierung (mit 1000 Umdrehungen pro Minute) in eine Saccharoselösung, deren Konzentration etwa 0,1 mol unter dem isosmotischen Punkt gelegen ist. Dadurch soll die Kohäsion des Protoplasmas mit der Zellwand abgeschwächt werden. Der Elastizitätsgrad des Protoplasmas wird dann ausgedrückt durch die Anzahl der Zentrifugierungs-Minuten, welche zur Losreissung des Plasmas von der Zellwand führten. Dies trat bei den Euxerophyten *Aster villosa* und *Veronica incana* nach 20 bzw. 30 Minuten Zentrifugierung ein, während die Lostrennung des austrocknungsempfindlichen Protoplasmas von Sukkulenten, wie *Aloe sp.* und *Opuntia sp.*, schon nach 3 bzw. 5 Minuten erfolgte. Auch die Halophyten zeigten eine geringe Plasmaelastizität. Die Mesophyten waren hingegen durch eine Plasmaelastizität charakterisiert, die größer war als die der Halophyten, aber weit geringer als die der Xerophyten.

IV. Standortfeuchtigkeit und Zellsaft

1. Bestimmung des osmotischen Wertes und der Saugkraft

Osmotischer Wert und Saugkraft sind begrifflich streng geschiedene „osmotische Zustandsgrößen" der Zelle. Der osmotische Wert gibt die Konzentration des Zellsaftes an und wird ausgedrückt entweder in Mol einer gleich konzentrierten Vergleichsflüssigkeit (z. B. KNO_3, Saccharose, Glukose) oder in Atmosphärenwerten, die dem osmotischen Druck des Zellsaftes bzw. der Vergleichsflüssigkeit in einem Osmometer entsprechen würden (Tab. 23). Die Saugkraft gibt hingegen in Atmosphärenwerten die Kraft an, mit der die ganze Zelle in ihrem gegebenen Zustand Wasser anzusaugen bestrebt ist. Sie ist bei erschlaffter Zellwand am größten, nimmt mit zunehmender Wanddehnung ab und wird im turgeszenten Zustand bei maximalem Turgordruck gleich Null, d. h. die Saugkraft = osmotischer Wert — Wanddruck (HÖFLER 1920).

Die Bestimmung des osmotischen Wertes wird im allgemeinen mit plasmolytischer oder kryoskopischer Methodik durchgeführt. Die plasmolytische Bestimmung kann wieder grenzplasmolytisch oder plasmometrisch vorgenommen werden.

Tab. 23. *Osmotischer Wert (in Atmosphären) von verschiedenen KNO_3-, NaCl-, Rohrzucker- und Traubenzuckerlösungen.*

Osmotische Werte von vol. mol. KNO_3-Lösungen bei 20° C (nach URSPRUNG 1938)

Mol	Osm. Wert Atm.	Mol	Osm. Wert Atm.	Mol	Osm. Wert Atm.	Mol	Osm. Wert Atm.
0,1	4,3	0,8	30,5	1,5	52,4	2,2	72,5
0,2	8,3	0,9	33,9	1,6	55,3	2,3	75,2
0,3	12,3	1,0	37,2	1,7	58,2	2,4	77,8
0,4	16,1	1,1	40,4	1,8	61,1	2,5	80,3
0,5	19,8	1,2	43,5	1,9	64,0	n. Fitting (1911)	
0,6	23,4	1,3	46,5	2,0	66,9		
0,7	27,0	1,4	49,4	2,1	69,7	3,0	99,9

Osmotische Werte von vol. mol. NaCl-Lösungen bei 18° C (nach URSPRUNG 1938)

Mol	Osmotischer Wert (Atm.)		Mol	Osmotischer Wert (Atm.)	
	nach Bousfield	nach Lannung		nach Bousfield	nach Lannung
0,00	0,0	0,0	2,80	149,2	ca. 148
0,10	4,7	ca. 4	2,90	155,9	„ 155
0,20	9,4	„ 8	3,00	162,8	„ 162
0,30	14,1	„ 12	3,10	169,9	„ 169
0,40	18,8	„ 17	3,20	177,2	„ 176
0,50	23,5	„ 21	3,30	184,7	„ 183
0,60	28,2	„ 25	3,40	192,4	„ 191
0,70	32,9	„ 30	3,50	200,2	„ 198
0,80	37,6	„ 34	3,60	208,1	„ 206
0,90	42,3	„ 39	3,70	216,1	„ 214
1,00	47,0	„ 44	3,80	224,2	„ 222
1,10	51,8	„ 48	3,90	232,5	„ 230
1,20	56,7	„ 53	4,00	241,0	„ 238
1,30	61,7	„ 58	4,10	249,7	„ 247
1,40	66,8	„ 63	4,20	258,6	„ 256
1,50	71,9	„ 68	4,30	267,7	„ 266
1,60	77,1	„ 73	4,40	277,0	„ 275
1,70	82,4	„ 78	4,50	286,5	„ 285
1,80	87,9	„ 84	4,60	296,2	„ 295
1,90	93,5	„ 90	4,70	306,1	„ 304
2,00	99,2	„ 95	4,80	316.2	„ 314
2,10	105,1	„ 101	4.90	326,4	„ 324
2,20	111,1	„ 107	5,00	336,7	„ 334
2,30	117,2	„ 114	5,10	347,1	„ 344
2,40	123,4	„ 121	5,20	357,6	„ 354
2,50	129,7	„ 127	5,30	368,2	„ 364
2,60	136,1	„ 134	5,40	—	—
2,70	142,6	„ 141			

Osmotische Werte von vol.mol. Rohrzucker-Lösungen bei 20° C
(nach URSPRUNG 1938)

Mol	Osm. Wert Atm.	Mol	Osm. Wert Atm.	Mol	Osm. Wert Atm.	Mol	Osm. Wert Atm.
0,1	2,7	0,6	18,0	1,1	40,4	1,6	75,1
0,15	4,0	0,65	19,8	1,15	43,2	1,65	79,7
0,2	5,3	0,7	21,8	1,2	46,0	1,7	84,4
0,25	6,7	0,75	23,8	1,25	48,9	1,75	89,4
0,3	8,2	0,8	25,9	1,3	52,0	1,8	94,5
0,35	9,7	0,85	28,1	1,35	55,4	1,85	99,9
0,4	11,2	0,9	30,4	1,4	58,9	1,9	105,5
0,45	12,8	0,95	32,7	1,45	62,7	1,95	111,3
0,5	14,5	1,0	35,2	1,5	66,6	2,0	117,5
0,55	16,2	1,05	37,8	1,55	70,8	2,05	124,2

Osmotische Werte von vol.mol. Traubenzucker-Lösungen bei 20° C
(nach REPP 1939, 1951)

Mol	Osm. Wert Atm.	Mol	Osm. Wert Atm.	Mol	Osm. Wert Atm.	Mol	Osm. Wert Atm.
0,1	2,50	0,4	10,31	0,7	18,09	1,06	28,02
0,15	3,80	0,45	11,59	0,75	19,41	1,14	31,80
0,2	5,18	0,5	12,90	0,8	20,80	1,22	34,80
0,25	6,40	0,55	14,19	0,85	22,35	1,30	37,70
0,3	7,70	0,6	15,48	0,9	24,12	1,38	41,20
0,35	9,00	0,65	16,77	1,0	26,19	1,47	45,40
						1,55	49,20

Die grenzplasmolytische Methode geht schon auf HUGO DE VRIES (1884) zurück und wurde von FITTING (1915) zum quantitativen Gebrauch ausgebaut. Die Objekte, z. B. Gewebeschnitte, werden in eine Konzentrationsreihe einer bestimmten Lösung (Rohrzucker, KNO_3) eingelegt. Nach Eintritt des osmotischen Gleichgewichtes wird durch Mikroskopieren der Schnitte jene Konzentrationsstufe gesucht, bei der in 50% der Zellen Plasmolyse eingetreten ist. Diese „Grenzplasmolyse“ erregende Konzentration gilt dann als Vergleichswert für die Konzentration des Zellsaftes, d. h. der osmotische Wert des Zellsaftes wird gleichgesetzt dem osmotischen Wert dieser Außenlösung.

Die plasmometrische Methode (HÖFLER 1918) mißt in einer hypertonischen Lösung bekannter Konzentration das Größenverhältnis des plasmolysierten Protoplasten zum Volumen der Zelle. Je konzentrierter die Außenlösung und je geringer der osmotische Wert des Zellsaftes, um so stärker der Wasserentzug und damit die Verkleinerung des Protoplasten. Das Verhältnis Volumen des Protoplasten (V_P) : Volumen der Zelle (V_Z) = Plasmolysegrad (G). Mit Hilfe eines Okularmikrometers wird an geeigneten, annähernd rechteckigen Zellen (Abb. 32) die Länge der Zelle (h), die des abgehobenen, beiderseits gerundeten Protoplasten (l) und die Zellbreite (b) gemessen.

Mit Hilfe dieser Werte errechnet sich der Plasmolysegrad nach der Gleichung $G = \frac{l - \frac{b}{3}}{h}$. Der osmotische Wert ($O$) ergibt sich schließlich aus der Beziehung $O = G \cdot C$, wobei C die Konzentration des verwendeten Plasmolytikums in mol bedeutet.

Die kryoskopische Methode beruht auf der Tatsache, daß Lösungen erst unter Null gefrieren und zwar bei um so tieferen Temperaturen, je konzentrierter sie sind. Die Bestimmung der Gefrierpunkterniedrigung kann nicht an einzelnen Zellen, sondern nur an ausgepreßten Gewebesäften vorgenommen werden. Die hiezu nötige Menge ist im allgemeinen 1—1,5 cm³, nach einer besonderen Mikromethode (Mosebach 1940) kann man

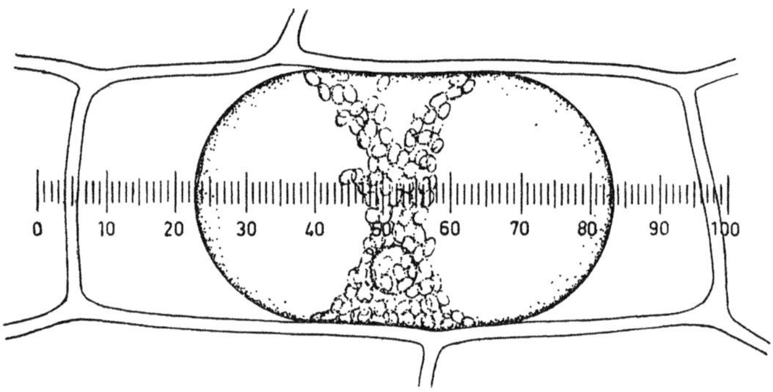

Abb. 32. Plasmometrische Messung an einer Blattrippenparenchymzelle von *Blechnum spicant*. (Nach K. Höfler 1958.)

jedoch auch schon mit 1 mm³ Preßsaft das Auslangen finden. Der osmotische Wert (O) dieses Preßsaftes errechnet aus der Gleichung $O = 12{,}06\,\Delta - 0{,}021\,\Delta^2$ (Lewis 1908) bzw. vereinfacht $O = 12{,}06\,\Delta$ wobei Δ die gemessene Gefrierpunkterniedrigung ist. Zur praktischen Bestimmung des osmotischen Wertes nach der Gefrierpunkterniedrigung bedient man sich vorhandener Tabellen (z. B. Walter 1936 b, 1939).

Wie schon de Vries (1884) zeigte und später besonders Dixon und Atkins (1913) betonten, müssen die Pflanzenteile vor dem Auspressen rasch abgetötet werden, da das semipermeable Protoplasma, sofern es nicht gequetscht und dadurch zerrissen wird, nur reines Wasser austreten läßt. Dixon und Atkins töteten in ihren Versuchen (1913 a, b, c, 1915 a, b, 1916) die Pflanzenteile durch flüssige Luft. Walter, der heute wohl die größte Erfahrung in der kryoskopischen Bestimmung des osmotischen Wertes hat (Walter 1951, 1960), empfiehlt, die Gewebe in einem geschlossenen Gefäß 15 Minuten lang auf 100° C zu erhitzen. Die abgetöteten Proben können verschlossen mehrere Tage kühl aufbewahrt werden und abgepreßte Zellsäfte halten sich nach Zugabe eines Körnchens Thymol in zugeschmolzenen Ampullen sogar monatelang. Von anderen Autoren wurden die Gewebe durch giftige Dämpfe oder Gefrieren in Eis-Salz-Gemischen getötet. Bei sorgfältigem Arbeiten gelangt man auch hier zu brauchbaren Resultaten (Walter 1931, Ursprung 1938).

Die Vor- und Nachteile beider Methoden wurden in der Literatur vielfach und ausführlich diskutiert (Walter 1931, 1950, Ursprung 1935, 1938, Walter und Weissmann 1935, Buhmann 1935, Crafts, Currier und Stocking 1949, Stocking 1956 u. a.).

Gegen die plasmolytischen Methoden wird eingewendet, daß sie an geeignetes, regelmäßig geformtes, gut plasmolysierendes Zellenmaterial gebunden sind, daß das Plasma in verschieden fester Weise der Zellwand anhaftet, daß der Wundreiz die Werte beeinflussen kann, daß sie keine Durchschnittwerte für größere Gewebemassen, sondern nur Werte für bestimmte Zellen zu geben vermögen, daß sie nur den osmotischen Wert bei entspannter Zellwand, nicht aber im normal gegebenen Wasserzustand zu bestimmen erlauben und somit zu hohe Werte liefern. Für die Methode kann man jedoch geltend machen, daß gerade der osmotische Grundwert, den man im grenzplasmolytischen Zustand bestimmt, ein streng vergleichbares und vom jeweiligen Wasserzustand der Zelle unabhängiges Maß der osmotisch wirksamen Substanzen im Zellsaft liefert. Da die plasmolytischen Methoden eine Bestimmung des osmotischen Wertes der einzelnen Zellen erlauben, sind auch nur sie imstande, Gradienten der Zellsaftkonzentration auf engem Raum aufzudecken. Schließlich gibt der plasmolytisch gefundene Grundwert der entspannten Zelle gleichzeitig auch die höchstmögliche Saugkraft des Zellinhaltes an, die ja in allererster Linie von der Menge der osmotisch wirksamen Stoffe abhängt.

Gegen die kryoskopische Methode wird eingewendet, daß der Preßsaft nicht genau der Zusammensetzung des Zellsaftes entspricht, da auch Wasser und eventuell osmotisch wirksame Stoffe aus dem Plasma und der Zellwand mit ausgepreßt werden, daß im Verlauf der Abtötung und des Auspressens enzymatische Tätigkeiten den osmotischen Wert verändern können und somit der Preßsaft nicht dem tatsächlichen Zellsaft entspricht. Unbestreitbare Vorteile der Methode sind aber, besonders für ökologische Zwecke, daß sie rasch Mittelwerte größerer Gewebekomplexe oder ganzer Organe zu geben vermag, und daß sie an allen Pflanzen, auch solchen mit kleinen, zellsaftarmen, plasmolytisch nicht zugänglichen Geweben verwendbar ist. Einheitlich durchgeführt, kann sie, wie die von Walter in allen Teilen der Erde für verschiedenste Pflanzengesellschaften bestimmten „ökologischen Spektra" zeigen (Walter 1951, 1960), wertvollste Ergebnisse liefern.

Die plasmolytischen Methoden sind, sofern geeignetes Zellenmaterial vorliegt, für die Bestimmung des osmotischen Wertes einzelner Zellen oder bestimmter Gewebe zweifellos die gegebenen, in vielen Fällen wird aber der integrierenden kryoskopischen Methode, die Durchschnittswerte liefert und praktisch an jedem Pflanzenmaterial angewendet werden kann, der Vorzug zu geben sein. Entscheidend für die Anwendung der einen oder anderen Methode wird das gegebene Pflanzenmaterial und die Art der Fragestellung sein.

Die Saugkraft der Zelle ist maßgebend für deren Fähigkeit, Wasser aufzunehmen. Sie ist es, die vom wasserökologischen Standpunkt am meisten interessieren würde. Daß man sich in vergleichenden Untersuchungen zumeist mit der Angabe des osmotischen Wertes begnügt, liegt in der Schwierigkeit der Saugkraftbestimmung. Der mit plasmolytischer Methode gemessene osmotische Wert entspricht der Saugkraft der Zelle bei vollkommen erschlaffter Zellwand. Die Zellen sind aber wohl nur ausnahmsweise in der Lage, diese maximale Saugkraft zu erreichen und bei der Wasseraufnahme anzuwenden. Da die jeweilige Saugkraft gleich ist dem osmotischen Wert (bei Grenzplasmolyse) minus dem Gegendruck der Zellwand, ist es notwendig, zu ihrer Bestimmung auch den Grad der Turgordehnung der Zellwände zu berücksichtigen.

Tab. 24. *Beispiel einer Saugkraftbestimmung nach der „vereinfachten Methode" von* Ursprung *an Diplotaxis acris.*
Blattstreifen senkrecht zu den Seitenadern geschnitten. Die Saugkraft der Zellen entspricht einer 1 mol Rohrzuckerlösung, d. i. etwa 35 Atmosphären. (Nach O. Stocker 1928.)

Konzentration der Rohrzuckerlösung (Vol. norm.)	Länge des Blattstreifens (mm)		Längenänderung des Blattstreifens	
	im Paraffinöl	im Rohrzucker	in mm	in %
0,0	17,7	19,1	+ 1,4	+ 8
0,50	18,85	20,7	+ 1,85	+ 10
0,75	25,8	26,8	+ 1,00	+ 4
1,00	22,4	22,4	± 0	± 0
1,50	23,15	22,5	− 0,65	− 3

Man kann die Saugkraft einzelner Zellen bestimmen (Ursprung 1938, Walter 1950), indem man den zu untersuchenden Schnitt zuerst in Paraffinöl legt, das den natürlichen Wasserzustand der Zellen nicht beeinflußt, und die Konturen der Zellen mit einem Zeichenapparat nachzeichnet, hierauf den Schnitt wie bei der grenzplasmolytischen Methode in eine Konzentrationsreihe eines bestimmten, nicht permeierenden Plasmolytikums (z. B. Rohrzucker) einlegt und jene Konzentration sucht, in der die Zellen weder eine Vergrößerung (Außenlösung hypotonisch), noch eine Verkleinerung (Außenlösung hypertonisch) erfahren. Der in Atmosphären ausgedrückte osmotische Wert der Außenlösung, bei der das Zellvolumen gleichbleibt (Außenlösung isotonisch), entspricht der Saugkraft der Zelle in ihrem gegebenen Zustand. Voraussetzung für die Erlangung brauchbarer Werte ist dabei eine gute Dehnbarkeit der Zellwand und damit eine deutliche Erkennbarkeit der Volumänderung.

Um diese Wanddehnung deutlicher zu machen, bevorzugt man vielfach eine Methode, die einen Durchschnittswert für eine große Zahl von Zellen ergibt („vereinfachte Methode" nach Ursprung 1923). Man stellt hiezu Gewebestreifen her, mißt diese zuerst in Paraffinöl und legt sie hierauf wie vorhin in verschiedene Konzentrationsstufen einer Rohrzuckerreihe. Der osmotische Wert jener Rohrzuckerlösung, in der keine Längenänderung der Streifen eintritt, entspricht der Saugkraft der Zellen (Tab. 24).

In analoger Weise kann man auch mit einer Hebelmethode Dickenänderungen geeigneter Gewebe oder Organe (Blätter) in verschieden konzentrierten Lösungen messen, um dadurch die dem Zellsaft isotonische Außenlösung zu finden (Härtel 1936).

Saugkraftunterschiede zwischen verschiedenen Zellen können auf einem verschieden hohen osmotischen Wert dieser Zellen beruhen, sie können aber auch bei gleichem osmotischen Wert in einer verschiedenen Dehnbarkeit der Zellwände ihren Grund haben. Wassergesättigte Zellen, deren Saugkraft gleich Null ist, können unter Umständen durch Neubildung osmotisch wirksamer Stoffe wieder saugkräftig werden (Anatonose).

2. Unterschiede des osmotischen Wertes und der Saugkraft innerhalb der einzelnen Pflanze

Beim Vergleich osmotischer Werte verschiedener Pflanzen oder gleicher Pflanzen verschieden feuchter Standorte ist, ebenso wie bei der Untersuchung von Plasmaeigenschaften, auf streng vergleichbares Zellenmaterial zu achten.

Tab. 25. *Verteilung der osmotischen Werte innerhalb einzelner Pflanzen (Mittelwerte)* (nach Ursprung und Blum 1916 a).

	Epidermis	Schwamm-parenchym	Palisaden-parenchym	Außenrinde	Innenrinde	Leptom-parenchym	Geleitzellen	Kambium	Hadrom-parenchym	Markzellen	Rindenmark-strahlen	Holzmark-strahlen
Helleborus	0,484	0,575	0,871	0,522	0,532	—	0,577	0,558	0,567	0,521	—	—
Urtica	0,473	0,635	1,015	0,472	0,495	0,518	0,556	0,548	0,59	0,471	—	—
Fagus	0,371	0,571	1,017	0,671	0,679	0,573	0,722	0,634	0,983	—	0,869	0,938
Sedum	0,278	0,330		0,348	0,377	—	0,492	0,411	0,495	—	—	—

Dies gilt besonders für die den osmotischen Wert einzelner Zellen erfassende plasmolytische Methode, es gilt aber auch für den Ort der Probenentnahme bei Anwendung der kryoskopischen Methode.

Erste ausführliche Untersuchungen über die Verteilung des osmotischen Wertes in verschiedenen Geweben derselben Pflanze stammen von Ursprung und Blum (1916 a). Sie ergaben große Unterschiede (Tab. 25). Eng benachbarte Zellen können wesentlich differieren, wenn sie verschiedenen Geweben oder Gewebeschichten angehören, während benachbarte Zellen desselben Gewebes in gleicher Höhe über dem Boden annähernd denselben osmotischen Wert zeigen.

Saugkraftmessungen (Ursprung und Blum 1916 c) an Blättern von *Fagus silvatica* ließen auch ähnliche Unterschiede der Saugkräfte innerhalb des einzelnen Blattes erkennen und zeigten einen gleichmäßigen Anstieg der Saugkraftwerte von unten nach oben (Tab. 26).

Im Durchschnitt ergeben sich für die Buche Saugkraftunterschiede von 0,1 bis 0,7 Atm. pro 1 m, was bestens mit den von Huber (1924, 1925 a, b, 1956) aus Stärke des Transpirationsstromes und Leitvermögen für verschiedene Bäume mit 0,1 bis 0,7 Atm. pro 1 m berechneten Werten übereinstimmt.

Tab. 26. *Saugkräfte in Blattzellen von Fagus silvatica, verschieden hoch über dem Boden* (nach Ursprung und Blum 1916 c).

Länge der Leitbahnen bis zur Wurzelspitze	Saugkräfte in Atmosphären					
	Wurzelspitze	untere Epidermis	obere Epidermis	Schließzellen	Palisadenzellen	Schwammparenchym
0,0 m	5,3	—	—	—	—	—
2,7 „	—	5,9	7,5	8,1	15	11,1
8,7 „	—	8,4	9,3	9,9	15,6	12,4
11,1 „	—	9,3	9,9	9,9	17,1	14,3
13,0 „	—	9,9	10,5	10,5	17,1	14,3

Die Saugkraftunterschiede reichen danach im wesentlichen aus, um den Transpirationsstrom in den Leitungsbahnen in Gang zu halten (vgl. auch Köckemann 1932). Huber (1925 c) hat für Bäume schematische Niveauflächen gleicher Saugkraft konstruiert, die diese verschiedene Saugkraftverteilung anschaulich zur Darstellung bringen. Unterstützt wird die Sproßsaugung durch aktive Wurzeltätigkeit (Köhnlein 1930).

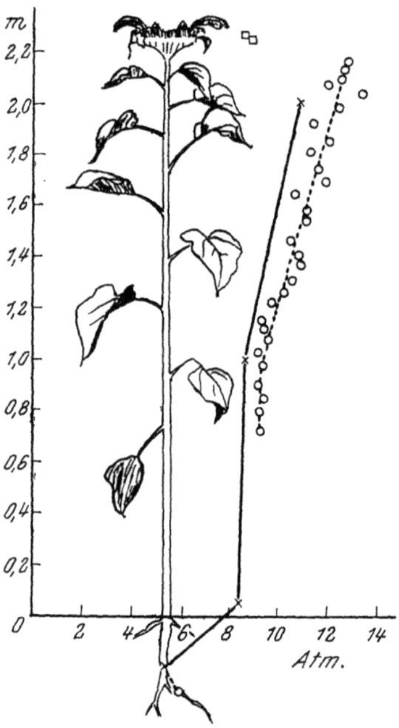

Abb. 33. Verteilung des osmotischen Wertes bei *Helianthus annuus*. (Gezeichnet nach Zahlenangaben von Thren) Ordinate — Höhe der Probenentnahme, Abszisse — osmotischer Wert des Zellsafts: Ausgezogene Linie bei der Hauptachse, gestrichelte bei Seitenwurzeln, ○ bei dem 14. bis 45. Blatt, □ bei Hüllblättern und Blüten. (Nach H. Walter 1950.)

Auch die mit kryoskopischer Methode gemessenen osmotischen Werte der Preßsäfte aus Blättern verschiedener Insertionshöhe nehmen entsprechend von unten nach oben zu. Nach Walter (1950) steigt z. B. bei *Castanea vesca* der osmotische Wert von 16,4 Atm. in 2,5 m Höhe langsam auf 18,5 Atm. in 22 m Höhe und bei *Picea excelsa* von 18,4 Atm. im 21. Wirtel von oben bis auf 20,7 Atm. in den obersten Wirteln an. Daß Sonnenblätter stets höhere osmotische Werte zeigen als Schattenblätter desselben Baumes, stellten schon Dixon und Atkins (1915 b) fest. Bei krautigen Pflanzen, wie z. B. *Helianthus annuus* (Abb. 33), sind die Unterschiede der osmotischen Werte in der Hauptachse und in den Blättern in verschiedener Höhe noch größer. Entsprechende Beobachtungen stammen auch von Harris, Gortner und Lawrence (1917), von Herrich (1933) u. a.

In Abhängigkeit von den durch die Exposition gegebenen verschiedenen Wasser-, Licht- und Temperaturverhältnissen konnte Walter (1931) sogar an Querschnitten der mächtigen Kakteen im Wüstengebiet um Tucson (Arizona) charakteristische Gradienten des osmotischen Wertes feststellen. Bei *Carnegiea gigantea* (Abb.

34) und bei *Echinocactus wislizeni* (Abb. 35) finden sich stets die höchsten Werte auf der SW-Seite und die tiefsten Werte auf der NO-Seite. Dem entspricht bei *Echinocactus wislizeni* auch eine morphologische Asymmetrie. Die Rippen stehen an der SW-Seite enger, das Gefäßbündel ist nach dieser Richtung verschoben und der ganze Kaktus krümmt sich etwas nach SW (Abb. 36).

Sumpf- und emerse Wasserpflanzen verhalten sich wie Landpflanzen (MÜLLER-STOLL 1938). Auch sie zeigen einen Saugkraftanstieg von unten nach oben. Einen Sonderfall bildet das von GESSNER (1951, 1956) beobachtete Verhalten der Schwimmblatt-Pflanzen. Hier reicht die Saugkraft der Blätter nicht hin, um diese mit Wasser zu versorgen. Tötet

Abb. 34

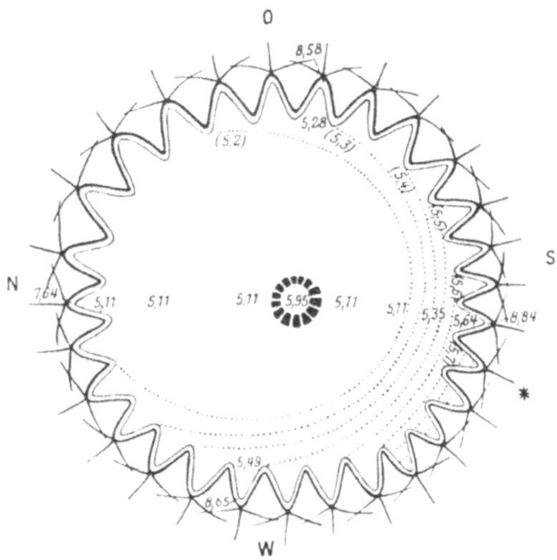

Abb. 35

Abb. 34. *Carnegiea gigantea* (Tucson, Arizona). (Phot. R. BIEBL.)

Abb. 35. Verteilung der osmotischen Werte auf dem Querschnitt von *Echinocactus wislizeni*. (Nach H. WALTER 1931.)

man das Wurzelsystem von Landpflanzen oder emersen Wasserpflanzen (z. B. *Convallaria* und *Sagittaria*) durch 3 Minuten langes Eintauchen in kochendes Wasser und stellt die Pflanzen darauf wieder in frisches Wasser, so können sich die Blätter durch den Transpirationssog mit Wasser versorgen und frisch bleiben. Tötet man aber die Rhizome von Nymphaeaceen oder Nelumbien, so vertrocknen die Blätter. Hier ist allem Anschein nach der Wurzeldruck die maßgebende Kraft für die Wasserleitung zu den Blättern.

Untersuchungen über die Verteilung der osmotischen Werte in foliosen Lebermoosen (WILL-RICHTER 1949) zeigen verschiedene Möglichkeiten:

Am häufigsten ist ein Ansteigen des osmotischen Wertes in den Zellen der Blättchen von der Basis gegen die Spitze des Moossprosses. An zweiter Stelle stehen die Fälle mit gleichem osmotischen Wert in jungen und alten Blättchen und verhältnismäßig selten findet sich auch ein Absinken des osmotischen Wertes gegen die Sproßspitze (z. B. bei *Calypogeia sphagnicola* in allen Fällen, bei *Chiloscyphus* in sieben von neun Fällen und bei *Chiloscyphus rivularis* in neun von elf Fällen). Im einzelnen variiert jede Art in einer für sie charakteristischen Breite, wofür ökologische Faktoren, wie Standortfeuchtigkeit, Temperatur, Licht, Wind und auch jahreszeitliche Entwicklungszustände verantwortlich zu machen sind.

Abb. 36. *Echinocactus wislizeni* (Tucson, Arizona). (Phot. R. Biebl.)

Unter den Laubmoosen weist *Bryum capillare* stets in den jüngeren Blättchen einen höheren osmotischen Wert auf als in den älteren (Mender 1938). Ein gleiches Ansteigen der plasmolytischen Grenzkonzentration von der Basis zur Spitze wurde auch bei *Rhodobryum*, *Eriopus* und *Funaria* (Renner 1932) und bei verschiedenen andren Laubmoosen (Bender 1916) beobachtet. Für *Funaria hygrometrica* gibt Blum (1917) ein Absinken der osmotischen Werte von der Basis gegen die Spitze des Moosstämmchens an. Steinlesberger (1959), die die osmotischen Werte von über 50 Laubmoosen untersuchte, konnte gleichfalls im allgemeinen einen von der Basis zu Sproßspitze ansteigenden osmotischen Gradienten beobachten, doch fanden sich auch Fälle mit umgekehrtem Gradienten. Am Beispiel von *Brachythecium rivulare* ließ sich zeigen, daß diese Typen ineinander übergehen können. Frisches Material zeigte ein spitzenwärts ansteigendes Gefälle, nach zwei Tagen Kultur war hingegen eine Umkehr desselben festzustellen.

Gradienten des osmotischen Wertes innerhalb einzelner Blätter sind häufig zu finden. Doch sind die Angaben über ihren Verlauf bei verschiedenen Objekten nicht einheitlich (PRAT 1948, 1951, REUTER 1955). Vielleicht hängt auch dies, ähnlich wie die Permeabilitäts- und Viskositätsgradienten, mit der verschiedenen Lage der meristematischen Gewebe in den verschiedenen Blättern und den dadurch gegebenen verschiedenen Altersgradienten der Zellen zusammen.

Für solche Zusammenhänge würde sprechen, daß RUGE (1937) im Hypokotyl von *Helianthus annuus* ein Minimum von osmotischem Wert, Saugkraft und Turgordruck in den Zellen des stärksten Streckungswachstums feststellte. Ähnlich wurde in Wurzeln von *Lemna minor* dort, wo die Zellen ihre maximale Länge erreicht haben, d. h. am Ende der Streckungszone, das Minimum des osmotischen Wertes gefunden (PIRSON und SEIDEL 1950). Entsprechend finden sich in Farnprothallien in den teilungsfähigen Zellen die höchsten (0,45—0,30 mol Glukose) und in den ausdifferenzierten Zellen die niedrigsten osmotischen Werte (0,25—0,30 mol Glukose) (GRATZY-WARDENGG 1929, REUTER 1955). Das entspricht älteren Untersuchungen, in denen auch schon festgestellt wurde, daß das Scheitelmeristem der Farnprothallien den höchsten osmotischen Wert und so die höchste Saugkraft besitzt (GRATZY-WARDENGG 1929).

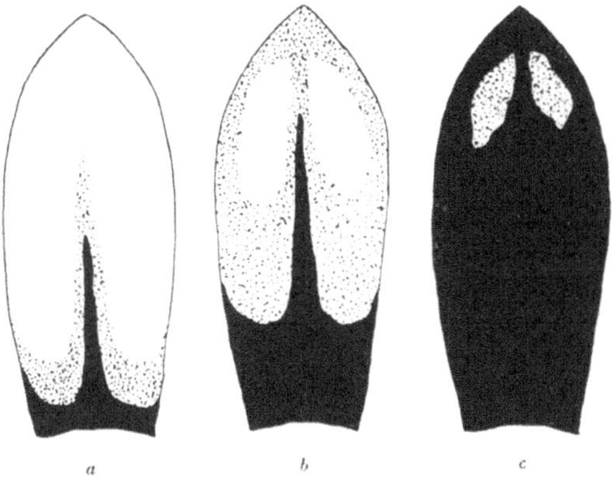

Abb. 37. Osmotische Werte innerhalb der Blattfläche von *Helodea densa*. *a* Plasmolyse in 0,3 mol, *b* in 0,35 mol, *c* in 0,45 mol Rohrzuckerlösung; schwarz: starke Plasmolyse, punktiert: Grenzplasmolyse, weiß: unplasmolysiert. (Nach A. MODER 1932.)

Auch in den Zwiebelschuppen von *Allium cepa* (HOUSKA 1939) haben die jüngeren Zellen den höheren osmotischen Wert. Die Epidermiszellen an der Schuppenbasis, wo sich das meristematische Gewebe befindet, zeigen die höchsten Werte (0,50—0,60 mol Glukose), die gegen die Schuppenspitze allmählich abfallen (auf 0,40—0,35 mol Glukose). Sehr junge Schuppen weisen in allen Zellen annähernd gleiche Werte auf. Beim Vergleich der verschiedenen Schuppen nimmt der osmotische Wert gleichfalls von den älteren äußeren gegen die jüngeren inneren Schuppen zu.

Im Gegensatz dazu steigen bei *Helodea densa* (Abb. 37), deren Alters- und Resistenzgradienten besonders ausführlich untersucht wurden (WEBER 1932, MEINDL 1934, ESTEŘAK 1935, DRAWERT 1938, PERNER 1950 u. a., Zusammenfassung REUTER 1955), die osmotischen Werte von der wachsenden Zone der Blattbasis gegen die vollentwickelten Zellen der Blattspitze hin an (MODER 1932, GAMMA 1932). Auch der Gradient von den älteren zu den jüngeren Blättern zeigt einen umgekehrten Verlauf. Der osmotische Wert entspricht bei Grenzplasmolyse in den untersten Blättchen der Sproßbasis 11,1, in den jüngsten der Sproßspitze jedoch nur 9,6 Atm. (GAMMA 1932).

In vollerwachsenen Zuckerrüben fand SLAVIK (1959) unter den verschiedensten Zuständen der Wasserversorgung recht gleichmäßige Gradienten des osmotischen Wertes, und zwar abnehmend von der Basis zur Spitze und von der Mittelrippe symmetrisch nach den Seiten. Im Herbst zeigten die Zellen der Blattspitze einen etwa um 40% niedrigeren osmotischen Wert als die Zellen der Blattbasis.

3. Osmotischer Wert, Saugkraft und Standortfeuchtigkeit

Es ist kein Zufall, daß die ersten ökologisch orientierten Untersuchungen über Beziehungen zwischen Höhe des osmotischen Wertes bzw. der Saugkraft und Feuchtigkeit des Standortes in Wüstengebieten durchgeführt wurden. Die extreme Trockenheit des Bodens ließ bei den Pflanzen der Wüste besonders hohe Werte erwarten.

Schon die beiden ältesten Untersuchungen zeigten aber, daß es auch unter den Wüstenpflanzen verschiedene Typen gibt. Spalding (1904) bestimmte im Wüstengebiet von Arizona die osmotischen Werte in den Wurzelhaaren des Creosotstrauches (*Covillea tridentata*) und fand in jüngeren Wurzelzellen Grenzplasmolyse bei 2—5%, in den älteren bei 10% KNO_3. Dem entsprechen osmotische Drucke von etwa 16—20 bzw. 37 Atm. Diese Werte waren erwartungsgemäß hoch. Bei unseren heimischen, mitteleuropäischen Pflanzen bewegt sich der osmotische Wert der Wurzelzellen im Durchschnitt nur zwischen 6—14 Atm. (Hannig 1912, Blum 1926).

Livingston (1906, 1910) bestimmte mit kryoskopischer Methode den osmotischen Wert einiger sukkulenter Kakteen im selben Gebiet und ermittelte für *Cereus* 5,5 Atm., für *Echinocactus* 3,9—7 Atm. und für *Opuntia engelmanni* im Mittel 5,9 Atm. Diese Werte, die später mehrfach, besonders durch Walter (1931), bestätigt wurden, sind niedriger als bei vielen Hygrophyten. Diese Sukkulenten verzichten während der Trockenzeit völlig auf eine Wasseraufnahme aus dem Boden und leben nur von dem während der Regenperiode gespeicherten Wasservorrat. MacDougal (1912) konnte zeigen, daß man den bis 1 m hohen, plumpen, faßförmigen *Echinocactus wislizeni* (s. Abb. 36). jahrelang ohne Wasser liegen lassen kann und daß er trotzdem, wenn er eingepflanzt und bewässert wird, wiederum weiterwächst. Wie Versuche von Walter (1931) an austrocknenden Kakteen gezeigt haben, steigt der osmotische Wert auch nach 21 Monaten Austrocknung nicht wesentlich an, da der infolge Wasserabgabe eintretenden Konzentration der osmotisch wirksamen Substanzen die beträchtlichen Verluste durch die Veratmung entgegenwirken.

Fitting (1911) war der erste, der vergleichend an einer großen Zahl krautiger Wüstenpflanzen in der algerischen Sahara in der Umgebung von Biskra osmotische Werte untersuchte. Diese wurden durchwegs grenzplasmolytisch in den Epidermen der Blätter bestimmt. Dabei ergab sich, daß die osmotischen Werte im allgemeinen hoch, im einzelnen jedoch sehr verschieden waren. Tab. 27 gibt die für 46 verschiedene Pflanzen in der trockenen Felsenwüste gefundenen Werte wieder.

Die Pflanzen mit relativ niedrigem osmotischen Wert sind auf die Sohle tiefer Erosionstäler beschränkt, und je höher der osmotische Wert in den Annuellen getrieben werden kann, um so mehr findet man sie auch an extremen Trockenstandorten.

Stocker (1928) wiederholte in der ägyptischen Wüste die Plasmolyseversuche Fittings und konnte gleichfalls in Epidermen einer Reihe von „Hochdruckpflanzen“ osmotische Werte bis zu 90 Atmosphären bei Grenzplasmolyse feststellen. Stocker teilt die Schwierigkeiten, die der Wüstenboden der Wasseraufnahme durch die Pflanze entgegensetzt, in statische und dynamische. „Die ersteren erwachsen einerseits aus den durch die Trockenheit der Böden bedingten Adhäsions-, Kohäsions- und Adsorptionskräften, andrerseits aus osmotischen Widerständen, die sich aus dem hohen Salzgehalt ergeben. Die Ursache der dynamischen Schwierigkeit ist in der langsamen Bewegung und Nachströmung des Wassers im Boden zu suchen,

Tab. 27. *Osmotische Werte in Blattepidermen von 46 verschiedenen Pflanzen der Felsenwüste in der algerischen Sahara* (nach Fitting 1911).

Zahl der untersuchten Pflanzen	Osmotischer Wert			
	3 100	1,5 53	1,0 37	0,3—0,6 mol KNO_3 12—23 Atmosphären
46	10	16	24	5

wodurch die Saugleistung einer Wurzel, auch in dem Fall, daß die statischen Schwierigkeiten mit Erfolg überwunden sind, stark beschränkt werden kann.“

Die für Wüstenpflanzen grenzplasmolytisch in Epidermiszellen bestimmten Werte um und über 100 Atm. sind zweifellos Höchstwerte, die auch von den Beobachtern nur unter extremen Bedingungen angetroffen wurden. Da Epidermiszellen sehr häufig von den übrigen Blattgeweben abweichende, höhere osmotische Werte besitzen (Ursprung und Blum 1916 a), müssen diese mit den kryoskopisch bestimmten Mittelwerten von Wüstenpflanzen (Killian und Faurel 1933, Walter 1936 a), die nur in einigen wenigen Fällen 50—70 Atm. erreichten, nicht unbedingt im Widerspruch stehen. Auch unter den etwa 5000 Bestimmungen von Harris (1934) in den Trockengebieten von Arizona, Californien, Utah und Colorado zeigten nur 215 über 40 Atmosphären hinausgehende osmotische Werte und nur in einigen Fällen werden Werte über 100 Atm. angegeben (zit. nach Walter 1936 a). Als höchsten bisher gemessenen Wert gibt Harris für *Atriplex confertifolia* (saltbush) auf salzhaltigen Wüstenböden 202,5 Atm. an.

Stocker (1928) bestimmte auch mit der vereinfachten Ursprungschen Methode an Blattstreifen und Stücken von Saugwurzeln die tatsächlich vorhandenen Saugkräfte (vgl. S. 98). Für die Blätter von Wüstenpflanzen ergaben sich als Mittelwerte sämtlicher Zellen der Blattstreifen Saugkräfte zwischen 19 und 50 Atm. Auch die von Harder (1930) orientierend gemessenen Saugkräfte der Assimilationsorgane einiger Wüstenpflanzen ordnen sich hier ein. Nur an *Zollikoferia arborescens* wurden an besonders trockenen Stellen sogar Werte über 130 Atm. gefunden.

Zum Vergleich seien einige mit gleicher Methode an Blättern von mitteleuropäischen Ebenen-, Alpen- und Felsenpflanzen gemessene Saugkraftwerte angeführt (Blum 1926): Bei trockenem Sommerwetter zeigten Ebenenpflanzen eine durchschnittliche Saugkraft von 16,4 Atm., die Alpenpflanzen eine solche von 20,5 Atm. und die Felsenpflanzen eine von 22,3 Atm. Die höchste Saugkraft beobachtete Ursprung (1925) bei *Campanula glomerata* mit 44,5 und die niederste bei *Bellis perennis* mit 3,2 Atm. Danach liegen

Tab. 28. *Osmotischer Wert in Blättern und Wurzeln von Pflanzen verschieden feuchter Standorte* (nach W. S. Iljin 1929 b).

Datum	Namen der Pflanzen	Osmotischer Wert	
		in Blättern	in Wurzeln
	1. Sumpf.		
11. VI.	*Lysimachia nummularia* L.	0,440	0,168
11. VI.	*Alisma plantago* L.	0,410	0,135
11. VI.	*Nasturtium austriacum* Cranz.	0,616	0,132
12. VI.	*Lythrum virgatum* L.		0,192
13. VI.	*Bidens tripartitus* L.	0,288	0,198
13. VI.	*Heleocharis palustris* R. Br.	0,490	0,210
	2. Wiese.		
30. V.	*Alopecurus pratensis* L.	0,562	0,350
31. V.	*Poa pratensis* L.	0,654	0,256
2. VI.	*Galium rubioides* L.	0,480	0,307
3. VI.	*Galium verum* L.	0,528	0,258
4. VI.	*Lysimachia nummularia* L.	0,320	0,256
	3. Steppe.		
28. V.	*Bromus erectus* Huds.	0,495	0,440
29. V.	*Koeleria gracilis* Pers.	0,516	0,480
29. V.	*Festuca ovina sulcata* Hackel.	0,700	0,425
3. VI.	*Galium verum* L.	0,438	0,432
4. VI.	*Centaurea sibirica* L.	0,616	0,400
	4. Abhang.		
30. VI.	*Koeleria gracilis* Pers.	0,828	0,600
1. VII.	*Poa pratensis* L.	0,774	0,576
1. VII.	*Festuca ovina sulcata* Hackel	0,900	0,616
2. VII.	*Bromus erectus* Huds.		0,528

also die Saugkräfte in den Blättern der Wüstenpflanzen mit 19—50 Atm. durchschnittlich beträchtlich höher, überschreiten aber mit ihren Maximalwerten die auch in Mitteleuropa vorkommenden Werte im allgemeinen nur unwesentlich.

Anders ist es, wenn man die Saugkräfte der W u r z e l n von Wüstenpflanzen und von mitteleuropäischen Pflanzen vergleicht. Die Saugkräfte der Wurzeln von Wüstenpflanzen liegen nach Stockers Messungen (1928) unabhängig von der Höhe der osmotischen Werte in den Blättern, ziemlich einheitlich zwischen 35 und 48 Atm. und entsprechen damit etwa den grenzplasmolytisch gemessenen Werten. Diese Werte übersteigen die Saugkräfte der Wurzeln von Alpenpflanzen, wie sie Blum (1926) gemessen hat, um das Vier- bis Fünffache. Die Alpenpflanzen entwickeln im Sommer bei trockenem Wetter Wurzelsaugkräfte zwischen 8 und 10,5 Atm., im nassen Frühjahr sogar nur zwischen 2,5 und 5,5 Atm.

Diese engere Beziehung der Bodenfeuchtigkeit zum osmotischen Wert der Wurzeln als zu dem der Blattepidermen betont auch Iljin (1929 b). So fand er in den Blattepidermen verschiedener Sumpfpflanzen gelegentlich sogar höhere osmotische Werte als in Wiesen- und Steppenpflanzen. Verglich er aber die osmotischen Werte der Wurzeln, so zeigten diese mit zunehmender Trockenheit des Bodens einen gleichmäßigen Anstieg (Tab. 28). Die Werte wurden plasmometrisch in Saccharoselösungen bestimmt.

Iljin erklärt die größeren Schwankungen der osmotischen Werte in den Blättern dadurch, daß diese nicht nur durch die Bodenfeuchtigkeit beeinflußt werden, sondern auch durch verschiedene andere Umweltfaktoren. So

Tab. 29. *Osmotische Werte von Festuca ovina bei verschiedener Bestandesdichte* (nach W. S. Iljin 1929 b).

Bestandsdichte von Festuca ovina	Osmotischer Wert (mol Saccharose)	
	Wurzeln	Blätter
sehr dicht	0,516	0,704
weniger dicht	0,516	0,756
ziemlich locker	0,516	0,780

führen Transpirationshemmungen in einem dichten Bestand zu einem Absinken, Verdunstungssteigerungen bei einzelnstehenden Pflanzen zu einer Erhöhung des osmotischen Wertes in den Blättern. Die Wurzeln haben demgegenüber eine viel gleichmäßigere Umwelt und der variierende Faktor ist eigentlich nur die Bodenfeuchtigkeit (Tab. 29).

Maßgebend für die osmotische Wasseraufnahme ist, daß die Saugkräfte der Wurzeln die ihnen entgegenwirkenden Saugkräfte des Bodens übersteigen.

Messungen der Bodensaugkraft können auf sehr verschiedene Weise vorgenommen werden (Lit. u. a. bei Bachmann 1927, Walter 1951, Lemée 1953, Kausch 1955). Zwei einfache Methoden seien angeführt:

1. Die Kapillarmethode (Ursprung und Blum 1930): Abb. 38.

In ein Blockschälchen wird die zu messende Bodenprobe (oder auch auf ihre Saugkraft zu bestimmende Flüssigkeit) eingefüllt. An die Innenseite des Deckels werden mit einem Klebestreifchen oder mit Klebewachs Kapillarröhrchen angebracht, die mit verschieden konzentrierten Lösungen (z. B. von Rohrzucker) beschickt wurden. Durch Auftupfen auf Filterpapier muß dafür gesorgt worden sein, daß die Flüssigkeitssäulen die Röhrchen nicht bis zum Rand erfüllen. Der Deckel wird mit Vaseline abgedichtet. Man mißt bei Versuchsbeginn und nach 24 Stunden die Abstände der Menisci. Haben die Lösungen in den Kapillaren eine niedrigere Saugkraft als die Bodenprobe, so verkürzen sie sich, haben sie eine höhere, so werden sie länger. Die Konzentration, bei der keine Längenänderung eintritt, entspricht der Saugkraft der Probe.

2. Papierhygrometer-Methode (nach Hansen 1926, vereinfacht von Stocker 1930): Abb. 39.

Proben des zu untersuchenden Bodens werden in eine Reihe von 250-cm³-Pulverfläschchen gebracht. An der Unterseite der eingeschliffenen und vor Versuchsbeginn eingefetteten Glasstöpsel werden an Kupfer- oder Silberhäkchen Filterpapierstückchen gehängt, die unmittelbar vorher mit verschieden konzentrierten NaCl- oder Rohrzuckerlösungen getränkt und mit einer empfindlichen Waage (Torsionswaage) schnell abgewogen wurden. Die Gläser werden dann in einen Thermostaten oder behelfsmäßig in eine mit Stroh oder Watte gefüllte „Kochkiste" gestellt und die Papierblättchen drei Tage später wieder gewogen. Waren die Saugkräfte der Bodenproben größer oder kleiner als jene der Lösungen in den Filterpapieren, so wurden diese leichter oder schwerer. Die Konzentration, bei der keine Gewichtsänderung eintritt, entspricht — in Atmosphären ausgedrückt — der zu bestimmenden Bodensaugkraft. Schimmel- oder Bakterienwachstum kann durch Zugabe eines Körnchens Thymol zur Bodenprobe verhindert werden.

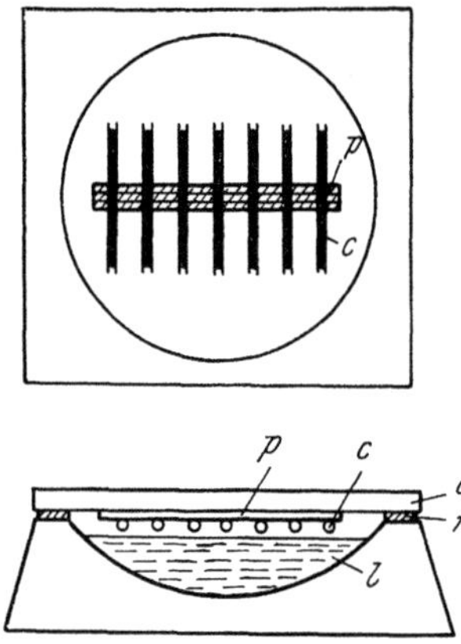

Abb. 38

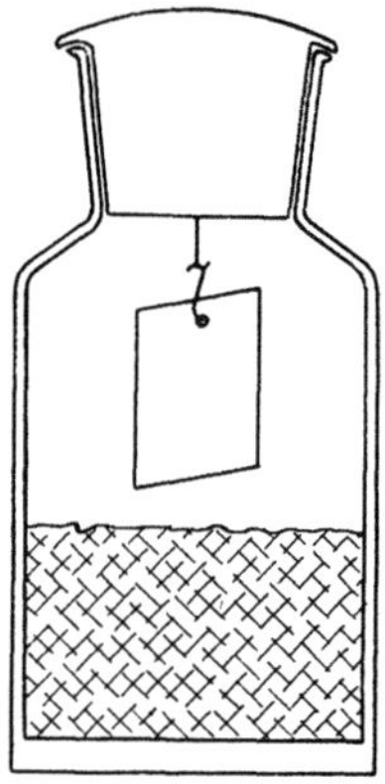

Abb. 39

Abb. 38. Kapillarmethode zur Bestimmung der Bodensaugkraft. (Nach A. Ursprung und G. Blum 1930.)

Abb. 39. Papierhygrometer zur Saugkraftbestimmung. (Nach H. Walter 1951.)

Die beiden Methoden wurden in ökologischen Untersuchungen vielfach angewendet, doch hält Walter (1951) die damit gefundenen Werte durchwegs als etwas zu hoch.

Die osmotischen Werte verschiedener KNO_3-, NaCl-, Rohrzucker- und Traubenzuckerlösungen, ausgedrückt in Atmosphären, finden sich in Tab. 23 auf S. 94.

Stocker (1930) untersuchte in der ungarischen Alkalisteppe erstmals ausführlich das Saugkraftgefälle zwischen Pflanze und Boden. Gleichzeitige Messungen im Boden und an *Camphorosma ovata* (im Juni nach Regen) ergaben folgendes Bild:

Bodensaugkraft	13 Atm. (mit Papierhygrometer)
Wurzelsaugkraft	21 Atm. (mit „vereinfachter Methode" nach Ursprung)
Osmotischer Wert der Wurzelepidermis	21 Atm. (grenzplasmolytisch)
Mittlere Saugkraft des Blattgewebes	25 Atm. (mit „vereinfachter Methode" nach Ursprung)
Osmotischer Wert Blattepidermis	40 Atm. (grenzplasmolytisch).

In ihrer Gesamtheit lagen in der ungarischen Alkalisteppe die Bodensaugkräfte im Bereich der Saugwurzeln je nach Salzreichtum der Böden und Niederschlagsverhältnissen zwischen 7 und 28 Atm. Bodensaugkräfte über 28 Atm. machten in diesem Gebiet eine Wasserversorgung der Pflanze unmöglich und führten zu einem Vertrocknen der Saugwurzeln. Bodensaugkräfte von 12 bis 28 Atm. konnten nur von den typischen Steppenpflanzen überwunden werden, während Böden mit Saugkräften unter 12 Atm. auch für Nichtsteppenpflanzen zugänglich waren. Die grenzplasmolytisch bestimmten osmotischen Werte der Wurzelepidermen bewegten sich zwischen 11 und 39 Atm.

In der ägyptischen Trockenwüste fand Stocker (1928) die höchsten osmotischen Werte in den Wurzeln zwischen 35 und 48 Atm. und für Gräser der Bechuanasteppe werden von Henrici (1927) 45—51 Atm. als höchste osmotische Werte von Wurzeln angegeben.

Ein Vergleich der Wurzelsaugkräfte mit jenen des Bodens zeigt, daß diese die Bodensaugkräfte stets nur um ein geringes übersteigen. In der ägyptischen Wüste betrugen die Saugkraftunterschiede zwischen Wurzeln und Boden 3—10 Atm. (Stocker 1928) und in der ungarischen Alkalisteppe (Stocker 1930) 2—7 Atm. Die osmotischen Werte in den Wurzeln von Mangrovepflanzen liegen um etwa 5 Atm. höher als die der Bodenlösung (Walter und Steiner 1936) und auch in den Wurzeln zahlreicher mitteleuropäischer krautiger Pflanzen übertreffen die osmotischen Werte der Zellen die der Böden nur um 7—8 Atm. (Knodel 1939).

Untersuchungen von Repp und Killian (1956) an landwirtschaftlichen Kulturpflanzen salzfreier Sandböden in der Oase Beni Unif am Nordrand der algerischen Sahara, bei denen die Bodensaugkräfte mit der Ursprungschen Kapillarmethode und die Saugkräfte in den Wurzeln und Blättern nach der Refraktometermethode von Lemée (Lemée und Laisné 1951, 1953) bestimmt wurden, ergaben bei guter Wasserversorgung (Bodensaugkraft 4 Atm.) Saugkraftunterschiede zwischen Wurzel und Boden von 1,3 bis 4,1 Atm. und bei schlechter Wasserversorgung (Bodensaugkraft 13 Atm.) solche von 1,3 bis 5,0 Atm.

Die hohen Saugkräfte fanden sich allerdings nur, sofern die mesophytischen Kulturpflanzen überhaupt in der Lage waren, gegenüber der Bodensaugkraft noch positive Saugkraftwerte zu entwickeln (Tab. 30). Bei einer ganzen Reihe bleiben die Wurzelsaugkräfte schließlich unter der Bodensaugkraft.

Allgemein gesagt sind Pflanzen, die durch ihre Wurzelsaugkräfte die Bodensaugkraft nicht zu übersteigen vermögen, soferne sie nicht durch Wasserspeicherung oder radikale Einschränkung der Transpiration ihren Wasserhaushalt einigermaßen im Gleichgewicht erhalten können, unweigerlich dem Vertrocknen ausgesetzt. Ihr weiteres Schicksal ist dann Sache der Austrocknungsresistenz ihres Protoplasmas.

Das in einem trockenen Boden durch die Wasseraufnahme der Wurzeln entstehende Feuchtegefälle für eine ausreichende Wasserversorgung auszunützen, ist unmöglich, da die dadurch gegebene Wasserzufuhr zu langsam ist. Die Wurzeln suchen daher so lange es möglich ist, durch fortgesetztes

Wachstum neue, wasserreichere Bodenbereiche auf (KAUSCH 1955). Tritt Wiederdurchfeuchtung bereits ausgetrockneter Bodenteile ein, so kommt es rasch zu neuer Seiten- und Saugwurzelbildung.

Tab. 30. *Saugkräfte im Boden und in Wurzeln und Blättern einiger Kulturpflanzen in der Oase Beni Unif am Nordrand der algerischen Sahara* (nach REPP und KILLIAN 1956).

Pflanze	Bewässert		Unbewässert	
	Bodenwassergehalt in % des Trockengewichts 15%		5,3%	
	Bodensaugkraft 4 Atm.		13 Atm.	
	Saugkraft (Atm.)		Saugkraft (Atm.)	
	Wurzel	Blatt	Wurzel	Blatt
1. *Tiefwurzler:*				
Melilotus albus	6,7	11,1	10,6	—
Luzerne de Provence	6,7	13,7	18,5	14,6
Luzerne (eingeborene)	—	13,7	14,3	21,5
2. *Flachwurzler:*				
Linse (syrische)	5,3	12,7	16,0	17,1
rote Linse (ägyptische)	—	12,7	9,6	17,1
Erva Ervillea	8,1	9,0	14,3	14,6
Vicia faba	6,7	11,1	11,1	11,1
Vicia villosa	—	10,5	12,7	16,0
Weizen (Zuchtsorte)	—	17,8	23,4	28,8
Gerste (Zuchtsorte)	6,7	12,7	12,7	12,7
Gerste (eingeborene)	5,3	12,7	12,7	20,7
Phalaris tuberosa	4,0	11,1	9,6	17,8
Koeleria phleoides	5,3	12,7	9,6	16,0
Eingeborene Unkräuter:				
Carduncŭlus Duvauxii	—	—	—	9,6
Peganum Harmala	—	—	—	20,3

Die niedrigsten osmotischen Werte und Saugkräfte finden sich naturgemäß bei direkt in Süßwasser lebenden Pflanzen. KREBS (1951) hat über 60 Arten von Desmidiaceen aus verschiedenen Moorwässern plasmolytisch auf ihre osmotischen Werte untersucht und bei 77% der Arten osmotische Werte entsprechend 0,25—0,35 mol Traubenzuckerlösungen (= 6—9 Atm.) gefunden. Bei 7% der Arten waren die osmotischen Werte etwas niedriger, bei 16% höher. Die höchsten Werte ergaben Grenzplasmolyse in 0,7 mol Traubenzucker (= 18 Atm.). *Spirogyra* zeigt Grenzplasmolyse in Rohrzuckerlösungen um 0,4 mol (= 11,2 Atm.). *Helodea* hat, wie schon erwähnt, osmotische Werte zwischen 9,7 und 12,8 Atm. (= 0,35—0,45 mol Rohrzucker).

Durch niedere osmotische Werte sind auch die Diatomeen ausgezeichnet. ÜBELEIS (1957) bestimmte an etwa 60 Diatomeenarten verschiedenster Herkunft, aus Süßwasserbächen, -flüssen, -teichen und -seen sowie aus Schwefelthermen (Baden bei Wien) und den natronreichen Salzlachen des Neusiedlersees, grenzplasmolytisch in verschieden konzentrierten Rohrzuckerlösungen den osmotischen Wert. Zur Herstellung der Zuckerlösungen wurde Standortwasser verwendet. Dadurch wird unmittelbar ein Maß für die zwischen Zellsaft und Standortwasser bestehende Druckdifferenz erhalten. Bei Süßwasserformen kommt dieser Differenzwert praktisch dem osmotischen Wert des Zellsaftes gleich, bei den Salzwasserformen entspricht er dem osmotischen Überwert der Zellsäfte gegenüber dem Standortwasser.

Diese osmotischen Überwerte gegenüber dem Standortwasser schwanken in relativ engen Grenzen: 0,08—0,37 mol, meist aber 0,15—0,30 mol Rohrzucker, das sind 4—8 Atm. Thermophile Diatomeen aus schwefelhaltigen Thermen und Formen aus Salzwässern unterscheiden sich von den übrigen Formen nicht wesentlich.

Mit dieser umfangreichen Untersuchung von Übeleis stimmen die vereinzelt in der Literatur vorliegenden Angaben über osmotische Werte von Diatomeen gut überein. O. Müller (1889) fand an *Pinnularia maior* und *Surirella biseriata* einen osmotischen Wert entsprechend 0,13—0,15 mol NaCl, Cholnoky (1928) bestimmte an einigen Diatomeen aus ungarischen Natrontümpeln osmotische Überwerte des Zellsaftes gegenüber dem Standortwasser mit 0,29 mol Rohrzucker, Marklund (1936) fand bei *Melosira* sp. in 0,27 mol Rohrzucker Grenzplasmolyse, Legler und Schindler (1939) bestimmten für *Mastigogloea smithii* und *Cymbella pusilla* aus dem Salzlachengebiet des Neusiedlersees osmotische Überwerte von 0,35 mol Traubenzucker und Höfler (1940) konnte für verschiedene *Anomoeoneis*-Arten aus der Soos bei Franzensbad solche von 0,20—0,25 mol Rohrzucker messen.

Manche Diatomeen der Neusiedler Salzlachen, wie z. B. *Navicula cuspidata* besitzen auffallend niedere osmotische Überwerte von nur 0,05—0,06 mol Rohrzucker (Höfler 1940) und auch Übeleis (1957) konnte an zwei *Gyrosigma*-Arten aus dem gleichen Gebiet osmotische Überwerte von nur 0,085 mol Rohrzucker feststellen. Dem entspricht auch eine Angabe von Elo (1937), wonach bei *Licmophora oedipus* der Zellsaft gegenüber dem Standortwasser nur einen osmotischen Überwert von 0,044 bis 0,065 mol Rohrzucker besitzt.

Übereinstimmend mit älteren Autoren beobachtete Übeleis in Teilungsstadien etwas niedrigere osmotische Werte als in Ruhestadien der gleichen Art.

Hoch sind demgegenüber die osmotischen Werte der Meeresalgen. Kylin (1938 a, b) bestimmte sie in Seewasser + Rohrzuckerlösungen. Er fand sie zwischen etwa 36 und 55 Atm. bei den Grün- und Braunalgen, und mit einer Ausnahme zwischen 31 und 41 Atm. bei ständig submersen Rotalgen. Der osmotische Wert eines Seewassers von 33‰ Salzgehalt beträgt 23 Atm. (bei 20° C) und bei 25—30‰ Salzgehalt etwa 18—21 Atm. Die Spanne zwischen den osmotischen Werten in den Zellen der Meeresalgen und der Außenlösung beträgt somit 13—27 Atm. und in einzelnen Fällen noch mehr. Die Algenzellen vermögen daher unschwer Wasser aus dem Meer aufzunehmen und sich dadurch einen Turgordruck zu verschaffen. Aktive Saugkräfte dürften aber trotzdem im allgemeinen nicht vorkommen (Hoffmann 1935), da auch Schwankungen im osmotischen Wert der Zellen durch Aufnahme oder Abgabe von Wasser unmittelbar kompensiert werden.

Meist werden die osmotischen Werte der Meeresalgen grenzplasmolytisch in verschieden konzentriertem Seewasser bestimmt (Höfler 1930, 1931, Biebl 1937, 1938 a, 1939 a). Hiezu wird normales Seewasser mit doppelt oder dreifach konzentriertem (durch Eindampfen auf die Hälfte oder ein Drittel des Volumens erhalten) gemischt. 1,5 Seewasser bedeutet 1 Teil normales Seewasser plus 1 Teil doppeltkonzentriertes Seewasser usw. Tab. 31 gibt annäherungsweise die Atmosphärenwerte verschiedener Konzentrationen eines Seewassers von 30‰ Salzgehalt. Es ist dabei von der Annahme ausgegangen, daß der wesentlich osmotisch wirksame Anteil dieses Seewassers einer 3%igen bzw. etwa 0,52 mol. NaCl-Lösung entspricht.

Tab. 31. *Osmotische Werte verschiedener Konzentrationen eines Seewassers mit 30‰ Salzgehalt* (überschlagsmäßige Berechnung).

Seewasserkonzentration	mol NaCl ca.	Atm. (bei 20° C) ca.
0,5	0,26	10,8
1,0	0,52	21,8
1,5	0,78	33,2
2,0	1,04	43,5
2,5	1,30	59,1
3,0	1,56	73,2

Die Grenzplasmolyse von Meeresalgen aus Seewasser mit 30‰ Salzgehalt tritt im allgemeinen zwischen 1,4—2,0 Seewasser ein, dem nach unserer überschlagsmäßigen Berechnung osmotische Werte von etwa 33 bis 44 Atm. entsprechen, welche Werte mit denen Kylins gut übereinstimmen.

Angaben über Zusammensetzung und osmotischen Druck des Meerwassers von verschiedenem Salzgehalt bei 0° C gibt Kalle (1956). Über Osmoregulation und osmotische Resistenz wird im Abschnitt „Chemische Faktoren im Wasser" noch ausführlich zu sprechen sein.

Überraschend hohe osmotische Werte weisen auch die Moose auf. Für zarte, dauernd an feuchte Plätze gebundene Lebermoose, wie etwa *Lophocolea bidentata*, werden für die Blattzellen grenzplasmolytische Werte von 0,54 bis 0,59 mol Rohrzucker (15,6—17,4 Atm.) angegeben (Kressin 1935). Will-Richter (1949) stellt aus der großen Reihe der von ihr untersuchten Lebermoose typische Xero-, Meso- und Hygrophyten zusammen, deren osmotische Werte grenzplasmolytisch in volummolaren Traubenzuckerlösungen bestimmt wurden (Tab. 32).

Die Unterschiede zwischen den xerophytischen Moosen und den meso- und hygrophytischen Moosen andrerseits sind scharf. Die xerophytischen Arten haben die höchsten osmotischen Werte. Die Unterschiede zwischen den meso- und hygrophytischen sind demgegenüber nicht so deutlich. Das entspricht auch den Messungen von Patterson (1946), der im Mittel von

18 xerophytischen Laub- und Lebermoosen Grenzplasmolyse in 0,502 *n* KCl, im Mittel von 36 mesophytischen Grenzplasmolyse in 0,405 *n* KCl und im Mittel von 16 hygrophytischen Grenzplasmolyse in 0,434 *n* KCl fand.

KCl oder KNO_3 als Plasmolytikum zu verwenden, empfiehlt sich besonders bei den Laubmoosen, da deren überaus dichte Zellwände häufig für Zucker schwer oder gar nicht durchlässig sind (BIEBL 1954). Auch HAYBACH (1956) maß osmotische Werte von Laubmoosen in KCl und fand Grenz-

Tab. 32. *Mittlere osmotische Werte von Lebermoosen verschieden feuchter Standorte* (nach G. WILL-RICHTER 1949).

Name	Mittlerer osmotischer Wert		Ökologischer Typus
	Traubenzuker mol	Atm.	
Radula complanata	1,70		Xerophyt
Madotheca platyphylla	1,30	37,7	
Frullania tamarisci	1,20	34,2	
Plagiochila aspl. f. minor	1,15	32,2	
Metzgeria furcata	0,90	24,12	
Metzgeria pubescens	1,50	46,8	
Sphenolobus exsectiformis	0,90	24,12	
Lepidozia reptans	0,80	20,80	Mesophyt
Chiloscyphus pallescens	0,65	16,77	
Lophozia quinquedentata	0,65	16,77	
Alicularia scalaris	0,50	12,90	
Calypogeia trichomanis	0,40	10,31	
Calypogeia neesiana	0,42	10,82	
Cephalozia bicuspidata	0,48	12,37	
Marsupella emarginata	0,60	15,48	Hygrophyt
Harpanthus flotowianus	0,60	15,48	
Trichocolea tomentella	0,55	14,19	
Calypogeia sphagnicola	0,38	9,78	
Calypogeia submersa	0,36	9,26	
Aplozia cordifolia	0,60	15,48	
Aneura multifida	0,25	6,40	

plasmolyse zwischen 0,25 und 0,70 mol. Wie bei den foliosen Lebermoosen weisen auch die hygrophytischen Laubmoose oft recht hohe Werte auf, so daß eine durchgreifende Beziehung zwischen osmotischem Wert und Wassergehalt des Bodens nicht gegeben erscheint. Gleiches hebt auch PATTERSON (1946) hervor.

STEINLESBERGER (1959 b) konnte dies an Laubmoosen neuerdings bestätigen. „Unerwartet hoch liegen die osmotischen Grenzwerte bei den submersen Laubmoosen. Die Meßwerte dieser subaquatischen Formen liegen zum Teil doppelt so hoch als die osmotischen Grenzwerte der ihrem Standort nach der Mehrzahl den Mesophyten einzureihenden Arten. So zeigt das Wassermoos *Brachythecium rivulare* Werte um 24—25 Atm., während der Mesophyt

Plagiothecium denticulatum osmotische Grenzwerte zwischen 14,5 und 17,5 Atm. feststellen läßt." Auch *Mnium undulatum* zeigt trotz hygromorphem Blattzellenbau bei guter Bodenfeuchtigkeit Werte um 35 Atm.

Die von Steinlesberger für über 50 Laubmoose verschieden feuchter Standorte gemessenen plasmolytischen Grenzwerte lagen zwischen etwa

Tab. 33. *Beispiele für die Abhängigkeit des osmotischen Wertes innerhalb einzelner Laubmoosarten von der Standortfeuchtigkeit* (nach E. Steinlesberger 1959 b).

Laubmoos	Osmotischer Wert in mol KCl	
	feuchter Standort	trockener Standort
Dicranum scoparium	0,55—0,60	0,60—0,65
Brachythecium rivulare	0,42—0,48	0,50—0,55
Platyhypnidium rusciforme	0,40—0,48	0,55
Plagiothecium neglectum	0,30—0,35	0,35—0,45

14 und 55 Atm., mit je einer Anhäufung der Werte um 17 und 30 Atm. Ein Vergleich dieser osmotischen Werte mit den von Abel (1956) an den entsprechenden Moosen bestimmten Trockengrenzen zeigt, daß sich keine prinzipielle Beziehung zwischen Höhe des osmotischen Wertes und Höhe der Trockenresistenz feststellen läßt.

Für die einzelne Moosart kommt die Abhängigkeit des osmotischen Wertes von der Standortfeuchtigkeit jedoch deutlich zum Ausdruck. Der osmotische Wert ist an den trockenen Standorten höher als an den feuchten (Tab. 33).

Nach einer Untersuchung von Hosokawa und Kubota (1957) über osmotische Werte und Austrocknungsresistenzen epiphytisch an einem Buchenstamm wachsender Moose (Abb. 40) zeigen nur die unmittelbar an der Stammbasis vorkommenden Moose einen niedrigeren osmotischen Wert, die Unterschiede der osmotischen Werte zwischen 1 und 13 m Höhe scheinen jedoch nur art-, nicht aber standortbedingt zu sein.

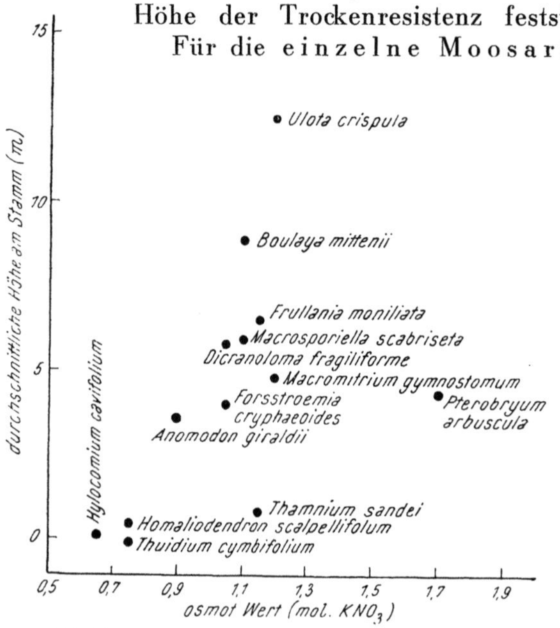

Abb. 40. Osmotische Werte und Standorthöhe von auf einem Buchenstamm epiphytisch wachsenden Moosen. (Nach T. Hosokawa und H. Kubota 1957.)

Bemerkenswert ist das schon von Bender (1916) beschriebene und von Will-Richter (1949) bestätigte Verhalten thalloser Lebermoose. Sie haben durchwegs, ähnlich den sukkulenten Wüstenpflanzen, auffallend niedere osmotische Werte. Bender gibt für *Marchantia*-Arten 0,20—0,25 mol

KNO_3 bzw. 7,6—9,4 Atm. an und WILL-RICHTER findet für *Marchantia-*, *Conocephalum-*, *Preissia-*, *Riccia-* und auch *Aneura-* und *Pellia*-Arten die normalen sommerlichen Werte zwischen 0,20 und 0,30 mol Traubenzucker (5,18—7,70 Atm.). Dabei spielen Feuchtigkeitsschwankungen des Standortes nur eine geringe Rolle. Das Wassermoos *Riccia fluitans* unterschied sich in seinem sommerlichen Wert kaum von einer stark ausgetrockneten *Riccia bischoffii*. Die jahreszeitlichen Schwankungen, von denen später die Rede sein soll, sind demgegenüber viel größer.

4. Schwankungsvermögen des osmotischen Wertes

Der osmotische Wert einer pflanzlichen Zelle ist nicht konstant. Verschiedene Umweltfaktoren, in erster Linie wohl die Wasserversorgung, dann aber auch Licht, Temperatur u. a. sind für die Höhe des osmotischen Wertes bestimmend. Tages- und jahreszeitliche Schwankungen werden durch sie ausgelöst. Der Schwankungsbereich des osmotischen Wertes ist dabei für verschiedene Pflanzen verschieden groß. Zellsaftanalysen geben Hinweise, auf welche Art die Pflanzen die Konzentration ihrer Zellsäfte zu ändern vermögen. Hohe osmotische Werte können zweifellos die Wasseraufnahme erleichtern, sie sind aber keineswegs Voraussetzung für eine besondere Dürre- oder Austrocknungsresistenz.

a) Tagesschwankungen

Beobachtungen an Algen zeigen, daß auch in ständig von hinreichend Wasser umgebenen Pflanzenzellen in Abhängigkeit vom lichtbedingten Assimilationshaushalt Tagesschwankungen des osmotischen Wertes eintreten können. An der Meeresrotalge *Antithamnion plumula*, die in einer Kulturschale am Fenster der Biologischen Anstalt auf Helgoland gehalten wurde (BIEBL 1939 c), konnte durch sechs Tage morgens (8.30 Uhr) Grenzplasmolyse in 1,7 Seewasser und nachmittags (17.30 Uhr) in 1,8 Seewasser festgestellt werden. In gleichzeitig dauernd verdunkelten Proben war in dieser Zeit der osmotische Wert abgesunken und entsprach bei Grenzplasmolyse 1,5 Seewasser. Andere Algen, wie *Trailliella intricata*, *Cladophora glaucescens* und *Urospora penicilliformis* oder auch die Süßwasseralge *Spirogyra* zeigten zwar keine nachweisbaren Tagesschwankungen, jedoch gleichfalls ein deutliches Absinken des osmotischen Wertes bei Dauerverdunkelung.

Auch an verschiedenen submersen Phanerogamen wurden ähnliche Schwankungen des osmotischen Wertes beobachtet, der bei schönem Wetter durch Bildung osmotisch wirksamer Substanz gegen Mittag ansteigt und bei schlechtem Wetter allgemein absinkt, so daß Wasser aus den Zellen austritt (GAMMA 1932, BAUER 1952). Für submerse Wasserpflanzen hat man die Annahme aufgestellt, daß sich der Grenzplasmolysewert aus dem Wert der osmotisch wirksamen Substanz plus einer elektrostatischen Komponente zusammensetzt (BRAUNER und HASMAN 1946, 1947, GESSNER 1956 b). Beide Komponenten laufen danach bei Tag parallel, bei Nacht nimmt jedoch die osmotisch wirksame Substanz durch Veratmung und mangelnde Neubildung ab, während die elektroosmotische Komponente, anscheinend in einem endogenen Rhythmus, um Mitternacht so ansteigt, daß sie nicht nur das Absinken der osmotisch wirksamen Stoffe kompensiert, sondern sogar einen zweiten Anstieg des grenzplasmolytischen Wertes zu bewirken vermag. Mit der URSPRUNGschen Methode der Saugkraftbestimmung durch Messung der Längenausdehnung läßt sich an *Helodea densa* sowohl bei schönem Wetter um Mittag wie auch um Mitternacht eine Verlängerung der Blättchen und damit das Bestehen einer kleinen, infolge Wasseraufnahme bis zur Vollturgeszenz bald wieder verschwindenden Saugkraft feststellen (BAUER 1952).

Sind bei den Wasserpflanzen die durch den Wechsel von Tag und Nacht bestimmten photosynthetischen Vorgänge in erster Linie maßgebend für die Schwankungen des osmotischen Wertes, so kommt bei den Landpflanzen wesentlich noch die verschiedene Wasserversorgung im Laufe des Tages dazu. Die starken Wasserverluste durch Transpiration führen, zusammen mit der Anreicherung von Assimilationsprodukten, um Mittag zu einer Erhöhung, die reichlichere Wasserversorgung, Abwanderung und die Veratmung osmotisch wirksamer Stoffe während der Nacht zu einer Abnahme der osmotischen Werte in den Zellen der Blätter.

Abb. 41. Tagesschwankungen des osmotischen Wertes bei *Andropogon scoparius* Michx. (Nach L. A. STODDART 1935.)

Derartige Tagesschwankungen des osmotischen Wertes bei Landpflanzen sind oft beschrieben worden (URSPRUNG und BLUM 1916 b, ILJIN 1929 b, VOLK 1931, PISEK und CARTELLIERI 1931, WALTER 1931, SCHRATZ 1931, STODDART 1935, SIMONIS 1936, Zusammenfassung bei MEYER 1956). Als Beispiel sei eine Kurve von STODDART (1935) für das Präriegras *Andropogon scoparius* wiedergegeben (Abb. 41).

Das Ausmaß der Tagesschwankungen ist sehr verschieden (Tab. 34). Es ist gering bei Schattenpflanzen und größer bei Sonnenpflanzen, bei diesen wieder niedriger, wenn die Wasserversorgung gut ist. Bei Sumpfpflanzen sind die Schwankungen größer, wenn sich die Pflanzen hoch über den Boden erheben. Im allgemeinen verhalten sich aber Sumpf- und Flachmoorpflanzen nicht anders als normale Landpflanzen (MÜLLER-STOLL 1938). Die osmotischen Werte sind nachmittags höher als am Morgen. Keine meßbaren Tagesschwankungen konnten bei Sukkulenten, sowohl bei *Sedum*-Arten wie bei Kakteen, gefunden werden (WALTER 1931).

Die Veränderungen des osmotischen Wertes während des Tages sind auch abhängig von der Art, wie die einzelne Pflanze in Wasseraufnahme und Wasserabgabe auf die geänderten Umweltbedingungen reagiert. Selbst innerhalb einer Pflanze sind die Schwankungen der osmotischen Werte in den Blättern junger oder alter, sonnen- oder schattseitiger Sprosse nicht gleich.

Die ersten Beobachtungen über tagesperiodische Dickenänderungen von Bäumen, z. B. von Borkenstämmen, gehen schon auf KAISER (1879) und

Tab. 34. *Tagesschwankungen des osmotischen Wertes bei Blütenpflanzen wasserökologisch verschiedener Standorte* (nach H. WALTER 1931).

Pflanze und Standort	Tagesschwankungen des osmotischen Wertes in Atm.	in Prozenten des niederen Wertes
1. Schatten- und Halbschattenpflanzen (Nebraska):		
Smilax hispida (schattig)	0,2	1,7
Galium aparine (schattig)	0,1	1,2
Acalypha virginica (schattig)	0,5	4,4
Polygonatum commutatum (schattig)	0,4	3,8
Helianthus tuberosa (schattig)	nicht nachweisbar	
Vitis vulpina (schattig)	nicht nachweisbar	
Vitis vulpina (sonnig, blühend)	0,2	1,8
Rumex altissimus (Halbschatten)	0,4	5,6
2. Sumpfpflanzen:		
Iris pseudacorus, Flachmoor	nicht nachweisbar	
Epilobium hirsutum, Flachmoor	0,3	3
Lysimachia vulgaris, Flachmoor	0,4	4
Polygonum amphibium, Flachmoor	0,7	6
Carex acutiformis, Flachmoor	2,3	18
Scirpus lacustris, im See	1,7	17
Phragmites communis, Flachmoor	2,2	13
Phragmites communis, im See	2,5	17
3. Präriepflanzen (Nebraska):		
Andropogon furcatus (jung)	nicht nachweisbar	
Cirsium altissimum (jung, feucht)	nicht nachweisbar	
Helianthus rigidus (feucht)	nicht nachweisbar	
Helianthus rigidus (trockener, jung)	0,4	4,6
Helianthus rigidus (trocken, jung)	0,4	5,5
Solidago canadensis (feucht, jung)	0,7	6,0
Amorpha canescens (jung)	0,7	6,0
Tragopogon pratensis (blühend)	1,2	12
Astragalus crassipes (fruchtend)	2,6	19
Erigeron ramosus (blühend)	2,9	23
Psoralea floribunda (blühend)	2,0	20
Sporobolus heterolepis	1,1	11
Stipa spartea (fruchtend)	3,2	26
4. Steppenpflanzen (Ungarn):		
Lactuca scariola (fruchtend)	2,8	20
Euphrasia lutea (blühend)	6,0	17
Dorycnium germanicum (blühend)	6,6	27
Helianthemum fumana	6,2	30
5. Sandpflanzen (Heidelberg, nach VOLK, 1931):		
Artemisia campestris	2,1	16
Jurinea cynoides	1,7	16
Euphorbia gerardiana	3,6	32
Helichrysum arenarium	2,0	18
Euphrasia lutea	5,7	36
Koeleria glauca	2,4	16
Kochia arenaria (normal)	1,4	7

KRAUS (1881) zurück. Daß die Erhöhung der Kohäsionsspannung zu Zeiten großen Wasserverbrauches in einer Verminderung der Stammdicke von Bäumen meßbar wird, hat MACDOUGAL (1924, 1936) nachgewiesen. Der Stammdurchmesser schwankt zwischen einem Minimum am späten Nachmittag und einem Maximum am frühen Morgen. Stocking (1945) konnte im Xylem von *Cucurbita pepo* während der Nachtstunden einen Druck von 1 Atmosphäre (Wurzeldruck) und während des Nachmittags eine Zugspannung von 4 Atmosphären feststellen, die an warmen Sommertagen bei eintretendem Welken der Blätter sogar bis auf 9 Atmosphären anstieg.

Beziehungen zwischen dem Wasserreichtum bzw. der Dicke von Zitronenfrüchten und dem Wasserbedarf der Blätter am gleichen Sproß beobachtete Bartholomew (1926). Von Morgen bis zum späten Nachmittag nimmt das Volumen der Früchte ab, vom Spätnachmittag über Nacht bis zum Morgen hingegen wieder zu. Während des Tages wird den Früchten von den Blättern und anderen Teilen der Pflanze Wasser entzogen. Gleichzeitig steigt der osmotische Wert in den Früchten an, um im Lauf der Nacht wieder abzusinken. Die Dickenänderungen können im Lauf eines Tages bei großer Bodentrockenheit bis 2,96 mm betragen.

Daß solche Beziehungen zwischen Früchten und Blättern nicht verallgemeinert werden dürfen, ergibt sich aus späteren Beobachtungen von Anderson und Kerr (1943) an heranwachsenden Baumwollfrüchten, die in den ersten 16 Tagen ihres Wachstums, auch wenn die Blätter am selben Sproß zu welken beginnen, gleichmäßig Tag und Nacht an Dicke und Wasserreichtum zunehmen.

b) Jahreszeitliche Schwankungen

Das für die Tagesschwankungen des osmotischen Wertes Gesagte gilt im wesentlichen auch für die jahreszeitlichen Schwankungen. Wenn auch die im Laufe des Jahres wechselnde Wasserversorgung sicherlich bei vielen Pflanzen eine große Rolle spielt, so ist der Wasserfaktor doch nicht der allein maßgebende. Bei den jahreszeitlichen Schwankungen des osmotischen Wertes sind vor allem die temperaturbedingten Stoffumwandlungen von entscheidendem Einfluß (siehe S. 246 ff.).

Bei Desmidiaceen (Krebs 1951) sind die Schwankungen des osmotischen Wertes während des Jahres zwar nicht sehr groß, doch sind bei vielen Arten die Werte im Winter und Frühling erhöht (Tab. 35).

Auch bei Diatomeen (Übeleis 1957) wurden jahreszeitliche Schwankungen beobachtet. Meist fallen die Maxima der osmotischen Werte in den Spätherbst oder Winter, seltener in den Sommer oder das Frühjahr.

Ebenso zeigen die osmotischen Werte in den ständig submersen Wurzeln von *Lemna minor* (Pirson und Göllner 1953) neben einem ansteigenden Gradienten von der Basis zur Wurzelspitze deutliche Maxima im Winter und Minima im Mai (Tab. 36). Die Hemmung des Streckungswachstums im Winter wird dabei als die wichtigste Ursache für die relative Anreicherung gelöster Substanzen im Zellsaft angesehen.

Lebermoose (Will-Richter 1949) zeigen fast durchwegs große jahreszeitliche Schwankungen ihrer osmotischen Werte (Abb. 42). Die niedrigsten Werte der im Gebiet des Wienerwaldes gesammelten Moose finden sich im Sommer, die höchsten im Februar und März.

Für Laubmoose konnte Steinlesberger (1959) die höchsten Meßwerte stets im Frühjahr feststellen. Ein zweites, hinter dem ersten zurückbleibendes Maximum fällt in den Sommer.

Viel untersucht sind die jahreszeitlichen Schwankungen des osmotischen Wertes bei Blütenpflanzen (URSPRUNG und BLUM 1916 b, BLUM 1917,

Tab. 35. *Osmotischer Wert von Desmidiaceen zu verschiedenen Jahreszeiten.* + = deutliche Plasmolyse, *Gr* = Grenzplasmolyse. Werte grenzplasmolytisch in mol Traubenzucker gemessen. 0,2 mol Traubenzucker = 5,18 Atm., 0,7 mol Traubenzucker = 18,09 Atm. (nach I. KREBS 1951).

Art	Sommer	Winter	Frühling
Netrium digitus	0,2 — 0,3 +	0,4 — 0,5 +	0,25 — 0,3 +
Penium libelulla	0,25 — 0,3 +	0,4 — 0,5 +	0,35 — 0,4 +
Closterium didymotocum	0,3 — 0,35 +	0,35 — 0,4 +	—
,, *angustatum*	0,25 — 0,3 +	0,25 — 0,3 +	0,35 — 0,4 +
,, *striolatum*	0,2 — 0,3 +	0,25 — 0,3 +	0,25 — 0,35 +
,, *dianae*	0,3 — 0,35 +	0,4 — 0,5 +	0,4 — 0,5 +
,, *lunula*	0,2 — 0,3 +	0,4 — 0,5 +	—
,, *gracile*	0,2 — 0,25 +	0,3 — 0,35 +	—
Pleurotaenium ehrenbergii	0,25 — 0,3 +	0,4 — 0,5 +	0,4 — 0,5 +
Tetmemorus granulatus	0,3 — 0,5 +	0,5 — 0,6 +	0,6 — 0,7 +
Euastrum affine	0,3 — 0,4 +	0,5 Gr,	0,3 — 0,35 +
,, *sinuosum*	0,35 — 0,4 +	0,6 — 0,7 +	0,4 — 0,5 +
,, *ansatum*	0,4 — 0,5 +	0,5 — 0,6 +	0,5 — 0,6 +
Micrasterias rotata	0,25 — 0,3 +	0,4 Gr.	—
,, *denticulata*	0,25 — 0,3 +	0,35 — 0,4 +	—
,, *angulosa*	0,25 — 0,3 +	0,35 — 0,4 +	—
Cosmarium contractum	0,6 — 0,7 +	0,6 — 0,7 +	0,6 — 0,7 +
,, *pseudopyramidatum*	0,3 — 0,35 +	0,5 — 0,6 +	0,3 — 0,35 +
,, *connatum*	0,4 Gr.	0,5 Gr.	0,5 Gr.
,, *cucurbita*	0,4 Gr.	0,6 Gr.	0,5 Gr.
,, *tetraophthalmum*	0,4 Gr.	0,4 Gr.	—
,, *botrytis*	0,4 Gr.	0,5 Gr.	—
Xanthidium cristatum	0,3 — 0,35 +	0,3 — 0,35 +	0,4 — 0,5 +
Arthrodesmus convergens	0,4 — 0,5 +	0,5 — 0,6 +	0,4 — 0,5 +
Staurastrum muticum	0,35 — 0,4 +	0,35 — 0,4 +	0,35 — 0,4 +
,, *dejectum*	0,35 — 0,4 +	0,35 — 0,4 +	—
,, *dickiei*	0,35 — 0,4 +	0,35 — 0,4 +	0,35 — 0,4 +
,, *teliferum*	0,4 Gr.	0,4 Gr.	—
,, *heimerlianum*	0,3 — 0,35 +	0,4 — 0,5 +	0,35 — 0,4 +
Hyalotheca dissiliens	0,4 — 0,5 +	0,6 — 0,7 +	0,5 — 0,6 +
Desmidium swartzii	0,3 — 0,4 +	0,4 — 0,5 +	0,3 — 0,35 +
Gymnozyga brebissonii	0,35 — 0,4 +	0,4 Gr.	0,4 — 0,5 +

LEWIS and TUTTLE 1920, GAIL 1926, MEYER 1928, WALTER 1931, VOLK 1931, 1936, 1938, STEINER 1933, THREN 1934, MÜLLER-STOLL 1935, HÄRTEL 1936, ULMER 1937, BINZ 1939, PISEK 1950, MAYER 1953 u. a.)

Die Schwankungen sind verschieden groß, je nachdem die betreffenden Pflanzen hydrostabil oder hydrolabil sind, d. h. je nachdem sie ein großes oder geringes osmotisches Beharrungsvermögen besitzen, was wieder mit der Tiefe der Bewurzelung, dem Wasserspeichervermögen, dem Regulationsvermögen, der Transpiration usw. zusammenhängt.

WALTER (1951) sieht in der Höhe des osmotischen Wertes einen Spiegel der Wasserversorgung der Pflanze. Die Jahreskurve des osmotischen Wertes

Tab. 36. *Osmotische Werte in der Wurzel von Lemna minor zu verschiedenen Jahreszeiten. Plasmometrisch gemessen in mol Glukose in Wurzeln von 13 Tage alten Normalkulturen. Mai- und Dezemberwerte unterstrichen.*

Gemessen in einzelnen Abschnitten. 1,5—2 mm = Wurzelspitze (nach A. Pirson und E. Göllner 1953).

Datum	1,5—2 mm	2–3	3–4	4–5	5–6	6–7	7–8	8–9	9–10	10–11	11–12	12–13
1951												
15. 3.	0,264	0,235	0,211	0,198	0,183	0,182	0,183	0,189	0,188	0,185	0,187	0,196
3. 5.	0,261	0,242	0,222	0,211	0,190	0,183	0,186	0,181	0,179	0,181	0,181	—
19. 6.	—	0,237	0,209	0,198	0,182	0,179	0,181	0,178	0,180	0,178	0,178	—
6. 8.	—	0,257	0,238	0,225	0,209	0,202	0,196	0,192	0,189	0,190	0,194	0,195
27. 9.	0,281	0,282	0,268	0,246	0,229	0,213	0,205	0,198	0,192	0,202	0,204	0,206
2. 11.	0,296	0,283	0,260	0,242	0,226	0,216	0,216	0,215	0,219	0,213	0,220	—
21. 12.	0,263	0,242	0,232	0,225	0,227	0,223	0,227	0,221	0,225	0,225	0,217	—
1952												
6. 2.	0,271	0,256	0,248	0,232	0,223	0,212	0,211	0,213	0,218	0,215	0,216	0,218
19. 3.	0,245	0,229	0,221	0,211	0,207	0,199	0,197	0,196	0,195	0,197	0,197	—
7. 5.	0,238	0,218	0,198	0,183	0,180	0,176	0,181	0,177	0,181	0,181	0,182	0,184
20. 6	0,230	0,208	0,194	0,189	0,184	0,181	0,180	0,183	0,185	0,189	0,194	—

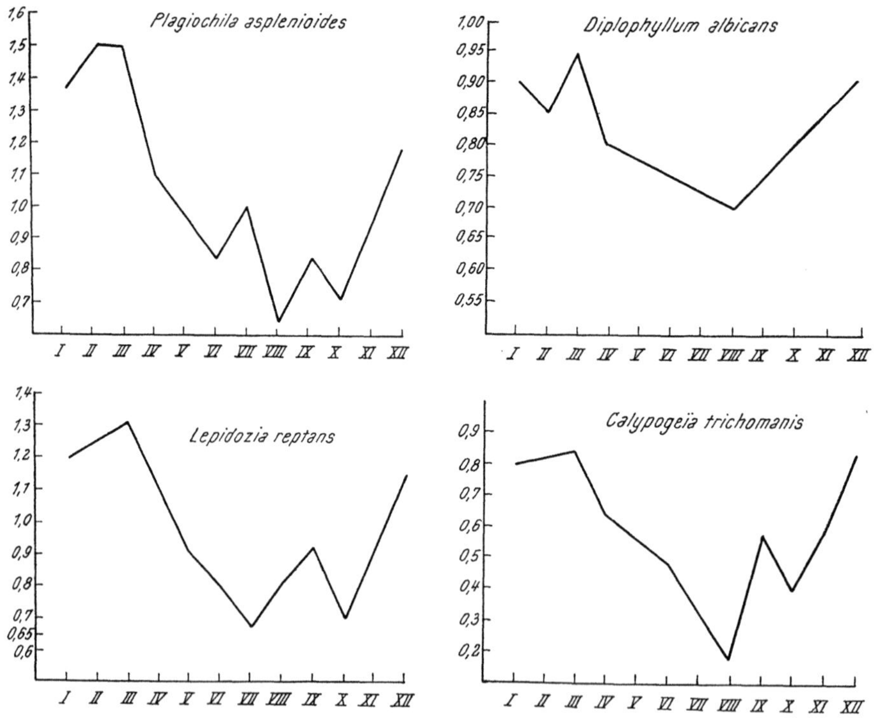

Abb. 42. Jahreszeitliche Schwankungen des osmotischen Wertes einiger Lebermoose. Ordinate: Grenzplasmolytische Werte in mol Glukose, Abszisse: Monate. (Nach G. Will-Richter 1949.)

hat auch in verschiedenen Klimagebieten ein verschiedenes Aussehen. In Abb. 43 werden Jahreskurven des osmotischen Wertes einiger Pflanzen aus Mitteleuropa, aus dem Mittelmeergebiet (Montpellier) und einer Pflanze aus der Kakteenwüste um Tucson (Arizona) gegenübergestellt.

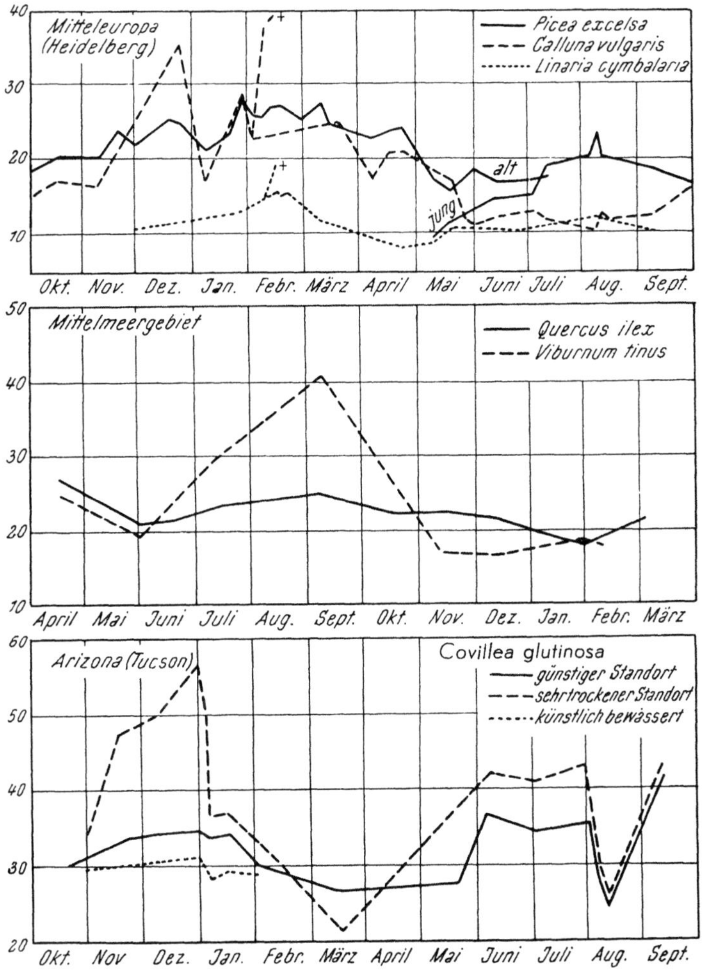

Abb. 43. Jahreskurven des osmotischen Wertes einiger Blütenpflanzen in verschiedenen Klimagebieten. (Nach H. WALTER 1951.)

Gut ausgeprägt sind die Jahresschwankungen des osmotischen Wertes im Mittelmeergebiet mit einer ausgesprochenen Regenzeit im Winter und einer Dürreperiode im Sommer, u. zw. in Abb. 43 deutlicher beim hydrolabilen *Viburnum tinus* als beim hydrostabilen *Quercus ilex*. In der Kakteenwüste von Arizona, die jährlich zwei Regen- und zwei Trockenzeiten mitmacht, erscheint auch die Jahreskurve des osmotischen Wertes bei der Charakterpflanze *Covillea glutinosa* (Kreosotbusch) zweigipfelig. Die drei für *Covillea* wiedergegebenen Kurven sind ein gutes Beispiel dafür, daß die

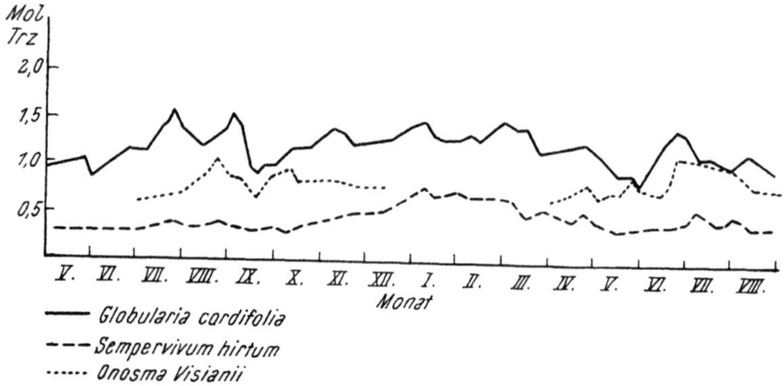

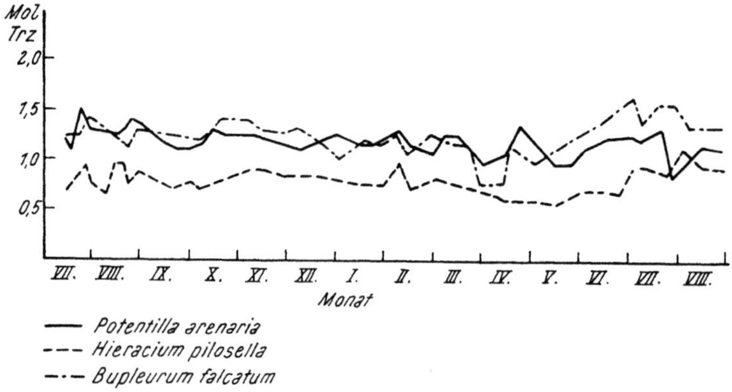

Abb. 44. Jahreskurven des osmotischen Wertes einiger Blütenpflanzen eines trocken-warmen Standortes bei Mödling (Wien). Mol Traubenzucker. (Nach H. Mayer 1953.)

Tab. 37. *Osmotische Höchst- und Tiefstwerte einiger Blütenpflanzen eines trocken-warmen Standortes und Ausmaß der Jahresschwankung in Prozenten der Tiefstwerte* (nach H. Mayer 1953).

Pflanze	Höchstwert mol Glukose	Datum	Tiefstwert mol Glukose	Datum	Maximale Jahres-schwankung in Prozenten des Tiefstwertes
Anthyllis vulneraria	1,13	20. 7. 1950	0,60	20. 4. 1950	88
Onosma visianii	1,17	3. 7. 50	0,60	18. 7. 49	95
Teucrium chamaedris	1,25	10. 8. 50	0,60	20. 4. 50	108
Teucrium montanum	1,23	28. 6. 50	0,65	12. 5. 50	89
Cynanchum vincetoxicum	1,15	18. 7. 49	0,48	12. 5. 50	139
Globularia cordifolia	1,60	27. 7. 49	0,85	1. 6. 50	88
Hieracium pilosella	1,07	2. 8. 50	0,55	12. 5. 50	94
Bupleurum falcatum	1,55	3. 7. 50	0,73	30. 3. 50	112
Potentilla arenaria	1,50	24. 7. 49	0,80	26. 7. 50	87
Thymus praecox	1,10	16. 3. 50	0,58	3. 5. 50	89
Anemone pulsatilla	1,25	10. 8. 50	0,75	20. 4. 50	66
Scorzonera austriaca	1,25	10. 8. 50	0,70	5. 9. 49	78
Silene atites	1,15	26. 7. 50	0,65	20. 4. 50	77
Inula ensifolia	1,25	5. 9. 49	0,70	3. 3. 50	78
Sempervivum hirtum	0,85	4. 1. 50	0,28	22. 9. 49	239

Verhältnisse im einzelnen, je nach den lokalen Wasserbedingungen, auch innerhalb ein und desselben Großklimas verschieden liegen und das Ausmaß der Schwankungen beeinflussen können.

Unter den Pflanzen Mitteleuropas scheinen xeromorphe Pflanzen, wie *Calluna* und *Picea*, die deutlichsten Jahresunterschiede zu zeigen, und zwar im Winter die höchsten, im Sommer die niedrigsten Werte. Bei den krautigen Pflanzen findet sich zwar, soweit sie wintergrün sind, die gleiche Tendenz, doch sind die Beeinflussungen durch kurzfristige Trocken- oder Regenperioden stärker und dadurch die Jahreskurven des osmotischen Wertes wesentlich unruhiger. Als Beispiel seien einige von MAYER (1953) gemessene Jahresgänge des osmotischen Wertes von Pflanzen eines trocken-warmen Standortes am Frauenstein bei Mödling (16 km von Wien) angeführt (Abb. 44).

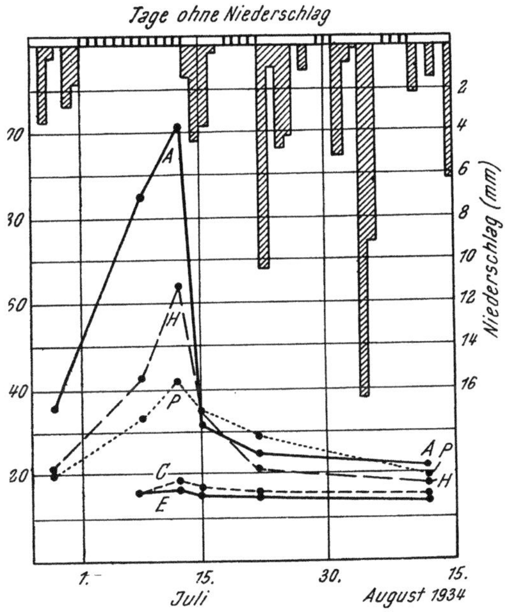

Abb. 45

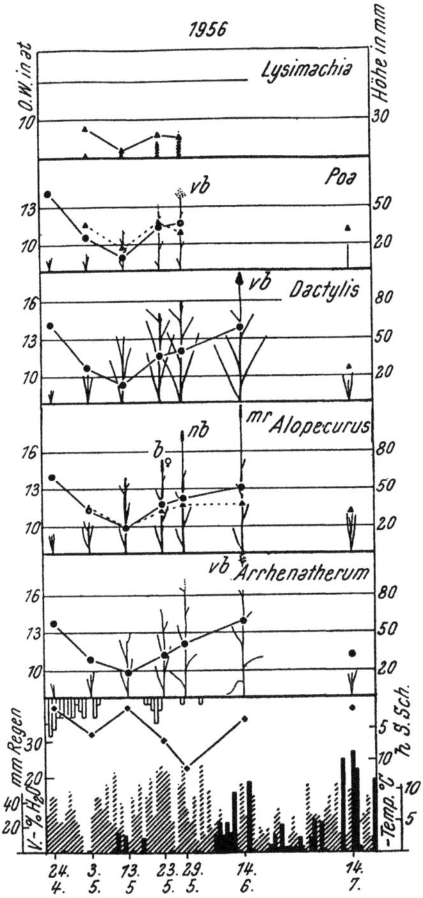

Abb. 46

Abb. 45. Verlauf der osmotischen Werte bei Pflanzen mit großen und kleinen Schwankungen. Euryhydre Arten: *Aster linosyris* (*A*), *Hippocrepis* (*H*), *Pulsatilla* (*P*). Stenohydre Arten: *Centaurea scabiosa* (*C*), *Eryngium* (*E*). (Nach O. H. VOLK 1936.)

Abb. 46. Jahresgang der osmotischen Werte einiger Wiesenpflanzen. *vb* = Vollblüte, ♀*b* = weibliche Blüte *nb* = nach Blüte, Staubbeutel braun, *mr* = Milchreife, ▲ sterile Sprosse, ● fertile Sprosse, ▨ Stunden Sonnenscheindauer (h S. Sch.), ▮ mm Niederschlag, ◆ Bodenwassergehalt in Vol.%, [] °C Temperatur unter 0° C (gemessen 5 cm über dem Boden). (Nach G. EGER 1958.)

Eine Zusammenstellung der Zeitpunkte, an denen die höchsten und die tiefsten Werte gefunden wurden (Tab. 37), zeigt, daß die Höchstwerte dieser xerothermen Pflanzen häufig in die heißen und trockenen Sommermonate fallen. Das Ausmaß der maximalen Schwankungen, in Prozenten der tiefsten Werte ausgedrückt, übersteigt um ein Vielfaches die an Blütenpflanzen beobachteten Tagesschwankungen (vgl. Tab. 34). Die der Arbeit von Mayer angefügten ausführlichen Tabellen, aus denen auch die Niederschlagsverhältnisse zum Zeitpunkt der Messungen hervorgehen, zeigen, daß den Höchstwerten meist heiße, trockene Tage, den Tiefstwerten aber kühle, regnerische vorangegangen waren. Die bei den verschiedenen Pflanzen häufig zu verschiedenen Zeiten auftretenden Maxima und Minima weisen aber auch auf ein im einzelnen unterschiedliches Verhalten und Reaktionsvermögen der untersuchten Pflanzen hin.

Besonders anschaulich wird dieses verschiedene Verhalten einzelner Pflanzen in einer Darstellung von Volk (1936) gezeigt, in der neben den Kurven der osmotischen Werte auch die Niederschlagsmengen und Schönwettertage eingetragen sind (Abb. 45). Volk stellt (wie Walter 1931) den „euryhydren" Arten mit großen Schwankungen des osmotischen Wertes „stenohydre" Arten mit geringen Veränderungen des osmotischen Wertes bei Änderung der Bodenfeuchtigkeit gegenüber. Volk empfiehlt, von den stenohydren Pflanzen jene als „parastenohydre" Arten abzutrennen, die sehr tief in dauernd wasserreichen Schichten wurzeln und daher bei trockener Witterung nur ein sehr großes „osmotisches Beharrungsvermögen" vortäuschen.

Jahresgänge der osmotischen Werte von *Lysimachia* und einigen Gräsern einer Mähwiese in einer Talaue südlich Göttingen wurden von Eger (1958) gemessen. Die bei allen Versuchspflanzen zu beobachtende Abnahme des osmotischen Wertes gegen Mitte Mai wird in erster Linie auf erhöhte Feuchtigkeit durch Berieselung und Regen zurückgeführt. Als Ursache der erhöhten Werte in den im Frühjahr austreibenden Sprossen wird die vorangegangene Winterkälte angenommen (Abb. 46). Die Werte wurden kryoskopisch an Preßsäften bestimmt (nach Walter 1931).

c) Schwankungen bei Feucht- und Trockenkultur

Aus den Beobachtungen über Änderungen des osmotischen Wertes im Freiland ging hervor, daß dieser bei den meisten Pflanzen mit zunehmender Bodentrockenheit ansteigt. Besonders offensichtlich wird dies aber, wenn die Messungen an Pflanzen vorgenommen werden, die im Versuch unter sonst gleichen Außenbedingungen nebeneinander bei verschiedener Bodenfeuchtigkeit herangezogen wurden.

Die ersten überzeugenden Versuche stammen schon von Pringsheim (1906), der mit grenzplasmolytischer Methode die osmotischen Werte in Stengel- und Blattepidermen verschiedener Pflanzen bestimmte, die in Blumentöpfen feucht und trocken kultiviert worden waren. In allen Fällen wiesen die Trockenpflanzen die höheren Werte auf.

Iljin (1929 b) zog Gerste und Weizen in Gefäßkulturen bei verschiedener, definierter Bodenfeuchtigkeit (Tab. 38) und konnte gleichfalls mit der Abnahme der Bodenfeuchtigkeit ein Ansteigen der osmotischen Werte beobachten (plasmometrisch gemessen).

Whiteside (1941) fand in zwei Weizensorten einen Anstieg des osmotischen Wertes von 16 Atm. im gut bewässerten, auf 23 Atm. im unbewässerten Zustand und auch Bartel (1947) stellte auf trockenem Boden an vier dürreresistenten Weizensorten höhere Werte fest als bei guter Wasserversorgung. Die höchsten osmotischen Werte zeigte die dürreresistenteste Sorte. Knodel (1939) maß an Blättern von Haferpflanzen bei 70% Bodenwassergehalt osmotische Werte von 7,20 Atm. und bei 30% Bodenwassergehalt solche von 10,23 Atm.

Tab. 38. *Abhängigkeit des osmotischen Wertes in Blattepidermen von Gerste und Weizen vom Bodenwassergehalt* (nach W. S. Iljin 1929 b).

Bodenfeuchtigkeit	Osmotischer Wert mol Saccharose	
	Gerste	Weizen
32 %	0,440	0,200
27 %	0,490	0,390
22 %	0,588	0,630
19 %	0,644	0,784

Ähnliche Beobachtungen liegen auch für andere Pflanzen vor. Schmidt (1939) sah bei im Freiland und in Gefäßkulturen trocken und feucht gezogenem *Lamium maculatum* stets die osmotischen Werte der Trockenkulturen erhöht. Gleiches beobachtete Simonis (1952) bei Feucht- und Trockenkultur von *Vicia faba, Rorippa nasturtium aquaticum* und *Trifolium incarnatum.* Repp

Tab. 39. *Abhängigkeit des osmotischen Wertes in Blattstiel-Epidermiszellen einiger Kulturpflanzen vom Bodenwassergehalt* (nach G. Repp 1941, 1942, 1943).

Pflanze	Osmotischer Wert in vol.mol Glukose bei verschiedenem Bodenwassergehalt (%)						
	100%	80%	70%	60%	50%	40%	30%
Pisum sativum	1,0	1,1	—	1,25	—	1,4	1,4
Phaseolus multiflorus	0,8	0,85	—	0,90	—	0,9	—
Fagopyrum vulgare	0,55	0,7	—	0,85	0,9	0,7	—
Soja hispida	0,45	—	0,50	—	—	—	0,9

(1941, 1942, 1943) untersuchte verschiedene landwirtschaftliche Kulturpflanzen. Die in Tab. 39 wiedergegebenen Werte zeigen, daß sich die einzelnen Pflanzen bei zunehmender Bodentrockenheit verschieden verhalten. Sowohl Höhe des osmotischen Wertes wie Steigerungsfähigkeit sind verschieden.

Bei *Phaseolus* findet sich ein geringes, bei *Fagopyrum, Pisum* und besonders bei *Soja* ein starkes Ansprechen des grenzplasmolytisch gemessenen osmotischen Grundwertes auf die Abnahme des Wassergehaltes im Boden. Repp sieht in der Steigerungsfähigkeit des osmotischen Wertes und damit der osmotischen Anpassung an die höhere Bodensaugkraft einen wesentlichen Faktor der Dürreresistenz. *Fagopyrum,* dessen osmotischer Wert bei Zunahme der Bodentrockenheit von 50 auf 40% Bodenwassergehalt wiederum von 0,9 auf 0,7 mol Glukose abnimmt, wäre demnach eine Pflanze, die verhältnismäßig früh den Kampf um das Wasser aufgibt. Dies spiegelt sich auch äußerlich darin wieder, daß der Buchweizen bei diesen Trockenheitsgraden vor den anderen Pflanzen abstirbt. *Soja* ist hingegen eine osmotisch sehr anpassungsfähige und lebhaft reagierende Pflanze, die bei Dürre im Vergleich zu anderen Kulturpflanzen sehr beträchtliche osmotische Kräfte entwickeln kann. Dies wird ihr allerdings nur in gut wasserleitenden Böden von Nutzen sein (REPP 1943).

Über die unterschiedliche Fähigkeit verschiedener Kulturpflanzen, unter den extremen Bedingungen der Oase Beni Unif in der algerischen Sahara ihre Wurzelsaugkraft gegenüber den Saugkräften des austrocknenden Bodens positiv aufrechtzuerhalten oder nicht (REPP und KILLIAN 1956), wurde schon früher (s. S. 109) berichtet.

d) Der Schwankungsbereich. Osmotische Spektra

Unter Verarbeitung eines ungeheuren Materials stellte WALTER (1951, 1960) für Pflanzengesellschaften verschieden feuchter Standorte aus verschiedenen Klimagebieten der Erde „osmotische Spektra" zusammen. Sie ergeben einerseits einen raschen Überblick über die Hydraturverhältnisse der verschiedenen ökologischen Gruppen (durch gestrichelte Rechtecke umrahmt) und lassen andrerseits auch die sich aus zahlreichen Messungen unter den verschiedensten Witterungsbedingungen und zu verschiedenen Jahreszeiten ergebende osmotische Variationsbreite der einzelnen Arten ablesen. Die Lage des Optimalbereiches des osmotischen Wertes ist durch einen oder zwei Querstriche angegeben. Liegen nur einzelne Messungen vor, so sind sie durch ein + angedeutet. Bei höheren Winterwerten sind die Linien gestrichelt weitergeführt. Sofern sich die Bereiche nicht überschneiden, sind in einer Vertikalen auch mehrere Arten eingetragen. Die Zahlen am unteren Ende der einzelnen Linien sind Hinweise auf die Artenliste, solche am oberen Ende geben die beobachteten maximalen osmotischen Werte an. Die Bestimmungen erfolgen kryoskopisch.

Im folgenden sei als ein Beispiel dieser WALTERschen osmotischen Spektra jenes für mitteleuropäische Wasserpflanzen, Niederungsmoorpflanzen, Wiesenpflanzen, Steppenheidepflanzen, Geophyten und Vertreter der Sandflora wiedergegeben (Abb. 47).

Artenliste zu Abb. 47:

Wasser- und Sumpfpflanzen (14 Arten): 1. *Helodea canadensis*, 2. *Nymphaea alba, Hippuris vulgaris, Batrachium divar., Potamogeton gram., Myriophyllum spec.*, 3. *Nuphar lut.*, 4. *Trapa natans*, 5. *Rumex hydrolap.* und *Limnanthemum nymph.* 6. *Alisma plantago*, 7. *Scirpus lacustris*, 8. *Polygonum amphibium*, 9. *Typha angustifolia*.

Niederungsmoorpflanzen (28 Arten): 1. *Polygonum amphibium*, 2. *Symphytum offic.* und *Iris pseudac.*, 3. *Myosotis pal.*, *Stachys pal.* und *Veronica becc.*, 4. *Sium latif.*, *Veronica anag.* und *Menyanthes trif.*, 5. *Viola pal.* und *Comarum pal.*, 6. *Epilobium hirs.*, *Bidens trip.* und *Mentha silv.*, 7. *Caltha pal.*, 8. *Mentha aqu.*, *Solanum dulc.* und *Filipendula ulm.*, 9. *Lythrum salic.* und *Cladium mar.*, 10. *Holoschoenus vulg.*, *Lysimachia vulg.* und *Senecio palud.*, 11. *Lycopus europ.*,

Carex acutif. und *C. rostr.*, 12. *Carex stricta*, 13. *Galega off.* und *Phalaris arund.*, 14. *Glyceria aqu.* und *Phragmites comm.*

Wiesenpflanzen (11 Arten): 1. *Polygonum bist.*, 2. *Taraxacum offic.*, 3. *Galium mollugo* und *Campanula rotund.*, 4. *Achillea millef.*, 5. *Tragopogon prat.*, 6. *Melandrium alb.* und *Poa prat.*, 7. *Zynodon dact.* und *Lolium per.*

Steppenheide (61 Arten): 1. *Festuca ovina*, 2. *Brachypodium pinnatum*, 3. *Sesleria coerulea*, 4. *Festuca sulc.*, 5. *Stipa*-Arten, 6. *Carex humilis*, 7. *Chrysopogon gryllus*, 8. *Geranium sang.*, 9. *Asperula cynanch.*, 10. *Euphorbia cypar.*,

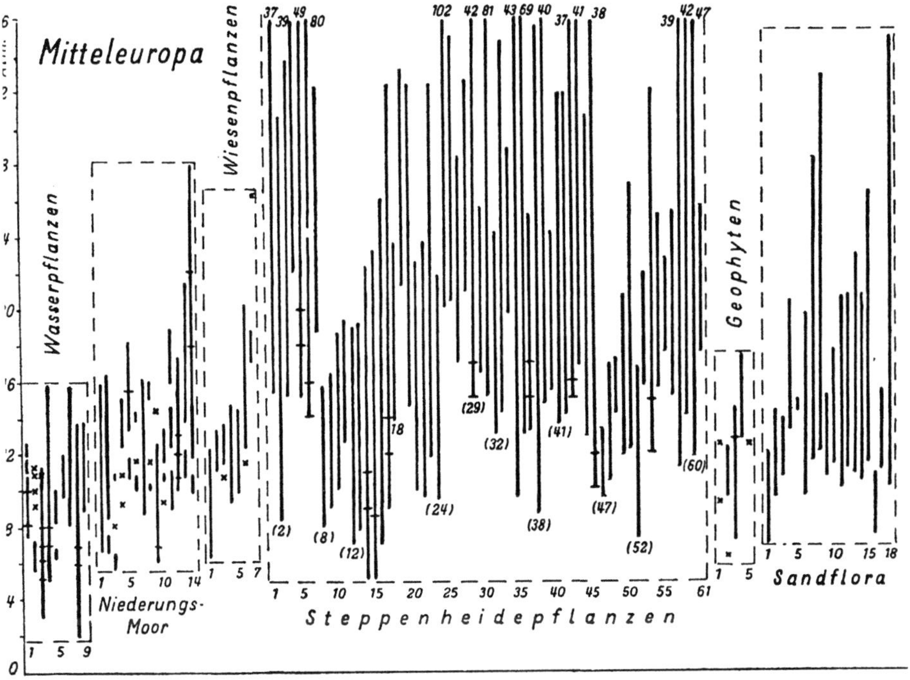

Abb. 47. Osmotisches Spektrum mitteleuropäischer Pflanzen. (Nach H. WALTER 1951, 1960.)

11. *Galium verum*, 12. *Centaurea scab.*, 13. *Scabiosa columb.*, 14. *Thymus spec.*, 15. *Brunella grandifl.*, 16. *Origanum vulg.*, 17. *Teucrium chamaedr.*, 18. *Teucrium mont.*, 19. *Globularia willk.*, 20. *Stachys recta*, 21. *Leontodon incan.*, 22. *Buphthalmum salic.*, 23. *Inula conyza*, 24. *Aster amellus*, 25. *Aster linosyris*, 26. *Hieracium pilosella*, 27. *Thalictrum minus*, 28. *Adonis vern.*, 29. *Anemone pulsatilla*, 30. *Potentilla verna*, 31. *Potentilla arenaria*, 32. *Vicia gerardi*, 33. *Oxytropis pil.*, 34. *Dorycnium germ.*, 35. *Coronilla varia*, 36. *Hippocrepis com.*, 37. *Helianthemum polifol.*, 38. *Helianthemum chamaecyst.*, 39. *Helianthemum marifol.*, 40. *Laserpitium siler*, 41. *Peucedanum cerv.*, 42. *Libanotis montana*, 43. *Bupleurum falc.*, 44. *Euphrasia lutea*, 45. *Cynanchum vincetox.*, 46. *Asperula glauca*, 47. *Lactuca perennis*, 48. *Cirsium acaule*, 49. *Eryngium camp.*, 50. *Onobrychis aren.*, 51. *Paronychia cephalotis*, 52. *Genista tinct.*, 53. *Rosa spinosiss.*, 54. *Cotoneaster integerrima*, 55. *Rhamnus pum.*, 56. *Prunus spinosa*, 57. *Berberis vulg.*, 58. *Cornus sang.*, 59. *Ligustrum vulg.*, 60. *Viburnum lant.*, 61. *Cotinus coccygria.*

Geophyten der Steppenheide (7 Arten): 1. *Muscari racem.* und *Iris pumila*, 2. *Allium mont.* und *Scilla autumn.*, 3. *Anthericum ramos.*, 4. *Anthericum liliago*, 5. *Vinca herbacea.*

Sandflora mit Steppenheidecharakter (18 Arten): 1. *Saxifraga tridact.*, 2. *Cerastium semidec.*, 3. *Holosteum umbell.*, 4. *Veronica praecox*, 5. *Poa bulbosa*, 6. *Bromus tect.*, 7. *Weingaertneria can.*, 8. *Koeleria glauca*, 9. *Jurinea cyanoides*, 10. *Helichrysum aren.*, 11. *Silene otites*, 12. *Euphorbia seguieriana*, 13. *Alyssum aren.*, 14. *Artemisia camp.*, 15. *Fumana procumbens*, 16. *Corispermum marsch.*, 17. *Salsola kali*, 18. *Kochia arenaria*.

Walter (1951, 1960) bringt in zwei weiteren Darstellungen die osmotischen Spektra von anderen mitteleuropäischen Pflanzen (Sukkulenten, Laubbäume und Sträucher, Kräuter feuchter und trockener Wälder, Nadelhölzer und Zwergsträucher; Hochmoorpflanzen, alpine Arten, Unkräuter und Kulturpflanzen), ferner die osmotischen Spektra von Steppenpflanzen in Anatolien und von Mittelmeerpflanzen, von Pflanzen aus der Arizona-Wüste, der Prärie und den Rocky Mountains in Nordamerika.

e) Die stofflichen Grundlagen der Änderungen des osmotischen Wertes

Die stofflichen Grundlagen des osmotischen Wertes wurden erstmals von de Vries (1884) untersucht, wobei er feststellen konnte, daß Zucker, organische Säuren und organische und anorganische Salze die wichtigsten osmotisch wirksamen Lösungsbestandteile des Zellsaftes bilden. Die von ihm gegebenen Analysenwerte waren lange Zeit die einzig bekannten. Erst verhältnismäßig spät wurden sie durch neue Zellsaftanalysen bestätigt und ergänzt [Iljin 1932, Pittius 1934, Fuchs 1935, Knodel 1938, Steiner 1933, 1939 (Sammelreferat), Takada und Nagai 1953].

Der osmotische Wert einer Zelle kann zunehmen durch Wasserverlust oder durch Neubildung osmotisch wirksamer Substanz, er kann abnehmen durch Wasseraufnahme oder durch Verschwinden osmotisch wirksamer Stoffe. Die Konzentrationsänderungen können also rein „passiv" durch Schwankungen des Wassergehaltes oder „aktiv" durch Veränderung der gelösten Stoffmenge zustande kommen. Letzteres kann geschehen durch assimilatorische Neubildung oder durch Verbrauch osmotisch wirksamer Stoffe, durch Umwandlung unlöslicher Kohlehydrate in gelöste, sonstige chemische Veränderungen oder auch durch Neuaufnahme von Salzen aus dem Boden.

An der bei ansteigender Bodentrockenheit zu beobachtenden Zunahme des osmotischen Wertes können die genannten Faktoren in verschiedenem Ausmaß beteiligt sein. Kommt dem im Zellsaft steigenden oder sinkenden Wassergehalt die Hauptrolle zu, so muß das Produkt aus kryoskopisch bestimmtem osmotischen Wert $\times$ Wassergehalt annähernd gleich bleiben. In diesem Fall läßt sich der Anstieg der Zellsaftkonzentration durch den Wasserverlust hinreichend erklären. Dies wurde auch im Verlauf natürlicher Trockenperioden oder in Austrocknungsversuchen mehrfach festgestellt (Cartellieri 1935, Volk 1938, Pisek und Cartellieri 1931, 1932, 1933, 1939 u. a.).

Tab. 40 gibt einige Werte von Pisek und Cartellieri (1939), die an verschiedenen Bäumen und Sträuchern während extrem trockener Junitage gemessen wurden. Bei jeder Pflanze war der kryoskopisch bestimmte Wert im wassergesättigten Zustand am niedrigsten und stieg am Standort von

6^h früh bis zur zweiten Messung um 3^h nachmittags deutlich an, während der Wassergehalt abnahm.

Bei *Corylus* und *Larix* (gleich auch bei *Viburnum lantana*) reicht die bloße Eindickung des Zellsaftes durch Wasserverlust aus, um den Anstieg des osmotischen Wertes zu erklären. Das Produkt aus Wassergehalt × kryoskopisch gemessenem osmotischen Wert hat sich nicht geändert.

Bei *Hippophaë*, *Betula* und *Pinus* (gleich auch bei *Lonicera xylosteum*, *Tilia cordifolia* und *Sorbus aria*) ist hingegen das Produkt aus Wassergehalt

Tab. 40. *Beziehung zwischen osmotischem Wert und Wassergehalt.* 1 = osmot. Wert in Atm., 2 = Wassergehalt in Prozenten des Trockengewichts, 3 = osmot. Wert × Wassergehalt (nach A. Pisek und E. Cartellieri 1939).

Pflanze		Wassergesättigt	6^h	15^h
Corylus avellana	1	12,1	14,6	16,5
	2	191	175	146
	3	241	255	241
Larix decidua	1	16,6	18,1	20,3
	2	203	184	166
	3	338	333	337
Fagus silvatica	1	15,5	14,8	16,0
	2	116	118	107
	3	180	175	171
Hippophaë rhamnoides	1	11,2	12,2	15,0
	2	217	202	179
	3	243	246	269
Betula verrucosa	1	13,0	15,7	17,4
	2	195	172	160
	3	253	270	278
Pinus silvestris	1	12,5	14,7	17,1
	2	266	235	211
	3	332	345	361

× osmotischem Wert gestiegen. Es muß somit zu einer Vermehrung der osmotisch wirksamen Substanzen im Zellsaft gekommen sein.

Ein dritter Typus ist durch *Fagus* angedeutet, wo der osmotische Wert kleiner geworden ist. Ähnliche Fälle beschreibt auch Müller-Stoll (1935). Es scheint hier bei zunehmender Trockenheit ein verstärkter Stoffabbau einzutreten.

In allen Fällen, in denen die Erhöhung des osmotischen Wertes nur auf Wasserverlust zurückzuführen ist, müßte der plasmolytisch bestimmte Grundwert unverändert bleiben. Maximow (1916, zit. nach Walter 1931) konnte mit der Kapillarmethode von Badger in verschiedenen Blättern am Nachmittag höhere osmotische Werte feststellen als am Vormittag. Die grenzplasmolytischen Werte waren aber zu beiden Zeiten gleich geblieben (Tab. 41).

Bei einige Tage andauernder Trockenheit werden allerdings von fast allen Autoren mit abnehmendem Bodenwassergehalt auch zunehmende grenzplasmolytische Werte angegeben, und zwar nicht nur in den besonders häufig untersuchten Epidermiszellen, sondern auch in den Zellen des Assimilationsgewebes (BECK 1929).

Eine Zunahme des Zuckergehaltes im Zellsaft bei zunehmender Trockenheit wurde im Freiland und im Versuch schon oft nachgewiesen

Tab. 41. *Tagesschwankungen des osmotischen Wertes des Preßsaftes und des grenzplasmolytisch bestimmten osmotischen Grundwertes* (nach N. A. MAXIMOW 1916, aus WALTER 1931).

Datum	Pflanze	Osmotischer Wert in Atm.			
		nach BADGER		grenzplasmolytisch	
		9h	13h	9h	13h
5. Juni	*Robinia pseudacacia*	14,6	16,8	17,8	17,8
22. Juni	*Ailanthus glandulosus* ..	15,2	17,8	16,2	16,2
28. Juni	*Syringa vulgaris*	23,7	25,6	25,1	25,1
29. Juni	*Chenopodium urbicum* ..	27,0	29,2	29,2	29,2
1. Juli	*Prunus armenica*	20,8	23,7	20,8	20,8
18. Juli	*Celtis*	27,9	31,7	29,2	29,2
18. Juli	*Morus alba*	13,7	17,8	16,2	16,2

(ROSA 1921, ILJIN 1927, 1929 b, VASSILIEV und VASSILIEV 1936, CLEMENTS 1937, MILLER 1939, JULANDER 1945 u. a.). Tab. 42 gibt einige Werte, wie sie ILJIN (1929 c) für gleiche Pflanzenarten an verschieden feuchten Standorten bestimmt hat.

Tab. 42. *Zuckergehalt im Zellsaft und Standortfeuchtigkeit* (nach ILJIN 1929 c).

Pflanze	Standort	Zuckermenge in 100 ccm des Zellsaftes	Verhältnis
Rumex acetosa	feuchte Wiese	0,81 g	100
	Sandhügel	1,37 g	169
Rumex acetosella	feuchte Wiese	0,69 g	100
	trockene Wiese	1,04 g	151
	Sandhügel	3,53 g	512
Veronica officinalis	Wald	2,68 g	100
	Sandhügel	3,08 g	115

Die Pflanzen an den trockenen Standorten zeigten stets den höheren Zuckergehalt. Ähnliche Unterschiede fanden sich auch an *Hedera helix*, *Quercus ilex* u. a.

Die Erhöhung des Zuckergehaltes kann auf eine verstärkte photosynthetische Tätigkeit oder aber auf eine Umbildung unlöslicher Kohlehydrate in lösliche zurückzuführen sein. Für die Umwandlung von Stärke in Zucker bei Trockenheit bzw. beim Welken liegt eine große Anzahl von Beobachtungen vor (LUNDEGÅRDH 1914, NEGER 1915, MOLISCH 1921, HORN 1923, AHRNS 1924, ILJIN 1927, HENRICI 1945). „An der in welkenden Blättern durch Stärkehydrolyse beobachteten Zuckerzunahme beteiligen sich nur Rohrzucker und Hexosen. Die Zunahme des Gesamtzuckers entspricht bis auf einen kleinen

Verlust, der durch die Atmung verursacht ist, der Abnahme des Stärkegehaltes" (AHRNS 1924).

Ein Beispiel besonderer Art für die Änderung des osmotischen Wertes durch enzymatische Umwandlung von Stärke in Zucker und umgekehrt bieten die Schließzellen, deren dadurch bedingten osmotischen Volumsschwankungen zum Öffnen und Schließen der Stomata führen (MOHL 1856, SCHWENDENER 1881, LEITGEB 1886, STAHL 1894, LLOYD 1908, ILJIN 1915).

Die Schließzellen der bei Dunkelheit und Wassermangel geschlossenen Stomata enthalten Stärke. Im Licht und bei hinreichender Feuchtigkeit wird durch Enzymtätigkeit die Stärke in Zucker umgewandelt. Der osmotische Wert der Schließzellen steigt, Wasser wird aufgenommen und die dadurch bedingte Volumsvergrößerung der Schließzellen führt infolge ihres besonderen anatomischen Baues zu einer Öffnung der Spalten. Bei Dunkelheit und Wassermangel vollzieht sich der umgekehrte Vorgang und die Spalten schließen sich.

Wenn die Blätter wassergesättigt sind, ist die Öffnung der Stomata weitgehend proportional der Lichtintensität (STÅLFELT 1955), doch kann auch zu starkes Licht bei gewissen Pflanzen, wie z. B. beim Kaffee (*Coffea arabica*) zu einem Schließen der Spaltöffnungen führen (NUTMAN 1953). Im allgemeinen bedingt ein Wasserverlust von etwa 10% des Frischwassergehaltes ein Schließen der Stomata (PISEK und BERGER 1938, PISEK und WINKLER 1953). Bei anderen Arten, wie etwa *Vicia* oder *Chrysanthemum*, schließen sich die Stomata schon bei einem Wasserverlust von 3 bis 5%. Schattenblätter sind meist empfindlicher als Sonnenblätter.

Das Anlaufen der enzymatischen Vorgänge in den Schließzellen, die zum Öffnen oder Schließen führen, benötigt eine gewisse Zeit. Werden Pflanzen mit weit offenen Stomata plötzlich aus feuchter Atmosphäre in trockene Luft gebracht, so können die Pflanzen schon nach 3—5 Minuten welk sein und doch sind die Spaltöffnungen noch vollkommen offen. Bis es unter diesen Umständen zu einem Verschluß der Stomata kommt, kann der Wasserverlust bereits 30—40% betragen (WILLIAMS und BARRET 1954).

Eine kurze Zusammenfassung der Physiologie der Schließzellen und der Wirkung der Trockenheit auf sie gab in letzter Zeit ILJIN (1957), wobei er besonders auf seine eigenen diesbezüglichen Arbeiten zurückgreift (ILJIN 1915, 1922 a, b, 1923 a, 1932 b). STÅLFELT (1956 b) gibt in RUHLANDS Handbuch der Pflanzenphysiologie eine umfassende Darstellung der Ergebnisse der gesamten ökologischen Stomataforschung.

Aus den vorliegenden Zellsaftanalysen geht hervor, daß die Konzentration des Gesamtzuckers meist bei weitem nicht an den osmotischen Wert des Zellsaftes heranreicht und daß auch noch verschiedene andere Verbindungen wesentlichen Anteil haben. Nach KNODEL (1938) können 25—70% des osmotischen Wertes auf Salze im Zellsaft entfallen. Auch eine Änderung dieses Anteils kann daher zu einer Veränderung des osmotischen Wertes führen.

ILJIN (1940, 1943) konnte z. B. an „physiologisch kalziophilen" Pflanzen, wie *Globularia cordifolia, Pulsatilla grandis* oder *Scorzonera austriaca* zeigen, daß vom Juni zum August die Kalziumkonzentration im Zellsaft um 100—300% zunimmt. Wenn zur Zeit der Steigerung des osmotischen Wertes Zucker zu organischen Säuren umgewandelt wird, wird das vorher in unlöslicher Form gespeicherte Kalzium mobilisiert, an Säuren, zumal Apfelsäure, gebunden und das entstehende Malat bildet einen osmotisch wirksamen Zellsaftstoff.

Über Erhöhung des osmotischen Wertes durch Aufnahme von Salzen aus der Bodenlösung und Anreicherung im Zellsaft, wie dies auf Böden mit leicht löslichen Salzen häufig zu beobachten ist, soll im Zusammenhang mit der Salzresistenz später gesprochen werden.

f) Osmotischer Wert und Trockenresistenz

Eine Abhängigkeit der Höhe des osmotischen Wertes von der Wasserversorgung ist offensichtlich. Das Ausmaß der durch gute oder schlechte Bewässerung erreichbaren Schwankungen des osmotischen Wertes ist jedoch für die einzelnen Pflanzen verschieden. Die Spanne zwischen optimalem und bei Trockenheit maximal erreichbarem osmotischen Wert ist bei Sumpf- und Schattenpflanzen kleiner als im allgemeinen bei Pflanzen trockener Standorte. Zunehmende Bodentrockenheit bedingt bei diesen meist ein sehr starkes Ansteigen des osmotischen Wertes und dieses mag für viele Pflanzen durch die damit verbundene Erhöhung der Saugkraft eine Erleichterung der Wasserversorgung mit sich bringen. Es ist dies aber keineswegs allgemeine Voraussetzung einer hohen Dürreresistenz.

So zeigt der Vergleich dürreresistenter und dürreempfindlicher Sorten gleicher Art, daß der osmotische Wert der dürreresistenten Sorten (kryoskopisch und plasmolytisch bestimmt) bei zunehmender Bodentrockenheit zwar häufig (Gerste, Weizen, Hafer), aber nicht immer (Zuckerrübe) schneller und höher ansteigt (Schmidt, Diwald, Stocker 1940). Binz (1939) konnte sogar an den von ihr untersuchten xero- und hygrophytischen Sorten von Hafer, Weizen und Gerste keine gesicherten Unterschiede in den Anstiegskurven der osmotischen Werte bei abnehmendem Bodenwassergehalt feststellen.

Ähnliche Beispiele lassen sich unter den Moosen finden. Wenn auch im allgemeinen jene Moose, die an extrem trockenen und sonnigen Standorten vorkommen, höhere Werte als die der Wälder und diese wieder höhere Werte als hygrophytische Moose aufweisen (Will-Richter 1949, Ochi 1952 a, b, c), so gibt es auch unter ihnen eine große Zahl von Ausnahmen. Innerhalb der Gattung *Bryum* fand Abel (1956) sehr unterschiedliches Trockenresistenzverhalten. Der osmotische Wert lag aber bei allen Arten ähnlich, oft etwa bei 0,25 mol KCl, und unter den *Mniaceen* zeigte der Hygrophyt *Mnium cinclidioides* einen höheren osmotischen Wert als *Mnium spinosum* und *Mnium undulatum,* die beide wesentlich trockenresistenter sind.

Jedenfalls hat keine der Beziehungen, die man zwischen der Höhe des osmotischen Wertes und der Fähigkeit Standorttrockenheit zu ertragen (Dürreresistenz) aufgestellt hat, allgemeine Gültigkeit, wenn sie auch für viele Fälle zutreffen mögen.

So sah Fitting (1911) die Bedeutung des osmotischen Wertes bei Wassermangel in einer Erhöhung der Saugkraft. Maximow (1929 a) dachte dem gegenüber, daß eine Anhäufung osmotisch wirksamer Substanz das Plasma vor Koagulation und Austrocknung schütze und das Welken trotz ansteigendem Wasserdefizit hinauszögere. Auch mit einer Herabsetzung der Kutikulartranspiration wurde der erhöhte osmotische Wert in Zusammenhang gebracht (BOON-LONG 1941, PARKER 1956).

Ähnlich liegt auch das Verhältnis zwischen Höhe des osmotischen Wertes und Austrocknungsresistenz des Protoplasmas. ILJIN (1930) stellte zwar in seinen Austrocknungsversuchen mit Gewebeschnitten verschiedener Blütenpflanzen fest, daß Zellen bei gleicher Größe, Form, gleichmäßiger Zusammensetzung des Zellsaftes und gleicher Protoplasmamenge austrocknungsfähiger sind, wenn sie einen hohen osmotischen Wert besitzen. Im Verlauf der Untersuchung austrocknungsresistenter poikilohydrer Farne (1931) kam er aber zu dem Schluß, daß die Höhe des osmotischen Wertes für die Austrocknungsresistenz ihre Bedeutung verliert, wenn die relative Luftfeuchtigkeit unter 85% sinkt, da der Zellsaft in diesem Fall bei den meisten Pflanzen erstarrt und die Größe der Vakuole ihr Minimum erreicht. HÖFLER (1943) spricht diesen Gedanken für die Austrocknungsresistenz von Lebermoosen ausführlicher aus: „Der osmotische Wert der frischen Zelle liege um 0,7 mol Rohrzucker oder 20 Atmosphären. Im Gleichgewicht stünde bei 20° C eine Luft von 98,5% relativer Feuchtigkeit. Der Dampfspannung in der Austrocknungskammer über 35% Schwefelsäure entspricht eine r. L. F. von 66%, d. h. ein 23mal größeres Sättigungsdefizit. Der Zellsaft muß also auf das Vielfache eingedickt sein, d. h. er wird praktisch fast ganz eintrocknen, die Vakuolen müssen ausfallen, ohne daß das Leben des Protoplasten dadurch gefährdet ist. Die Zellsaftstoffe müssen sich beim Wiederanfeuchten restlos wieder lösen, denn der osmotische Wert der Zelle, plasmolytisch bestimmt, ist nachher so hoch wie vorher. Die Luft in der nächst trockeneren Kammer tötet die gleichen Zellen, wobei sie aber sicher den ausgefällten Vakuoleninhalt nur mehr wenig ändern."

Für Fälle so weitgehender Austrocknung darf daher wohl verallgemeinert werden: Maßgebend für die Austrocknungsfähigkeit ist die unmittelbare Wirkung der niederen Dampfspannung auf das Zytoplasma, unabhängig von der bei der Austrocknungsgrenze erreichten Höhe des osmotischen Wertes.

Zweiter Teil

Die Temperatur

Methoden

Die Methodik der Untersuchungen von Temperaturwirkungen auf die pflanzliche Zelle hat sich mit zwei Aufgaben zu befassen: 1. mit der Messung der Temperatur im Pflanzenkörper und 2. mit den experimentellen Bedingungen des Temperaturresistenzversuches.

Die Ermittlung der Temperatur eines Pflanzenorganes kann nach verschiedenen Prinzipien erfolgen (NUERNBERGK 1932, HUBER 1935,

1956), von denen in der Ökologie drei praktische Bedeutung haben: 1. die Temperaturmessung mittels Quecksilber- oder Alkoholthermometer, 2. die Temperaturmessung mittels Thermoelementen und 3. die mit Widerstandsthermometern.

Die vor allem von den älteren Autoren (ASKENASY 1875, STAHL 1883, HARTIG 1900, PASSERINI 1901, URSPRUNG 1903, PEARSON 1914, ZSCHOKKE 1931 u. a.) verwendete Methode der Temperaturmessung mit kleinen Quecksilberthermometern ist im wesentlichen beschränkt auf dicke Pflanzenorgane, wie Sukkulentensprosse und -blätter, Baumstämme und -äste oder fleischige Früchte, in die die Thermometer direkt eingeführt werden können. Temperaturmessungen von dünnen Blättern, die um den Quecksilberteil des Thermometers gelegt wurden, dürften demgegenüber wohl nur als orientierend angesehen werden. Hingegen sind Quecksilberthermometer auch zur Messung der Temperatur dicker Algenwatten (MOLISCH 1931) oder von Algen, die, um den Bulbus des Thermometers gewickelt, eine Austrocknung an Luft ertragen (BIEBL 1939), recht gut geeignet.

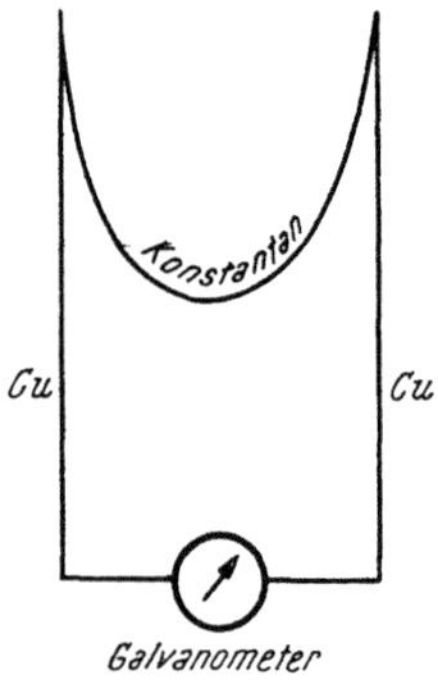

Abb. 48. Einfaches Kupfer-Konstantan-Thermoelement.

Bedeutend vielseitiger verwendbar und exakter sind die heute fast ausschließlich zur Messung von Pflanzentemperaturen herangezogenen Thermoelemente (ausführlich beschrieben bei WASER 1930, NUERNBERCK 1932, HUBER 1935, ROUSCHAL 1937). Die thermoelektrische Messung (Abb. 48) beruht auf der Erscheinung, daß zwischen den Kontaktstellen zweier an ihren Enden verlöteter Drähte aus verschiedenem Metall eine elektrische Spannung entsteht, die durch Zwischenschaltung eines Galvanometers als Thermostrom gemessen werden kann. Da die Höhe der Spannung über einen ziemlich großen Bereich der Größe der Temperaturdifferenz an den beiden Kontaktstellen (Lötstellen, joints) annähernd proportional ist, kann man diese Temperaturdifferenz am Ausschlag der Galvanometernadel ablesen. Es ist vor Benützung des Thermoelements zur Temperaturmessung nur nötig, die Galvanometerteilstriche zu eichen, was durch Eintauchen der beiden Lötstellen in Wasser von bekannter Temperatur leicht geschehen kann:

$$\frac{\text{Temperaturdifferenz}}{\text{Ausschlag}} = {}^{0}\text{C pro Teilstrich.}$$

Die Größe des Thermostromes ist, abgesehen von der Temperaturdifferenz der beiden Lötstellen, auch von der Art der verwendeten Metalle abhängig. In der physiologischen Meßtechnik benützt man meist Kupfer-Konstantan-Thermoelemente, die pro 1^0 C eine Spannung von 42×10^{-6} Volt besitzen, der bei 10 Ohm Widerstand eine Stromstärke von etwa $0{,}4 \times 10^{-5}$ Ampere entspricht. Das verwendete Galvanometer muß daher eine entsprechend hohe Empfindlichkeit besitzen (etwa $3 . 10^{-7}$ Amp.), um deutliche Ausschläge zu geben.

Da der abgelesene Galvanometerausschlag nur die Temperaturdifferenz zwischen den beiden Lötstellen angibt, muß bei der Messung, die durch Einstechen der einen spitz zugefeilten und bis auf die blanke Spitze durch einen Schellacküberzug isolierten Lötstelle in den interessierenden Pflanzenteil erfolgt, die zweite Lötstelle auf einer konstanten bekannten Temperatur (Grundtemperatur) gehalten werden. Dies kann entweder dadurch geschehen, daß man diese zweite Lötstelle zusammen mit einem Quecksilberthermometer durch die Bohrung des Korkes in eine Thermosflasche mit kaltem Wasser steckt oder daß man — nach einem Vorschlag von HUBER (1937) — diese Lötstelle zusammen mit einem Stabthermometer in ein kleines Dewar-Gefäß einführt und dieses etwa 40 cm tief in den Boden vergräbt. Die Schwankungen der Bodentemperatur überschreiten in dieser Tiefe Mitte Juli z. B. im Elbesandsteingebiet innerhalb von 24 Stunden nicht 1,5—2,0° C (HUBER 1937, vgl. auch BIEBL 1951). Ist diese zweite Möglichkeit für Dauermessungen an einem bestimmten Standort zu empfehlen, so ist für Einzelmessungen an wechselnden Objekten die bewegliche Thermosflasche, die man zur besseren Wärmeisolierung auch noch in ein Kistchen mit Sägespänen einstellen kann, zu bevorzugen. Die gesuchte Temperatur ergibt sich dann aus Galvanometerausschlag × Eichwert für 1 Teilstrich + Grundtemperatur.

Die Herstellung der Thermoelemente aus mit Emaillack isolierten 0,2—0,3 mm starken Kupfer- und Konstantandrähten, die entsprechend Abb. 48 an ihren blank geschabten Enden mit etwas Weichlötmasse zusammengelötet werden, kann leicht selbst durchgeführt werden. Je nach Verwendungszweck kann die Meßlötstelle spitz zugefeilt oder, wenn sie z. B. einem dünnen Blatt flach anliegen soll, platt gehämmert werden (SEYBOLD und BRAMBRING 1933). In älteren Arbeiten hat SEYBOLD (1929, 1930) 50 μ dicke „Thermobleche" aus übereinandergelöteten Kupfer- und Konstantanblechen verwendet, die aber wegen der Schwierigkeit der störungsfreien Verlötung des Bleches mit dem Leitungsdraht wieder aufgegeben wurden. ROUSCHAL (1938 c) empfiehlt zur Messung der Temperatur dünner Laubblätter die fein zugefeilte Meßnadel an der Blattunterseite quer durch die meist etwas emporragende Mittelrippe zu stecken, wodurch ebenfalls die Meßstelle fest gegen die untere Blattfläche gedrückt wird.

Um mit mehreren Thermonadeln arbeiten zu können, kann man Quecksilberumschalter benützen (WASER 1930, DÖRR 1941) oder für fortlaufend registrierende Messungen an verschiedenen Objekten mehrere Thermoelemente mit einem selbstschreibenden Multithermographen (HUBER 1937) verbinden.

In neuerer Zeit erfreuen sich zur Messung von Pflanzentemperaturen Widerstandsthermometer steigender Beliebtheit. „Sie beruhen auf der Tatsache, daß bei reinen Metallen der elektrische Leitungswiderstand mit der Temperatur infolge Bremsung der Elektronenbewegung durch die molekulare Wärmebewegung mehr oder weniger rasch zunimmt. Ein Stück Platindraht, der bei 0° 100 Ohm Widerstand besitzt, weist bei 20° C bereits einen Widerstand von 108 Ohm auf" (HUBER 1956 a). Heute verwendet man jedoch vielfach auch keramische Kunststoffe (Mischung verschiedener Metalloxyde), deren elektrischer Widerstand gerade umgekehrt mit der Temperatur sinkt. Sie werden unter der Firmenbezeichnung NTC-Widerstände (d. h.

Widerstände mit negativen Temperaturkoeffizienten) in den Handel gebracht und auch als „Thermistore" (zusammengezogen aus thermally sensitive resistor = temperaturempfindlicher Widerstand) bezeichnet. Lange (1959) hat bei seinen botanischen Temperaturmessungen in Wüste und Regenwald mit bestem Erfolg „Zwerg-NTC-Widerstände" der Fa. Valvo mit einem negativen Temperaturkoeffizienten von —3 bis —4%/° C verwendet. Diese Widerstände wurden als Kügelchen von 0,5 mm Durchmesser in Kunstharz eingebettet, auf Korkspitzen gekittet und wie ein Thermoelement von unten an das Blatt angepreßt. Als Ohmmeter diente eine Schleifdraht-Meßbrücke der Fa. Hartmann & Braun, mit der eine Genauigkeit der Temperaturbestimmung auf einige Zehntelgrade erreicht wurde. Die individuelle Eichung der Thermistore geschah im Wasserbad.

Für Erwärmungsversuche, vor allem zur Feststellung der tödlich schädigenden Höchsttemperatur, haben sich in leichten Abänderungen zwei schon von Sachs (1864) verwendete Methoden bis heute bewährt: 1. Topfpflanzen werden für eine gewisse Zeit, nach Tunlichkeit bei hoher konstanter Luftfeuchtigkeit, in hochtemperierte Kammern (Thermostaten) eingestellt und dann im Glashaus weiterkultiviert, wobei die als Nachwirkung der Hitzebehandlung auftretenden Schädigungen beobachtet werden. 2. Gewebeschnitte, größere Pflanzenteile oder unter Umständen auch kopfüber gestürzte Topfpflanzen werden für eine gewisse Zeit in Wasser von verschieden hoher Temperatur eingebracht und gleich anschließend oder im Laufe der Weiterentwicklung auf aufgetretene Schädigungen untersucht. Diese Methode ist vor allem für Hitzeresistenzuntersuchungen an auch unter normalen Umständen submers lebenden Wasserpflanzen und Algen die gegebene.

Julander (1945) kombiniert gewissermaßen die beiden Methoden, indem er seine Versuchsobjekte (2 cm lange Stücke von Stolonen verschiedener Gräser) trocken in kleine Glastuben (je 8 in eine Tube) bringt, diese fest verschließt und in ein Wasserbad von 48° C verschieden lange (½—6 Stunden) einlegt. Anschließend werden die Stolonenstücke ausgepflanzt und nach 4 Wochen auf ihre Weiterentwicklung untersucht.

Levitt (1956) weist darauf hin, daß die erstgenannte Methode vielfach auch Trockenschäden bringen kann, wenn nicht die schon von Sachs geforderte Bedingung nach 100% r. L. F. in der Erhitzungskammer erfüllt ist. Nur in diesem Fall wird man, ebenso wie mit der zweiten Methode, die reine Hitzeresistenz bestimmen können.

Eine weitere Methode, die es erlaubt, im Freiland die Wirkung von Höchsttemperaturen auf einzelne Pflanzenteile zu studieren, geht auf Rouschal (1938 c) zurück. Hiezu werden 3½ cm weite und 12 cm lange, außen berußte Glastuben über einen an der Pflanze befindlichen beblätterten Sproß gestülpt (Abb. 49). Ein zentral durchbohrter und der Länge nach halbierter Kork umfaßt den Sproß und dient als (nicht dichter) Verschluß der Tube. Durch die gleiche Bohrung wird auch ein Thermometer eingebracht. Die Temperatur in der Tube stieg in den Versuchen Rouschals bei Sonne bis über 55° C und hielt sich Stunden hindurch über 45° C. Ein Vertrocknen verhinderten die Blätter selbst durch ihre Transpiration, die ein rasches Ansteigen der Luftfeuchtigkeit in dem Gefäß bedingte und zur Kondensation von Wasser an den inneren Glaswänden führte.

Konis (1949) modifizierte diese Methode dahingehend, daß er berußte Glasflaschen, je nach der Größe der Blätter variierend von 0,25—1 Liter, verwendete. Die Glasflaschen wurden gleichfalls durch einen halbierten Kork mit zwei Bohrungen, eine für den Zweig und eine für das Thermometer, verschlossen. Die von ihm in den Glasflaschen bei voller Sonneneinwirkung beobachtete Höchsttemperatur betrug um 60° C.

Levitt (1956) hält für wichtig, ähnlich wie auch bei der Frost- und Trockenresistenz, die Hitzeresistenz verschiedener Arten nur in einem „gehärteten" Zustand zu vergleichen und weist darauf hin, das Julander (1945) zwischen nicht gehärteten, d. h. gut bewässert gewachsenen Gräsern keine deutlichen Unterschiede in ihrer Hitzeresistenz feststellen konnte, wohl aber, wenn die Gräser durch Trockenkultur „gehärtet" einer Temperatur von 48° C ausgesetzt wurden.

K ä l t e w i r k u n g e n können entweder an Pflanzen studiert werden, die unter natürlichen Bedingungen im Freiland tiefen winterlichen Kältegraden ausgesetzt waren, oder an Pflanzen, auf die in regulierbaren Eisschränken, Tiefkühltruhen oder Kältekammern verschiedenster Art bestimmte Kältegrade während einer gegebenen Zeit eingewirkt hatten. Auch für zellphysiologisch-protoplasmatische Untersuchungen können in gleicher Weise entweder winterliche Freilandpflanzen herangezogen werden oder Pflanzen oder Pflanzenteile (Algen, Moosblättchen, Gewebeschnitte), die in feuchter oder trockener Luft, in Wasser oder in anderen Flüssigkeiten liegend, eine entsprechende Zeit niederen Versuchstemperaturen ausgesetzt waren.

Für vergleichende Untersuchungen ist auch hier die Einhaltung gleichmäßiger Versuchsbedingungen wichtig. Verhältnismäßig einfach ist dies bei jenen Pflanzen, die schon ohne Eisbildung durch Temperaturen oberhalb des Gefrierpunktes Kälteschäden erfahren. Bei in Luft abgekühlten Landpflanzen ist, wie Molisch (1897) zeigte, vor allem durch hohe Luftfeuchtigkeit auf Ausschaltung irreführender Transpirationsschäden zu achten.

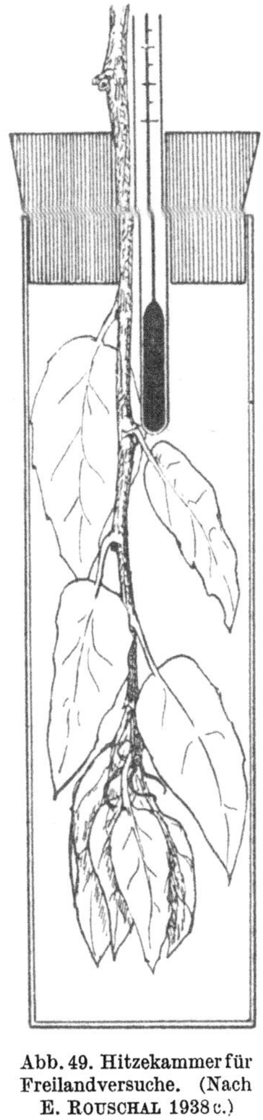

Abb. 49. Hitzekammer für Freilandversuche. (Nach E. Rouschal 1938c.)

Schwieriger gestaltet sich die Herstellung exakt vergleichbarer Versuchsbedingungen bei Untersuchungen des mit Eisbildung verbundenen Kältetodes. Ein Gefrierverzug durch Unterkühlung oder eine verschiedene Geschwindigkeit des Einfrierens und Auftauens können allein schon den Zelltod bei recht verschiedenen Kältegraden eintreten lassen.

Levitt (1956) empfiehlt daher für den Kälteresistenzversuch die Einhaltung folgender Bedingungen: 1. die Pflanzen müssen tatsächlich gefroren und nicht unterkühlt sein (zu erreichen durch einen Luftstrom), 2. das Einfrieren muß gleichmäßig erfolgen, z. B. durch Abkühlung um je 2° C pro Stunde, 3. die zu prüfende Temperatur muß eine bestimmte Zeit einwirken, 4. das Auftauen muß ebenfalls langsam mit gleichmäßiger Geschwindigkeit erfolgen und 5. müssen auch die Bedingungen nach dem Auftauen gleichartig gehalten sein, z. B. Aufenthalt der wiederaufgetauten Pflanzen bei 5° C während 24 Stunden.

Kylin (1917) hat für seine Kälteresistenzuntersuchungen an Meeresalgen die Algenproben in Glasröhrchen mit Seewasser eingeschlossen und diese in gefrierende Salzlösungen eingelegt. Die Gefäße mit diesen Salzlösungen wurden ihrerseits in größere Gefäße gestellt, die eine Kälte-

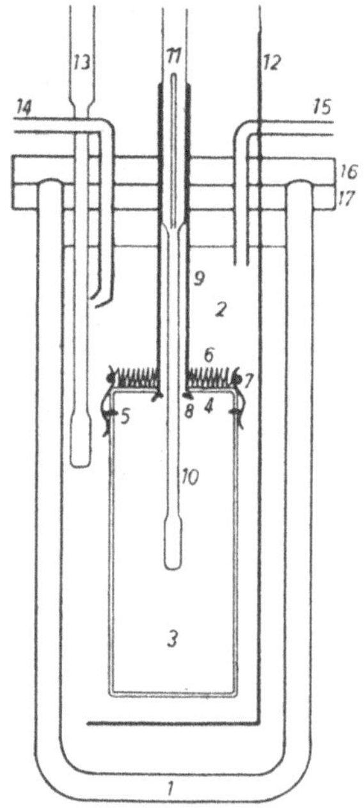

Abb. 50

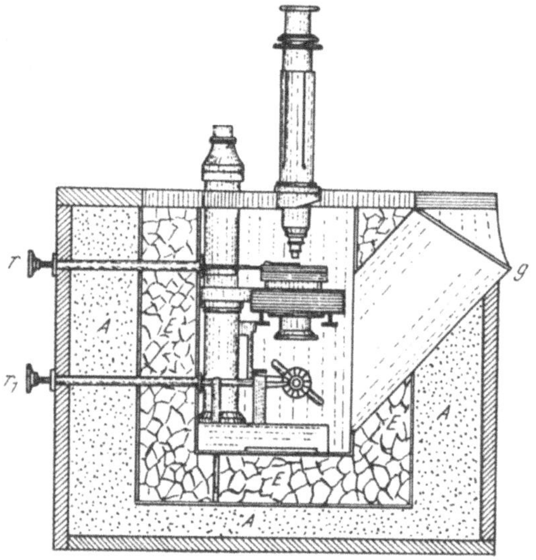

Abb. 51

Abb. 50. Gefrierkammer zur Frosthärtebestimmung. Im durchbohrten Glasdeckel (*4*) steckt dicht hineingepreßt ein Gummischlauch (*9*) und in ihm, leicht ein- und ausschiebbar, ein Stockthermometer (*10*) mit ½°-Skaleneinteilung. Eine Drahtschleife (*11*), deren Schenkel ungefähr parallel liegen zwischen Gummischlauch und Thermometer, bildet einen Spalt zum Ausgleich des Luftdruckes. Die Kältekammer (*3*) steht, in Alkohol (*2*) untergetaucht, in einem Dewargefäß (*1*), das mit einem Holzdeckel (*16*) mit dickem Filz (*17*) gut wärmeisoliert verschlossen ist. *5* Gummiring, *6* Schraubenfedern, *7* Eisenschraube, *8* Messingring zum Abdichten, *12* Rührer, mit Gummischlauch überzogen, *13* Thermometer, *14* Zuleitung für den Alkohol, *15* Ableitung für den Alkohol. (Nach O. Till 1956.)

Abb. 51. Kältemikroskop nach Molisch. A = Sägespäne, E = Kältemischung, g = Fenster zum Lichtschacht, r und r_1 = Achsen zum Kreuztisch und Spiegel. (Nach Molisch 1897.)

mischung aus Schnee und Kochsalz enthielten, deren Temperatur einige Grade unter dem eutektischen Punkt der Salzlösungen lag. So erhielt er annähernd konstante Temperaturen von — 2,9° C (KNO_3), — 5,7° C ($MgSO_4$), — 7,8° C ($BaCl_2$), — 10,7° C (KCl) und — 16° C (NH_4NO_3). Wurden die Präparatröhrchen direkt in die Mischung von Schnee und Kochsalz gesteckt, so wurden Temperaturen zwischen — 18 und — 20° C erreicht.

Ulmer (1937), Pisek und Schiessl (1947), Larcher (1954) und Tranquilini (1958) benützten zur Frostresistenzbestimmung Serien von bis zu 11 Gefrierkammern. Die einzelne Kammer besteht aus einem ½ Liter fassenden Glasgefäß, dessen Wände, um eine direkte Berührung der eingebrachten Pflanzenproben mit den rascher abkühlenden Glaswänden zu vermeiden, mit Pappe oder mehreren Lagen rauhen Filterpapiers ausgekleidet sind. Diese eigentlichen Gefrierkammern werden eingestellt in ein weitlumiges Dewar-Gefäß und in diesem durch bestimmte Eis-Kochsalzgemische (tiefste erreichbare Temperatur —20° C) oder Eis-$CaCl_2$-Gemische (tiefste Temperatur —34° C, für Temperaturen darunter CO_2-Schneezusatz) langsam auf die durch das Gemisch gegebene Tiefsttemperatur abgekühlt und bei dieser Temperatur zwei Stunden belassen. Kürzere Einwirkungszeiten täuschen größere Frosthärte vor, während längere (6—8 Stunden) gleiche Resultate wie zwei Stunden liefern (PISEK und SCHIESSL 1947). Die Kühlkammer ist durch einen Stopfen verschlossen, durch dessen Bohrung ein Thermometer in die Kammer eingeführt wird und durch die auch bei Abkühlung der Kammer ein Druckausgleich möglich ist.

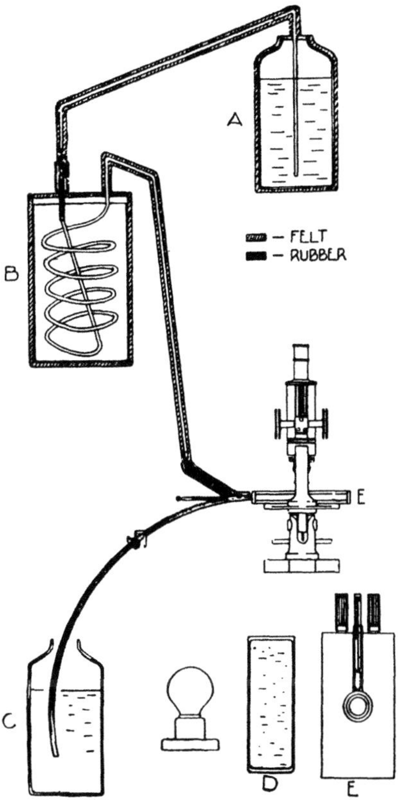

Abb. 52. Kältemikroskop nach LEVITT. *A* und *C* Gefäße für Zu- und Ableitung der gesättigten $CaCl_2$-Lösung, *B* Kältemischung zur Abkühlung der $CaCl_2$-Lösung, *E* Objektisch mit Zu- und Ableitung der Kühlflüssigkeit und Thermometer, *D* wassergefülltes Filter zur Verhinderung einer Erwärmung durch das Licht. (Nach J. LEVITT 1957.)

TILL (1956) verwendete eine nach diesem Prinzip gebaute, jedoch zur Verwendung von mittels einer Kältemaschine abgekühltem Alkohol als Kühlmedium eingerichtete Kammer (Abb. 50).

Nach Ablauf der Versuchszeit werden die Proben langsam aufgetaut (18—20 Stunden). Rhizome, Wurzeln und Zwiebeln werden anschließend in feuchte Kammern gelegt, Zweige in Wasser gestellt, ganze Pflanzen in Blumentöpfe eingesetzt und in den folgenden 4—10 Tagen (oder auch länger) auf auftretende Schadwirkungen beobachtet. Als M a ß d e r F r o s t h ä r t e wählen die angeführten Autoren jene Temperaturen, bei welcher etwa 15—20% der untersuchten Pflanzenteile sichtbare Schädigungen aufweisen.

Aber auch die unter einheitlichen Bedingungen exakt bestimmten Grenzen der Kälteresistenz erweisen sich, wie später auszuführen sein wird, für ein und dieselbe Pflanze sehr wechselnd und als abhängig vom physiologischen Zustand der Pflanze selbst, vom Alter, vom jahreszeitlichen Entwicklungszustand, von ihrem osmotischen Wert, von der Nährsalzversorgung usw. Es ist daher bei vergleichenden Angaben der Kälteresistenz auch diesen Umständen Rechnung zu tragen.

Zur direkten Beobachtung des Gefriertodes der Zellen muß das Mikroskop herangezogen werden. Die Technik der Gefriermikroskopie hat sich im Laufe der Zeit sehr vervollkommnet. Die ersten Beobachter, wie Kunisch (1880) und Sachs (1892), mikroskopierten noch bei winterlicher Temperatur am offenen Fenster. Müller-Thurgau (1880) stellte sein Mikroskop schon in einen einfachen Kältekasten. Molisch (1897) konstruierte das erste brauchbare Gefriermikroskop (Abb. 51).

Das Mikroskop steht im Inneren eines mit Zinkblech ausgekleideten doppelwandigen Kistchens. Das Licht fällt durch einen schrägen Lichtschacht ein, der Mikroskopspiegel sowie die Mikrometerschraube und die Schrauben des Kreuztisches sind von außen her durch verlängerte Achsen zu betätigen. Der Hohlraum des Kastens wird mit der Kältemischung gefüllt.

Levitt und Scarth (1936, Levitt 1957) benützten ein Mikroskop, dessen Tisch von einer konzentrierten $CaCl_2$-Lösung durchspült wurde, die in ihrer Zuleitung durch eine Kältemischung abgekühlt worden war. Durch Regelung der Zuflußgeschwindigkeit konnte die Temperatur des Objektes gleichmäßig in 2 Minuten um 1° C gesenkt werden (Abb. 52).

Asahina (1956) verwendet schließlich ein noch weiter vervollkommnetes Kältemikroskop mit Mikromanipulator, der es erlaubt, die in einem hängenden Paraffin- oder Siliconöltropfen ruhenden Schnitte während des Abkühlungsprozesses in verschiedener Weise zu behandeln, z. B. zur Verhinderung einer Unterkühlung mit einem Eiskristall zu impfen usw.

Allgemeines

Die Untersuchung der Temperaturwirkungen auf die Pflanze umfaßt zwei Problemgruppen: 1. die ökologischen Fragen nach den Grenzen der Temperaturresistenz und deren Beziehung zu den Temperaturverhältnissen am Standort der betreffenden Pflanzen, nach dem Vorhandensein von Wärme- oder Kälteschutzeinrichtungen und den Möglichkeiten einer Wärme- oder Kältehärtung, und 2. die rein zellphysiologischen Fragen nach Veränderungen im Zellgeschehen bei Erwärmung oder Abkühlung, die zum Ausdruck kommen können in Änderungen von Lage und Form der Plastiden, in Änderungen der Plasmaviskosität, der Permeabilität, des Verhaltens bei Vitalfärbungen usw., sowie Fragen nach dem Erscheinungsbild des Hitze- und Kältetodes und den Ursachen dieser beiden Todesarten.

Die Lebensmöglichkeiten einer Pflanze können für jede einzelne Umweltsbedingung in Form einer Optimumkurve dargestellt werden. Von einem bestimmten Minimum ab vermag die Pflanze überhaupt erst zu leben, bei einem Optimum gedeiht sie am besten und beim Überschreiten eines Maximums stirbt sie ab. Dies gilt auch für die Temperatur. Pflanzen, die innerhalb weiter Temperaturgrenzen zu leben vermögen, bezeichnet man als eurytherm, solche, die einem schmalen Temperaturbereich angepaßt sind, als stenotherm, wobei diese wieder kaltstenotherm oder warmstenotherm sein können.

Je extremer die Temperaturbedingungen am Standort werden, um so mehr wird die verschiedene Besiedlung dieser Lebensräume von der plasmatischen Resistenz der Pflanzen gegen hohe oder tiefe Temperaturen abhängen. Das Absterben der Protoplasten im Temperaturresistenzversuch zeigt das Überschreiten der Resistenzgrenze an.

Da sich die zahlreich vorliegenden Untersuchungen über Temperaturresistenz von Pflanzen verschiedener Standorte meist entweder nur auf deren Resistenz gegen Hitze oder gegen Kälte beziehen, sei der Einzelbehandlung dieser beiden Faktoren eine Besprechung der Temperaturresistenz der Meeresalgen vorangestellt, für die an einer großen Zahl von Arten Wärme- und Kälteresistenzbestimmungen gleichzeitig durchgeführt wurden. Sie soll zeigen, daß derartige gleichzeitige Untersuchungen der oberen und unteren Temperaturgrenzen besonders aufschlußreich und erstrebenswert sind, da erst die Kenntnis dieser beiden temperaturbedingten Lebensgrenzen einen klaren Einblick gibt, wie eine bestimmte Art hinsichtlich ihrer plasmatischen Resistenz den Temperaturverhältnissen ihres Standortes angepaßt ist.

A. Die Temperaturresistenz der Meeresalgen

1. Temperaturresistenz und Versuchsdauer

Bei ökologisch orientierten Temperaturresistenzversuchen ist es wichtig, sich auf eine bestimmte, den gegebenen Verhältnissen entsprechende Einwirkungsdauer der Versuchstemperaturen festzulegen. Schon Sachs (1864, S. 10) schrieb: „Es ist wahrscheinlich, daß dieselbe Pflanze imstande ist, einer hohen Temperatur bei kurzer Einwirkungsdauer zu widerstehen, während sie durch dieselbe bei länger anhaltender Wirkung getötet werden würde. Demnach kann also von einem höchsten bestimmten Temperaturgrad, den eine Pflanze erträgt, nicht wohl die Rede sein.“ Sachs beschränkte sich bei seinen Versuchen auf Erwärmungszeiten von 10 bis 30 Minuten und kommt zu dem Schluß: „Wenn nun sämtliche Versuche zeigen, daß für den kurzen Zeitraum von 10 bis 30 Minuten eine Lufttemperatur von 51° C oder wenig mehr die verschiedensten Pflanzen tötet, daß im Wasser sogar schon 45—46° C binnen 10 Minuten bei einigen tödlich wirken, so ist anzunehmen, daß für längere Zeiträume die höchsterträglichen Temperaturen für die genannten Pflanzen um viele Grade niedriger liegen.“

Eine ausführliche Versuchsreihe über die Abhängigkeit der Hitzeresistenz von der Dauer der Temperatureinwirkung gibt Ayres (1916) für die Meeres-Rotalge *Ceramium tenuissimum* aus der Bai von San Francisco, wo sie bei einer Wintertemperatur des Wassers von 9 bis 10° C und einer Sommertemperatur, die 20° C kaum erreicht, die ihr angemessenen Lebensbedingungen findet (Tab. 43).

Die Versuchsreihe zeigt nicht nur die mit der Einwirkungsdauer zunehmende Schadwirkung hoher Temperaturen, sondern auch den hohen Temperaturkoeffizient (Q_{10}) für den Hitzetod des Protoplasmas, wie er in einer Spanne von 10 bis 360 auch für verschiedenste andere Pflanzenzellen bestimmt wurde (Goodspeed 1911, Collander 1924, Baker 1929, Bělehrádek und Melichar 1930, Zusammenfassung bei Bělehrádek 1935, Levitt 1956).

Läßt sich aus diesen Versuchen von Ayres immerhin ablesen, daß *Ceramium tenuissimum,* das sogar in 28° C nach etwa 6 Stunden noch tödlich geschädigt wird, an kühle Seewassertemperaturen angepaßt sein muß, so lassen die Hitzeresistenzversuche an Meeresalgen von Vilhelm (1927) in ökologischer Hinsicht kaum mehr Schlüsse zu.

Tab. 43. *Ceramium tenuissimum, Lebensdauer bei verschieden hoher, tödlich schädigender Temperatur.*
(Mittlerer Temperaturkoeffizient für 1° C = 1,47 bzw. Q_{10} = 37,6) (nach A. H. Ayres 1916).

Temperatur °C	Lebensdauer (Minuten)	Mittlerer Temperaturkoeffizient für 1° C	
28	300—400	320	
			1,21
29	240—285	262,5	
			1,12
30	210—255	232,5	
			1,16
31	185—215	200	
			1,15
32	160—185	172,5	
			2,12
33	75— 85	80	
			1,18
34	60— 75	67,5	
			1,42
35	40— 55	47,5	
			1,58
36	25— 35	30	
			2,14
37	12— 16	14	
			1,64
38	7— 10	8,5	

Vilhelm hat in Neapel verschiedenste Meeresalgen in einem Thermostaten im Verlauf von etwa 1½ bis 2 Stunden von 22 bis 27° C bis auf die unmittelbar zum Tod führende Höchsttemperatur erhitzt. Der Eintritt des Todes wurde bei den Rotalgen an der damit verbundenen Umfärbung beobachtet. Die Todestemperaturen lagen zwischen 39 und 47° C (Tab. 44).

Diese Todesgrenzen liegen nach Vilhelm für die einzelnen Arten sehr scharf. Wurden in Versuchswiederholungen die Algen bis 1° C unter die festgestellte Letalgrenze erwärmt, dann wieder abkühlen gelassen und schließlich in fließendem Seewasser weiterkultiviert, so blieben sie noch tagelang am Leben. Wurde *Ceramium rubrum* direkt in Seewasser von 47° C gebracht, so trat nach wenigen Minuten Farbwechsel und Zusammenschrumpfen der Zellen ein. Wurde die Alge hingegen in Seewasser von 45° C eingelegt, so zeigte sich sogar nach 20 Minuten noch keine Schädigung und sie konnte nach allmählicher Abkühlung auf 23° C im Fließwasserbecken weiter am Leben erhalten werden. Auch *Nitophyllum punctatum,* dessen

Absterben bei Erreichen einer Temperatur von 40° C festgestellt worden war, konnte ohne Schaden für 5 Minuten in Seewasser von 39° C getaucht werden. Im Fließwasserbecken weiterkultiviert, war die Alge nach 5 Tagen noch frisch und lebend.

Solche kurzfristige Erwärmungsversuche, die im Grenzfall zu einem augenblicklichen Hitzetod der Zellen führen, lassen deutlich Unterschiede in der Koagulationstemperatur der Plasmen verschiedener Arten erkennen

Tab. 44. *Temperaturen, bei denen bei allmählicher Erwärmung (1½—2h) der in Seewasser liegenden Algen der Hitzetod eintritt* (nach J. VILHELM 1927).

Alge	Letale Höchsttemperatur bei allmählicher Erwärmung °C
Grün:	
Ulva lactuca var. *rigida*	45
Cladophora prolifera	46
Bryopsis disticha	45
Caulerpa prolifera	43
Codium tomentosum	39
Udotea desfontainii	45
Braun:	
Dictyota dichotoma	39
Stypocaulon scoparium	45
Rot:	
Bornetia secundiflora	43
Gymnogongrus griffithsiae	45
Phyllophora rubens var. *nervosa*	44
Nitophyllum punctatum	40
Griffithsia phyllamphora	42
Ceramium rubrum	46
Cryptonemia lomation	47
Litothamnium crassum	46
Peysonelia squamaria	46

und sind vom Standpunkt einer vergleichenden Protoplasmatik zweifellos von Interesse. Sie sind aber nicht geeignet, etwas über die zum Leben an verschieden temperierten Standorten nötige Wärmeresistenz auszusagen. Erst jene Temperaturen, bei denen die Pflanze auch bei längerem Aufenthalt ungeschädigt bleibt, dürfen als die ökologisch interessierenden Lebensgrenzen bezeichnet werden. Wenn auch das Optimum des Vorkommens meist bei mittleren Temperaturen liegt, so grenzen doch diese Extremwerte — sowohl nach oben wie nach unten — den überhaupt von der Pflanze kraft ihrer Temperaturresistenz besiedelbaren Lebensbereich ab. Besonders für Pflanzen, deren Standorte vorübergehend großen Temperaturschwankungen unterworfen sind, werden diese Extremwerte von ökologisch ausschlaggebender Bedeutung sein.

Bei den Meeresalgen trifft dies für die Algen der Gezeitenzone zu, die bei Ebbe, vom Seewasser entblößt, der herrschenden Lufttemperatur ausgesetzt sind. Ja, sie werden bei voller Sonneneinstrahlung in zurückbleibenden flachen Seewassertümpeln oder freiliegend an Klippen oder Uferschutzmauern sogar über die Lufttemperatur hinaus erwärmt, was in Sommermonaten zu beträchtlichen Erhitzungen führen kann (vgl. FELDMANN 1951). In Klimagebieten, in denen die Lufttemperatur im Winter unter 0° C absinkt, sind die Gezeitenalgen während der Ebbe unter Umständen auch einem vorübergehenden Einfrieren ausgesetzt (Tab. 45).

Zu diesen sich mit den Breitegraden stark ändernden Anforderungen an das Ertragen von Extremtemperaturen kommt bei den Gezeitenalgen noch der über viele Grade hinweggehende Temperaturschock bei Rückkehr der

Tab. 45. *Luft- und Meerestemperatur in verschiedenen Klimagebieten.*

Ort	Lufttemperatur[1] (Mittelwerte, °C)					Meerestemperatur[2] (Mittelwerte, °C)				
	I	VII	Jahr	Max.	Min.	I	II	VII	VIII	Jahr
Spitzbergen	− 16,1	5,6	− 7,8	13	− 42	− 0,9	− 1,1	1,1	1,3	0,2
Tromsö	− 3,3	11,9	2,5	23	− 14	3,3	3,1	9,3	9,5	6,3
Göteborg ..	− 0,6	16,9	7,5	29	− 4	3,3	3,1	11,3	11,5	7,3
Helgoland..	1,7	15,8	8,6	26	− 7	4,8	4,0	14,8	16,0	9,9
Plymouth ..	6,4	15,8	10,8	27	− 4	8,8	8,4	14,5	15,3	11,9
Brest	6,9	17,2	11,7	30	− 4	9,9	9,8	15,0	16,5	12,7
Neapel.....	8,9	24,7	16,7	34	0	14,3	14,0	23,2	24,0	18,8
Aden	25,0	32,2	29,4	39	17	25,1	25,1	28,4	28,5	26,8
Puerto Rico	24,1	26,9	25,6	33	19	26,1	26,1	28,0	28,3	27,0

[1] Aus Tables of Temperature ... for the World, Meteor. Office, London 1858.
[2] Aus Wiss. Ergebnisse der deutschen atlantischen Expedition „Meteor", Bd. 5, Atlas, Berlin und Leipzig 1936, und G. DIETRICH/K. KALLE, Allgemeine Meereskunde, Gebr. Borntraeger, Berlin 1957.

Flut, im Winter von kalt nach warm und im Sommer von warm nach kalt. Auch diesem müssen sie gewachsen sein.

Zur Untersuchung der Auswirkung solcher „Temperaturschocks" haben MONTFORT, A. RIED und I. RIED (1955, 1957) litorale und sublitorale Algen des Ostseegebietes nach vier Monate langer Vorkultur bei + 14° C einem dreistündigen Temperaturstoß von + 32° C ausgesetzt und nachher Atmung und Assimilationsleistung bestimmt (Abb. 53).

Während die Gezeitenalgen *Chaetomorpha linum* und *Fucus vesiculosus* durch die Temperaturerhöhung nur geringfügige Störungen ihrer photosynthetischen Leistung, ja im Falle von *Chaetomorpha* sogar eine Steigerung erfuhren, zeigten die Algen aus 8 m Tiefe (*Laminaria saccharina* und *Furcellaria fastigiata*) Depressionen bis weit unter den Kompensationspunkt, die bei *Furcellaria* nach Rückübertragung in die Ausgangstemperatur durch 24 Stunden unverändert anhielten. Ähnliches zeigten auch andere Tiefenalgen. *Delesseria sanguinea* und *Rhodomela subfusca* blieben sogar nach 10 Tagen Rückübertragung in die Ausgangstemperatur mit ihren Assimilationswerten noch im Minusgebiet. Die Autoren unterscheiden danach eurytherme thermostabile und stenotherme thermolabile Algen.

In der zweiten Arbeit (1957) wurden marine Gezeiten- und Tiefenalgen jeweils 3 Stunden bei + 22°, + 27°, + 32° und + 37° C gehalten und hierauf ihre Atmungs- und Assimilationsleistungen durch 12 Tage hin verfolgt. Es fanden sich dabei vielfältige Abstufungen. Bei den empfindlichsten Arten traten erste irreversible Schäden schon nach einem dreistündigen Aufenthalt bei + 25° C, bei den resistentesten Arten erst nach einem gleich langen Verweilen bei + 38° C auf. In allen Fällen zeigten sich klare Beziehungen zwischen Resistenz und Standorterfordernissen.

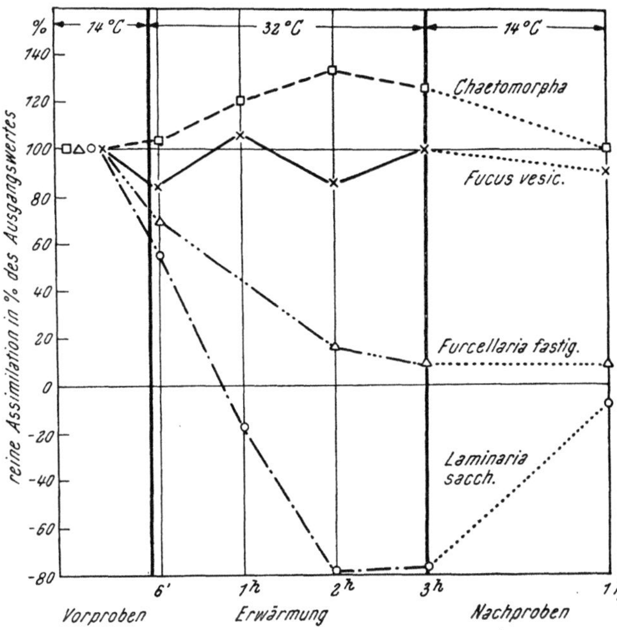

Abb. 53. Die photosynthetische Leistung von *Chaetomorpha linum* und *Fucus vesiculosus* aus dem oberen Litoral und *Furcellaria fastigiata* und *Laminaria saccharina* aus 8 m Tiefe vor, während und nach einem Temperaturstoß von 14° auf 32° C. (Nach C. Montfort und A. und I. Ried 1955.)

Ein weiteres Ergebnis dieser Untersuchungen, das im Hinblick auf die durch zeitlich beschränkte zellphysiologische Resistenzversuche bestimmten Lebensgrenzen von besonderem Interesse ist, war, daß auch ein mehrmonatiger (4—6 Monate) Aufenthalt bei niederen Temperaturen (−1° bis + 1° C) die Wärmeresistenz im allgemeinen nicht herabzusetzen vermochte. Die Resistenzgrade erwiesen sich weitgehend erblich fixiert. Der Einfluß des Vorlebens konnte nur bei einigen labilen, prägsamen Formen (*Delesseria sanguinea, Laminaria digitata*) eine maximale Verschiebung der Letaltemperatur um etwa 2° C bewirken. *Enteromorpha compressa* und *Chaetomorpha linum* erwiesen sich unter gleichen Versuchsbedingungen als ganz besonders thermostabil.

Ältere Untersuchungen über die verschiedene Reaktion der Atmungs- und Assimilationsleistung von Oberflächen- und Tiefenalgen sowie von warm und kalt vorkultivierten Algen auf eine Erhöhung der Temperatur stammen von Kniep (1914), Harder (1915, 1924), Ehrke (1931, 1934), Lampe (1935), Montfort (1935) und Blinks, zusammenfassend (1951).

Schwenke (1959) führte erstmals ähnliche Temperaturbelastungs- und -abhärtungsversuche auch mit zellphysiologischer Methodik aus, wobei jeweils der Lebenszustand der Zellen beobachtet wurde. Untersucht wurden *Delesseria sanguinea* und *Phycodris sinuosa,* die den Hauptanteil der winterlichen Vegetation der Kieler Förde in etwa 8 m Tiefe ausmachen und deren optimaler Temperaturbereich unter diesen Standortbedingungen um etwa 5° C liegt. Entsprechend dem geringen Salzgehalt der Ostsee wurden die Algen in Seewasser mit 15‰ Salzgehalt untersucht. In 24-Stunden-Perioden wurden sie durch direkte Übertragung aus Seewasser von 2° C in solches von 20° C und wiederum zurück in 2° C gebracht.

Wie die Assimilationsversuche von MONTFORT, A. und I. RIED (1957) ließ auch die Beobachtung des Lebenszustandes der Zellen feine Resistenzverschiedenheiten erkennen. Während *Delesseria sanguinea* einen dreimaligen Wechsel zwischen 2° C und 20° C ohne Schaden ertrug und 4 Wochen

Tab. 46. *Temperaturanpassungsversuch.*
1 = lebend, + = tot, Zahlen = Prozente der lebenden Zellen.
(Nach H. SCHWENKE 1959.)

Vorbehandlung	Lebenszustand bei 30° C nach 1h	2h	3h	4h
Delesseria sanguinea:				
5° C (4 Wochen)	1	1	10	10—25
15° C (4 Wochen)	1	1	1	25—50
20° C (2 Wochen)	1	1	1	1
Phycodris sinuosa:				
5° C (4 Wochen)	1	50	+	+
15° C (4 Wochen)	1	1	10—25	75
20° C (2 Wochen)	1	25	25	90

später noch ungeschädigt lebte, waren bei *Phycodris sinuosa* schon nach dem zweiten Wechsel der Wassertemperatur 10—75% und nach dem dritten 25—90% der Zellen tot. Auch im zwölfstündigen Erwärmungsversuch erweist sich *Phycodris* als wärmeempfindlicher. Als möglicher Grund für diese genetisch fixierte Resistenzverschiedenheit dieser Algen desselben Standortes wird angesehen, daß es sich bei *Delesseria sanguinea* um eine kaltboreale, bei *Phycodris* um eine subarktische Alge handelt.

Auch die Möglichkeit einer Anpassung an höhere Temperaturen wurde für *Delesseria sanguinea* und *Phycodris sinuosa* untersucht. Tab. 46 stellt das Ergebnis nach verschieden langer Vorkultur bei 5, 10 und 20° C in Seewasser von 15‰ dar. Der Lebenszustand der Zellen zeigte auch hier, wie in den Assimilationsversuchen von MONTFORT, A. und I. RIED (1957), nur eine sehr geringfügige Temperaturanpassung dieser von den genannten Autoren als thermolabil bezeichneten Tiefenalgen.

In Versuchen mit Algen aus dem Golf von Neapel (BIEBL 1939 a, b) und Algen der bretonischen Küste nächst Roscoff (BIEBL 1958) wurde zur Bestimmung der Temperaturresistenz eine einheitliche Einwirkungsdauer von 12 Stunden gewählt. Für Algen der Gezeitenzone, in der Ebbe und Flut in einem Rhythmus von etwas über 6 Stunden wechseln, ist diese Versuchsdauer zweifellos lange genug und auch die Tiefenalgen zeigen nach dieser Zeit bereits ökologisch auswertbare Unterschiede ihrer Temperaturresistenz, so daß diese Versuchsdauer von 12 Stunden für vergleichende Bestimmungen der Temperaturresistenz von Meeresalgen vorgeschlagen werden kann.

Eine Verlängerung der Abkühlungs- oder Erwärmungszeiten zeigt allerdings, daß für manche empfindlichen Tiefenalgen die nach 12stündiger Temperatureinwirkung gefundenen Lebensgrenzen noch nicht die dauernd tragbaren sind. Dehnt man die Versuchszeiten auf 24 und 72 Stunden aus, so zeigen einzelne Algen noch weitere Verschiedenheiten in ihrer Kälte- bzw. Wärmeresistenz. Sowohl in Neapel (Tab. 47), wie in Roscoff (Tab. 48)

Tab. 47. *Kälteresistenz von Tiefenalgen aus dem Golf von Neapel bei verschieden langer Versuchsdauer.*
1 = teilweise tot, + = alles tot.
(Nach R. BIEBL 1939.)

Alge	Kälteresistenz bei + 1 bis 2° C nach			Kontrolle bei 22° C nach 72^h
	12^h	24^h	72^h	
Grün:				
Cladophora utriculosa	1	1	1	1
Cladophora prolifera	1	1	1	1
Rot:				
Plocamium coccineum	1	1	1	1
Griffithsia furcellata	1	+	+	1
Griffithsia setacea	1	1	+	1
Pleonosporium borreri	1	1	±	1
Callithamnion scopulorum ...	1	1	±	1

finden sich Tiefenalgen, die bei einer Verlängerung der Versuchsdauer auch schon durch Temperaturen ganz oder teilweise getötet werden, die sie durch 12 Stunden ohne Schaden zu ertragen imstande waren.

Auch diese Versuche weisen, wie die oben besprochenen Untersuchungen von MONTFORT, A. und I. RIED (1957) und SCHWENKE (1959) auf das Bestehen feiner Differenzierungen der Temperaturresistenz von Algen innerhalb eines gleichen Lebensraumes hin. Es kann sich dabei um ökologisch unbedeutende, artspezifische plasmatische Unterschiede handeln, es kann aber auch sehr wohl sein, daß sich in diesen feinen Resistenzunterschieden die Temperaturerfordernisse der Verbreitungszentren der einzelnen Algenarten widerspiegeln. Auf diese Frage der Beziehung zwischen Temperaturresistenz und Heimatgebiet der Algen wird später noch einzugehen sein (s. S. 155).

Daß auch schon innerhalb einer Versuchsdauer von 10 Stunden klare Resistenzunterschiede erkennbar werden können, geht aus einigen Versuchen hervor, die KYLIN (1917) im Rahmen seiner Untersuchungen über die Kälteresistenz von Algen der schwedischen Südküste anstellte (Tab. 49).

Diese Beobachtungen ändern aber nichts an der Tatsache, daß es aus Zweckmäßigkeitsgründen für umfangreiche vergleichend-ökologische Bestimmungen der Grenzen der Temperaturresistenz geboten erscheint, sich auf

Tab. 48. *Kälte- und Wärmeresistenz von Tiefenalgen der bretonischen Küste um Roscoff bei verschieden langer Versuchsdauer.*
l = lebend, ± = teilweise tot, + = alles tot.
(Nach R. Biebl 1958.)

Alge nach:	Kälteresistenz −2° bis −3° C 12h	24h	72h	+3° C 12h	24h	72h	Kontrolle +20° C 72h
Braun							
Halopteris filicinae	l	±	±	l	l	l	l
Dictyota dichotoma	l	±	+	l	l	l	l
Arthrocladia villosa	l	±	±	l	l	l	l
Rot:							
Halimenia latifolia	l	l	+	l	l	l	l
Calliblepharis ciliata	l	±	+	l	l	±	l
Calophyllis laciniata	l	+	+	l	l	l	l
Polyneura hilliae	l	l	+	l	l	l	l
Antithamnion plumula	±	+	+	l	l	l	l
Neomonospora furcellata	±	+	+	l	±	+	l

Alge nach:	Wärmeresistenz +27° C 12h	24h	+30° C 12h	24h	+35° C 12h	24h	Kontrolle +20° C 24h
Braun:							
Halopteris filicina	l	±	+	+	+		l
Dictyota dichotoma	l	±	±	+	+	+	l
Arthrocladia villosa	l	+	+	+			l
Rot:							
Dilsea carnosa	l	l	l	l	+	+	l
Halimenia latifolia	l	l	±	±	+	+	l
Kallymenia reniformis	l	+	+	+			l
Meredithia microphylla	l	+	±	+	+	+	l
Rhodophyllis divaricata	l	l	+	+	+		l
Stenogramme interrupta	l	l	l	l	+	+	l
Rhodymenia palmata	l	±	+	+	+		l
Rhodymenia pseudopalmata	l	l	l	l	+	+	l
Falkenbergia rufulanosa	l	±	+	+	+		l
Antithamnion plumula	l	±	+	+	+		l
Sphondylothamnion multifidum var. *piliferum*	l	l	±	+	+	+	l
Neomonospora furcellata	l	l	l	+	+	+	l
Halurus equisetifolius	l	±	±	+	+	+	l
Delesseria sanguinea	l	+	+	+			l

eine bestimmte Versuchsdauer festzulegen, und als diese sei, wie schon im vorigen (S. 146) begründet, 12 Stunden vorgeschlagen.

Die Schärfe und die Reproduzierbarkeit dieser Resistenzgrenzen wurde unter anderen für *Nitophyllum punctatum* (Biebl 1939) in einer Reihe von Versuchen festgestellt. Eine Seewassertemperatur von +30° C tötet bei

Tab. 49. *Kälteresistenz verschiedener Meeresalgen der schwedischen Südküste (Kristineberg) bei verschieden langer Versuchsdauer* (nach H. KYLIN 1917).

Alge	Kälteresistenz								
	— 4° C			— 5,7° C			— 18° bis — 20° C		
nach	3h	6h	10h	3h	6h	10h	3h	6h	10h
Delesseria sanguinea (jung)	¼ +	½ +	+	+	+	+	+		
Phycodris rubens (alt)	1	1	1	¼ +	½ +	+	+		
Laurencia pinnatifida.....	1	1	1	¼ +	½ +	+	+		
Pylaiella litoralis.........	1	1	1	1	1	1	1	½ +	+

12 Stunden Einwirkung alle Proben zur Gänze. Bei 29° C konnte bei gleich langer Einwirkung in 5 Versuchen mit jeweils 2 Thallusstückchen nur ein teilweises Absterben beobachtet werden, während bei 27° C in 11 Versuchen alle Proben vollständig am Leben blieben (vgl. S. 142 auch die Versuche von VILHELM).

2. Temperaturresistenz von Gezeiten- und Tiefenalgen

Der Besprechung der Beziehungen zwischen Temperaturresistenz der Meeresalgen und den Temperaturverhältnissen ihrer Standorte sollen Beobachtungen aus Neapel (Tab. 50) und aus Roscoff an der bretonischen Küste (Finistère, Frankreich) (Tab. 51) zugrunde gelegt werden.

Ein Blick auf die Tabellen 50 und 51 läßt den augenfälligen Unterschied im Resistenzverhalten der Gezeiten- und Tiefenalgen erkennen. In beiden Meeresgebieten, sowohl im Golf von Neapel wie an der Nordküste Frankreichs, ertragen die während der Ebbe freiliegenden Gezeitenalgen ein Einfrieren bei —7° C (Neapel) bzw. —8° C (Roscoff), während die Tiefenalgen und auch jene Algen der Gezeitenzone, die in ihrem Vorkommen auf zurückbleibende Seewassertümpel (tide pools) oder auf die vom Wellenschlag erreichte Tiefwasserlinie (Ebbelinie) beschränkt sind, durchwegs bei Eisbildung absterben. Die tiefsten Werte ihrer Kälteresistenz liegen um — 2° C, bei welcher Temperatur Seewasser noch nicht gefroren ist.

Die Gefrierresistenz der Gezeitenalgen ist eine ökologische Notwendigkeit, da die Algen in kalten Wintermonaten während der Ebbe auch Lufttemperaturen unterhalb des Gefrierpunktes ausgesetzt sein können. Noch viel mehr gilt dies für die Gezeitenalgen kälterer Meere, die im Winter zur Ebbezeit gelegentlich von einer blanken Eisschichte überzogen sein können (GESSNER 1955) und schon in Südschweden Extremtemperaturen bis —14° C ausgesetzt sind. *Fucus vesiculosus* kann in der Arktis ein Einfrieren bis etwa —40° C durch 6 Monate und mehr ertragen, ohne dadurch geschädigt zu werden (KANWISHER 1957). TERUMOTO (1960 c) prüfte die Gefrierresistenz von *Ulva pertusa* Kjellmann und fand die Alge nach 24stündigem Einfrieren noch lebend, unterhalb —15° C jedoch tödlich geschädigt.

KYLIN (1917) untersuchte die Kälteresistenz von Gezeiten- und Tiefenalgen in Kristineberg an der schwedischen Südküste, wo das Minimum der

Tab. 50. *Temperaturresistenz von Meeresalgen aus dem Golf von Neapel nach 12stündiger Einwirkungsdauer der Temperaturen.*

l = lebend, ± = teilweise tot, + = alles tot, . = nicht untersucht.

(Nach R. BIEBL 1939.)

Alge	Kälteresistenz			Kontrolle ca.	Wärmeresistenz				Standort
	− 7° C	− 2° C	+ 1 bis 2° C	+ 21° C	+ 27° C	+ 30° C	+ 35° C	+ 42° C	
Grün:									Gezeitenzone (bei Ebbe freiliegend)
Cladophora spinulosa	.	.	l	l	l	l	l	+	
Cladophora bertolini	.	.	.	l	l	l	l	+	
Cladophora hamosa	l	l	l	l	l	l	l	+	
Cladophora laetevirens	l	l	l	l	l	l	l	+	
Rot:									
Porphyra leucosticta	l	l	l	l	l	l	+	+	
Polysiphonia pulvinata	l	l	l	l	l	l	l	+	
Bangia fuscopurpurea	l	l	l	l	l	l	+	+	
Grün:									Ebbelinie (vom Wellenschlag erreicht)
Chaetomorpha linum	±	l	l	l	l	l	l	+	
Rot:									
Ceramium berneri	+	±	l	l	l	±		+	
Antithamnium cruciatum	+	l	l	l	l	l	+	+	
Callithamnium granulatum	+	l	l	l	l	+	+	+	
Grün:									Tiefe (15 cm bis 30 m)
Cladophora utriculosa	+	l	l	l	l	l	+	+	
Cladophora prolifera	+	l	l	l	l	l	+	+	
Cladophora ramellosa	+	.	.	l	l	+	+	+	
Braun:									
Taonia atomaria	+	l	l	l	l		+	+	
Rot:									
Griffithsia furcellata	+	+	l	l	l	+	+	+	
Griffithsia setacea	+	+	l	l	l	l	+	+	
Griffithsia schousboei	.	.	.	l	l	l	+	+	
Callithamnium scopulorum	+	±	l	l	l	+	+	+	
Ceramium strictum f. *grac.*	+	l	l	l	l	l	+	+	
Pleonosporium borreri	.	.	.	l	l	+	+	+	
Plocamium coccineum	+	l	l	l	l	+	+	+	
Nitophyllum punctatum	+	±	l	l	l	+	+	+	
Acrosorium uncinnatum	+	±	l	l	l	+	+	+	

Lufttemperatur im Jänner um —8° C liegt. Er prüfte seine Algen durch 10stündige Einwirkung von —2,9° C (knapp am Gefrierpunkt des verwendeten Seewassers), —4°, —5,7° bis herunter zu —20° C. Die echten, während der Ebbe freiliegenden Gezeitenalgen ertrugen durchwegs ein Einfrieren bei —16,8° C. *Enteromorpha intestinalis, Fucus vesiculosus, Fucus serratus* und *Ascophyllum nodosum* lebten sogar noch nach Einfrieren bei —18° bis —20° C (Tab. 52).

Daß diese Resistenzgrenzen standortbestimmend sind, geht besonders schön aus einer Beobachtung Kylins hervor, wonach die Tiefenalgen *Trailliella intricata* und *Ceramium rubrum,* die gelegentlich epiphytisch auf *Ascophyllum nodosum* und *Fucus vesiculosus* auch Standorte knapp an der Tiefwasserlinie einnehmen können, nach einer kalten Winternacht mit Niederwasserstand abgestorben und orangerot verfärbt waren. Die Kälteempfindlichkeit der jungen Laminarien ist wohl auch die Ursache, daß mehrjährige Laminarien an der schwedischen Westküste erst 0,60—0,65 m unterhalb der Tiefwasserlinie anzutreffen sind.

Abgesehen von *Phycodris rubens,* die anscheinend ein leichtes Einfrieren erträgt, zeigen die Versuche von Kylin, daß auch die Tiefenrotalgen der schwedischen Südküste durch Temperaturen, die zur Eisbildung führen, getötet werden. Von den in Neapel und Roscoff untersuchten Tiefenalgen starben etwa 50% schon bei Temperaturen von — 2° C (Seewasser noch nicht gefroren) und darüber. Ein Einfrieren wurde von keiner einzigen Tiefenalge ertragen.

Man wird nach dem bisher bekannten für die Kälteresistenz der Gezeiten- und Tiefenalgen verallgemeinern dürfen: Echte, bei Ebbe freiliegende Gezeitenalgen ertragen in Gebieten, in denen die Lufttemperatur im Winter unter den Gefrierpunkt absinkt, ein vollkommenes Einfrieren, während sowohl die Algen der Gezeitentümpel und der Ebbelinie, wie vor allem die Tiefenalgen durch Temperaturen, die zur Eisbildung führen, getötet werden. Ob Gezeitenalgen warmer Meereszonen, in denen die Lufttemperatur niemals unter 0° C absinkt, eine geringere Kälteresistenz zeigen oder ob diese, gekoppelt mit der auch dort ökologisch notwendigen Austrocknungsresistenz groß bleibt, wurde bisher noch nicht untersucht.

Hinsichtlich der Wärmeresistenz sind die Unterschiede zwischen Gezeiten- und Tiefenalgen in Roscoff nicht so groß wie in Neapel, und würden vermutlich bei Algen kälterer Meere noch kleiner werden. Es darf dies als Ausdruck der Anpassung der Gezeitenalgen an das regionale Großklima angesehen werden. In Neapel lebten sämtliche untersuchten Gezeitenalgen (*Cladophora spinulosa, Cl. bertolinii, Cl. hamosa, Cl. laetevirens, Bangia fuscopurpurea, Porphyra leucosticta, Polysiphonia pulvinata*) nach 12stündigem Aufenthalt in +35° C, während diese Temperatur unter den Gezeitenalgen von Roscoff nur mehr von der besonders widerstandsfähigen *Enteromorpha intestinalis* ertragen wurde. Alle anderen hatten hier ihre Lebensgrenze schon bei +30° C, während die Algen der Gezeitentümpel und der Ebbelinie erst bei +27° C und darunter am Leben blieben.

Tab. 51. *Temperaturresistenz von Meeresalgen der bretonischen Küste um Roscoff nach 12 stündiger Einwirkungsdauer der Temperaturen.*
l = lebend, ± = teilweise tot, + = alles tot. (Nach R. BIEBL 1958.)

Alge	Kälteresistenz			Kontrolle ca.	Wärmeresistenz			Standort
	− 8°	− 2°	+ 3°	+ 19°	+ 27°	+ 30°	+ 35° C	
Grün:								
Ulva cf. *lactuca*	l	l	l	l	l	l	+	Gezeitenzone
Enteromorpha intestinalis	l	l	l	l	l	l	l	
Cladophora rupestris	l	l	l	l	l	l	+	
Braun:								
Pylaiella littoralis	l	l	l	l	l	l	+	
Cladostephus verticillatus	l	l	l	l	l	l	+	
Rot:								
Porphyra umbilicalis	l	l	l	l	l	l	+	
Catenella repens	l	l	l	l	l	l	+	
Callithamnion cf. *hookeri*	l	l	l	l	l	l	+	
Braun:								
Colpomenia peregrina	+	l	l	l	±	+	+	Gezeitentümpel und Ebbelinie
Rot:								
Bonnemaisonia hamifera	+	l	l	l	±	+	+	
Asparagopsis armata	+	+	l	l	l	+	+	
Polysiphonia elongata	+	l	l	l	l	+	+	
Grün:								
Ulva cf. *olivacea*	+	l	l	l	l	l	+	Tiefe (5—25 m)
Cladophora pellucida	+	±	l	l	l	l	+	
Cladophora hutchinsiae	+	+	l	l	l	l	+	
Braun:								
Dictyota dichotoma	+	±	l	l	l	±	+	
Halopteris filicina	+	l	l	l	l	+	+	
Sporochnus pedunculatus	+	l	l	l	l	±	+	
Arthrocladia villosa	+	−l	l	l	l	+	+	
Rot:								
Stenogramme interrupta	+	+	l	l	l	l	+	
Bonnemaisonia asparagoides	+	+	l	l	?	+	+	
Asparagopsis armata	+	+	l	l	l	+	+	
Falkenbergia rufulanosa	+	±	l	l	l	+	+	
Antithamnion plumula	+	+	l	l	l	+	+	
Antithamnion sarniense	+	+	l	l	l	+	+	
Pleonosporium borreri	+	±	l	l	l	+	+	
Neomonospora furcellata	+	+	l	l	l	l	+	
Acrosorium uncinatum	+	+	l	l	l	+	+	

Alge	Kälteresistenz			Kontrolle ca.	Wärmeresistenz			Standort
	− 8°	− 2°	+ 3°	+ 19°	+ 27°	+ 30°	+ 35° C	
Laurencia obtusa	+	±	1	1	1	1	+	Tiefe (5—25 m)
Dudresnaya verticillata....	+	−1	1	1	1	+	+	
Dilsea carnosa...........	+	1	1	1	1	1	+	
Halimenia latifolia.......	+	1	1	1	1	1	+	
Kallymenia armoricana ...	+	1	1	1	1	+	+	
Kallymenia reniformis	+	1	1	1	1	+	+	
Meredithia microphylla ...	+	1	1	1	1	±	+	
Rhodymenia palmata	+	1	1	1	1	+	+	
Rhodymenia pseudopalmata	+	1	1	1	1	1	+	
Griffithsia flosculosa	+	1	1	1	1	±	+	
Halurus equisetifolius.....	+	1	1	1	1	+	+	
Membranoptera alata	+	1	1	1	1	+	+	
Delesseria sanguinea......	+	1	1	1	1	+	+	
Phycodris rubens.........	+	1	1	1	1	+	+	

Dies gilt für Versuche, in denen die Gezeitenalgen in Seewasser liegend erwärmt wurden. In einem späteren Abschnitt wird noch über die Beziehungen zwischen Wassergehalt der Zellen und deren Hitzeresistenz zu sprechen sein. Jetzt sei nur schon darauf hingewiesen, daß für die echten Gezeitenalgen während der Ebbe Austrocknung und starke Erwärmung zusammenfallen können. Diese Kombination bringt eine weitere Steigerung der Wärmeresistenz der Gezeitenalgen und ist ökologisch zweifellos von Bedeutung.

So trocknet z. B. *Bangia fuscopurpurea*, die in Neapel an den Uferschutzmauern und Klippen die höchstgelegenen Standorte einnimmt, bei ruhiger See oft stundenlang bis zur Lufttrockenheit aus. Über der Quecksilberkugel eines Thermometers eintrocknen gelassen und der Mittagssonne ausgesetzt, konnte im Mai eine Erwärmung auf 38,3° C gemessen werden, die nach Wiedereinwässerung der Alge für diese ohne Schaden blieb. Auf einem Objektträger angetrocknet, konnte die Alge für 12 Stunden in einen Thermostaten von +42° C bei einer r. L. F. von 17,2% gelegt werden, ohne daß 24 Stunden nach erfolgter Rückübertragung in Seewasser irgendwelche Schäden an der Alge zu beobachten waren.

Ganz ähnlich verhält sich auf Helgoland die dort entsprechend extrem hochgelegene Standorte einnehmende fädige Grünalge *Urospora penicilliformis*, die gleichfalls über der Quecksilberkugel eines Thermometers angetrocknet, am Standort eine Temperatur von +39,8° C erreichte und ohne Schaden ertrug (Biebl 1939a).

Die durchschnittlichen Lebensgrenzen der Tiefenalgen Neapels und Roscoffs lagen dem gegenüber bei +27° C. Nur ein verhältnismäßig kleiner

Tab. 52. *Kälteresistenz von Meeresalgen der schwedischen Südküste (Kristineberg) nach 10stündiger Einwirkungsdauer der Temperaturen.*
l = lebend, + = tot oder zum Großteil tödlich geschädigt.
(Nach H. KYLIN 1917.)

Alge	– 18 bis – 20	°C – 16,8	– 10,7	– 7,8	– 5,7	– 4,0	– 2,9	Standort
Grün:								
Cladophora rupestris	+	l	l	l	l	l	l	Gezeitenzone
Enteromorpha intestinalis	l	l	l	l	l	l	l	Gezeitenzone
Braun:								
Ascophyllum nodosum	l	l	l	l	l	l	l	Gezeitenzone
Fucus vesiculosus	l	l	l	l	l	l	l	Gezeitenzone
Fucus serratus	l	l	l	l	l	l	l	Gezeitenzone
Pylaiella litoralis	+	l	l	l	l	l	l	Gezeitenzone
Rot:								
Porphyra hiemalis	l	l	l	l	l	l	l	Gezeitenzone
Bangia fuscopurpurea	l	l	l	l	l	l	l	Gezeitenzone
Nemalion multifidum (Kriechfäden im Winter)	l	l	l	l	l	l	l	Gezeitenzone
Chondrus crispus	+	l	l	l	l	l	l	Gezeitenzone
Braun:								
Laminaria saccharina (jung)	+	+	+	+	+	l	l	Tiefe
Laminaria saccharina (alt)	+	+	l	l	l	l	l	Tiefe
Laminaria digitata (jung)	+	+	+	l	l	l	l	Tiefe
Rot:								
Trailliella intricata	+	+	+	+	+	+	+	Tiefe
Delesseria sanguinea (jung)	+	+	+	+	+	+	l	Tiefe
Phycodris rubens (alt)	+	+	+	+	+	l	l	Tiefe
Laurencia pinnatifida	+	+	+	+	+	+	l	Tiefe

Tab. 53. *Wärmeresistenz von Meeresalgen der Kieler Förde (Ostsee) nach 12stündiger Einwirkungsdauer der Temperaturen.*
l = lebend, + = tot, Zahlen = Prozente der toten Zellen.
(Nach H. SCHWENKE 1959.)

Alge	26,5° C	28° C	30° C
Delesseria sanguinea	l	90 – +	+
Phycodris rubens	75 – +	+	+
Membranoptera alata	< 10	50	+
Ceramium rubrum	l	l	75
Polysiphonia nigrescens	l	l	25
Rhodomela subfusca	l	25	75
Phyllophora membranifolia	l	10	25
Furcellaria fastigiata	l	l	l

Teil vermochte innerhalb von 12 Stunden auch noch eine Temperatur von + 30° C zu überleben.

Diesen Werten fügt sich die Wärmeresistenz von Tiefenalgen der Ostsee

(Schwenke 1959) bestens ein. Tab. 53 zeigt die Grenzen der Wärmeresistenz einiger Tiefenalgen der Kieler Förde, die aus 5° C Seewasser von 15‰ Salzgehalt direkt für 12 Stunden in Seewasser der betreffenden Versuchstemperaturen übertragen wurden.

3. Temperaturresistenz und Klimazonen

Die in den Tabellen 50 und 51 zusammengestellten Bereiche der Temperaturresistenz von Tiefenalgen des Golfes von Neapel und solchen der Nordküste Frankreichs zeigen keine wesentlichen Unterschiede. Die

Tab. 54. *Die wärme- und kälteempfindlichsten Tiefenalgen der bretonischen Küste bei Roscoff. 12stündige Einwirkungsdauer der Temperaturen.*
l = lebend, ± = teilweise tot, + = alles tot.
(Nach R. Biebl 1958.)

Alge	Kälteresistenz					Kontrolle ca.	Wärmeresistenz			
	− 8°	− 2°	+ 3°	+ 5°	+ 7°	+ 19°	+ 24°	+ 27°	+ 30°	+ 35° C
Dictyopteris membranacea	+	+	—l	l	l	l	l	+	+	+
Desmarestia ligulata	+	l	l	l	l	l	l	+	+	+
Callophyllis laciniata	+	±	l	l	l	l	l	+	+	+
Calliblepharis ciliata	+	+	l	l	l	l	l	+	+	+
Plocamium coccineum	+	+	l	l	l	l	l	±	+	+
Polyneura hilliae	+	+	l	l	l	l	l	+	+	+
Heterosiphonia plumosa	+	+	l	l	l	l	l	+	+	+
Sphondylothamnium multifidum var. *piliferum*	+	+	+	±	l	l	l	l	(±)	+
Drachiella spectabilis	+	+	+	+	l	l	l	l	+	+
Rhodophyllis divaricata	+	+	+	±	l	l	l	l	+	+
Cryptopleura ramosa	+	+	±	±		l	l	l	+	+

Grenze der Kälteresistenz liegt um — 2° C (Seewasser noch nicht gefroren), die der Wärmeresistenz um 30° C. + 3° C und + 27° C werden von sämtlichen angeführten Algen ertragen, — 8° C (eingefroren) und + 35° C führen in beiden Meeresgebieten zum Tod der Tiefenalgen.

Ob die Resistenzunterschiede zwischen — 2° C und + 3° C bzw. + 27° und + 30° C nur artspezifische plasmatische Unterschiede darstellen oder als ökologisch bedingte Anpassungen an die Temperaturverhältnisse der Hauptverbreitungsgebiete der einzelnen Algenformen anzusehen sind, wäre noch zu überprüfen.

Sicher dürfte aber sein, daß eine Reihe anderer Tiefenalgen von Roscoff, deren Temperaturresistenz in Tab. 54 wiedergegeben ist, ihr Verbreitungszentrum teils in nördlicheren, teils in südlicheren Gebieten haben.

Die „nördlichen Formen" haben als Tiefenalgen ihre Lebensgrenze zwar auch nicht unter —2° C (noch keine Eisbildung) bzw. ertragen kein Einfrieren bei —7° bis —8° C, ihre Wärmeresistenz reicht aber nur bis +24° C. Bei +27° C werden sie, mit Ausnahme des nur teilweise absterbenden *Plocamium coccineum,* vollständig getötet.

Tab. 55. *Temperatur und Salzgehalt des Meerwassers in der Baie de Morlaix während des Jahres 1957 in 0 m, 25 m und 40 m Tiefe (einmal monatlich gemessen).* (Nach Angaben des Wissenschaftlichen und Technischen Institutes für Meeresfischerei in Roscoff.)

Monat	Temperatur °C			Salzgehalt ‰		
	0 m	25 m	40 m	0 m	25 m	40 m
Februar	9,90	9,90	9,80	35,20	35,21	35,21
März	10,35	10,20	10,20	35,03	35,10	35,10
April	11,50	11,40	11,40	34,87	34,87	34,88
Mai	12,30	12,10	12,10	34,89	34,90	34,92
Juni	13,20	13,20	13,20	34,93	34,95	34,97
Juli	14,30	14,20	14,20	35,03	35,03	35,03
August	15,80	15,70	15,50	35,07	35,10	35,10
September	15,60	15,50	15,50	35,12	35,14	35,14
Oktober	15,05	14,90	14,90	35,13	35,14	35,14
November	12,30	12,50	12,50	35,17	35,17	35,17
Dezember	10,10	10,10	10,15	35,10	35,10	35,10

Umgekehrt zeigen die „südlichen Formen", die vermutlich als nördliche Vorposten einer kälteempfindlichen südlichen Algenflora anzusehen sind, eine Kälteempfindlichkeit, die weit über den Gefrierpunkt hinaufreicht. Für eine dieser Arten, nämlich *Sphondylothamnium multifidum,* war diese geringe Kälteresistenz schon länger bekannt (Biebl 1937). Die in Plymouth, an der englischen Seite der Kanalküste, erstmals untersuchte Alge starb in Seewasser von +2° C schon innerhalb von 10 Minuten etwa zur Hälfte ab. Diese Alge wurde nun in der var. *piluliferum* bei Roscoff wiedergefunden und zeigte, wie auch noch drei weitere Tiefenrotalgen (*Drachiella spectabilis*, Rhodophyllis divaricata* und *Cryptopleura ramosa*) auch hier eine gleich hohe Kälteempfindlichkeit. Die vier Arten starben innerhalb von 12 Stunden nicht nur in Seewasser von +3° C, sondern sogar noch ganz oder teilweise in Seewasser von +5° C ab. Erst +7° C warmes Seewasser wurde von allen vieren ohne Schaden ertragen. Damit ordnen sich diese kälteempfindlichen Algen gerade noch in den am Standort in der Nähe von Roscoff gegebenen Temperaturbereich ein, dessen tiefste Temperaturen im Februar +8,5° C nicht unterschreiten (Tab. 55).

Die Wärmeresistenz dieser ihrer Hauptverbreitung nach vermutlich südlichen Algen gehen demgegenüber über den Durchschnitt der Roscoffer Tiefenalgen nicht hinaus. In +27° C leben nach 12stündiger Einwirkung

* Ernst und Feldmann (1957), Drach (1949).

alle vier Arten, in $+30^0$ C sind *Sphondylothamnium* und *Rhodophyllis* stark geschädigt, während die beiden anderen Arten völlig getötet sind.

Die bisherigen Erfahrungen hinsichtlich Temperaturresistenz und Klimazonen legen folgende vorläufige Verallgemeinerung nahe:

1. Die Gezeitenalgen wärmerer Klimazonen sind entsprechend der höheren Lufttemperatur durch eine höhere Wärmeresistenz ausgezeichnet als die kälterer Gebiete. Temperaturresistenzbestimmungen an Algen ausgesprochen warmer Meere liegen bisher noch nicht vor. Ob die Gezeitenalgen auch dort — ohne ökologische Notwendigkeit — ein Einfrieren ertragen, wäre zu prüfen, da Trocken- und Kälteresistenz häufig parallel gehen.

2. Für die Tiefenalgen gilt anscheinend, daß die in kälteren Meeren heimischen Arten nicht durch eine wesentlich höhere Kälteresistenz, sondern durch eine geringe Wärmeresistenz ausgezeichnet sind, während Algen, die in wärmeren Meeren ihr Hauptverbreitungsgebiet haben, nicht durch eine wesentlich höhere Wärmeresistenz, sondern durch eine besonders geringe Kälteresistenz charakterisiert sind. Sie sterben, ähnlich wie Landpflanzen warmer Klimazonen (Molisch 1897), schon bei Temperaturen über dem Gefrierpunkt ($+1^0$ bis $+5^0$ C) ab.

3. Die den Temperaturverhältnissen der Verbreitungszentren der einzelnen Arten ökologisch angemessenen Resistenzgrenzen scheinen bei Vordringen in kältere oder wärmere Meeresgebiete beibehalten zu werden. Sollte sich dies durch weitere Untersuchungen der Temperaturresistenz an Algen verschieden temperierter Meeresgebiete bestätigen, so wäre damit eine pflanzengeographisch äußerst aufschlußreiche zellphysiologische Methode zur Festlegung der ökologisch optimalen Verbreitungsgebiete einzelner Algenarten gegeben.

B. Hitze

I. Standorttemperatur und Hitzeresistenz

1. Pflanzen des Süßwassers

a) Thermalalgen

Die höchsten Temperaturen an natürlichen Pflanzenstandorten finden sich in heißen Quellen. Obwohl die Vegetation der Thermen und Physiologie der Thermalorganismen seit den ersten Beschreibungen von Agardh (1827) eingehende und vielseitige Untersuchung erfahren haben, fehlen experimentelle Bestimmungen der Hitzeresistenz dieser ökologisch und physiologisch so interessanten Vertreter des Pflanzenreichs fast vollständig.

Einen gewissen Ersatz hiefür können aber die vorliegenden Florenlisten aus verschieden heißen Thermen bieten. Man wird nämlich die in diesen Naturexperimenten für die einzelnen Arten beobachteten höchsten Standorttemperaturen wahrscheinlich auch den Grenzen ihrer Hitzeresistenz gleichsetzen dürfen, da sie unter sonst gleichen Lebensbedingungen in noch höher temperierten Wässern nicht mehr auftreten. Es ist kaum zu erwarten, daß in einem mehrstündigen Erhitzungsexperiment die obersten Lebensgrenzen der einzelnen Thermalorganismen bei wesentlich höheren Temperaturen zu finden sind, als sie den Höchsttemperaturen ihrer natürlichen Standorte entsprechen.

Eine Bestätigung dieser Annahme geben Versuche von Bünning und Herdtle (1946) mit einer *Oscillatoria,* die in einer heißen Quelle Javas bei + 64° C wuchs und bei der nicht viel höheren Temperatur von 68° C innerhalb von 5 bis 10 Minuten und bei 75° C schon in 10—20 Sekunden getötet wurde.

Der Begriff „Therme" wird verschieden definiert. Streng genommen versteht man darunter jede Quelle, deren Wassertemperatur höher ist als die durchschnittliche Jahrestemperatur am Quellort. Im allgemeinen Wort-

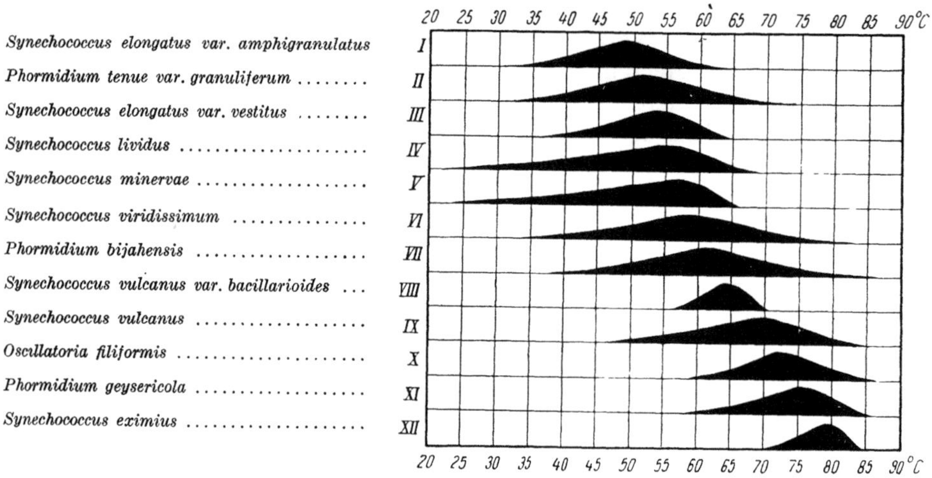

Abb. 54. Temperaturbereich des Vorkommens einiger Algen in Thermalwässern des Yellowstone-Nationalparkes. (Zusammengestellt von Vouk 1948, nach Copeland 1936.)

gebrauch pflegt man jedoch nur solche Quellen als Thermen zu bezeichnen, deren Temperatur höher als 20° C ist. Nach dem Grad der Temperatur empfiehlt Vouk (1948, 1950) vom biologischen Standpunkt aus eine Unterscheidung in

Chliarothermen (lauwarme Quellen)	18 — 28° C
Euthermen (warme Quellen)	28 — 44° C
Akrothermen (heiße Quellen)	44 — 65° C
Hyperthermen (siedende Quellen)	über 65° C

Höhere Pflanzen wie Moose, Farne oder Blütenpflanzen fehlen in wärmeren Thermen fast vollständig. Vouk (1919) fand in einer kroatischen Therme bei + 40° C *Ludwigia palustris* und bei + 32° C *Lemna minor.* Molisch (1926) beobachtete in 300 von ihm in Japan untersuchten Thermalquellen nur einmal neben einer Therme in stagnierendem Wasser von 35° C *Lemna polyrrhiza.* Sonst ist die Thermalflora ausschließlich aus Algen und Bakterien zusammengesetzt.

Wenn uns auch im Zusammenhang mit der Hitzeresistenz in erster Linie die für die einzelnen Algen oder Bakterien beobachtete höchste Standorttemperatur interessiert, so muß gleichzeitig festgehalten werden, daß diese Maximaltemperatur des Vorkommens nicht zusammenfällt mit dem Optimum der Entwicklung. Abb. 54 gibt eine Zusammenstellung, die VOUK (1948) nach den Angaben von COPELAND (1936) für einige Algen der Thermalwässer des Yellowstone-Nationalpark (USA) gezeichnet hat.

HANSGIRG (1884) unterschied zwischen Thermalalgen, die wesentlich auf warme Quellen und deren Abflüsse beschränkt sind, und thermophilen Algen, die auch anderwärts an warmfeuchten Standorten (z. B. in Glashäusern) vorkommen können. ELENKIN (1914) gebraucht nur mehr den Terminus thermophile Algen, unterteilt diese aber in 1. hypothermophile (unter

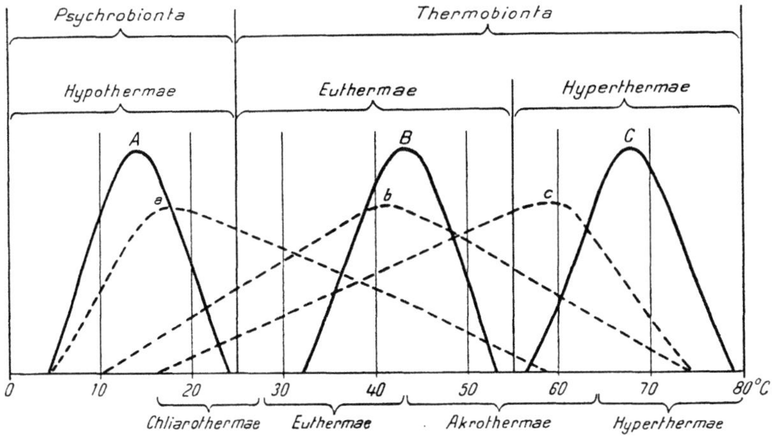

Abb. 55. Klassifikation der in Thermen lebenden Organismen nach ihrer ökologischen Valenz. (Nach V. VOUK 1950.)

16° C), 2. mesothermophile (15—30° C) und 3. euthermophile Formationen (30—80° C). Hier wurde zur Charakterisierung des Lebensbereiches das Minimum und das Maximum des Temperaturfaktors herangezogen, was etwa der Resistenzbreite des Organismus gegen extreme Temperaturen nach oben und unten gleichzusetzen wäre.

VOUK (1939, 1948, 1950) nimmt demgegenüber zur Kennzeichnung der „ökologischen Valenz" auch das für die Entwicklung ausschlaggebende Optimum des in Frage stehenden Umweltsfaktors mit herein und kommt dadurch ganz allgemein zu einer dreifachen Unterteilung der zwei ökologischen Haupttypen s t e n o v a l e n t (enger ökologischer Bereich) und e u r y v a l e n t (weiter ökologischer Bereich):

	Bezeichnung in Abb. 55:
1. Stenovalente Typen:	
mikrostenovalent mit niederem Optimum	*A*
mesostenovalent mit mittlerem Optimum	*B*
makrostenovalent mit hohem Optimum	*C*
2. Euryvalente Typen:	
mikroeuryvalent mit niederem Optimum	*a*
mesoeuryvalent mit mittlerem Optimum	*b*
makroeuryvalent mit hohem Optimum	*c*

Abb. 55 zeigt diese Einteilung nach ökologischen Valenzen, angewendet auf die Organismen in verschieden temperierten Thermen.

In ökologischen Gruppierungen anderer Autoren (Strouhal 1934) entsprechen *B* und *C* den Thermobionten, *b* und *c* den Thermophilen und *a* den Thermoxenen. *A* fällt zusammen mit den Kaltwasser bewohnenden Psychrobionten, die schon bei etwa +25° C ihre obere Lebensgrenze erreichen.

Ein Musterbeispiel für eine makrostenotherme Form im Sinne Vouks ist die Blaualge *Mastigocladus laminosus* Cohn, die schon bei Temperaturen von 5 bis 8° C zu gedeihen vermag (Löwenstein 1903), ihr Optimum um 48—50° C besitzen dürfte (Vouk und Klas 1939) und auch noch in Thermen von 65° C (Molisch 1926) gefunden wurde. In neuerer Zeit wurde sie von Anagnostidis (1959) in Thermalquellen von Nigrita (Griechisch-Zentralmacedonien) bei 49,9—51,4° C gefunden.

Welches sind nun die für das Vorkommen von Thermalalgen und -bakterien beobachteten Höchsttemperaturen, die wir den Grenzen ihrer Hitzeresistenz gleichsetzen möchten?

Die höchsten Standorttemperaturen wurden für Bakterien festgestellt. Molisch (1926), der in Japan Thermen bis über 90° C untersucht hat, fand weiße Massen bildende sichelförmige Bakterien bis zu Wassertemperaturen von 77,5° C und Copeland (1936) gibt sogar 88° C als höchste Werte für Bakterien an.

Etwas niedriger liegen die Temperaturgrenzen für Cyanophyceen. Copeland konnte *Phormidium bijahensis* und *Oscillatoria filiformis* im Yellowstone-Nationalpark noch in Thermen von 82,2° C feststellen. Weed (1889) gibt im gleichen Gebiet sogar 85° C als höchste Standorttemperatur von Blaualgen an, was auch Davis (1897) bestätigen konnte. Elenkin (1914) nennt für das Vorkommen von Thermalblaualgen auf Kamtschatka 75,5° C als Maximum, während Molisch (1926) für die japanischen Quellen 69° C als Höchsttemperatur von Blaualgenstandorten bezeichnete. Molisch weist mit Nachdruck auf eine Fehlerquelle für zu hohe Temperaturangaben hin, die darin besteht, daß die Temperaturmessung nicht genau am Algenstandort durchgeführt wird. Es zeigte sich nämlich, daß innerhalb einer Therme an verschiedenen Punkten die Temperatur sehr verschieden hoch sein kann. Thermische Schichtungen mit beträchtlichen Temperaturunterschieden auf Entfernungen von wenigen Centimetern wurden später von Schwabe (1933, 1936) an isländischen Thermen nachgewiesen.

Von neueren Standortbeobachtungen seien die von Bünning auf Sumatra und Java genannt (Bünning und Herdtle 1946): „Die höchste Wassertemperatur, bei der Blaualgen sich noch zu entwickeln vermochten, betrug 70° C. Temperaturen von 70—75° C wurden von mehreren Arten ertragen, wenn sie nur wenige Stunden einwirkten. Die Artenzahl war bei Temperaturen bis etwa 50° C groß. Bei noch höheren Temperaturen wurden namentlich gefunden: *Phormidium laminosum, Mastigocladus laminosus,* einige *Oscillatoria-, Lyngbia-* und *Anabaena*-Arten."

Nach Bünning dürften für das Blaualgenwachstum bei extrem hohen Temperaturen günstigste Assimilationsbedingungen notwendig sein. So fanden sich Blaualgen zwischen 65 und 70° C nur dort, wo das Wasser sehr reich an CO_2 und dem vollen Sonnenlicht ausgesetzt war. An schattigen Stellen, zu denen nur $^1/_{15}$ des vollen Sonnenlichtes gelangte, gedeihen die Blaualgen trotz hoher CO_2-Konzentration nicht mehr bei Temperaturen über 50—55° C. Ebenso fehlten sie aber auch in stark belichteten, hoch temperierten Thermen, wenn die CO_2-Konzentration nur gering war.

Im übrigen trifft für die Blaualgen extrem heißer Standorte gleiches zu, wie es allgemein für die artenarmen, aber individuenreichen Besiedler extremer Standorte gilt: Sie suchen den extremen Standort nicht, weil sie den extremen Umweltfaktor für ihr Leben brauchen, sondern sie entwickeln sich auf diesem Standort so reich, weil hier die Konkurrenz weniger resistenter Arten wegfällt.

Bünning (l. c.) schreibt hiezu für die Blaualgen: „Die Arten, die auf Java und Sumatra in heißen Quellen und in Schwefelquellen niedrigerer Temperatur vorherrschen (Anm.: viele thermophile Blaualgen zeichnen sich auch durch hohe Giftresistenz aus!), werden wenige Meter weiter entfernt in weniger giftigem oder weniger heißem Wasser von anderen Arten verdrängt, obwohl die gift- und hitzeresistenten Formen im Laboratorium in gewöhnlicher Nährlösung bei mäßiger Temperatur (28° C) ebenso gut oder besser gedeihen als in schwefeliger Säure und Schwefelwasserstoff enthaltenden Lösungen."

Die Ursachen ihrer größeren Resistenz wird in einem Plasmazustand gesehen, wie er ähnlich bei anderen Pflanzen in Phasen der Resistenzerhöhung auftritt. Vielleicht durch einen verminderten Gehalt an freiem Wasser wirkt er hemmend auf die Atmungsintensität, indem er die Geschwindigkeit der chemischen Reaktionen, etwa durch Diffusionshemmung, beeinträchtigt. Die durch diesen Plasmazustand gegebene Stabilitätserhöhung, die auch die Möglichkeit einer Assimilation bei hoher Temperatur bedingt, wird auf Kosten einer Verminderung der Lebensintensität erreicht, so daß die thermophilen Blaualgen nur unter den für andere Arten ungünstigen extremen Lebensbedingungen (hohe Temperatur, giftige Lösungen) überlegen sind, während ihr Fortkommen sonst der Konkurrenz nicht gewachsen ist.

Marré und Servettaz (1956, 1957, zit. in Levitt 1958) sehen die Ursachen der Hitzeresistenz der Thermalalgen in einer besonderen Struktur ihrer Proteinmoleküle und führen als Stütze ihrer Ansicht an, daß Extrakte von TPNH-Cytochrom C Reductase aus einer Thermalalge (*Aphanocapsa thermalis*), die bei 55° C kultiviert wurde, resistenter gegen Inaktivierung durch Hitze sind als ähnliche Extrakte aus einer bei Zimmertemperatur kultivierten Blaualge (*Anabaena cylindrica*).

Tab. 56 gibt für einige Schizophyta die Höchsttemperaturen ihrer natürlichen Standorte. Es handelt sich dabei wohl sicher um die Grenzen der Hitzeresistenz dieser Organismen. Die Temperaturoptima für die Massenentwicklung auch der hitzeresistentesten Schizophyten liegen meist beträchtlich tiefer.

Eine Zusammenstellung von Standorttemperaturen und Gewässertypen für 60 Thermalalgen Ungarns aus jüngster Zeit stammt von Claus (1959).

In einer umfangreichen tabellarischen Übersicht über Temperatur und Pflanzenvorkommen in verschiedenen Thermen führt Kol (in Györffy 1932) auch Angaben von Vilhelm an, wonach in einer 60—65° C temperierten Schwefeltherme von Pöstyén in Ungarn sowohl einige Conjugaten (*Closterium acerosum, Cosmarium bioculatum* und *Cosmarium botrytis*), wie auch eine Reihe von Chlorophyceen [*Aegropila canescens, Gloetila scopulina,*

Tab. 56. *Höchsttemperaturen von Standorten einiger Thermalschizophyten.*

Pflanze	Höchste beobachtete Standort-temperatur °C	Autor	Quellort
Bakterien:			
Verschiedene Bakterien....	88	Copeland 1937	Yellowstone-Nat.-Park
Weiße Masse sichelförmiger Bakterien	77,5	Molisch 1926	Japanische Thermen
Chlamydothrix thermalis....	72	Molisch 1926	Japanische Thermen
Bacillus thermophilus	72	Georgewitsch 1926	Vranja, Serbien
Blaualgen:			
Oscillatoria animalis.......	74	Filarszky	Budapest, Városliget
Oscillatoria okenii.........	72		
Oscillatoria terebriformis ...	72		
Aphanocapsa thermalis.....	72		
Chroococcus aurantiofusus ..	72		
Chroococcus bituminosus ...	72	Kol aus Györffy 1932	Hajduszoboszló, Ungarn
Chroococcus thermophilus...	72		
Synechocystis aquatilis	72		
Synechococcus elongatus	72		
Synechococcus elongatus f. *thermalis*	66	Ruttner 1930	Sundainseln
Synechococcus vulcanus	85	Copeland 1937	Yellowstone-Nat.-Park
Synechococcus n. sp. Stockmayer	68	Molisch 1926	Japanische Thermen
Mastigocladus laminosus ...	65	Molisch 1926	Japanische Thermen
Phormidium laminosum....	65	Molisch 1926	Japanische Thermen
Phormidium bijahensis.....	85,2	Copeland 1937	Yellowstone-Nat.-Park
Oscillatoria filiformis	85,2	Copeland 1937	Yellowstone-Nat.-Park

Hormidium calidum, Hormiscia subtilis, Hormiscia subtilis var. *thermarum* (*Ulothrix thermarum*), *Oedogonium fonticola, Protococcus caldariorum, Protoderma viridis, Prasiola calophila, Radiophilum irregulare, Ulothrix variabilis*] gefunden wurden.

Da derart hohe Standorttemperaturen für Grünalgen sonst nie beobachtet wurden, ist wohl anzunehmen, daß hier der Irrtum unterlaufen ist, vor dem Molisch (1926) gewarnt hat, daß nämlich die Temperatur an einer heißeren Stelle der Therme gemessen wurde, als am tatsächlichen Standort der Algen. Die Liste wurde trotzdem angeführt, da zweifellos diesen Algen eine sehr hohe Temperaturresistenz zukommt. Resistenzversuche durch Kultur derartiger Formen in verschieden hoch temperierten Nährlösungen könnten eine Entscheidung über die Hitzeresistenz dieser Algen herbeiführen. Es würden sich wahrscheinlich unter Grünalgen normal temperierter Gewässer thermophile Formen herausfinden lassen, wenn man ähnlich vorginge, wie dies MOLISCH (1926) mit Cyanophyceen getan hat: „Man ist imstande, sich jederzeit im Laboratorium thermophile Cyanophyceen einfach dadurch zu beschaffen, daß man gewöhnliches Wasser, Moorwasser oder Knopsche Nährlösung nach Zusatz von etwas Erde, Graben-, Fluß- oder Meeresschlamm bei einer Temperatur von 35 bis 45° C, eventuell 50° C im diffusen Licht stehen läßt. Die dann auftauchenden Cyanophyceen stimmten nicht selten mit Arten überein, die man in Thermen findet, z. B. *Oscillatoria formosa, Osc. amphibia, Phormidium angustissimum* etc."

In Thermen von 28 bis 35° C sind nach VOUK (1950) von Chlorophyceen besonders *Rhizoclonium hieroglyphicum* und *Stigeoclonium thermale*, ferner *Ulothrix, Oedogonium* und *Cladophora-Arten* sowie auch einzellige Formen wie *Pediastrum boryanum, Protococcus viridis* oder *Scenedesmus quadricauda* beobachtet worden. Von Conjugaten gibt VOUK *Spirogyra* und einige Vertreter der Gattung *Cosmarium,* wie *Cosmarium laeve, Cosm. meneghini* oder *Cosm. reniforme* an. Schließlich wurden auch Characeen in Thermen bis zu 40° C gefunden. Alle diese Formen sind aber nicht ausschließlich an das warme Wasser der Thermen gebunden.

Gleiches gilt für Diatomeen, von denen *Nitzschia thermalis, Pinnularia appendiculata, Pinnularia viridis* und *Navicula cryptocephala* nach VOUK am häufigsten in Thermen vorkommen. MOLISCH (1926) fand in japanischen Thermen Diatomeen nur in einem Fall noch bei 51° C, während WEST (1902) für verschiedene Thermen und SPRENGER (1930) für den Karlsbader Sprudel noch viel höhere Temperaturen von Kieselalgenstandorten angeben. Doch wird von anderen Autoren bezweifelt, daß die Diatomeen bei diesen Temperaturen noch lebten, und angenommen, daß es sich dabei um Beobachtung eingeschwemmter toter Schalen handelte.

HUSTEDT (1953) fand *Navicula confervacea, Pinnularia acrosphaerica* und *Pinnularia microstauron* in einer Therme von 37° C in San Salvador und RUTTNER (1930) beschreibt das Vorkommen verschiedener Diatomeen bei 45° C in Thermen der Sundainseln. GALLIK (1932) führt verschiedene Diatomeen aus einer Therme von Hajduszoboszló in Ungarn mit einer Wassertemperatur von 30 bis 40° C an.

Nach KOLBE (1932) und VOUK (1950) wird man annehmen dürfen, daß es unter den Diatomeen keine eigentlichen Thermalformen gibt, sondern daß es sich stets nur um Einwanderung besonders eurythermer Arten handelt. Da die Kieselalgen im allgemeinen kühle Gewässer bevorzugen, ist zu erwarten, daß Hitzeresistenzuntersuchungen an Kieselalgen protoplasmatisch-ökologisch interessante Resistenzgrenzen auffinden ließen. Vergleichende Untersuchungen in dieser Hinsicht liegen noch nicht vor.

Braunalgen (Phaeophyceen) sind aus Thermen nicht bekannt, während von Rotalgen (Rhodophyceen) aus Thermen mittlerer Temperatur zwei Arten angegeben werden, nämlich *Chantransia chalybea* und *Pseudochantransia pygmaea* (VOUK 1950).

VOUK (1959 a, b) weist am Beispiel der Thermalquellen von Bad Gastein (Österreich) darauf hin, daß an Orten, an denen die Thermalquellen nach technischen und hygienischen Gesichtspunkten gefaßt und in gedeckte

Räume verlagert werden, die ursprüngliche Thermalflora fast völlig zum Verschwinden kommen kann. So ist die typische Thermalblaualge *Mastigocladus laminosus,* die von Stockmayer (1928 a, b) im Jahre 1911 aus Gastein beschrieben und 1937 nocheinmal gefunden wurde, heute, ebenso wie auch eine ganze Reihe weiterer von Stockmayer aufgezählter Thermalalgen, in Gastein vollständig verschwunden. Vouk (1950, 1959 a, b) unterstreicht daher die schon von Stockmayer aufgestellte Forderung, die Naturschutzgesetze auch bei Thermalquellen anzuwenden und wenigstens einzelne Quellaustritte unter normalen Bedingungen bei vollem Tageslicht zu belassen, um hier dem ursprünglichen Algenleben einen freien Entwicklungsverlauf zu geben.

b) Algen temperierter Gewässer

Auch temperierte Gewässer, vor allem kleine Wasserlachen und Tümpel können während der Sommermonate unter Umständen beträchtliche Temperaturen erreichen und große Anforderungen an die Wärmeresistenz ihrer Bewohner stellen.

So wurden z. B. während einer längeren Hitzeperiode im Juni 1957 in einer flachen, stehenden Wasseransammlung (Lagg) in den Mooren des Eggstädter Seengebietes in Oberbayern Mittagstemperaturen des den Boden bedeckenden Algenschlammes von 45,5° C an der Oberfläche und 34° C in 8 cm Tiefe gemessen (Höfler, Fetzmann und Diskus 1957) Der Schlamm war durch ein Massenvorkommen der (neu entdeckten) Tetrasporale *Gloeococcus bavaricus* Skuja (Skuja 1958) ausgezeichnet. Daneben fanden sich, auch verhältnismäßig reichlich, die Desmidiaceen *Xanthidium armatum, Euastrum crassum* und *Closterium ulna.*

An einer schattigen Stelle des gleichen Laggs wurden neben der gleichfalls vorherrschenden Grünalge *Gloeococcus bavaricus* aber noch 31 Desmidiaceenarten, Blaualgen, Diatomeen und andere Algen gefunden. Das Massenvorkommen von *Gloeococcus bavaricus* in den durch Sonnenstrahlung stark erhitzten Teilen spricht für eine besonders hohe Wärmeresistenz, vielleicht auch höheres Temperaturoptimum dieser eurythermen Alge, deren hohe Vermehrungsrate geradezu als Maßstab ihrer Vitalität angesehen werden darf.

Url und Fetzmann (1959) haben die Wärmeresistenz der Algen dieses vorübergehend so hoch temperierten Standortes sowie von Desmidiaceen anderer Herkunft, im Laboratoriumsversuch geprüft, und zwar vorerst durch 15 Minuten Einwirkungsdauer der Versuchstemperaturen. Die Algenproben wurden hiezu in kleinen, dünnwandigen Glaszylindern in verschieden warme Wasserbäder gebracht, dann in Wasser von Raumtemperatur (25° C) abgekühlt und 2 Stunden später auf ihren Lebenszustand untersucht. Als Lebensreaktion diente Plasmolyse in KNO_3- oder $CaCl_2$-Lösungen. Tab. 57 gibt das Ergebnis des Versuchs wieder und zeigt, daß die Temperaturresistenz von *Gloeococcus bavaricus* tatsächlich höher ist als die der übrigen untersuchten Mooralgen.

2 Tage später war auch *Gloeococcus* aus dem 15-Minuten-Versuch bei 55° C tot, lebte aber noch vollständig nach der Erwärmung auf 50° C, wäh-

rend *Xanthidium armatum* auch schon nach 50° C Erwärmung zum größten Teil und *Micrasterias rotata* vollständig abgestorben waren. Erst von den nur auf 40° C erwärmten Algen lebten nach 2 Tagen noch sämtliche in der Tabelle angeführten Arten.

Tab. 57. *Wärmeresistenz von Gloeococcus bavaricus und verschiedenen Mooralgen im 15-Minuten-Versuch. Beobachtung nach 2 Stunden.*
1 = lebend, ∓ = 40—70% lebend, (±) = bis 40% lebend, ± = fast alles tot, + = alles tot.
(Zusammengestellt nach URL und FETZMANN 1959.)

Alge	15 Minuten Einwirkungsdauer ° C						Standort
	40	45	50	55	60	66	
Gloeococcus bavaricus	1	1	1	1	+	+	Algen aus derselben Biozönose
Euastrum crassum	1	1	+	+	+	+	
Xanthidium armatum	1	1	1	+	+	+	
Closterium ulna	1	±	+	+	+	+	
Micrasterias rotata	1	1	∓	+	+	+	Algen anderer Herkunft
Netrium digitus	1	1	+	+	+	+	
Eremosphaera viridis	1	1	(±)	+	+	+	
Micrasterias denticulata	1	1	+	+	+	+	
Tetmemorus granulatus	1	.	+	+	+	+	
Euastrum insigne	1	1	+	+	+	+	

Wie schon am Beispiel der Meeresalgen besprochen (vgl. S. 141), sind die Grenzen der Temperaturresistenz abhängig von der Einwirkungsdauer der Temperatur. So zeigt Tab. 58, daß der im 15-Minuten-Versuch bis 55° C lebende *Gloeococcus bavaricus* bei 8stündiger Versuchsdauer schon durch 45° C

Tab. 58. *Wärmeresistenz von Gloeococcus bavaricus und anderen Mooralgen bei verschieden langer Einwirkungsdauer einer Temperatur von + 45° C. Beobachtung 30 Minuten später.* (Zusammengestellt nach URL und FETZMANN 1959.)

Einwirkungsdauer	+ 45° C				
	1^h	2^h	4^h	8^h	12^h
Gloeococcus bavaricus	1	1	1	±	+
Eremosphaera viridis	1	1	1	+	+
Xanthidium armatum	1	1	1	+	+
Euastrum crassum	1	1	+	+	+

teilweise getötet wurde, wie auch die Grünalge *Eremosphaera viridis* und die Desmidiacee *Xanthidium armatum*, nur einen 4stündigen Aufenthalt bei 45° C ertragen.

Eine Staffelung der Erwärmungsdauer von 6 bis 81 Stunden läßt bei einer Versuchstemperatur von + 40° C die Resistenzunterschiede am deutlichsten erkennen (Tab. 59).

Zur Feststellung der an einem Standort mit vorübergehenden Tageshöchsttemperaturen von etwa 40° C ökologisch notwendigen Wärmeresistenz werden allerdings so lange Versuchszeiten gar nicht nötig sein. Schon im 9-Stunden-Versuch treten die wesentlichen Unterschiede deutlich hervor. Unter Einbeziehung einer gewissen „Sicherheitsresistenz" kann daher auch hier, wie bei den Meeresalgen, für künftige vergleichende Untersuchungen eine einheitliche Versuchsdauer von 12 Stunden vorgeschlagen werden. Auch bei den Gezeitenalgen handelt es sich ja in ähnlicher Weise um eine Resistenz gegen zeitlich beschränkte Höchsttemperaturen während der Ebbe.

Tab. 59. *Wärmeresistenz von Gloeococcus bavaricus und anderen Mooralgen bei verschieden langer Einwirkungsdauer einer Temperatur von + 40° C. Beobachtung 2 Stunden später.* (Zusammengestellt nach Url und Fetzmann 1959.)

Einwirkungsdauer	+ 40° C						
	6h	9h	24h	32h	48h	72h	81h
Gloeococcus bavaricus	l	l	l	l	l	l	l
Xanthidium armatum	l	l	l	l	l	±	+
Euastrum insigne	l	l	l	l	l	±	±
Eremosphaera viridis	l	l	l	+	+	+	+
Euastrum crassum	l	±	+	+	+	+	+
Micrasterias rotata	l	l	±	+	+	+	+
Netrium digitus	l	+	+	+	+	+	+
Tetmemorus granulatus	l	+	+	+	+	+	+
Closterium striolatum	l	+	+	+	+	+	+
Zygogonium ericetorum	l	+	+	+	+	+	+

Es wäre interessant, Untersuchungen von Algenkleingesellschaften (Fetzmann 1956, Höfler, Fetzmann und Diskus 1957) mit derartigen Wärmeresistenzbestimmungen zu verbinden. Vielleicht würde eine umfassende Kenntnis von Temperaturresistenzgrenzen von Süßwasseralgen es möglich machen, aus dem Vorkommen dieser oder jener Art Rückschlüsse auf die Temperaturverhältnisse der entsprechenden Standortwässer zu ziehen. Vielleicht könnten dadurch über den Temperaturfaktor des Kleinklimas der Lebensräume bestimmter Algengesellschaften ähnlich Aussagen gemacht werden, wie dies Höfler (vgl. S. 40) durch Bestimmung der Austrocknungsgrenzen von Lebermoosen für die Luftfeuchtigkeit der Lebensräume einzelner Moosvereine gelungen ist. Ihr Vorhandensein würde sagen, daß bestimmte Höchsttemperaturen in dem gegebenen Gewässer nicht überschritten werden.

Aussichtsreich müßten sich derartige Wärmeresistenzbestimmungen auch an verschiedenen Süßwasserplanktonalgen gestalten, die kaltstenotherm im Winter nahe der Wasseroberfläche vorkommen, sich aber im Sommer in Tiefen zurückziehen, die ihrem niederen Temperaturoptimum entsprechen (Findenegg 1943, 1947, Czernin-Chudenitz 1955) oder hochgelegene Gebirgsseen und -tümpel bevorzugen (Huber-Pestalozzi 1926, 1938, Messikommer 1942, Hustedt 1943, Gessner 1955).

Sehr tief gelegene Wärmeresistenzgrenzen wären — wenn auch mit den Algen nicht unmittelbar vergleichbar — auch bei der Flagellatenkolonie *Hydrurus foetidus* zu erwarten, der bei etwa +16° C schon die Grenzen seines Vorkommens findet, da bei höheren Temperaturen die Atmung den aufbauenden Stoffwechsel zu übersteigen beginnt.

c) Phanerogame Wasserpflanzen

Untersuchungen über die Wärmeresistenz des Plasmas im Wasser lebender Blütenpflanzen liegen u. W. noch nicht vor. Daß sich auch hier Unterschiede finden würden, ist anzunehmen. Die verschiedenen Florenlisten aus kalten, temperierten, subtropischen und tropischen Gewässern lassen kennzeichnende Unterschiede in der Temperaturresistenz erwarten. Andererseits finden sich aber gerade in tropischen Gewässern zahlreiche Arten (Ruttner 1930, van Steenis und Ruttner 1932, Zusammenfassung Gessner 1955), die kosmopolitisch auch in temperierten Gewässern vorkommen. Vergleichende Untersuchungen der Wärmeresistenz des Protoplasmas typisch tropischer und in tropischen Gewässern vorkommender kosmopolitischer Arten einerseits und der Wärmeresistenz dieser letztgenannten Arten aus temperierten Gewässern könnten zeigen, ob sich diese gleichen Arten in verschiedenen Klimagebieten auch hinsichtlich ihrer Wärmeresistenz gleich verhalten oder ob es bei ihnen zu standortbedingten Verschiebungen der Temperaturresistenzgrenzen kommt.

2. Landpflanzen

Die Behandlung der Hitzeresistenz der Landpflanzen soll in vier Fragen gegliedert werden: 1. Welche Höchsttemperaturen erreichen Pflanzen an ihren natürlichen Standorten? 2. Finden sich Hitzeschäden an natürlichen Standorten? 3. Besteht ein Zusammenhang zwischen der Höhe der Hitzeresistenz und den Standorttemperaturen? und 4. Wird die Hitzeresistenz durch innere oder äußere Bedingungen beeinflußt?

a) Höchsttemperaturen von Pflanzen am natürlichen Standort

Die höchsten Temperaturen an Pflanzenstandorten haben wir für Bakterien und Blaualgen in heißen Quellen (bis etwa 85° C) gefunden. Hier kann, wie wohl allgemein für Wasserpflanzen, die Temperatur des Pflanzenkörpers jener des umgebenden Wassers gleichgesetzt werden. Die höchsten Temperaturen von Landpflanzen sind an sonnendurchglühten Standorten zu erwarten, im Extrem etwa an südseitig exponierten Felsen, auf Sandböden oder in heißen Wüstengebieten. Ebenso wie sich aber der Boden durch Absorption der auftreffenden Strahlen weit über die Lufttemperatur erwärmen kann (Höchstwerte 70—80° C, vgl. S. 173), kann auch der Pflanzenkörper gegenüber der Luft sehr beträchtliche Übertemperaturen annehmen. Andrerseits kommt aber dazu, „daß die Pflanze durch Bau und Stellung ihrer Organe sowie durch physiologische Vorgänge in die Temperaturgestaltung eingreift“ (Huber 1935). Über die Temperatur von Landpflanzen können daher nur Temperaturmessungen an diesen selbst Auskunft geben.

Zusammenfassende Angaben über Temperaturmessungen an Pflanzen finden sich bei Fritzsche (1933), Huber (1935 a) und Levitt (1956).

Die ältesten Messungen von Temperaturen, die Pflanzen im direkten Sonnenlicht erreichen, stammen von Schumacher (1865) an Blättern verschiedener krautiger Pflanzen, an denen durch Anlegen eines Quecksilberthermometers Temperaturen von 28,8 bis 31,2° C festgestellt wurden, und von Askenasy (1875), der im botanischen Garten von Heidelberg die Temperaturen von *Sempervivum*-Blättern bestimmte. Auch er verwendete ein Quecksilberthermometer, das entweder an die Blätter angelegt oder durch einen Einschnitt in das Innere der Rosette gesteckt wurde. Mitte Juni, um 3 Uhr nachmittags konnte er bei einer Lufttemperatur von 31° C im Schatten in besonntem *Sempervivum alpinum* + 49,7° C, in *Sempervivum arenarium* 48,7° C, in *Sempervivum sobiliferum* 43,7° C und in einer nicht bestimmten *Sempervivum*-Art sogar 51,2° C messen. In gleicher Höhe halten sich auch die von Drude (1918) gleichfalls mit Quecksilberthermometern an Sukkulenten gefundenen Höchsttemperaturen.

Diese Werte stimmen bestens überein mit den Höchsttemperaturen, wie sie später mit thermoelektrischer Methode von Huber (1935 a) um die gleiche Jahreszeit im Freiburger botanischen Garten in Blättern von *Sempervivum piliferum* mit 49° C oder von Dörr (1941) in *Sempervivum hirtum* am natürlichen Standort am Frauenstein bei Mödling (Wien) mit 50,2° C gemessen wurden. Die höchsten Werte bei einer *Sempervivum*-Art fand Huber (1932) auf Südtiroler Heidewiesen (740 m über dem Meer) bei einer Lufttemperatur von 34,7° C und einer Bodentemperatur von über 60° C in Blättern von *Sempervivum arachnoideum* mit 56,2° C. Eine tote, trockene Pflanze zeigte die gleiche Temperatur wie der Boden, nämlich 61,6° C.

Die höchsten am natürlichen Standort an Blütenpflanzen beobachteten Temperaturen wurden von Schratz in der Kakteenwüste von Arizona während der Sommerruhe in schon etwas geschrumpften, aber lebenden Flachsprossen von *Opuntia discata* mit + 65° C gemessen. Auch Huber (1932) konnte am Balkon des botanischen Gartens in Freiburg in horizontal gelegten *Opuntia*-Sprossen bei einer Lufttemperatur von 31,3° C Gewebetemperaturen von 59° C und nach Schwärzung des Sprosses mit Kienruß sogar solche von 63,0° C erreichen. Die nachfolgende mikroskopische Kontrolle zeigte, daß die Zellen dadurch keinen Schaden erlitten hatten und turgeszent waren.

Hartig (1874) beobachtete bei einer Lufttemperatur von 37° C an stehenden F i c h t e n s t ä m m e n mit einem in den Stamm eingebohrten Thermometer Kambiumtemperaturen bis 55° C, Vonhausen (zit. nach Huber 1935 a, dort noch weitere Literatur über Baumtemperaturen) in Buchen bis 47° C, Gerlach (1928, 1929) in Fichten bis 47,1° C und Huber (1935) an *Pinus silvestris* in Südtirol (Rafail bei Gufidaun) an einem steilbestrahlten Seitenast solche bis zu 48,0° C. Neuere Messungen von Kambiumtemperaturen durch Ferkl (1951) und Primault (1954) zeigen, daß zwischen Sonnen- und Schattenflanke der Bäume Temperaturunterschiede von 10 bis 20° C bestehen können, wobei die Kambiumtemperatur der Schattenflanke der herrschenden Lufttemperatur entspricht (s. LEVITT 1958).

In verschiedenen fleischigen Früchten wurden im Mittelmeergebiet von PASSERINI (1901) Temperaturen bis zu 40—46° C und von ROUSCHAL (1938) in roten Früchten von *Arum maculatum* sogar Temperaturen bis 50,3° C gemessen. Im Bereich von 40 bis 46° C halten sich auch die von anderen Autoren in Früchten beobachteten Höchsttemperaturen (HUBER 1935). Die Übertemperaturen zur Luft bewegten sich dabei zwischen 10 und 17° C. In reifen Tomatenfrüchten wurden von HOPP (1947) bei einer Lufttemperatur von 29° C Höchsttemperaturen von 41° C gemessen.

Die zahlreich vorliegenden Temperaturmessungen an Blättern und Sprossen wurden zu einem Großteil im Hinblick auf besondere Fragestellungen durchgeführt, wie Abhängigkeit der Blattemperatur von den Reflexions- und Absorptionsverhältnissen des Blattes (BAUMERT 1909, SMITH 1909, FURLANI 1926, SEYBOLD 1929, SEYBOLD und BRAMBRING 1933, SIDORIN 1950), Einfluß der Sukkulenz (HUBER 1932, dort auch ältere Lit., ALSAÇ 1942), Einfluß der Exposition (PASSERINI 1901, STAHL 1909, KARSTEN 1918, NUERNBERGK 1925, HUBER 1935 a, WAGGONER und SHAW 1952), Wärmehaushalt (BROWN und ESCOMBE 1905, MILLER und SAUNDERS 1923, HUBER 1935 a, RASCHKE 1956 a, b, LANGE 1959), Windwirkung (SEYBOLD 1930, SEYBOLD und VAN DER WEY 1929, HARDER 1930, GRIEP 1940, ALSAÇ 1942, CASPERSON 1957), Wirkung der Wasserversorgung und Transpiration auf die Blattemperatur (SMITH 1909, SHREVE 1914, 1919 a, b, CLUM 1926, SEYBOLD 1929, WALLACE und CLUM 1938, CURTIS 1938, KONIS 1950, RASCHKE 1956 a, 1958, LANGE 1959), Temperaturverhältnisse im Luftraum um ein Blatt (BERGER-LANDEFELDT 1958).

Seit der zusammenfassenden Darstellung des Wärmehaushaltes durch HUBER (1935 a) sind eine ganze Reihe umfangreicher Messungen von Pflanzentemperaturen in verschiedenen Klimagebieten hinzugekommen (ROUSCHAL 1938 c, DÖRR 1941, KONIS 1949, WILSON 1957, VAUPEL 1958, LANGE 1959).

Tab. 60 bringt in Blättern und Kakteensprossen gemessene Höchsttemperaturen, geordnet nach Beobachtungsorten. Wenn diese auch nicht alle Klimagebiete repräsentieren, so lassen die an xerothermen Standorten in der Macchie und in afrikanischen und amerikanischen Wüstengebieten gemessenen Werte mit einiger Wahrscheinlichkeit annehmen, daß am natürlichen Standort für Blätter krautiger Pflanzen und Holzgewächsen etwa 50° C und für Sukkulente 60—65° C als höchste erreichbare Temperaturen anzusehen sind. Auch die höchsten Temperaturen von Früchten scheinen 50° C nicht wesentlich zu überschreiten.

In den meisten der in Tab. 60 angeführten Fällen, in denen die Pflanzenorgane durch direkte Sonnenbestrahlung Höchsttemperaturen erreichten, zeigen sie gegenüber der umgebenden Luft beträchtliche Übertemperaturen. Bei den Blättern belaufen sich diese im Maximum auf 10—15,7° C, bei Sukkulenten sogar bis auf 21,5° C. MICHAELIS (1934) fand auch im Winter sonnenbestrahlte Fichtennadeln um 9—12° C wärmer als die Luft. Die zahlreichen Messungen von URSPRUNG (1934) über Temperaturschwankungen in Blättern halten sich im Rahmen dieser Werte. Sogar in Blättern arktischer Pflanzen (Resolute, 75° N, 95° W) konnten im August bei einer Lufttempera-

Tab. 60. *Höchsttemperaturen in Blättern und Kakteensprossen* (gemessen am natürlichen Standort).

Pflanze und Beobachtungsort	Maximale Temperatur (Sommer, Mittag) °C	Lufttemperatur °C	Autor
Ostseeinsel Hiddensee:			
Crambe maritima	37,6		Fritzsche 1933
Salsola kali	31,2	26,9	
Eryngium maritimum	33,9	27,0	
Tussilago farfara	34,5	26,0	
Jena (Deutschland), Botanischer Garten:			
Funckia sieboldii	38,5		Stahl 1909
Ribes nigrum	38,0		
Hedera helix	40,5		
Vitis vinifera	39,5		
Mödling bei Wien, xerothermer Standort:			
Teucrium chamaedrys	49,9	37,3	Dörr 1941
Bupleurum falcatum	40,1	33,3	
Helianthemum canum	46,2	33,0	
Globularia cordifolia	48,7	33,0	
Onosma visianii	42,7	34,2	
Hieracium pilosella	49,7	39,8	
Sempervivum hirtum	50,2	34,8	
Südtiroler Heidewiesen, 740 m:			
Hieracium pilosella	47,9	34,7	Huber 1935a
Thymus spec.	42,9	34,7	
Sempervivum arachnoides	56,2	34,7	
Sempervivum schottii	52,0	30,5	
Alpen, Muottas, Mureigl, 2450 m:			
Taraxacum officinale	20,3	15,3	Senn 1929
Veronica bellidiflora	22,3	15,3	
Sempervivum montanum	32,0	19,0	
1800—1990 m:			
Rumex alpinus	29,0		Stahl 1909
Tussilago farfara	33,0		
Mittelmeergebiet: Macchie bei Rovigno:			
Viburnum tinus	43,5	28,2	Rouschal 1938c
Quercus ilex	41,9	26,2	
Rubus ulmifolius	40,6	30,1	
Iris germanica	40,2	28,0	
Phillyrea media	39,8	30,1	
Laurus nobilis	37,6	27,8	
Macchie von Jerusalem:			
Rhamnus alaternus	52,5		Konis 1949
Rhamnus palaestina	47,6		
Arbutus andrachne	49,6		

Pflanze und Beobachtungsort	Maximale Temperatur (Sommer, Mittag) °C	Lufttemperatur °C	Autor
Laurus nobilis	49,5		KONIS 1949
Ceratonia siliqua	47,2		
Phillyrea media	46,5		
Quercus calliprinos	47,0		
Algerische Wüste:			
Garten:			
Cucurbita pepo	38,2	34,8	HARDER 1930
Chamaerops humilis	35,2	34,3	
Phoenix dactylifera	37,2	34,3	
Solanum lycopersicum	34,3	34,3	
Ricinus communis	38,0	38,0	
Wed:			
Nerium oleander	37,5	35,0	
Zilla macroptera, Sproß	36,1	35,7	
Malva spec.	39,0	36,1	
Wüste:			
Zilla macroptera, Sproß	40,1	37,0	
Zollikoferia arborescens, Sproß	40,6	36,5	(windstill)
Zollikoferia arborescens, Sproß	31,5	34,0	(windig)
Thymelaea microphylla, Sproß	44,2	36,5	
Limoniastrum feei	43,2	36,5	
Mauretanien, Südwestsahara:			
Zygophyllum cf. *fontanesii*	40,8	33,3	LANGE 1959
Nitraria schoberi	42,4	37,7	
Salvadora persica	50,7	41,8	
Phoenix dactylifera	53,3	49,3	
Aristida pungens	45,8	43,1	
Boscia senegalensis	51,4	47,6	
Capparis decidua	45,4	44,6	
Leptadenia pyrotechnica	46,1	47,6	
Calotropis procera	45,7	47,6	
Ziziphus mauretania	33,5	33,3	
Chrozophera senegalensis	43,0	44,8	
Pergularia tomentosa	40,9	44,4	
Cucumis melo var. *agrestis*	40,1	42,6	
Abutilon muticum	43,9	46,6	
Citrullus colocynthis	42,5	51,4	
Wüste von Arizona (USA):			
Parkinsonia microphylla	46,9	37,5	SHREVE 1914
Opuntia blakeana	55,0		MCGEE 1916
Opuntia discata	65,0		SCHRATZ (briefl. an HUBER 1932)
Wüsten von Mexiko:			
Carnegiea gigantea	50–60		KERBER 1882
Tropen:			
Kalkutta:			
Helianthus spec.	37,5		MOLISCH 1930
Coleus spec.	37,0		
Hibiscus mutabilis	47,0		
Cactus spec.	52,0		

tur von 7 bis 8° C bei sonnigem Wetter Übertemperaturen von 3 bis 5° C festgestellt werden (Wilson 1957). Ökologisch bedeutungsvoll dürfte dabei sein, daß während des arktischen Sommers Übertemperaturen auch während der Nacht erhalten bleiben. Erst nach Ende der „Mitternachtssonne" traten in den Blättern, ebenso wie in temperierten Klimaten (Ullrich und Mäde 1938, Waggoner und Shaw 1952, Shaw 1954), nach Sonnenuntergang infolge Ausstrahlung geringe Untertemperaturen gegenüber der Luft auf.

Beträchtliche Untertemperaturen gegenüber der umgebenden Luft konnte Lange (1959) aber auch während des Tages in den Blättern einzelner seiner während der Trockenzeit untersuchten Wüsten- und Savannenpflanzen feststellen. An Hand der thermoelektrisch gemessenen Temperaturtagesgänge kommt er zu dem Ergebnis, daß die Wüstenpflanzen hinsichtlich des Wärmehaushaltes ihrer oberirdischen Organe in drei Gruppen zu teilen sind:

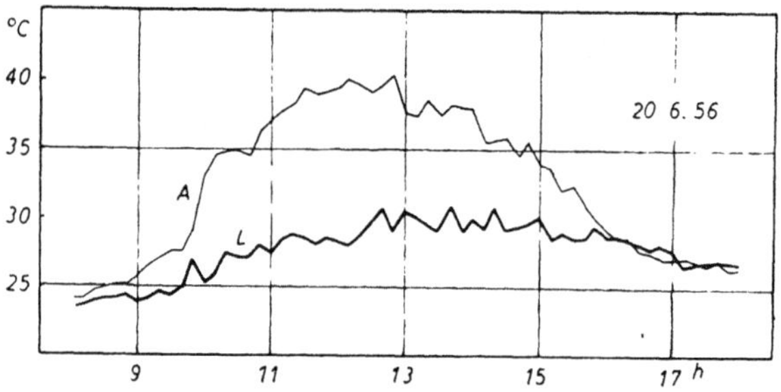

Abb. 56. *Zygophyllum* cf. *fontanesii*. Übertemperaturtyp. Temperaturverlauf: *A* im Blatt, *L* in Luft. (Nach O. L. Lange 1959.)

1. „Übertemperaturarten". Bei ihnen reichen die Transpirationskühlung oder sonstige Eigentümlichkeiten nicht aus, um die Temperatur der besonnten Blätter unter der der Luft zu halten. Die Übertemperaturen erreichten bis 13° C. Zu diesem Typ gehören nicht nur Pflanzen mit fleischigen Blättern, wie etwa *Zygophyllum* cf. *fontanesii* (Abb. 56), *Nitraria schoberi, Salvadora persica* oder *Boscia senegalensis,* sondern auch die xeromorph gebauten Blattfiedern von *Phoenix dactylifera* oder die Grasblätter von *Aristida pungens.*

2. „Untertemperaturarten". Ihre besonnten Blätter zeigen auch während der heißesten Tageszeit, offenbar infolge der kühlenden Wirkung des Transpirationsstromes, zumeist niedrigere Temperaturen als die umgebende Luft. Die Untertemperaturen können bis 15° C betragen. Nach Unterbindung der Wasserzufuhr durch Abschneiden oder Verhinderung der Transpiration durch Bestreichen mit Vaseline steigt die Temperatur in den Blättern rasch an und überschreitet die der Luft.

Ein typischer Vertreter dieser Gruppe ist *Citrullus colocynthis* (Abb. 57). Ähnlich verhalten sich *Cucumis melo, Pergularia tomentosa* und *Chrozophora senegalensis.*

3. Die Rutensträucher *Capparis decidua* und *Leptadenia pyrotechnica* bilden einen gesonderten Wärmehaushalttyp. Auch sie erwärmen sich bei starker Bestrahlung nicht oder nur wenig über die Lufttemperatur. Dies ist aber nicht auf eine starke Transpiration zurückzuführen, sondern darauf, daß die auf ihre drehrunden Sprosse auftreffende Strahlung weitaus geringer ist als bei den flächigen Blättern.

Noch höhere Erwärmung durch Einstrahlung als die Blätter erfährt aber der B o d e n. SCHADE (nach HUBER 1937) konnte in langjährigen Beobachtungen im Elbesandsteingebirge 69,5° C als maximale Temperatur der Bodenoberfläche messen. HUBER (1937) stellte im Verlauf eines extrem heißen Junitages im Elbesandsteingebirge bei einer Lufttemperatur bis zu 52° C in Dauerregistrierungen während 2 Stunden eine Temperatur der Bodenoberfläche von 70° und während 100 Minuten sogar eine solche von 71,5° C fest. Die höchsten, bisher in Mitteleuropa beobachteten Bodentemperaturen wurden von HUMMEL (1929) im Allgäu mit 76° C und von TURNER (1958) während einer extrem sommerlichen Hitzeperiode auf dunklem Rohhumus an der alpinen Waldgrenze (Ötztal, Tirol) mit 79,8° C gemessen. Auch die

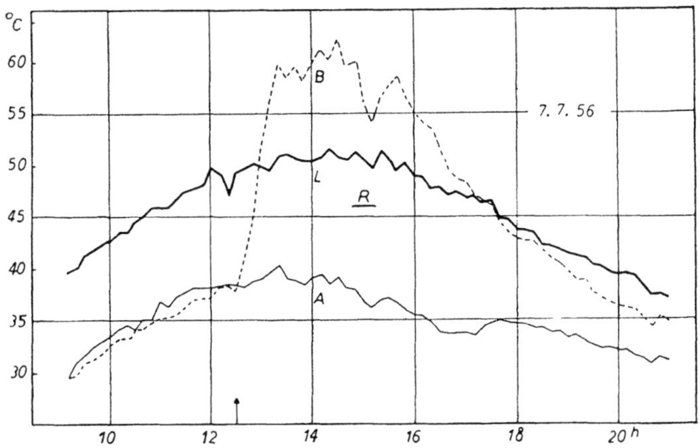

Abb. 57. *Citrullus colocynthis.* Untertemperaturtyp. Temperaturverlauf: *A* im Blatt, *B* im Blatt nach Abschneiden um 12h30↑, *L* in Luft, *R* = Resistenzgrenze. (Nach O. L. LANGE 1959.)

von AULITZKY (1961) an der Waldgrenze im zentralalpinen Bereich gemessenen Bodentemperaturen reichen an diese Werte heran. Sie werden kaum mehr übertroffen von den wahrscheinlich höchsten bisher gemessenen Bodenoberflächentemperaturen von 80° C, wie sie aus den heißen Trockenwüsten von Arizona (BUXTON 1924) und dem Kara-Kum (VASSILJEV 1931) bekannt geworden sind.

Sofern am natürlichen Standort die Temperatur eines Pflanzenteiles schon nahe an seine Hitzeresistenzgrenze herankommt, kann die D a u e r d e r H i t z e e i n w i r k u n g von ökologisch ausschlaggebender Bedeutung werden. Zu ihrer Feststellung sind fortlaufende registrierende Messungen notwendig, wie sie z. B. von FRITZSCHE (1933), FILZER (1936), HUBER (1937), TURNER (1958), VAUPEL (1958) und, wie oben erwähnt, von LANGE (1959) durchgeführt wurden.

Andauer und Maximum der B o d e n t e m p e r a t u r in 1 cm Tiefe wurde von TURNER (1958) an der alpinen Waldgrenze gemessen (Tab. 61).

HUBER (1937) hat im Elbesandsteingebirge mit Hilfe eines Temperaturschreibers selbstregistrierende Messungen an sich besonders stark erwärmenden b o d e n n a h e n P f l a n z e n t e i l e n vorgenommen, aus denen die Einwirkungsdauer der Höchsttemperaturen abzulesen war (Tab. 62).

In keinem Fall zeigten die von Huber beobachteten Pflanzen Hitzeschäden. Am heißesten Versuchstag, am 27. Juni 1935, erreichte die Lufttemperatur, wie schon erwähnt, um Mittag 52° C und die Bodentemperatur

Tab. 61. *Andauer und Maximum der Bodentemperatur in 1 cm Tiefe an vegetationslosen Flächen an der alpinen Waldgrenze am 5. Juli 1957* (nach H. Turner 1958).

Lage des Bodens °C	Dauer der Bodentemperatur (Stunden) 55—60	60—65	65—70	70—75	75—80	über 55	Maximum °C
Rodungsfläche, horizontal.	2,0	—	—	—	—	2,0	57,0
Lücke im Lärchenwald, 25° SSW	1,2	0,5	1,4	—	—	3,0	69,5
besonnter Lichtungsrand, 30° WSW	0,8	1,2	0,9	0,6	—	3,4	71,2
Rodungsfläche, 29° SW....	1,4	0,8	1,0	1,0	—	4,1	73,5
dunkler Rohhumus, 35° SW	0,8	0,9	0,6	0,7	1,0	3,9	79,8

71,5° C. Die Temperatur der an diesem Tag gemessenen bodennahen Pflanzenteile (*Scilla*-Zwiebeln, *Thymus*-Rasen) blieb daher noch immer beträchtlich hinter der Bodentemperatur zurück.

Tab. 62. *Dauer extrem hoher Pflanzentemperaturen an einem natürlichen Standort* (nach B. Huber 1937).

Pflanze	Datum	Dauer der Erhitzung in Minuten über 45° C	über 50° C	über 55° C	über 60° C	Erreichte Höchsttemperatur °C
Ornithogalum, Zwiebel	8. 6.					36
	9. 6.					44
	10. 6.	124	42	—	—	51
	13. 6.	44	—	—	—	47
Scilla autumnalis, Zwiebel ..	27. 6.	286	244	180	8	60
	1. 7.	252	162	—	—	53,3
	2. 7.	260	192	12	—	55
Thymus, Luft im Rasen....	27. 6.	264	250	154	—	57
	1. 7.	300	160	6	—	55
	2. 7.	318	244	146	—	59
Digitalis, Rhizom	13. 7.	92	—	—	—	48
	14. 7.	102	1	—	—	50
	15. 7.	2	—	—	—	45

Vaupel (1958) hat in ähnlicher Weise mit einem Multithermographen an einem xerothermen Standort in Mitteleuropa (Mainfranken) und im Mittelmeergebiet (Sizilien) 24stündige Tagesgänge der Temperatur in verschiedenen Pflanzen (*Lactuca scariola, Lactuca perennis, Peucedanum cervaria, Eryngium campestre* bzw. *Opuntia ficus indica, Eucalyptus globulus* und *Pinus pinea*) registrierend aufgenommen. Die gefundenen Pflanzentemperaturen überschritten nicht die bisher (s. Tab. 60) durch Einzelmessungen bekannten Maximalwerte von 45 bis 55° C. Die auftretenden Höchsttemperaturen scheinen sich danach in Pflanzen mitteleuropäischer und mediterraner Standorte nicht wesentlich zu unterscheiden.

ROUSCHAL (1938 c) machte Temperaturmessungen an einem horizontal laufenden, zur Hälfte frei zu Tage liegenden und der direkten Besonnung ausgesetzten Rhizom von *Iris germanica*. Knapp unter der besonnten Oberfläche war die Temperatur 42,5° C, an der Unterseite des 2 cm dicken Rhizoms nur 39,4° C. Dem stand eine Lufttemperatur von 26,7° C, eine Temperatur der Bodenoberfläche von 43,9° und eine Bodentemperatur in 2 cm Tiefe von 37,2° C gegenüber. Demnach war das Rhizom an der Bodenoberfläche kühler, in 2 cm Tiefe hingegen wärmer als der umgebende Boden.

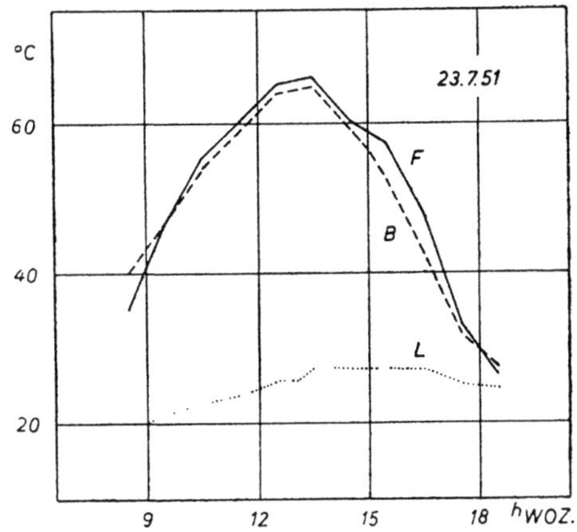

Abb. 58. Temperaturverlauf in *Cladonia furcata* var. *palmaea* (*F*), an der Bodenoberfläche (*B*) und in der Luft (*L*). (Nach O. L. LANGE 1953.)

Vergleichende Messungen von Boden- und Wurzeltemperaturen in verschiedenen Tiefen und an verschiedenen Wurzeltypen stehen noch vollkommen aus. Ein kühlender Einfluß des durch die Wurzeln aufsteigenden Wasserstromes ist während extrem trockener und heißer Vegetationsperioden besonders an den tiefgreifenden Wurzeln gut wasserführender, lebhaft transpirierender Xerophyten mit großer Wahrscheinlichkeit anzunehmen.

Sehr hohe Blatt-, Sproß- und wohl auch Wurzeltemperaturen sind bei poikilohydren Pflanzen zu erwarten, deren oberirdischen Organe während einer Hitze- und Trockenperiode, ohne Schaden zu nehmen, ihren Wassergehalt bis zur Lufttrockenheit abgeben können. Bisher liegen diesbezüglich ausführlichere Temperaturmessungen nur an Moosen und Flechten vor.

ROUSCHAL (1938 c) maß in der Macchie an der Polsteroberfläche eines trockenen *Tortula*-Moosrasens bei einer Lufttemperatur von 30,1° C eine Temperatur von 54,8° C (24,7° C Übertemperatur!), während SCHADE (1929) im Elbesandsteingebirge im Humus eines *Polytrichum piliferum*-Rasens sogar eine Maximaltemperatur von 69,5° C beobachten konnte.

Dem Boden anliegende Flechten erwärmen sich gleich hoch, ja meist sogar noch höher als die Bodenoberfläche. So stellte LANGE (1953) im Juli am Kaiserstuhl (oberes Rheintal) bei einer Bodenhöchsttemperatur von 65,0° C im Thallus der Flechte *Cladonia furcata* var. *palmaea* eine Temperatur von 66,0° C fest (Abb. 58).

Die höchste von LANGE an einer Flechte beobachtete Temperatur betrug 69,6° C bei einer Übertemperatur gegen Luft von 40,0° C (*Cladonia pyxidata* var. *pocillum*). Da man nach GEIGER (1950) „in unserem Klimagebiet (Mitteleuropa) an Südabhängen unter günstigsten Bedingungen mit Temperaturen (der Bodenoberfläche) bis zu 80° C rechnen kann", ist zu erwarten, daß ähnliche Höchstwerte auch an poikilohydren Pflanzen solcher Standorte auftreten können.

Für einige Flechten hat Lange auch die für die Hitzeresistenz am Standort bedeutungsvolle Dauer der Einwirkung der höchsten Wärmegrade gemessen (Tab. 63).

Tab. 63. *Dauer extrem hoher Temperaturen in einigen Flechten am natürlichen Standort* (nach O. L. Lange 1953).

Flechte	Dauer der Erwärmung (Minuten)						Erreichte Höchsttemperatur °C
	über 50° C	über 55° C	über 60° C	über 62,5° C	über 65° C	über 67,5° C	
Cladonia pyxidata				270	225	150	69,6
Cladonia subrangiformis	355	310	240	195	125	—	67,0
Lecidia decipiens............	290	20	120	50	—	—	64,3

Es muß betont werden, daß diese hohe Hitzeresistenz nur den trockenen Flechten zukommt. Im gequollenen Zustand wurde in den Versuchen Langes eine der widerstandsfähigsten Flechten schon durch einen Aufenthalt von nur 1 Minute bei +50° C fast vollständig getötet. Es entspricht dies dem über die Hitzeresistenz austrocknungsfähiger Meeresalgen der Gezeitenzone gesagten (vgl. S. 153).

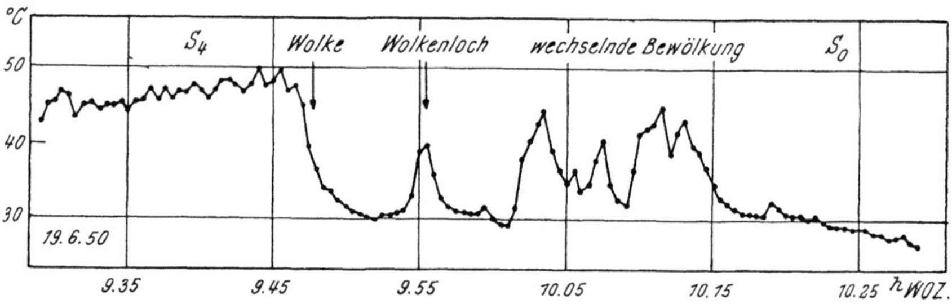

Abb. 59. Temperaturverlauf in einem Polster von *Rhacomitrium heterostichum* bei wechselnder Besonnung. Messungen im Abstand von je 30 Sekunden (Basaltblockhalde, Kalbe/Meißner, 700 m ü. d. M.). (Nach O. L. Lange 1954.)

Ebenso wie Flechten besitzen auch trockene Moose (Lange 1954) eine sehr geringe thermische Trägheit. Das hat zur Folge, daß sich diese poikilohydren Pflanzen auch bei einer kurzfristigen Bestrahlung sehr hoch erwärmen können (Abb. 59).

Einige an natürlichen Standorten beobachtete Höchsttemperaturen an Moosen: *Polytrichum piliferum* 60° C (Schade 1929), *Abietinella abietina* 65° C (Stodiek 1937), *Tortula ruralis* und *Rhacomitrium canescens* 70,6° C (Volk 1931, Rheinsande bei Heidelberg).

b) Hitzeschäden am natürlichen Standort

Wie erwähnt, kann die Bodentemperatur sogar in Mitteleuropa bis gegen 80° C ansteigen. Wenn diese auch nach unten zu rasch abnimmt (HOMÉN 1897, HUBER 1937, GEIGER 1950, BIEBL 1951), so kann doch die starke Erwärmung der Bodenoberfläche für bodennahe Pflanzenteile, also vor allem den Wurzelhals, verhängnisvoll werden. MÜNCH (1913, 1914) hat an Keimlingen junger Holzpflanzen (Föhre, Buche) gezeigt, daß die Rinde an den Stellen, wo die Stämmchen die stark erhitzte Bodenoberfläche berühren, auf einige Millimeter hin abgetötet wird, was zum Tod und Umfallen der ganzen Pflänzchen führt (Abb. 60). Diese Beobachtung wurde später an verschiedenen amerikanischen Koniferenkeimlingen (BAKER 1929, ROESER 1932) und von VARESCHI (1931) an Ahornkeimlingen bestätigt.

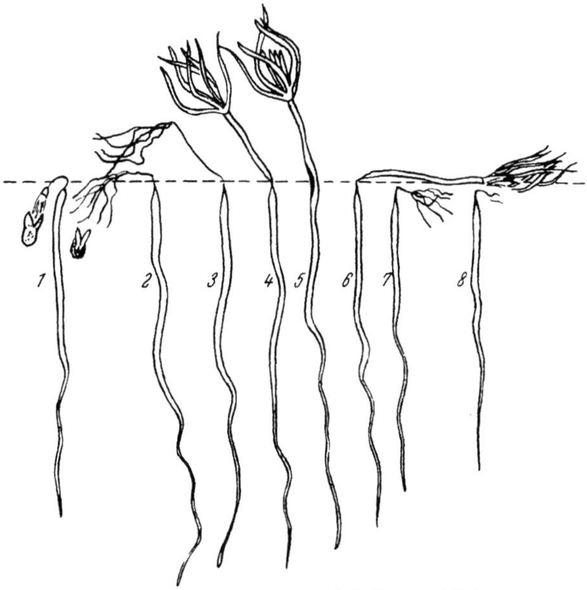

Abb. 60. Hitzeschäden an Koniferenkeimlingen. (Nach E. MÜNCH 1913.)

NÄGEL (1929) konnte feststellen, daß diese Keimlingsschädigungen regelmäßig dann auftreten, wenn die Bodentemperatur einige Zeit 46° C überschreitet. Im Versuch wurde von ihm auch die Abhängigkeit der Hitzeschädigung von der Dauer der Hitzeeinwirkung untersucht (vgl. im vorigen S. 141 und 165). Hiezu wurden Keimpflanzen der Kiefer in Reagenzgläsern in verschieden temperierte Wasserbäder versenkt. Mit Zunahme der Temperatur nahm die Zeit, während welcher diese ertragen wurde, rasch ab (Tab. 64).

Tab. 64. *Absterben von Pinus-Keimlingen bei verschieden hohen Temperaturen* (nach NÄGEL 1929).

°C	Todeseintritt nach Minuten
45	180
50	30—60
55	10

Es ist dies ein Beispiel mehr für die Notwendigkeit, bei Beobachtungen über die Temperaturresistenz am natürlichen Standort nicht nur die auftretenden Höchsttemperaturen, sondern auch die Dauer ihrer Einwirkung zu messen.

HELLRIEGEL (1883) hatte schon früher entsprechende Versuche an Gerste durchgeführt und bei verschieden abgestufter Exposition feststellen können, daß in den gegen Einstrahlung ungeschützten Kulturgefäßen die Bodenoberfläche auf 34—53° C, ja einmal sogar auf 56° C erhitzt wurde. Die Gerste hielt diese vorübergehend einwirkenden Hitzegrade zwar aus, blieb aber ausnahmslos kürzer im Stroh und ärmer in den Ähren als Individuen, die mehr oder minder gegen solche Bodenhitze geschützt wurden.

Hingegen sah RAMANN (1911) in den südrussischen Steppen „einjährige Eichen in großer Zahl dadurch abgestorben, daß genau an der Grenze der Bodenoberfläche eine kaum millimeterdicke Schicht des Stammes getötet war. Da andere Beschädigungen nicht nachweisbar waren und die abgestorbenen Stellen stets an der Bodenoberfläche lagen, so kann kein Zweifel sein, daß Hitzeeinwirkungen die Ursache der Beschädigungen waren."

Einen gewissen Schutz finden diese hitzegefährdeten Stellen am Wurzelhals und in den oberen Teilen der Wurzel bei manchen Pflanzen durch die Ausbildung eines Peridermmantels (VOLKENS 1887, FREIDENFELT 1904, STAHL 1909, CANNON 1911, FABER 1925). Ausführliche anatomische Untersuchungen über den Wurzelkork bei Pflanzen locker bewachsener, meist sandiger Böden trocken-warmer Erdgebiete stammen von DIELS (1918). Er schreibt: „Die Korkkrusten der Dikotylen, die lakunösen Gewebe der Monokotylen und die zwiebelartigen Bildungen, die am Wurzelhals oder um den Stengelfuß entwickelt sind, stimmen darin überein, daß sie als luftreiche Isolatoren das Innere umgeben, wo die Gewebe des Leitungssystems liegen. Supramaximale Temperaturen dürften dadurch vermieden werden, und darin möchte ich die Hauptbedeutung dieser Strukturen in ökologischer Hinsicht erblicken."

An Blättern und Früchten scheinen an natürlichen Standorten Hitzeschäden verhältnismäßig selten aufzutreten (WARTENBERG 1933). SZIRMAI (1938) konnte an befeuchteten Paprikafrüchten bei 50—52° C und an oberflächlich trockenen Früchten bei 55° C Hitzeschädigungen hervorrufen, die der natürlich vorkommenden „Trockenfleckenkrankheit" des Paprikas gleichen (vgl. LEVITT 1958). Nach LANGE (1955) kann auch für Moose nach verweichlichenden Regenperioden die Gefahr direkter Hitzeschädigung bestehen und eine Rolle bei der Moosausbreitung spielen.

Von den Autoren der in Tab. 60 zusammengestellten Höchsttemperaturen verschiedener Pflanzenteile wurden Hitzeschäden nie beobachtet. Es wurde aber vielleicht an extrem heißen Standorten auch noch zu wenig systematisch danach gesucht. Vor allem wären Hitzeschäden dort zu erwarten, wo durch besondere Umweltverhältnisse die natürliche Temperaturregulation durch entsprechende Stellung der Blätter, Kühlung durch Wind, hinreichende Transpiration usw. behindert ist.

Wie knapp nämlich am natürlichen Standort die noch ertragbaren Höchsttemperaturen unter den bereits letalen liegen können, geht aus Beobachtungen von HARDER (1930) hervor, wonach Wüstenpflanzen der nördlichen Sahara, wenn sie unabgeschnitten am Standort für Assimilationsversuche in Glaskammern eingeschlossen wurden, häufig direkte Hitzeschäden davontrugen, sofern nicht besondere Vorsichtsmaßnahmen getroffen wurden. Der die Temperatur herabsetzende Wind wird als der wesentliche Faktor für das Leben dieser Wüstenpflanzen während der Sommermonate angesehen.

Luftströmungen und Transpiration werden auch von CLUM (1926) als wichtiger Hitzeschutz genannt. *Fuchsia speciosa*, im direkten Sonnenlicht unter einer Glasglocke gehalten, erreichte Blattemperaturen um 50° C und erfuhr dabei eindeutige Hitzeschädigungen. Am natürlichen Standort wurden auch in voller Sonne solche schädigenden Höchsttemperaturen nie erreicht.

Die Bedeutung der Exposition zeigte STAHL (1909) an einem *Cereus,* der abgetötet wurde, wenn er statt normal aufrecht stehend horizontal liegend der Sonne ausgesetzt wurde. Für Versuchsanstellungen solcher Art, die auch in protoplasmatischer Hinsicht ausgebaut werden könnten, gelten heute noch die gleichen Anregungen, wie sie HUBER (1935 a) gegeben hat: „Man sollte Kompaß- und Profilblätter in die Horizontale drehen, Schlafstellungen verhindern, von Stämmen und Früchten beschattende Zweige wegpflücken, zitterndes und fächelndes Laub an Stützen festlegen, reflektierende Überzüge berußen, isolierende Hüllen beseitigen u. a. m."

WARTENBERG (1933) gibt für verschiedene Teile von Blütenpflanzen Hitzeschädigungen an, die aber teils auf Verweichlichung zurückzuführen sein dürften, wie etwa durch Sonnenbrand abgetötete Blattstellen von *Clivia nobilis* bei Überstellung aus dem Glashaus ins Freie an einem heißen Tag, oder auf unnatürliche Kulturbedingungen, wie die Entstehung von Trockenflecken an Blättern infolge der Brennlinsenwirkung von Luftblasen im Glas, oder Wassertropfen an den Gewächshausscheiben, oder auf die Schädigungen, die manche Pflanzen beim Frühtreiben im Warmbad erfahren.

c) Grenzen der Hitzeresistenz und Standorttemperatur

Für Blütenpflanzen stammt die umfassendste experimentelle Untersuchung über Hitzeresistenz und Temperaturverhältnisse am natürlichen Standort von SAPPER (1935). In den Hauptversuchsreihen wurden in Blumentöpfen kultivierte Pflanzen in Thermostaten bei dampfgesättigter Luft (zur Ausschaltung einer Kühlung durch Transpiration!) ½ Stunde lang verschieden stark erwärmt. Einige submerse Blütenpflanzen wurden gleich lange in Wasserbädern erhitzt. Nach allmählicher Abkühlung wurden die Pflanzen wieder ins Glashaus gebracht und auf das Eintreten von Schäden beobachtet. In manchen Fällen zeigten sich diese sofort, in anderen erst nach Tagen. Sie wurden im allgemeinen mikroskopisch, im Zweifelsfall durch Ausführung von Plasmolyseversuchen bestimmt.

Die untersuchten Arten ließen sich zum Teil recht gut in Gruppen zusammenfassen, die nach ihrem Vorkommen und ihrer Widerstandsfähigkeit gegen Hitze übereinstimmen:

1. Ausgesprochene Schattenpflanzen (*Oxalis acetosella, Impatiens parviflora, Aegopodium podagraria, Teucrium scorodonia, Geranium robertianum*) mit Grenzen der Wärmeresistenz zwischen 40,5° C (*Oxalis*) und 42,5° C (*Geranium*).

2. Untergetaucht lebende Wasserpflanzen mit Lebensgrenzen zwischen 38,5° C (*Helodea callitrichoides*) und 41,5° C (*Vallisneria*).

3. Pflanzen, die häufig etwas beschattete Stellen besiedeln (*Geum urbanum, Chelidonium majus* sowie die Farne *Asplenium trichomanes* und *viride*) mit Resistenzgrenzen bei 45—46° C.

4. Pflanzen sehr trockener und sonniger Standorte (*Alyssum montanum, Teucrium chamaedris, Dianthus*-Arten, *Iris chamaeiris, Verbascum thapsum*) mit Wärmeresistenzgrenzen bei 48° C und darüber, in einigen Fällen sogar über 50° C (*Hieracium pilosella, Festuca glauca*).

5. Die große Masse der mehr mesomorphen Sonnenpflanzen verhielt sich in bezug auf die Hitzeresistenz uneinheitlich. Am ähnlichsten waren die Ackerunkräuter, wie *Agrostemma githago, Linaria minor, Anagallis coerulea, Oxalis stricta* mit Resistenzgrenzen bei 44—45° C. Dem entspricht auch die Hitzeresistenz von *Avena sativa*.

Tab. 65. *Grenzen der Wärmeresistenz (° C) bei ½ und 8 Stunden Erhitzungsdauer* (nach I. SAPPER 1935).

Pflanze	Grenzen der Wärmeresistenz (°C) bei einer Erhitzungsdauer von	
	½ Stunde	8 Stunden
Vicia faba var. *equina* ...	43,5	39,5
Dactylis glomerata	44	38—38,5
Thymus serpyllum	45,5	42,5—43
Potentilla reptans	45,5	43
Saxifraga aizoon	45,5—46,5	43—43,5
Teucrium chamaedris	49,5—50	45,5—46
Teucrium montanum	49,5—50	45,5—46
Sedum reflexum	45,5—46,5	43—43,5

Die Ruderalpflanzen *Solanum nigrum* und *Datura stramonium* zeigten demgegenüber mit 49,5 bzw. 47° C wesentlich höhere Lebensgrenzen. Ebenso waren auch die Unterschiede zwischen Pflanzen sonniger Wiesen und Raine recht beträchtlich. Die Resistenzgrenzen von *Daucus carota, Cerastium arvense, Calendula officinalis* und *Linaria vulgaris* lagen zwischen 44,5 und 45,5° C, die von *Geum rivale, Barbaraea vulgaris, Origanum vulgare, Betonica officinalis, Coronilla varia* zwischen 46 und 47° C und die von *Salvia pratensis* und *Salvia verticillata* sogar erst zwischen 47,5 und 48° C und darüber.

6. Die untersuchten Sukkulenten, junge Gewächshausexemplare von *Cereus stenogonus, Opuntia ficus indica, Opuntia refinesque* sowie *Sempervivum globiferum* und *Sempervivum funckii* zeigten die höchsten Grenzen der Wärmeresistenz zwischen 50 und 54° C. Diese an sich hohen Werte bleiben aber noch immer hinter den an natürlichen Standorten vital gemessenen Höchsttemperaturen von Kakteen zurück. Es wird dies auf eine Resistenzverminderung bei den aus Samen im Glashaus herangezogenen Pflanzen zurückgeführt.

Bei Ausdehnung der Versuchsdauer im Dunkelthermostaten auf 8 Stunden tritt die Hitzeschädigung, wie zu erwarten, schon bei niedrigeren Temperaturgraden ein, doch bleibt das Verhältnis der Resistenzunterschiede innerhalb der verschiedenen Arten weitgehend gleich (Tab. 65).

Die Versuche SAPPERS ergeben somit im allgemeinen recht deutliche Beziehungen zwischen der Wärmeresistenz von Blütenpflanzen und den Wärmeverhältnissen ihrer natürlichen Standorte. Im Halbstundenversuch sind Wasser- und Schattenpflanzen um etwa 10° C weniger widerstandsfähig als Pflanzen warm exponierter Standorte.

Auch diese Versuche wären — wie bei den Meeresalgen — auf Pflanzen verschiedener Klimazonen bzw. bei eingewanderten Pflanzen im Hinblick auf die Wärmeverhältnisse ihres Heimatgebietes auszudehnen. SAPPER weist selbst darauf hin, daß die Wärmeresistenz einiger ihrer Versuchspflanzen, wie etwa *Solanum nigrum* und *Salvia*-Arten, für ihre Standorte unverhältnismäßig hoch ist, aber „es sind dies meist Pflanzen, die vorzugsweise wärmere Gegenden besiedeln und dort vielleicht an manchen Stellen höheren Temperaturen ausgesetzt sein mögen".

Tab. 66. *Höchste natürliche Blattemperatur und Hitzeresistenz einiger Macchienpflanzen* (nach E. KONIS 1949).

Pflanze	Höchste am Standort gemessene Blattemperatur °C	Experimentell erhöhte Temperatur °C	
		mehrere Stunden tragbar	nach 5—15 Min. schädigend
Rhamnus alaternus	52,5	57	59
Arbutus andrachne	49,6	53	55
Laurus nobilis	49,5	54	56
Rhamnus palaestina	47,6	51	53
Ceratonia siliqua, junge Blätter	—	49	50
Ceratonia siliqua, alte Blätter	47,2	54	56
Quercus calliprinos	47,0	56	59
Phillyrea media	46,5	55	58
Cercis siliquastrum	45,8	55	56
Pistacia palaestina	44,8	54	57

Eine gute Übereinstimmung zwischen Standorterfordernissen und Temperaturresistenz bei Blütenpflanzen geht weiters aus den Versuchen von KONIS (1949) hervor, der die höchsten beobachteten Blattemperaturen von Macchienpflanzen aus der Umgebung von Jerusalem den im Experiment schädigenden Temperaturen gegenüberstellt. Hiezu wurden kleine beblätterte Zweige, ohne von den Bäumen abgetrennt zu werden, in berußte Glasflaschen eingeführt und in diesen der prallen Sonne ausgesetzt. Ein mit dem Zweig eingeführtes Thermometer ließ die erreichte Temperatur ablesen. Tab. 66 gibt eine Gegenüberstellung der höchsten beobachteten Blatttemperaturen, der Temperaturen in den berußten Flaschen (infolge Transpiration wasserdampfgesättigte Luft!), die durch mehrere Stunden ertragen wurden und jener, die nach etwa 5—15 Minuten Einwirkung erste tödliche Schädigungen zur Folge hatten.

STOCKER (1954) fand in Algerien Wüstenpflanzen, die den ganzen Tag eine uneingeschränkte Transpiration aufrecht erhalten, obwohl ihre Assimilation schon in den frühen Morgenstunden zusammengebrochen war. Er sprach die Vermutung aus, daß diese Arten einer Kühlung durch ihre Transpiration bedürfen, um ihre Blätter vor schädlicher Überhitzung zu bewahren.

Lange (1959) hat den großen Einfluß der Transpiration auf die Blatttemperatur von Wüstenpflanzen durch die Auffindung der Gruppe der „Untertemperaturpflanzen" bestätigen können (s. S. 172). Er hat aber weiters auch die plasmatische oder primäre* Hitzeresistenz von 44 Pflanzenarten verschiedener Wüstenstandorte Mauretaniens und des Regenwaldes an der Elfenbeinküste durch halbstündige Erhitzung im Wasserbad bestimmt. Hiezu wurden am natürlichen Standort Sproßteile, die in Verbindung mit der Mutterpflanze blieben (entweder kleine Sprosse mit mehreren Blättern oder einzelne große Blätter) in Thermosflaschen mit ½ bis 1 Liter Inhalt in von 2 zu 2° C abgestuft temperiertes Wasser für die Dauer einer halben Stunde gesteckt. Die Wassertemperatur kühlte sich in der Versuchszeit durchschnittlich um 0,7° C ab. Das Mittel aus Anfangs- und Endtemperatur wird als „Erhitzungstemperatur" angegeben. Mindestens drei Tage lang wurde danach das Verhalten der Sproßteile beobachtet und die Wirkung der Behandlung verfolgt. Versuche im Freiland und Laboratorium hatten gezeigt, daß die so in Wasser ermittelte Resistenz mit der der Pflanzen im Luftraum übereinstimmt.

Bei den verschiedenen Arten trat die erste Schädigung zwischen Temperaturen von 44° C (*Trichomanes erosum* aus dem Regenwald) und 59° C bei *Phoenix dactylifera* auf. Eine durchgehende Parallele zwischen der Höhe der plasmatischen Resistenz und den Temperaturverhältnissen am Standort war jedoch nicht festzustellen. So zeigte *Citrullus colocynthis* aus der Wüste schon leichte Schädigungen bei einer Erhitzungstemperatur von 46° C, während *Palisota hirsuta* und *Culcasia angolensis* aus dem Regenwald erst durch Temperaturen von 52° C geschädigt wurden.

Eine sehr deutliche Beziehung ließ sich aber zwischen der plasmatischen Resistenz und den höchsten Blattemperaturen der Wüstenpflanzen erkennen: Alle untersuchten „Übertemperatur-Arten" besaßen hohe, alle „Untertemperatur-Arten" dagegen eine niedrige plasmatische Hitzeresistenz. „Es bestehen offenbar zwei Möglichkeiten für die Wüstenpflanzen, den hohen Temperaturen ihrer Standorte zu begegnen. Entweder besitzen die Blätter eine geringe plasmatische Resistenz, dann ist aber eine zusätzliche sekundäre Resistenz in Form einer wirksamen Transpirationskühlung vorhanden, oder die Pflanzen sind nicht in der Lage, ihre Assimilationsorgane wesentlich zu kühlen, dann haben sie aber eine hohe plasmatische Resistenz.

In beiden Gruppen lagen die maximalen Blattemperaturen nahe der Grenze der Hitzeresistenz. Bei einer Reihe von Arten wäre sie schon bei Temperaturerhöhungen um 5—6° C überschritten worden. Vor allem bei den Untertemperaturarten der Wüsten- und Savannenpflanzen besteht somit die Gefahr direkter Hitzeschädigungen. Hier kann tagsüber die Lufttempe-

---

* Unter „primärer" oder „plasmatischer" Resistenz versteht Lange die Widerstandsfähigkeit, die der Protoplast selbst gegen hohe Temperaturen besitzt. Als „sekundäre" Hitzeresistenz wird demgegenüber die Widerstandsfähigkeit der ganzen Pflanze bezeichnet, wie sie auf Grund ihrer anatomisch-morphologischen Struktur oder ihrer Transpiration gegeben ist.

ratur neben den Pflanzen weit über die Letalgrenze der Blätter ansteigen. Nur die Transpirationskühlung bewahrt die Pflanzenorgane vor dem Hitzetod, der bei Einschränkung der Wasserzufuhr in kurzer Zeit eintreten muß.

Tab. 67. *Hitzeresistenz über Phosphorpentoxyd ausgetrockneter Moose von verschieden temperierten Standorten.*

Fundorte: Meißner, Blockhalde, schattig, 700 m (1, 2, 3, 4, 5), besonnt (8, 9), Mesobrometum, 630 m (7), lichter Buchenwald, 640 m (10); Südcevennen, schattiger Buchenwald 850 m (6), Waldrand, besonnt, 1600 m (12); Montpellier, Garigue (11), Trockenrasen (13, 14, 15).

(Zusammengestellt nach O. L. LANGE 1955.)

Moos	½h Erhitzung bei °C											Standort
	65	70	75	80	85	90	95	100	105	110	115	
1. *Gymnomitrium obtusum*	1	−1	±	±	+	+	+	+	+	+	+	schattig bis leicht besonn (Buchenwald Blockhalden)
2. *Plagiothecium denticulatum*	1	1	−1	±	±	+	+	+	+	+	+	
3. *Mnium hornum*	1	1	1	1	−1	+	+	+	+	+	+	
4. *Scapania compacta*	1	1	1	1	−1	+	+	+	+	+	+	
5. *Lophozia hatcheri*	1	1	1	1	1	+	+	+	+	+	+	
6. *Ctenidium molluscum*	1	1	1	1	1	−1	±	+	+	+	+	
7. *Encalypta vulgaris*	1	1	1	1	1	1	−1	±	+	+	+	besonnt (Trocken-rasen, Felsen)
8. *Andreaea petrophila*	1	1	1	1	1	1	±	+	+			
9. *Rhacomitrium hypnoides*	1	1	1	1	1	1	1	−1	+	+	+	
10. *Dicranum scoparium*	1	1	1	1	1	1	1	±	+	+	+	
11. *Syntrichia ruralis*	1	1	1	1	1	1	1	±	±	+	+	
12. *Syntrichia ruralis*	1	1	1	1	1	1	1	±	±	+	+	
13. *Pleurochaete squarrosa*	1	1	1	1	1	1	1	1	±	+	+	
14. *Pleurochaete squarrosa*	1	1	1	1	1	1	1	1	−1	+	+	
15. *Barbula gracilis*	1	1	1	1	1	1	1	1	±	−1	+	

Bei einigen Arten wurden im Gelände nach Hitzeperioden solche natürliche Hitzeschäden auch wirklich beobachtet.

Es kann angenommen werden, daß die hohen Temperaturen der Assimilationsorgane zu einem begrenzenden Faktor für das Vordringen der Pflanzen in die Wüste werden können und so die Zusammensetzung der Wüstenvegetation mitbestimmen" (LANGE 1959).

Beziehungen zwischen Hitzeresistenz von Moosen und den Temperaturverhältnissen ihrer Standorte wurden gleichfalls ausführlich von LANGE (1955) untersucht. Da hohe Standorttemperaturen zumeist mit Trockenheit gekoppelt sind und Feuchtigkeit zudem die Hitzeresistenz herabsetzt, wurden die Versuchsmoose, um die maximal tragbaren Wärmeresistenzgrenzen zu erfassen, zunächst an der Luft und dann noch 36—50 Stunden lang im Exsikkator über Phosphorpentoxyd getrocknet. Da es sich zeigte, daß die Hitzeresistenz dieser austrocknungsfähigen Moose jahreszeitlichen Schwankungen unterliegen oder von der jeweiligen Vorgeschichte der Proben abhängen kann (wovon erst im nächsten Abschnitt zu sprechen sein wird), hebt Tab. 67 aus dem umfangreichen Material LANGES nur Resistenzwerte heraus, die in zwei aufeinanderfolgenden Jahren im gleichen Monat (April) bestimmt wurden.

Die Beziehungen zwischen Wärmeresistenz und Temperaturbedingungen am Standort sind offensichtlich. Die Vitalitätsprüfung wurde nicht zytologisch, sondern makroskopisch durchgeführt. Nach 4 Stunden Abkühlungszeit wurden die Moose gleichmäßig befeuchtet und in Petrischalen auf feuchtem Quarzsand weiterkultiviert. Die Hitzeschäden wurden auf Grund

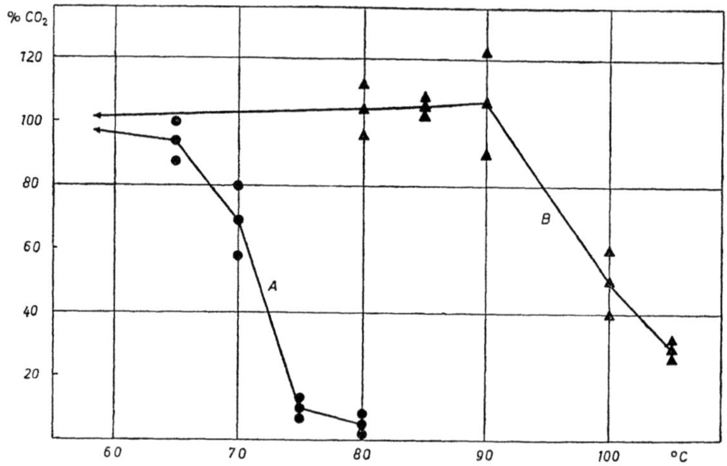

Abb. 61. Hitzeschädigung von *Alectoria implexa* (*A*) (Schwarzwald, schattiger Hochwald) und *Umbilicaria vellea* (*B*) (Rhön, stark besonnter Phonolithfels). Abszisse: Erhitzungstemperatur, Ordinate: Atmung in Prozenten der Normalatmung. (Nach O. L. LANGE 1953.)

des Vergilbens von Blättern und Stämmchen festgestellt. In Tab. 67 bedeutet I = unbeschädigt, — I = weniger als die Hälfte abgestorben, ± = mehr als die Hälfte abgestorben und + = alles tot.

Wesentlich niedrigere Grenzen der Hitzeresistenz erhält man, wenn man wie SCHEIBMAIR (1938) Moosblättchen in Leitungswasser am Objektträger auf einem elektrischen Heiztisch erhitzt. Hier erwies sich für *Hookeria lucens* eine Temperatur von 52° C bei einer Einwirkungsdauer von 1 Minute letal, für *Mnium affine* 52° C bei einer Einwirkung von 3 Minuten, für *Mnium rostratum* eine Temperatur von 50° C während 1 Minute und für *Plagiochila asplenioides* 50° C während einer Einwirkungsdauer von ½ Minute.

Nach Angabe von ROMOSE (1940) schreibt schon EWART (1896), daß nasse Moose nur eine Erwärmung bis 40° C, trockene Moose aber Temperaturen zwischen 80 und 95° C ertragen. Für *Hypnum triquetrum* gibt PLANTEFOL (1927) an, daß es zugrunde geht, wenn es mehrere Tage hindurch feucht bei 37° C gehalten wird. ROMOSE hält die rasche Austrocknungsfähigkeit der Moose für einen wichtigen Schutz gegen gefährlich hohe Temperaturen, da die eigentliche Temperatursteigerung erst eintritt, wenn die Moose bereits ausgetrocknet und dadurch hitzeresistenter geworden sind.

Tab. 68. *Hitzeresistenz der Flechtenalgen nach halbstündiger Erhitzung in lufttrockenem Zustand.*
Cyanophyceen bei *Collema* und *Peltigera*, alle übrigen Algen Chlorophyceen (nach O. L. LANGE 1953).

Flechtenart	½ Stunde Erhitzung bei °C											Standort
	60	65	70	75	80	85	90	95	100	105	110	
Alectoria implexa	1	1	±	+	+		+					
Alectoria sarmentosa	1	1	±	±	+		+					
Lobaria pulmonaria	1	1	±	±	+		+					
Everina prunastri	1	1	−1	+	+		+					beschattet, kühl-feucht
Alectoria jubata	1		−1	+	+	+	+		+			
Usnea dasypoga	1	1	−1	±	+		+					
Usnea florida		1	1	±	±	+	+					
Ramalina farinacea		1	1	−1	±		+		+			
Peltigera variolosa			1	−1	−1	±	+		+			
Peltigera furfuracea v. *ceratea*			1	−1	+	+	+		+			
Cetraria nivalis			1	1	±	+	+		+			
Cetraria cucullata			1	1	−1	+	+		+			meso-phytisch
Thamnolia vermicularis	1		1	1	−1	−1	±		+			
Collema auriculatum	1		1	1	1	1	+		+			
Solorina saccata	1		1	1	1	1	±		+			
Cladonia alpestris		1	1	1	±		+		+			
Cladonia rangiferina		1	1	1	±		±		+			
Cladonia rangiformis v. *pungens*	1		1	1	−1	±	±	±	+	+		
Lecanora badia					1	−1	+	+	+	+	+	
Dermatocarpum aquaticum				1	1	1	−1	−1	±	+		
Cladonia foliacea v. *convoluta*				1	1	1	−1		±		+	
Cladonia foliacea v. *convoluta*				1	1	1	−1		±		+	besonnt, heiß-trocken
Umbilicaria vellea					1	1	1	−1	±	+	+	
Lecanora crassa					1	1	1	−1	±	±	+	
Lecanora lentigera	1		1	1	1	1	1		+			
Collema spec.	1		1		1	1	1		+			
Lecanora fragilis	1		1	1	1	1	1		±			
Lecidea lurida					1	1	1	1	−1	±	+	
Peltigera rufescens					1		1		1		+	
Dermatocarpum rufescens	1		1	1	1	1	1		1			

Auch die Wärmeresistenz von Flechten wurde von LANGE (1953) im Hinblick auf die Temperaturverhältnisse am Standort untersucht. Um wiederum das Maximum der Wärmeresistenz zu erfassen, wurden die Flechten im lufttrockenen Zustand in Thermostaten einer halbstündigen Erhitzung bei verschiedenen Temperaturen ausgesetzt. Als Gradmesser der Hitzeschädigung wurde die Atmung der Flechten bestimmt, und zwar nachdem sie nach der Erhitzung 12 Stunden in trockener Zimmerluft gehalten und darauf in Wasser eingequollen worden waren. Flechten schattiger und sonniger Standorte zeigen dabei wesentliche Unterschiede in ihrer Hitzeresistenz (Abb. 61).

Die untersuchten Flechten schattiger und extrem sonniger Standorte zeigten eine Herabsetzung der Atmung auf die Hälfte nach halbstündiger Erhitzung in einem Bereich von 70° C (Schatten- und Nebelflechten des Schwarzwaldes) bis 101° C (Erdflechten von südexponierten, sonnendurchglühten Kalkfelsen vom Gardasee).

Neben der mittels der Atmungsmethode geprüften Hitzeresistenz der ganzen Flechten wurde auch die Hitzeresistenz der Flechtenalgen durch anschließende Kultur geprüft. Sie zeigten im wesentlichen ähnliche Resistenzgrenzen wie die ganzen Flechten (Tab. 68).

Im gequollenen Zustand sind die Flechten und Flechtenalgen um etwa 40—50° C empfindlicher gegen Hitzeeinwirkung als im entquollenen.

Während die Trockenresistenz der Flechten so groß ist, daß die Trockenheit des Standortes kaum je für ihr Leben begrenzend werden kann (vgl. S. 36), können nach Lange (1953) die Thallustemperaturen an extremen natürlichen Standorten das ertragbare Maximum für empfindliche Flechten erreichen und überschreiten. Die Thalluserhitzung kann also für Flechten beträchtliche ökologische Bedeutung haben und ihre Verbreitung begrenzen.

d) Veränderlichkeit der Hitzeresistenz

α) Hitzeresistenz und Alter

Auch unter gleichen äußeren Bedingungen können verschieden alte Pflanzen, verschieden alte Blätter einer Pflanze oder Zellpartien innerhalb eines Blattes verschiedene Hitzeresistenz aufweisen. Die ersten diesbezüglichen Beobachtungen gehen auf Sachs (1864) und De Vries (1870) zurück. Danach erwiesen sich die eben voll erwachsenen Blätter als am empfindlichsten. Die jüngeren, noch nicht entfalteten Blätter zeigten eine höhere und gesunde alte Blätter die höchste Hitzeresistenz. Sapper (1935) fand bei *Primula obconica* die derben älteren Blätter hitzeresistenter als die jüngeren.

Ein schönes Beispiel geben Schwemmle und Lange (1959 a). Die beblätterten Sproßabschnitte von jeweils sechs Topfpflanzen von *Kalanchöe bloßfeldiana* wurden im Wasserbad 30 Minuten lang einer Temperatur von 46,0° C ausgesetzt und fünf Tage später auf eingetretene Hitzeschäden überprüft. Die geschädigten, verfärbten oder verschrumpelten Blattbezirke wurden in Prozenten der gesamten Blattfläche angegeben. Die stärksten Schädigungen traten bei den Blättern der Wirtel 3 und 4 auf. Weder die jüngeren noch die älteren, schon ausgewachsenen Blätter wurden durch die Hitzebehandlung wesentlich geschädigt (Abb. 62).

In einer weiteren Untersuchung an *Kalanchöe bloßfeldiana* konnten Lange und Schwemmle (1960) neben diesen Unterschieden in der Hitzeresistenz verschieden alter Blätter feststellen, daß die stark sukkulenten Blätter blühender Pflanzen eine höhere Widerstandsfähigkeit gegen Erhitzen aufweisen als die schwach sukkulenten vegetativen Pflanzen. Während die ersten nach 30 Minuten langer Erhitzung erst bei 50° C geschädigt werden, erfahren die vegetativen Pflanzen schon durch Erhitzung auf 47° C vollkommene Blattschädigungen.

SCHEIBMAIR (1938) fand bei *Plagiochila asplenioides* nach 3 Minuten langer Erhitzung auf 48° C die jungen Blätter der Vegetationsspitze lebend und in 1 mol Rohrzucker plasmolysierbar, die Zellen der älteren Blättchen an der Sproßbasis hingegen mit deformierten Chloroplasten und unplasmolysierbar. Innerhalb eines Blättchens wurden die Zellpartien an der Blattbasis und im unteren, mittleren Teil früher geschädigt als die Zellen der oberen Blatthälfte und des Blattrandes (Abb. 63).

Die Hitzeresistenz der schon vergilbenden, ältesten Blätter war jedoch auch bei *Plagiochila* am größten. Eine höhere Hitzeresistenz vergilbender Blätter konnte REUTER (1937) auch an Blättern von *Sedum praealtum* feststellen. Die Epidermiszellen grüner Blätter wurden schon durch 5 Minuten lange Einwirkung von 54° C getötet, die von vergilbenden Blättern erst durch 64° C.

Auch bei *Erica tetralix, Asarum europaeum, Taxus*

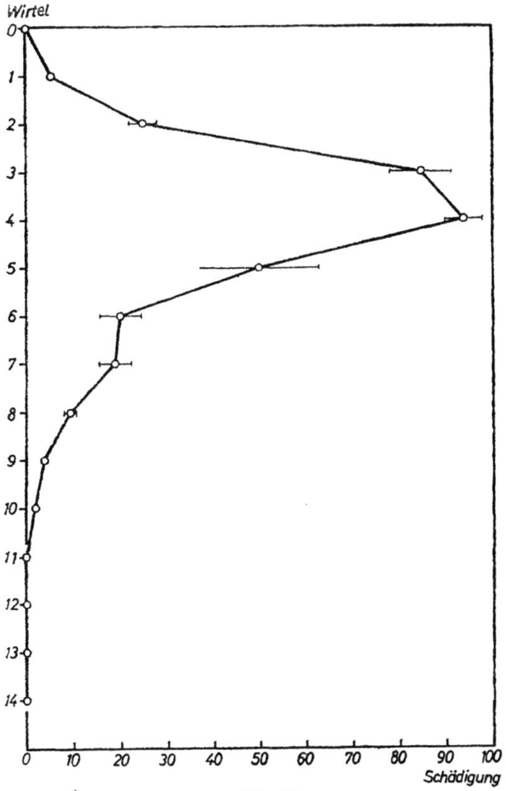

Abb. 62

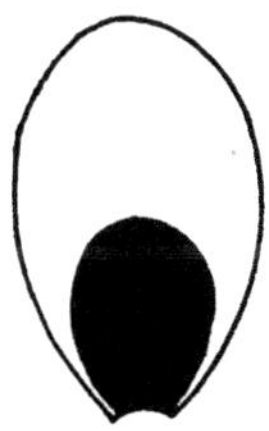

Abb. 63

Abb. 62. Hitzeschädigung verschieden alter Blätter von *Kalanchoë bloßfeldiana*. Mittelwerte von 6 Pflanzen mit mittlerem Fehler, 5 Tage nach der Behandlung (30 Min., 46° C). Abszisse: geschädigte Blattfläche in Prozenten; Ordinate: Nr. der Blattpaare von der Gipfelknospe (0) abwärts gezählt. (Nach B. SCHWEMMLE und O. L. LANGE 1959 a.)

Abb. 63. Schematische Darstellung des Hitzeresistenzgradienten im *Plagiochila*-Blatt. Schwarz = tot. (Nach G. SCHEIBMAIR 1938.)

baccata und *Ilex aquifolium* war die Hitzewiderstandsfähigkeit der jungen Blätter stets auffallend geringer als die der älteren (L a n g e 1961).

An mit der Pinzette vorsichtig abgetrennten *Helodea*-Blättchen fand ESTEŘAK (1935) die Zellen der Blattbasis hitzeresistenter als die der Blattspitze. Wurden aber die Blättchen mit einer Schere abgeschnitten, wie dies BĚLEHRADEK und MELICHAR (1930) taten, so nahm der Gradient der Hitzeresistenz, wie bei den *Plagiochila*-Blättchen SCHEIBMAIRS gegen die Spitze zu. Diese Umkehr des Resistenzgradienten führt ESTEŘAK auf den Einfluß des Wundreizes zurück.

Für Weizenkörner konnte PORODKO (1926) die Feststellung machen, daß deren Hitzeresistenz im Verlauf einer normalen Lagerung von einigen Monaten, die noch zu keiner Beeinträchtigung der Keimfähigkeit führte, abnahm. Die vorgequollenen Samen wurden zur Erwärmung im allgemeinen in Wasser von 55° C durch 1—20 Minuten untergetaucht und dann auf Fließpapier keimen gelassen.

In feuchten Filterpapierrollen verschieden lang angekeimte und durch 20 Minuten auf 45° C erwärmte Weizenkeimlinge zeigen ab zweitem Keimungstag (0,1 cm lange Koleoptilen und 0,2 cm lange Würzelchen) eine rasche Abnahme der Wärmeresistenz, die sich in einer zunehmenden Wachstumshemmung ausdrückt. Vier Tage alte Keimlinge (0,6—1,0 cm lange Koleoptilen und 3,5—4,5 cm lange Würzelchen) werden durch die Erwärmung zum Teil vollständig getötet (BIEBL und PAPE 1952).

β) Hitzeresistenz und Gewöhnung

Bei der Besprechung der Temperaturresistenz der Meeresalgen (s. S. 145) war von Versuchen von MONTFORT, RIED und RIED (1957) die Rede, wonach durch 4—7 Monate lange Kultur von Meeresalgen bei niedriger Temperatur (—1° bis +1° C) die Wärmeresistenz im allgemeinen nicht herabgesetzt werden konnte. Nur bei den empfindlichsten und labilsten Formen konnte eine maximale Verschiebung der oberen Letaltemperatur um etwa 2° C erreicht werden. Auch die Versuche SCHWENKES (1959), die Hitzeresistenz von Meeresalgen durch mehrwöchige Vorkultur bei 5, 15 und 20° C zu beeinflussen, bestätigten dieses geringe Vermögen einer Temperaturanpassung.

Für Blütenpflanzen zeigte SAPPER (1935), daß die Hitzeresistenz durch Gewöhnung an höhere Temperaturen im allgemeinen nicht gesteigert werden kann. Eine deutliche Erhöhung der Wärmeresistenz fand sich nur bei *Helodea callitrichoides,* die bei 25—30° C kultiviert worden war, gegenüber einer solchen, die bei 11—13° C herangewachsen war, *Vallisneria spiralis* zeigte hingegen ein umgekehrtes Verhältnis.

ALEXANDROW und FELDMANN (1958) konnten wiederum an Epidermiszellen einer Reihe von Pflanzen nach mehrstündiger Einwirkung von superoptimalen Temperaturen eine Erhöhung der zur Sistierung der Plasmaströmung führenden Temperatur um bis zu 2,7° C feststellen. Diese „Hitzehärtung“ war begleitet von einer Resistenzerhöhung auch gegen verschiedene andere schädigende Faktoren (Alkohol, Essigsäure, hoher hydrostatischer Druck).

γ) Hitzeresistenz und Wassergehalt

SAPPER (1935) hat eine Reihe von Blütenpflanzen und den Farn *Ceterach officinarum* durch mehrere Wochen trocken und feucht kultiviert und in sämtlichen Fällen bei den trockenkultivierten Pflanzen eine Steigerung der Hitzeresistenz feststellen können, was, entsprechend dem höheren osmotischen Wert der Trockenpflanzen, einer stärkeren Dehydratation des Plasmas zugeschrieben wird (Tab. 69).

Ähnliche Untersuchungen wurden von LANGE (1955) an einigen Laubmoosen ausgeführt. Auch bei ihnen hatte Feuchtkultur eine Herabsetzung der Hitzeresistenz zur Folge (Tab. 70). Vor der halbstündigen Erhitzung wurden die feucht und trocken gezogenen Versuchsmoose in gleicher Weise 50 Stunden über Phosphorpentoxyd ausgetrocknet.

Tab. 69. *Hitzeresistenz trocken und feucht kultivierter Blütenpflanzen und von Ceterach officinarum* (nach I. SAPPER 1935).

Pflanze	Grenze der Hitzeresistenz ½ Stunde, °C		Osmotischer Wert mol. Rohrzucker	
	trocken kultiviert	feucht kultiviert	trocken kultiviert	feucht kultiviert
Melilotus officinalis	46,5	45	0,55—0,6	0,45—0,5
Taraxacum officinale	46	44,5	0,65	0,45
Armeria vulgaris	46	44.5	0,8—0,9	0,55—0,65
Solanum nigrum	49,5	< 47,5	0,4—0,55	0,35—0,4
Avena sativa	47,5	< 43,5	0,65	0,4—0,55
Hordeum distichum	46—46,5	< 44	0,8	0,45—0,5
Alyssum montanum	> 49,5	48	—	—
Hieracium pilosella	> 50,5	48,5	0,65—0,75	0,35—0,55
Festuca glauca	> 50,5	< 48,5	—	—
Ceterach officinarum	100—120	ca. 47	—	—

Noch hitzeempfindlicher waren nach Feuchtkultur *Barbula gracilis* und *Ctenidium molluscum*, die zudem durch die Feuchtkultur auch eine sehr starke Herabminderung ihrer Austrocknungsresistenz erfuhren. Während beide Arten unmittelbar nach dem Einsammeln ohne Schädigung 50 Stunden

Tab. 70. *Hitzeresistenz trocken und feucht kultivierter Laubmoose* (nach O. L. LANGE 1955).

Laubmoos	Grenze der Hitzeresistenz, ½ Stunde, °C						
	Standort trocken	vollständig durchnäßt					
		7 Tage	15 Tage	1 Monat	1½ Monate	3 Monate	4 Monate
Pleurocaeta squarrosa	110° C	—	100	—	100	95	85
Leptodon smithii	100° C	95	—	90	80	—	—

Austrocknung über P_2O_5 ertrugen, wurden sie im Gegensatz zu den beiden in Tab. 70 angeführten Arten schon nach 3 Wochen Feuchtkultur durch die Austrocknung allein stark geschädigt. Entsprechend rasch sank auch die Hitzeresistenz. Die Bereitschaft zur Verweichlichung und zur Härtung scheint demnach von Art zu Art sehr verschieden und damit auch von ökologischer Bedeutung zu sein. Bezüglich der höheren Hitzeresistenz ausgetrockneter, trockenresistenter Moose und Farne (LANGE 1955 und 1953) siehe auch S. 184 ff.

Ein Vergleich der Hitzeresistenz angewelkter und turgeszenter Pflanzen (SAPPER 1935) von *Hordeum distichum, Anthyllis vulneraria,*

Impatiens parviflora u. a. ergab, daß auch schon der vorübergehende Wasserentzug manchmal ähnlich resistenzerhöhend wirkt, wie eine dauernde Trockenkultur.

Gleiches wie für Moose, Farne und Blütenpflanzen gilt auch für A l g e n. Während z. B. die fädige Meeresrotalge *Bangia fuscopurpurea,* die in Neapel über die Wasserlinie emporragende Klippen und Uferschutzmauern besiedelt, in Seewasser von $+35^0$ C innerhalb 24 Stunden abstirbt, bleibt sie lufttrocken, auf einem Glasplättchen liegend, während der gleichen Zeit noch bei 42^0 C am Leben (BIEBL 1939).

Für S a m e n ist schon lange bekannt, daß sie trocken bedeutend höhere Temperaturen ertragen als gequollen. So können manche Samen im trockenen Zustand über 100—120^0 C erhitzt werden, während sie im wassergesättigten Zustand schon bei 60—70^0 C absterben (JUST 1877, LEPESCHKIN 1924). Trocken erwärmte Samen von *Medicago denticulata* und *Medicago arabica* entwickelten sich zum Teil noch nach 17stündigem Erhitzen auf 100^0 C oder nach halbstündigem Erhitzen auf 120^0 C zu normalen Pflanzen. Eine wenn auch nur kurz andauernde Temperatur von 130^0 C wirkte dagegen tödlich. Infolge ihrer Hartschaligkeit ertrug auch ein kleiner Teil der Samen einen 7½stündigen Aufenthalt in siedendem Wasser (98^0 C) oder halbstündiges Liegen in Wasser von 120^0 C (unter Druck). Nach stattgefundener Wasseraufnahme infolge von Verletzungen der Samenschale ist die Widerstandsfähigkeit dagegen nur noch gering (SCHNEIDER-ORELLI 1910).

Gleiches gilt auch für B a k t e r i e n. Es ist eine Erfahrungstatsache, daß man Gegenstände im Heißluftsterilisator auf 160—170^0 C erhitzen muß, während im Dampftopf (Autoklaven) eine Temperatur von 110^0 C ausreicht.

An jungen, wasserreichen Entwicklungsstadien verschiedener P i l z e konnte ZOBL (1944) experimentell nachweisen, daß sie durch stufenweises, sorgfältiges Trocknen resistenter gegen Erhitzen wurden (z. B. Zygoten von *Phycomyces nitens, Absidia glauca* oder Perithecien von *Melanospora leucotricha, Mel. pampeana, Mel. destruens, Microascus intermedius, Neurospora sitophila* u. a. Der Wassergehalt (bestimmt durch Trocknen bei 110^0 C) zeigt große Schwankungen: Er ist am größten in jungen, noch nicht fruktifizierenden Myzelien, wo er 75—90% des Frischgewichtes betragen kann, nimmt in den Perithecien und Sklerotien auf 15—30% ab und ist am geringsten in den Gonidien und Ascussporen, deren Feuchtigkeitsgehalt zwischen 4 und 15% liegt.

Die Hitzeresistenz geöffneter und geschlossener S c h l i e ß z e l l e n in Blättern von *Zebrina pendula, Rumex acetosa, Dahlia variabilis* und *Bellis perennis* wurde von WEBER (1926 a) untersucht. Die Blätter wurden in zwei Hälften geteilt, eine Hälfte dunkel gestellt, die andere 3 Stunden mit einer starken Lichtquelle bestrahlt. Die Stomata der dunkelgehaltenen Blatthälfte hatten sich geschlossen, die der belichteten geöffnet. Von den anschließend 90 Sekunden lang in Wasser von 61—63^0 C getauchten Blatthälften wurden schließlich flache Schnitte der unteren Epidermis angefertigt und mikroskopiert: Die Schließzellen der geschlossenen Spalten waren tot, die Schließzellen der geöffneten hatten das heiße Bad durchwegs überlebt.

In einer kurz darauffolgenden Arbeit untersuchte Weber (1926 b) im Vergleich dazu die Hitzeresistenz funktionierender Stomatazellen und ihrer Nebenzellen von *Galium mollugo, Rumex patientia* und *Rhoeo discolor*. Bei gleicher Versuchsanstellung wie oben ergab sich folgendes: Bei geöffneten Spalten sind die Schließzellen hitzebeständiger als die Nebenzellen und bei geschlossenen Spalten sind die Nebenzellen hitzebeständiger als die Schließzellen. Weber weist auf einen parallel laufenden Antagonismus hin: „Wird bei geöffneter Spalte in den Schließzellen die Stärke abgebaut und der osmotische Wert erhöht, so wird in den Nebenzellen die Stärke aufgebaut und der osmotische Wert nimmt ab. Umgekehrt wird bei geschlossener Spalte in den Schließzellen durch Aufbau der Stärke der osmotische Wert verringert, so wird in den Nebenzellen gleichzeitig die Stärke abgebaut und der osmotische Wert übersteigt den der Schließzellen.“ Darin sieht Weber eine Bestätigung, daß die Hitzeresistenz des Protoplasmas mit zunehmender Entquellung, verursacht durch den erhöhten osmotischen Wert (Walter 1924), zunimmt.

Es sei bemerkt, daß auch die Frostresistenz, von der erst später zu sprechen sein wird, mit der Funktion der Schließzellen ganz gleichen Schwankungen unterworfen ist. Die offenen Schließzellen mit dem höheren osmotischen Wert sind kälteresistenter als die geschlossenen. Das Verhalten der Nebenzellen ist wieder umgekehrt.

Die Versuche Webers wurden von Döring (1933) wiederholt und trotz anderer Versuchsanstellung, nämlich vorhergehender Herstellung der Epidermisschnitte und Erhitzung dieser auf dem Heiztisch des Mikroskops, in den wesentlichen Punkten bestätigt. Nur war Dörings Deutung eine andere. Döring sieht das Verquellen der Stärkekörner in den geschlossenen Schließzellen bzw. bei geöffneten Stomata in den Nebenzellen als die mechanische Ursache des schnelleren Zelltodes bei Erwärmung. Danach sollen die verquellenden Stärkekörner nicht nur die Plastiden zerstören, sondern auch das Protoplasma selbst schädigen.

In diesem Sinne ließen sich auch die Beobachtungen von Parija und Mallik (1941, zitiert in Levitt 1956) erklären, wonach ölhaltige Samen eine höhere Hitzeresistenz aufweisen als stärkehaltige. In diesen Versuchen wurden die gequollenen Samen während 8—120 Stunden auf 40—60° C erhitzt und anschließend auf ihre Keimfähigkeit geprüft.

Zur Untersuchung der Frage nach dem Einfluß des Wasserreichtums des Protoplasmas auf dessen Hitzeresistenz fand Döring in den praktisch vakuolenfreien *Fucus*-Eiern ein besonders günstiges Versuchsobjekt. Wurden *Fucus*-Eier in hypertonische Zucker- oder Seewasserlösungen gelegt, so wurde dem Plasma Wasser entzogen. Das Ergebnis war eindeutig: Die Eier im normalen Ostseewasser koagulierten bei 45° C, während die Eier in Ostseewasser plus 1 mol Rohrzucker oder in eingeengtem, hypertonischen Seewasser erst bei etwa 50° C getötet wurden. In diesem Fall wird auch von Döring eine Beziehung zwischen Wasserentzug und Steigerung der Hitzeresistenz nicht bezweifelt.

Eine osmotische Beeinflussung der Hitzeresistenz konnten Christophersen und Precht (1952) auch an Hefezellen erzielen. Werden Hefezellen aus ihrer Nährlösung in ein hypotonisches Medium überführt, so nimmt die Hitzeresistenz von drei untersuchten Lebensprozessen (Vermehrungsfähigkeit, Aktivität von Katalase und von Dehydrasen) ab. Werden sie in ein hypertonisches Medium übertragen, so nimmt die Hitzeresistenz der gleichen Prozesse zu. Eine Zunahme des freien Wassers oder eine Abnahme des gebundenen Wassers wird als Ursache der Resistenzverminderung angesehen und umgekehrt (CHRISTOPHERSEN und PRECHT 1953).

Die Frage der Änderung der Hitzeresistenz durch Wasserentzug bei Plasmolyse wurde von SCHEIBMAIR (1938) an verschiedenen Moosblättchen untersucht. Die Ergebnisse waren von gleicher Art. Die im Zustand der Plasmolyse erhitzten Blättchen erwiesen sich als wesentlich hitzebeständiger als die unplasmolysierten (Tab. 71, Abb. 64).

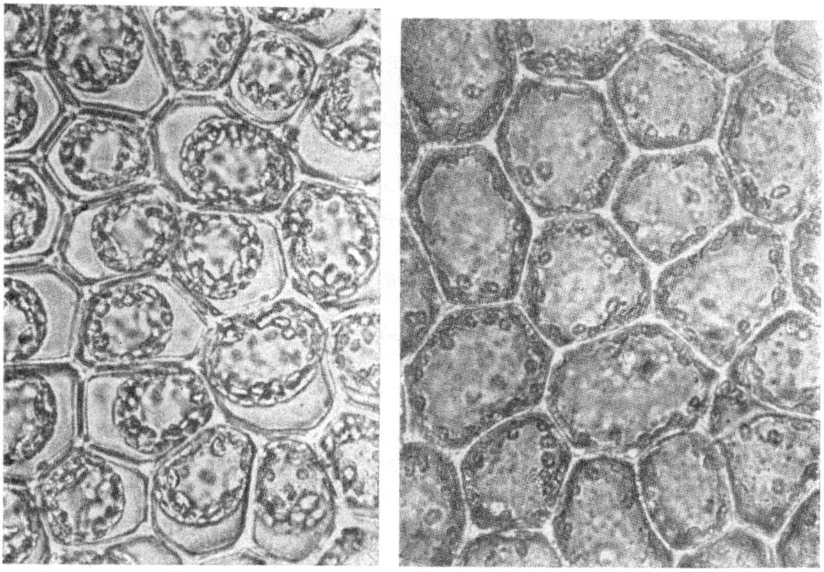

a b

Abb. 64. Blattzellen von *Plagiochila asplenioides* 1½ Minuten auf 55° C erhitzt. *a* nach 12 Stunden Plasmolyse in 2,5 mol Rohrzucker, *b* nicht vorbehandelt. (Nach G. SCHEIBMAIR 1938.)

Auch Epidermiszellen von *Rhoeo discolor* und *Gentiana cruciata* sind gegen Erwärmung in schwach hypertonischen Rohrzuckerlösungen resistenter als im unplasmolysierten Zustand (BOGEN 1949).

SAPPER (1935) hat allerdings auch schon festgestellt, daß die Abhängigkeit der Hitzeresistenz vom Wassergehalt nur für das Verhalten eines und desselben Plasmas gilt, daß aber sowohl beim Vergleich verschiedener Arten von Blütenpflanzen untereinander, wie auch einzelner Pflanzenteile, keine durchgehenden Beziehungen zwischen osmotischem Wert und Hitzeresistenz bestehen. Es sei nur an die wasserreichen Sukkulenten, etwa die Kakteen erinnert, die bei auffallend niederem osmotischem Wert zu den Pflanzen mit höchster Hitzeresistenz gehören.

Auch REUTER (1937) hat bei ihren Versuchen mit *Sedum praealtum* in den älteren vergilbenden Blättern, die wie oben erwähnt eine größere Hitzeresistenz zeigen als frischgrüne, keinen erhöhten osmotischen Wert feststellen können. Sie fand jedoch bei diesen einen größeren Gehalt an Calzium und einen geringeren an Kalium als in den grünen Blättern. Es scheinen sich somit auch zwischen dem Chemismus der Zellen und der Hitzeresistenz gewisse Beziehungen zu ergeben.

Tab. 71. *Hitzeresistenz von Plagiochila asplenioides im plasmolysierten und unplasmolysierten Zustand* (nach G. SCHEIBMAIR 1938).

Temperatur °C	Dauer der Erhitzung (Minuten)	plasmolysiert			unplasmolysiert
		mol Rohrzucker	Dauer der Plasmolyse (Stunden)	Lebenszustand	Lebenszustand
48	4½	1	10	lebend	tot
50	23	2	72	lebend	tot
52	5	1	10	lebend	tot
52	9	2,5	48	lebend	tot
55	1½	1	24	lebend	tot
56	½	3	24	lebend	tot

δ) Hitzeresistenz und Chemismus

SAPPER (1935) hat im Rahmen ihrer Hitzeresistenzstudien auch den Einfluß des Ernährungszustandes der Versuchspflanzen geprüft. So wurde der Grad der Hitzeresistenz bestimmt: 1. nach vorhergehender Verdunkelung und damit Aushungerung, 2. an Sonnen- und Schattenexemplaren der gleichen Pflanzenart und 3. an etiolierten und normalgrünen Pflanzen derselben Art.

Ab 3 bis 4 Tage Verdunkelung war die Hitzeresistenz von *Vicia faba, Trifolium pratense, Hamamelis japonica* und *Hordeum distichum* deutlich herabgesetzt. Wurden *Solanum nigrum, Agrostemma githago, Hordeum distichum* u. a. mehrere Wochen lang bei verschieden starkem Licht (etwa im Verhältnis 10 : 1) kultiviert, so war bei den Schattenpflanzen die Grenze der Hitzeresistenz durchschnittlich um 1° C herabgesetzt. Auffallend war demgegenüber, daß sich junge etiolierte Pflanzen häufig als hitzewiderstandsfähiger erwiesen als entsprechende grüne Kontrollpflanzen. Die Todestemperatur 5 Tage alter, 3—4 cm hoher, im Licht gezogener *Hordeum distichum*-Pflänzchen lag bei 45° C, die Resistenzgrenze gleichalter etiolierter Pflänzchen hingegen bei 47° C. Erst mit zunehmendem Alter und Aufbrauchen der Reserve verschob sich die Differenz zugunsten der grünen Pflanzen. Bei etiolierten Sprossen von *Cerastium arvense,* die mit Lichtsprossen dauernd in Verbindung geblieben waren, zeigten jedoch auch ältere etiolierte Sprosse noch deutlich eine höhere Hitzeresistenz (47° gegenüber 45,5° C).

Durch MOTHES (1932) war nachdrücklich darauf hingewiesen worden, daß durch verschieden große Salzgaben Struktur und physiologische Leistungen der Pflanzen tiefgreifend verändert werden können. Sapper (1935) hat nun versucht, die Hitzeresistenz auch durch verschiedene Dosierung von Nährsalzen zu beeinflussen. Dabei ergab sich, daß in gewaschenem Sand kultivierte Hungerpflanzen von *Solanum nigrum* hitzeresistenter waren als in Gartenerde gezogene, und diese wiederum resistenter als die mit Harnstoff-Kali-Phosphor („Hakaphos" des Handels) reichlich gedüngten. Die Resistenzgrenzen der Hungerpflanzen lagen bei halbstündiger Erwärmung im Thermostaten über 49° C, die der in Gartenerde kultivierten bei 47° C und die der zusätzlich gedüngten unter 47° C.

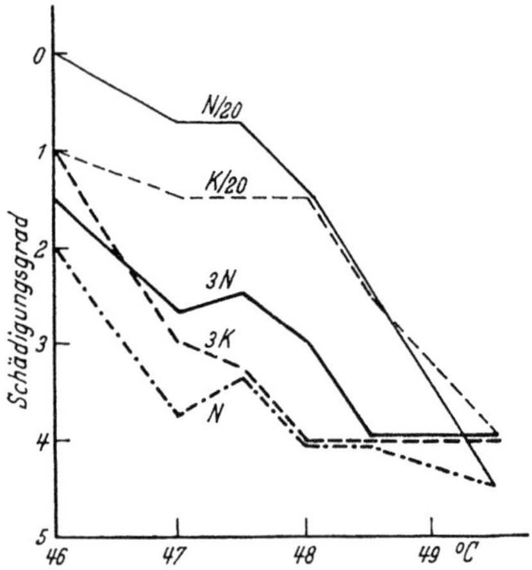

Abb. 65. Hitzeresistenz von *Solanum nigrum* bei verschieden hohen Stickstoff- und Kaligaben. Abszisse: Temperatur; Ordinate: Schädigungsgrad (0 = normal, 5 = abgestorben). N, 3 N, N/20 = normale, dreifache, 1/20 Stickstoffgabe; K, 3 K, K/20 = normale, dreifache, 1/20 Kaligabe. (Nach I. Sapper 1935.)

Auch De Vries (1871) hatte schon gezeigt, daß die Hitzeresistenz von Pflanzen sinkt, wenn die Konzentration von Salzen im Medium ansteigt und Illert (1924) beobachtete an *Oxalis acetosella* das Ansteigen der Hitzeresistenz bei Nährstoffmangel.

Sapper (l. c.) konnte die Abnahme der Hitzeresistenz besonders deutlich bei verschieden hohen Stickstoff- und Kaligaben finden (Abb. 65). In beiden Fällen wiesen die N- und K-Mangelpflanzen die höhere Hitzeresistenz auf.

Gilt das Gesagte für die Beeinflussung der Hitzeresistenz intakter Pflanzen durch verschiedene Nährsalzversorgung, so liegen auch zahlreiche Angaben vor, aus denen hervorgeht, daß auch durch Behandlung von Schnitten mit verschiedenen Salzlösungen deutliche Verschiebungen der Hitzeresistenz zu erzielen sind. Kaho (1924) untersuchte den Einfluß der Salze von Erdalkalien. Er plasmolysierte Schnitte in Salzlösungen und erhitzte sie bei steter Erhöhung der Temperatur. Bei einer ganz bestimmten Temperatur, die bei den einzelnen Salzen verschieden war, verlor der Plasmamantel seine semipermeablen Eigenschaften und schrumpfte zusammen. Quellungsfördernde Alkalisalze, wie Rhodanide, Jodide, Bromide, setzten die Hitzeresistenz herab, quellungshemmende Alkalisalze, wie Azetate, Tartrate, Sulfate und andere erhöhten sie. Kaho nimmt an, daß das Verhalten der Erdalkalien zur Plasmakoagulation durch die Permeabilitätsverhältnisse zu erklären sei und daß die Förderung der Hitzekoagulation durch die Salze von ihrer Eindringungsfähigkeit abhängt.

Scheibmair (1938) untersuchte den Einfluß von Kalium- und Calziumsalzen auf die Hitzeresistenz von *Plagiochila asplenioides*. Gleich alte Blätter wurden 15—30 Minuten in 0,4 und 0,5%ige hypotonische KCl- und $CaCl_2$-Lösungen eingelegt und hierauf in dest. H_2O 5—11 Minuten lang bei 48° C erhitzt. Das Plasma der mit KCl vorbehandelten Blätter nahm in allen Fällen eine atypische, körnelige Struktur an, die Chloroplasten zeigten Deformationen. Plasmolysen in 1 mol Rohrzucker waren nicht mehr möglich. Die mit $CaCl_2$ vorbehandelten Blätter blieben hingegen lebend. zeigten normales Aussehen und waren plasmolysierbar (Tab. 72).

Es sei in diesem Zusammenhang noch einmal an die Beobachtung von Reuter (1937) erinnert, wonach die gegenüber grünen Blättern hitzebeständigeren Zellen vergilbter Blätter von *Sedum praealtum* einen höheren Calziumgehalt besitzen als jene.

Tab. 72. *Hitzeresistenz von Plagiochila asplenioides-Blattzellen nach Vorbehandlung mit KCl und $CaCl_2$* (nach G. Scheibmair 1938).

% der Salzlösung	Dauer der Vorbehandlung (Minuten)	Einwirkende Temperatur °C	Dauer der Erhitzung (Minuten)	Lebenszustand	
				KCl	$CaCl_2$
0,5	30	48	3	tot	lebend
0,5	30	48	4	tot	lebend
0,5	30	48	5	tot	lebend
0,4	15	48	4	tot	lebend
0,4	15	48	5	tot	lebend
0,4	15	48	6	tot	lebend
0,4	18	48	9	tot	lebend
0,4	18	48	11	tot	lebend

Eine solche die Hitzeresistenz erhöhende Wirkung des Calziums wurde auch an einem zoologischen Objekt, nämlich der Miesmuschel, gefunden. Schlieper und Kowalski (1956) zeigten, daß die Hitzeresistenz des Kiemengewebes der Nordsee-Miesmuschel in Meerwasser von etwa 30‰

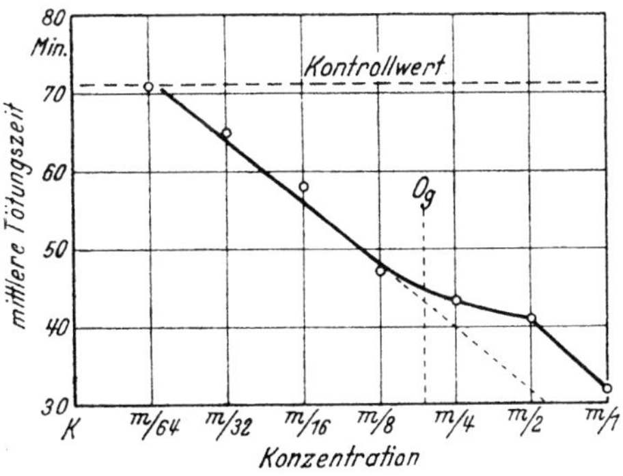

Abb. 66

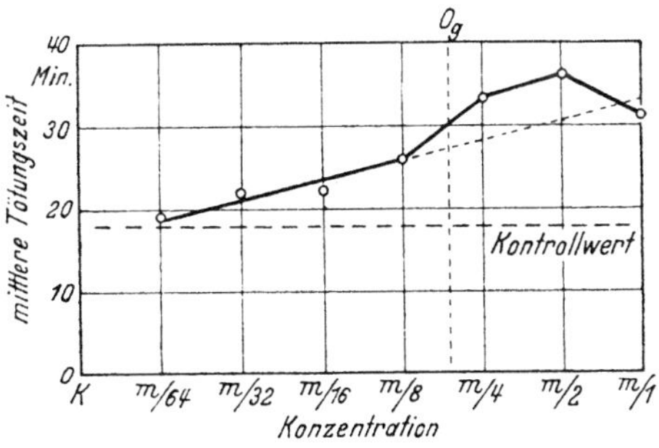

Abb. 67

Abb. 66. Beeinflussung der Hitzeresistenz von *Rhoeo discolor* durch verschiedene Konzentrationen von KCl. Versuchstemperatur 60° C, *Og* = osmotischer Wert bei Grenzplasmolyse. (Nach Bogen 1949.)

Abb. 67. Beeinflussung der Hitzeresistenz von *Rhoeo discolor* durch verschiedene Konzentrationen von $MgSO_4$. Versuchstemperatur 60° C, *Og* = osmotischer Wert bei Grenzplasmolyse. (Nach Bogen 1949.)

Salzgehalt etwa doppelt so groß ist wie die der Ostsee-Miesmuschel in Brackwasser von 15‰ Salzgehalt. Es wurde weiters festgestellt, daß es dabei wesentlich auf den Calziumgehalt des Meerwassers ankommt. Hielt man bei einer Verdünnung des Meerwassers auf die Hälfte der ursprünglichen Salzkonzentration den Calziumgehalt konstant, so blieb die Hitzeresistenz des Kiemengewebes praktisch unverändert.

BOGEN (1949) beobachtete an Blattepidermisschnitten von *Rhoeo discolor* in hypo- und hypertonischen KCl-Lösungen gleichfalls eine Herabsetzung der Hitzeresistenz, in $MgSO_4$-Lösungen hingegen eine Steigerung derselben (Abb. 66 und 67).

BOGEN mißt die Hitzeresistenz durch die Zeit (Tötungszeit), die vom Einbringen der Zelle in eine Lösung mit der Temperatur von 60° C bis zum Zelltod verstreicht. Als Kriterium des Absterbens gilt die Aufhebung der Semipermeabilität bzw. das Austreten des gefärbten Zellsaftes. Vorbehandlung der Schnitte mit Einsalzlösungen hatten den gleichen Effekt wie die Einwirkung der betreffenden Salze während der Erhitzung. Auch Wässerung der Schnitte bedingte eine Herabsetzung der Hitzeresistenz, und zwar Wässerung in dest. H_2O schneller als solche in Leitungswasser, doch war der Endwert in beiden Medien der gleiche. BOGEN sieht die Beständigkeit der Molekülformen in den Proteinsystemen des lebenden Plasmas als bestimmend für die Hitzeresistenz. Jede Moleküldeformierung könne zu Strukturzerstörung und Zelltod führen.

ZOBL (1944, 1950) untersuchte die Hitzeresistenz der Sporen von 50 verschiedenen Arten aus allen Klassen des Pilzreiches und fand sie gegen feuchte und trockene Hitze viel empfindlicher als die meisten Bakteriensporen. Er sieht im verschiedenen Eiweißgehalt der Sporen eine wesentliche Ursache dieses unterschiedlichen Resistenzverhaltens. Die besonders hitzeresistenten Bakteriensporen enthalten, soweit chemisch analysiert, 70—90% Eiweiß in der Trockensubstanz, während Pilzsporen nur rund ein Drittel dieser Eiweißmengen besitzen.

ε) Jahreszeitliche Änderungen der Hitzeresistenz

Über jahreszeitliche Änderungen der Hitzeresistenz liegen ausführliche Beobachtungen an drei Laubmoosen (*Ctenidium molluscum, Fissidens taxifolia* und *Syntrichia montana*) von LANGE (1955) vor. Abb. 68 zeigt daß die Resistenz der über Phosphorpentoxyd ausgetrockneten Moose gegen halbstündige Erhitzung bei allen drei Moosen im Frühjahr ansteigt und nach einem Maximum im Sommer wieder absinkt. Der Anstieg fällt zusammen mit einem Anstieg der Temperatur, der Abfall mit den zunehmenden Niederschlägen im Sommer und Herbst. Es wird angenommen, daß die andauernde Befeuchtung der Moose eine Verweichlichung sowohl in bezug auf die Hitze- wie auch auf die Trockenresistenz hervorruft. Bei der auf besonnten Kalkblöcken siedelnden *Syntrichia* dürfte es nicht zu einer so andauernden Durchfeuchtung gekommen sein, weshalb auch das sommerliche Hitzeresistenzmaximum breiter wird.

SAPPER (1935) beobachtete an Blütenpflanzen einen gewissen Gleichlauf von Kälteabhärtung mit einer Erhöhung der Hitzeresistenz; bei *Eranthis hiemalis* ist z. B. die Hitzeresistenz nach zwei Tagen Aufenthalt der Pflanzen bei —4° C um 1° C höher als bei den im Gewächshaus bei 10—15° C kultivierten Wärmepflanzen. Auch abgeschnittene Sprosse von

Abb. 68. Jahresgang der Resistenz dreier Laubmoose gegen halbstündige Erhitzung in trockenem Zustand. ——— tödliche Temperatur, - - - - - - starke Schädigung, ... schwache Schädigung. *G* = durch 50stündigen Aufenthalt über Phosphorpentoxyd geschädigt, *U* = ungeschädigt. (Nach O. L. LANGE 1955.)

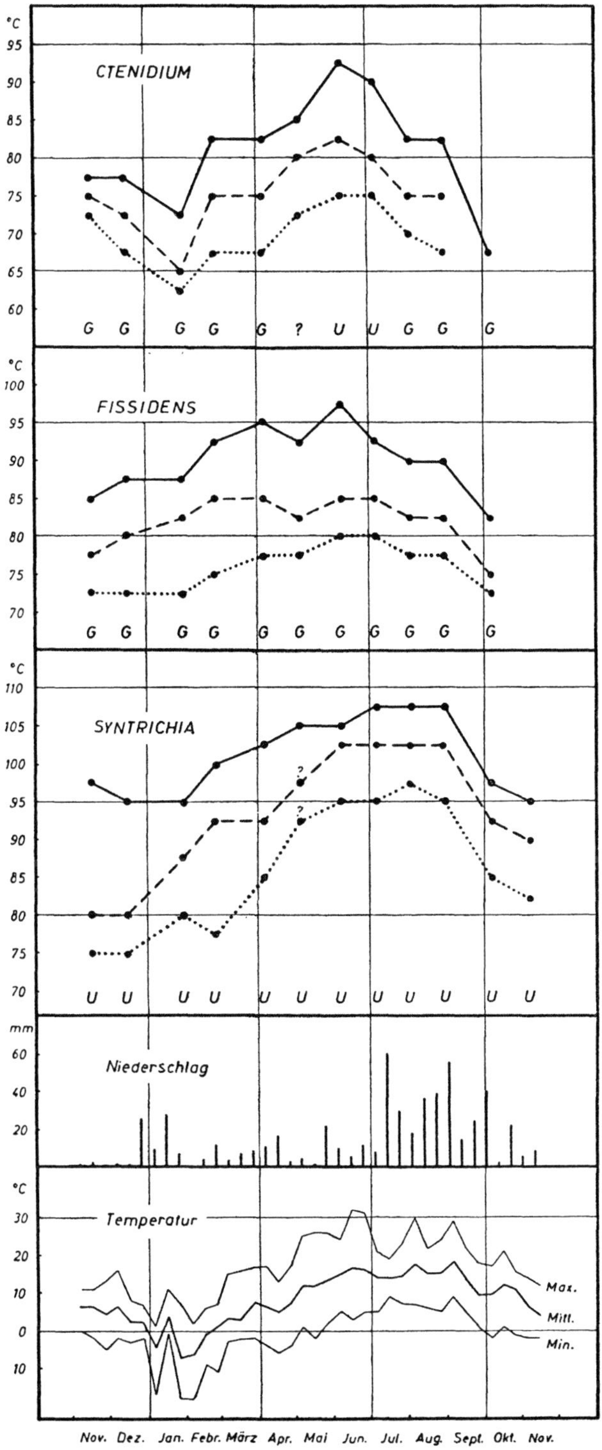
°C
CTENIDIUM
G G G G G ? U U G G G
FISSIDENS
G G G G G G G G G G G
SYNTRICHIA
U U U U U U U U U U U U
mm
Niederschlag
Temperatur
Max.
Mitt.
Min.
Nov. Dez. Jan. Febr. März Apr. Mai Jun. Jul. Aug. Sept. Okt. Nov.

Prunus laurocerasus, Hedera helix und in einer geschützten Mauerecke überwinterte Pflanzen von *Linaria cymbalaria* zeigten unmittelbar nach einer Frostperiode eine höhere Hitzeresistenz als nach einer langen Periode warmen und regnerischen Wetters.

Besonders auffallend ist die hohe Hitzeresistenz abgeschnittener Sprosse unserer ersten, kälteresistenten Frühjahrsblüher (Tab. 73, Spalte 1), die die Resistenzwerte von Pflanzen trockener, sonniger Standorte erreichen. Die später erscheinenden Frühjahrspflanzen (Tab. 73, Spalte 2) sind dagegen sehr viel weniger resistent und gehen mit ihrer Maximaltemperatur von weniger als 42—44° C kaum über den Rahmen der Schattenpflanzen hinaus.

Tab. 73. *Hitzeresistenz von Frühjahrspflanzen bei fünfstündiger Erhitzung abgeschnittener Teile* (nach I. Sapper 1935).

Erste Frühjahrsblüher	Maxim. Temp. °C	Spätere Frühjahrsblüher	Maxim. Temp. °C
Hamamelis japonica, Blüten	50	*Corydalis cava*, Blüten	< 42
Cornus mas, junge Blüten	47	*Corydalis cava*, Blätter	< 42
Helleborus purpurescens, blühende Sprosse	46	*Ranunculus ficaria*, Blüten	43
Leucojum vernum, Blüten	49	*Ranunc. ficaria*, Blätter	42
Leucojum vernum, Blätter	48	*Anemone nemorosa*, Blüten....	44
Galanthus nivalis, Blüten.......	49	*Anemone nemorosa*, Blätter....	43
Glanthus nivalis, Blätter........	50	*Primula elatior*, Blüten.......	42
Eranthis hiemalis, junge Blätter..	45	*Primula elatior*, Blätter	< 42

Entsprechende saisonbedingte, den Änderungen der Kälteresistenz parallel laufende Veränderungen der Hitzeresistenz wurden neuerdings von Alexandrow und Mitarbeitern (1959) beschrieben. Die Resistenz der Epidermiszellen der Blattscheiden von *Dactylis glomerata, Elymus arenarius* und *Elymus angustus* gegen Erhitzung ist am geringsten während der Vegetationsperiode (Mai—September). Bei Eintritt der Herbstkälte erhöht sie sich, bleibt hoch während des Winters und sinkt im April—Mai wieder auf das sommerliche Niveau ab. Es fällt dies im wesentlichen mit der jahreszeitlich bedingten Veränderung der Kälteresistenz überein. Der innere Zusammenhang mit dieser geht besonders schön aus Versuchen hervor, in denen im Sommer durch Abkühlung eine Erhöhung der Hitzeresistenz und im Winter durch Übertragung winterbeständiger Pflanzen aus dem Freiland in ein Warmhaus gleichzeitig mit einer Abnahme der Kälteresistenz auch eine Abnahme der Hitzeresistenz erzielt werden konnte. Von besonderem Interesse ist, daß die Erhöhung der Hitze- und Kälteresistenz meist auch mit einer Erhöhung der Resistenz gegen hydrostatischen Druck und gegen Äthylalkohol verbunden war. Daß allerdings solche Resistenzänderungen nicht immer gleich deutlich auftreten, zeigten Versuche mit Epidermiszellen der Blattoberseite von *Hepatica nobilis*, die keine Resistenzänderungen gegen Erwärmung, Abkühlung oder hohe hydrostatische Drucke aufwiesen, die mit dem Eintritt der kalten Jahreszeit in Verbindung gebracht werden konnten. Hingegen war bei dieser Pflanze eine mit dem Alter zunehmende Resistenz der Blätter zu beobachten.

Eine jüngst erschienene Arbeit von LANGE (1961) behandelt die jahreszeitlichen Schwankungen der Hitzeresistenz einiger mitteleuropäischer immer- und wintergrüner Pflanzen. Dabei konnten für Blätter von *Erica tetralix, Asarum europaeum* und *Taxus baccata* zwei Hitzeresistenzmaxima festgestellt werden, eines im Winter und eines im Sommer. LANGE sieht das Hitzeresistenzmaximum im Winter, das mit dem Gipfel der Kälteresistenz (Till 1956) zusammenfällt, als Ausdruck der Erhöhung einer „allgemeinen Resistenz" im Zug des jahresperiodischen Aktivitätswechsels der Pflanzen. Das von der Kälteresistenz unabhängige sommerliche Maximum der Hitzeresistenz wird hingegen als eine spezifische Resistenzadaptation an die höheren Standortstemperaturen der Pflanzen im Sommer gedeutet, die unter Umständen auch für die Existenz der Pflanzen an ihren natürlichen Standorten von Bedeutung werden kann.

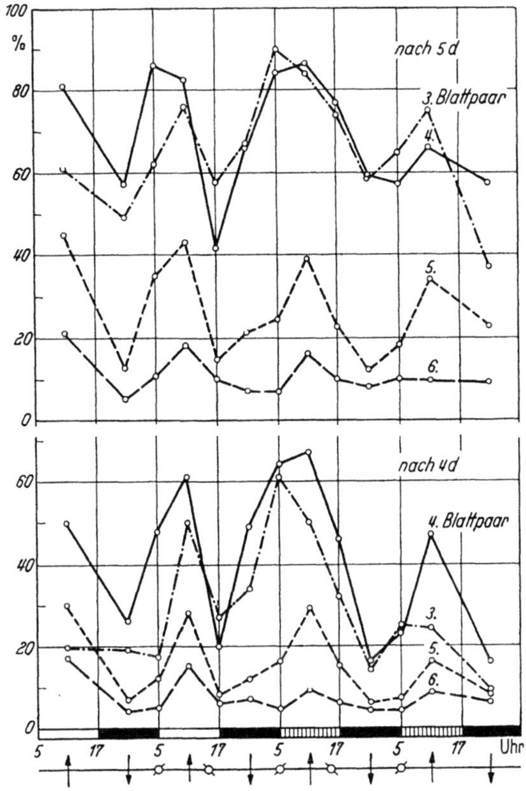

Abb. 69. Endogen-tagesperiodischer Verlauf der Hitzeresistenz bei den mittleren Blattpaaren der Kurztagpflanze *Kalanchoë bloßfeldiana* im 12 : 12 Stunden Licht-Dunkel-Wechsel und im anschließenden Dauerdunkel. Ordinate: Schädigungsgrad der Blätter in Prozenten der Blattfläche, Abszisse: Zeiten, zu denen die Sprosse im Warmbad (30 Min., 46° C) erhitzt wurden, ↑ = Maximum der Blütenöffnung, ⦸ = Wendepunkt zum Minimum, ↓ = Minimum, ∅ = Wendepunkt zum Maximum (nach BÜNSOW 1953). (Nach B. SCHWEMMLE und O. L. LANGE 1959 b.)

η) *Tagesperiodische Änderungen der Hitzeresistenz*

Einen ersten Hinweis über das Vorhandensein eines Tagesganges der Hitzeresistenz gibt LAUDE (1939), wonach bei einigen Feldgetreidearten die Hitzeresistenz im natürlichen Licht-Dunkel-Wechsel während der Belichtung bis zu einem Maximum in den Mittags- und Nachmittagsstunden anstieg, um dann besonders während der Dunkelzeit bis zu einem Minimum am frühen Morgen wieder abzufallen.

Zu einem gegensätzlichen Ergebnis kamen SCHWEMMLE und LANGE (1959 a, b), die diese Frage an der hinsichtlich der Tagesrhythmik ihrer Blütenbewegungen und verschiedener physiologischer Aktivitäten ausführlich studierten Kurztagpflanze *Kalanchöe bloßfeldiana* unter konstanten Bedingungen im 12 : 12 Stunden Licht-Dunkel-Wechsel eingehend geprüft haben.

Die plasmatische Hitzeresistenz der Blätter wurde durch das Ausmaß der Schädigung (in Prozenten der Blattfläche) bestimmt, die 4 bzw. 5 Tage nach 30 Minuten Warmbad von 46° C an den Blättern auftraten. Die Resistenzbestimmungen wurden an verschiedenen Versuchsgruppen in Abständen von sechs Stunden vorgenommen. Abb. 69 gibt das Ergebnis bei Beobachtung nach 4 und 5 Tagen wieder. Im 12 : 12 Stunden Licht-Dunkel-Wechsel fällt die Resistenz gegen extrem hohe Temperaturen noch vor dem Beginn der Lichtperiode ab und erreicht ihr Minimum im Durchschnitt aller geprüften Tageszyklen etwa in der Mitte der Lichtzeit. Von da ab steigt die Hitzeresistenz wieder bis zum Maximum etwa in der Mitte der Dunkelperiode an, um danach erneut abzunehmen. Die Beteiligung von endogen-rhythmischen Vorgängen geht aus der Fortsetzung der Hitzeresistenzschwankungen im anschließenden Dauerdunkel hervor. Die stärksten Schwankungen zeigen wiederum die mittelalten Blattpaare 3 und 4 (vgl. S. 234).

Die Zeiten geringer Hitzeresistenz fallen immer mit jenen hoher Stoffwechselaktivität zusammen, wie aus einem Vergleich mit den tagesperiodischen Schwankungen der Fermentaktivität (Ehrenberg 1954) und des Wuchsstoffgehaltes in den Blättern von *Kalanchoë* (Becker 1953) hervorgeht. Auch der tägliche Guttationsrhythmus von *Kalanchöe bloßfeldiana* geht mit einem Maximum im Licht und einem Minimum im Dunkeln der Hitzeresistenz nahezu parallel (Heimann 1950).

Ökologisch dürften diese Hitzeresistenzschwankungen, wie Schwemmle und Lange (1959 b) ausführen, bedeutungslos sein, da die tagesperiodisch gefundenen Unterschiede in der Blattschädigung (etwa 40%) einem Unterschied der Erhitzungstemperatur um etwa 1° C entsprechen. Diese Herabsetzung der Hitzeresistenz um 1° C bei Tag kann aber leicht durch die Transpirationskühlung der Blätter wettgemacht werden. Wohl können aber die beobachteten Schwankungen methodisch bei Resistenzbestimmungen von Bedeutung sein.

II. Wirkung der Hitze auf die lebende Zelle

Die ersten zellphysiologischen Beobachtungen über Hitzewirkungen auf Pflanzen stammen u. W. von Nägeli. Er beschreibt schon den Verlust der Semipermeabilität und das Austreten gefärbter Zellsaftstoffe (1855) und sieht Vakuolisationen und Kontraktionen im Plasma erwärmter *Nitella*-Zellen (1860). Schultze (1863) beobachtete bei plötzlicher Erwärmung auf 40° C in Zellen der Staubfadenhaare von *Tradescantia* (Wärmetod bei 2—3 Minuten Einwirkung von 47—48° C) keulen- und fadenförmige Fortsätze, die vom Protoplasma in den Zellsaftraum hineingetrieben wurden und oft schlängelnde oder tastende Bewegungen zeigen. Bei allmählicher Abkühlung wurden sie wiederum ins Plasma zurückgezogen. Wurde die Erwärmung auf 45° C und darüber gesteigert, so erstarren diese Plasmagebilde und fallen schließlich der allmählich um sich greifenden Zerstörung des Plasmas anheim.

Sachs (1864) erwähnt als erster die „vorübergehende Wärmestarre des Protoplasmas“, die nach Erwärmung auf Temperaturen, die knapp unter der Tötungstemperatur liegen, auftritt. Dabei wird die Plasmaströmung eingestellt und das Plasma oft in Klumpen kontrahiert. Wird rechtzeitig abgekühlt, so beginnen die erstarrten Fäden nach einer gewissen Zeit (wenige Minuten bis 4 Stunden) wieder zu strömen bzw. es treten aus dem zusammengezogenen Protoplasma wieder strömende Plasmafäden hervor. Wärmestarre tritt nach SACHS bei Eintauchen von Schnitten oder Pflanzenteilen in warmes Wasser früher ein als in erwärmter Luft. Um sie auszulösen, genügt für Haare von *Cucurbita pepo* oder *Solanum lycopersicum* der Aufenthalt von 1 Minute in Wasser von 47—48° C. Nach einer 10 Minuten langen Erwärmung der ganzen Pflanze in Luft von 49—50,5° C zeigen hingegen die Haare abgezogener Epidermisstreifen noch volle Plasmaströmung. Erst 25 Minuten lange Einwirkung von 50—51° C warmer Luft ließ eine vorübergehende Starre im Protoplasma eintreten, die sich nach 4 Stunden wieder löste.

Viskositätsänderungen des Protoplasmas von Pflanzenzellen bei supraoptimalen Temperaturen wurden später vielfach beobachtet. Mit der Stärkefallmethode fand HEILBRONN (1914) in den Zellen von *Avena*-Koleoptilen nach 15—45 Minuten langer Erwärmung der ganzen Pflanzen auf 40° C starke Viskositätssteigerungen bis völlige Wärmestarre des Protoplasmas. Gleiches konnte er auch mit der elektromagnetischen Methode am Myxomyceten-Plasma feststellen (1922).

WEBER FR. u. G. (1916) verwendeten gleichfalls die Stärkefallmethode, erwärmten aber nicht nur ganze Pflanzen, sondern auch Stengellängsschnitte. Bei Erwärmung ganzer Keimpflanzen von *Phaseolus multiflorus* konnte der Eintritt der Wärmestarre des Plasmas bei ähnlichen Temperaturen, wie sie HEILBRONN angibt, gefunden werden. Bei Verwendung von Schnitten war aber der Eintritt der „Starre" weit hinausgeschoben und es kam im Gegenteil durch einen weiten Temperaturbereich (10—60° C) mit zunehmender Temperatur zu einer deutlichen Abnahme der Plasmaviskosität. Zu diesen Versuchen wurden Schnitte von 10 cm hohen Lichtkeimlingen von *Phaseolus multiflorus* auf einem heizbaren Objekttisch erwärmt und die Fallzeiten der Stärkekörner in einem Horizontalmikroskop mit drehbarem Objekttisch beobachtet. Es zeigte sich, daß die Fallzeiten der Stärke und mithin die Viskosität des Protoplasmas mit steigender Temperatur abnimmt. Der Temperaturkoeffizient Q_{10} liegt, ähnlich wie bei verschiedenen Eiweißlösungen, zwischen 1 und 2. Weiters erwies sich bei *Phaseolus multiflorus* die Viskosität des lebenden Plasmas als thermostabil, das heißt es stellen sich bei einer bestimmten Temperatur stets annähernd gleiche Viskositätswerte ein, gleichgültig ob langsam vorerwärmt wird oder ob man von einer höheren oder einer niedereren Temperatur ausgeht.

DERRY (1930) konnte mit der Plasmolyseform- und -zeitmethode (WEBER 1924) an *Spirogyra* bei Temperaturen zwischen 25° und 30° C eine Zunahme der Plasmolysezeit (Zeit bis zur Rundung des Protoplasten) und das Auftreten krampfiger Plasmolyseformen — beides Ausdruck erhöhter Plasmaviskosität — beobachten. Gleiches beschrieben BĚLEHRADEK und MELICHAR (1930) für erwärmte Zellen von *Helodea canadensis.* Im Gegensatz dazu fand NORTHEN (1940) bei *Spirogyra* eine Abnahme der Viskosität mit ansteigender Temperatur, wenn die Zellen vorher 10—20 Minuten auf —3° C abgekühlt worden waren. Es scheint demnach, je nach Umständen und vielleicht auch Plasmaartung, die Viskosität bei Temperaturerhöhung sowohl zu- als auch abnehmen oder sogar zuerst ab- und nach Durchlaufen eines Minimums wieder zunehmen zu können (weitere Literatur bei SEIFRIZ 1952, STÅLFELT 1956).

Ebenso wie die Viskosität des Protoplasmas erweist sich auch die des Zellsaftes von der Temperatur abhängig. Dies wurde besonders von PEKAREK (1934) durch Messung der Brownschen Molekularbewegung im Zellsaft der Protonemazellen von *Leptobryum piriforme* und der Blattstielepidermis von *Rheum palmatum* nachgewiesen. Bei einer Temperatursteigerung von 12—33° C nimmt die Viskosität des Zellsaftes ab, um aber von 33° C aufwärts bis zu einem Maximum von 39° C bei *Rheum* und von 48° C bei *Leptobryum* plötzlich zuzunehmen. Diese temperaturbedingten Viskositätsänderungen des Zellsaftes sind bei beiden Objekten reversibel und werden in Zusammenhang gebracht mit temperaturbedingten Entmischungsvorgängen im Zellsaft bzw. temperaturbedingten Veränderungen des Dispersitätsgrades der Zellsaftkolloide. Im Zellsaft von *Rheum palmatum* sind auch stark lichtbrechende, lipoidhaltige Kügelchen enthalten, die in dem Augenblick an Größe und Zahl abnehmen, in dem die Viskosität des Zellsaftes sich zu vergrößern beginnt (bei 33° C). Daß WEBER (1921) im Zellsaft von Stengelparenchymzellen von *Callisia repens* eine Zunahme der Fallgeschwindigkeit von Calziumoxalatkristallen bei steigender Erwärmung fand, was eine mit der Erwärmung abnehmende Zellsaftviskosität anzeigt, erklärt PEKAREK durch die Annahme eines dort gegebenen anderen Zellsafttypus.

Der Verlust der Semipermeabilität und Anthokyanexosmose wird von BOGEN (1949) als bester Test für den Eintritt des Hitzetodes einer Zelle bezeichnet. „Bei allen unseren Versuchen (an *Rhoeo discolor* und *Gentiana cruciata*) haben wir regelmäßig zuerst Farbstoffverlust, dann Plasmadenaturierung und Koagulation festgestellt."

DÖRING (1933) hat seinerzeit gegen diesen auch von KAHO (1921—1924) in seinen Hitzeresistenzversuchen verwendeten Todestest eingewendet, daß die Tonoplastenresistenz nicht jener des übrigen Plasmas gleichgesetzt werden dürfe, da das Austreten des Vakuolenfarbstoffes zeitlich von der Koagulation der Hauptmenge des Protoplasmas weit entfernt sein kann und nur etwas über die Vakuolenhaut, nichts aber über den Lebenszustand des gesamten Systems aussagt.

Es werden aber vielleicht beide Ansichten für verschiedene Objekte zurecht bestehen können. Ist die Hitzeempfindlichkeit des Tonoplasten sehr groß, so kann der Austritt des Zellsaftes allen anderen Veränderungen im Plasma zuvorkommen und die Zelle stirbt gleichzeitig mit dem Austritt des Zellsaftes ab. Ist hingegen der Tonoplast besonders hitzeresistent, so kann die Zellsaftvakuole mit ihrer Hülle „überleben" und der Austritt des Zellsaftes wird erst erfolgen, wenn schon weitgehende Veränderungen und Zerstörungen im Cytoplasma zu beobachten sind.

Änderungen der Permeabilität des Protoplasmas unter dem Einfluß erhöhter Temperaturen wurden mehrfach nachgewiesen. HOFMEISTER (1935) fand z. B. in Subepidermiszellen des Stengels von *Tradescantia elongata* für Harnstoff, Glycerin und Malonamid bei ansteigenden Versuchstemperaturen von 0^0 bis 30^0 C ein mehr minder regelmäßiges Ansteigen der Permeabilität. Völlig entsprechend verliefen Versuche von LENK (1956) mit den gleichen Stoffen bei *Spirogyra affinis* (Abb. 70). Die Permeabilität wurde in diesen Versuchen plasmometrisch gemessen (HÖFLER 1918, Kurzdarstellung der Methode BIEBL 1948).

Ausführliche Untersuchungen über die Temperaturabhängigkeit der Permeation stammen weiters von WARTIOVAARA (1942). Aus ihnen geht gleichfalls das Ansteigen der Plasmapermeabilität mit zunehmender Erwärmung hervor. Bemerkenswert ist dabei die Erscheinung, daß die Q_{10}-Werte der Permeation für die einzelnen Stoffe mit deren Molekularvolumen ansteigen. Bei der Characee *Tolypelopsis stelligera* liegen die Q_{10}-Werte für Harnstoff bei 2,6, für 2,3 Butylalkohol bei 5,9 und für Hexamethylentetramin bei 9,2. Dieser Reihe schließt sich nach unten das noch kleinermolekulare Wasser an, für das SEEMANN (1950) bei *Salvinia natans, Majanthemum bifolium* und *Convallaria majalis* im Temperaturbereich von 20—42^0 C einen Q_{10}-Wert von durchschnittlich 1,53 feststellte. Die Q_{10}-Werte der Harnstoffpermeabilität lagen bei *Majanthemum bifolium* hingegen wieder zwischen 2,25 und 2,47, was den von WARTIOVAARA an *Tolypelopsis* gefundenen Werten entspricht.

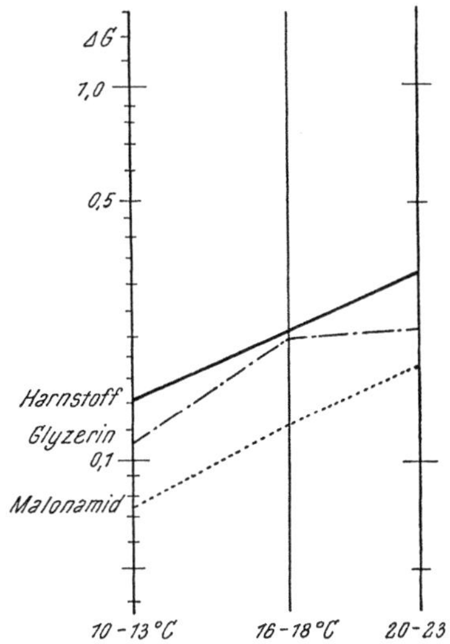

Abb. 70. Permeabilität von *Spirogyra affinis* bei verschiedener Temperatur. Ordinate: Mittlere ΔG-Werte, d. h. Änderung des Plasmolysegrades pro Stunde. (Nach I. LENK 1956.)

Auch HÖFLER (1942), der hinsichtlich der Plasmapermeabilität das Bestehen genotypisch verschiedener Plasmasorten besonders nachdrücklich vertritt, betont, daß die für einzelne Plasmasorten kennzeichnenden Permeationsgeschwindigkeiten verschiedener Stoffe („Permeabilitätsreihen") unter dem Einfluß verschiedener Außenbedingungen, darunter auch der Wärme, modifikative Veränderungen erfahren können.

So scheint die von HÖFLER (1940) an verschiedenen Kieselalgen, vor allem *Anomoeoneis sphaerophora,* beobachtete hohe Zuckerpermeabilität nur dann aufzutreten, wenn die Algen in verhältnismäßig warmem Wasser lebten. ÜBELEIS (1957) fand die gleich hohe Zuckerpermeabilität bei *Anomoeoneis sphaerophora* aus den warmen Quellen von Baden bei Wien. Wurde die Alge aber im Winter nach Wien ins Institut gebracht, so hatte die mit dem Transport verbundene Abkühlung eine deutliche Permeationshemmung des Zuckers zur Folge.

COLLANDER (1921) fand die Aufnahme von Sulfosäurefarbstoffen durch Pflanzenzellen bei erhöhter Temperatur beschleunigt und ALBACH (1929) beobachtete gleiches bei Vitalfärbung mit Eosin. Die Färbezeiten von *Allium cepa*-Epidermen bei + 17° C verkürzten sich bei + 35° C auf die Hälfte. Umgekehrt ergab sich beim Auswaschen schwach gefärbter *Allium*-Zellen bei verschiedener Temperatur, daß das Schwinden des Farbstoffes aus dem Protoplasma bei 38° C in der halben Zeit von der bei 23° C erfolgte.

Ältere Literatur über Permeabilitätserhöhung bei Erwärmung bzw. in Vorstadien des Hitzetodes bei Lepeschkin (1924, 1937) und Bělehrádek (1934).

Aller Wahrscheinlichkeit nach spielt auch bei den jahreszeitlichen Änderungen der Permeabilität die Temperatur mit herein, doch dürfte sie nicht der allein maßgebende Faktor sein, da man hier auch gegenläufige Änderungen der Permeationsgeschwindigkeit für verschiedene Stoffe feststellen konnte. So fand Hofmeister (1938) in den Stengelepidermis-Zellen von *Ranunculus repens* in der ersten Hälfte der Vegetationszeit den Harnstoff etwa ebenso schnell oder schneller als Glyzerin permeieren (Harnstofftypus), im Herbst (September, Oktober, anfangs November) dagegen meist Glyzerin wesentlich rascher eindringen als Harnstoff Glyzerintypus), um schließlich nach Schädigung durch die ersten Fröste wieder einer sehr hohen Harnstoffpermeabilität (Harnstofftypus) Platz zu machen.

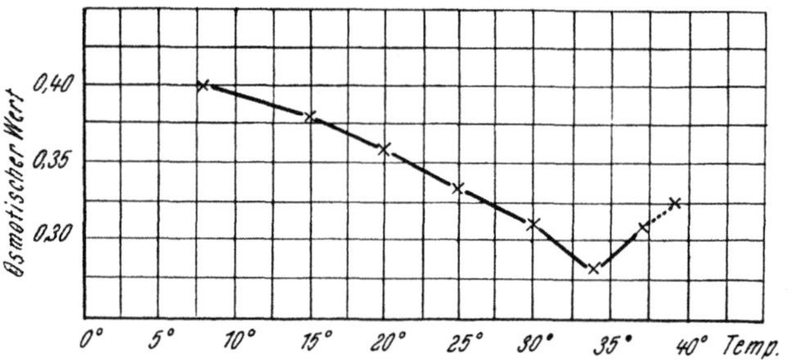

Abb. 71. Kurve des osmotischen Wertes in Blattzellen von *Helodea canadensis*, die an aufeinanderfolgenden Tagen jeweils für 24 Stunden bei 5, 15, 20, 25, 30° C usw. gehalten wurden. (Nach J. Bächer 1920.)

Damit stimmen überein die Beobachtungen von Lenk (1953, 1956) an *Spirogyra affinis* und *Spir. condensata*, bei denen gleichfalls im Frühjahr und Sommer ein Harnstoff- und im Herbst und Winter ein Glyzerintyp der Permeabilität zu beobachten ist.

Weitere Angaben über jahreszeitliche Änderungen der Permeabilität stammen von Tröndle (1910), Fitting (1915, 1920), Krassinsky (1930), Gahlen (1934), Fürlinger (1938), Ochi (1952). Eine Zusammenfassung gibt Bünning (1956).

Der osmotische Wert in Wasser erwärmter Schnitte (z. B. von *Allium cepa*-Epidermen) nimmt, wohl infolge Exosmose von Zellsaftstoffen, allmählich ab. Bächer (1920) beobachtete die Veränderung des osmotischen Wertes in Blattzellen von *Helodea canadensis* und *Plagiochila asplenioides*, die an aufeinanderfolgenden Tagen jeweils für 24 Stunden in immer höhere Temperaturen übertragen wurden. Bis etwas über 30° C nahm der osmotische Wert bei beiden Pflanzen annähernd gleichmäßig ab, um jedoch häufig ab etwa 35° C prämortal wieder anzusteigen (Abb. 71).

Der Anstieg des osmotischen Wertes ab ungefähr + 35° C steht vielleicht in Zusammenhang mit der von Kisselew (1928) bei verschiedenen Pflanzen sowohl in Mesophyll- wie in Schließzellen bei Temperatursteigerung auf + 40° C beobachteten Beschleunigung der Stärkehydrolyse.

Eingehende Untersuchungen über den Einfluß der Temperatur auf Form und Größe der Plastiden und des Zellkernes stammen von HARTMANN (1918a, b). Danach erfahren Chloroplasten von *Lemna, Riccia* und *Helodea* durch 3—14 Tage Kultur in Wasser von 30—40° C eine deutliche Verkleinerung. Bei *Helodea* wird diese Erscheinung besonders nahe dem Temperaturmaximum schon innerhalb von 24 Stunden deutlich. Die Struktur der Chloroplasten wird dabei kompakter und dichter. Ähnliches Verhalten zeigen auch die Ruhekerne von Zwiebelepidermis-Zellen von *Allium cepa* bei + 42° C. Die Vorgänge werden als eine Regulation eines physiologischen Gleichgewichtes entsprechend den geänderten Umweltsbedingungen angesehen; im Falle der Chloroplasten im wesentlichen beruhend auf einer Wasserabgabe, im Falle des Zellkernes neben Wasserabgabe verursacht durch eine komplizierte, physiologisch bedingte aktive Reduktion seiner Substanz. Bei *Helodea* war schon nach 24 Stunden Aufenthalt bei 40° C eine Größenreduktion des Zellkernes zu beobachten.

SCHEIBMAIR (1938) fand in den 4—10 Minuten auf 48—52° C erhitzten und absterbenden Zellen verschiedener Moose (*Plagiochila, Hookeria, Mnium*-Arten) hingegen zumeist eine Aufquellung der Plastiden.

LEPESCHKIN (1923, zit. 1937) unterschied beim Absterben von *Spirogyra*-Zellen bei 35—49° C fünf Stadien der Temperaturwirkung: 1. Beginnende Erhöhung der Plasmapermeabilität für Wasser, die sich in einer unbedeutenden Hitzequellung der Stärkekörner äußert. 2. Steigerung der Wasserpermeabilität und der Stärkequellung sowie Verschiebung der Chloroplastenbänder gegen die Zellmitte. 3. Vollkommene Koagulation und Erstarrung der Chloroplasten und beginnende Koagulation des noch immer flüssigen Protoplasmas. 4. Vollkommene Koagulation des Plasmas und Turgorverlust. 5. Postmortale weitere Quellung der Stärkekörner und damit Vernichtung der ganzen Zellstruktur.

DÖRING (1933) hat die Stärkequellung durch Hitze eingehend studiert und sie bei *Galium mollugo* in noch lebenden Schließzellen beobachtet. Sie konnte bis zur vollkommenen Zerstörung der Plastiden führen, und trotzdem ließen sich die Zellen, wenigstens eine Zeitlang noch, plasmolysieren und deplasmolysieren. In Schließzellen von *Rumex patientia* war gleiches zu sehen.

Chloroplastenzerstörungen sind auch bei Hitzeschädigung mancher Meeresalgen zu finden. *Cladophora prolifera* aus dem Golf von Neapel zeigt nach 12 Stunden Aufenthalt in + 35° C einen fast vollkommen zerstörten Chloroplastenapparat. Das ursprünglich gleichmäßige Plastidengeflecht ist zusammengedrängt und in Tropfen zerfallen. Die Färbung ist schmutziggrün. Stellenweise erscheinen die Zellen vollkommen leer. Trotzdem zeigt der Plasmolyseversuch, daß das Plasma seine Semipermeabilität noch nicht verloren hat. In hypertonischem Seewasser bilden sich allenthalben an den Längsseiten der Zellen konkave Abhebungen (BIEBL 1939).

Während diese Plastidenzerstörung schließlich vom Tod der Zelle gefolgt wird, zeigen die bandförmigen Rhodoplasten der Rotalge *Ceramium berneri* Schffn. nach 12 Stunden Aufenthalt in 30° C systrophische Verlagerungen, die nach Rückübertragung in Seewasser von + 17° C innerhalb von 20 Stunden vollständig zurückgehen (Abb. 72).

Gleichfalls reversibel sind die nach 12 Stunden Aufenthalt in Seewasser von + 35° C in *Cladophora utriculosa* als Hitzewirkung auftretenden Vakuolisationen. Der Plastidenapparat wird hier nicht zerstört, jedoch durch eine große Zahl kleiner Vakuolen im Plasma zu einem feinen Netzwerk auseinandergedrängt. Dieser Zustand ist durch Rückbringung in Zimmertemperatur wieder zum Schwinden zu bringen. Auch bei *Chaetomorpha linum* treten bei + 35° C derartige reversible Vakuolisationen auf.

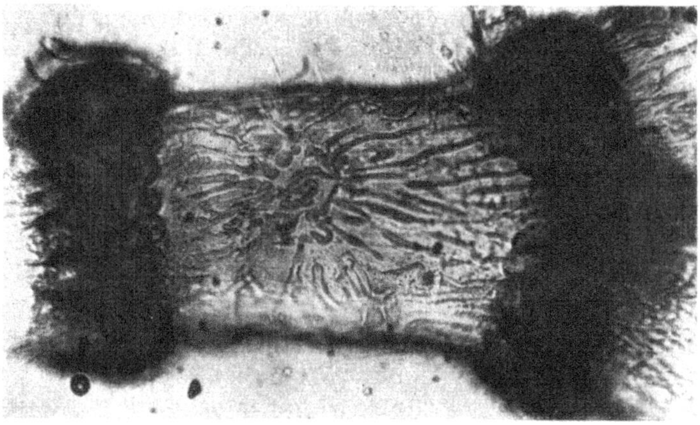

Abb. 72. *Ceramium berneri.* Plastidensystrophe nach 12stündiger Erwärmung auf 30° C. Bei Rückübertragung in 17° C reversibel. (Nach R. Biebl 1939.)

Solche durch Hitze hervorgerufene Vakuolisationen wurden schon früher an verschiedenen Objekten beobachtet (Bělehrádek 1935, Lepeschkin 1937). Hartmann (1918) fand sie auch in verschiedenen Süßwasseralgen bei längerer Kultur in + 31° C.

Im wesentlichen dürfte Lepeschkins Beobachtung an *Spirogyra* allgemeine Gültigkeit haben, daß durch hohe Temperatur der Zellkern gewöhnlich am frühesten zur Koagulation gebracht wird. Ihm folgen die Chloroplasten und zuletzt das Cytoplasma. Eine große Hitzeempfindlichkeit der Chondriosomen in Keimlingswurzeln verschiedener Pflanzen wird von Dangeard (1951 a, b, c) beschrieben.

III. Erscheinungsbild und Ursachen des Hitzetodes

Ebenso wie die zytomorphologischen Veränderungen in den supraoptimal erwärmten oder bei Erreichung der Maximaltemperatur allmählich absterbenden Zellen bei verschiedenen Objekten recht verschieden sein können, sind es auch die Bilder der abgestorbenen, hitzetoten Zellen. Klemm (1895) betont schon, daß die Desorganisation durch höhere Temperaturen nicht mit bestimmten, allgemein charakteristischen Erscheinungen einhergeht.

Auch das äußere Todesbild ist bei verschiedenen Objekten verschieden: Hitzetote Oxalidaceenblätter erleiden einen Farbumschlag von Grün nach Gelb, Farbumschläge finden sich auch bei *Begonia* und *Rumex scutatus,* während Blätter der Polygonaceen und vieler anderer beim Hitzetod fast unverändert bleiben (Illert 1924). Dabei ist aber zu beachten, daß diese Farbumschläge nicht nur beim Hitzetod, sondern auch bei anderen Todesursachen auftreten.

Die primäre Abhängigkeit des Todesbildes einer Zelle von deren artgegebenen Eigenschaften, von Zellform, Membranbau, spezifischen Eigenheiten ihrer Plastiden und ihres Plasmas und nicht von der Todesart, geht besonders schön aus einem Vergleich der Todesbilder von über 30 Grün-, Braun- und Rotalgen der bretonischen Küste (Biebl 1939 b) nach Tötung durch Wärme, Kälte bzw. durch hypo- und hypertonisches Seewasser hervor. Es zeigt sich, daß das cytomorphologische Bild des Zelltodes für eine bestimmte Todesart bei diesen verschiedenen Meeresalgen sehr verschieden aussehen kann, daß aber die Todesbilder einer bestimmten Spezies bei allen vier Tötungsarten weitgehend gleich sind.

Über die Ursachen des Hitzetodes ist die Diskussion seit den ersten theoretischen Überlegungen von Sachs (1864) noch immer im Fluß. Zusammenfassende Darstellungen mit reichen Literaturangaben finden sich bei Bělehrádek (1935) und bei Levitt (1956).

Neben Theorien, die in der Hitzezerstörung der Enzyme oder in einer Vergiftung des Protoplasmas durch bei der Erhitzung entstehende Stoffe die Ursache des Hitzetodes sehen, haben besonders die Lipoidtheorie und die Koagulationstheorie Bedeutung gewonnen.

Die von Knaffl-Lenz (1908) und Heilbrunn (1928) ausgesprochene Lipoidtheorie nimmt als Ursache des Hitzetodes eine Verflüssigung (Schmelzung) oder Auflösung der Plasmalipoide an. Die Beobachtungstatsache, daß Dehydratation des Protoplasmas eine Erhöhung der Hitzeresistenz zur Folge hat, wird durch eine Erhöhung der Stabilität der Lipoidkomponente und damit des ganzen Plasmas erklärt.

Lepeschkin (1912, 1924, 1935, 1937) als der hervorragendste Vertreter der Koagulationstheorie wendet gegen die Lipoidtheorie ein, daß sie nicht imstande ist, die hohen Temperaturkoeffizienten zu erklären und daß nach dieser Theorie der Hitzetod nur von der Höhe der Temperatur, nicht aber von der Erhitzungsdauer abhängig sein dürfte. Als stärkste Stütze seiner Theorie führt er ins Treffen, daß der Temperaturkoeffizient sowohl für die Hitzekoagulation der Eiweißkörper wie für den Hitzetod des Protoplasmas gegenüber anderen chemischen, physikalischen und physiologischen Prozessen ungewöhnlich hoch ist ($Q_{10} = 23$—320). Manche bestehenden Unstimmigkeiten konnte er aus dem Weg räumen durch die Rückführung der Hitzekoagulation der Eiweißkörper auf zwei Prozesse, nämlich 1. auf die Denaturierung, d. h. chemische Veränderung der Eiweißkörper durch Hitze und 2. auf die Koagulation der dabei entstehenden Produkte.

Von diesen zwei Prozessen hat nur die Denaturierung der Eiweißkörper einen hohen Temperaturkoeffizient, während die Koagulation einen relativ kleinen ($Q_{10} = 1{,}18$—29) besitzt (Kaho 1926 a, b). Enthalte die Lösung des Eiweißkörpers eine große Salzmenge, so könne die Geschwindigkeit der vom Salzgehalt abhängigen Koagulation größer werden als die Geschwindigkeit der Denaturation und der Temperaturkoeffizient des ganzen Prozesses wäre gleich demjenigen der Koagulation, also verhältnismäßig niedrig. Bestimme aber die Denaturation das Absterben, so wäre der Temperaturkoeffizient hoch. Da zur Denaturierung Wasser nötig ist, zeige stark entwässertes Plasma, etwa von trockenen Samen, Sporen oder auch durch Plasmolyse entwässertes Plasma eine höhere Hitzeresistenz.

Auch Alexandrow (1956) sieht bei Einwirkung höherer Temperatur die Wärmedenaturierung der Eiweißstoffe als Todesursache an, während ein Absterben bei niedrigeren Wärmegraden auf Ursachen anderen Charakters zurückgeführt werden müsse.

Bogen (1949) sieht neuerdings, bei Anerkennung der Möglichkeit der Mitwirkung einer Hitzeinaktivierung von Fermenten, Vergiftung, Entmischung usw., als wesentliche Ursache der Hitzeschädigung eine Zerstörung der Architektonik des Protoplasmas durch eine irreversible Deformierung der Proteinmoleküle. Durch Änderung der energetischen Verhältnisse werde die den einzelnen Molekülen zukommende komplizierte Anordnung ihrer Bausteine gestört und damit nicht nur die Form des Makromoleküls geändert, sondern auch sein „physiologischer" Zustand, da beide einander wechselseitig bedingen. Die Strukturzerstörung ereigne sich nicht nur im Binnenplasma, sondern auch in den Grenzschichten und führe bei Temperaturen nahe dem Maximum zu der oft festgestellten pathologischen Permeabilitätserhöhung und schließlich zur Aufhebung der Semipermeabilität. Im Falle des Bestehens von Hitzeresistenz könne das Plasma derartige Moleküldeformationen bis zu einem gewissen Grad verarbeiten, ohne daß seine Organisation leidet.

Mit dieser auf Ergebnissen der modernen Makromolekülchemie gestützten Hypothese nähert sich Bogen wiederum der schon von Sachs (1864) für den Hitzetod geäußerten Vorstellung: „So lange die äußeren Einflüsse ein gewisses Kraftmaß nicht übersteigen, sind sie auch nicht imstande, die Molekularkräfte zu überwinden, welche die innere organische Struktur zusammenhalten. Tritt aber irgendeine Kraft, z. B. die Wärme, in einer Intensität auf, welche die molekularen Kräfte überwindet, so werden sich die Moleküle aus ihrer normalen Lage verrücken, der innere Bau, der als Träger des Lebens diente, stürzt zusammen. ... Daß dem so ist, zeigt die Änderung der Diffusionseigenschaften des Schlauches in dem Moment, wo eine Zelle durch 50° C getötet wird. Eine solche Lageveränderung der Moleküle braucht aber nicht gerade mit der Gerinnung zusammenzufallen. Gewiß ist auch die Gerinnung eine Umlagerung der Moleküle, aber wir können annehmen, daß eine weit geringere Verrückung des Molekülbaues schon hinreicht, diejenigen Eigenschaften zu zerstören, welche den Lebensprozeß der Zelle unterhalten."

C. Kälte

I. Standorttemperaturen und Kälteresistenz

Hinsichtlich der Todesursache bei Kälte ist zu unterscheiden zwischen Kältetod durch Gefrieren (Eisbildung) und Erkältungstod über 0° C (Zusammenfassungen u. a. Molisch 1897, Levitt 1956).

Vom ökologischen Standpunkt aus sollen uns vorerst ganz allgemein die Grenzen der Kälteresistenz beschäftigen, also jene niederen Temperaturgrade, bei denen die Pflanzen tödlich geschädigt zu werden beginnen, ohne zu sprechen von den mit dem Absterben verbundenen zellphysiologischen Vorgängen. Gleichzeitig soll untersucht werden, ob und wie weit diese Kälteresistenzgrenzen Beziehungen zeigen zu den Temperaturverhältnissen der Standorte der betreffenden Pflanze.

Wir gebrauchen somit den Begriff „Kälteresistenz" in dem übergeordneten Sinn, wie dies jüngst wieder von LEVITT (1958) getan wurde, der dem Begriff „cold resistance" die sich im zellphysiologischen und protoplasmatischen Geschehen verschieden auswirkenden Erscheinungen der „frost resistance" (Widerstandsfähigkeit gegen Temperaturgrade, die mit Eisbildung verbunden sind) und „chilling resistance" (Widerstandsfähigkeit gegen niedere Temperaturen ohne Eisbildung) unterordnet.

1. Pflanzen des Süßwassers

a) Algen

Gegenüber der großen Zahl zellphysiologischer Beobachtungen über die Kältewirkungen auf Meeresalgen und Untersuchungen über deren Kälteresistenz (s. S. 141 ff.) treten solche an Süßwasseralgen weit zurück.

Der winterliche Zustand und die Gefrierresistenz der Algenflora in einem Hochmoor Österreichs (Ramsau bei Schladming) wurde von HÖFLER (1951) und, mit besonderer Berücksichtigung des Diatomeen-Aspektes, von CHOLNOKY und SCHINDLER (1951) untersucht. Die Algen überdauern den Winter entweder mit Dauerzellen (Zygoten, Cysten, Aplanosporen usw.) oder auch durch wenig morphologisch veränderte vegetative Zellen. Die Algenproben wurden nach einer scharfen Kälteperiode unter ¾ m Schnee und 30—35 cm dickem Eis hervorgeholt. Die Wassertemperatur knapp unter der Eisdecke hielt sich zwischen 0,2 bis 0,8^0 C, in tieferen Wasserschichten betrug sie konstant +4^0 C.

Etwa 10 cm unter der Eisoberfläche war *Sphagnum*-Moos mit dazwischen befindlichen Algenwatten festgefroren. Der Eisblock wurde langsam aufgetaut. In anscheinend ganz intaktem Zustand befanden sich u. a. die Desmidiaceen *Xanthidium fasciculatum, Cosmarium connatum, Cosm. tetrophthalmum, Euastrum elegans, Desmidium swartzii,* ferner eine *Peridinium*-Art und winterliche Dauersporen von *Zygnema* (wahrscheinlich *pectinatum*). Tot waren hingegen die meisten im Eisblock eingeschlossenen Diatomeen.

Im freien Wasser unterhalb der Eisdecke fand sich hingegen eine arten- und individuenreiche Diatomeen-Vegetation. Temperaturen um 0^0 C oder die bei leichter Unterkühlung erreichten sind für die winterlich adaptierten Algen stets harmlos (HÖFLER 1951). Unter dem Eis herrschte trotz der Lichtarmut auch sonst reiches Algenleben, das hinter dem sommerlichen wenig zurückstand. Nur sind z. B. unter den Desmidiaceen im Winter andere Formen dominant. So waren u. a. *Cosmarium tetrophthalmum* und *Netrium interruptum* besonders reichlich vertreten. Diese Arten sind zwar nicht kaltstenotherm wie viele Diatomeen oder Chrysophyceen, sie gedeihen aber bei Temperaturen wenig über dem Nullpunkt ebenso gut, z. T. sogar besser als im Sommer und Herbst.

In einem Gefrierversuch (HÖFLER 1943) wurde im Jänner in einem ungeheizten Zimmer ein Standglas mit Desmidiaceen-Material aus dem Ramsauer Moor durch längere Zeit einfrieren gelassen. Nach vorsichtigem Auftauen waren alle *Closterium dianae*-Zellen tot, während *Netrium digitus, Pleurotaenium nodulosum, Cosmarium margaritiferum* f. *Kirchneri, Cosm. tetrophthalmum, Xanthidium cristatum, Euastrum oblongum, Euastrum verrucosum, Micrasterias pinnatifida, Staurastrum cuspidatum* und zahlreiche kleine *Cosmarium-, Euastrum-* und *Staurastrum*-Arten das Einfrieren ohne Schaden ertragen hatten.

Weitere Versuche zeigten aber, daß für die Gefrierresistenz der Hochmooralgen auch die Art (Schnelligkeit) des Einfrierens und Auftauens von Einfluß ist. Besonders die großzelligen Desmidiaceen erwiesen sich dabei als frostgefährdet. Es ist daher nicht möglich, scharf zwischen gefrierempfindlichen und gefrierfesten Arten zu unterscheiden, doch erweist sich unter gleichen Versuchsbedingungen die Kälteresistenz von Algen der gleichen Biocönose deutlich abgestuft. Als Ergebnis der Versuche HÖFLERS (1951) kann festgehalten werden: 1. Fast alle beobachteten alpinen Hochmoor-Diatomeen wurden durch Einfrieren getötet, 2. die meisten hochmoorbewohnenden Blaualgen (*Lyngbya putealis, Nostoc kihlmanni, Scytonema mirabile, Microcystis elabens, Aphanothece* u. a.) ertrugen ein vollständiges Einfrieren, 3. bei den Grünalgen und Conjugaten erscheint die Resistenz von Art zu Art abgestuft. *Closterium dianae* gehört zu den gefrierempfindlichsten Formen, 4. die Kälte- und Gefrierbeständigkeit ist zweifellos einer der wichtigsten unter den Selektionsfaktoren, welche im Hochmoor die Zusammensetzung des Algenanteils der natürlichen Biocönosen bestimmen. Einfrieren und Austrocknung wirken auslesend, aber sicherlich nicht durchwegs im gleichen Sinn.

Als Beispiel dafür, daß auch nicht alle Hochmoor-Blaualgen gefrierbeständig sind, führt HÖFLER *Anabaena* an, die in den nicht gefrorenen Kontrollgläsern samt vegetativen Zellen und Heterocyten gut überwinterten, während sie im Gefrierversuch getötet wurden.

Dies stimmt gut überein mit Beobachtungen von SCHILLER (1926) an *Anabaena delicatula* in den winterlichen Altwässern der Donau bei Wien. Während in 7 cm³ Wasser, das unterhalb der Eisdecke geschöpft worden war, nach Zentrifugierung 4900 lebende *Anabaena*-Fäden gezählt werden konnten, waren in 7 cm³ zentrifugiertem Schmelzwasser aus der etwa 15 cm dicken Eisdecke nur 118 vollständig abgetötete Fäden enthalten. „Merkwürdigerweise waren nicht bloß die vegetativen Zellen, sondern auch die Dauerzellen vollständig zerrissen und mißfärbig.“

Ein Vergleich der Anzahl der in der Eisdecke eingeschlossenen Phytoplanktonten (Zentrifugierung von 7 cm³ Schmelzwasser) mit jener im unmittelbar darunter befindlichen freien Wasser zeigt, daß auch von den gefrierbeständigen Arten nur eine wesentlich kleinere Anzahl im Eis enthalten ist, als im Wasser darunter. Direkte Beobachtungen im Gefrierversuch unter dem Mikroskop lehrten, daß bei langsamer Eisbildung die Organismen geradezu von der Eiskante fortgeschoben werden. In der langsamen Ausbildung einer Eisdecke über stehendem Wasser sieht daher SCHILLER auch die Ursache für die verhältnismäßig geringe Zahl der im Eis eingeschlossenen Planktonorganismen.

Besonders eisempfindlich erwiesen sich in den Versuchen SCHILLERS die Chryso- und Cryptomonaden. Während sie bei winterlichen Temperaturen zwischen 2 und 4° C vielfach ihre höchste Bevölkerungsdichte des Jahres erreichen und unter der Eisdecke in einem bestimmten Fall 4200 lebende Individuen pro cm³ gezählt werden konnten, lebte von den im Eis einge-

Tab. 74. *Phytoplankton unter dem Eis und in der 4 Tage alten Eisdecke eines Altgewässers der Donau bei Wien (Dezember)* (nach J. SCHILLER 1926).

Organismengruppen	unter dem Eis pro 1 cm³ Wasser	In der 15 cm dicken Eisdecke pro 1 cm³ Schmelzwasser			
		1. Probe		2. Probe	
		lebend	tot	lebend	tot
Chryso- und Cryptomonaden...	4200	—	12	—	18
Trachelomonaden	1800	124	—	82	—
Peridineen	185	18	—	3	—
Chlorophyceen	42	—	4	—	5
Diatomeen	124	12	—	—	—

schlossenen Exemplaren nicht ein einziges. Von Trachelomonaden (besonders *Trachelomonas volvocina*) fanden sich demgegenüber in 1 cm³ Schmelzwasser aus der 15 cm dicken Eisdecke 124 lebende und überhaupt keine toten Exemplare. Im darunter befindlichen freien Wasser wurden pro 1 cm³ 1800 Individuen gezählt. Auch verschiedene Peridineen und Diatomeen erwiesen sich als gefrierresistent. Von Diatomeen, die in der Eisdecke eingefroren überlebten, führt SCHILLER an: *Fragillaria virescens, Asterionella, Rhoicosphenia curvata, Synedra acus, Navicula*-Arten u. a. Sie waren normal gefärbt, ihre Chromatophoren ausgebreitet, ein kleiner Bruchteil zeigte Systrophe. Eine Lebensreaktion durch Plasmolyse wurde nicht durchgeführt. Die in der Eisdecke gefundenen Chlorophyceen (*Protococcales* und *Volvocales*) waren hingegen wieder durchwegs getötet.

Tab. 74 bringt ein Beispiel der Zahlenverhältnisse der genannten Organismengruppen im freien Wasser unter dem Eis und der lebend bzw. tot im Schmelzwasser der Eisdecke gefundenen Individuen.

Als typische Dinoflagellaten der Donaualtwässer bei Wien sind besonders *Peridinium aciculiferum* und *Gymnodinium tenuissimum* zu nennen. Sie treten mit Eintritt winterlichen Wetters auf, wenn sich die Wassertemperatur auf 5—2° C erniedrigt hat. *Gymnodinium tenuissimum* reagiert auf Temperaturschwankungen besonders empfindlich und verschwindet bereits fast vollständig wieder, wenn die Wassertemperatur auf 4° C ansteigt (SCHILLER und STEFAN 1935).

Untersuchungen des Wassers und Schneebreies auf dem Eis des Ruster Kanals am Neusiedlersee (SCHILLER 1954) zeigen, daß die winterliche Algenbevölkerung hauptsächlich von Protophyten gebildet wird, und zwar von Tetrasporalen, Volvocalen, Cryptomonaden und wenigen Chrysomonaden, Euglenen und Gymnodiniaceen. Massenentwicklungen mit Färbung des Wassers, Eises oder Schneebreies kommen jedes Jahr vor.

E. FETZMANN fand, einer freundlichen Mitteilung zufolge, in einem im Winter gefrorenen Wassertümpel im Gebiet des Neusiedlersees nach Auftauen des Eises folgende Blaualgen lebend: *Oscillatoria brevis, Osc. animalis, Osc. formosa, Osc. tenuis, Osc. lloydiana,* ferner *Lyngbya martensiana, Nostoc commune, Nodularia spumigena, Pseudanabaena catenata* und *Microcoleus chthonoplastes.* Außerdem enthielt die aufgetaute Probe *Euglena viridis* und *Euglena pisciformis* (= *E. agilis*).

Über die Algenvegetation in den Oberflächenschichten von Schnee und Eis (Kryoplankton, Kryoseston, Kryovegetation) liegen viele Untersuchungen vor (besonders KOL 1934, 1944, 1949, zus. Darst. und Lit. bei GESSNER 1955).

Die häufigsten der zu Vegetationsfärbungen („blutiger Schnee", „grüner Schnee") führenden Algen gehören zu den Chlamydomonaden (*Chlamydomonas [= Sphaerella, Haematococcus] nivalis),* den Protococcalen (z. B. *Ankistrodesmus nivalis, Raphidonema nivale*) und den Ulotrichalen (*Hormidium flaccidum).*

Das Massenauftreten der Kryovegetation fällt meist in den Sommer, wo diese Algen vor allem die an der Schnee- und Eisoberfläche abschmelzenden Wasserschichten besiedeln.

Tab. 75 bringt eine Liste von Schneealgen mit Angabe ihres Vorkommens.

Vergleichende Untersuchungen über die Grenzen der Kälteresistenz wurden bisher weder für die extrem kaltstenotherme Kryovegetation noch überhaupt für Süßwasseralgen in größerem Umfang angestellt. Außer den oben angeführten Versuchen von HÖFLER und SCHILLER liegen nur vereinzelte Angaben vor.

So erwähnt GÖPPERT (1875), daß die Schneealge *Sphaerella nivalis* (= *Chlamydomonas nivalis)* ein Einfrieren auf —36° C ohne Schaden ertrug. *Pediastrum boryanum* und *Hormidium flaccidum* (in Reagenzröhrchen auf Agar kultiviert) wurden von KÄRCHER (1931) durch 5 Stunden auf —40 bis —60° C abgekühlt und waren nach dieser Behandlung noch vermehrungsfähig. GÖPPERT verweist auf eine alte Angabe von SCHUMANN, wonach in einem Stück bei —20° C gefrorener Erde ½ Stunde nach dem Auftauen mehrere Diatomeen in lebhafter Bewegung gefunden wurden. Nach PIKTET (1893, zitiert nach SCHILLER 1926) haben Diatomeen sogar ein Einfrieren bei —200° C (flüssige Luft) überlebt.

WAGNER (1958) unterwarf die Diatomee *Nitzschia putrida* auf Meerwasser-*Fucus*-Agar einer 15 Minuten langen Abkühlung auf —26° C (Einstellen einer Petrischale in einen Tiefkühl-Frigidaire) und deren Nachkommen nach 14 Tagen noch einmal 35 Minuten lang der gleichen Temperatur. Die Algen überlebten, teilten sich auch, erfuhren aber eine zunehmende Verkürzung ihrer Apikallänge, was nach etwa 30 Teilungen wahrscheinlich die Ursache war, daß die Kulturen trotz sorgsamer Pflege abstarben.

Daß fädige Grünalgen des Süßwassers wie *Spirogyra* oder *Cladophora* im vegetativen Zustand am natürlichen Standort ein Einfrieren im allgemeinen nicht ertragen, ist nach den klassischen Untersuchungen von MOLISCH (1897) anzunehmen. Andrerseits zeigen allerdings Gefrierversuche an marinen *Cladophora*-Arten der Gezeitenzone (*Cladophora rupestris*,

Tab. 75. *Schneealgen und ihr Vorkommen* (nach KOL aus F. GESSNER 1955).

Kryogesellschaft	Fundort	Gestein
Chlamydomonas nivalis .... *Scotiella nivalis*	Hohe Tatra	Granit
Raphidonema tatrae .... *Scotiella nivalis*	Belaer Kalkalpen	Kalk
Scotiella nivalis .... *Chionaster nivalis*	Retyezat, Transsylvanien	Granit
Scotiella nivalis .... *Chionaster nivalis*	Pareng, Transsylvanien	Augengneis
Chlamydomonas nivalis .... *Raphidonema nivalis* .... *Stichococcus nivalis* .... *Selenotila nivalis*	Berner Alpen, Schweiz	Kalk
Chlamydomonas nivalis .... *Raphidonema chodati*	Valiser Alpen, Schweiz	Krist. Schiefer
Chlamydomonas nivalis .... *Scotiella nivalis* .... *Raphidonema nivalis* .... *Ankylonema nordenskiöldii* ...... *Raphidonema vireti* .... *Raphidonema brevirostre* .... *Raphidonema chodati* .... *Raphidonema tatrae* .... *Raphidonema subsp. saussurei* ... *Raphidonema sabaudum* .... *Ancylonema meridionale* .... *Trochiscia naumanni*	Montblanc-Gruppe	Granit und krist. Schiefer
Raphidonema brevirostre var. *canadense* .... *Raphidonema nivale* var. *tayloria* *Raphidonema sabaudum* f. *minus* *Chlamydomonas nivalis* .... *Chionaster nivalis*	Eagle Pass Mountain (Britisch-Kolumbien)	Präkambr. Sedimente mit Granitstöcken

Clad. laetevirens, Clad. hamosa), daß von diesen ein 12 Stunden langes Einfrieren bei —7° C schadlos ertragen wird, während Tiefen-Cladophoren (*Clad. utriculosa, Clad. prolifera, Clad. ramellosa*) durch Einfrieren getötet werden (s. S. 150). Es können also auch innerhalb der gleichen Gattung, entsprechend den ökologischen Erfordernissen der Standorte, sehr deutliche Unterschiede in der Gefrierresistenz auftreten. Es ist zu erwarten, daß sich auch an Süßwasseralgen ähnliche standortbedingte Resistenzunterschiede nachweisen lassen würden.

Ein Beispiel einer frostresistenten, „Seeknödel" („lake-balls") formenden Süßwasseralge ist *Aegagropila sauteri* (Nees) Kütz., die von TERUMOTO (1959 a) auf ihre Frostresistenz untersucht wurde. Sie erträgt durch 24 Stunden ein Einfrieren auf —20° C. Nach Einfrieren bei noch tieferen Temperaturen waren nach vorsichtigem Wiederauftauen stets nur mehr weniger als 30% der Zellen überlebend. Während häufig Frost- und Trockenresistenz parallel gehen, konnte Terumoto für die genannte frostresistente Alge eine große Austrocknungsempfindlichkeit feststellen.

b) Phanerogame Wasserpflanzen

Gessner berichtet in seiner Hydrobotanik (1955) ausführlich über Temperatur und Pflanzenverbreitung im Süßwasser. Wie der von Van Steenis und Ruttner (1932) aufgestellten Florenliste der hauptsächlichen Vertreter

Tab. 76. *Gefrierresistenz einiger submerser wintergrüner Blütenpflanzen.*
+ = tot, ± = teilweise tot, l = lebend.
(Nach B. Lidforss 1907).

Sprosse und Blätter von	2 — 3h Einfrieren bei					
	— 2°	— 2,5°	— 4°	— 5°	— 6°	— 7° C
Helodea canadensis	+					
Stratiotes aloides		±	+			
Ceratophyllum demersum				l	+	
Menyanthes trifoliata						l
Calla palustris						l
Ranunculus lingua						l

der höheren Wasserflora der Seen und Teiche Javas, Sumatras und Balis zu entnehmen ist, finden sich unter 36 Arten 25 tropische Formen und 11 solche, die auch in mittleren Breiten vorkommen oder überhaupt Kosmopoliten sind. Von 16 submersen Blütenpflanzen sind 8 auch aus Mitteleuropa bekannt. „Der Faktor, der die tropische Lebewelt des Landes von der der kalten Zone unterscheidet, ist vor allem der Frost, der lebensfeindliche Einfluß des Winters ... Ganz anders sind die Verhältnisse im Wasser. Hier gibt es, auch in arktischen Gewässern, keinen das Leben zerstörenden Frost. Unter der Eisdecke der Seen herrschen Temperaturen, die die Mehrzahl der Organismen ohne Schädigung ertragen kann. Der Unterschied der Milieufaktoren im Wasser der tropischen und der gemäßigten Zone ist daher viel geringer als auf dem Land“ (Ruttner 1930).

In ihrer *Assimilationsleistung* zeigen submerse Wasserpflanzen *(Helodea canadensis, Fontinalis antipyretica, Chara spec., Cladophora spec.)*, die bei gleicher Lichtintensität 3 Monate lang kalt (4—8° C) und warm (20° C) kultiviert wurden, eine Anpassung an die Kulturtemperatur. Die Chloroplasten arbeiten bei derjenigen Temperatur relativ am besten, bei der die Pflanzen kultiviert wurden. Werden die adaptierten Kältepflanzen in höhere Temperaturen oder die Wärmepflanzen in niedere gebracht, so tritt in beiden Fällen ein Absinken der Assimilationsleistung ein (Harder 1925).

Solche Erfahrungen legen die Annahme nahe, daß sich an gleichen Arten, die in kalten, temperierten und tropischen Gewässern vorkommen, doch auch sehr wesentliche plasmatische Temperatureinstellungen herausbilden, die sich im Kälteresistenzversuch vielleicht in verschieden tief gelegenen Letaltemperaturen auswirken würden. Diesbezügliche Untersuchungen stehen noch aus.

LIDFORSS (1907) bestimmte durch 2—3stündiges Einfrierenlassen die Grenze der Kälteresistenz von Sprossen und Blättern einiger submerser wintergrüner Wasserpflanzen aus der Umgebung von Uppsala und stellte dabei ein recht unterschiedliches Resistenzverhalten fest. Während *Helodea* und *Stratiotes* schon durch ein 2 Stunden langes, leichtes Einfrieren getötet wurden, blieben *Menianthes trifoliata, Calla palustris* und *Ranunculus lingua* auch nach 3stündigem Einfrieren bei —7° C ungeschädigt am Leben

Tab. 77. *Gefrierresistenz verschiedener vegetativer Teile phanerogamer Wasserpflanzen* (nach LOHAMMAR 1938, aus GESSNER 1955).

Frostresistent	Frostempfindlich
Butomus umbellatus (Rhizome)	*Ceratophyllum demersum* (Turionen)
Lemna trisulca (Sprosse)	*Helodea canadensis* (Sprosse)
Lemna minor (Sprosse)	*Hottonia palustris* (Sprosse)
Myriophyllum verticillatum (Turionen)	*Isoëtes lacustris* (ganze Pflanze)
Hydrocharis morsus ranae (Turionen), teilw.	*Litorella uniflora* (ganze Pflanze)
Potamogeton obtusifolius (Turionen), teilw.	*Myriophyllum alternifolium* (ganze Pflanze)
Potamogeton rutilus (Turionen)	*Potamogeton crispus* (Turionen)
Utricularia vulgaris (Turionen)	*Potamogeton polygonifolius* (Rhizomstücke)
	Potamogeton natans (Rhizomstücke)
	Ranunculus circinatus (Sprosse)
	Sparganium ramosum (Sprosse)

(Tab. 76). Ebenso ertrugen submers vegetierende Sprosse von *Myosotis palustris, Veronica beccabunga, Veronica anagallis* und *Sium angustifolium* im Winter ein mehrstündiges Einfrieren. Wurden sie aber vor dem Gefrierversuch 1 Woche im Zimmer in Wasser von + 5° C gehalten, so hatte dies schon ein merkliches Absinken der Kälteresistenz zur Folge.

Daß kälteresistente Winterknospen (= Turionen, Gemmen, Hibernacula) vieler Wasserpflanzen, wie *Myriophyllum, Utricularia, Potamogeton, Aldrovanda, Stratiotes* u. a., die Möglichkeit haben, die kalte Jahreszeit zu überdauern, ist bekannt (GLÜCK 1905, 1906).

Bei Bewohnern flacher Litoralgebiete, in denen das Wasser im Winter bis zum Grund durchfriert, kann die Gefrierresistenz vegetativer Teile von Wasserpflanzen ökologische Bedeutung gewinnen.

LOHAMMER (1938) konnte nämlich durch Gefrierversuche an einer großen Zahl von Objekten zeigen, daß überwinternde Rhizome, Turionen, Blattrosetten oder Sprosse verschiedener Wasserpflanzen keineswegs eine gleiche Kälteresistenz zeigen. Die genannten Pflanzenteile wurden in wassergefüllten Flaschen der Winterkälte von Uppsala ausgesetzt. Die Tagesminima lagen im Versuchswinter an 16 Tagen unter —10° C und erreichten am 23. Jänner —22,3° C. Das Ergebnis zeigt Tab. 77. Die zur Kontrolle im Gewächshaus bei 3—6° C aufgestellten Proben blieben durchwegs am Leben.

Auch der Wasserfarn *Pilularia globulifera* (dichte Rasen) erwies sich in LOHAMMERS Versuchen als frostempfindlich. Es ist anzunehmen, daß die

Nordgrenze vieler Arten, die im seichten Wasser leben und ein lang dauerndes Einfrieren nicht vertragen, durch die Wintertemperaturen bestimmt wird (vgl. SAMUELSON 1934).

2. Landpflanzen

a) Tiefste Standorttemperaturen und Pflanzenleben

Suchen wir die kältesten Punkte unseres Erdballes auf, so finden wir, wenn die übrigen notwendigen Voraussetzungen gegeben sind, überall pflanzliches Leben. Die Flora von Jakutsk und Werchojansk (Sibirien) umfaßt noch Hunderte von Pflanzenarten, obwohl in diesen Gebieten Temperaturen bis —60° C auftreten (SCHIMPER-FABER 1935). GÖPPERT (1871 a) weist allerdings schon darauf hin, daß diesen niederen Temperaturen des hohen Nordens nur die über den Schnee emporragenden Stämme der Bäume bzw. Äste und Zweige der Sträucher und die darauf epiphytisch lebenden Algen, Pilze und Flechten ausgesetzt sind, während die Wurzeln dieser Pflanzen sowie die verschiedenen perennierenden krautigen, im Winter stengellosen Gewächse durch die Schneedecke vor derartig tiefen Kältegraden geschützt sind. GÖPPERT führt auf diesen Wärmeschutz der Schneedecke auch die Tatsache zurück, daß viele alpine Pflanzen, die in Gärten der Ebene verpflanzt wurden, dort in schneefreien Wintern zugrunde gehen, während sie an ihren schneebedeckten natürlichen Standorten den Winter ohne Schaden überdauern.

Nach ÅKERMAN (zitiert in LUNDEGÅRDH 1955) beträgt bei einer Lufttemperatur von — 11,5° C die Temperatur unter einer 3 cm dicken Schneeschichte bereits nur mehr — 3,5° C und in tieferen Teilen einer 65 cm dicken Schneedecke wurde in Davos (GEIGER 1942) sogar bei — 33° C Lufttemperatur nur eine Schneetemperatur knapp unter dem Gefrierpunkt gemessen. Die Bedeutung dieses Kälteschutzes für die unter der Schneedecke überwinternde Vegetation ist daher offensichtlich. Neuere ausführliche Angaben über Schnee- und Bodentemperaturen in verschiedener Tiefe gibt MOLTSCHANOW (1957).

Aber keineswegs alle Hochgebirgspflanzen überwintern im Schutz einer Schneedecke. In den Alpen (Sonnblick) wurden Wintertemperatur-Minima bis zu — 34,0° C beobachtet. Die winterliche Durchschnittstemperatur am Großglockner (3800 m) beträgt — 17° C. „Diese Wintertemperaturen erhalten ihre Bedeutung erst, wenn wir bedenken, daß es bis auf die höchsten Höhen schneefreie ‚Windecken' gibt, die von Pflanzen besiedelt werden; diese Pflanzen müssen ohne Schneeschutz diese Temperaturen aushalten und erwärmen sich tagsüber an hellen Tagen zweifellos bis 20—30° C über 0°" (SCHROETER 1923).

KIHLMAN (1890) hebt diese Fähigkeit, innerhalb von 24 Stunden, oft sogar mehrmals, Temperaturschwankungen von Wärme- zu Kältegraden und umgekehrt zu ertragen, auch als hervorstechende Eigentümlichkeit der Pflanzen der arktischen Tundren hervor. Eine neuere Arbeit über Frostwirkung als Hauptfaktor für die Zusammensetzung der Tundrapflanzengesellschaften stammt von SIGAFOOS (1952).

Aus der Reihe der arktischen Pflanzen wird immer wieder die krautige Crucifere *Cochlearia fenestrata* zitiert, die nach KJELLMAN (1883) in voller Blüte eine Polarnacht mit —46° C ohne Schaden überdauert und im folgenden Sommer weitergeblüht haben soll. Aber auch mitteleuropäische, im Winter blühende Pflanzen, wie *Bellis perennis* oder *Stellaria media*, können auf Wiesen und Feldern im Winter glashart gefrieren, ohne daß sie oder auch nur ihre Blüten deshalb absterben. Steigt die Temperatur an, so nehmen die Pflanzen ihre Lebenstätigkeit wieder auf. Ähnlich verhalten sich auch *Helleborus niger* oder alpine Gewächse wie *Ranunculus glacialis* und *Gentiana nivalis*, die im blühenden Zustand während der Nacht oder auch während besonders kalter Tage hart gefrieren können, ohne dadurch Schaden zu leiden.

Während sich Pflanzen gegen Austrocknung bis zu einem gewissen Grad durch morphologische und anatomische Eigentümlichkeiten, durch klebrige Knospenschuppen, Korküberzüge, Ausbildung eines Haarfilzes, Entwicklung einer dicken Kutikula, Einsenkung der Spaltöffnungen und Verklebung ihrer Eingänge mit Wachs, Verkleinerung der transpirierenden Fläche, Ausbildung von Rollblättern usw., zu schützen vermögen, sind sie den Temperatureinwirkungen schutzlos preisgegeben.

Es zeigen wohl auch kälteresistente Sorten gelegentlich gegenüber frostempfindlichen Pflanzen der gleichen Art gewisse morphologisch-anatomische Veränderungen. Man sucht in der züchterischen Praxis vielfach sogar an solchen morphologischen Merkmalen frostharte Sorten zu erkennen. LEVITT (1956) gibt eine ausführliche Zusammenstellung dieser zahlreich vorliegenden Beobachtungen (kleinere Blätter, dickere Kutikula, längere Wurzeln, kürzere Internodien, kleinere Zellen usw.). In allen Fällen handelt es sich aber dabei nur um Begleiterscheinungen der Frosthärte, die zum Teil als Schutz gegen die mit dem Frost verbundene Trockenheit anzusehen sind. Jedenfalls stellen diese anatomischen Besonderheiten keinen unmittelbaren Kälteschutz dar.

Um so mehr müssen die bestehenden großen Unterschiede in der Kälteresistenz verschiedener Pflanzen auffallen. Während bei den einen zarte Laub- und Blütenblätter ein vollständiges Einfrieren ertragen, werden Pflanzen tropischer Herkunft schon durch Temperaturen von einigen Graden über dem Gefrierpunkt getötet. Es sind somit ausschließlich die physiologischen Gegebenheiten der Zelle bzw. die spezifischen Eigenschaften des Protoplasmas der einzelnen Pflanzen dafür bestimmend, daß die einen widerstandsfähig, die anderen aber empfindlich gegen Kälte sind.

b) Kälteschäden an natürlichen Standorten

Die Bedeutung des Kältefaktors für die Verbreitungsgrenze von Pflanzenarten und die Zusammensetzung der Vegetation verschiedener Klimazonen, verschiedener Höhenstufen oder verschieden exponierter Hänge ist altbekannt (RÜBEL 1930, KÖPPEN 1931, SCHIMPER-FABER 1935, SCHARFETTER 1953 u. a.). Sie wird augenscheinlich, wenn Gebiete mit einer wärmeliebenden Flora von ungewöhnlich kalten Wintern heimgesucht werden. So zitiert

Göppert (1830) langjährige Beobachtungen von Savi aus Pisa. Danach sank die Temperatur in Pisa in 34 Jahren in drei Wintern auf —4° C, in 6 Jahren auf —5° C und nur in zwei besonders kalten Wintern auf —8° C. Einmal davon hielt diese Kälte von —8° C fast 4 Wochen an. Sie verursachte große Schäden an Olivenbäumen, an verschiedensten Kulturpflanzen und zahlreichen Pflanzen des Botanischen Gartens. An wildwachsenden Myrthen- und Rosmarinsträuchern erfroren die jüngsten Triebe, das gleiche geschah auch an Lorbeerbäumen. Eine Zusammenstellung neuerer Angaben über Winterschäden an mediterranen Pflanzen am natürlichen Standort im Vergleich zur experimentell ermittelten Frosthärte gibt Larcher (1954).

Bierkander (1778, zitiert nach Molisch 1897) wies auch schon darauf hin, daß in Gebieten mit kalten Wintern Kulturpflanzen oder Einwanderer aus wärmeren Zonen besonders frostgefährdet sind. So nennt er als Pflanzen, die in Deutschland in kalten September- und Oktobernächten, in denen Temperaturen von 1—2° C über dem Gefrierpunkt erreicht werden, abstarben oder geschädigt wurden, *Cucumis sativus, C. melo, Cucurbita pepo, Impatiens balsamina, Mirabilis longiflora, Ocimum basilicum, Portulaca oleracea* u. a. m.

Damit stimmt die bekannte Tatsache überein, daß sich Warmhauspflanzen im Winter durch eine nur minutenlange Kälteeinwirkung, etwa beim Übertragen aus einem Glashaus ins andere, „erkälten" (Moebius 1907) und nachfolgend ganz oder teilweise absterben. Hiltner (1933) weist auf die gärtnerische Erfahrung hin, daß namentlich tropische Gewächse an ihren Wurzeln noch viel empfindlicher gegen Erkältung sind als in ihren oberirdischen Teilen. Es werde daher mit Recht darauf Wert gelegt, den Wurzelkörper durch eine Stroh- oder Laubdecke vor zu starker Kälteeinwirkung zu schützen.

Der extrem kalte Winter 1928/29, der in Norddeutschland zwischen Elbe und Weichsel und in großen Teilen Mittel- und Süddeutschlands im Februar die tiefsten Temperaturminima brachte, die dort je beobachtet worden waren, gab Anlaß zu interessanten vergleichenden Beobachtungen der Frosthärte verschiedener Pflanzen am natürlichen Standort (Walter 1929 a, b, Diels 1929, Timm 1930, Koppe 1931, Münch 1933). Diels (1929) faßte die aus 26 deutschen botanischen Gärten gemeldeten Frostschäden zusammen. Es zeigte sich, daß vor allem manche Koniferen in unserem Klima hart an der Grenze ihrer Existenzmöglichkeit stehen. Es genügt ein geringes Herabsinken der Temperatur unter die normalen winterlichen Minima, um sie zu vernichten. *Abies firma* und *Abies pinsapo* waren in München, Breslau und Königsberg völlig erfroren. Eine 80jährige *Abies cephalonica* war in Königsberg bei einem Minimum von —31,5° C erfroren. *Sequoia gigantea* und *Chamaecyparis* erlitten bei Temperaturen von —20° C bis —28° C schwere Schädigungen. Die Gattungen, die den temperierten Gegenden der Südhemisphäre mit ihren milden Wintern entstammen, die Neuseeländer und Südchilenen, waren im Gegensatz zu den holarktischen Gehölzen fast alle dem Frost erlegen.

Auch in Mitteleuropa heimische immergrüne Dikotyle wie *Ilex, Hedera* und *Viscum* und von den fremden z. B. *Prunus laurocerasus,* wurden bei

Minima von — 20° bis — 28° C stark geschädigt. Noch empfindlicher erwiesen sich die immergrünen Genisteen (*Ulex, Spartium, Sarothamnus*) und die Ericineen (*Erica, Daboecia, Calluna*), die pflanzengeographisch zu den Mittelmeertypen unserer Flora gehören, während *Ilex* und *Hedera* dem holarktischen Element zugerechnet werden.

Beobachtungen vom selben extrem kalten Winter liegen aus Norditalien von GOLA (1929) vor. Er weist wie WALTER (1929) darauf hin, daß die bloße Schadenbeobachtung nicht immer auf die tatsächliche Resistenz der Pflanzen gegen Frosteinwirkung schließen lasse. In vielen Fällen schädigt nämlich nicht die niedere Temperatur, sondern die Pflanzen vertrocknen bei ansteigender Temperatur, wenn die Transpiration bereits stark einsetzt, die Wasseraufnahme aus dem noch gefrorenen Boden aber unmöglich ist. Dazu können noch als Unbekannte der Einfluß von Wind und Wasserzustand der Pflanze kommen, die Zeitpunkt und Geschwindigkeit des Ausfrierens des Wassers in den Geweben mitbestimmen (LARCHER 1956).

KOPPE (1931) konnte in vier aufeinanderfolgenden Wintern auch an einer großen Zahl von Laub- und Lebermoosen Frostschäden feststellen, doch bleibt auch hier, zumindest zu einem Teil, die Möglichkeit von Trockenschäden offen. Es scheinen sich aber aus der Kälteresistenz der Moose gewisse bryogeographische Folgerungen ziehen zu lassen.

PIRK (1953) untersuchte die Frostresistenz von Pilzen und unterscheidet kälteertragende und frostbeständige Arten. Die kälteertragenden Pilze treiben bei geringen Wärmegraden Fruchtkörper und bringen sie bis zur Sporenreife, sie erfrieren jedoch bei Minusgraden (*Marasmius oreades, Stropharia inuncta, Clavaria pratensis, Camarophyllus pratensis, Tricholoma nudum, Clitocybe amara* u. a.). Die Fruchtkörper der frostbeständigen Arten erscheinen erst nach den ersten Nachtfrösten in größeren Mengen. Sie nehmen nach Unterbrechung durch den Frost ihr Wachstum und die Sporenentwicklung wieder auf (*Camarophyllus niveus, Clitocybe dealbata, Clitocybe cyanthiformis, Tricholoma personatum* u. a.). FRIEDRICH (1937) nennt ferner als kälteunempfindliche Arten *Marasmius rotula, Collybia radiata, Lactarius camphoratus, Hypholoma sublateritium* u. a. Als Arten, die erst nach Frost neu erscheinen, führt er u. a. an *Collybia longipes, Hypholoma capnoides, Hypholoma fasciculare* und *Tricholoma saponaceum*.

KRISAI-KNYRIM (1960) weist darauf hin, daß ausgesprochene Frostschäden an Basidiomyceten-Fruchtkörpern streng lokal auftreten. Sie beschränken sich zumeist auf eine randliche Hyphenschichte im Strunk, ja oft nur auf dessen oberen, freistehenden Teil, während in Nadel- und Laubstreu steckende Abschnitte ganz normal sind. Die Protoplaste der äußeren Hyphen in der frostgefährdeten Zone sterben ab.

Ein schönes Beispiel direkter Kälteeinwirkung gibt WALTER (1931) aus der Niederung des St. Cruz River bei Tucson, Arizona. In der Nacht vom 29. zum 30. Oktober 1929 sank dort die Temperatur vorübergehend unter den Gefrierpunkt, und das genügte, um alle gegen Kälte empfindlichen Sommerannuellen zu töten. Es starben restlos im Frostgebiet ab: *Martynia louisiana, Tribulus terrestris, Trianthema portulacastrum* und *Euphorbia heterophylla*, während von *Solanum elaeagnifolium* etwa die Hälfte der Pflanze geschädigt war.

WARTENBERG (1933) gibt eine Übersicht über verschiedenste im Freiland, vor allem bei Kulturpflanzen an Sprossen, Blättern, Blüten, Früchten oder holzigen Stämmen auftretende Kälteschäden. „Es gibt keine denkbare Kombination von getöteten und lebenden Zellpartien oder Organteilen, keine vorstellbare Komposition von verfärbten und nicht verfärbten Partien, keine dem Phytopathologen sonst bekannte Formänderung oder Bewegung des Blattes, wie Kräuseln, Rollen, Buckeln, Schlitzen, Steiltracht, fixierte Schlafstellung usw., die von den Pflanzen nicht als Folge einer Kältewirkung realisiert wird."

Solche im Freiland und in Glashäusern an Pflanzen bei verschieden tiefen Temperaturen auftretenden Kälteschäden legten es schon frühzeitig nahe, die Grenzen der Kälteresistenz und das Wesen der Kälteschädigung an verschiedenen Pflanzen auch im genau kontrollierbaren Experiment näher zu untersuchen.

c) Grenzen der Kälteresistenz und Standorttemperatur

Vergleichende Untersuchungen der Kälteresistenz, wie sie an Meeresalgen (s. S. 141 ff.) ausgeführt wurden, begegnen bei Landpflanzen gewissen Schwierigkeiten. Diese liegen sowohl in der Versuchsanstellung wie im wechselnden Zustand der Versuchspflanzen. Während die Algen in Wasser liegend unter gleichmäßigen Feuchtigkeitsverhältnissen abgekühlt oder eingefroren werden können, ist dies bei höheren Landpflanzen im allgemeinen nicht möglich. Schon SACHS (1865) wies auf die Bedeutung der Transpiration für das Absterben bei niederer Temperatur hin und MOLISCH (1897) betonte, daß Kälteresistenzversuche, wegen des oft bei Abkühlung stark geänderten Verhältnisses zwischen Wasseraufnahme und Wasserabgabe, stets unter Ausschaltung der Transpiration in wasserdampfgesättigter Luft vorgenommen werden sollen (s. Methodik S. 133).

Während ferner die Meeresalgen, vor allem die Algen der Tiefe, während des ganzen Jahres in einer sehr gleichmäßigen Umwelt leben, in der sich auch die Temperaturschwankungen in verhältnismäßig engen Grenzen halten (z. B. an der Nordküste Frankreichs 9,9° C im Februar und 15,8° C im August, s. S. 156), stehen die Landpflanzen der kontinentalen gemäßigten Klimate unter Temperaturen, deren extreme Schwankungen zwischen Winter und Sommer 50—60° C und mehr betragen können. Das hat, wie im nächstfolgenden Abschnitt zu besprechen sein wird, auch beträchtliche Unterschiede in der Kälteresistenz im Winter und Sommer zur Folge.

Da die größte Kältebeanspruchung der Pflanze im Winter auch mit dem Zeitpunkt ihrer größten Kältehärte zusammenfällt, sollten vergleichende Resistenzbestimmungen, die die ökologische Beziehung zwischen Kälteresistenz und niedrigster Standorttemperatur aufzeigen sollen, auch nur an kältegehärteten Pflanzen vorgenommen werden. Dieser Forderung entsprechen aber die in der Literatur vorliegenden, vor allem älteren Angaben über Grenzen der Kälteresistenz nur zum Teil.

a) Kälteresistenzgrenzen über dem Gefrierpunkt

Besonders klar ersichtlich wird die Beziehung zwischen Kälteresistenz und Temperaturansprüchen des Standortes bei jenen Pflanzen, die schon durch Temperaturen über dem Gefrierpunkt geschädigt werden und erfrieren. Sie entstammen durchwegs w ä r m e r e n K l i m a g e b i e t e n, in denen normalerweise niemals Temperaturen unter dem Gefrierpunkt vorkommen.

Auf die alten Beobachtungen von Bierkander, Savi und Göppert wurde schon hingewiesen. Göppert (1883) stellte im Winter Pflanzen warmer Klimate fünf Tage an einem windgeschützten Ort im Freien bei Temperaturen zwischen + 1° und + 3° C auf und beobachtete an *Gloxinia maculata, Heliotropium peruvianum, Thunbergia capensis* und einigen anderen zuerst ein Schwarzfleckigwerden der Blätter, später rollten sich dieselben ein und fielen ab. Ähnliche Versuche wurden auch schon von Hardy (1854) mit 56, meist einjährigen tropischen Holzgewächsen ausgeführt. Er ließ sie während des Herbstes im Freien und schützte sie durch Bedecken mit Schilfrohrdecken vor zu großer Wärmeausstrahlung. Nach seinen Angaben starben u. a. *Hymenaea courbaril, Crescentia cujete, Bauhinia anatomica* und *B. tomentosa, Desmodium umbellatum* bei 5° C, *Acacia stipularis, Bixa orellana, Adenathera pavanoia* bei 3° C, während 31 Arten, darunter *Dracaena draco, Euphorbia splendens, Caesalpinia sappan* 1° C überlebten. Kunisch (1880) schließlich beobachtete Kälteschäden an *Coleus*-Blättern, wenn er die Pflanze bei einer rel. Luftfeuchtigkeit zwischen 76,5 und 80,7% 24 Stunden lang einer Temperatur zwischen 4—9° C aussetzte.

In allen diesen Untersuchungen war es unentschieden geblieben, wieweit Störungen im Wasserhaushalt mitverantwortlich am Absterben der Pflanzen bei niederer Temperatur waren oder ob diese wärmeliebenden Pflanzen wirklich auch bei völliger Ausschaltung der Transpiration über dem Gefrierpunkt getötet werden.

Diese Frage hat Molisch (1886, 1897) durch Versuche geklärt, in denen er verschiedene Warmhauspflanzen (15—20° C) in glasierte Tonschalen stellte, mit einer mit feuchtem Filtrierpapier ausgekleideten Glasglocke bedeckte und zudem mit Wasser absperrte. Die Pflanzen standen somit in wassergesättigter Luft. Diese Versuchsanordnung wurde in ein Kalthaus gestellt, in dem die Temperatur zwischen 2,5 und 4,4° C schwankte. Als erste Versuchspflanze diente *Episcia bicolor.* Sie zeigte schon nach 12—24 Stunden an ihren Blättern braune Flecken, die sich in den folgenden vier Tagen über das ganze Blatt ausbreiteten. Die mikroskopische Untersuchung ergab, daß Epidermis und Mesophyll fast restlos getötet waren, jedoch die Streifen überlebender Blattrippen ausgespreizt erhalten wurden. Eine auffallende Kälteresistenz zeigten die Schließzellen, die in der sonst völlig abgestorbenen Epidermis relativ lange lebend blieben.

Das gleiche Ergebnis wie mit ganzen Topfpflanzen erzielte Molisch bei sonst gleicher Versuchsanordnung auch mit frischen, mit ihren Stielen in Leitungswasser gestellten Blättern. Schon nach einem Tag waren die meisten bei 2—3^0 C gehaltenen Blätter fleckig, während die Kontrollblätter bei 13—18^0 C noch nach 8 Tagen ihre grüne Farbe besaßen.

Wurden abgeschnittene Blätter von *Episcia* direkt in Eiswasser (0^0 C) gelegt, so zeigten sie schon nach 3 Stunden braune Flecke und waren nach 24 Stunden größtenteils verfärbt. Ebenso, wenn auch graduell verschieden, verhielten sich im Eiswasser die Blätter von *Sanchezia nobilis, Eranthemum tricolor, Er. couperi, Coleus*-Hybriden und *Achimenes*.

Tab. 78. *Kältetod tropischer Pflanzen bei verschieden langer Einwirkung von Temperaturen zwischen 1,4 und 3,7^0 C in wasserdampfgesättigter Luft* (nach Molisch 1897).

Pflanze	Erste Schädigung nach etwa	Blattspreite total geschädigt nach etwa	Heimat
Episcia bicolor	$12-18^h$	5^d	Kolumbien
Sciadocalyx warscewitzii	24^h	5^d	Kolumbien
Eranthemum tricolor	48^h	$4-5^d$	trop. Asien
Sanchezia nobilis	$1-4^d$	$8-10^d$	Ecuabor
Eranthemum couperi	$3-5^d$	10^d	trop. Asien
Coleus-Hybriden	$2-4^d$	5^d	Tropen
Achimenes spec.	$4-5^d$	10^d	trop. Asien und Inseln
Aeschynanthus javanicus	$4-6^d$	16^d	Java
Gloxynia hybrida hort.	5^d	14^d	Mexiko
Centrosolenia bulbata	5^d	$15-22^d$	Peru
Begonia stigmatosa	5^d	$19-22^d$	Mexiko
Peperomia argyreia	$5-7^d$	14^d	trop. Amerika
Boehmeria argentea	8^d	20^d	Mexiko
Tournefortia hirsutissima	8^d	27^d	trop. Amerika
Tradescantia discolor	8^d	27^d	

Tab. 78 gibt eine Übersicht über die von Molisch untersuchten und bei Ausschaltung der Transpiration über dem Gefrierpunkt (1,4—3,7^0 C) absterbenden Topfpflanzen mit Angabe ihrer Heimat, geordnet nach ihrer Kälteempfindlichkeit.

Für die bekannte Tatsache, daß sich nahe verwandte Arten nicht nur morphologisch, sondern auch physiologisch verschieden verhalten können, führt Molisch die verschiedene Kälteresistenz von je zwei *Eranthemum*- und *Tradescantia*-Arten an (Tab. 79).

Molisch nennt allerdings auch eine große Reihe von Pflanzen, die, obwohl warmen Gegenden entstammend, durch 2½ Monate bei einer Luftfeuchtigkeit von 93—99% durch Temperaturen zwischen 2 und 5^0 C nicht getötet werden: *Nicotiana tabacum, Curculigo recurvata, Cineria rugosa, Begonia metallica, Abutilon spec., Philodendron pertusum, Tradescantia guianensis, Goldfussia isophylla, Dracaena rubra, Justicia spec., Goldfussia anisophylla, Asplenium belangeri, Selaginella*-Arten, *Latania bourbonica, Cypripedium venustum, Calla spec., Pteris cretica, Corypha australis* und *Aspidistra elatior*.

Daß aber diese Pflanzen dabei bis an die Grenze ihrer Kälteresistenz beansprucht werden, zeigten Beobachtungen im nachfolgenden Winter, in welchem bei noch länger andauernder Einwirkung der niederen Temperaturen auch an Tabak, *Begonia metallica*, *Abutilon* und *Goldfussia anisophylla* Kälteschäden auftraten und *Philodendron pertusum* in Nachwirkung der Kälteperiode nach Ansteigen der Gewächshaustemperatur im März unter Gelbwerden der Blätter abzusterben begann.

SPRANGER (1941) hat die Untersuchungen über den Kältetod von wärmeliebenden Gewächshauspflanzen oberhalb des Gefrierpunktes fortgesetzt. Er ließ aber dabei die niedere Temperatur nicht bis zum Eintreten der Kälteschädigung einwirken, sondern übertrug die Pflanzen nach einer gewissen Zeit der Abkühlung wieder in das Warmhaus und beobachtete die als Nachwirkung der Abkühlung eintretenden Kälteschäden.

Tab. 79. *Verschiedene Kälteresistenz verwandter Arten* (nach H. MOLISCH 1897).

Pflanze	Erste Schädigung bei 2—4° C (Tage)
Eranthemum tricolor	2
Eranthemum tuberculatum	11
Tradescantia zebrina	9
Tradescantia guianensis	keine Schädigung

So wurden verschiedene *Coleus*-Varietäten, *Heliotropium peruvianum*, *Impatiens sultani*, *Primula sinensis* und *Salvia splendens* aus einem Glashaus mit 10° C mittlerer Temperatur während 28 Stunden bei einer rel. Luftfeuchtigkeit von 85% auf 0,3—1,0° C abgekühlt und dann wieder ins Glashaus zurückgebracht. 8 Tage später waren die *Coleus*-Pflanzen und *Impatiens balsamina* tot, die übrigen Versuchspflanzen lebend.

In einem anderen Versuch wurde eine große Zahl verschiedener Warmhauspflanzen aus 17° C in einem Kühlraum bei einer Luftfeuchtigkeit von 85% zwischen 0,3 und 3,0° C abgekühlt und nach 38, 48 und 58 Stunden wieder ins Warmhaus zurückgebracht.

Nach 38 Stunden wurden *Impatiens sultani*, *Peperomia arifolia* und *Peperomia verschaffeltii*, von denen die beiden ersten schon leichte Senkungen der älteren Blätter zeigten, ins Warmhaus gebracht. 24 Stunden später waren diese schon schwer geschädigt, während bei *Peperomia verschaffeltii* die Verfallserscheinungen erst später einsetzten.

Nach 48 Stunden wurden ohne äußerlich sichtbare Schäden *Aphelandra roezlii*, *Chamaecladon metallicum*, *Cryptophragmium ceylonicum* und *Schismatoglottis pulchra* dem Kälteraum entnommen und ins Warmhaus gebracht. Bei sämtlichen Pflanzen begannen nach 1—3 Tagen Blattschädigungen sichtbar zu werden und nach 6—10 Tagen waren alle vorhandenen Blätter braun und abgestorben.

Nach 58 Stunden wurden die restlichen Versuchspflanzen dem Kälteraum entnommen. Die Blätter von *Palisota coccinea* waren bereits deutlich infiltriert. *Acalypha musaica* und *Piper decurrens* hatten ihre Farben etwas eingebüßt. 24 Stunden später waren alle drei Pflanzen schon schwer geschädigt.

Ohne sichtbare Schädigung wurden dem Kälteraum entnommen *Dieffenbachia bausei, Hemigraphis latebrosa* und *Spathiphyllum longirostre.* Bei *Dieffenbachia* trat der durch Erschlaffen der jüngsten Blätter gekennzeichnete Verfall schon nach 28 Stunden ein, bei den beiden anderen kam die erste Schädigung erst nach 3 Tagen zum Ausdruck (Abb. 73).

Die Blattstiele erschlafften, die Blätter senkten sich und eine Gelbfärbung der Blätter verbreitete sich vom Blattrand her rasch über die ganze Spreite.

Abb. 73. *Dieffenbachia bausei.* Links geschädigte Pflanze (58 Stunden bei + 0,3 bis 3° C, sodann 3 Tage im Glashaus); rechts Kontrolle. (Nach E. SPRANGER 1941.)

Curmeria wallisii, eine im tropischen Asien beheimatete Aracee mit niederem Wuchs, derben, lederartigen, schön marmorierten Blättern, zeigte erst nach 4 Tagen in der Nähe des Stielansatzes schwache Verfärbungen der Blattfläche, doch waren schon am fünften Tag die Blattränder braun und die Blattspreiten unregelmäßig geworfen (Abb. 74).

Begonia rex, Maranta kerchoweana und *Bertolonia marmorata* zeigten als einzige der Versuchspflanzen weder bei der Entnahme aus dem Kälteraum noch nach längerem Verbleib im Warmhaus irgendwelche Schädigungen.

Abb. 74. *Curmeria wallisii.* Links geschädigte Pflanze (58 Stunden bei + 0,3 bis 3° C, sodann 5 Tage im Glashaus); rechts Kontrolle. (Nach E. SPRANGER 1941.)

Um die Dauer der Kälteeinwirkung zu ermitteln, die notwendig ist, um später auftretende Schäden hervorzurufen, wurden Versuche mit acht jungen Pflanzen von *Peperomia arifolia* vorgenommen, die aus dem Warmhaus entnommen (17° C), verschieden lang bei 88% r. L. F. einer Temperatur von 1° C ausgesetzt und dann wiederum ins Warmhaus zurückgebracht wurden. Wie zu erwarten, traten die ersten Kälteschäden um so früher auf, je länger die Pflanzen der Kälte ausgesetzt waren (Tab. 80).

Die älteren Blätter zeigten fast bei allen Versuchspflanzen eine etwas größere Kälteresistenz (Abb. 75).

Die drei untersuchten Arten aus der Familie der Piperaceen, nämlich *Peperomia arifolia, Pep. verschaffeltii* und *Piper decurrens* stimmen darin überein, daß die ersten sichtbaren Veränderungen an den Wasserleitungsbahnen, wie Stengel- und Blattnervatur zum Ausdruck kommen, was ein gegensätzliches Verhalten darstellt zu der von MOLISCH (1897) an *Episcia bicolor*-Blättern beobachteten Absterbefolge. Wir werden diese zwei gegensätzlichen Absterbetypen später (S. 243 bei der Besprechung der Frostschäden an Blättern wiederfinden.

Tab. 80. *Kälteresistenz von Peperomia arifolia* (nach E. SPRANGER 1941), — = unbeschädigt, + = leichte Senkung der Blätter, dem später ein Absterben folgt, 0 = Entnahme aus dem Kälteraum.

Versuchsdauer bei 1° C im Eiskeller	Zurückgebracht in das Warmhaus und beobachtet nach Stunden				
	0	12	14	16	18
29 Stunden	—	—	—	—	—
31 „	—	—	—	—	—
33 „	—	—	—	+	+
35 „	—	—	—	+	+
36 „	—	—	—	+	+
37 „	—	—	—	+	+
38 „	+	+	+	+	+
39 „	+	+	+	+	+

SPRANGER hat, wie MOLISCH, außer mit ganzen Topfpflanzen auch mit abgeschnittenen Blättern experimentiert. Die Blätter wurden in einem Kalthaus bei einer mittleren Temperatur von 3° C in ein mit schmelzendem Schnee gefülltes Wasserbecken eingelegt. Die Temperatur des Schmelzwassers hielt sich während der Versuchszeit zwischen 0,2 und 1° C. In aufeinanderfolgenden Stunden wurden die Blätter auf eingetretene Schäden untersucht (Tab. 81). Gleich lang in Wasser von 15° C liegende Kontrollblätter waren unverändert frisch und lebend.

Abb. 75. *Impatiens sultani.* Links geschädigte Pflanze (28 Stunden bei + 0,3 bis 3° C, sodann 3 Tage im Glashaus. Die älteren Blätter stärker geschädigt als die jungen; rechts Kontrolle. (Nach E. SPRANGER 1941.)

Einen ungleich raschen Eintritt von Kälteschäden bei 1—5° C und weitgehend wassergesättigter Luft beobachtete auch SEIBLE (1939) an verschiedenen Warmhauspflanzen. Die Autorin unterscheidet einen empfindlicheren Typus (*Episcia cupreata, Achimenes patens, Gloxinia grandiflora*), bei dem schon nach Stunden, spätestens nach einem Tag Fleckenbildung auftritt, die auf ein Absterben des Plasmas und Infiltration der Interzellularen zurückzuführen ist, und einen widerstandsfähigeren Typus (*Tradescantia zebrina, Solanum lycopersicum, Coleus*-Hybriden), bei dem die Pflanzen tagelang unverändert erscheinen und erst nach 5—6 Tagen plötzlich weich werden und welken.

In diesem Zusammenhang sei auch auf die geringe Kälteresistenz niederer thermophiler Pilze, hingewiesen, die bei 40—45° C ihre optimale Entwicklung nehmen. Auf Agar kultiviert, sterben sie nach Untersuchungen von Noak (1912) schon bei Temperaturen über Null Grad innerhalb weniger Tage ab (Tab. 81 a).

Tab. 81. *Eintritt der Kälteschädigung an in Schmelzwasser eingelegten Blättern von Warmhauspflanzen* (nach E. Spranger 1941).
— = ungeschädigt, + = geschädigt.

Blätter von	in Schmelzwasser (0,2° — 1° C) nach 1h	2h	3h	4h	5h	6h
Coleus hybr., Goldfasan	—	+	+	+	+	+
Coleus hybridus	—	+	—	+	+	+
Eranthemum igneum	—	+	—	—	—	+
Eranthemum lindenii	—	+	+	+	+	+
Hoffmannia refulgens	—	—	+	+	+	+
Centradenia grandifolia	—	—	+	+	+	+
Episcia aenea	—	—	+	—	+	+
Aglaonema pictum	—	—	—	+	—	+
Ruellia devosiana	—	—	—	—	+	+
Cryptophragmium ceylanicum	—	—	+	—	+	—
Strobilanthes dyerianus	—	—	—	—	—	—
Maranta lietzei hort.	—	—	—	—		+
Maranta majestica	—	—	—	—		+
Bertolonia marmorata	—	—	—	—	+	+

Tab. 81 a. *Kälteresistenz thermophiler Pilze. Aufenthaltsdauer (in Tagen) die zum Tod führt* (nach K. Noak 1912).

	5° — 6° C	10° — 11° C	15° — 17° C
Mucor pusillus	3 — 6d	11 — 12d	22 — 24d
Thermoascus aurantiacus	2 — 4d	7 — 9d	11 — 14d
Anixia spadicea	2 — 4d	11 — 12d	20 — 22d

β) Kälteresistenzgrenzen unter dem Gefrierpunkt

Pflanzen der gemäßigten und kalten Zonen erleiden den Kältetod erst bei Temperaturen unter dem Gefrierpunkt. Das Ausmaß der Frosthärte kann aber auch recht verschieden sein.

Irmscher (1912) untersuchte die Kälteresistenz von Laubmoosen verschiedener Standorte Mitteldeutschlands (Umgebung von Leipzig, Erzgebirge, Harz). Die Moospflänzchen wurden teils in Reagenzröhrchen mit Wasser, teils im turgeszenten Zustand in leere Glasröhrchen gebracht und in Kältemischungen von Schnee oder zerkleinertem Eis und NaCl oder $CaCl_2$ für 18 Stunden bei — 10, — 15, — 20 und — 30° C eingesenkt. Das Auftauen geschah bei Zimmertemperatur. Tab. 82 bringt eine Zusammenstellung der Ergebnisse, geordnet nach Lebensräumen.

Ein Vergleich der Kälteresistenz mit der Austrocknungsresistenz dieser Moose (vgl. Tab. 12) zeigt, daß die Gefrierresistenz weit gleichmäßiger ausgebildet ist als die Austrocknungsresistenz. Bis — 10° C treten im allgemei-

Tab. 82. *Gefrierresistenz von Laubmoosen verschiedener Standorte* (nach E. IRMSCHER 1912).
l = lebend, ± = teilweise tot, + = alles tot, . = nicht untersucht.

Laubmoos Art und Vorkomen	in Wasser gefroren				in Luft gefroren			
	− 10	− 15	− 20	− 30° C	− 10	− 15	− 20	− 30° C
1. Sümpfe, Teiche, Bäche:								
Philonotis fontana	± − l	.	+	.	l	.	+	.
Fontinalis antipyretica	.	.	l	+	.	.	±	.
Fontinalis squamosa	.	.	l	.	.	.	l	.
Fontinalis squ. (anderer Rasen)	.	.	±	.	.	.	+	.
Isothecium vallis ilsae	.	.	±	.	.	.	l	.
Hypnum aduncum var. *polycarp.*	.	.	l	+	.	.	±	.
Hypnum a. var. *simplicissimus*	.	.	±	.	.	.	±	.
Hypnum a. var. *pseudofluitans*	.	±	+	.	.	±	+	.
2. Laubwald:								
Mnium rostratum	l	±	.	.	l	+	.	.
Mnium undulatum	l	±	.	.	±	+	.	.
Catharinaea undulata	.	.	±	.	.	.	±	.
Plagiothecium denticulatum	.	±	+	.	.	±	.	.
3. Nadelwald:								
Plagiothecium undulatum	.	l	±	.	.	±	±	.
Mnium punctatum	.	±	+	.	.	±	+	.
Dicranum scoparium	.	.	l	+	.	.	l	+
Dicranum fiscescens	.	.	l	+	.	.	l	+
Webera nutans	.	± − l	+	.	.	± − l	+	.
Bryum capillare	.	.	±	.	.	.	±	.
Bryum capillare, anderer Rasen	±	.	+	.	±	.	+	.
Hypnum purum	.	.	+	.	.	.	+	.
4. Erdboden:								
Phascum cuspidatum	l	+	.	.	±	+	.	.
Pottia truncatula	.	±	.	.	.	+	.	.
Tortula ruralis	.	l	+	.	.	l	+	.
Funaria hygrometrica	.	±	.	.	.	±	.	.
Funaria hygrometrica, anderer Rasen	±	+	.	.	l	+	.	.
Ceratodon purpureus	.	.	±	.	.	.	l	.
Ceratodon purpureus, anderer Rasen	.	.	+	.	.	.	±	.
Bryum argenteum	.	.	±	.	.	.	±	.
Bryum argenteum, anderer Rasen	.	.	l	.	.	.	l	.
Bryum bimum	.	±	.	.	.	l	.	.
Thuidium philiberti	.	.	l	.	.	.	l	+
Hypnum cuspidatum	.	.	±	.	.	.	±	.
5. Felsen, Mauern, Dächer:								
Grimmia pulvinata	.	.	l	+	.	.	l	+
Rhacomitrium heterostichum	.	.	l	+	.	.	l	+
Barbula muralis	.	.	l	+	.	.	l	+
Barbula muralis, anderer Rasen	.	.	±	.	.	.	l	.
6. Baumstämme:								
Amblystegium serpens	.	.	l	+	.	.	±	.
Brachythecium velutinum	.	.	l	+	.	.	±	.
Brachythecium rutabulum	.	.	± − l	.	±	.	.	.
Brachythecium rutabulum, anderer Rasen	.	.	l	.	+	.	.	.
Hypnum cupressiforme	.	.	l	.	.	.	±	.
Hypnum cupressiforme, anderer Rasen	.	.	±	.	.	.	+	.

nen an den Laubmoosgametophyten keine Schädigungen auf, der Tod der Blattzellen tritt bei den meisten Moosen unter — 20° C ein, während auch die kälteresistentesten Arten, die bei — 20° C noch leben, durch Einfrieren bei — 30° C völlig getötet werden. Es entspricht dies dem Umstand, daß die Temperatur der einzelnen Moosstandorte keine so großen Unterschiede

Tab. 83. *Winterliche Frosthärte von Pflanzen der alpinen Baumgrenze.*

Immergrüne Blätter von Pflanzen der alpinen Baumgrenze	Mittlere Winterfrosthärte °C (November—März)	Untersuchungsjahr	Autor
Nadelbäume:			
Pinus cembra	— 42	1935/36	Ulmer
Pinus cembra	— 47	1942/43	Pisek und Schiessl
Pinus cembra	— 47	1943/44	Pisek und Schiessl
Pinus cembra	— 42	1958	Tranquilini
Picea excelsa	— 38	1935/36	Ulmer
Picea excelsa	— 38	1942/43	Pisek und Schiessl
Picea excelsa	— 36	1943/44	Pisek und Schiessl
Pinus montana	— 34,9	1935/36	Ulmer
Juniperus communis-nana	— 34	1935/36	Ulmer
Zwergsträucher:			
Rhododendron ferrugineum	— 27,3	1935/36	Ulmer
Rhododendron ferrugineum	— 24	1942/43	Pisek und Schiessl
Rhododendron ferrugineum (unter Schnee)	— 16	1943/44	Pisek und Schiessl
Rhododendron hirsutum	— 28,5	1935/36	Ulmer
Arctostaphylos uva ursi	— 29,2	1935/36	Ulmer
Loiseleuria procumbens	— 35	1935/36	Ulmer
Loiseleuria procumbens	— 36	1942/43	Pisek und Schiessl
Loiseleuria procumbens	— 36	1943/44	Pisek und Schiessl
Calluna vulgaris	— 28	1935/36	Ulmer
Erica carnea	— 18,5	1935/36	Ulmer
Empetrum nigrum	— 29	1935/36	Ulmer
Vaccinium vitis idaea	— 22	1935/36	Ulmer
Kräuter:			
Homogyne alpina	— 18	1935/36	Ulmer
Saxifraga aizoon	— 18	1935/36	Ulmer
Saxifraga caesia	— 29	1935/36	Ulmer
Globularia nudicaulis	— 18	1935/36	Ulmer
Carex firma	— 28	1935/36	Ulmer

aufweist wie deren Feuchtigkeit. Irmscher weist besonders auf *Fontinalis antipyretica* und *F. squamosa* hin, die die unter Laubmoosen geringste Trockenresistenz mit höchster Kälteresistenz verbinden. Beide leben noch nach Einfrieren in Wasser bei — 20° C (vgl. das entsprechende Verhalten der Grünalge *Aegagropila sauteri*, S. 213).

Von diesem Ergebnis unabhängig ist die Tatsache, daß einzelne Arten durch vorhergehende Austrocknung gegen Frost bedeutend resistenter gemacht werden können und daß sich die Frostresistenz in Anpassung an eine Vorkultur bei höherer oder niederer Temperatur nicht unwesentlich verschieben kann. Doch soll davon erst im nächsten Abschnitt die Rede sein.

Der Erfrierpunkt des Protonemas entspricht unter gleichen Außenbedingungen jenem des zugehörigen Gametophyten. Regenerative Zellkomplexe, wie schlafende Augen oder blattwinkelständige Stengelzellen sind den Blattzellen, ebenso wie an Trockenresistenz, auch an Kälteresistenz überlegen.

Für wildwachsende holzige und krautige Phanerogamen verschiedenster Standorte Mittel- und Südeuropas liegen Frostresistenzbestimmungen in großer Zahl von Ulmer 1937, Pisek und Schiessl 1947, Larcher 1954 und Till 1956 vor. Die Bestimmungen wurden von den genannten Autoren mit gleicher Methode (s. S. 138) ausgeführt und sind daher voll vergleichbar.

Den tiefsten winterlichen Standorttemperaturen entsprechend, finden sich die Extremwerte der Frostresistenz immergrüner Blätter bei den Nadelhölzern, Zwergsträuchern und Kräutern der alpinen Waldgrenze. Tab. 83 bringt eine Zusammenstellung der mittleren winterlichen Frosthärte der von Ulmer (1937), Pisek und Schiessl (1947) und Tranquilini (1958) untersuchten Pflanzen. Unter „Frosthärte" wird jene Temperatur verstanden, bei der nach 2 Stunden Abkühlung in der Gefrierkammer noch keine oder nur ganz geringe Schäden auftreten, mit deren Überschreitung aber schon merkliche bis 100% Schädigung verbunden ist. Die Frostschäden wurden meist nur makroskopisch festgestellt.

Daß Koniferennadeln auch noch tiefer liegende Frosthärtegrenzen besitzen können als die von Pisek und Schiessl an *Pinus cembra* gemessenen, zeigen Untersuchungen von Parker (1955), wonach Nadeln von *Pinus ponderosa* und *Abies grandis* im Jänner sogar Versuchstemperaturen von —55° C überlebten. Nadeln von *Pinus strobus* (Parker 1959 a) erwiesen sich im Dezember sogar resistent bis zu mindest —78° C und im Spätwinter sogar bis —196° C, wenn die Abkühlung und Erwärmung mit weniger als 10° C pro Stunde durchgeführt wurde.

Auch Sakai (1960) konnte Zweige vom Maulbeerbaum sowie von *Populus sieboldi* und *Salix koriyanagi kimura* nach vorsichtigem Vorfrieren bei —30° C in flüssigem Stickstoff ohne Schädigung bis auf —196° C abkühlen und nach langsamem Wiederauftauen in feuchtem Sand zur Weiterentwicklung bringen.

Die in Tab. 83 angeführten Versuchspflanzen stammten zum überwiegenden Teil vom Patscherkofel bei Innsbruck (1920 m ü. d. M.), auf dem die winterlichen Temperaturminima nur selten —20° C unterschreiten. Als tiefste Temperatur wurde in einem besonders kalten Winter —24° C gemessen. Die wintergrünen Blätter der meisten dort lebenden Pflanzen können somit als absolut frosthart gelten. Bei manchen Kräutern und bei *Erica carnea* wird die Schneebedeckung in besonders kalten Wintern als Frostschutz von Bedeutung sein. Aber auch ihre Frosthärte übersteigt noch wesentlich die von winterblühenden Ackerunkräutern, die von Ulmer (1937) im Dezember für *Stellaria media* mit —9° C, für *Veronica tournefortii* mit —10,8° C und für *Lamium purpureum* mit etwa —10° C bestimmt wurde.

Gelegentliche Spätwinterschäden an alpinen Nadelhölzern sind zumeist ausgesprochene Trockenschäden (Schmidt 1936).

Beträchtlich höher als für die Blätter der Bäume und Zwergsträucher der alpinen Waldgrenze liegen die winterlichen Frosthärtemaxima der Blätter immergrüner mediterraner Holzpflanzen (Tab. 84).

Deutliche Beziehungen zwischen Standorttemperatur und Kälteresistenz konnte TILL (1956) in einer umfassenden Arbeit über die Frosthärte von Pflanzen sommergrüner Laubwälder feststellen, und zwar sowohl hinsichtlich der Verbreitung verschiedener Pflanzenarten wie auch ihrer im Frühjahr zeitlich aufeinanderfolgenden Blattentfaltung. Die untersuchten

Tab. 84. *Winterliche Frosthärte mediterraner Immergrüner aus dem Gebiet des Gardasees (3 Stunden Einwirkungsdauer der Versuchstemperatur)* (nach W. LARCHER 1954).

Blätter von mediterranen Immergrünen	Winterliches Frosthärtemaximum °C
Nerium oleander	— 9
Laurus nobilis	— 10
Arbutus unedo	— 10
Olea europaea	— 11
Viburnum tinus	— 12
Pinus pinea	— 12
Quercus ilex	— 14
Chamaerops humilis	— 14
Trachycarpus fortunei	— 14
Cedrus deodora	— 15
Cedrus atlantica	— 15
Cupressus sempervirens	— 15

Pflanzen stammten meist aus den auf Muschelkalk stockenden Buchenwäldern der Umgebung Göttingens (Deutschland), einige auch aus dem Botanischen Garten der dortigen Universität. Die Minima der Lufttemperatur um Göttingen erreichen nur in kalten Wintern an wenigen Tagen —20° C.

Tab. 85 gibt die winterliche Frosthärte der Knospen von Bäumen und Sträuchern wieder. Diese sind nach Verbreitungsgruppen geordnet:

I. Arten mit hoher Nordgrenze und weiter Verbreitung in den kontinentalen, eurasiatischen Tiefländern;

II. europäische Arten, manchmal auch nach Westsibirien reichend, mit mehr oder weniger weiter Verbreitung auch im kontinentalen, osteuropäischen Flachland;

III. europäische Arten mit Schwerpunkt in Mitteleuropa und den höheren Stufen der mediterranen Gebirge, ins kontinentale Flachland nicht weit vordringend und

IV. submediterrane (mediterran-montane) Arten.

Die sich im Frühjahr entfaltenden Blätter der Laubbäume zeigen entsprechend dem Zeitpunkt des Austreibens eine abnehmende Frostresistenz (Tab. 86).

Eine gleiche Übereinstimmung zwischen Zeitpunkt der Blattentfaltung und Kälteresistenz ließ sich auch an Kräutern nachweisen (Tab. 87).

Tab. 85. *Frosthärte der winterlichen Knospen von Bäumen sommergrüner Laubwälder* (2 Stunden Einwirkungsdauer der Versuchstemperatur bei langsamem Abkühlen und Wiederauftauen). (Nach O. TILL 1956.)

Verbreitungsgruppe und Baumart	Frosthärte °C (Dezember-Februar) Mittel	Maximum
Verbreitungsgruppe I:		
Betula pendula	> – 33	> – 40
Verbreitungsgruppe II:		
Alnus glutinosa	– 30,5	– 35
Tilia cordata	– 29,6	– 34
Acer platanoides	– 24,8	– 27
Corylus avellana	– 24,6	– 27
Fraxinus excelsior	– 26,3	– 27
Quercus robur	– 22,5	– 27
Acer campestre	– 20,7	– 23
Carpinus betulus	– 24,4	– 27
Verbreitungsgruppe III:		
Taxus baccata	– 21,6	– 26
Acer pseudoplatanus	– 19,8	– 21
Fagus silvatica	– 22,4	– 29
Quercus petraea	– 21,8	– 24
Tilia platyphyllos	– 21,8	– 25
Verbreitungsgruppe IV:		
Acer monspessulanum	– 19,1	– 21

Tab. 86. *Frosthärte der sich entfaltenden Blätter sommergrüner Laubbäume* (♂ = Resistenz der männlichen Blütenstände). (Nach O. TILL 1956.)

Laubbäume	Blatt-entfaltung	Datum der Untersuchung	Frosthärte °C	
Corylus avellana ♂	26. 2.	27. 2.	– 16,0	Mittel – 14,5
Alnus glutinosa ♂	27. 2.	27. 2.	– 13,0	
Carpinus betulus	8. 4.	11. 4.	– 5,5	
Acer campestre	8. 4.	11. 4.	– 4,0	
Acer monspessulanum	8. 4.	11. 4.	– 2,5	Mittel – 3,8
Corylus avellana	4. 4.	15. 4.	– 4,5	
Acer pseudoplatanus	8. 4.	15. 4.	– 2,5	
Alnus glutinosa	8. 4.	15. 4.	– 3,5	
Fagus silvatica	27. 4.	30. 4.	– 2,5	
Acer platanoides	30. 4.	30. 4.	– 3,5	
Fraxinus excelsior	30. 4.	30. 4.	– 2,0	Mittel – 2,6
Quercus robur	30. 4.	30. 4.	– 2,5	
Quercus petraea	30. 4.	30. 4.	– 2,5	
Ilex aquifolium	14. 5.	14. 5.	– 1,5	

Dabei zeigt sich, daß zum gleichen Termin die Frosthärte der jungen, vegetativen Triebe der Bäume jeweils etwas geringer ist (vgl. Tab. 86) als die der ungefähr zum gleichen Zeitpunkt untersuchten krautigen Pflanzen. „Damit mag zusammenhängen, daß Frostschäden am Sproß bei Bäumen häufiger zu beobachten sind als bei krautigen Pflanzen, auch wenn diese ungeschützt wachsen" (Till 1956).

Die in der Zeit vom Dezember bis Februar bestimmte maximale Frosthärte der unterirdischen Organe (Rhizome und Wurzeln) der im Frühjahr austreibenden Kräuter ist meist etwas höher als die der sich entfaltenden Blättchen. Mit Ausnahme von *Digitalis purpurea* standen alle Pflanzen unter dichtem Baumschutz. Eine auffallende Beziehung zwischen Wurzeltiefe und Kälteresistenz war nicht festzustellen (Tab. 88).

Tab. 87. *Frosthärte der sich im Frühjahr entfaltenden Blätter krautiger Pflanzen* (nach O. Till 1956).

Kräuter (Blätter)	Blattentfaltung	Datum der Untersuchung	Frosthärte °C	
Eranthis hiemalis	11. 2.	23. 2.	– 9,0	
Galanthus nivalis	11. 2.	23. 2.	– 12,0	
Leucojum vernum	23. 2.	23. 2.	– 10,0	Mittel
Anemone hepatica (Blüten)	8. 3.	8. 3.	– 11,5	– 10,1
Primula elatior	14. 3.	14. 3.	– 9,5	
Ranunculus ficaria	14. 3.	14. 3.	– 9,0	
Luzula pilosa	18. 3.	18. 3.	– 12,5	
Anemone nemorosa	22. 3.	30. 3.	– 8,5	
Asarum europaeum	30. 3.	30. 3.	– 7,5	
Anemone hepatica	30. 3.	30. 3.	– 6,5	
Mercurialis perennis	14. 3.	30. 3.	– 4,0	Mittel
Euphorbia amygdaloides	4. 4.	8. 4.	– 8,5	– 7,0
Viola silvatica	22. 3.	8. 4.	– 8,5	
Lamium galeobdolon	22. 3.	8. 4.	– 8,0	
Vinca minor	4. 4.	8. 4.	– 6,0	
Potentilla sterilis	30. 4.	8. 4.	– 5,5	
Convallaria majalis	8. 4.	19. 4.	– 5,5	
Asperula odorata	8. 4.	19. 4.	– 5,0	
Polygonatum multiflorum	8. 4.	19. 4.	– 4,0	Mittel
Oxalis acetosella	8. 4.	19. 4.	– 3,5	– 4,7
Polygonatum verticillatum	18. 4.	19. 4.	– 3,5	
Stellaria holostea	15. 4.	27. 4.	– 6,5	
Polygonatum odoratum	5. 5.	5. 5.	– 4,5	
Digitalis purpurea	23. 4.	5. 5.	– 4,0	
Carex silvatica	27. 4.	11. 5.	– 5,0	Mittel
Sarothamnus scoparius	5. 5.	11. 5.	– 5,0	– 3,9
Hedera helix	5. 5.	11. 5.	– 1,5	
Erica tetralix	22. 5.	22. 5.	– 3,5	

Till weist jedoch auf Beziehungen zwischen der Frosthärte der unterirdischen Organe und dem Areal der betreffenden Arten hin. Ein gutes Beispiel dafür ist das verschiedene Verhalten der drei Arten der Gattung *Polygonatum*. „Von ihnen erreichte die kontinentale Art *Pol. odoratum* die größte Frosthärte. Weniger frosthart war, entsprechend ihrer Verbreitung

Pol. multiflorum und am frostempfindlichsten die montane Art *Pol. verticillatum,* die im Gebirge den Winter gewöhnlich unter einer Schneedecke gut gesichert vor Frösten überdauern kann.“

Tab. 88. *Winterliche maximale Frosthärte von unterirdischen Organen (Rhizome und Wurzeln) verschiedener Kräuter* (nach O. TILL 1956).

Kräuter (unterirdische Organe)	Bodentiefe cm	Maximale Frosthärte °C
Asarum europaeum	0 — 1	— 6,5
Asperula odorata	0 — 1	— 7,0
Oxalis acetosella	0 — 1	— 10,5
Digitalis purpurea	½ — 3	— 7,0
Anemone nemorosa	1 — 2	— 5,5
Ranunculus ficaria	1 — 2	— 8,5
Convallaria majalis	2 — 3	— 11,5
Anemone hepatica	2 — 3	— 7,5
Carex silvatica	2 — 3	— 6,5
Luzula pilosa	2 — 3	— 10,5
Mercurialis perennis	3 — 5	— 6,5
Polygonatum multiflorum	5 (4 — 7)	— 11,5
Lamium galeobdolon	5 (1 — 10)	— 8,5
Vinca minor	5 (1 — 10)	— 6,5
Polygonatum odoratum	10 — 20	— 13,5
Polygonatum verticillatum	10 — 20	— 7,5

Tab. 89. *Übersicht über die maximale winterliche Frosthärte von unter- und oberirdischen Organen der von Till (1956) untersuchten Pflanzen aus der Umgebung Göttingens (Mitteldeutschland).*

Untersuchte Organe	Maximale winterliche Frosthärte °C
Unterirdische Organe:	
Wurzeln, Rhizome, Knospen	— 6,0 bis — 13,5
Oberirdische Organe:	
Wintergrüne Blätter krautiger Pflanzen:	
3— 5 cm über der Laubstreu	— 11,5 bis — 14,5
5—10 cm über der Laubstreu	— 11,5 bis — 18,0
10—20 cm über der Laubstreu	— 13,0 bis — 20,0
Knospen krautiger Pflanzen:	
unter der Laubstreu	— 7,0 bis — 11,5
knapp über der Laubstreu	— 12,5 bis — 18,0
3—20 cm über der Laubstreu	— 15,0 bis — 19,5
Bäume und Sträucher:	
Erica tetralix, Blätter	— 20,0
Erica tetralix, Knospen	— 19,5
Taxus baccata, Blätter	— 35,0
Sommergrüne Laubbäume, Knospen	— 21,0 bis > — 40,0

Die winterliche Frosthärte der oberirdischen Organe von immergrünen krautigen Pflanzen oder von Bäumen und Sträuchern ist durchwegs höher als die der Wurzeln und Rhizome zum gleichen Zeitpunkt.

Tab. 89 gibt eine zusammenfassende Übersicht über die von TILL (1956) bestimmten Werte maximaler Frostresistenz, die die Beziehung zwischen Frosthärte der einzelnen Pflanzenorgane und ihrer Frostgefährdung am Standort deutlich erkennen läßt.

d) Änderungen der Kälteresistenz im natürlichen Entwicklungsablauf

α) Alter

Die Kälteresistenz von Keimlingen, Sprossen oder Blättern ändert sich fast stets mit dem Alter. Bei Winter- und Immergrünen sind die im Frühjahr austreibenden Blätter frostempfindlicher als die überwinterten (ULMER 1937,

Tab. 90. *Frosthärte verschieden alter Blätter im Juni* (nach O. TILL 1956).

Alter der Blätter	Frosthärte °C		
	Hedera helix	*Ilex aquifolium*	*Corylus avellana*
ganz jung	— 1,5	— 1,5	— 2,5
jung	— 3,5	— 1,5 bis — 3,5	
erwachsen	— 4,5	— 3,5	— 4,5
alt, überwintert	— 5,0	— 4,5	

PISEK und SCHIESSL 1947, LARCHER 1954). TILL (1956) verglich im Juni die Frosthärte verschieden alter Blätter von *Hedera helix, Ilex aquifolium* und *Corylus avellana.* Die Frosthärte nahm mit dem Alter der Blätter zu (Tab. 90).

LEVITT (1956) stellt in einer großen tabellarischen Übersicht Beobachtungen von mehr als 40 Autoren über die Frosthärte verschieden alter Pflanzenorgane zusammen. Daraus geht hervor, daß hinsichtlich der Unterschiede in der Kälteresistenz von alten und jungen Organen keine allgemein gültigen Aussagen gemacht werden können. Den Beobachtungen, daß ältere Gewebe eine größere Frosthärte besitzen als jüngere, stehen fast ebenso viele Angaben gegenüber, die die älteren Gewebe als die kälteresistenteren bezeichnen und es fehlen auch nicht Beispiele dafür, daß Blätter mittleren Alters eine größere Frostempfindlichkeit aufweisen als jüngere und ältere. Schließlich liegen auch Beobachtungen vor, daß die Verhältnisse für ein und dasselbe Objekt wechseln können.

Die bestehenden Unterschiede in der Frosthärte verschieden alter Blätter weisen nur auf das Vorhandensein verschiedener plasmatischer Zustände in den Zellen junger und alter Gewebe hin; wie diese aber sind und in welcher Richtung sie sich auswirken, scheint jedoch in den einzelnen Fällen von den gegebenen inneren und äußeren Faktoren (etwa Wassergehalt, Ernährung) abzuhängen.

LEVITT (1956) gibt ein Schema, das die Einordnung der verschiedenen gegensätzlichen Beobachtungen über die Frostresistenz verschieden alter Organe einigermaßen erlaubt (Abb. 76): Wenn auch trockene Samen tiefsten

Temperaturen schadlos ausgesetzt werden können, so besitzen sie keine wahre Frosthärte, da sie durch Einfrieren im gequollenen Zustand leicht getötet werden. Die Pflanze beginnt somit ihr Leben mit einem Minimum an Frosthärte. Durch die Mobilisierung der Reservestoffe steigt die Frosthärte an, kann aber bei Keimlingen aus nährstoffarmen Samen nach Verbrauch der Reserven wiederum absinken, bis sie nach Einsetzen der CO_2-Assimilation neuerlich ansteigt. Mit dem Übergang vom vegetativen in das reproduktive Entwicklungsstadium nimmt die Frostresistenz wieder ab.

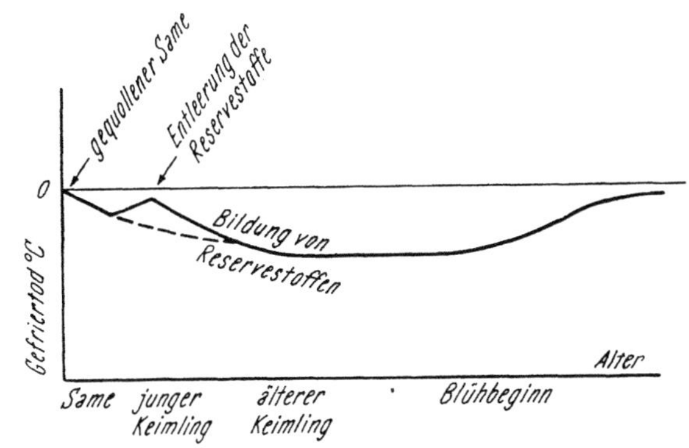

Abb. 76. Schematische Darstellung der Änderung der Frostresistenz mit dem Alter. (Nach J. Levitt 1956.)

β) *Jahreszeitliche Schwankungen der Kälteresistenz*

Unabhängig von dem wechselnden Verhältnis der Kälteresistenz gleichzeitig untersuchter alter und junger Blätter oder Sprosse läuft meist eine klare Abhängigkeit der Kälteresistenz von der J a h r e s z e i t. Fast durchwegs besitzen die Pflanzen im Winter eine wesentlich größere Kälteresistenz als im Sommer. Sogar kleine, unausdifferenzierte Blättchen des Herbsttriebes von *Olea europaea, Arbutus unedo, Viburnum tinus* und anderen mediterranen Pflanzen, die den Winter ohne Weiterentwicklung verbringen, erwerben eine Kälteresistenz, die jener der erwachsenen Blätter gleichkommt (Larcher 1954).

Untersuchungen über die A k k o m o d a t i o n s f ä h i g k e i t der Pflanzen an niedere Außentemperaturen gehen schon auf Göppert (1830) zurück, der für zahlreiche Pflanzen nachwies, daß mit der Gewöhnung an niedere Temperaturen die Kälteresistenz zu- bzw. durch Gewöhnung an Wärme abnimmt. So gingen einige wintergrüne Annuelle, wie *Senecio vulgaris, Poa annua, Funaria officinalis,* die im November und Dezember Temperaturen von —11° C aushielten, schon bei —9° C zugrunde, nachdem sie 15 Tage in einem Warmhaus gehalten worden waren. Rein (1908) zeigte das gleiche für einige Immergrüne (*Hedera, Rhododendron, Taxus, Ilex*), Apelt (1907) für Kartoffeln und Irmscher (1912) für einige Laubmoose.

Winkler (1913) stellte Kälteakkommodationsversuche mit Zweigen von Laubbäumen im Winterzustand und mit solchen einiger Immergrüner an, deren Frosthärte er im Jänner eines verhältnismäßig milden Winters in Mitteldeutschland, vom Standort eingebracht, mit —20° C bestimmt hatte. Bei —22° C waren alle Knospen bzw. Blätter dieser Versuchspflanzen erfroren. Zweige dieser Pflanzen hielt er nun 3 Tage bei —16° C, 2 Tage bei —18° C, 3 Tage bei —20° C, 2 Tage bei —22° C, 3 Tage bei —25° C und schließlich eine Gruppe auch noch 12 Stunden bei —30° C. Das in Tab. 91 dargestellte Ergebnis zeigt, daß mit Ausnahme von *Malus baccata* und *Ailanthus glandulosus* die winterlichen Sprosse aller untersuchten sommergrünen

Laubbäume nach dieser Vorbehandlung die Abkühlung auf — 30° C ohne Schaden ertrugen. Diese rasche Kälteadaption erscheint ökologisch bedeutungsvoll, da die meisten dieser Bäume weit nach Norden reichende Verbreitungsgrenzen haben, wo sie in kalten Wintern auch am natürlichen Standort Temperaturen ausgesetzt sein können, die weit unter die ursprünglich beobachtete Frosthärtegrenze von — 20° C herabgehen.

Tab. 91. *Akkomodation von Zweigen und Blättern an tiefere Temperaturen, als sie ihrer Frostresistenz am Standort entsprechen* (nach A. Winkler 1913).

Objekt	Lebenszustand der Knospen				
	Vom Standort (Jänner)		10 Tage Gewöhnung an tiefe Temperaturen		
	— 20°C	— 22°C	— 25°C	— 30°C	
Fagus silvatica	1	+	1	1	
Quercus pedunculata	1	+	1	1	
Corylus avellana	+	+	1	1	
Fraxinus excelsior	1	+	1	1	
Juglans regia	1	+	1	1	
Populus nigra	1	±	1	1	
Pirus communis	1	+	1	1	
Malus baccata	1	+	1	±	
Mespilus germanicus	1	±	1	1	
Prunus cerasus	1	+	1	1	
Platanus occidentalis	1	+	1	1	
Ailanthus glandulosa	1	+	1	±	
	Lebenszustand 1—2jähriger Blätter				Knospe
Taxus baccata	1	1	1	+	1
Torreya nucifera	1	1	1	+	1
Thuja occidentalis	1	1	1	+	1
Biota orientalis	1	+	+	+	+

Welche Rolle diese schnelle Akkommodation in der Natur spielt, belegt Winkler durch folgendes Beispiel: Ende Jänner des Untersuchungsjahres trat Tauwetter ein, mit Mittagswerten bis zu + 14° C. Zweige von *Hedera helix, Rhododendron hybridum, Buxus sempervirens* und *Alnus glutinosa*, die alle vorher eine Versuchstemperatur von — 20° C ertragen hatten, wurden nunmehr durch — 19° C getötet. Sieben Tage später, nachdem wieder 4 Tage starker Frost eingetreten war, hielten sie im Versuch wieder ohne Schaden — 20° C Kälte aus.

Winkler (1913) konnte auch Versuche von Göppert (1930), Apelt (1907) und Irmscher (1912) bestätigen, wonach die Kälte um so nachteiliger auf den pflanzlichen Organismus einwirkt, je öfter Kälte und Wärme in kurzen Zwischenräumen wechseln.

Auch dem entsprachen Beobachtungen in der Natur. Ältere Angaben von Oberdieck (1872), Hupfauf (1880) und Noll (1885) berichten, daß Frostschäden an Obst- und Zierbäumen in kalten Wintern besonders dann auftreten, wenn strenge Kälte mit Tauwetter wechselt. Fürst und Prantl (1880) sowie Müller-Thurgau (1886) wiesen besonders auf Frostschäden an der Südseite von Bäumen hin. Auch hier mag der schnelle Wechsel von Erwärmung und Frost auf eine Herabsetzung der Kälteresistenz gegenüber der Nordseite hingewirkt haben. Soweit allerdings solche Beobachtungen nicht durch Frosthärtebestimmungen gestützt sind, wird immer die Möglichkeit offen sein, daß beobachtete Winterschäden nicht oder nicht allein auf unmittelbare Kältewirkung (Erfrieren), sondern auch auf Frosttrocknis, verursacht durch starke Transpiration während des Tauwetters bei behinderter Wasseraufnahme aus dem gefrorenen Boden, zurückzuführen sind.

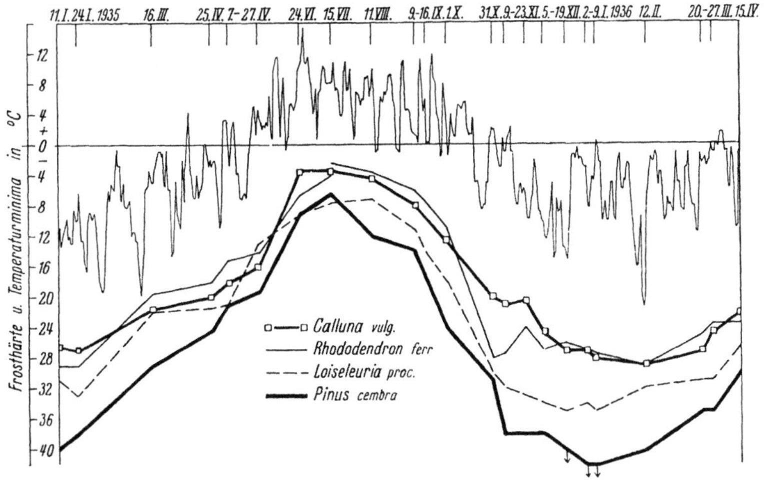

Abb. 77. Jahresgang der Frosthärte immergrüner alpiner Pflanzen *(Calluna vulg., Rhododendron ferr., Loiseleuria proc., Pinus cembra)* und tägliche Temperaturminima an ihrem Standort (Patscherkofel bei Innsbruck, 1960 m). (Nach W. Ulmer 1937.)

Winkler (1913) dehnte seine Frosthärteuntersuchungen aber auch auf den Sommer aus und beobachtete, daß Bäume, die ohne Ausnahme im Winter —20° C, und bei langsamer Gewöhnung sogar —30° C ertrugen, den Todespunkt der frisch angelegten Knospen und Blätter schon zwischen —3° und —5° C hatten. Auch die Widerstandsfähigkeit des Holzes sah er im Sommer auf —8° bis —10° C hinaufgerückt.

Vollständige Jahresgänge der Frosthärte, vor allem gemessen an immergrünen Arten der alpinen Stufe, stammen u. a. von Kessler (1935), Ulmer (1937), weitere von Pisek und Schiessl (1947), Parker (1957) und Tranquilini (1958). Verglichen mit dem Jahresgang der täglichen Temperaturminima, zeigen sie einen den Temperaturerfordernissen ihrer Standorte jederzeit voll entsprechenden Verlauf (Abb. 77).

Eine große Zahl von Alpenpflanzen, an denen von Ulmer (1937) die Frosthärte im Winter und Sommer nur stichprobenweise geprüft wurde, lassen einen ähnlichen Verlauf der Jahresgänge annehmen (Tab. 92).

Gleich große Resistenzschwankungen beobachtete Sakai (1955 b) an Rindenparenchymzellen des Maulbeerbaumes. Einer Frosthärte von —5° C im September stand eine solche von -35^0 C im Dezember bis Februar gegenüber.

Ein von Parker (1957) wiedergegebener Jahresgang der Frostresistenz von Zweigen, Blättern und Wurzeln von *Pinus ponderosa* zeigt für Zweige

Tab. 92. *Änderung der Frosthärte alpiner Pflanzen im Winter und Sommer* (nach W. Ulmer 1937).

Pflanze	Frosthärte °C Winter	Frosthärte °C Sommer
Globularia nudicaulis	— 19	— 4
Globularia cordifolia	— 19	— 4
Saxifraga aizoon	— 19	— 4
Saxifraga caesia	— 30	— 4
Homogyne alpina	— 18	— 4
Vaccinium vitis idaea	— 22	— 3
Erica carnea	— 19	— 3
Rhododendron hirsutum	— 29	— 5
Pinus mugo turra	— 41	— 6
Empetrum nigrum	— 30	— 6
Juniperus nana	— 36	— 6
Carex firma	— 30	— 6

Tab. 92 a. *Jahresschwankung der Kälteresistenz einiger mediterraner Pflanzen* (nach W. Larcher 1954).

Pflanze	Ausmaß der Jahresschwankung der Frosthärte °C
Trachycarpus fortunei	1,5
Chamaerops humilis	2
Nerium oleander	4
Arbutus unedo	5
Laurus nobilis	5
Olea europaea	5,5
Citrus trifoliata	6
Pinus pinea	6
Viburnum tinus	6—7
Quercus ilex	7
Cupressus sempervirens	8
Cedrus atlantica	9
Cedrus deodara	9

und Blätter ein Ansteigen der Frosthärte von September bis Dezember von -20^0 C auf -50^0 C, dann ein Gleichbleiben dieser großen Frostresistenz bis Ende März und hierauf wieder ein Absinken auf -20^0 C. Die Frostresistenz der Wurzeln (aus 20 cm Tiefe) reichte hingegen das ganze Jahr fast gleichmäßig nur bis -10^0 C.

Pisek und Schiessl (1947) verbanden die Bestimmung der Jahresgänge

Abb. 78. Jahresgänge der Frosthärte und deren Beeinflussungsmöglichkeit durch Abhärtung bzw. Verwöhnung. (Die in den Kurven angeführten Zahlen geben die zur Abhärtung bzw. Verwöhnung angewandten Temperaturen an. Die zusammengehörigen Werte sind durch Längslinien verbunden.) (Nach A. Pisek und R. Schiessl 1947.)

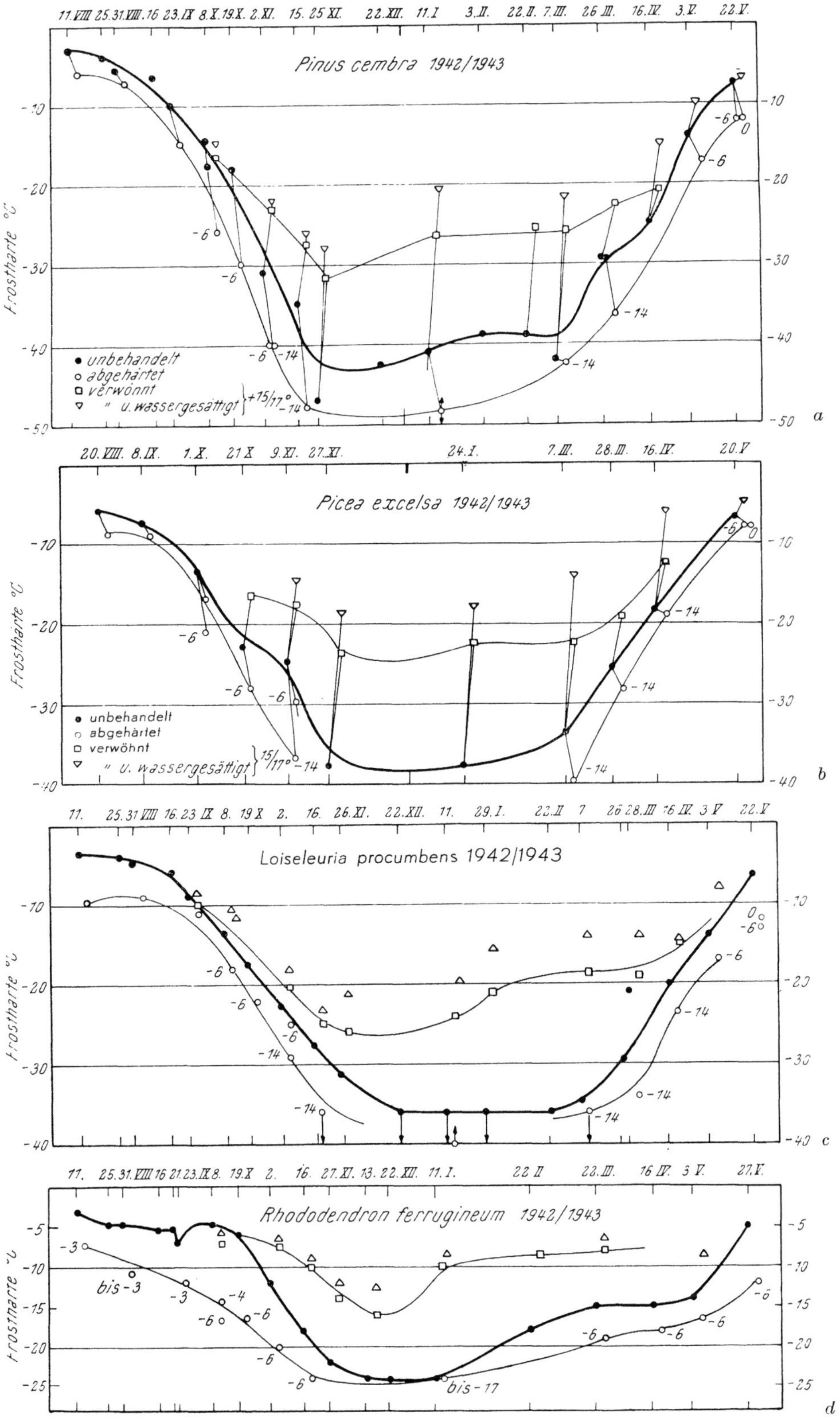
Pinus cembra 1942/1943
17. VIII 25. 31. VIII. 16 23. IX 8. X. 19. X. 2. XI. 15. 25 XI. 22. XII. 11. I 3. II. 22. II. 7. III. 26 III. 16. IV. 3. V. 22. V.
Frosthärte °C
• unbehandelt
○ abgehärtet
□ verwöhnt
▽ " u. wassergesättigt +15/17°
a
Picea excelsa 1942/1943
20. VIII. 8. IX. 1. X. 21 X 9. XI. 27. XI. 24. I. 7. III. 28. III. 16. IV. 20. V
Frosthärte °C
• unbehandelt
○ abgehärtet
□ verwöhnt
▽ " u. wassergesättigt 15/17°
b
Loiseleuria procumbens 1942/1943
17. 25. 31 VIII 16. 23 IX 8. 19 X 2. 16. 26. XI. 22. XII. 11. 29. I. 22. II 7 26 28. III 16 IV. 3 V 22. V
Frosthärte °C
c
Rhododendron ferrugineum 1942/1943
17. 25. 31. VIII 16 21. 23. IX 8. 19. X 2. 16. 27. XI. 13. 22. XII. 11. I. 22 II 22. III. 16 IV. 3 V. 27. V.
Frosthärte °C
bis -3
bis -17
d

der Frosthärte mit Versuchen über die Möglichkeit einer Verwöhnung bzw. einer Abhärtung zu den einzelnen Beobachtungsterminen. Zur Abhärtung wurden Sprosse vier Tage bei — 3°, — 6° oder — 14° C gehalten, zur Verwöhnung wurden sie ebensolang unter großen Glasstürzen oder im Thermostaten Temperaturen von + 15 bis 17° C bzw. 22° C ausgesetzt, wobei durch

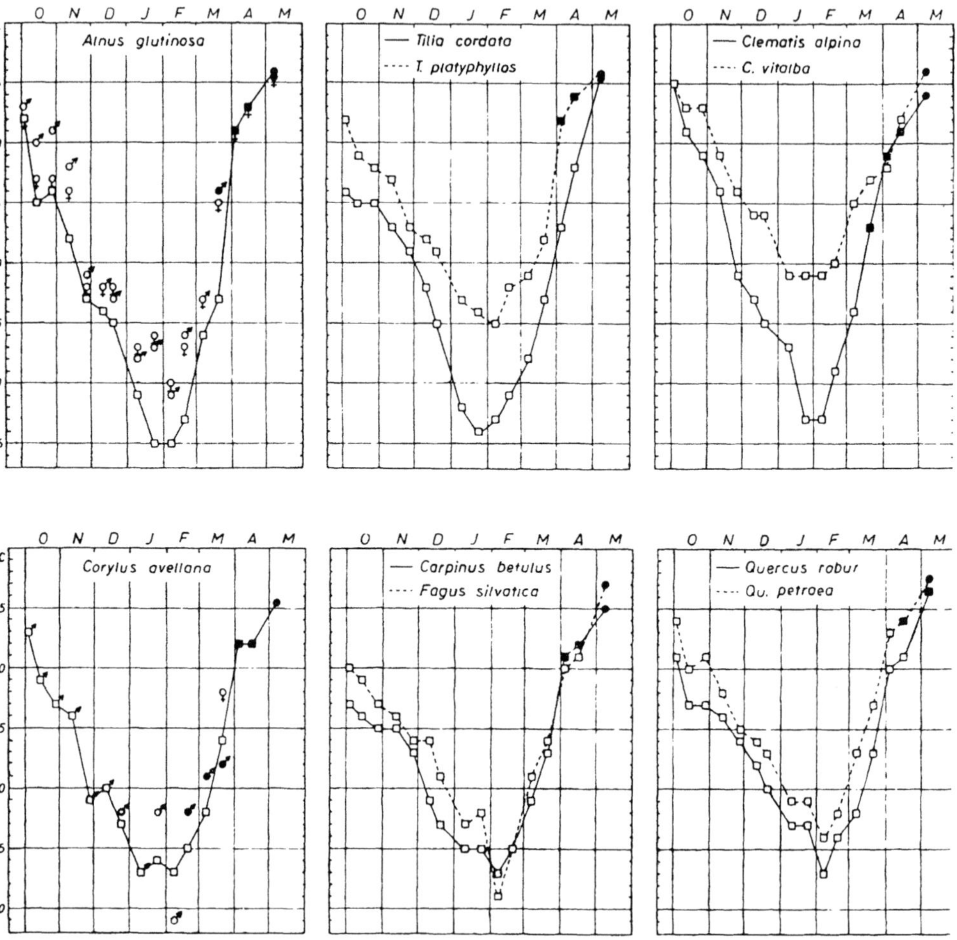

Abb. 79. Jahresgänge der Frosthärte bei verschiedenen sommergrünen Laubbäumen, Sträuchern und Lianen. (Nach O. Till 1956.)
Zeichenerklärung: □ Frosthärte der ruhenden Knospen; ■ Frosthärte der gestreckten (austreibenden) Knospen; ● Frosthärte der jungen Blätter; ○ Frosthärte der ausgewachsenen Blätter; ♂ bzw. ♀ Frosthärte der männlichen bzw. weiblichen Blütenstände (im Knospenzustand): ♂ bzw. ♀ Frosthärte der männlichen bzw. weiblichen Blütenstände während des Austreibens. Ordinate: Frosthärte in °C; Abszisse: Zeit (Monate).

feuchtes Filterpapier für eine entsprechende Luftfeuchtigkeit gesorgt wurde. Abb. 78 bringt für *Pinus cembra, Picea excelsa, Loiseleuria procumbens* und *Rhododendron ferrugineum* (Standort Patscherkofel bei Innsbruck) die Jahreskurven der normalen sowie der nach Härtung bzw. Verwöhnung eintretenden Frosthärte.

Die Versuche von Pisek und Schiessl zeigen, daß die Frosthärte während des Winters, wenn man Zweigproben bei 15⁰—17⁰ C oder noch etwas höheren Temperaturen hält, allgemein binnen 2—4 Tagen stark zurückgeht und daß 22⁰—26⁰ C schon in wenigen Stunden merkliche Resistenzeinbußen verursachen können, während Temperaturen wenig über 0⁰ C nur geringen Einfluß haben. Im Spätwinter reagieren die Pflanzen am stärksten auf Wärme. Andererseits kann man die Frostresistenz durch entsprechende Kältebehandlung vom Spätsommer ab, wenn die Blätter einigermaßen ausgereift sind, jederzeit binnen wenigen Tagen bis zu einem gewissen Grad steigern. Der Abhärtungserfolg ist im Spätsommer und Frühherbst am größten, im Hochwinter, selbst bei Anwendung starken Härtungsfrostes am geringsten. Dies deshalb, weil die Widerstandsfähigkeit gegen Frost bei jeder Art eine bestimmte Grenze hat, die schon unter den normalen Standortbedingungen mit Winterbeginn nahezu erreicht wird.

Die Tatsache jedoch, daß es auch durch langandauernde Abhärtung oder Verwöhnung nicht

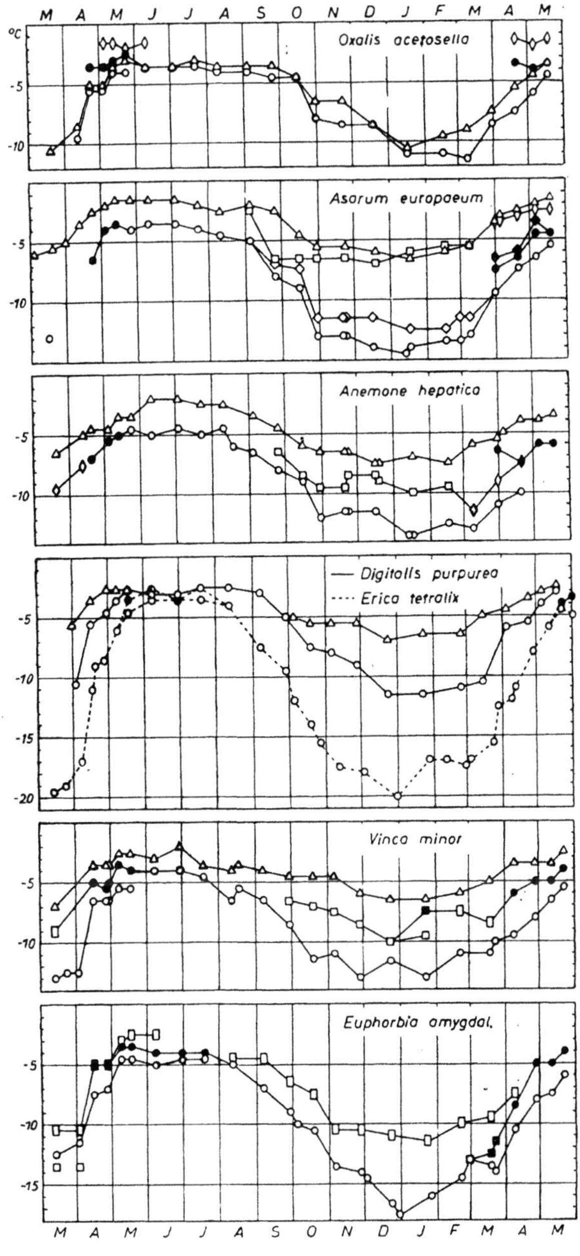

Abb. 80. Jahresgänge der Frosthärte wintergrüner Kräuter und des immergrünen Zwergstrauches *Erica tetralix*. (Nach O. Till 1956.)

Zeichenerklärung: ○ Frosthärte der ausgewachsenen bzw. überwinterten Blätter; ● Frosthärte der jungen, austreibenden Blätter; ◇ Frosthärte der Blattstiele der ausgewachsenen Blätter, ◆ Frosthärte der Blattstiele der jungen, austreibenden Blätter; [] Frosthärte der unteren Triebe *(Vinca minor* und *Euphorbia amygdaloides)*; △ Frosthärte der Rhizome bzw. Wurzeln; □ Frosthärte der Knospen.

gelingt, im Winter und Sommer annähernd gleiche Grade der Frosthärte zu erreichen, spricht eindeutig für das Vorhandensein auch eines inneren Rhythmus. Als Beweis dafür führt LARCHER (1954) die an mediterranen Pflanzen beobachtete Tatsache an, daß auch bei solchen, die unter wenig schwankenden Temperaturverhältnissen im Glashaus herangezogen werden, die Kälteresistenz im Winter ansteigt. „Aus der Beobachtung, daß sich einerseits winterlich frostharte Blätter und Sprosse von *Viburnum tinus, Arbutus unedo, Pinus pinea, Cupressus sempervirens, Quercus ilex* und *Laurus nobilis* nur in beschränktem Maße verwöhnen lassen und daß andrerseits die Kälteresistenz gleichmäßig warm gezogener Gewächshausexemplare gegen den Winter hin zunimmt, kann geschlossen werden, daß sich alle diese Arten zu einem gewissen Grad autonom, d. h. unabhängig von Umwelteinflüssen auf den Zustand der Winterruhe und damit der erhöhten Kälteresistenz umstellen" (LARCHER 1954).

Das Ausmaß der Jahresschwankung der Kälteresistenz ist bei den mediterranen Pflanzen, den ökologischen Erfordernissen entsprechend, nicht so groß wie bei den alpinen Pflanzen (s. Tab. 92 a). Auffallend sind *Trachycarpus fortunei* und *Chamaerops humilis*, denen praktisch jeder Rhythmus fehlt. Die Frosthärte von Gewächshausmaterial ist der von Freilandpflanzen im Winter gleich. Die Frosthärte der beiden Palmen scheint eine von äußeren Faktoren unbeeinflußbare Konstante zu sein.

Entsprechende Jahresschwankungen der Frosthärte, wie wir sie bisher bei immergrünen Pflanzen der alpinen Region und des Mittelmeergebietes kennengelernt haben, wurden von TILL (1956) auch für sommergrüne Bäume und Sträucher (Abb. 79) und für krautige Pflanzen (Abb. 80) festgestellt.

Die Jahresrhythmik der Frosthärte kann somit als eine wahrscheinlich allen Pflanzen der gemäßigten und kalten Zone in mehr oder weniger ausgeprägter Weise zukommende Eigenschaft bezeichnet werden. Die Tatsache der Abnahme der Jahresschwankung der Frosthärte bei mediterranen Pflanzen und die fast völlige Konstanz der Frosthärte bei den beiden Palmen *Trachycarpus* und *Chamaerops* läßt vermuten, daß in tropischen Gebieten mit annähernd gleichmäßiger Jahrestemperatur der Unterschied in der Kälteresistenz zwischen Winter und Sommer gleich Null sein wird. Diesbezügliche Untersuchungen stehen noch aus.

γ) Verschiedene Frostresistenz einzelner Gewebe

Aus der Praxis des Obstbaues war durch Beobachtungen von Baumschäden nach strengen Wintern schon lange bekannt, daß Rinde, Kambium und Holz desselben Zweiges zur selben Zeit verschieden kälteresistent sind (FUCHS 1936, KEMMER und SCHULZ 1955). CHANDLER (1913) fand bei Kälteresistenzversuchen an Zweigen im Zustand der Winterruhe das Holzparenchym der jüngsten Jahresringe am empfindlichsten, das Kambium am widerstandsfähigsten. OLDÉN (1955) beobachtete in Frostresistenzversuchen (im Winter) bei Pflaumenbäumen die stärksten Schäden im Holz, und zwar im Holzparenchym stärker als in den Markstrahlen, dann folgte die Rinde und am resistentesten war das Kambium. Auch KEMMER und SCHULZ (1955) sahen bei voller Winterruhe Holz und Mark frostanfälliger als die Rinde, besonders als die dem Kambium zunächst liegenden Rindenschichten und das Kambium. Ebenso findet Sakai (1956) die Rindenparenchymzellen von Weiden-, Pappel- und Maulbeerzweigen im winterharten Zustand frostresistenter (bis —96° C) als Knospen-, Xylem- und Perizykelgewebe.

Beobachtungen von Kälteschäden an Blättern zeigen gleichfalls, daß die Erfrierungen nicht plötzlich das ganze Organ treffen, sondern an kleinen, empfindlichen Stellen beginnen und allmählich auf die übrigen Gewebe übergreifen. Gicklhorn (1936) fand, daß an Blättern das Auftreten bestimm-

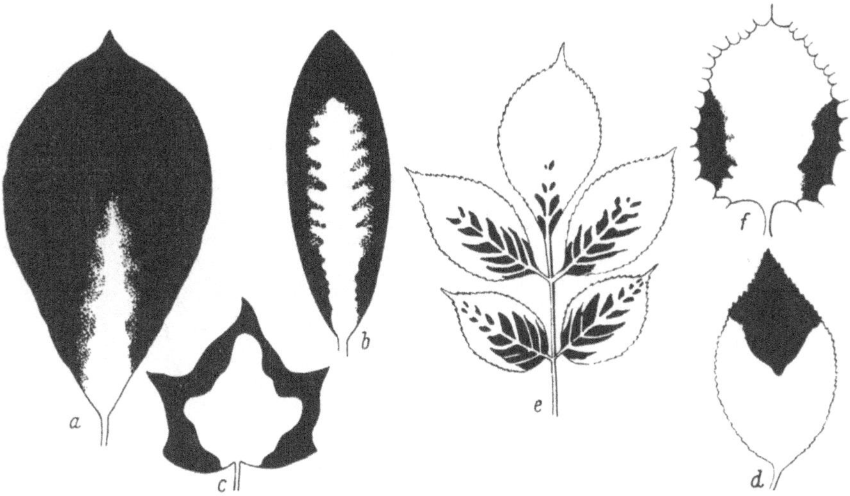

Abb. 81. Gradienten der Kälteschäden (bei — 2° bis — 6° C) an Blättern von *a Magnolia*, *b Rhododendron cunninghami*, *c Hedera helix*, *e Sambucus nigra* und *f Mahoberberis repens*. (Nach J. Gicklhorn 1936.)

ter Gradienten der Kälteempfindlichkeit eine sehr weit verbreitete Erscheinung ist (Abb. 81). Die Deutlichkeit ihrer Ausbildung erwies sich dabei als abhängig vom Alter der Blätter, von der einwirkenden Temperatur, der Geschwindigkeit der Temperatursenkung und der Dauer des Verbleibens der Blätter im Kühlraum.

Larcher (1954) unterscheidet hinsichtlich des Eintrittes der Frostschädigung zwei Typen von Blättern. Beim ersten, vertreten z. B. durch *Arbutus unedo,* erfriert zuerst die Blattnervatur und hebt sich im Durchlicht dunkel gegen die hell durchscheinende gesunde Blattspreite ab. Beim zweiten, repräsentiert durch *Laurus nobilis,* lebt die Blattnervatur am längsten und umgrenzt im Durchlicht hell die dunklen Flecke der toten Blattareale.

Diese beiden Typen der Frostschädigung entsprechen jenen, wie sie auch an Blättern von Pflanzen beschrieben wurden, die schon oberhalb des Gefrierpunktes den Kältetod sterben (s. S. 225).

Auch die Absterbefolge der einzelnen Organe von mediterranen Immergrünen ist im allgemeinen charakteristisch. Blüten, springende Knospen und im Wachstum stehende junge Blätter und Sprosse fallen als erste der Kälte zum Opfer, während das ausgereifte Laub meist bedeutend tiefere Tempe-

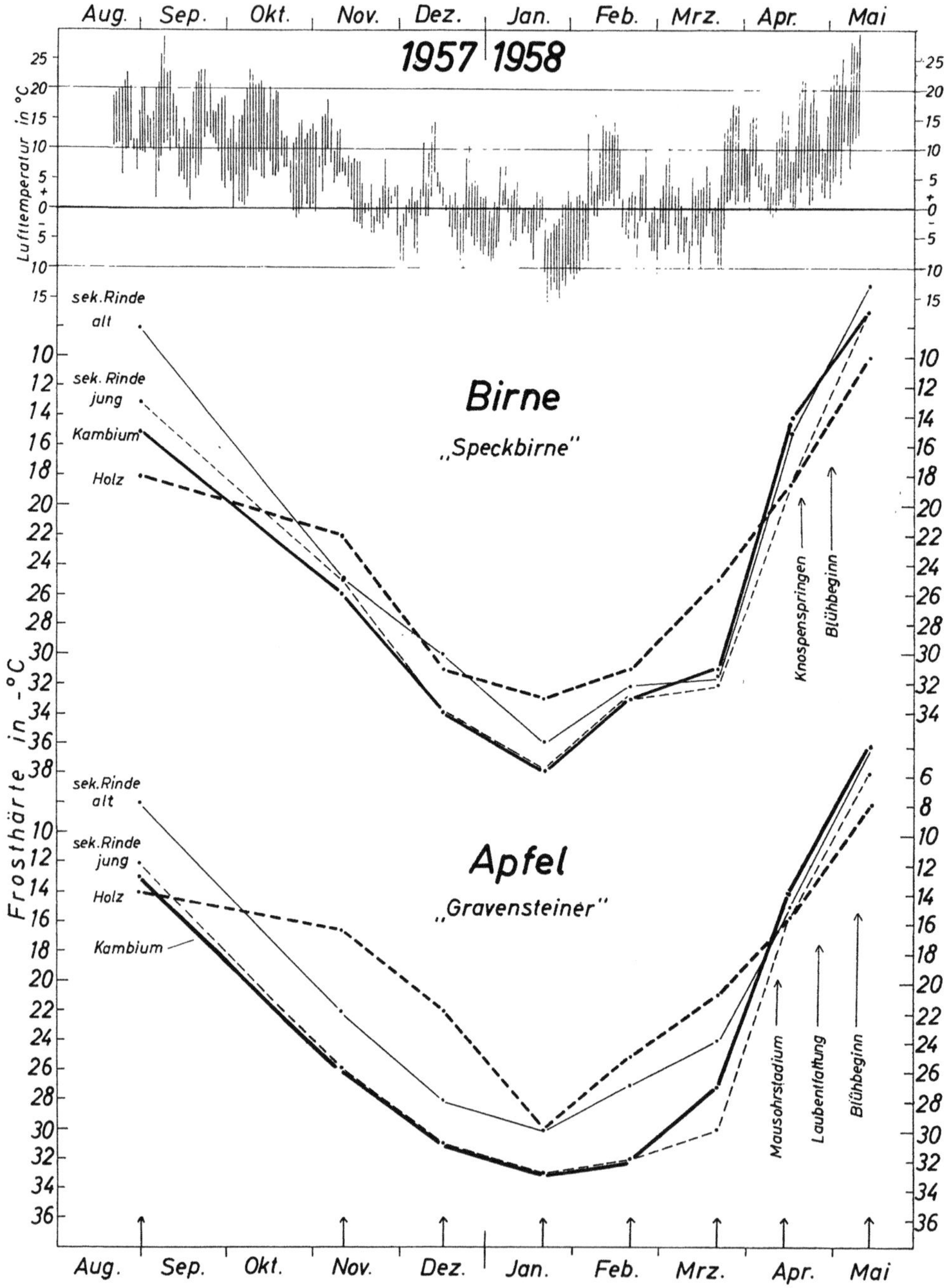

Abb. 82. Jahresgänge der Frosthärte verschiedener Gewebe in Zweigen von Birnbaum und Apfelbaum. (Nach W. Larcher und H. Eggarter 1960.)

Zeichenerklärung: ▬▬ Kambium, —— Holzkörper, - - - - jüngster Zuwachs an sekundärer Rinde, **- - - -** ältere sekundäre Rinde.

raturen erträgt (übereinstimmend mit LARCHER 1954 auch GOLA 1929, SCHIERELI 1950, GLONCHI und SABATIN 1952, OZEROV und CHIRYAYEWA 1952).

Vollständige Jahresgänge der Frostresistenz der einzelnen Achsengewebe zweier Obstbäume (Birne und Apfel) gaben in jüngster Zeit LARCHER und EGGARTER (1960). Ihre Befunde stimmen gut mit den oben angeführten winterlichen Einzelbeobachtungen überein. Es zeigt sich, daß alle Gewebe im Zweig eine Jahresschwankung ihrer Frosthärte zwischen maximaler Resistenz im Hochwinter und geringster zur Zeit der Blüte mitmachen (Abb. 82).

Tab. 93. *Frostempfindlichkeit der einzelnen Achsengewebe während der einzelnen Entwicklungsperioden* (nach W. LARCHER und H. EGGARTER 1960).

Entwicklungsperiode	Frostempfindlichstes Achsengewebe	Frostresistentestes Achsengewebe
Winterruhe	Mark, Holzkörper	Kambium, letztjähriger Zuwachs an sekundärer Rinde
Frühjahrsaustrieb	Kambium	Holzkörper
Nach Triebabschluß	Rinde (besonders primäre und ältere sekundäre Rinde)	Holzkörper

Den relativ flachsten Jahresgang der Frosthärte weisen Markstrahl- und Holzparenchymzellen auf. Der Holzkörper erleidet infolgedessen im Hochwinter von allen Teilen des Zweiges am leichtesten Frostschäden. Das Kambium und der jüngste Zuwachs an sekundärer Rinde sind während der Winterruhe die resistentesten Achsengewebe, die ältere sekundäre Rinde und das primäre Rindenparenchym nehmen in ihrer Winterfrosthärte eine Mittelstellung zwischen Kambium und Holz ein. Im zeitigen Frühjahr sinkt die Frosthärte des Kambiums am raschesten, steigt aber nach Abschluß des Frühjahrsaustriebes wieder etwas an. Jetzt wird die Rinde zum frostgefährdetsten Teil des Zweiges. Zur Zeit der Blüte ist das Kambium das frostempfindlichste, der Holzkörper aber das frostresistenteste Gewebe (Tab. 93).

Da nach Frost auftretende natürliche Bräunungen der Gewebe kein zuverlässiges Anzeichen einer Frostschädigung sind (FUCHS 1936, FUCHS und HILKENBÄUMER 1940), legten LARCHER und EGGARTER (1960) zur Feststellung der Frostschäden in den einzelnen Geweben 1,5—2 cm lange Zweigproben mit schrägem Anschnitt in auf pH 7,2 gepufferte Lösungen von 2,3,5-Triphenyltetrazoliumchlorid (TTC = „Tetrazol“ Bayer). Die Fläschchen waren bis zum Rand gefüllt und wurden im Brutschrank bei 30° C 12 Stunden dunkel aufgestellt. Lebende Zellen reduzieren das farblose TTC zu unlöslichem rotem Triphenylformazan und speichern es, tote Zellen bleiben ungefärbt. Im Zug der Untersuchungen erwiesen sich schwarz- und rotbraune Verfärbungen nur im Rindengewebe, in den Markstrahlen und im Markparenchym als zuverlässige Schadensanzeichen, wogegen braun verfärbtes Kambium und Holz nicht immer erfroren, unverfärbtes Kambium nicht immer gesund war.

Als Maß der Frosthärte eines Gewebes wird mit Pisek (1958) „das Mittel zwischen der niedersten Temperaturstufe absteigender Folge, nach deren Einwirkung noch alles gesund geblieben war und der höchsten Temperaturstufe derselben Serie, als deren Folge erste Schäden auftraten", genommen.

Sakai (1955 a) bringt zum Nachweis von Kambialfrostschäden die zuerst bei verschiedenen Kältegraden eingefrorenen Zweigstücke unter günstige Kulturbedingungen und beobachtet das Kalluswachstum an den Schnittflächen. Mit zunehmender Frostschädigung nimmt die Menge des entstehenden Kallus ab.

Auf die meist wesentlich höhere Kälteresistenz der Schließzellen gegenüber jener der übrigen Epidermiszellen (z. B. bei *Nicotiana tabacum, Primula sinensis, Campanula pyramidalis*) hat schon Molisch (1897) hingewiesen und die häufig beobachtete größere Kälteresistenz der plasmareichen embryonalen Zellen meristematischer Gewebe wurde schon erwähnt.

Auch an Wurzeln von Roggen, Weizen, Erbsen, Mais und Buchweizen wurde beobachtet, daß die Meristeme am resistentesten sind, während die Wurzelrinde und die Wurzelhaare die geringste Kälteresistenz besitzen. Der Zentralzylinder nimmt eine Mittelstellung ein (Zacharowa 1926).

II. Wirkung niederer Temperaturen auf Zellsaft und Protoplasma

Der unterschiedliche Grad der Frosthärte bei verschiedenen Pflanzen in verschiedenen Entwicklungsstadien oder zu verschiedenen Jahreszeiten legte es frühzeitig nahe, zu diesen Zeitpunkten bestimmte physiko-chemische Zustände der Pflanzenzelle zu untersuchen, um unter Umständen aus einem Gleichlauf der Veränderungen dieser mit jener der Frosthärte auf ursächliche Zusammenhänge schließen zu können. Solche Beobachtungen könnten bis zu einem gewissen Grad geeignet sein, die Angriffspunkte der Kältewirkung und damit auch die Ursachen des Kältetodes aufzuzeigen. Es muß jedoch dabei sorgfältig darauf Bedacht genommen werden, Begleiterscheinungen der Kälteresistenz nicht mit deren Ursache zu verwechseln. Um diese Beobachtungen von den theoretischen Überlegungen über den Kältetod auseinanderzuhalten, sollen im folgenden die Wirkungen niederer Temperaturen auf Zellsaft und Protoplasma getrennt von der Besprechung der Ursachen des Kältetodes behandelt werden.

1. Zellsaft

a) Jahreszeitlich bedingte Stärke-Zucker-Umwandlungen

Die sich in den Plastiden und damit im Plasma abspielenden Stärke-Zucker-Umwandlungen sollen im Zusammenhang mit dem Zellsaft besprochen werden, da sie sich ja auch besonders stark auf die Zusammensetzung des Zellsaftes auswirken.

Zu den ältesten Beobachtungen betreffend Änderungen des Chemismus in der Pflanzenzelle durch Kälte zählt die von Müller-Thurgau (1882) über die Umwandlung von Stärke in Zucker bei niederer Temperatur. Er erbrachte den Nachweis, daß das Süßwerden „gefrorener Kartoffeln" keineswegs eine letale Erscheinung ist, sondern einen durch die niedere Temperatur von der Pflanze regulatorisch geleiteten Stoffwechselprozeß darstellt, durch den die Stärke in Zucker verwandelt wird, aus dem sich bei höherer Temperatur wieder Stärke regenerieren kann. Diese Zuckeranhäufung bei Kälte wurde von dem gleichen Autor auch noch bei einigen anderen Pflanzen (Keimpflanzen von Hanf, Rübenblättern, Kohlrabiknollen) festgestellt.

Im selben Jahr berichtete auch Russow (1882) über das Schwinden der Stärke bei Kälte und ihr Wiederauftreten bei Wärme in der Rinde einheimischer Holzgewächse. Diese Untersuchungen an Bäumen wurden von A. Fischer (1891) erweitert und vertieft. Fischer unterscheidet Fettbäume und Stärkebäume. Bei den Fettbäumen, zu denen besonders weichholzige Bäume wie *Tilia, Betula* und die Koniferen zählen, wandelt sich im Herbst die gesamte Stärke in Mark, Holz und Rinde vorzugsweise in fette Öle um, während bei den hartholzigen Stärkebäumen, wie *Acer, Sorbus, Fraxinus* und *Quercus,* im Herbst im wesentlichen nur die Stärke in der Rinde von der Umwandlung betroffen wird und sich zu Zucker wandelt, während die Reservestärke im Holz und Mark während des Winters annähernd unverändert erhalten bleibt. Im Frühjahr erscheint in beiden Fällen die verschwunden gewesene Stärke wieder.

Im Versuch läßt sich auch im Winter durch Erwärmung die Stärke regenerieren. In stärkefreien Gewebeschnitten erscheint sie bei 20° C schon nach 2 Stunden. Bei Fettbäumen erfolgt die Regeneration der Stärke an der Markgrenze, in Holz und Rinde, bei Stärkebäumen natürlich nur in der von der Stärkeumwandlung betroffenen Rinde.

Fischer weist jedoch weiters darauf hin, daß die Stärkeauflösung im Herbst und die Regeneration im Frühjahr am natürlichen Standort nicht allein von der Temperatur abhängig sind, sondern auch auf einer erblichen Periodizität gewisser Plasmaeigenschaften beruhen.

Das winterliche Stärkeminimum in Holzgewächsen wurde zunächst von Niklewski (1906) und späterhin von vielen Autoren beschrieben und bestätigt. Levitt (1956) führt gegen 40 diesbezügliche Literaturstellen an. Besonders erwähnt sei Sinnot (1918), der diese Erscheinung in 300 verschiedenen Baumarten feststellte. Sinnot (1918) und in jüngster Zeit Parker (1959 b) beobachteten, daß die Wurzeln von Laub- und Nadelbäumen auch im Winter ihren Stärkereichtum beibehalten, doch enthalten freiliegende Wurzeln weniger Stärke als die unterirdischen (Weber 1909). Tab. 94 gibt eine Übersicht über die jahreszeitliche Verteilung der Stärke in Geweben von Ästen, Stämmen, Blättern und Wurzeln einer erwachsenen *Pinus strobus* (Parker 1959 b).

In verschiedenen wintergrünen Pflanzen, darunter auch in Moosen, sah Lidforss (1896) als erster im Winter das Verschwinden von Stärke und das Auftreten reduzierender Zuckerarten. 1907 dehnte er seine Untersuchungen auf 130 Gefäßpflanzen aus etwa 40 verschiedenen Familien aus und kommt zu dem allgemeinen Schluß, daß die Blätter der wintergrünen Pflanzen im Winter —wenigstens in Skandinavien und Norddeutschland — vollkommen stärkefrei sind und fast immer erhebliche, oft auffallend große Mengen reduzierender Zuckerarten enthalten. Dies gilt für

Tab. 94. *Jahreszeitliches Auftreten von Stärke in den einzelnen Organen von Pinus strobus* (nach J. Parker 1959 b). Die Zahl der Plus-Zeichen gibt die relative Menge der Stärke an.

Gewebe	Mai 20.	Juni 25.	Juli 20.	Aug. 6.	Sept. 17.	Okt. 15.	Okt. 21.	Nov. 11.	Dez. 5.	Jan. 7.	Feb. 26.	März 8.	April 9.	Mai 14.
Zweige														
Xylemmarkstrahlen	++			0	0	+	0	0	0	0	0	0	+	+
Mark						0			0	0			+	++
Phloemmarkstrahlen			++	0		++	++	++	0	+	0	0	+	++
Bastparenchym	+++	++	++	0	0	+	+	+	0	0	0	0	+	+++
Rinde	+++	++		0	0	+	+	++	0	0	0	0	+	+++
Stamm														
Xylemmarkstrahlen	++		+			0		+	0	0			+	0
Phloemmarkstrahlen	+++	++	+	+	++	++	++	++	++	+	+	+	++	++
Bastparenchym	+++	+	0	0	++	++	++	++	0	+	0	+	++	+
Holzparenchym				++		++	++	++						++
Blatt														
Endodermis	+++		0	+	+	+	0	+	0	0	0	0	+	+++
Chlorenchym	+++	++	+	0	0	+	+	+	0	0	0	0	+	+
Hypodermis	+++		++	+	0	+			0	0	0	0	+	+
Wurzel														
Xylemmarkstrahlen	+++		0	0	++	+++		+++	+++	+	+++	+++	++	++
Phloemmarkstrahlen	+++		+	0	++	+++		+++	+++	+	+++	++	++	++
Bastparenchym				+	++	+++		+++	+++	++	++	++	++	+
Holzparenchym	+++		+	0	+	+++		+++	+++	+++	++	++	+	++
Rinde	+++			+	++	+++		+++	+++	++	++	++	++	+

alle morphologisch wie biologisch überaus verschiedenen Elemente der wintergrünen Flora, für xerophile Fettkräuter (wie *Sempervivum*), dünnblättrige Waldpflanzen (wie *Galeobdolon*), dickhäutige Sklerophylle (wie *Ilex*) oder zarte Frühlingskräuter (wie *Holosteum*).

Das für die Stärkeregeneration im Frühjahr nötige Temperaturminimum liegt für verschiedene Pflanzen verschieden hoch, bei *Holosteum umbellatum* z. B. schon bei Temperaturen unter $+5^0$ C. Beim Sinken der Temperatur wird die Stärke wieder aufgelöst. Allgemein tritt die Stärkeregeneration aber erst im Frühling ein, wenn der Boden aufgetaut ist und die Blätter ihre Transpirations- und Assimilationstätigkeit wieder aufnehmen. „Doch läßt sich in vielen Fällen durch Versuche im Dunkeln eine aus präformierten Kohlehydraten stattfindende Stärkeregeneration exakt nachweisen" (LIDFORSS 1907).

Das plötzliche Auftreten von Stärke im Frühjahr wurde erstmals von FAMINTZIN und BORODIN (1867) beobachtet: „Bei der Birke wird im Frühjahr, sowohl in den Kätzchen als in den dünneren Zweigen, Stärke transitorisch gebildet und zwar unmittelbar aus dem Inhalt der sie führenden Zellen."

Vergleichende Untersuchungen von LIDFORSS (1907) in Oberitalien (Padua) zeigten, daß auch die Pflanzen im milden Klima der Mittelmeerregion im Winter gleichartige stoffliche Umwandlungen mitmachen. Blätter von *Magnolia grandiflora, Erybothrya japonica, Passiflora coerulea, Laurus nobilis* u. a. waren anfangs Jänner vollkommen stärkefrei und sehr zuckerreich. Die Stärkeregeneration begann in dem Untersuchungswinter in Padua schon Mitte Jänner, als die Temperatur einige Tage ungefähr die gleiche Höhe erreicht hatte wie in Südschweden im April. „Schon mehrere Tage früher, als noch die Blätter der übrigen Pflanzen im Freien stärkeleer waren, hatte ein im botanischen Garten kultivierter *Juniperus communis* die Stärke so ausgiebig regeneriert, daß das Mesophyll förmlich davon strotzte. Offenbar machte sich der nordische Charakter des *Juniperus* auch in diesem niedrigen Minimum für die Stärkeregeneration geltend."

Entsprechende Beobachtungen liegen für die wintergrüne Flora Japans (MIYAKE 1900, 1902) vor. Im nördlichen Japan verlieren die Blätter der wintergrünen Arten fast durchwegs die im Chlorophyllparenchym und in den Schließzellen vorhandene Stärke. Im mittleren und südlichen Japan, wo das Klima subtropisch ist, behalten hingegen viele immergrüne Gewächse auch während der kältesten Jahreszeit Stärke in den Chloroplasten.

Bei den wintergrünen Wasserpflanzen unterscheidet LIDFORSS (1907) zwei Gruppen: 1. konstant submerse, zu denen *Helodea, Ceratophyllum, Stratiotes* und *Chara* gehören, die das ganze Jahr unter Wasser bleiben und im Boden der Teiche in einer Tiefe überwintern, in der Wasser normal nicht gefriert. Bei allen diesen Pflanzen wird die in Blättern und Sprossen aufgespeicherte Stärke nicht aufgelöst, und 2. amphibische Pflanzen, die im Frühjahr Luftsprosse entwickeln, wie *Ranunculus lingua, Mentha aquatica, Sium, Veronica beccabunga, Menyanthes, Calla* usw., die sich im Winter auch unter Wasser wie typische Landpflanzen verhalten, indem sie bei andauernder Kälte ihre Blattstärke vollkommen in Zucker umwandeln. Die erste Gruppe erweist sich im Versuch als nicht oder nur wenig gefrierresistent (vgl. S. 214), Vertreter der zweiten ertragen ein dreistündiges Einfrieren bei — 7° C ohne Schädigung.

Experimentell konnte Sakai (1959 a, 1960 a) durch allmähliche Austrocknung (12% vom Frischgewicht) von Maulbeerzweigen bei Zimmertemperatur (15—20° C) während 2—3 Tagen die Stärke in den Rindenparenchymzellen weitgehend zum Schwinden bringen. Gleichzeitig stieg die Zuckerkonzentration und die Frosthärte dieser Zellen an.

b) Temperatur und osmotischer Wert

Durch die im Herbst vor sich gehende Überführung von Stärke in Zucker wird der Zellsaft um erhebliche Mengen osmotisch wirksamer Substanz bereichert. In Blättchen des Laubmooses *Mnium cuspidatum* hat Copeland

Tab. 95. *Änderung des osmotischen Wertes von Herbst bis Frühjahr bei einigen Wintergrünen* (nach B. Lidforss 1907).

Epidermis	Osm. Wert in % KNO_3			
	Sept.	Nov.	Jan.	Apr.
Saxifraga cordifolia	2,5	—	5	2,5
Sedum rupestre	2	3	3—3,5	—
Sempervivum requiemi	2	3,5	3,5	2,5
Iberis sempervirens	3,5—4	5	7	4—4,5
Helleborus antiquorum	4,5	5,5—6	7	5,5—6
Hedera helix	—	—	10	8

schon 1896 ein Ansteigen des osmotischen Wertes beschrieben, wenn er das Moos aus dem Treibhaus (18—20° C) in einen Kaltraum (2° C) brachte und ein neuerliches Absinken, wenn es in das Warmhaus rückübertragen wurde. Irmscher (1912) hat diese Beobachtung in ähnlichen Versuchen an einer Anzahl, wenn auch nicht an allen geprüften Laubmoosarten bestätigen können.

Über jahreszeitliche Schwankungen des osmotischen Wertes wurde bereits im Kapitel „Wasser" berichtet (S. 118). Die dort angeführten Tabellen zeigen, daß Desmidiaceen (Krebs 1951), wie auch *Lemna minor* (Pirson und Göllner 1953), wesentlich geringere jahreszeitliche Schwankungen aufweisen, als etwa Lebermoose (Will-Richter 1949) oder die verschiedensten landbewohnenden Blütenpflanzen.

Lidforss (1907) bestimmte als einer der ersten während der entscheidenden Monate September bis April an wintergrünen Pflanzen aus dem Freiland mit grenzplasmolytischer Methode die osmotischen Werte ihrer Epidermiszellen (Tab. 95). Die osmotischen Werte stiegen in allen Fällen im Winter beträchtlich an.

Untersuchungen der folgenden Jahre brachten zahlreiche weitere Belege für die Temperaturabhängigkeit des osmotischen Wertes (Winkler 1913, Ursprung und Blum 1916 a, b, Bächer 1920). Komplette Jahresgänge ergänzten schließlich die aus verschiedenen Jahreszeiten vorliegenden Einzelbeobachtungen (KESSLER 1935 u. a.). Abb. 83 bringt als Beispiel Jahreskurven der in den Rindenparenchymzellen einer Anzahl von Laubbäumen mit plasmolytischer Methode von LEVITT und SCARTH (1936) gemessenen osmotischen Werte.

Wie Untersuchungen von KRISAI-KNYRIM (1960) zeigten, erfahren auch frostertragende Hutpilze unter dem Einfluß der Kälte eine Erhöhung ihres osmotischen Wertes. Der osmotische Wert wurde an 40—60 μ dicken Schnitten des Plectenchyms des Strunkes der Pilzfruchtkörper plasmolytisch in Traubenzuckerlösungen bestimmt. Die osmotischen Werte von Pilzen mittleren Alters schwankten vor der Frosteinwirkung zwischen 0,36 und 0,63 mol Traubenzucker. Bodenbewohnende Arten hatten zumeist einen niedrigeren osmotischen Wert, Holzbewohner einen hohen. Bei jungen Pilzen lag der osmotische Wert zu 70% um 0,6 mol Traubenzucker. Alte Pilze zeigten durchwegs ein Absinken auf einen Durchschnittswert von 0,48 mol Traubenzucker.

„Durch Frostwirkung wurde der osmotische Wert des Pilzzellsaftes bedeutend erhöht. Leichter Frost (etwa bis —3° C) brachte Werte von 0,55 bis 0,75 mol Traubenzucker, scharfer Frost (unter —3° C) von 0,65 bis 1,1 mol Traubenzucker" (Tab. 96).

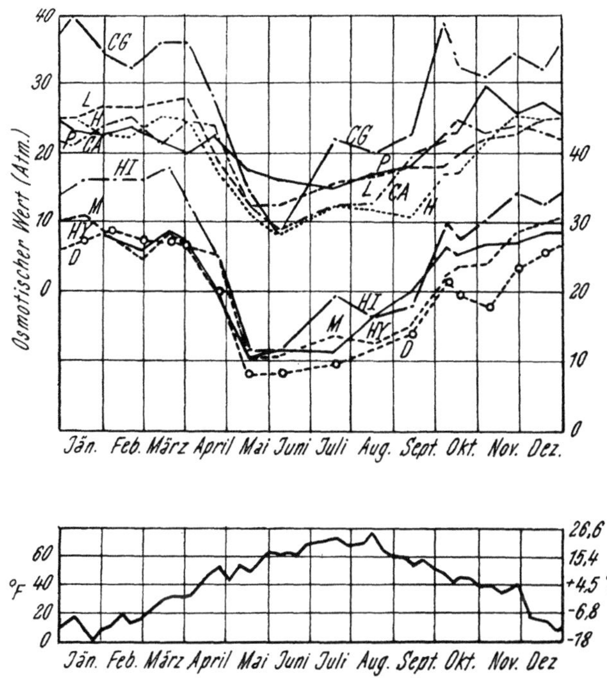

Abb. 83. Jahresverlauf des osmotischen Wertes in den Rindenparenchymzellen verschiedener Baumarten im Vergleich zu den wöchentlichen Temperaturmitteln des Jahres. Obere Kurven: *CG* = *Caragana arborescens*, *L* = *Liriodendron tulipifera*, *CA* = *Catalpa hybrida*, *H* = *Hydrangea paniculata*, *P* = *Picea pungens*. Untere Kurve: Apfelvarietäten. *HI* = *Hibernal* und *HY* = *Hyslop* (winterhart), *M* = *Milwaukee* und *D* = *Delicious* (weniger hart). (Nach J. LEVITT 1956.)

Eine Änderung der Zellsaftkonzentration kann zustande kommen durch eine Änderung des Wassergehaltes, wie sie vor allem Ursache für sommerliche Tagesschwankungen des osmotischen Wertes ist (vgl. S. 128), oder aber durch eine mengenmäßige Änderung der gelösten Substanzen. Schon die Beobachtung der Umwandlung von Stärke in Zucker während der kalten Wintermonate weist auf eine Vermehrung osmotisch wirksamer Stoffe hin, und zellsaftchemische Untersuchungen haben eine gute mengenmäßige Übereinstimmung zwischen Vermehrung des löslichen Zuckers und winterlichem Anstieg des osmotischen Wertes ergeben.

Für eine Beurteilung der stofflichen Bedingungen des winterlichen Anstieges des osmotischen Wertes sind bei kryoskopischer Bestimmung des osmotischen Wertes von Preßsäften neben der Zuckeranalyse auch Bestimmungen des Wassergehaltes notwendig. Erst dessen Kenntnis erlaubt die Umrechnung auf den Zuckergehalt des Zellsaftes. Erste derartige Untersuchungen wurden von Maximow und Krasnossjelskaja-Maximova (1917) an verschiedenen Pflanzen, wenn auch nur mit je einer Winter- und einer Sommeranalyse, angestellt. Die Ergebnisse sprachen dafür, daß tatsächlich der Zunahme an löslichen Zuckern die wesentliche Rolle bei der Erhöhung des osmotischen Wertes im Winter zukommt.

Tab. 96. *Osmotischer Wert einiger Pilzfruchtkörper vor Frost und nach Frosteinwirkung* (nach D. Krisai-Knyrim 1960).

Pilz, Alter	Vor Frost		Schwacher Frost bis − 3°C		starker Frost unter − 3°C	
	Datum	mol TRZ	Datum	mol TRZ	Datum	mol TRZ
Clitocybe geotropa, mittel	10. 10.	0,54	14. 11.	0,7	—	—
Clitocybe geotropa, alt	10. 10.	0,4	14. 11.	0,81	—	—
Hygrophorus leucophaeus mittel	14. 10.	0,6	—	—	28. 11.	0,88
Limacium eburneum, mittel	—	—	8. 11.	0,56	29. 11.	1,1
Tricholoma nudum, mittel	25. 10.	0,5	—	—	19. 11.	0,74

Die „aktive" Erhöhung des osmotischen Wertes im Winter (im Gegensatz zur „passiven" durch Wasserverlust) wurde später für holzige alpine Pflanzen von Pisek und Cartellieri (1933), Michaelis (1934 a, b), Pisek, Sohm und Cartellieri (1935) durch gleichzeitige Wassergehaltsbestimmungen bestätigt und u. a. von Steiner (1933) für *Pinus silvestris, Ilex* und *Hedera*, von Ulmer (1937) für *Pinus cembra, Picea excelsa, Rhododendron ferrugineum, Calluna vulgaris, Arctostaphylos uva ursi, Loiseleuria procumbens* und weitere immergrüne Arten der alpinen Stufe vom natürlichen Standort, sowie von Pisek (1950) für *Rhododendron ferrugineum, Pinus cembra* und *Picea excelsa* durch geschlossene Jahresgänge des Zellsaftanteiles an reduzierenden, nicht reduzierenden und Gesamtzuckern, verbunden mit Wassergehaltsbestimmungen, einwandfrei belegt. Änderungen im Gehalt an osmotisch wirksamen Substanzen verraten sich durch auffallendes Steigen bzw. Sinken des Produktes Osmotischer Wert × Wassergehalt.

Aus allen diesen Untersuchungen geht hervor, daß das Ansteigen des osmotischen Wertes während Kälteperioden im wesentlichen auf eine Vermehrung osmotisch wirksamer Substanz im Zellsaft und diese wieder vor allem auf Neubildung von reduzierendem Zucker zurückzuführen ist. Die Änderungen des Wassergehaltes haben, verglichen mit den Zuckerschwankungen, im allgemeinen nur untergeordnete Bedeutung für das Zustandekommen der jahreszeitlichen Schwankungen des osmotischen Wertes (Abb. 84).

Allerdings kann, besonders an der oberen Verbreitungsgrenze der Bäume oder in extremen Kälteperioden, der osmotische Wert infolge Frosttrocknis auch noch durch Wasserdefizite weiter ansteigen (GOLDSMITH und SMITH 1926, WALTER 1929 a, b, STEINER 1933, zusammenfassende Darstellungen: WALTER 1931, STEINER 1939).

Am Aufbau des im Winter erhöhten osmotischen Wertes können verschiedene Zuckerarten Anteil haben. PARKER (1958 a) konnte in den Rindenparenchymzellen von acht Laubbäumen mit chromatographischer Methode im Winter nicht nur ein Ansteigen von Saccharose, Glukose und Fruktose, sondern auch beträchtliche Mengen der im Sommer kaum nachweisbaren

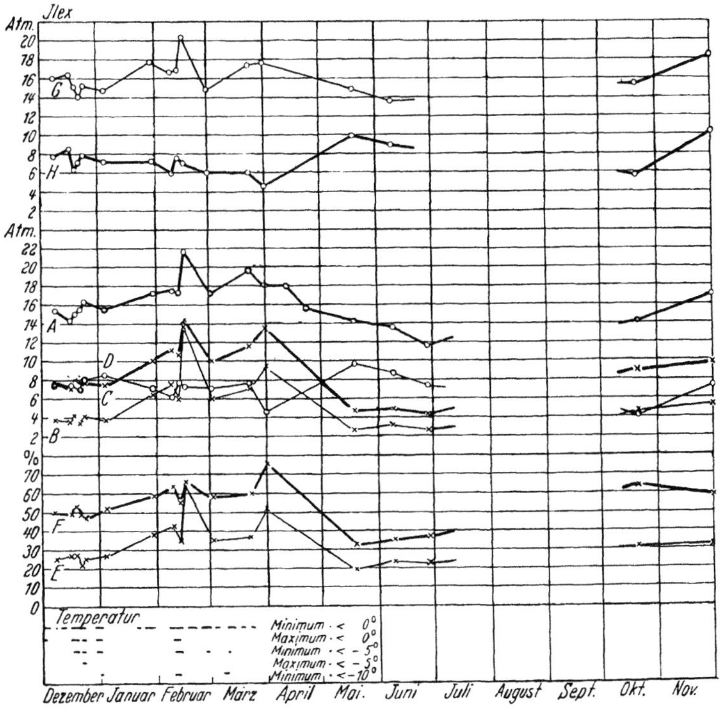

Abb. 84. *Ilex aquifolium.* Osmotischer Wert, Wassergehalt und Zuckergehalt der Blätter im Laufe eines Jahres. *A* osmotischer Wert in Atmosphären, *B* reduzierter Zucker in Atmosphären, *C* Gesamtzucker in Atmosphären, *D* osmotischer Wert minus Gesamtzucker in Atmosphären, *E* reduzierter Zucker in Prozenten des osmotischen Wertes, *F* Gesamtzucker in Prozenten des osmotischen Wertes, *G* osmotischer Wert bei gleichem Wassergehalt, *H* osmotischer Wert minus Gesamtzucker bei gleichem Wassergehalt. (Nach M. STEINER 1933.)

Zucker Stachyose und Raffinose feststellen. Tab. 97 zeigt die jahreszeitliche Verteilung der genannten Zucker in der Rinde und in den Blättern von sechs verschiedenen Koniferen (PARKER 1959 b). Die untersuchten Bäume waren 11—18 m hoch, die Blätter wurden um 9 Uhr vormittags gesammelt, die Rinde wurde von den gleichen Zweigen untersucht, denen auch die Blätter entnommen waren.

Nach SIMINOVITSCH und BRIGGS (1954) sind häufig vor allem Disaccharide für die winterliche Erhöhung des osmotischen Wertes maßgebend.

Die für die Erhöhung des osmotischen Wertes im Winter maßgebenden Substanzen müssen aber nicht immer Zucker sein. Nach ASAI (1932, 1937) kommt es bei *Gardenia jasminoides* in den Wintermonaten zu einer Vermehrung des Zuckeralkohols Mannit. Auch damit ist ein Stärkeschwund verbunden. Nach Berechnungen von STEINER (1939) auf Grund der Angaben ASAIS wird durch Verminderung um den Mannitanteil die ursprüngliche

Tab. 97. *Jahreszeitlich wechselnde Menge verschiedener Zuckerarten in Rinde und Blättern einiger Koniferen. Ausgedrückt in Prozenten des Frischgewichtes × 10* (nach J. PARKER 1959 b).
St = Stachyose, *Ra* = Raffinose, *Sa* = Saccharose, *Gl* = Glukose. *Fr* = Fruktose.

Monat	*Pinus strobus*					*Tsuga canadensis*					*Pinus nigra*				
	St	Ra	Sa	Gl	Fr	St	Ra	Sa	Gl	Fr	St	Ra	Sa	Gl	Fr
								Rinde							
Juni	0	0	5	4	5	0	0	5	0	0	0	0	4	3	4
September	0	1	5	2	5	0	0	6	4	5	0	0	5	1	6
Oktober	0	1	10	4	7	0	0	3	2	1	0	2	9	3	9
Dezember	1	5	11	4	5	2	3	10	8	20	2	2	5	3	5
								Blätter							
Juni	0	0	5	2	4	0	0	5	4	4	0	0	5	4	5
September	0	0	10	1	5	0	0	6	2	5	0	0	5	2	6
Oktober	0	2	10	4	5	0	1	10	3	10	1	4	10	3	3
Dezember	0	8	10	8	5	0	10	25	15	18	9	20	20	2	3

Monat	*Picea abies*					*Picea pungens*					*Thuja plicata*				
	St	Ra	Sa	Gl	Fr	St	Ra	Sa	Gl	Fr	St	Ra	Sa	Gl	Fr
								Rinde							
Juni	0	0	6	0	6	0	0	6	0	6	0	0	1	0	1
September	0	0	3	3	5	0	0	9	5	5	0	0	4	1	5
Oktober	0	1	10	9	8	0	1	9	8	10	0	2	5	4	4
Dezember	4	3	5	4	4	4	5	13	9	12	1	3	7	4	4
								Blätter							
Juni	0	0	5	2	3	0	0	7	5	8	0	0	5	4	5
September	0	0	5	2	3	0	0	9	4	5	0	0	5	4	5
Oktober	0	3	9	4	5	1	3	9	3	4	0	1	5	3	3
Dezember	2	5	16	3	4	0	4	10	4	3	0	5	8	11	8

Differenz zwischen Jahresmaximum und Jahresminimum des osmotischen Wertes von 26,8 auf 13,5 Atm verringert. 8,8 Atm davon sind auf Veränderung des Wassergehaltes zurückzuführen.

Ähnlich wie *Gardenia jasminoides* scheinen sich nach ASAI auch andere Oleaceen (*Jasminum odoratissimum, Osmanthus fragrans, O. aquifolius, Ligustrum japonicum*) zu verhalten. Auch bei *Punica granatum* und *Veronica tournefortii* ist der Mannitgehalt im Winter stark erhöht.

Die Korrelation zwischen osmotischem Wert und Zuckergehalt einerseits und Frostresistenz andererseits ist bei vielen Pflanzen so regelmäßig, daß die Bestimmung des Zuckergehaltes zur Beurteilung der Kälteresistenz bzw. der Winterfestigkeit verschiedenster Kultursorten als wertvolle Methode in der Pflanzenzüchtung herangezogen wurde (GASSNER und GRIMME 1913, ÅKERMAN und JOHANNSON 1917, GOVOROV 1923, ROEMER, RUDORF und LUEG 1926, RICHTER 1927, ÅKERMAN 1927; zusammenfassend:

Maximow 1929, Fuchs 1930, 1935, Tumanov 1931, Gassner und Goeze 1932, Mudra 1932 u. a.).

Tab. 98 gibt Untersuchungsergebnisse Åkermans (1927) an verschieden kälteresistenten Winterweizensorten wieder. Auf Grund der Feldbeobachtungen wurde der Grad der Frosthärte mit den Ziffern I bis X bezeichnet. Die Sorte I zeigt die größte Frosthärte und den höchsten Zuckergehalt.

Während der winterliche Anstieg des Zuckergehaltes in den Holzgewächsen und immergrünen krautigen Pflanzen im wesentlichen auf die Stärke-

Tab. 98. *Beziehung zwischen Frosthärte und Zuckergehalt in den Blättern verschiedener Weizensorten* (nach A. Åkerman 1927).

Weizensorte	Relative Frosthärte nach Feldbeobachtungen I = höchste	Relativer Zuckergehalt in den Blättern
Sammet	I	100
Svea II	II	87
Thule V	IV	67
Standard	IV	66
Sonnen II	IV	65
Panzer II	V	48
Extra Squarehead II	VI	44
Klein	VII	41
Wilhelmina	VIII	39
Spring Pearl	IX	29
Spring from Holland	X	22

umwandlung zurückzuführen ist, trifft dies für den Zucker in den Weizenblättern nicht zu (Tumanov 1931, Vassiljev 1931 b). Diesen fehlt der hiezu nötige Stärkevorrat. Der Zuckeranstieg rührt hier direkt von der Photosynthese her, die einen wesentlich niedrigeren Temperaturkoeffizienten (1—2) hat, als die Atmung (2—3). Bei höherer Temperatur kann es daher auch zu keiner solchen Zuckeranhäufung kommen. Govorov (1923, zitiert in Maximow 1929) beobachtete, daß der Zuckergehalt während einer Kältehärtung durch niedere Temperatur bei Winterweizensorten rascher und höher ansteigt, als bei Sommerweizen und daß umgekehrt bei Verweichlichung durch Wärme der Zuckergehalt bei Sommervarietäten bedeutend rascher abfällt als bei Wintersorten. Der Autor erklärt diesen rascheren Zuckerabfall durch die beim Sommerweizen nach Übertragung aus winterlicher Kälte in ein Warmhaus besonders intensiv einsetzende Atmung.

Für Beziehungen der winterlichen Frosthärte des Winterweizens zum Zuckeraufbau durch Photosynthese sprechen auch Untersuchungen von Johansson, Albertson und Mansson (1955), nach denen die Frosthärte bei Verdunkelung rasch absinkt. Entsprechend fand Jeremias (1956) an Weizenkeimlingen, die zur künstlichen Härtung für eine Woche in einen dunklen bzw. einen täglich acht Stunden beleuchteten Kühlschrank (4° C) gebracht worden waren, die Frostresistenz nur bei den Lichtkeimlingen ansteigen.

Eine mit der Stärke-Zuckerumwandlung wahrscheinlich in Zusammenhang stehende und daher auch mit der Änderung des osmotischen Wertes gleichlaufende Zunahme der Phosphorylaseaktivität bei künstlicher Härtung (7—14 Tage bei 0° C) und Abnahme bei Enthärtung (7—14 Tage bei 25° C) wurde von TERUMOTO (1957 a, 1958) an Blättern von *Beta vulgaris* („table beet") festgestellt.

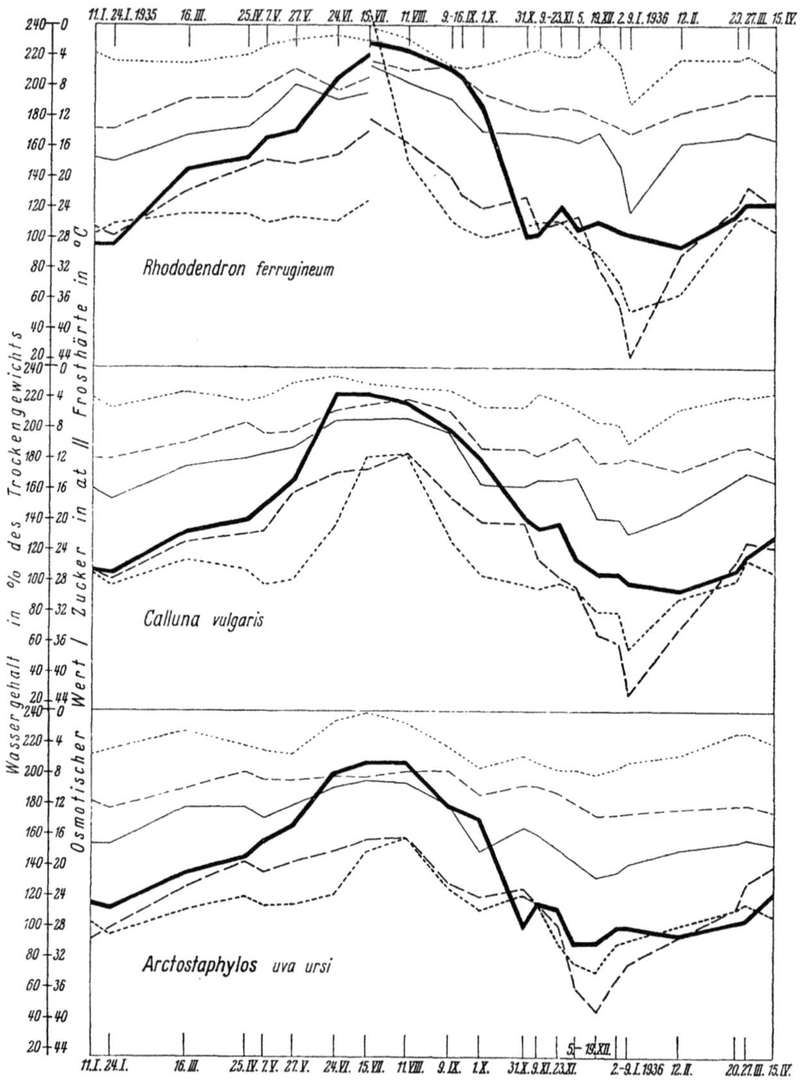

Abb. 85. Jahresgang der Frosthärte, des osmotischen Wertes und des Zucker- und Wassergehaltes von Blättern von *Rhododendron ferrugineum*, *Calluna vulgaris* und *Arctostaphylos uva ursi*. (Nach W. ULMER 1937.) Von oben nach unten: ...... nicht reduzierende Zucker, ---- reduzierende Zucker, —— Gesamtzucker, ▬▬ Frosthärte, — — — osmotischer Wert, - - - - - Wassergehalt.

Sofern eine unmittelbare, kausale Beziehung zwischen Höhe des osmotischen Wertes bzw. des Zuckergehaltes und der Kälteresistenz bestünde, so müßte diese besonders deutlich in Erscheinung treten, wenn vollständige Jahresgänge des osmotischen Wertes und des Zuckergehaltes mit solchen der Frosthärte verglichen werden. Derartige Untersuchungen wurden ausgeführt von ULMER (1937), PISEK und SCHIESSL (1947), PISEK (1950, 1952), TRANQUILINI (1958). Da die osmotischen Werte in allen Fällen mit kryoskopischer Methode (WALTER 1931) gemessen wurden, wurden auch die Jahresgänge des Wassergehaltes bestimmt.

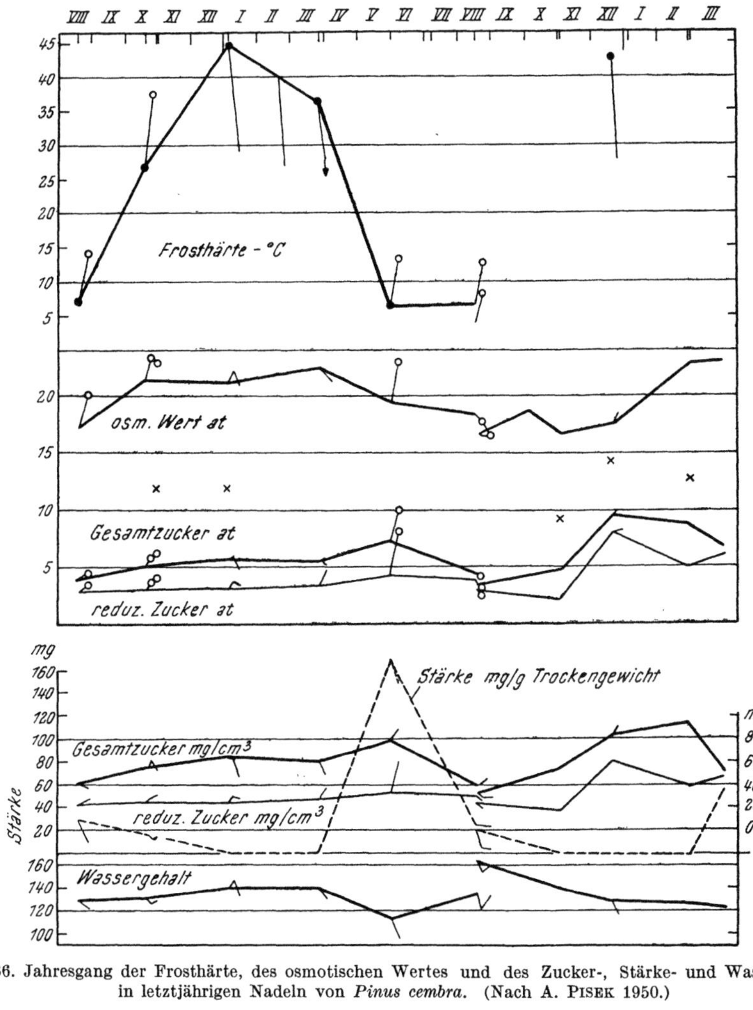

Abb. 86. Jahresgang der Frosthärte, des osmotischen Wertes und des Zucker-, Stärke- und Wassergehaltes in letztjährigen Nadeln von *Pinus cembra*. (Nach A. PISEK 1950.)

Abb. 85 gibt die von ULMER (1937) gemessenen Jahreskurven von *Rhododendron ferrugineum, Calluna vulgaris* und *Arctostaphylos uva ursi* wieder und Abb. 86 entsprechende Kurven für *Pinus cembra* von PISEK (1950), die zudem ergänzt sind durch gleichzeitige Bestimmung des Stärkegehaltes, aus denen auch wieder der winterliche Stärkeschwund deutlich ersichtlich wird (beim Vergleich der Abb. 85 und 86 ist zu beachten, daß die Temperaturgrade für die Frosthärte in der einen nach unten, in der anderen aber nach oben zu aufgetragen sind!).

So sehr nun das Zusammenfallen des winterlichen Maximums von Kälteresistenz und osmotischem Wert dazu verleiten möchte, eine unmittelbare Beziehung zwischen Frosthärte und osmotischem Wert anzunehmen, stellt dies die Betrachtung der vollständigen Jahresgänge dieser Größen wieder in Frage. Es sei nur auf die in Abb. 85 im Dezember 1935 bis anfangs Jänner 1936 durch Wasserverlust eingetretene starke Zunahme des osmotischen Wertes hingewiesen, der keineswegs eine entsprechende Zunahme der Frosthärte parallel läuft. Auch Pisek (1950) weist auf ähnliche Unstimmigkeiten bei seinen Abhärtungsversuchen im Laufe des Jahres hin: „Vor allem ist die aktive Zunahme des osmotischen Wertes und Zuckerspiegels in den frühsommerlichen Abhärtungsversuchen mit *Rhododendron ferrugineum* und *Pinus cembra,* obwohl sie fast das Maximum des vergangenen Winters erreichte, von nur bescheidener Steigerung der Frostresistenz begleitet. Umgekehrt konnte bei *Pinus* im Herbst sprunghafte Resistenzzunahme bei nur geringer Zuckerausschüttung erzielt werden." Dies führt zu der berechtigten Annahme, daß die augenblickliche Phase der inneren Periodizität für die Frosthärte in erster Linie ausschlaggebend ist, die Zuckeranreicherung und damit das Ansteigen des osmotischen Wertes hingegen eine mehr sekundäre Begleiterscheinung.

Dies steht auch in Übereinstimmung mit den Ergebnissen und Ansichten von Chandler (1913), Kessler (1935), Levitt (1941, 1951, 1956, 1958), Scarth (1944), Siminovitch und Briggs (1954), Larcher (1954) u. a. Untersuchungen von Sakai (1958) weisen in die gleiche Richtung. Wurden Maulbeerzweige im September 10 Tage bei 0° C gehalten, so erreichte der osmotische Wert in den Rindenparenchymzellen fast das winterliche Maximum. Trotzdem zeigten erst die im Oktober ebenso behandelten Zweige eine wesentliche Zunahme der Frosthärte. Auch Åkerman (1927) konnte im Frühherbst und im zeitigen Frühjahr keine konstanten Beziehungen zwischen Zuckergehalt und Frosthärte feststellen.

Es liegen auch sonst zahlreiche Beobachtungen vor, die keine Beziehungen zwischen Zuckergehalt und Frosthärte erkennen lassen (Pantanelli 1918, Lott 1926, Hildbreth 1926, Balde 1930, Tumanov 1931, Constantinescu 1933, Novikov 1934, Mark 1936 u. a.). Nur einige Beispiele: Ein auffallend verschiedenes Verhalten fand Kessler (1935) bei *Saxifraga cordifolia* und *Sempervivum glaucum.* Wurden die Pflanzen am 20. Oktober nach zwei Monaten Aufenthalt im Warmhaus ins Freie übertragen, wo sich die Temperatur nachts dicht über 0° C bewegte und auch schon einige leichte Nachtfröste auftraten, so war nach 16 Tagen die Todestemperatur bei *Saxifraga* von — 11° auf — 17° C und bei *Sempervivum* von — 4° auf — 7° C gesunken. Ein wesentlicher Anstieg des osmotischen Wertes war aber nur bei *Saxifraga* eingetreten. Larcher (1954) konnte an Blättern von *Pinus pinea* und *Olea europaea* im Winter wohl eine Zunahme der Frosthärte, nicht aber eine solche des osmotischen Wertes feststellen. Dies stimmt überein mit den Messungen von Braun-Blanquet und Walter (1931), wonach in klimatisch normalen Wintern die immergrünen mediterranen Pflanzen jeglichen Anstieg des osmotischen Wertes vermissen lassen.

Der Anteil der endogenen Rhythmik und der äußeren Einflüsse auf die

Frosthärteperiodizität ist bei verschiedenen Pflanzen sichtlich nicht gleich groß. PISEK unterscheidet daher zwei Reaktionstypen: 1. resistenzstabile Pflanzen, deren Frosthärte sich im Verlauf des Jahres weitgehend endogen und unabhängig von äußeren Einflüssen ändert, und 2. resistenzlabile Pflanzen, deren jeweilige Frosthärte von der augenblicklich herrschenden Witterung stark beeinflußt wird. LEVITT (1958) erwägt die Möglichkeit, daß die Frosthärteschwankungen der ersten Gruppe durch die Photoperiodizität, die der zweiten jedoch vorwiegend durch die Temperatur bestimmt werden.

c) Andere jahreszeitlich bedingte stoffliche Veränderungen im Zellsaft

Kurz erwähnt seien noch einige andere stoffliche Veränderungen im Zellsaft, die zum Teil auch jahreszeitliche Schwankungen mitmachen und mit der Frostresistenz in Zusammenhang gebracht wurden, ohne daß jedoch gesicherte kausale Beziehungen gefunden werden konnten. Eine ausführliche Darstellung gibt LEVITT (1956).

Anorganische Salze haben für den winterlichen Anstieg des osmotischen Wertes wohl kaum Bedeutung. Schon LIDFORSS (1907) wies auf die Unwahrscheinlichkeit hin, daß es unter den Bedingungen des Winters zu einer wesentlichen Änderung des Salzgehaltes durch Aufnahme oder Verlust kommen könnte. Auch LEWIS und TUTTLE (1920) konnten in der Konzentration der Elektrolyte keine merkbaren Unterschiede im Sommer und Winter finden. PISEK (1950) untersuchte an *Rhododendron ferrugineum, Pinus cembra* und *Picea excelsa* ganzjährig außer dem Zucker- und Wassergehalt auch den Gehalt des Zellsaftes an den Kationen K, Ca und Mg sowie an den Anionen der Apfel- und Zitronensäure. Es zeigte sich, daß der Ionengehalt im Jahresgang nur relativ wenig schwankt und jedenfalls von der Schwankung des Zuckerspiegels weit übertroffen wird. Es stimmt dies überein mit älteren Angaben von PITTIUS (1935) für *Hedera helix* und *Ilex aquifolium:* „Die regulatorischen und periodischen Schwankungen werden fast einzig und allein durch Zucker hervorgerufen. Organische Säuren sowie Salze bleiben mehr oder weniger konstant.“

PARKER (1957) prüfte ganzjährig den Gehalt an verschiedenen Aminosäuren in den Blättern von *Pinus ponderosa.* Diese zeigten keine merklichen mengenmäßigen Schwankungen. Hingegen konnte PARKER (1958 a) regelmäßig in den Rinden verschiedener Laub- und Nadelbäume eine Zunahme des Eiweißstickstoffes in der Zeit von August bis Dezember beobachten; so z. B. in *Pinus strobus* von 0,49 auf 0,82% des Trockengewichtes oder in *Liriodendron tulipifera* von 0,53 auf 0,72%. Auch SIMINOVITSCH und BRIGGS (1949, BRIGGS und SIMINOVITSCH 1949) fanden in der Rinde von *Robinia pseudacacia* ein deutliches Ansteigen löslicher Eiweißstoffe von einem Minimum im Sommer zu einem Maximum im Winter. KERN (1923) beobachtete im Winter in den Vakuolen der Rindenparenchymzellen von *Syringa* ein Ansteigen des Proteingehaltes. Gleichlaufende jahreszeitliche Änderungen des Gehaltes an Zucker sowie wasserlöslichen Proteinen und der Frosthärte konnte SAKAI (1957) im Rindenparenchym verschiedener

Holzgewächse feststellen. Die Erhöhung des Gehaltes an wasserlöslichem Stickstoff und Kälteeinwirkung ist schließlich auch schon aus älteren Untersuchungen bekannt (Wilhelm 1935, Seible 1939).

Auch Anhäufungen von Gerbstoffen (Paech 1950, Levitt 1956) und Anthokyan während des Winters wurde beobachtet (Russow 1883, Tischler 1905, Kirchhoff 1915, Schander und Schaffnit 1919, Goldsmith

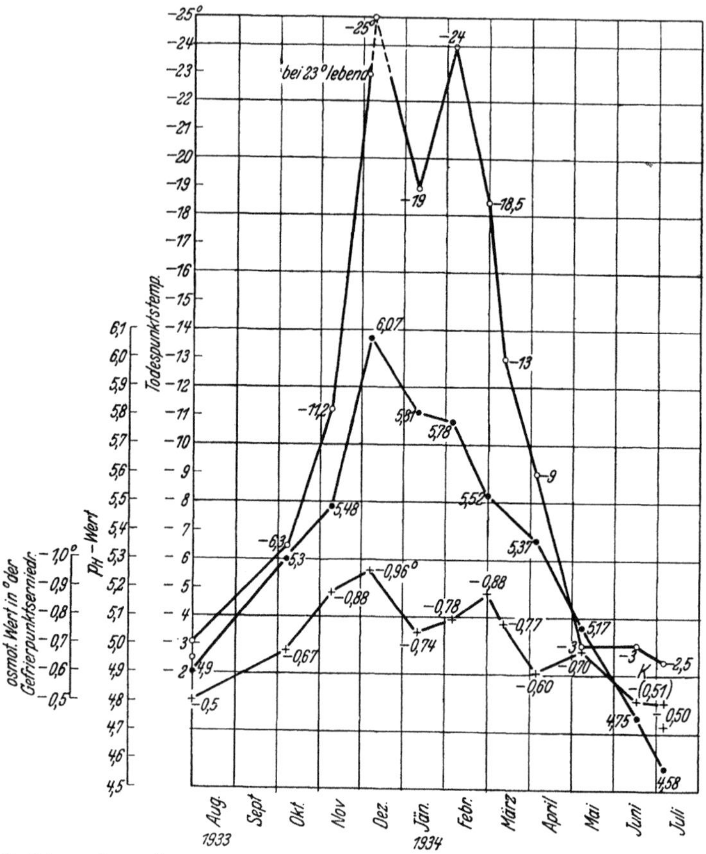

Abb. 87. Jahreszeitliche Änderungen von Kälteresistenz, pH und osmotischem Wert bei *Sempervivum glaucum* (Nach W. Kessler 1935.)

und Smith 1926 u. a.). Auf Zusammenhänge zwischen Anthokyanbildung und Temperatur wiesen auch Molisch und Rouschal (1939, dort auch ältere Literatur) hin. Sie fanden im Versuch bei niederer Temperatur (10° C) eine gesteigerte Anthokyanbildung, während viele der von ihnen geprüften Pflanzen bei hohen Temperaturen (30—37° C) wenig oder gar kein Anthokyan entwickelten. In Übereinstimmung mit älteren Autoren wird ein enger Zusammenhang zwischen Zuckergehalt und Anthokyan angenommen.

Die Wasserstoffionenkonzentration erfährt häufig jahreszeitliche Veränderungen, wobei der pH-Wert im Winter ansteigt und gegen Sommer abnimmt. Abb. 87 zeigt Kurven der Kälteresistenz, des osmotischen Wertes und des pH, wie sie Kessler (1935) im Verlauf eines Jahres an

Sempervivum glaucum gemessen hat. Trotz weitgehenden Gleichlaufes der 3 Kurven zeigen sich doch auch gewisse Unstimmigkeiten, die bei *Hedera helix* und *Saxifraga cordifolia* in einzelnen Monaten noch größer waren.

In Härtungsversuchen durch längere Abkühlung konnte KESSLER wohl Änderungen des pH-Wertes beobachten, doch verliefen diese nicht immer gleichsinnig mit der Änderung der Frosthärte. Es war auch nicht möglich, durch experimentelle Änderungen des pH die Kälteresistenz zu beeinflussen.

Bei den jahreszeitlichen Schwankungen des pH-Wertes handelt es sich also, ähnlich wie bei den Änderungen des osmotischen Wertes, um eine Erscheinung, die wohl häufig mit der Frostresistenz parallel läuft, aber wahrscheinlich in keinen ursächlichen Zusammenhang gebracht werden kann.

PARKER (1960) hat neuerdings auch den jahreszeitlichen Veränderungen des physiko-chemischen Zustandes des Zellsaftes in den Bastparenchymzellen der Rinde von *Pinus strobus* seine Aufmerksamkeit zugewendet und festgestellt, daß deren Zellsäfte bei Vitalfärbung im Sommer häufig tropfigen Zerfall zeigen, während sie im Winter eine einheitliche Färbung aufweisen, und daß sich die Zellsäfte im Winter gelartig verfestigen.

2. Protoplasma

a) Der Wasserzustand des Protoplasmas

Austrocknungsfähiges Protoplasma ist im lufttrockenen Zustand auch äußerst widerstandsfähig gegen niedere Temperaturen. Trockene Samen (DE CANDOLLE 1895, BROWN und ESCOMBE 1897, BECQUEREL 1907, LIPMAN und LEWIS 1934, LOCKET und LUYET 1951), Sporen (LIPMAN 1936a, BECQUEREL 1954), Moosprotonemen (LIPMAN 1936b) können auf —100° bis —190° C abgekühlt werden, ohne daß sie ihre Lebensfähigkeit verlieren.

Daß Frosthärte und Austrocknungsresistenz, wenn auch nicht immer, so doch sehr häufig parallel laufen, ist eine alte Erfahrungstatsache. Man fand dies bei Schimmelpilzen (RABE 1905, BARTETZKO 1909), bei manchen Moosen (IRMSCHER 1912), beim Weizen (LEBEDINCEV 1930, NEWTON und MARTIN 1930, ARLAND 1931, WALDRON 1932, WHITESIDE 1941), bei *Helianthus annuus* (GICKLHORN 1936, SERGEJEV und LEBEDEV 1936), bei Rindenparenchymzellen von *Robinia pseudacacia* (SIMINOVITCH und BRIGGS 1953) und Rindenzellen anderer Bäume (SIMINOVITCH 1941), in den Zellen der Fruchtschale von *Citrus aurantium* (LEVITT und NELSON 1942) und an anderen Objekten. So beobachtete SAKAI (1959b) an Rindenparenchymzellen von Maulbeerzweigen einen Gleichlauf von Entwässerungsresistenz (ausgedrückt durch die maximale Konzentration hypertonischer Lösungen, in der die Zellen einen mehrstündigen Aufenthalt zu überleben vermögen) und Frostresistenz (ausgedrückt durch die niedrigste Temperatur, die die Zellen nach 4 Stunden Aufenthalt überleben).

Als Beispiel für den Gleichlauf von Frosthärte und Austrocknungsresistenz (ausgedrückt als kritische Wassergehalte) während eines Jahres mögen

Messungen von Pisek und Larcher (1954) an *Rhododendron ferrugineum, Loiseleuria procumbens* und *Pinus cembra* dienen (Abb. 88).

Levitt (1956) gibt einen umfangreichen Literaturnachweis über vergleichende Untersuchungen von Wassergehalt und Frosthärte. Zahlreiche Autoren konnten, vor allem an Kulturpflanzen und Immergrünen, finden, daß kälteresistente Sorten oder kältegehärtete Pflanzen einen niedrigeren Wassergehalt besitzen als die empfindlichen.

Shutt (1903) verglich z. B. den Wassergehalt in Zweigen verschieden frostharter Apfelsorten. Die härtesten Sorten hatten einen Wassergehalt von 45,79—46,00%, die frostempfindlichen einen solchen von 46,75—50,01%.

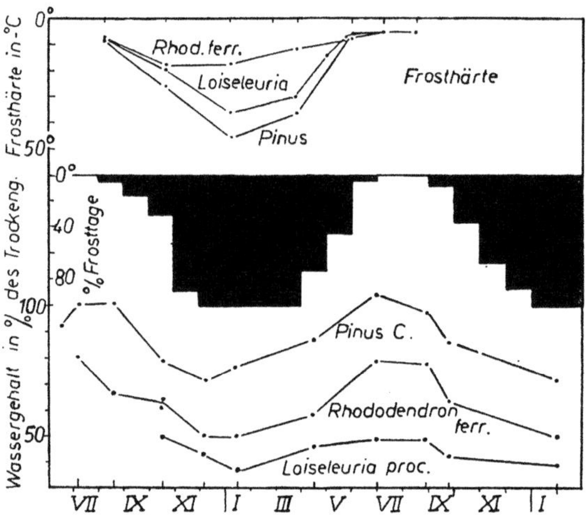

Abb. 88. Jahresgänge der Frosthärte und des Wassergehaltes bei einigen alpinen Immergrünen (Frosthärte in Minusgraden Celsius, nach Pisek und Schiessl 1947). (Nach A. Pisek und W. Larcher 1954.)

Münch (1933) beobachtete an Fichten- und Kiefernkeimlingen, daß sich die tödliche Frosttemperatur, die bei wassergesättigten Geweben bei —4° bis —5° C liegt, durch mäßiges Abtrocknen um volle 10° C erniedrigen ließ. Iljin (1934) fand ähnliche Unterschiede zwischen wassergesättigten und stark welken Zweigen von *Sambucus nigra.* Pisek und Schiessl (1946) konnten hingegen an verschiedenen wasserreichen Nadeln von *Pinus cembra* und *Picea excelsa* nur geringfügige Unterschiede in der Frosthärte feststellen. Ulmer (1937) bestimmte im Oktober die Frosthärte von frischen und etwas ausgetrockneten Blättern von *Rhododendron ferrugineum, Calluna vulgaris* und *Arctostaphylos uva ursi.* Obwohl der Wassergehalt um 20—42% des Trockengewichtes abgenommen und der osmotische Wert entsprechend zugenommen hatte, war die Frosthärte bei *Calluna* überhaupt nicht, bei den beiden anderen um nur 1—2° C angestiegen. Hingegen ließ im April 48 Stunden Wassersättigung bei *Rhododendron ferrugineum* die Frostresistenz von —17° C auf —14° C, im Juni von —6° C auf —4° C und im November von —27° auf —22° C absinken. Bei *Loiseleuria* sank die Frosthärte jedoch zu den gleichen Versuchsterminen nur um 1° C.

Sakai (1959 c) sieht die Unterschiede in der gegebenen Wachstumsphase holziger Pflanzen als Ursache für deren Frosthärte. „When the growth of twigs is suppressed, naturally or artificially, the water content of the parenchyma cells of the cortex decreases considerably. Unless such decrease of water content takes place, the twigs cannot be hardened either naturally or artificially.“

Auch die Kälteresistenz der Hefe *Torulopsis kefyr* zeigt eine Parallele zum Wassergehalt. Nach Christophersen und Precht (1956) nimmt der Gesamtwassergehalt der Hefezellen mit steigender Züchtungstemperatur ab. Gleichzeitig nimmt aber die Kälteresistenz (und ebenso auch die Hitzeresistenz) der Zellen zu.

Levitt (1956) kann aber in seiner großen Übersicht 42 Angaben über Erhöhung der Frostresistenz bei Abnahme des Wassergehaltes Beobachtungen von 30 Autoren gegenüberstellen, die an ihren Objekten keine Beziehung zwischen Wassergehalt und Frosthärte finden konnten.

Diese widersprechenden Angaben beziehen sich auf den durch Trockengewichtsbestimmungen gemessenen Gesamtwassergehalt.

Man hat nun auch versucht, nur jenen Teil des Wassergehaltes mit der Frostresistenz in Verbindung zu bringen, der als sogenanntes „gebundenes Wasser" („bound water") besonders fest in den Geweben zurückgehalten wird (Zusammenfassungen über „bound water" und die Bestimmungsmethoden hiefür bei Weismann 1938, Kramer 1955).

Eine eindeutige, physikalisch zu definierende Abgrenzung von „freiem Wasser" und „gebundenem Wasser" ist nicht möglich. Der Begriff des gebundenen Wassers ist nur konventionell dahin zu fassen, daß man darunter jenes Wasser versteht, das beim Auspressen von Pflanzenmaterial unter einem bestimmten Pressungsdruck in diesem zurückbleibt, das bei Abkühlung auf eine bestimmte Temperatur (meist -20^0 C) nicht als Eis ausfriert oder das bei Trocknung im Exsikkator noch zurückgehalten und erst bei Trocknung im Trockenofen abgegeben wird.

Das Wasser kann dabei entweder adsorptiv an hydrophile Kolloide (Makromoleküle im Protoplasma) oder osmotisch durch molekular gelöste Stoffe gebunden sein. Qualitativ gleiche Kräfte sind es aber auch, die das „freie Wasser" innerhalb des Protoplasten festhalten. Die „Menge" des gebundenen Wassers wird also wesentlich abhängen von der Kraft, mit der Wasser entzogen wird. Dies ist auch die Ursache, daß mit den verschiedenen Methoden (z. B. kryoskopische, dilatometrische, kalorimetrische, plasmometrische usw.) recht verschiedene Werte erzielt werden. Walter (1931) vertrat daher den Standpunkt, daß man, streng genommen, überhaupt nicht zwischen freiem und gebundenem Wasser unterscheiden könne.

Trotz aller dieser Unbestimmtheit hat sich der Begriff „bound water" seit etwa 20 Jahren in physiologischen Überlegungen als brauchbar erwiesen, um damit das Wasser zu bezeichnen, das in der lebenden Zelle so fest haftet, daß es sich unter normalen Bedingungen osmotischen Verschiebungen, einer Abgabe durch Transpiration oder einem Ausfrieren durch Temperaturen bis etwa -20^0 C entzieht.

Gebundenes Wasser kann in der Zellwand, im Protoplasma und im Zellsaft vorhanden sein. Die größte physiologische Bedeutung wird aber zweifellos dem im Plasma, und zwar wohl vor allem kolloidal gebundenen Anteil zukommen.

Die Menge des in der Zelle gebundenen Wassers wurde nun als ein wesentlicher Faktor sowohl für die Höhe der Austrocknungs- wie der Kälteresistenz in Betracht gezogen. Viele Beobachtungen scheinen dafür zu sprechen, daß ein größerer Gehalt an „bound water" mit einer größeren Resistenz verbunden ist.

Stellt man z. B. durch Auspressen nicht gefrorener Blätter verschiedener Getreidearten die bei einem bestimmten Pressungsdruck sich ergebende Saftmenge fest, so variiert diese, bei gleicher osmotischer Wassersättigung, weitgehend mit der Frostresistenz im Verlauf der winterlichen Vegetationsperiode (Newton 1924, Martin 1927). Die verschieden frostharten Pflanzen halten offenbar verschiedene Mengen von Wasser „gebunden" zurück. Levitt (1939) untersuchte mit der zur Bestimmung des „gebundenen Wassers" be-

Tab. 99. *Abhängigkeit des Gehaltes an gebundenem Wasser von der Jahreszeit bzw. von der Bodenfeuchtigkeit* (aus P. J. Kramer 1955).

Pflanze	Jahreszeit bzw. Bodenfeuchtigkeit	gebundenes Wasser		Autor
		% Gesamtwassergehalt	% Trockengewicht	
Pinus rigida	August	27,0	43,2	Meyer 1932
	Januar	28,2	37,9	
Trifolium pratense:				
Ohio (frosthart)	Januar	16,5	50,7	Greathouse 1935
French (frostempfindl.)	Januar	12,7	44,0	
Ohio	März	14,18	55,1	
French	März	5,42	23,68	
Ohio	April	10,32	55,79	
French	April	9,14	49,57	
Pinus taeda	trock. Boden	30,8	36,9	Schopmeyer 1939
	feucht. Boden	22,10	38,65	
	trock. Boden	25,00	37,16	
Pinus echinata	feucht. Boden	18,16	34,15	

sonders häufig verwendeten kalorimetrischen Methode (Müller-Thurgau 1880, Thoenes 1925, Sayre 1932, Meyer 1932, Chrysler 1934, Greathouse und Stuart 1934) an Stielen von frostgehärteten und ungehärteten Kohlblättern die Menge des bei —5,6° C gefrorenen und nicht gefrorenen Wassers. Bei den ungehärteten Pflanzen fror doppelt so viel Wasser aus wie bei den gehärteten (10,40 gegenüber 5,43 g pro Gramm Trockengewicht). Die Menge des nicht osmotisch gebundenen Wassers war in beiden Fällen gering, aber in den frostgehärteten Pflanzen auch deutlich etwas höher als in den ungehärteten (0,20 gegenüber 0,03 g pro Gramm Trockengewicht).

Eine ähnliche Zunahme des gebundenen Wassers in Prozenten des Gesamtwassergehaltes wurde von verschiedenen Autoren im Winter oder auf Trockenböden gefunden, und zwar bei frostharten Sorten stärker als bei frostempfindlichen (Tab. 99).

Eine Abnahme des „nonsolvent space" und damit des Gehaltes an gebundenem Wasser konnten mit plasmolytischer Methode Levitt und Scarth (1936) in der Zeit von März bis Juni, parallel zur Abnahme der Frosthärte, in den plasmareichen Rindenzellen von *Catalpa* und *Liriodendron* feststellen. Die zellsaftreichen Rotkohlzellen ließen jedoch keine derartigen Unterschiede erkennen.

Stark (1936) fand in Apfelzweigen im Winter die Abnahme des Gesamtwassergehaltes begleitet von einer Zunahme des Gehaltes an gebundenem

Wasser. Ähnliche Verhältnisse wurden mit verschiedener Methodik an verschiedensten Pflanzen gefunden (ROSA 1921, MEYER 1928, LEBEDINCEV 1930, GORTNER und GORTNER 1934, DEXTER 1934, 1935, CLEMENTS 1938, CHRISTOFF 1939, TODD und LEVITT 1951 u. a.).

Diesen Beobachtungen über eine Zunahme des gebundenen Wassers im Winter bzw. frostharten Zustand stehen allerdings auch eine große Zahl solcher gegenüber, die keine derartigen Beziehungen erkennen lassen (STEINMETZ 1926, WEIMER 1929, VAN DOREN 1937, CARROLL und WELTON 1939, CHANDLER 1941 u. a., Zusammenfassungen bei LEVITT 1941, 1951, 1956).

Wir kommen somit auch hinsichtlich des „gebundenen Wassers" zu keinem wesentlich anderen Ergebnis als bei der Betrachtung des Gesamtwassergehaltes und des osmotischen Wertes: Sehr häufig läuft im Winter oder nach künstlicher Frosthärtung der zunehmenden Frosthärte eine Zunahme an gebundenem Wasser parallel. Die zahlreichen Ausnahmen, bei denen dies aber nicht der Fall ist, sprechen jedoch dafür, daß wir auch den Wassergehalt des Protoplasmas nicht als d i e Ursache der Kälteresistenz ansehen dürfen.

b) Viskosität des Protoplasmas

Die sich bei Kälte oder im Verlauf der Frosthärtung im Protoplasma abspielenden physiko-chemischen Veränderungen führen sehr häufig zu einer Änderung der Plasmaviskosität (jüngste zusammenfassende Darstellung über „Protoplasmaviskosität" bei HEILBRUNN 1958).

F. und G. WEBER (1916) haben mit Hilfe der Stärkefallmethode in Zellen von Stengellängsschnitten aus dem Epikotyl von 10 cm hohen Lichtkeimlingen von *Phaseolus multiflorus* festgestellt, daß bei einer Erwärmung von 0—40° C die Viskosität des Protoplasmas ständig abnimmt und daß diese Viskositätswerte thermostabil sind, d. h. bei Zurückgehen auf eine niedrige Temperatur wiederum den Viskositätswert annehmen, den sie bei normaler Temperatursteigerung an diesem Punkt gehabt haben.

Am gleichen Objekt haben WEBER und HOHENEGGER (1923) mit der Zentrifugierungsmethode gezeigt, daß niedere Temperaturen von —2° C bis etwa +6° C bei einer Einwirkungsdauer von wenigen Minuten bis mehreren Stunden die Viskosität des Protoplasmas in beträchtlichem Maße erhöhen. Auch diese Viskositätserhöhung erwies sich als reversibel. Durch Erwärmen der Keimlinge auf Zimmertemperatur konnte in kurzer Zeit der dieser Temperatur entsprechende niedere Viskositätsgrad wiederhergestellt werden. Damit fanden auch die an Wurzelzellen von *Vicia faba* mit der Stärkefallmethode gemachten ersten Beobachtungen von NĚMEC (1901) über Erhöhung der Plasmaviskosität durch Kälte ihre Bestätigung.

Gleichartige Viskositätsänderungen des Protoplasmas ließen sich auch an der Rotalge *Griffithsia setacea* (BIEBL 1939) experimentell herbeiführen (Abb. 89). 5 Minuten Zentrifugierung mit 3000 Umdrehungen in der Minute bewirkte bei Zimmertemperatur (+18° C) eine extreme Verlagerung der Plastiden. 15 Stunden Abkühlung auf +2° C ließ das Plasma so viskos werden, daß die gleiche Schleuderkraft die Plastiden nicht mehr aus ihrer Lage zu bewegen vermochte. Nach neuerlich 15 Stunden langer Erwärmung auf Zimmertemperatur wurde die ursprüngliche leichte Verlagerbarkeit wieder vollkommen erreicht.

Daß eine solche starke Viskositätsverminderung durch niedere Temperatur unabhängig von der Frostresistenz sein kann, zeigt gerade das Beispiel der *Griffithsia*, die schon nach 24 Stunden Einwirkung einer Temperatur von 1⁰ bis 2⁰ C abstirbt.

Haben sich diese Beobachtungen auf eine experimentelle Beeinflussung der Plasmaviskosität durch verschiedene Temperaturen bezogen, so haben KESSLER (1935) und KESSLER und RUHLAND (1938) die Viskositätsverhältnisse des Protoplasmas vor allem im Hinblick auf die Kälteresistenz der Pflanzen untersucht. Zur Beurteilung des Viskositätsgrades diente in erster Linie

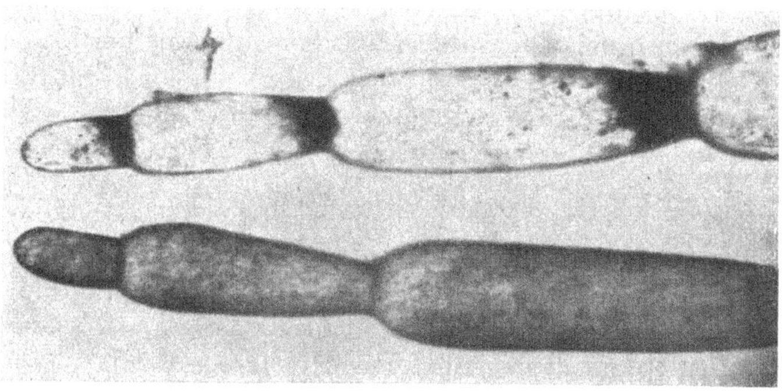

Abb. 89. *Griffithsia setacea.* 5 Minuten zentrifugiert mit 3000 Umdrehungen in der Minute. Oben: Extrem verlagerte Plastiden bei + 17° C, unten: Unverlagert nach 15stündigem Aufenthalt bei + 2° C (Nach R. BIEBL 1939.)

die Zentrifugierungsmethode und die Beobachtung der Plasmolyseform. Viskoses Plasma bedingt konkave bis krampfige Plasmolyseformen, weniger viskoses führt zu Konvexplasmolyse.

Mit der Zentrifugierungsmethode konnte an *Ilex aquifolium, Buxus sempervirens, Sempervivum glaucum, Saxifraga cordifolia* und *Hedera helix,* mit der Plasmolyseformmethode an Rindenzellen von *Catalpa bignonioides* im frostgehärteten Zustand ein viskoseres Plasma festgestellt werden. Dabei erwies sich nicht der absolute Wert der Viskosität als ausschlaggebend, sondern nur die Viskositätserhöhung des kälteresistenten Zustandes gegenüber dem kälteempfindlichen. Die erhöhte Viskosität wird durch länger andauernde Frosthärtung erworben und geht bei Enthärtung im Warmhaus wieder verloren.

JEREMIAS (1956) beobachtete auch an frostgehärteten Weizenpflanzen eine höhere Plasmaviskosität und in jüngster Zeit berichtet KRISAI-KNYRIM (1960) über Viskositätserhöhungen in Hyphen von Basidiomyceten-Fruchtkörpern nach Frosteinwirkung: „Charakteristische Veränderungen an frostgeschädigten Pilzhyphen sind sehr hohe Vakuolenzahl, starke Lichtbrechung, voluminöse Entwicklung des Plasmas verbunden mit Viskositätserhöhung und Steigerung des Haftvermögens des Plasmas. Diese bewirken, daß Plasmolyse sehr langsam, zumeist in Krampfform eintritt und die Abrundung des Protoplasten oft erst nach Stunden erfolgt. Oftmals werden die

Zellwände infolge des großen Haftvermögens des Plasmas bei Plasmolyse eingedellt."

Kessler und Ruhland (1938) wiesen weiters darauf hin, daß natürliche Lebenszustände, die mit herabgesetzter Viskosität verbunden sind, wie etwa der Zustand der Entwicklungsbereitschaft der Pflanze, auch von einer Verringerung der Kälteresistenz begleitet sind. Trägt man z. B. auf die Blattoberseite frostresistenter *Sempervivum*-Pflanzen Heteroauxinpaste auf, so zeigt sich ihre Wirkung bald in einer Abwärtskrümmung des Blattes. Resistenzversuche in diesem Zustand ergaben, daß die Kältewiderstandsfähigkeit dieser Blätter gegenüber jener der in Ruhe befindlichen Pflanze herabgesetzt ist. Umgekehrt konnte durch entwicklungshemmendes Blastokolin die Viskosität des Plasmas erhöht und die Kälteresistenz gesteigert werden. Eine gesteigerte Frostresistenz wurde in neuerer Zeit auch durch verschiedene andere Hemmstoffe erreicht (Corns 1953, 1954, Crane 1954, Modlibowska und Ruxton 1954, Ssamygin 1954, Lona et al. 1956 u. a.).

Daß die Beeinflussung der Viskosität durch verschiedene Wirkstoffe (vgl. Stålfelt 1947, 1949) auch im natürlichen Härtungsprozeß eine Rolle spielt, konnte Jeremias (1956) durch folgenden Versuch wahrscheinlich machen: Legt man Blättchen von *Helodea canadensis* in Preßsäfte aus frostgehärteten bzw. ungehärteten Weizenpflanzen, so läßt eine nachfolgende Zentrifugierung der Blättchen erkennen, daß die Extrakte aus gehärteten Weizenpflanzen die Viskosität der *Helodea-Zellen* erhöhen, solche aus ungehärteten Pflanzen diese hingegen erniedrigen. Eine Änderung der Frostresistenz der *Helodea*-Zellen war allerdings dadurch nicht zu erzielen.

Kessler und Ruhland (1938) sehen die Ursache der Viskositätssteigerung bei Kälte in einer stärkeren Hydratation der Plasmakolloide und einer dadurch verursachten vermehrten inneren Reibung. Danach würden die Makromoleküle des kolloidalen Systems des Protoplasmas Veränderungen erfahren, die sie zu einer intensiveren Wasserbindung befähigen. Das Hydratationswasser könnte dabei dem Plasma selbst entstammen oder es könnte von außen, vermutlich aus der Vakuole, aufgenommen werden. Im ersten Fall würde keine Volumsveränderung des Protoplasmas eintreten, im zweiten käme es zu einer Vergrößerung, einer Quellung des Plasmakörpers. Als Beispiel hiefür weisen die beiden Autoren auf das starke Anschwellen der Zellkerne in kälteresistenten Blättern von *Sempervivum* und auf die Beobachtung von Levitt und Scarth (1936) hin, wonach in Rindenzellen von *Catalpa* das Gesamtvolumen des Protoplasten im frostresistenten Zustand bis zu 20% gegenüber jenem in nichtresistenten Zellen vergrößert ist.

Lepeschkin (1937) gibt der Viskositätserhöhung kälteresistenter Pflanzen eine andere Erklärung. Er sieht die Ursache in einer Veränderung der stofflichen Zusammensetzung des Protoplasmas, wie sie auch schon von Maximow (1929) angenommen wurde. Gegen die Ansicht von Kessler und Ruhland über die Viskositätserhöhung durch Hydratation der Plasmakolloide führt er deren eigene Beobachtungen über die Steigerung des spezifischen Gewichtes des resistenten Plasmas an. Eine starke Hydratation müßte nämlich zu einer Verkleinerung desselben führen. Auch die Beobachtung Webers (1935) über die erhöhte Plasmaviskosität und gleichzeitig gesteigerte Frostresistenz der Schließzellen geöffneter Stomata erklärt er durch eine Vermehrung organischer Substanzen in deren Protoplasma.

Eine dritte Vorstellung über die Ursache der Viskositätserhöhung bei Kälte legt Bělehrádek (1928) dar. Er nimmt an, daß bei temperaturempfindlichen und unempfindlichen Organismen die Fette und Phosphatide, die im Plasma als Emulsion enthalten sind, verschiedene Zusammensetzung aufweisen, und zwar sollen sich die Fette der unempfindlichen Arten aus ungesättigten Fettsäuren mit tiefem Schmelzpunkt, die der kälteempfindlichen Arten hingegen aus solchen mit hohem Schmelzpunkt zusammensetzen. Bei Erniedrigung der Temperatur würde das Protoplasma empfindlicher Arten wegen des hohen Schmelzpunktes der Fette viel rascher viskos als das der unempfindlichen.

Diese Vorstellung fand späterhin wenig Anhänger, doch sollte unbedingt die Beteiligung der Lipoide an Zustandsänderungen im Protoplasma heute wieder stärker in Betracht gezogen werden. Nach den von Booij und Bungenberg de Jong (1956) zusammenfassend dargestellten Untersuchungen ist ja das Protoplasma als ein „Assoziationskolloid" aus Proteinen und Lipoiden aufzufassen, ähnlich wie dies schon von Lepeschkin angenommen wurde.

Für die Fälle eines Zusammentreffens von gesteigerter Plasmaviskosität und Frosthärte erwägt Levitt (1956) noch eine vierte Erklärungsmöglichkeit: Frosthärte ist häufig mit einer Erhöhung der Zellsaftkonzentration verbunden; diese müßte zu einer Dehydratation des Plasmas und dadurch auch zu einem Ansteigen seiner Viskosität führen.

Den Beobachtungen über eine Erhöhung der Plasmaviskosität bei Pflanzen im frostharten Zustand stehen aber auch Angaben über ein Gleichbleiben der Viskosität gegenüber. Nach Höfler (1958) zeigen Epidermiszellen eines im Dezember unter dem Schnee hervorgegrabenen wintergrünen Farnes, *Blechnum spicant,* bei Temperaturen knapp über 0° C gleich gute Konvexplasmolysen wie im Sommer. Wenn Levitt und Scarth (1936) und andere Autoren (Scarth und Levitt 1937, Levitt und Siminovitch 1940, Siminovitch und Levitt 1941, Parker 1958, 1960 u. a.: zusammenfassende Darstellung: Levitt 1956, 1958) auch über eine Herabsetzung der Plasmaviskosität mit zunehmender Frosthärte berichten, so handelt es sich dabei vielleicht bloß um ein Phänomen, welches die zunehmende Hydratation (vgl. S. 87) begleitet.

Levitt sieht in vielen Fällen die Angaben über eine Erhöhung der Plasmaviskosität bei Kälte als Folge einer Fehldeutung der als Anzeiger der Plasmaviskosität benützten Kriterien. Vor allem erscheinen ihm die Zentrifugierungsversuche als kein sicheres Anzeichen für Viskositätsänderungen bei gehärteten Pflanzen, da gleichzeitige Änderungen des spezifischen Gewichtes der Plastiden eine Viskositätsänderung des Plasmas vortäuschen können.

Doch erscheinen auch die Argumente Levitts für eine Herabsetzung der Plasmaviskosität bei kälteharten Pflanzen nicht ohne Angriffsflächen. Wenn darauf hingewiesen wird, daß sich die Protoplaste frostharter Zellen in sehr konzentrierten Lösungen runden, jene nichtgehärteter Pflanzen jedoch nicht (Scarth und Levitt 1937, Siminovitch und Levitt 1941), so leidet diese

Feststellung unter dem Nachsatz, daß die gehärteten Zellen ohne Schädigung deplasmolysiert werden können, die ungehärteten aber nicht. Man könnte daher daran denken, daß das ungehärtete Protoplasma durch das starke Plasmolytikum so geschädigt wurde, daß es zuerst zu keiner glatten Abrundung und bei der Deplasmolyse zu einem vorzeitigen Absterben kam.

THIMANN und KAUFMANN (1958) fanden in *Pinus*-Kambiumzellen im März, kurz nachdem die Frosthärte voll entwickelt war, ein Maximum der Plasmaströmung.

Wie immer die Verhältnisse im einzelnen liegen mögen, so muß den vorliegenden Beobachtungen entnommen werden, daß auch hinsichtlich Plasmaviskosität und Frosthärte keine für alle Pflanzen gleichmäßig gültigen Aussagen gemacht werden können.

c) Permeabilität des Protoplasmas

Einleitend sei auf das schon in den Abschnitten über die Wirkungen von Feuchtigkeit (S. 80) und von Wärme (S. 202) auf die Plasmapermeabilität Gesagte rückverwiesen.

Die ältesten eingehenden Untersuchungen „Über den Einfluß der Temperatur auf die osmotischen Prozesse lebender Zellen" stammen von KRABBE (1896). Er benützte als Maß der Wasserpermeabilität die Verlängerung oder Verkürzung von Zylindern jugendlichen Markgewebes von *Sambucus nigra* und *Helianthus* nach Einstellen in Wasser bzw. in Zuckerlösungen. Die Markzylinder wurden zuerst bis zur Vollturgeszenz bei Zimmertemperatur in Wasser gebracht und dann in Zuckerlösungen von 0°—5° C und solche von 20°—25° C eingelegt. In der Wärme trat entsprechend einer erhöhten Wasserpermeabilität eine bedeutend raschere und stärkere Verkürzung ein als bei Kälte. Wurden umgekehrt der Länge nach gespaltene Zylinder von *Helianthus annuus* in verschieden temperiertes Wasser gestellt, so erfolgte bei 25° C die Wasseraufnahme ungefähr fünfmal so schnell als bei einer Temperatur von 1°—2° C. Auch in entsprechenden Versuchen mit Keimlingswurzeln von *Vicia faba* und *Phaseolus multiflorus* konnte KRABBE ähnliche temperaturbedingte Unterschiede in der Verlängerung bzw. Verkürzung feststellen.

Eine solche Zunahme der Wasserdurchlässigkeit des Plasmas mit ansteigender Temperatur wurde später von verschiedenen Autoren bestätigt (RYSSELBERGHE 1901, DELF 1916, STILES und JÖRGENSEN 1917, STILES 1924, DE HAAN 1933 u. a.).

Auf eine Herabsetzung der Wasserpermeabilität in Wurzelballen bei Kälte hat man auch aus der in Potetometerversuchen an vielen Pflanzen beobachteten Hemmung der Wasseraufnahme bei niederer Temperatur (0°—5° C) geschlossen. Bei Rückführung auf die Ausgangstemperatur (20° C) stieg auch die Geschwindigkeit der Wasseraufnahme an (KOSAROFF 1897, GAVRILOFF 1924, 1926, B. DÖRING 1935, ROUSCHAL 1935, NITSCHE 1937, GREB 1957).

Diese Beobachtungen über Hemmung der Wasseraufnahme bei Kälte dürfen aber nicht verallgemeinert werden. Schon SACHS (1860 a), auf den die ersten Angaben über eine Herabsetzung der Wasseraufnahme bei Kälte, z. B. bei *Cucurbita* und *Nicotiana,* zurückgehen, wies darauf hin, daß andere Pflanzen, wie z. B. *Brassica oleracea* und *Brassica napus,* auch dann nicht welken, wenn ihre Wurzeln auf die Temperatur von Eiswasser gebracht wurden. Er vermutete, daß die Wasseraufnahmefähigkeit der Wurzeln von Pflanzen kalter Klimate nicht oder nur wenig durch die niedere Außentemperatur beeinträchtigt wird.

Später hat FIRBAS (1931) gezeigt, daß Hochmoorpflanzen eine besonders geringe Temperaturabhängigkeit der Wasseraufnahme besitzen. Sie wird durch niedere Bodentemperaturen kaum gehemmt. Es entspricht dies gut den Standorterfordernissen. Wenn sich auch Moorböden durch Insolation während des Tages in den obersten Schichten stark erwärmen können, so sinkt die Temperatur infolge der geringen Leitfähigkeit in dem nassen Boden schon innerhalb weniger Dezimeter stark ab. Die Wurzeln der Hochmoorpflanzen müssen daher oft starke Temperaturdifferenzen ertragen (vgl. BIEBL 1951).

B. DÖRING (1935) hat an 57 verschiedenen Pflanzenarten durch Überführung dieser aus Wasser von 20° C in solches von 0° mittels kleiner Potometer die Kälteempfindlichkeit der Wasseraufnahme durch die Wurzeln mit ökologischer Blickrichtung untersucht. Die Autorin kommt zu dem Schluß, daß Hochmoorpflanzen und Pflanzen von Flachmooren nördlicher Breite durchwegs durch eine sehr geringe Temperaturempfindlichkeit der Wasserabsorption ausgezeichnet und dadurch weitgehend an das Bodenklima ihrer Standorte angepaßt sind. Bei anderen Gruppen, die Pflanzen aus beschatteten Talböden, Trockenwäldern und schwächer beschatteten Standorten, Felsenheiden und mediterranen Macchien umfaßten, waren die Beziehungen der Temperaturempfindlichkeit der Wasseraufnahme zum Standortklima nicht so deutlich ausgeprägt. Für die ökologische Stellung der Art scheint diese nur unter bestimmten Bedingungen selektive Bedeutung zu erlangen. Hingegen konnte oft innerhalb bestimmter Gattungen und Familien ein auffallend gleichartiges Verhalten beobachtet werden.

Auch ROUSCHAL (1935) kam in seiner gleichzeitig erschienenen Untersuchung zu dem Ergebnis, daß es kaum möglich sein wird, ökologische Gruppen von Pflanzen aufzustellen, von denen die einen eine Kältehemmung der Wasseraufnahme durch die Wurzeln aufweisen, die anderen nicht.

Vergleichende direkte Messungen der Wasserpermeabilität der Wurzelzellen von Pflanzen verschiedener Standorte mit zellphysiologischer Methodik liegen, wohl wegen der Schwierigkeit des Objektes, noch nicht vor.

Über die von zahlreichen Autoren an Epidermis- und Grundgewebszellen von Stengeln und Blättern bei verschiedener Temperatureinwirkung erzielten Permeabilitätsänderungen wurde schon im Abschnitt „Hitze" (S. 202) berichtet. Wenn auch unterschieden in ihren Q_{10}-Werten, zeigte sich bei fast allen untersuchten Pflanzen für die verschiedensten Diosmotica in gleicher Weise ein Ansteigen der Permeabilität mit zunehmender Temperatur bzw. eine Permeabilitätserniedrigung bei Kälte.

Von diesen Versuchen über die Temperaturabhängigkeit der Permeabilität an gleichartigem Ausgangsmaterial sind, wie im vorigen auch für die Untersuchungen der temperaturbedingten Viskositätsänderungen betont, jene zu unterscheiden, in denen die Permeabilität im sommerlichen (enthärteten) Zustand mit dem im Winter (frostgehärteter Zustand) verglichen wird. Hier zeigt sich nämlich die überraschende Tatsache, daß die meisten untersuchten Pflanzen im frostgehärteten Zustand sowohl für Wasser wie auch für verschiedene Diosmotica eine höhere Permeabilität besitzen als im ungehärteten.

Levitt und Scarth (1936) beobachteten mit plasmometrischer Methode an Blattzellen von Kohl und Rotklee im Verlauf einer mehrtägigen Härtung bei $+5^0$ C ein Ansteigen der Harnstoffpermeabilität und fanden auch in Rindenzellen verschiedener Holzgewächse wie *Catalpa, Hydrangea, Caragana* und *Liriodendron* im frostresistenten Zustand eine starke Verkürzung der Deplasmolysezeiten. Es ergab sich aus diesen Versuchen eine Erhöhung der Permeabilität für Wasser, Elektrolyte und polare Nichtelektrolyte, nicht aber für apolare Substanzen.

In Übereinstimmung damit stehen auch Beobachtungen von Kessler und Ruhland (1938): Epidermisschnitte und Blattstücke von *Sempervivum, Hedera, Saxifraga, Opuntia* und *Sedum* wurden in CO_2-freies dest. H_2O gelegt und mehrere Stunden der Exosmose überlassen. Die Menge der ausgetretenen Zellsaftsubstanzen wurde mit der Leitfähigkeitsmethode im Wasser bestimmt. Stets ging mit dem Kälteresistenzerwerb eine Erhöhung der Permeabilität Hand in Hand.

Sakai (1955 b) beobachtete die jahreszeitlichen Veränderungen der Wasserpermeabilität in Rindenparenchymzellen von Maulbeerzweigen und konnte einen scharfen Anstieg der Wasserpermeabilität im September mit einem Maximum im Dezember feststellen. Allerdings zeigte sein Versuchsobjekt mit Abnahme der Frostresistenz keine neuerliche Verringerung der Wasserpermeabilität. „Through the frost-hardiness very markedly decreases in May, the water permeability still remains its maximum value. Therefore, in spring, the permeability of the parenchyma cells to water can not be used as indicating the degree of frosthardiness."

Einzelbeobachtungen von Höfler (1958) an Blattrippenzellen des Farnes *Blechnum spicant* ließen keine Erhöhung, sondern eine Herabsetzung der winterlichen Harnstoffpermeabilität erkennen. Während die Änderung des Plasmolysegrades in 1,5 mol Harnstoff pro Stunde (Δ *G*) im Sommer bei einer Temperatur von 16—18^0 C 0,029 betrug, erreichte sie im Dezember, an von Schnee bedeckt gewesenen Pflanzen, bei einer Versuchstemperatur von 6^0 C nur 0,013—0,014. Wurden die Schnitte hingegen für mehrere Stunden bei Zimmertemperatur von 16^0 C gehalten, so stieg die Permeabilität im Verhältnis 3,4 : 1 an.

Eine Herabsetzung der Permeabilität in frostharten Pflanzen wurde auch von einer Reihe russischer Forscher durch Bestimmung der Exosmose von Elektrolyten aus den Geweben beschrieben (Ivanov 1931, Golus 1935, 1938, Cajlachjan 1935, Sestakov und Sergejev 1936, 1937, Sergejev und Lebedev 1936 a, b, Sergejev und Sergejeva 1939). Levitt (1956) hält es aber für möglich, daß in diesen Fällen die Messungen an frostgeschädigten Geweben vorgenommen wurden und weist auf die schon oben erwähnten Untersuchungen von KESSLER und RUHLAND (1938) hin, die mit gleicher Methodik bei Pflanzen im frostharten Zustand Permeabilitätssteigerungen gefunden haben.

Daß aber auch die plasmolytisch festgestellten Permeabilitätserhöhungen bei Kälte unter Umständen mit Vorsicht zu betrachten sind, geht aus Untersuchungen von WEBER (1932b) über Plasmolysepermeabilität bei Kälte hervor. Als Versuchspflanzen dienten ihm Blättchen von *Helodea canadensis*. Während sich die Zellen der Blättchen bei 20° C mit 2 mol Harnstofflösung gut plasmolysieren ließen und die Deplasmolysezeit 20—30 Minuten betrug, ging die Plasmolyse bei 1—2° C unter Absterbeerscheinungen des Cytoplasmas schon innerhalb von 2 Minuten zurück. Die Plasmolysepermeabilität (d. i. die Permeabilität während der Plasmolyse) wird also durch niedere Temperatur stark erhöht. Die Normalpermeabilität in isotonischen, nicht plasmolysierenden Harnstofflösungen wurde durch die niedere Temperatur hingegen nicht beeinflußt. Allerdings ist dazu zu sagen, daß *Helodea* einer Kältehärtung nicht fähig ist und die Verhältnisse hier anders liegen können als bei kältegehärteten Landpflanzen.

III. Erscheinungsbild und Ursachen des Zelltodes bei Kälte

1. Kältetod über dem Gefrierpunkt (Erkältungstod, chilling injury)

Über die Eigenschaft vieler Pflanzen warmer Klimate schon bei Temperaturen über Null Grad abzusterben, wurde schon berichtet (S. 221), desgleichen über die bei niederen Temperaturen auftretenden physiko-chemischen Veränderungen im lebenden Protoplasten (S. 261).

Die Untersuchungen von SPRANGER (1941) über das zytomorphologische Bild des Zelltodes bei Temperaturen über 0° C zeigten, daß dieses nicht spezifisch ist. Die toten Kerne können ziemlich gut fixiert erscheinen, andere sind kompakt und gelatinös und wieder andere können dichte Granulation aufweisen. Das Protoplasma kann sich grob koaguliert von den Zellwänden abheben oder fein granuliert die ganze Zelle auskleiden. Chlorophyllkörner können sich bräunen und der aus anthokyanhältigen Vakuolen austretende Zellsaft kann die Zellwände dunkel verfärben.

Es gilt wohl für die Nekrosebilder nach verschiedenen Tötungsarten auch bei Landpflanzen dasselbe, was für vier verschiedene Tötungsarten an einer großen Zahl von Meeresalgen gezeigt werden konnte (BIEBL 1939): das zytomorphologische Bild des Zelltodes bei einer bestimmten Tötungsart ist nicht so sehr von dieser als von den Eigenschaften der Zellwand, des Plasmas, der Plastiden und des Zellsaftes der betroffenen Zelle abhängig. Das Todesbild einer bestimmten Zellsorte kann daher für verschiedene Tötungsarten recht ähnlich sein.

Interessant sind in der Untersuchung SPRANGERS die Beobachtungen über die unterschiedliche Kälteresistenz verschiedener Gewebe ein und derselben Pflanze. So zeigten z. B. bei *Dieffenbachia eburnea* nach 60 Stunden Einwirkung einer Temperatur von 1° C die Protoplasten der Epidermiszellen, sowohl der Ober- als auch der Unterseite der Blätter deutliche Degenerationserscheinungen und starben während der Plasmolyse vollends ab. Die zahlreichen Spaltöffnungen der Blattunterseite sowie die Mesophyllzellen ließen hingegen keinerlei Schädigungen erkennen und waren sehr gut plasmolysierbar (Abb. 90).

Daß bei Bestimmung der Kälteresistenz Schädigungen der Versuchspflanzen durch Störungen im Wasserhaushalt, verursacht durch eine verlangsamte Wasseraufnahme bei niederer Temperatur, vermieden und bei

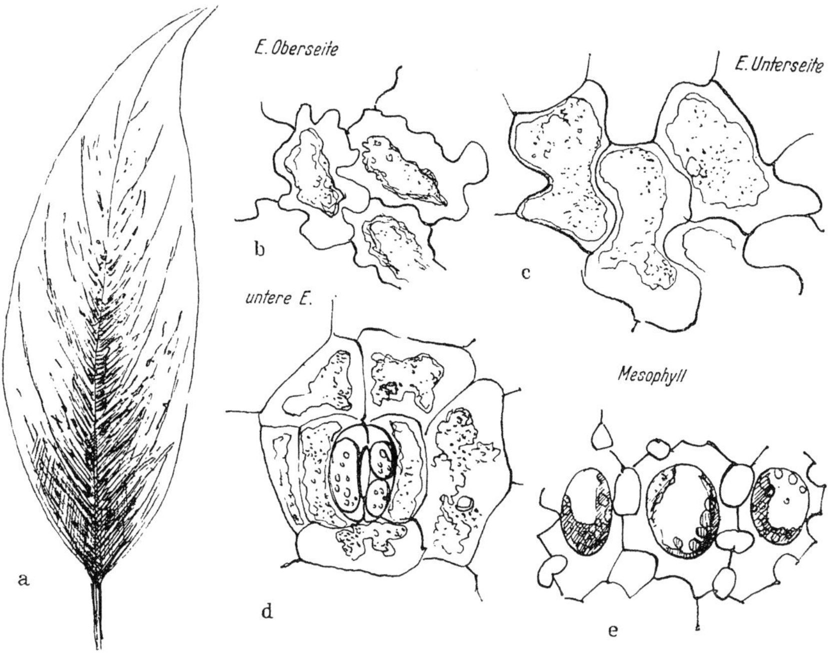

Abb. 90. *Dieffenbachia eburnea.* *a* ganzes Blatt; schattierte Stellen geschädigt, *b* obere und *c* untere Epidermis mit toten, geschrumpften Protoplasten, *d* Blattunterseite mit lebenden Schließzellen, *e* lebende Mesophyllzellen. (Nach E. SPRANGER 1941.)

Betrachtungen über die Ursachen des Kältetodes ausgeschaltet werden müssen, wurde schon von SACHS ausgesprochen und von MOLISCH experimentell erwiesen. MOLISCH hat daher auch seine Versuche über den Kältetod bei Temperaturen über dem Gefrierpunkt im dampfgesättigten Raum vorgenommen (vgl. S. 224).

In der Erklärung der Ursache des Kältetodes oberhalb des Gefrierpunktes ist man trotz zahlreicher Bemühungen kaum über die allgemeine Feststellung von MOLISCH (1897) hinausgekommen, „daß das Erfrieren über Null, unabhängig von der Transpiration, auf durch niedere Temperatur hervorgerufene Störungen im chemischen Getriebe der lebenden Substanz zurückzuführen ist".

LEPESCHKIN (1937) sieht gleichfalls die Ursache des Kältetodes über 0° C als Folge eines gestörten Stoffwechsels, etwa in der Weise, daß bei niedriger Temperatur das in normalen Zellen herrschende Gleichgewicht der chemischen Prozesse zerstört wird und sich Stoffe anhäufen, die bei höheren Temperaturen in andere, unschädliche verwandelt werden.

A. F. Wilhelm (1935) hat an Bohnen, Tabak und Tomatenpflanzen die Ursache des Kältetodes über 0° C untersucht und festgestellt, daß für die Kälteschädigung bei unbehinderter Transpiration vor allem der Wasserverlust maßgebend ist, während bei gehemmter Transpiration Stoffwechselvorgänge, und zwar vor allem Störungen im Stickstoffwechsel, für das Absterben der Pflanzen verantwortlich zu machen sind. Wilhelm beobachtete nach Kälteeinwirkung ein Zurückgehen des Eiweißstickstoffes und eine Zunahme des löslichen Stickstoffes und sieht in diesem Eiweißabbau die entscheidende Ursache für das Absterben der Pflanzen über 0° C.

Bei unbehinderter Transpiration könnte der Wassermangel bei niederer Temperatur die schädliche Wirkung übermäßig starken Stickstoffabbaues noch fördern, da Mothes (1926, 1928 b) gezeigt hat, daß das Welken eine Vermehrung der Proteasen oder ihre stärkere Aktivierung veranlasse und daß für welkende Organe der Eiweißentzug eine sehr schädliche Erscheinung zu sein scheint.

Seible (1939) hat die Versuche Wilhelms nachgeprüft und auch bestätigen können. Sie fand aber weiter, daß die im Dunklen abgekühlten Pflanzen einen weit stärkeren Eiweißabbau zeigten als die im Licht bei niederer Temperatur gehaltenen Pflanzen. Es war nun bekannt, daß schon Dunkelheit allein bei normaler Temperatur einen verstärkten Eiweißabbau auslöst. Es mußte daher die Frage geprüft werden, ob sich der Eiweißabbau bei tiefer Temperatur und Dunkelheit stärker bemerkbar macht als bei Dunkelheit allein. Das Gegenteil war der Fall. Bei Dunkelheit allein ging der Eiweißabbau noch schneller vor sich als bei Dunkelheit und Kälte. Während der Kälteversuche blieben aber die bei Zimmertemperatur dunkel gehaltenen Kontrollen am Leben, während die Kältepflanzen abstarben. Der Abbau des Eiweißstickstoffes und die Anreicherung an gelöstem Stickstoff konnte daher nicht als Erklärung des Kältetodes über Null herangezogen werden.

Ferner wurden experimentelle Belege für Störungen in der Funktion verschiedener Zellfermente bei niederer Temperatur erbracht, z. B. starker Rückgang der synthetisierenden Fähigkeit der Invertase und der Protease (Maximow, Sisakjan und Rubin, Kursanow, Krjukowa und Morsow, zitiert bei Ullrich 1943).

Im einzelnen ist die Frage nach der Ursache des „Erkältungstodes" auch heute noch nicht beantwortet.

2. Kältetod unter dem Gefrierpunkt (Gefriertod, frost injury)

Über die Grenzen der Gefrierresistenz bei Meeresalgen (S. 149) und bei Landpflanzen ökologisch verschiedener Standorte und Klimagebiete sowie über die Änderungen der Frostresistenz mit dem Alter, der Jahreszeit und unter verschiedenen Versuchsbedingungen (S. 208 ff.) wurde schon berichtet.

a) Todesbild und Ort der Eisbildung

Das Todesbild der nach Gefrieren und Wiederauftauen abgestorbenen Zellen ist, ebenso wie beim Kältetod über 0⁰ C, unspezifisch. KLEMM (1895) wies schon darauf hin, daß das bei abnorm niederer Temperatur absterbende Plasma ebenso wenig übereinstimmende Veränderungen erfährt, wie etwa beim Hitzetod.

„Charakteristische Todesbilder" sind auch beim Gefriertod nicht von der Todesart, sondern von der anatomischen und physiologischen Eigentümlich-

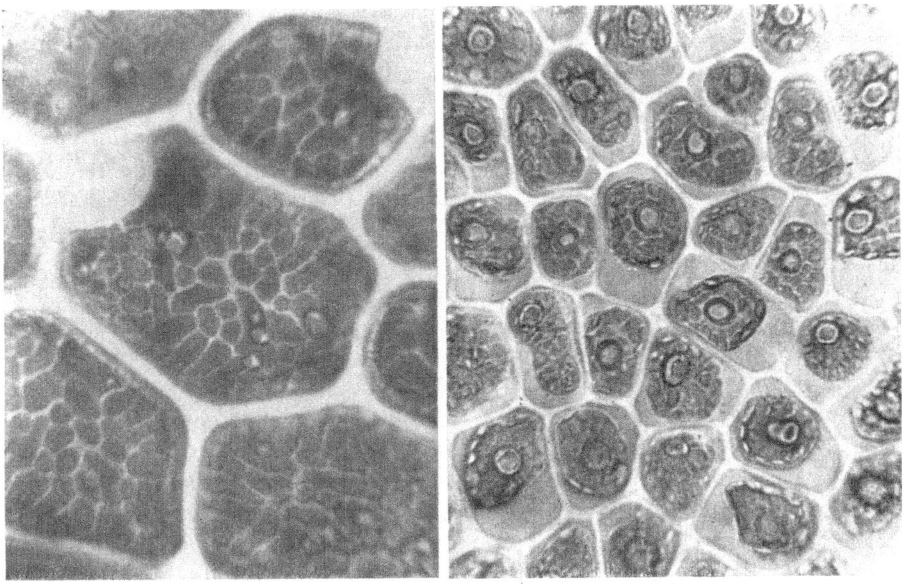

a b

Abb. 91. Pseudoplasmolysen nach Gefriertod bei —8° C, *a Polyneura hilliae*. *b Ulva cf. olivacea*. (Nach R. BIEBL 1959.)

keit der gefrorenen Pflanzenzellen abhängig. So kann das Todesbild der Zellen verschiedener Meeresalgen (BIEBL 1959), die nach 12stündigem Einfrieren bei —8⁰ C und langsamem Wiederauftauen abgestorben waren, sehr verschieden aussehen: Manche Rotalgen zeigen starke Membranquellung und einen verklumpten, zu einer braunrot verfärbten Masse zusammengedrängten Protoplasten, der keinerlei Einzelheiten mehr erkennen läßt (z. B. Arten von *Callophyllis, Kallymenia, Rhodymenia, Catenella*), bei anderen Arten sind die Membranen gleichfalls stark gequollen, die Plastiden abgerundet und verlagert, aber in ihrer Form erkennbar, während das mehr oder weniger deutlich koagulierte Protoplasma und der Zellsaft vom ausgetretenen Plastidenfarbstoff rot verfärbt ist. Häufig zeigen diese toten Zellen auch Fluoreszenz (z. B. *Delesseria, Membranoptera, Halymenia, Dudresnaya, Plocamium, Bonnemaisoniaceen, Antithamnium-* und *Griffithsia*-Arten u. v. a.). Extrem starke Membranquellungen, die den toten Protoplasten schmal-sanduhrförmig zusammenpressen, erfahren *Sphondylotham-*

nion und *Halurus*, gequollene Membranen und zerstörte Chloroplastenapparate weisen die gefrierempfindlichen *Cladophora*-Arten auf (vgl. auch Molisch 1897), während manche anderen Rotalgen (z. B. *Polyneura, Cryptopleura*) und Grünalgen (z. B. *Ulva*) durch eine auffallende Formbeständigkeit ihrer toten Plastiden ausgezeichnet sind.

Diese so verschiedenartigen Todesbilder sind aber nicht für den Gefriertod kennzeichnend, sondern treten bei den betreffenden Algenarten in ganz ähnlicher Weise auch beim Hitze-, Hypotonie-, Hypertonie- und Lichttod auf.

Eine Besonderheit, die nicht nur bei manchen Meeresalgen (Abb. 91), sondern auch bei Gewebezellen von Landpflanzen dem Gefriertod und gelegentlich auch dem Trockentod vorbehalten zu sein scheint, ist die Bildung von „P s e u d o p l a s m o l y s e n", die auf Wasserentzug durch Eisbildung außerhalb der Zelle zurückzuführen sind und nach Wiederausdehnung der Zellwände nach dem Auftauen sichtbar werden (Iljin 1933b). Gehen beim langsamen Auftauen die „Pseudoplasmolysen" zurück, so kann die Zelle gerettet sein. Doch kann der Protoplast auch noch nachträglich infolge der Strukturveränderungen und Verletzungen, die mit diesem plötzlichen Losreißen von der sich beim Auftauen rasch ausdehnenden Zellwand verbunden sind, absterben.

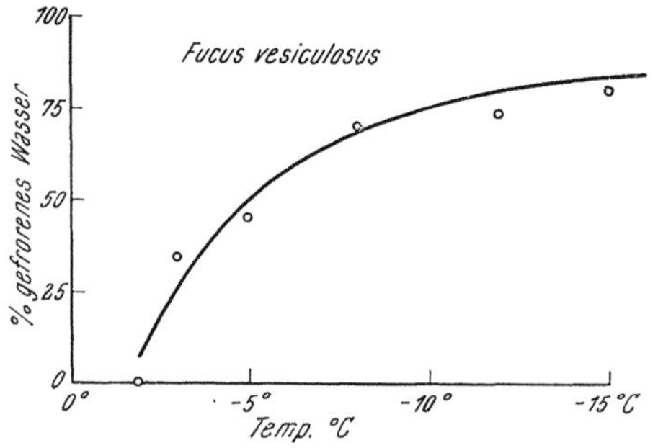

Abb. 92. Prozent des bei verschiedenen Kältegraden in *Fucus vesiculosus* gefrorenen Wassers. (Nach J. Kanwisher 1957.)

Eine bereits von den ersten Beobachtern gestellte Frage ist die nach dem O r t d e r E i s b i l d u n g beim Gefrieren der Zelle.

Caspary (1854) und Sachs (1860) haben beobachtet, daß das Wasser außerhalb der Zellen gefriert, aber schon vermutet, daß es auch zur Eisbildung im Inneren der Zellen kommen kann. Erste sichere Angaben über Eisbildung in den Interzellularen stammen von Prillieux (1869) und Müller-Thurgau (1886). Molisch (1897) bestätigte diese interzellulare Eisbildung, sah aber in den Epidermiszellen von *Tradescantia discolor* (= *Rhoeo discolor*), daß bei langsamer Abkühlung auch Eis i m I n n e r e n d e r Z e l l e n entsteht.

Zahlreiche Autoren (z. B. Stuckey und Curtis 1938) haben späterhin die Möglichkeit der Eisbildung an der Oberfläche der Pflanze (e x t r a z e l l u l ä r), in den Interzellularen (i n t e r z e l l u l ä r) und im Inneren der Zellen (i n t r a z e l l u l ä r) bestätigt.

Eine der jüngsten ausführlichen Studien über den Gefrierprozeß in Pflanzenzellen stammt von Asahina (1956). Eine große Zahl verschiedenster Pflanzenzellen (Fadenalgen, Haarzellen, Gewebezellen) wurden auf einem Gefriermikroskop im hängenden Öltropfen bei verschieden rascher Abkühlung auf Zeit und Ort der Eisbildung untersucht. Eine zu starke Unterkühlung wurde durch Impfung mit Eiskristallen (ice seeding) verhindert.

Von ökologischem Interesse an diesen Versuchen ist, daß die Zellen bis -10^{0} C sehr leicht in einem nicht gefrorenen, unterkühlten Zustand gehalten werden können und daß frostharte Zellen vermutlich infolge ihrer erhöhten Wasserpermeabilität mehr zur interzellularen Eisbildung neigen als nicht gehärtete Zellen, die leichter intrazellulär gefrieren.

Mit der Beobachtung, daß interzelluläre Eisbildung durch langsame Temperaturabnahme, intrazelluläre hingegen durch rasche Abkühlung gefördert wird, und daß interzelluläre Eisbildung an eine Unterkühlung des Zellinhaltes gebunden ist, steht ASAHINA im Einklang mit ÅKERMAN (1927).

TERUMOTO (1960 a) konnte bei -4^0 bis -5^0 C etwa ein Fünftel des totalen Wassergehaltes der Rübe von *Beta vulgaris* (table beet) als intrazelluläre Eismassen feststellen. Angaben über die Menge des bei verschie-

Tab. 100. *Prozent des in verschiedenen Meeresalgen bei* -15^0 *C gefrorenen Wassers* (nach J. KANWISHER 1957).

Art	% des bei -15^0 C ausgefrorenen Wassers
Fucus vesiculosus	82
Ascophyllum nodosum	76
Chondrus crispus	74
Ulva lactuca	69

denen Kältegraden ausfrierenden Wassers gibt ferner KANWISHER (1957) für einige Meeresalgen. Ähnlich wie in Abb. 92 für *Fucus vesiculosus* dargestellt, sind die Verhältnisse auch bei *Ascophyllum nodosum, Chondrus crispus* und *Ulva lactuca.*

Tab. 100 gibt in Prozenten des Gesamtwassergehaltes die Menge des bei -15^0 C bei den vier genannten Algen ausgefrorenen Wassers.

Wenn außerhalb der Zelle gebildetes Eis nur die Zellwand durchdringt, nicht aber die äußere Oberfläche des Protoplasten, so kann es nach ASAHINA zur Eisbildung zwischen Zellwand und Protoplast kommen. Dies führt zu starkem Wasserentzug aus der Vakuole. Die Folge ist „Frostplasmolyse". Diese kann bei hinreichender Kälteresistenz des Protoplasten nach Wiederauftauen ohne schädigende Folgen bleiben.

Die Temperatur, bei der „spontanes Gefrieren" eintritt, ist nach ASAHINA von verschiedenen Faktoren abhängig, wie Geschwindigkeit der Temperaturabnahme, Größe, Wassergehalt und Oberflächenbeschaffenheit des Gewebes. Gewebe mit feuchter Oberfläche gefrieren stets schneller als solche mit trockener. Auch dies kann für das Gefrieren der Pflanze in freier Natur von Bedeutung sein.

Beobachtungen an Freilandpflanzen zeigten, daß bei krautigen Pflanzen die ersten Eisbildungen häufig in den Gefäßen auftreten und daß Gewebe immergrüner Pflanzen bei Frosttemperaturen fast stets in den Interzellularräumen Eiskristalle führen.

Intrazelluläre Eisbildung führt meist zum Zelltod. Nach ASAHINA werden die Strukturen der einzelnen Zellbestandteile im Augenblick des Gefrierens zerstört. Durch die sich meist dendritisch entwickelnden Eiskristalle wird das Cytoplasma um die sich bildenden Eismassen zusammengedrängt. Der

Zellkern wird verformt, granuliert und transparent. Die Vakuole wird häufig in mehrere Tropfen zerteilt. Im einzelnen variiert das Bild der gefrorenen Zelle in Abhängigkeit von der Verteilung von Eis und nichtgefrorenen Komponenten, mit der Tiefe der Temperatur und der Schnelligkeit, mit der sie dieser ausgesetzt wurde.

b) Ursachen des Kältetodes unter Null Grad

Soweit der Tod im Zustand der „Unterkühlung" oder als Nachwirkung einer solchen ohne Eisbildung eintritt, gilt das gleiche wie für das Absterben bei Temperaturen über dem Gefrierpunkt. Es werden Störungen im chemischen Getriebe der Zelle für den Zelltod verantwortlich zu machen sein.

Für Schimmelpilze (*Aspergillus niger, Penicillium glaucum*) konnte z. B. gezeigt werden, daß diese bei einer mehrstündigen Unterkühlung auf — 5° bis — 12° C auch ohne Eisbildung absterben (Bartetzko 1910, Lindner 1915).

Vollturgeszente Zellen sind leichter zur inneren Eisbildung geneigt und darum, wenn sie eisempfindlich sind, auch gefährdeter (Ullrich und Mäde 1938, 1940, Ullrich 1943). An Gartenbohnen beobachtete Seemann (1942), daß in ihnen Unterkühlungstemperaturen bis zu — 4° bis — 5° C auftreten können, ohne daß an dieser „eisempfindlichen Pflanze" Kälteschäden auftreten. Iljin (1934) weist auf die Bedeutung der Unterkühlung in freier Natur hin und führt als Beispiel *Hedera helix* an, dessen Blätter ohne Eisbildung Temperaturen von — 20° C ertragen können, während sie unter Bedingungen, die die Eisbildung fördern, schon bei — 12° bis — 13° C erfrieren.

Im allgemeinen sind daher bei Kälteschädigungen unter dem Gefrierpunkt die Wirkungen der Eisbildung als deren Ursache anzusehen (Zusammenfassende Darstellungen bei Åkerman 1927, Wartenberg 1933, Iljin 1933, Kessler 1935, Ullrich 1943, Levitt 1956, Asahina 1956 u. a.).

Die seinerzeit von Mez (1905) vertretene Lehre vom „spezifischen Kälteminimum" der verschiedenen Plasmen, das „durch besondere, für unsere Sinne unerkennbare Eigenschaften des Protoplasmas" bestimmt sei, erhielt schon durch die Arbeit seines Schülers Voigtländer (1909) eine Einschränkung, wonach der Tod nicht bei Unterkühlung der Pflanze eintritt, sondern nur wenn die Abkühlung unter das jeweilige „spezifische Minimum" mit Eisbildung verbunden ist. Experimentell widerlegt wurde die Kältetheorie von Mez vor allem durch Maximow (1914).

Fast alle übrigen Kältetodtheorien gehen auf Müller-Thurgau (1880, 1886) und Molisch (1897) zurück, die in der wasserentziehenden Wirkung des Eises die wesentliche Ursache des Gefriertodes sahen. Danach würde die Temperatur, bei der eine Pflanze getötet wird, einer Entwässerung der Zelle entsprechen, bei der diese nicht mehr existenzfähig ist.

Ein wichtiges Gegenargument gegen die Entwässerungstheorie, das besonders von Pfeffer (1904) und Irmscher (1912) angeführt wurde, daß nämlich die Eigenschaft der Austrocknungsfähigkeit nicht immer mit einer hohen Kälteresistenz verknüpft ist, wurde durch Maximow (1914) entschärft, der darauf hinwies, daß das sich bildende Eis nicht nur eine wasserentziehende, sondern auch eine mechanisch-koagulierende Wirkung auf die Plasmakolloide ausübt.

MAXIMOW und ÅKERMAN hielten den durch die Eisbildung verursachten mechanischen Druck für die Hauptursache des Plasmatodes und sahen in der Anhäufung von osmotisch wirksamer Substanz in der Zelle, wie z. B. Zucker, eine Schutzmaßnahme der Pflanze gegen zu starken Wasserentzug.

GORKE (1906), LIDFORSS (1907) und SCHAFFNIT (1910, 1911, und Mitarbeiter 1931, 1932), SCHANDER und SCHAFFNIT (1919) vertraten die Meinung, daß der starke Wasserentzug beim Gefrieren die im Zellsaft gelösten Salze und Säuren derart konzentriert, daß sie eine Aussalzung und Denaturierung der Plasmaeiweiße und damit den Zelltod herbeiführen. Nach ihnen ist die Schutzwirkung des Zuckers darin zu sehen, daß dieser wie ein Schutzkolloid wirke und die Aussalzung und Denaturierung der Plasmakolloide verhindere.

Auch LEPESCHKIN (1924, 1937) ist der Meinung, daß eine Entwässerung des Protoplasmas durch Gefrieren noch andere physikalisch-chemische Zustandsveränderungen zur Folge habe, die Todesursache sein können. Vor allem sieht aber auch er in der mechanischen Verletzung des Protoplasmas durch die Eisbildung eine wesentliche Ursache der Schädigung.

STILES (1930) hat diese Ansicht, daß durch Wasserentzug und Eisbildung innerhalb des Protoplasten eine Störung des Feingefüges im Plasma eintritt, die nach dem Tauen nicht rückgängig gemacht werden kann, mit besonderem Nachdruck vertreten.

Die Frage, ob der Kältetod beim G e f r i e r e n oder erst beim W i e d e r a u f t a u e n eintritt, wurde schon von den ersten Untersuchern gestellt — und gegensätzlich beantwortet. Während SACHS (1860) die Ansicht vertrat, daß der Tod nicht beim Gefrieren, sondern erst beim raschen Auftauen eintritt und gefrorene Pflanzen durch langsames Auftauen am Leben erhalten werden können, führte GÖPPERT (1871 b, 1883) als Gegenbeispiel das Absterben Indikan führender Orchideenblüten (*Phajus*-Arten und *Calanthe veratrifolia*) an, bei denen der Eintritt des Todes schon im gefrorenen Zustand an einer Blaufärbung zu erkennen ist. MOLISCH (1897) konnte diesen Beispielen einige weitere hinzufügen. So beginnt die Meeresalge *Nitophyllum punctatum* nach Einfrieren bei —5° C beim Absterben grellgelb zu fluoreszieren und *Ageratum mexicanum* strömt bereits im gefrorenen Zustand als Zeichen des eingetretenen Todes intensiven Kumarinduft aus. Einen Einfluß der Geschwindigkeit des Auftauens für die Erhaltung oder Nichterhaltung des Lebens konnte MOLISCH unter seinen Versuchspflanzen nur an Blattstücken einer Agave beobachten.

ILJIN (1933 b, 1934 b) untersuchte als erster mit besonderer Ausführlichkeit unter dem Mikroskop die Bedeutung der Eisbildung für das Absterben der Zelle. Der Tod der gefrorenen Zelle kann nach ILJIN unter verschiedenen Umständen eintreten: wenn das Wasser eines Gewebes außerhalb der Zellen gefriert, so wird diesen Wasser entzogen und ihr Aussehen gleicht dem beim Austrocknen. Es kann dabei bis zu einer Berührung der gegenüberliegenden Zellwände kommen, wobei sich der Zellinhalt gegen die Ränder

der Zellen zurückzieht. Die einander gegenübergelegenen Plasmaschichten können dadurch zum Verkleben kommen. Tritt dann beim Auftauen wieder Wasser in die Zellen, so dehnen sich die zusammengezogenen Zellwände rasch aus, das Protoplasma wird mitgezogen oder reißt sich von ihnen los. In diesem Falle kommt es zur Bildung von „Pseudoplasmolysen" (vgl. S. 276), ähnlich wie bei plötzlichem Wiederbefeuchten ausgetrockneter Zellen. Dadurch wird die Feinstruktur des Plasmas zerstört und es stirbt ab. Diesen Fall sieht Iljin als die Regel an und leitet dies aus der Beobachtung ab, daß es sehr häufig gelingt, durch stufenweises Auftauen (vgl. auch Åkerman 1919) oder durch Auftauen in stark plasmolysierenden Lösungen (z. B. Rohrzucker), die den Wassereintritt in die Zelle verzögern, die Zellen, die bei raschem Auftauen schon nach Einfrieren bei — 5° C getötet werden, bis zu Temperaturen von — 21° bis — 33,6° C, ja sogar bis — 80° C am Leben zu erhalten.

Iljin bestätigt aber auch, daß bei rascher Herabsetzung der Temperatur Gewebe schon im Laufe des Gefrierens absterben können. Er unterscheidet dabei zwei Möglichkeiten: Erfolgt die Eisbildung außerhalb der Zelle, so kommt es infolge Wasserentzuges aus der Vakuole zu einer Verkleinerung derselben und zu unregelmäßigen Kontraktionen bzw. Faltenbildungen in der Zellwand und dadurch gleichfalls zu einer letalen mechanischen Schädigung des Protoplasmas. Gefriert aber auch das Wasser in der Vakuole, so nimmt Iljin an, daß das Protoplasma zwischen dem sich um etwa 9% ausdehnenden Eiskörper in der Vakuole und dem starren Eismantel außerhalb der Zelle rein mechanisch zerdrückt wird. Ähnlich sei es auch, wenn die Zelle in Luft gefriert. Zuerst erstarrt die Zellwand und bildet eine feste Hülle um die Zelle, später erst erstarrt auch die Vakuole, vergrößert sich und preßt das Protoplasma zusammen. In diesen beiden Fällen sei es auch nicht möglich, die Gewebe durch stufenweises Auftauen oder durch Auftauen in plasmolysierenden Lösungen zu retten.

Eisbildung im Protoplasma selbst hielt Iljin für sehr unwahrscheinlich, doch konnte solche, wie schon erwähnt, von Asahina (1956) mit Sicherheit nachgewiesen werden.

Auch Asahina sieht die Ursache des Zelltodes bei Eisbildung in mechanischen Verletzungen durch die Eiskristalle und in Störungen der feinen Architektur des Protoplasmas durch die plötzliche Entwässerung. In Fällen jedoch, in denen der Tod erst im Verlauf einer längeren Frostperiode eintritt, hält er aber auch Störungen im Stoffwechsel für eine mögliche Todesursache.

Levitt (1957) nennt vier Zeitpunkte, zu denen der Gefriertod eintreten kann: 1. während des Gefrierens (größere Schädigung bei schnellem Gefrieren, als bei langsamem), 2. im gefrorenen Zustand (die Schädigung nimmt mit der Dauer des Gefrorenseins zu), 3. während des Auftauens und 4. erst nach dem Auftauen. Wann im Einzelfall der Tod eintritt, hängt sowohl von der Art der Versuchsanstellung, wie von den plasmatischen Eigenschaften des Versuchsmaterials ab.

Zu diesen verschiedenen Zeitpunkten werden aber die Ursachen des Zelltodes verschieden sein, wie auch je nach der Natur der Organe und

Zellen der Frost grundsätzlich verschiedene Wirkungen auslösen kann. „Alle Versuche, gleichförmige Ursachen des Kältetodes zu finden, gestalten das Problem verwickelter und entfernen es von seiner Lösung" (ILJIN 1933 b).

Von diesen den normalen Bedingungen einigermaßen entsprechenden Gefrierversuchen, bei denen die Abkühlung nicht über ein gewisses Temperaturminimum hinaus ohne tödliche Folgen durchgeführt werden kann, sind jene Tiefkühlversuche zu unterscheiden, in denen pflanzliche oder tierische Gewebe bis zur Temperatur von flüssiger Luft am Leben erhalten werden konnten. Beim Eintauchen eines Gewebes in flüssige Luft kann man nämlich erreichen, daß die Diffusion der Wassermoleküle, die zur Eiskristallisation erforderlich ist, gänzlich unterbunden wird. Es tritt dann ein „Verglasen" ein, d. h. eine Erstarrung des Zellwassers in der Anordnung der Moleküle, wie sie für den flüssigen Zustand kennzeichnend ist. Erwärmt man darauffolgend entsprechend rasch, so wird jede Bildung von Wassermolekülanordnungen, wie sie im festen Eis über größere Bereiche auftritt, verhindert und es können die Zellen am Leben bleiben (ULLRICH 1944).

Diese Tiefkühlversuche sind insofern für die Frage nach der Ursache des Kältetodes von besonderem Interesse, als sie zeigen, daß, zumindest bei bestimmten Pflanzen, nicht die tiefe Temperatur als solche den Tod des Protoplasmas herbeiführt, sondern die mit der Abkühlung, der Eisbildung oder dem Auftauen im Protoplasma vor sich gehenden destruktiven Vorgänge.

IV. Experimentelle Beeinflussung der Frostresistenz

Eine unmittelbare Einsicht in die Ursachen der Frostresistenz erhoffte man sich aus einer experimentellen Beeinflussung derselben.

Ausgehend von dem häufig in der Natur zu beobachtenden Ansteigen des osmotischen Wertes mit zunehmender Frosthärte versuchte man durch künstliche Erhöhung des osmotischen Wertes auch die Frostresistenz zu erhöhen. So beobachtete schon LIDFORSS (1907) an verschiedenen Blättern wintergrüner mediterraner Hartlaubgewächse (*Viburnum tinus, Myrtus communis, Nerium oleander* u. a.), wie auch an jungen Keimpflanzen von *Helianthus annuus,* die mehrere Tage in eine 5—10%ige Zuckerlösung (Rohrzucker, Glukose, Maltose, Lävulose, Galaktose) oder in Alkoholen wie Mannit und Glyzerin eingestellt worden waren, eine Erhöhung der Frostresistenz, während eine solche bei *Helodea canadensis* nicht zu erreichen war.

Helodea canadensis ist nun allerdings sehr frostempfindlich und stirbt schon bei leichtem Einfrieren ab (vgl. S. 214). Eine „Frosthärtung" scheint aber ganz allgemein nur an solchen Pflanzen möglich zu sein, die Eisbildung ertragen und erst bei Temperaturen unter dem Gefrierpunkt absterben. Das mag auch der Grund sein, weshalb KYLIN (1917) an Meeresalgen durch ähnliche Behandlungen keine Frosthärtung erzielen konnte.

In der Mehrzahl der Fälle war eine künstliche Erhöhung des osmotischen Wertes aber tatsächlich von einer Erhöhung der Frosthärte begleitet:

MAXIMOW (1908) fand, daß in *Aspergillus niger*-Kulturen, die auf Nährlösungen gezogen wurden, denen eine bestimmte Menge Glyzerin oder Zucker zugeführt worden war, der osmotische Wert in den Zellen des Myzels und gleichzeitig damit auch deren Kälteresistenz anstieg. Später (1912 a) bestimmte er an Blattepidermisschnitten von Rotkohl und *Tradescantia discolor,* die er teils auf Wasser, teils auf verschiedenen Konzentrationen von Glukose, Glyzerin, Äthylalkohol oder Azeton liegend einfrieren ließ, den Grad der Kälteresistenz. Sie nahm in allen Fällen bei den mit den Lösungen behandelten Schnitten zu.

Gleichartige Versuche an Rotkohlzellen wurden später auch von ÅKERMAN (1927) und ILJIN (1935) mit ähnlichem Ergebnis ausgeführt.

MAXIMOW (1912 b) untersuchte weiters am selben Objekt den Einfluß verschiedener Salzlösungen (Nitrate, Chloride, Oxalate, Laktate) und fand auch hier eine Erhöhung der Frostresistenz. Dies vor allem führte ihn dazu, nicht wie LIDFORSS (1907) und viele nach ihm, nach spezifischen physiko-chemischen Frostschutzwirkungen dieser verschiedenartigen Stoffe zu suchen, sondern die gemeinsame Schutzwirkung darin zu sehen, daß diese Stoffe infolge ihres tiefen eutektischen Punktes einen Teil des Wassers im Protoplasma bei Einfrieren länger in flüssigem Zustand erhalten und so das Plasma vor völliger Entwässerung bewahren.

Auch CHANDLER (1913), der Keimlinge verschiedener Pflanzen in Salzlösungen (KCl, NaCl, NH_4Cl, $NaNO_3$ u. a.) einstellte, beobachtete als Folge dieser Behandlung eine Erhöhung ihrer Gefrierresistenz. In jüngster Zeit untersuchte TERUMOTO (1959 b) die Wirkung einer Vorbehandlung von *Allium cepa*-Außenepidermen und Blattparenchymschnitten von *Beta vulgaris* mit 0,1—1 mol Lösungen verschiedener anorganischer Salze auf deren Frostresistenz. Auch er fand eine Erhöhung der Frostresistenz, wobei die zweiwertigen Kationen wirksamer waren als die einwertigen. Die Reihe ihrer Wirksamkeit war: Ca > Mg > Sr > Li, Na, K, Ba. Auch 20 Minuten langes Einlegen von Zwiebel-Außenepidermen von *Allium cepa* in 0,4 mol Äthylenglykol bedingte eine Erhöhung der Kälteresistenz (TERUMOTO 1957 b).

In einer jüngsten Untersuchung (TERUMOTO 1960 b) prüfte der Autor an der Grünalge *Aegagropila sauteri* (Nees) Kützing weitere Stoffe (Rohrzucker, Glycerin sowie Äthylen-, Propylen-, Diäthylen-, Triäthylen- und Polyäthylenglykol) auf ihre Frostschutzwirkung. Rohrzucker und Glycerin, die nicht in die Zelle einzudringen vermögen, zeigen keinerlei Schutzwirkung. Zwei Stunden lange Abkühlung auf —5° C tötete schon einzelne Zellen. Demgegenüber blieben die Algenfäden in Äthylen- und Propylenglykol sogar nach 2 Stunden Abkühlung auf —35° C am Leben. In mit 2 mol Äthylenglykol behandelten Zellen fanden sich bei —15° C noch keine intrazellulären Eiskristalle, was einer durch das Äthylenglykol bedingten erhöhten Wasserbindungskraft zugeschrieben wird. Die übrigen Substanzen zeigten geringere Effekte.

LEVITT (1957) untersuchte die Abhängigkeit der Frosthärte von der Zellsaftkonzentration in folgender Weise: Rotkohl und *Saxifraga cordifolia* wurden zuerst durch 1—6 Wochen Aufenthalt in einem Kaltraum bei 3—5° C und 12stündiger täglicher Beleuchtung mit 200 Watt gehärtet und dann deren Blätter bei gleicher Temperatur mit einer 1 mol Glyzerin-Lösung infiltriert. Das gleichzeitig aufgenommene Wasser wurde durch nachfolgende Transpiration abgedampft. Es zeigte sich in allen Fällen eine Steigerung der Frosthärte. LEVITT führte daher die widersprechenden Befunde anderer Autoren darauf zurück, daß sich bei ihnen die Versuchspflanzen in sehr verschiedenen Stadien der Kälteempfindlichkeit befunden hätten, während Versuche zur künstlichen Erhöhung der Frosthärte nur an gleichmäßig gehärtetem Ausgangsmaterial durchgeführt werden sollen.

Eine gleiche Steigerung der Frosthärte erzielte LEVITT (1959) an Blättern von 2 bis 3 Monate alten Kohlpflänzchen (*Brassica oleracea* L.) auch nach Infiltration mit Glukose und Fruktose. Allerdings war der Anstieg der Frosthärte geringer als bei natürlicher Frosthärtung (ungefähr um 2° C gegenüber 4° C). Obwohl der künstlich erzielte Anstieg des osmotischen Wertes (um 5—6 Atm.) größer war als der natürliche Anstieg (um 3 Atm.). LEVITT schließt daraus, daß bei natürlicher Frosthärtung die Zunahme der Zucker im Zellsaft nicht allein maßgebend ist, sondern daß auch noch verschiedene andere Faktoren mitspielen.

ULLRICH und HEBER (1957, 1958) untersuchten die Schutzwirkung des Zuckers auf Eiweißkörper durch Gefrierversuche an Homogenisaten aus verschiedenen Weizensorten. Sie fanden, daß Zucker auch im Homogenisat, also nach dem Herauslösen der Eiweiße aus dem Strukturverband, bei — 25° C die Denaturierung pflanzlicher Eiweiße zu verhindern vermögen. Die Schutzwirkung der Zucker wird dabei darin gesehen, daß sie in ähnlicher Weise wie Wassersolvathüllen Eiweiße zu „solvatisieren" vermögen und so die der Dehydratation folgende Fällung und Denaturierung (ULLRICH und VAN VEEN 1942) zu verhindern imstande sind. Auf gleiche Weise, nehmen die Autoren an, sei auch die Frostschutzwirkung von Glykol und Glyzerin zu erklären.

HEBER (1958a) hat im weiteren die Wirkung verschiedener Zucker auf die Frostresistenz von Weizenpflanzen vergleichend untersucht, wobei er sich die Frage stellte, ob nicht die in der Literatur aufscheinenden widersprechenden Befunde über die Schutzwirkung von Zuckern darauf zurückzuführen seien, daß nur einige, ganz bestimmte Zucker eine Rolle als Schutzstoffe bei der Frostresistenz spielen. Er findet in seinen Versuchen, daß der Gehalt der Weizenpflanzen an Glukose und Fruktose eine bessere Übereinstimmung mit dem Grad der Frostresistenz aufweist als der an Gesamtzucker. Aus Versuchen mit Plasmaeiweißlösungen wird geschlossen, daß bei den Zuckern nicht das Gewicht, sondern die Anzahl der vorhandenen Moleküle den Grad der Schutzwirkung auf Plasmaeiweiße bestimmt, also z. B. die Gewichtseinheit Monosaccharid eine etwa dreifach höhere Schutzwirkung ausübt als die gleiche Menge Trisaccharid. Zudem sei aber für die Frostresistenz einer Zelle von wesentlicher Bedeutung, daß die Zucker nicht in der Vakuole, sondern im Plasma lokalisiert sind. Dem Zuckergehalt der Vakuolen scheint geringere Bedeutung zuzukommen. Der Mechanismus der Schutzwirkung der Zucker wird darin gesehen, daß diese je nach den Gefrierbedingungen über Wassermoleküle oder direkt mit den frostempfindlichen Proteinen in Wechselwirkung treten und so eine Denaturierung verhindern, die sonst als Folge des Wasserentzuges durch die Eisbildung eintritt.

Dies stimmt überein mit älteren Vorstellungen, wonach wasserbindende Zellkolloide dem Wasserentzug durch Frost entgegenwirken und ihre Menge daher ausschlaggebend für den Grad der Frostresistenz ist (Gorke 1906, Schaffnit 1910, Andersson 1944).

Tonzig (1941) schreibt bestimmten Kohlehydrat-Proteinkomplexen (Mucoproteiden) eine bedeutende Rolle im Gesamtwasserhaushalt der Zelle zu und betont vor allem ihren stabilisierenden Einfluß auf die Kälteresistenz der Pflanze. Jeremias (1956) und Henze (1959) vermuten eine spezifische Wirkung stark hydratisierter Glykoproteide im Protoplasma.

Heber (1959 a) konnte in Modellversuchen zeigen, daß nur ein bestimmter Teil der Plasmaeiweiße durch Einfrieren bei tiefer Temperatur koagulierbar ist. Dieser Teil umfaßt wahrscheinlich die Gesamtheit der hochorganisierten Proteineinheiten der Zelle, darunter auch alle grün gefärbten Proteide. Zuckerbestimmungen ergaben in der frostempfindlichen Eiweißfraktion einen Gehalt an gebundenen Zuckern von etwa 12%, in der frostunempfindlichen löslichen Eiweißfraktion hingegen nur einen solchen von etwa 3%. Heber schließ daraus, daß daher zumindest beim Winterweizen Glykoproteide als spezifische Schutzstoffe nicht in Frage kommen. Diese Ansicht steht in Übereinstimmung mit Befunden Levitts (1954) an Kohl. Die Proteine des frostunempfindlichen, löslichen Eiweißanteils seien im Frostschutzversuch bis zu einem gewissen Grad in der Lage, die Fällung der empfindlichen Eiweiße durch das Einfrieren zu verhindern. Die Schutzwirkung dieser Proteine wird über deren Wasserbindungsvermögen zu erklären versucht. Es wird dazu angenommen, daß diese Proteine ihr Solvatwasser zum Teil auch den frostempfindlichen Eiweißen zur Verfügung zu stellen vermögen und so deren Koagulation verhindern können.

Aminosäuren spielen hingegen beim Erwerb der Kälteresistenz keine Rolle als Schutzstoffe gegen frostbedingte Denaturierung von pflanzlichen Eiweißen. Es ist auch in vitro nicht gelungen, Plasmaeiweiße durch Aminosäuren gegen eine Frostdenaturierung zu schützen (Heber 1958 b).

Trotz im einzelnen voneinander abweichenden experimentellen Ergebnissen und theoretischen Vorstellungen kann als gemeinsame Annahme festgehalten werden, daß die abgehärteten Pflanzen gegen die Wirkung des Frostes vor allem dadurch geschützt sind, daß das Wasserbindungsvermögen des Plasmas relativ geändert wird. Während des Abhärtungsvorganges wird offenbar die freie Beweglichkeit der Wassermoleküle innerhalb des Plasmas herabgesetzt. Ursprünglich dachte man dabei vor allem an eine Wirkung der Zuckeranhäufung im Zellsaft, die auf dem Weg über eine Gefrierpunkterniedrigung die Menge des bei einer bestimmten Temperatur ausfrierbaren Wassers reduzieren sollte, wodurch der Zelle der zum Überleben erforderliche Hydratationsgrad erhalten bliebe (Müller-Thurgau 1882, Åkerman 1927). Später wurde ein ursächlicher Zusammenhang zwischen Zuckergehalt und Frostresistenz bezweifelt, vor allem auf Grund der Beobachtung, daß die winterliche Zunahme der Frostresistenz keineswegs immer mit einer Erhöhung des osmotischen Wertes verbunden ist (PISEK 1953, KESSLER 1935, ULMER 1937, LEVITT 1956).

Die Untersuchungen von ULLRICH und HEBER (1957, 1958) und HEBER (1958 a, b, 1959 a, b) zeigten nun, daß eine bestimmte, durch Zentrifugieren gewonnene Fraktion der Plasmaeiweiße, die infolge des Wasserentzuges beim Einfrieren der Lösung koaguliert und ausfällt, durch Zusatz von Zuckern oder bestimmten Proteinen gegen diese Frostfällung geschützt werden kann. Sofern sich diese Erfahrungen an gefrierenden Eiweißlösungen auf das Einfrieren der Pflanzenzellen übertragen lassen, wird man mit ULLRICH und HEBER annehmen müssen, daß auch in der Zelle ein direkter Kontakt von Schutzstoffen und zu schützenden Proteinen vorhanden ist. Die Inhaltsstoffe der Vakuole würden somit eine geringere Rolle spielen. Die verschiedenen in der Literatur angeführten Analysen geben aber immer den Gesamtdurchschnitt der Zelle wieder. „Wenn also bei der Frosthärtung beispielsweise keine strenge Übereinstimmung zwischen Gesamtzuckergehalt und Resistenz beobachtet wird, so kann im Plasma eine solche Übereinstimmung doch durchaus vorliegen, sie kann aber durch die Verhältnisse in der Vakuole verdeckt werden" (HEBER 1959 b).

In diesem Zusammenhang sind die Untersuchungen von HEBER (1959 b) an isolierten Chloroplasten von Interesse. Wie Assimilationsmessungen ergaben, ist das in den Chloroplasten lokalisierte Assimilationssystem besonders frostempfindlich. Die Chloroplasten müssen also beim Resistenzerwerb besonders geschützt werden. Es zeigt sich nun einerseits, daß die Chloroplasten bei Frosthärtung der Versuchspflanzen in der Kältekammer bei konstanter Temperatur und Belichtung eine osmotische Volumsvergrößerung erfahren und daß andrerseits aus Homogenaten isolierte Chloroplasten kältegehärteter Pflanzen auch tatsächlich eine Anreicherung von niedermolekularen Zuckern und wasserlöslichen Eiweißen aufweisen. Die Zuckeranhäufung in den Chloroplasten ist durch die bei niederer Temperatur bzw. häufig bei Erwerb der Frosthärte zu beobachtende Umwandlung von Stärke in Zucker (S. 246) verständlich. Die bei Kälteschädigung beobachtete Vakuolisierung der Chloroplasten (HABERLANDT 1876), wie auch die bei niederen Entwicklungstemperaturen gemessene Vergrößerung derselben (HARTMANN 1919) würde mit der Vorstellung einer gesteigerten osmotischen Wasseraufnahme gut übereinstimmen.

Den Einfluß sehr verdünnter Säuren und Laugen auf die Frostresistenz untersuchte ZACHAROVA (1926) an Epidermisschnitten von Rotkohl-Blättern. Nach Angaben der Autorin beschleunigen Schwefelsäurekonzentrationen (0,0001—0,00001 *n*) mit einem pH von 4,6—5,7 nach 2 Stunden Vorbehandlung und einstündigem Einfrieren in diesen Lösungen bei Temperaturen von $-3,9^0$ bis $-5,75^0$ C das Absterben der Zellen gegenüber den Kontrollen, die in dest. H_2O (pH 6,4) eingefroren wurden. Nach Vorbehandlung und Einfrierenlassen in NaOH (0,001—0,005 *n*) innerhalb eines pH-Bereiches von 9,8—12,0 wird hingegen eine beträchtliche Erhöhung der Kälteresistenz beschrieben. Die Autorin glaubt durch diese Befunde auch die größere Gefrierresistenz der meristematischen Zellen verschiedener Wurzeln gegenüber der größeren Kälteempfindlichkeit der Zellen der Wurzelrinde und der Wurzelhaare erklären zu können. Nach ihren Untersuchungen besitzen nämlich die Meristemzellen eine mehr alkalische, die Rinden- und Wurzelhaarzellen hingegen eine mehr saure Reaktion. LEVITT und SCARTH (1936) vermochten dem gegenüber durch Anwendung von leicht permeierendem Ammoniak und von Essigsäure die Frostresistenz ihrer Versuchspflanzen nicht zu ändern.

Schließlich hat man auch auf dem Umweg über die Ernährung die Frostresistenz von Pflanzen experimentell zu beeinflussen gesucht. Gefäßversuche mit Getreide (SCHAFFNIT und WILHELM 1933), und mit Spinat und Raps (WILHELM 1934) zeigten, daß die bei mangelnder Phosphorernährung gewachsenen Pflanzen bei relativ kurze Zeit (24 Stunden) einwirkenden tiefen Temperaturen, gegenüber allen anders ernährten am empfindlichsten waren. Bei längerer Einwirkungsdauer (3—6 Wochen) nicht sehr tiefer Temperaturen (—7° C) führte hingegen K-Mangel und N-Überschuß zu den stärksten Frostschädigungen, während bei guter K-Versorgung die Kälte am besten ertragen wurde. Auch an Wurzeln einjähriger Reben bzw. solchen frisch bewurzelter Stecklinge fand WILHELM (1934) bei N-Überschuß und P-Mangel die größten und bei reichlicher K-Versorgung die geringsten Kälteschädigungen.

GESSNER und SCHUMANN-PETERSEN (1948) haben entsprechend in Wasserkulturversuchen mit *Tradescantia* und *Impatiens* bei N-Mangel eine starke Erhöhung der Frostresistenz gegenüber den normal ernährten Pflanzen beobachten können. Während die Kontrollpflanzen bei einem 6stündigen Aufenthalt bei —5,5° C abstarben, zeigten von den N-Mangelpflanzen noch 90% keinerlei Absterberscheinungen. Bemerkenswert war dabei die erhöhte Plasmaviskosität in den frostresistenteren N-Mangelpflanzen.

Diese Untersuchung wurde später auf vier weitere, systematisch verschiedene Pflanzen, u. zw. *Papaver somniferum, Avena strigosa, Helianthus annuus* und *Pisum sativum* ausgedehnt (GESSNER und ZWERENZ 1950). In allen vier Fällen zeigten die N-Mangelpflanzen wiederum eine erhöhte Frostresistenz. So begann z. B. beim Mohn das Absterben der normal ernährten Pflanzen zwischen —3° und —5° C, bei den N-Mangelpflanzen hingegen erst zwischen —7° und —9° C. Ähnlich lagen auch die Unterschiede bei den drei anderen Versuchspflanzen.

Die Ursachen der Kälteresistenz erscheinen somit sehr komplexer Natur. Beim Kältetod oberhalb des Gefrierpunktes sind es zweifellos Störungen im normalen Zellstoffwechsel, die den Tod herbeiführen. Beim Kältetod unter dem Gefrierpunkt kommt, wie nichtschädigende Unterkühlungsversuche wahrscheinlich machen, den Auswirkungen der Eisbildung selbst die Hauptbedeutung zu. Dabei dürfte die Todesursache für verschiedene Plasmasorten verschieden sein, begonnen von rein mechanischen Zerstörungen durch die Eiskristalle, über Störungen des Stoffwechsels bis zu den mannigfach schädigenden Wirkungen (z. B. Eiweißdenaturierung), die mit der durch die Eisbildung verursachten Entwässerung verbunden sind.

Literatur

ABEL, W. O., 1956: Die Austrocknungsresistenz der Laubmoose. S. B. Wien. Akad. Wiss., math.-nat. Kl., Abt. I, 165, 619—707.

AGARDH, C. A., 1827: Aufzählung einiger in den österreichischen Ländern gefundenen neuen Gattungen und Arten von Algen. Zit. in: GESSNER, Hydrobotanik I, 1955.

AHRNS, W., 1924: Weitere Untersuchungen über die Abhängigkeit des gegenseitigen Mengenverhältnisses der Kohlehydrate im Laubblatt vom Wassergehalt. Botanisches Archiv. 5, 234—259.

ÅKERMAN, Å., 1919: Über die Bedeutung der Art des Auftauens für die Erhaltung gefrorener Pflanzen. Bot. Notiser. 49—64, 105—126.

— 1927: Studien über den Kältetod und die Kälteresistenz der Pflanzen nebst Untersuchungen über die Winterfestigkeit des Weizens. Veröff. d. K. u. A. Wallenberg-Stiftung X, Lund, 232 S.

— und HJ. JOHANSSON, 1917: Beiträge zur Kenntnis der Kälteresistenz des Winterweizens. Z. Pflanzenzucht 5, 349—356.

ALBACH, W., 1929: Zellphysiologische Untersuchungen über vitale Protoplasmafärbung. Protoplasma 5, 412—443.

ALEXANDROW, W. J., 1956: Cytophysiologische Analyse der Wärmeresistenz von Pflanzenzellen und einige Probleme der Cytoökologie (russisch). Bot. Journ. (Moskau) 41, 939—961.

— und N. L. FELDMANN, 1958: Untersuchungen über das Ansteigen der Zellresistenz als eine Reaktion gegen hohe Temperatur (russisch). Bot. Journ. (Moskau) 43, 194—213.

— M. J. LJUTOWA und N. L. FELDMANN, 1959: Jahreszeitliche Änderungen der Resistenz von Pflanzenzellen gegenüber der Wirkung verschiedener Agenzien (russisch). Cytologia (Moskau) 1, 672—691.

ALSAC, N., 1942: Untersuchungen über die Beziehung anatomischer und morphologischer Eigenschaften des Blattes zu seinem Wärmehaushalt. Beih. bot. Cbl., Abt. A, 61, 329—368.

ANAGNOSTIDIS, K., 1959: Auffindung des *Mastigocladus*-Thermen-Typus in Griechenland. Biološki Glasnik 12, 87—88.

ANDERSON, D. B., and T. KERR, 1943: A note on the growth and behavior of cotton balls. Plant Physiol. 18, 261—269.

ANDERSSON, G., 1944: Gas change and frost hardening studies in winter cereals. Lund, 163 S.

APELT, A., 1907: Neue Untersuchungen über den Kältetod der Kartoffel. Cohns Beitr. Biol. Pflz. 9, 215—261.

ARLAND, A., 1931: Krankheitsbefall, Anfälligkeit, Pflanzenernährung und Winterfestigkeit in ihren Beziehungen untereinander und zur Transpiration. Arch. Pflanzenbau 7, 79—125.

ARVIDSON, INGA, 1951: Austrocknungs- und Dürreresistenzverhältnisse einiger Repräsentanten inländischer Pflanzenvereine nebst Bemerkungen über Wasserabsorption durch oberirdische Organe. Oikos, Acta Oecologica Scandinavica, Suppl. 1.

ASAI, T., 1932: Untersuchungen über die Bedeutung des Mannits im Stoffwechsel einiger höherer Pflanzen, I. Teil. Jap. J. Bot. 6, 64.

— 1937: Untersuchungen über die Bedeutung des Mannits im Stoffwechsel einiger höherer Pflanzen, II. Teil. Jap. J. Bot. 8, 343.

ASAHINA, E., 1956: The Freezing Process of Plant Cell. Contr. Inst. Low Temperature Sci. Ser. B, 10, 83—126.

ASHBY E., 1932: Transpiratory organs of *Larrea tridentata* and their ecological significance. Ecology 13, 182—188.

ASKENASY, E., 1875: Über die Temperatur, welche Pflanzen im Sonnenlicht annehmen. Bot. Ztg. 33, 441—444.

AULITZKY, H., 1961: Die Bodentemperaturverhältnisse an einer zentralalpinen Hanglage beiderseits der Waldgrenze, I. Teil. Die Bodentemperatur oberhalb der zentralalpinen Waldgrenze. Arch. Met., Geoph. Bioklim., B, 10, 445—532.

AYRES, A. H., 1916: The temperature coefficient of the duration of life of *Ceramium tenuissimum*. Botanical Gazette 62, 2, 65—69.

BÄCHER, J., 1920: Über die Abhängigkeit des osmotischen Wertes von einigen Außenfaktoren. Beih. bot. Zbl. 37, 1. Abt., 63—113.

BACHMANN, E., 1922: Zur Physiologie der Krustenflechten. Z. Bot. 14, 20—64.

BACHMANN, E., 1923: Untersuchungen über den Wasserhaushalt einiger Felsenflechten. Jb. wiss. Bot. **62**, 20—64.

— Fr., 1927: Über die Beziehungen zwischen dem Wassergehalte des Bodens und seinem Wasserdampfdrucke sowie über diejenigen zwischen der Saugkraft des Bodens und dem Welken von Pflanzen. Planta **4**, 140—180.

BAKER, S. M., 1909: On the causes of the Zoning of Brown Seaweeds on the Seashore. New Phytol. **8**, 196.

BAKER, F. S., 1929: Effect of excessively high temperature on coniferous reproduction. J. Forestry **27**, 949—975.

BALDE, H., 1930: Vergleichende chemische und refractometrische Untersuchungen an Weizenkeimlingen unter Berücksichtigung der Frosthärte der untersuchten Sorten. Angew. Bot. **12**, 177—211.

BANCHER, E., und K. HÖFLER, 1959: Protoplasma und Zelle. In: Vitalchemie, Herausgeb. v. H. LINSER, Bd. **6**. 184 S.

BARTEL, A. T., 1947: Some physiological characteristics of four varieties of spring wheat presumably differing in drought resistance. J. Agric. Research **74**, 97—112.

BARTETZKO, H.. 1910: Untersuchungen über das Erfrieren von Schimmelpilzen. Jb. wiss. Bot. **47**, 57—98.

BARTHOLOMEW, E. T., 1926: Internal decline of lemons. III. Water deficit in lemon fruits caused by excessive leaf evaporation. Amer. J. Bot. **13**, 102—117.

BARTON, LELA V., 1960: Life-Span of Frost-Damaged Corn Seeds. Contr. Boyce Thompson Inst. **20** (7), 403—408.

BARY, A. de, 1866: Morphologie und Physiologie der Pilze, Flechten und Myxomyceten. In: Handbuch der Physiologischen Botanik. herausgeg. von Wilhelm Hofmeister, II. Bd. 1. Abt. Leipzig, Verl. v. Wilhelm Engelmann.

BAUER, L., 1952: Über den Wasserhaushalt der Submersen. I. Zur Frage der Saugkräfte der Submersen. Protoplasma **41**, 178—188.

BAUMERT, K., 1909: Experimentelle Untersuchungen über Lichtschutzeinrichtungen an grünen Blättern. Beitr. Biol. Pflanzen **9**, 83—162.

BECK, W. A., 1929: The effect of drought on the osmotic value of plant tissues. Protoplasma **8**, 70—126.

BECKER, T., 1953: Wuchsstoff- und Säureschwankungen bei *Kalanchoë bloßfeldiana* in verschiedenem Licht-Dunkel-Wechsel. Planta **43**, 1—24.

BECQUEREL, P., 1907: Recherches sur la vie latente des grains. Ann. Sci. Nat., Ser. **9** (5), 193—311.

— 1954: La cryosynérèse cytonucléoplasmique jusqu'aux confins du zero absolu, son rôle pour la végétation polaire et la conservation de la vie. 8th Congr. Intern. de Bot. **11**, 269—270.

BEGER, H., 1927: Beiträge zur Ökologie und Soziologie der luftlebigen (atmophytischen) Kieselalgen. Ber. dtsch. bot. Ges. **45** 385—407.

BĚLEHRÁDEK, J., 1935: Temperature and Living Matter. Protopl. Monogr. **8**, Berlin, Borntraeger.

— et J. MELICHAR, 1930: L'action différente des températures élevées et des températures normales sur la survie de la cellule végétale (*Helodea canadensis* Rich.). Biol. gen. **6**, 109—124.

BENDER, F., 1916: Der osmotische Druck in den Zellen der Moose. Diss., Münster.

BERGER-LANDEFELDT, U., 1958: Temperaturbeobachtungen um ein Blatt. Ber. dtsch. bot. Ges. **71**, 21—33.

BERTHOLD, G., 1882: Über die Verteilung der Algen im Golf von Neapel usw. Mitt. zool. Stat. Neapel **3**.

BEYSEL, D., 1957: Osmotischer Wert und Viskosität des Protoplasmas diploider und polyploider Zuckerrüben. Ber. dtsch. bot. Ges. **70**, 109—120.

BIEBL, R., 1937 a: Ökologische und zellphysiologische Studien an Rotalgen der englischen Südküste. Beih. bot. Cbl. **57**, Abt. A, 381—424.

— 1937 b: Zur protoplasmatischen Anatomie der Rotalgen. Protoplasma **28**, 562—581.

— 1938 a: Trockenresistenz und osmotische Empfindlichkeit der Meeresalgen verschieden tiefer Standorte. Jb. wiss. Bot. **86** 350—386.

— 1938 b: Zur Frage der Salzpermeabilität der Braunalgen. Protoplasma **31**, 518—523.

— 1939 a: Über Temperaturresistenz von Meeresalgen verschiedener Klimazonen und verschieden tiefer Standorte. Jb. wiss. Bot. **88**, 389—420.

— 1939 b: Protoplasmatische Ökologie der Meeresalgen. Ber. dtsch. bot. Ges. **57**, (78)—(90).

BIEBL, R., 1939 c: Zellphysiologische Studien an *Antithamnium plumula* (Ell.) Thuret. Protoplasma 32, 443—463.
— 1940: Einige zellphysiologische Beobachtungen an *Hookeria lucens* (L.) Sm. Österr. bot. Z. 89, 300—306.
— 1942: Wirkung der UV-Strahlen auf die Plasmapermeabilität. Protoplasma 37, 1—24.
— 1947: Die Resistenz gegen Zink, Bor und Mangan als Mittel zur Kennzeichnung verschiedener Plasmasorten. S. B. Wien. Akad. Wiss., math.-nat. Kl., Abt I., 155, 145—157.
— 1948: Permeabilitätsversuche an der Kartoffelpflanze. Österr. bot. Z. 95, 129—146.
— 1949: Vergleichende chemische Resistenzstudien an pflanzlichen Plasmen. Protoplasma 39, 1—13.
— 1951: Bodentemperaturen unter verschiedenen Pflanzengesellschaften. S. B. Wien. Akad. Wiss., math.-nat. Kl., Abt. I, 180, 71—90.
— 1952 a: Ecological and non-environmental constitutional resistance of the protoplasm of marine algae. J. Marine Biol. Assoc. 31, 307—315.
— 1952 b: Resistenz der Meeresalgen gegen sichtbares Licht und gegen kurzwellige UV-Strahlen. Protoplasma 41, 353—377.
— 1953: Lichttransmissionsänderungen an Meeresalgen, im besonderen an *Porphyra umbilicalis* f. *laciniata*. Österr. bot. Z. 100, 179—202.
— 1954: Zellwandpermeabilität einiger Moose. Protoplasma 44, 73—88.
— 1956 a: Lichtresistenz von Meeresalgen. Protoplasma 46, 63—89.
— 1956 b: Zellphysiologisch-ökologische Untersuchungen an *Enteromorpha clathrata* (Roth) Greville. Ber. dtsch. bot. Ges. 69, 75—86.
— 1956 c: Morphologische, anatomische und zellphysiologische Untersuchungen an Pflanzen vom „Gamma-Feld" des Brookhaven National Laboratory (USA). Österr. bot. Z. 103, 400—435.
— 1958: Temperatur- und osmotische Resistenz von Meeresalgen der bretonischen Küste. Protoplasma 50, 217—242.
— 1959: Das Bild des Zelltodes bei verschiedenen Meeresalgen. Protoplasma 50, 321—339.
— und R. PAPE, 1952: Zur Frage der Resistenzsteigerung durch Röntgenbestrahlung an pflanzlichen Objekten. Radiologia Austriaca 5, 127—145.
BINZ, ELSA, 1939: Untersuchungen über die Dürreresistenz verschiedener Getreidesorten bei Austrocknung des Bodens. Jb. wiss. Bot. 88, 470—517.
BLINKS, L. R., 1951: Physiology and Biochemistry of Algae. Manual of Phycol., Ch. 14, 263—291.
BLUM, G., 1917: Zur Kenntnis der Größe und Schwankung des osmotischen Wertes. Beih. bot. Cbl. 33, 339—444.
— 1926: Untersuchungen über die Saugkraft einiger Alpenpflanzen. Beih. bot. Cbl. 43, I, 1—100.
BOGEN, H. J., 1938: Untersuchungen zu den „spezifischen Permeabilitätsreihen" Höflers, II. Harnstoff und Glyzerin. Planta 28, 535—581.
— 1940: Untersuchungen über den Quellungseffekt permeierender Anelektrolyte. I. Ionenwirkung auf die Permeabilität von *Rhoeo discolor*. Z. Bot. 36, 65—106.
— 1941: Untersuchungen über den Quellungseffekt permeierender Anelektrolyte II. Ionenwirkung auf die Permeabilität von *Gentiana cruciata*. Planta 32, 150—175.
— 1949: Untersuchungen über Hitzetod und Hitzeresistenz pflanzlicher Protoplaste. Planta 36, 298—340.
BOOIJ, H. L., and H. G. BUNGENBERG DE JONG, 1956: Biocolloids and their interactions. Protoplasmatologia 1, 2, 162 S.
BOON-LONG, T. S., 1941: Transpiration as influenced by osmotic concentration and cell permeability. Amer. J. Bot. 28, 333—343.
BORNKAMM, R., 1958: Standortsbedingungen und Wasserhaushalt von Trespen-Halbtrockenrasen (Mesobrometum) im oberen Leinegebiet. Flora 146, 23—67.
BORRIS, H., 1938: Plasmolyseform und Streckungswachstum. Jb. wiss. Bot. 86, 784—831.
BOSS, G., 1952: Die Brauchbarkeit des Piche-Evaporimeters bei Verdunstungsmessungen. Ber. dtsch. Wetterdienst i. d. U. S. Zone 35, 194.
BOWEN, E. W., 1933: The Mechanism of Water Conduction in the Musci considered in Relation to Habitat. Annal. Bot. 47, 401—422.
BRAND, FR., und S. STOCKMAYER, 1925: Analyse der aerophilen Grünalgenanflüge, insbesondere der proto-pleurococcoiden Formen. Arch. Protistenkd. 52, 265—355.

Braun, Al., 1851: Betrachtung über die Erscheinung der Verjüngung in der Natur. Verlag Engelmann, Leipzig. 363 S.
Braun-Blanquet, J., und H. Walter, 1931: Zur Ökologie der Mediterranpflanzen. Jb. wiss. Bot. **74**, 695—748.
Brauner, L., und M. Hasman, 1946: Untersuchungen über die anomale Komponente des osmotischen Potentials lebender Pflanzenzellen. Rev. Fac. Sc. Univ. Istanbul **11/B**, 1.
— — 1947: Weitere Untersuchungen über die anomale Komponente des osmotischen Potentials lebender Pflanzenzellen. Rev. Fac. Sc. Univ. Istanbul **12/B**, 210.
Brefeld, O., 1877: Botanische Untersuchungen über Schimmelpilze, H. IV. In: Untersuchungen aus dem Gesamtgebiete der Mykologie. Leipzig, Verlag A. Felix.
Briggs, D. R., and D. Siminovitch, 1949: The chemistry of the living bark of the black locust tree in relation to frost hardiness. II. Seasonal variations in the electrophoresis pattern of the water-soluble proteins of the bark. Arch. Biochem. **23**, 18—28.
Bristol, B. M., 1920: On the algal-flora of some desiccated English soils: an important factor in soil biology. Ann. Botany **34**, 35—80.
Brown, R. T., and F. Escombe, 1897: The influence of very low temperatures on the germinative power of seeds. Proc. roy. Soc., London **62**, 160—165.
— — 1905: Researches on some of the process of green leaves. Proc. roy. Soc., London **76 B**, 29—111.
Buhmann, A., 1935: Kritische Untersuchungen über vergleichende plasmolytische und kryoskopische Bestimmungen des osmotischen Wertes bei Pflanzen. Protoplasma **23**, 579—612.
Bünning, E., 1956: Die Beeinflussung der Stoffaufnahme durch den physiologischen Zustand. In: Handb. d. Pflanzenphys., herausg. W. Ruhland, Bd. **II**, 418—425, Springer, Berlin-Göttingen-Heidelberg.
— und H. Herdtle, 1946: Physiologische Untersuchungen an thermophilen Blaualgen. Z. Naturforsch. **1** (2), 93—99.
Bünsow, R., 1953: Endogene Tagesrhythmik und Photoperiodismus bei *Kalanchoë bloßfeldiana*. Planta **42**, 220—252.
Burcik, E., 1950: Über die Beziehungen zwischen Hydratur und Wachstum bei Bakterien und Hefen. Archiv f. Mikrobiol. **15**, 203—235.
Buxton, P. A., 1924: The temperature of the surface of the desert. J. Ecology **12**, 127—134.

Cajlachjan, M. H., 1935: On the permeability of the plasma in the leaves of spring and winter wheats. C. r. Acad. Sci. URSS **2**, 158—160.
Candolle, A. P. de, 1835: Pflanzenphysiologie, Bd. 2, Stuttgart-Tübingen, Cottasche Buchhandlg.
Cannon, W. A., 1911: The Root Habits of Desert Plants. Carnegie Institution of Washington. Publ. No. 131.
Caroll, J. C., and F. A. Welton, 1939: Effect of heavy and late applications of nitrogenous fertilizer on the cold resistance of Kentucky bluegrass. Plant Physiol. **14**, 297—308.
Cartellieri, E., 1935: Jahresgang von osmotischem Wert, Transpiration und Assimilation einiger Ericaceen der alpinen Zwergstrauchheide und von *Pinus cembra*. Jb. wiss. Bot. **82**, 460—506.
Caspary, R., 1854: Auffallende Eisbildung auf Pflanzen. Bot. Ztg. **12**, 665—674; 681—690; 697—706.
Casperson, G., 1957: Untersuchungen über das thermische Verhalten der Pflanzen unter dem Einfluß von Wind und Windschutz. Z. Bot. **45**, 433—473.
Chandler, W. H., 1913: The killing of plant tissue by low temperature. Missouri Agr. Expt. Sta. Research Bull. **8**, 143—309.
Chandler, R. C., 1941: Nature of bound water in colloidal systems. Plant Physiol. **16**, 273—291.
Chapman, V. J., 1946: Marine Algal Ecology. Bot. Review **12**, 628—672.
— 1957: Marine Algal Ecology. Bot. Review **23**, 320—350.
Cholnoky, Bela v., 1928: Über die Wirkung von hyper- und hypotonischen Lösungen auf einige Diatomeen. Internat. Rev. ges. Hydrobiol. **19**, 452—500.
— und H. Schindler, 1951: Winterlicher Diatomeen-Aspekt des Ramsauer Torfmoores. Verh. zool. bot. Ges. Wien **92**, 225—233.
Christoff, M. A., 1939: Untersuchungen über die Kältefestigkeit der Wintergerste. Z. Pflanzenzucht **23**, 47—90.

Christophersen, J., und H. Precht, 1952: Untersuchungen zum Problem der Hitzeresistenz. II. Untersuchungen an Hefezellen. Biol. Zbl. **71** (11/12), 585—601.
— — 1953: Die Bedeutung des Wassergehaltes der Zelle für Temperaturanpassungen. Biol. Zbl. **72**, 104—119.
— — 1956: Über die Kälteresistenz von Hefezellen. Biolog. Zbl. **75**, 612—624.
Chrysler, H. L., 1934: Amounts of bound and free water in an organic colloid at different degrees of hydration. Plant Physiol. **9**, 143—155.
Chu, Chien-Ren, 1936: Der Einfluß des Wassergehaltes der Blätter der Waldbäume auf ihre Saugkräfte und ihren Turgor. Flora **130**, 384—437.
Clark, J. A., and J. Levitt, 1956: The Basis of Drought Resistance in the Soybean Plant. Physiologia Plantarum **9**, 598—606.
Claus. G., 1959: Studien über die Algenvegetation der Thermalquelle von Bukkszék. Archiv Hydrobiol. **55**, 1—29.
Clausen, Eva, 1952: Hepatics and Humidity. Dansk Bot. Arkiv **15**, 1—80.
Clements, H. F., 1937: Studies in drought resistance of the soybean. Research Studies State Coll. Washington **5**, 1—16.
— 1938: Mechanisms of freezing resistance in the needles of *Pinus ponderosa* and *Pseudotsuga mucronata*. Research Studies State Coll. Washington **6** (1), 3—45.
Clum, H. H., 1926: The effect of transpiration and environmental factors on leaf temperatures. Amer. J. Bot. **13**, 217—230.
Collander, R., 1924: Beobachtungen über die quantitativen Beziehungen zwischen Tötungsgeschwindigkeit beim Wärmetod pflanzlicher Zellen. Soc. Sci. Fennica Comment. Biol. **1**, (7), 1—12.
— 1925: Über die Durchlässigkeit der Kupferoxydcyanid-Membran für Säuren, nebst Bemerkungen zur Ultrafilterfunktion des Protoplasmas. Kolloid-Beih. **20**, 273—287.
— 1932: Permeabilität. Handwörterb. d. Naturw., 2. Aufl. **7**, 804.
— und H. Bärlund, 1926: Über die Protoplasmapermeabilität von *Rhoeo discolor*. Soc. Scient. Fenn. Comment. Biol. **2**, No. 9.
— — 1933: Permeabilitätsstudien an *Chara ceratophylla*. II. Die Permeabilität für Nichtelektrolyte. Acta bot. Fenn. **11**, 2—114.
— und B. Wikström, 1949: Die Permeabilität pflanzlicher Protoplasten für Harnstoff und Alkylharnstoffe. Physiologia Plantarum **2**, 235—246.
Constantinescu, E., 1933: Weitere Beiträge zur Physiologie der Kälteresistenz bei Wintergetreide. Planta **21**, 304—323.
Copeland, E. B., 1896: Über den Einfluß von Licht und Temperatur auf den Turgor. Diss. Halle.
Copeland, J. I., 1936: Yellowstone Thermal Myxophyceae. Ann. N. Y. Acad. Sci. **36**, 1—232.
Corns, W. G., 1953: Improvement in frost resistance of parsnip tops sprayed with chemical growth substances. Science (Lancaster, Pa.) **118**, 281.
— 1954: Improvement in low-temperature resistance of sugarbeet seedlings treated with dalapon (2,2-dichloropropionic acid). Science (Lancaster, Pa.) **120**, 346—347.
Crafts, A. S., H. B. Currier, and C. R. Stocking, 1949: Water in the physiology of plants. Waltham, Mass.: Chronica Botanica Co.
Crane, J. C., 1954: Frost resistance and reduction in drop of injured apricot fruits effected by 2, 4, 5-trichlorphenoxyacetic acid. Proc. Amer. Soc. Hart. Sci. **64**, 225—234.
Curtis, O. F., 1938: Wallace and Clum „leaf temperatures": A critical analysis with additional date. Amer. J. Botany **25**, 761—771.
Czernin-Chudenitz, Carl W., 1955: Ökologische Untersuchungen über das Phytoplankton des Klopeinersees in Kärnten. Arch. Hydrobiol. **51**, 54—97.

Dangeard, P., 1951 a: Observations sur la résistance des radicules des diverses plantes à des températures entre 40 et 60°. C. r. Acad. Sci. (Paris) **232**, 913—915.
— 1951 b: Observations sur la destruction du chondriome par la chaleur. C. r. Acad. Sci. (Paris) **232**, 1274—1276.
— 1951 c: Observations sur la résistance des radicules à des températures entre 40 et 60°. Botaniste (Paris) **35**, 237—243.
— 1957: L'iode des algues, les ioduques, l'iodovolatilisation. Botaniste (Paris). sér. **41**, fasc. 1—6, 255.
Davis, B. M., 1897: The vegetation of hot springs of Yellowstone Park. Science N. S. **6**, Nr. 135, 144—157.

DELF, E. M., 1916: Studies of protoplasmatic permeability by measurement of rate of shrinkage of turgid tissues. Ann. Bot. **30**, 283—310.
DERRY, B., 1930: Plasmolyseform- und Plasmolysezeit-Studien. Protoplasma **8**, 1—49.
DEXTER, S. T., 1934: Salt concentration and reversibility of ice-formation as related to the hardiness of winter wheat. Plant Physiol. **9**, 601—618.
— 1935: Salt concentration and reversibility of ice-formation as related to the hardiness of alfalfa. Plant Physiol. **10**, 403—407.
DIELS, L., 1918: Wurzelkork bei Pflanzen stark erwärmter Böden. Flora N. F. **11/12**, 490—502.
— 1929: Die Frostschäden in den botanischen Gärten Deutschlands im Winter 1928/29. Ber. dtsch. bot. Ges. **47**, 603—607.
DIXON, H. H., and W. R. G. ATKINS, 1913 a: Osmotic Pressure in Plants. I. Methods of Extracting Sap from Plant Organs. Scient. Proceed. royal Dublin Soc. **13** (N. S.), No. 28, 422.
— — 1913 b: Osmotic Pressures in Plants. II. Cryoscopic and Conductivity Measurements on some Vegetable Saps. Scient. Proceed. royal Dublin Soc. **13**, 434—440.
— — 1913 c: Osmotic Pressures in Plant-Organs. III. The Osmotic Pressure and Electrical Conductivity of Yeast, Beer, and Wort. Scient. Proceed. royal Dublin Soc. **14**, 9—12.
— — 1915 a: Osmotic pressures in plants. IV. On the constituents and concentration of the sap in the conducting tracts, and on the circulation of carbohydrates in plants. Scient. Proceed. royal Dublin Soc. **14**, 374—392.
— — 1915 b: Osmotic pressures in plants. V. Seasonal variations in the concentration of the cell-sap of some decidous and evergreen trees. Scient. Proceed. royal Dublin Soc. **14**, 445—461.
— — 1916: Osmotic pressures in plants. VI. On the composition of the sap in the conducting tracts of trees at different levels and at different seasons of the year. Scient. Proceed. royal Dublin Soc. **15**, 51—62.
VAN DOREN, C. A., 1937: Bound water and electrical conductivity as measures of cold resistance in winter wheat. J. Amer. Soc. Agron. **29**, 392—402.
DÖRING, B., 1935: Die Temperaturabhängigkeit der Wasseraufnahme und ihre ökologische Bedeutung. Z. Bot. **28**, 305—383.
DÖRING, H., 1933: Beiträge zur Frage der Hitzeresistenz pflanzlicher Zellen. Planta **18**, 405—434.
DÖRR, MARIA, 1941: Temperaturmessungen an Pflanzen des Frauensteins bei Mödling. Beih. Bot. Cbl. **60** (Abt. A), 679—728.
DRACH, Pierre, 1949: Premières recherches en scaphandre autonome sur les formations de Laminaires en zone littorale profonde. C. r. som. Soc. Biogéog., nr. **227**. 46—49.
DRAWERT, H., 1938: Protoplasmatische Anatomie des fixierten *Helodea*-Blattes. Protoplasma **29**, 206—227.
DRUDE, OSKAR, 1918: Licht- und Wärmestrahlung als ökologische Standortsfaktoren. (Festschrift Stahl) Flora N. F. **11** u. **12**, 227—267.

EGER, G., 1958: Beiträge zur Kenntnis des Mikroklimas der Mähwiesen und der osmotischen Werte einiger Wiesenpflanzen. Z. Acker- und Pflanzenbau **106**, 337—358.
EHRENBERG, M., 1954: Einfluß verschiedenen Licht-Dunkel-Wechsels auf die Rhythmik der Phosphataseaktivität in den Blättern von *Kalanchoë bloßfeldiana*. Planta **43**, 528—536.
EHRKE, G., 1931: Über die Wirkung der Temperatur und des Lichtes auf Atmung und Assimilation einiger Meeres- und Süßwasseralgen. Planta **13** 221—310.
— 1934: Die Assimilation in ihrer Abhängigkeit vom Licht, von der Temperatur, der Kohlensäure und der Zeit. Intern. Rev. d. ges. Hydrobiol. usw. **31**, 373—420.
ELENKIN, A. A., 1914: Über die thermophilen Algenformationen. Kais. Bot. Garten Petersburg, **14**, 62.
ELO, J., 1937: Vergleichende Permeabilitätsstudien, besonders an niederen Pflanzen. Ann. bot. Soc. Zool.-Bot. Fenn. **8**, No. 6/1.
ERNST, JULIUS, 1955: Sur la végétation sous-marine de la Manche d'après des observations en scaphandre autonome. C. r. Acad. Sci. (Paris), **241**, 1066—1068.
— et J. FELDMANN, 1957: Une nouvelle Delessériacée des Côtes de Bretagne: *Drachiella spectabilis* nov. gen. nov. spec. Rev. gén. de Botanique **64**, 3—15.
ESTEŘAK, K. B., 1935: Resistenz-Gradienten in *Elodea*-Blättern. Protoplasma *23*, 367—383.

Etz, K. H., 1939: Über die Wirkung des Austrocknens auf den Inhalt lebender Pflanzenzellen. Protoplasma **34**, 421—511.

Faber, F. C. v., 1925: Untersuchungen über die Physiologie javanischer Solfataren-Pflanzen. Flora N. F. **18/19**, 89—110.

Famintzin, A., und J. Borodin, 1867: Über transitorische Stärkebildung bei der Birke. Botan. Ztg. **25**, 385—387.

Feldmann, Jean, 1951: Ecology of Marine Algae, Manual of Phycology, ch. 16, 313—334.

— 1954: Inventaire de la Flore Marine de Roscoff. Aux Travaux de la Station Biologique de Roscoff, Suppl. 6, 1—152.

— et G. Feldmann, 1942: Recherches sur les Bonnemaisoniacées et leur alternance de générations. Ann. Sci. Nat. Bot., 11e Sér., t. III, 75—175.

Ferkl, F., 1951: The results of temperature measurements in fruit trees. Sbornik Cesk. Akad. Zemedelske **24**, 175—180 (Biol. Abstr. **7**, 20431, 1953).

Fetzmann, Elsalore, 1956: Beiträge zur Algensoziologie. S. B. Österr. Akad. Wiss., math.-nat. Kl., Abt. I, **165**, 709—783.

Ficker, M., 1929: Methoden der Bakterienfärbung. Handb. path. Mikroorganismen **9**, 713.

Filzer, P., 1936: Untersuchungen über das Mikroklima in niederwüchsigen Pflanzengesellschaften. Beih. Bot. Cbl. **55**, Abt. B, 301—346.

Findenegg, I., 1943: Untersuchungen über die Ökologie und die Produktionsverhältnisse des Planktons im Kärntner Seengebiet. Int. Rev. ges. Hydrobiol. **43**, 368—429.

— 1947: Über die Lichtansprüche planktischer Süßwasseralgen. S. B. Wien. Akad. Wiss., math.-nat. Kl., Abt. I., **155**, 159—171.

Firbas, F., 1931: Untersuchungen über den Wasserhaushalt der Hochmoorpflanzen. Jb. wiss. Bot. **74**, 457—696.

Fischer, A., 1891: Beiträge zur Physiologie der Holzgewächse. Jb. wiss. Bot. **22**, 73—160.

Fischer, H., 1948: Plasmolyseform und Mineralsalzgehalt in alternden Blättern I. Planta **35**, 513—527.

— 1949: Plasmolyseform und Mineralsalzgehalt in alternden Blättern II. Planta **37**, 244—292.

— 1950: Über protoplasmatische Veränderungen beim Altern von Pflanzenzellen. Protoplasma **39**, 661—676.

Fitting, H., 1911: Die Wasserversorgung und die osmotischen Druckverhältnisse der Wüstenpflanzen. Z. Bot. **3**, 209—275.

— 1915: Untersuchungen über die Aufnahme von Salzen in die lebende Zelle. Jb. wiss. Bot. **56**, 1—64.

— 1920: Untersuchung über die Aufnahme und über anormale osmotische Koeffizienten von Glyzerin und Harnstoff. Jb. wiss. Bot. **59**, 1—170.

Freidenfelt, T., 1904: Der anatomische Bau der Wurzel in seinem Zusammenhange mit dem Wassergehalt des Bodens. Bibliotheca botanica H. **61**, Stuttgart.

Friedrich, K., 1937: Zur Ökologie der höheren Pilze II. Ber. dtsch. bot. Ges. **55**, 419—426.

— 1940: Untersuchungen zur Ökologie der höheren Pilze. Pflanzenforschung, Heft **22**, Fischer, Jena.

Fritsch, F. E., 1916: The Morphology and Ecology of an Extreme Terrestrial Form of *Zygnema (Zygogonium) ericetorum*. Annal. Bot. **30**, 135—149.

— 1922: The Moisture Relations of Terrestrial Algae. Annal. Bot. **36**, 1—20.

— 1945: The structure and reproduction of the Algae, vol. II, 939 S. Cambridge.

— and F. M. Haines, 1923: The moisture relations of terrestrial algae II. Annal. Bot. **37**, 683—728.

Fritzsche, G., 1933: Untersuchungen über die Gewebetemperaturen von Strandpflanzen unter dem Einfluß der Insolation. Beih. bot. Cbl. **50** (Abt. A), 251—322.

Fuchs, W. H., 1930: Weiteres zur Bestimmung der Kälteresistenz des Winterweizens durch indirekte Methoden. Arch. Pflanzenbau **3**, 692—722.

— 1935: Der Anteil des Zuckers am osmotischen Wert bei Weizen. Planta **23**, 340—348.

— 1936: Die Bestimmung der physiologischen Resistenz. Forschungsdienst **2**, 294—310.

— und F. Hilkenbaumer, 1940: Zur Methodik der Frostschadensfeststellung an Obstgehölzen. Kühn-Archiv **54**, 259—266.

Füchtbauer, W., 1957a: Trockenresistenz nach osmotischer Adaptation bei *Saccharomyces* und *Chlorella*. Arch. Mikrobiol. **26**, 209—230.
— 1957b: Über den Zusammenhang der Trockenresistenz einiger Einzeller mit ihrem Retentionswasser und Mineralstoffgehalt. Arch. Mikrobiol. **26**, 231—233.
Furlani, J., 1926: Untersuchungen mit dem neuen Zeissschen Schleifengalvanometer über die Bodenstrahlung und über die Diathermasie von Pflanzenblättern. Fschr. Landw. **1**, 629—636.
Fürlinger, H., 1938: Harnstoffpermeabilität der Epidermis etiolierter und ergrünender Blätter. Protoplasma **31**, 277—285.
Fürst und Prantl, 1880: Der Einfluß des Winters 1897/80 auf unsere forstliche Pflanzenwelt. Forstwiss. Zbl. **2**, 476—482.

Gahlen, K., 1934: Beiträge zur Physiologie der Blattzellen von *Helodea canadensis*. Protoplasma **22**, 337—361.
Gail, F. W., 1926: Osmotic pressure of cell sap and its possible relation to winter killing and leaf fall. Botan. Gaz. **81**, 434—445.
Gallik, O., 1932: Enumeratio Dratomacearum in thermis Hajdúszoboszló inventarum. In: Györffy, I., Monograph. d. Thermalvegetation von Hajdúszoboszló in Ungarn. S. 274—337. Arch. Protistenkd. **76**, 306—308.
Gamma, H., 1932: Zur Kenntnis der Saugkraft und des Grenzplasmolyse-Wertes der Submersen. Protoplasma **16**, 489—575.
Gassner, G., und C. Grimme, 1913: Beiträge zur Frage der Frosthärte der Getreidepflanzen. Ber. dtsch. bot. Ges. **31**, 507—516.
— und G. Goeze, 1932: Zur Frage der Frosthärtebestimmung durch refraktometrische Untersuchungen von Pflanzenpreßsäften. Phytopath. Z. **4** (4), 387—413.
Gavriloff, L., 1924: Influence de la température sur l'absorption de l'eau par les racines de plantes supérieures. (Résumé) Bull. Jard. Bot. Repl. Russe **23**, 38—40.
— 1926: Influence de la température sur l'absorption de l'eau par les racines des plantes supérieures. (Résumé) Bull. Jard. Bot. Repl. Russe **25**, 195—196.
Geiger, R., 1942: Das Klima der bodennahen Luftschicht. Die Wissenschaft **78**, Vieweg und Sohn, Braunschweig.
— 1950: Das Klima der bodennahen Luftschicht. 3. Aufl., Braunschweig.
Geitler, L., 1944: Furchungsteilung, simultane Mehrfachteilung, Lokomotion, Plasmolyse und Ökologie der Bangiacee *Porphyridium cruentum*. Flora **37**, 30—333.
— 1953: Das Bewegungsverhalten von *Porphyridium cruentum* am natürlichen Standort. Öst. bot. Z. **100**, 672—676.
— und F. Ruttner, 1936: Die Cyanophyceen der Deutschen Limnologischen Sunda-Expedition, ihre Morphologie, Systematik und Ökologie. Arch. Hydrobiol., Suppl. **14**, Tropische Binnengewässer **6**, 308—369 und 371—483.
Georgewitch, P., 1926: *Bacillus thermophilus* Iivoini et Losanitchi n. sp. Zbl. Bakteriologie **2**, 27.
Gerlach, E., 1928: Untersuchungen über Wärmeverhältnisse in Stämmen, Zweigen und Knospen der Bäume. Diplomarbeit Tharandt (zit. nach Huber 1935).
— 1929: Untersuchungen über die Wärmeverhältnisse der Bäume. Diss. Leipzig.
Gessner, F., 1940: Meer und Strand. Quelle und Meyer, Leipzig.
— 1951: Untersuchungen über den Wasserhaushalt der Nymphaeaceen. Biologia generalis **19**, 247.
— 1955: Hydrobotanik, I. Energiehaushalt. VEB Deutscher Verlag der Wissenschaften. Berlin.
— 1956a: Die Wasseraufnahme durch Blätter und Samen. In: Handb. d. Pflanzenphysiologie, hgg. v. Ruhland, 3. Bd., S. 215—246.
— 1956b: Der Wasserhaushalt der Hydrophyten und Halophyten. Zit. in: Ruhland, Handbuch der Pflanzenphysiologie, Bd. 3, Pflanzen und Wasser. Springer, Berlin-Göttingen-Heidelberg, S 854—901.
— und Maria Schuhmann-Petersen, 1948: Untersuchungen über den Wasserhaushalt der Pflanzen bei Stickstoffmangel. Z. Naturforsch. **3 b**, 36—41.
— und F. Zwerenz, 1950: Über die Erhöhung der Kälteresistenz der Pflanzen bei Stickstoffmangel. Naturwiss. **37**, 453—454.
Gicklhorn, J., 1936: Gradienten des Erfrierens von Laubblättern. Protoplasma **26**, 90—96.
Glonchi, M., und E. Sabatin, 1952: Überwinterung subtropischer Pflanzen im Botanischen Garten von Batum (russisch). Bull. d. Bot. Gartens d. Wiss. Akad. Moskau, Nr. 12, 53—60.

GLÜCK, H., 1905: Biologische und morphologische Untersuchungen über Wasser- und Sumpfgewächse. 1. Teil. G. Fischer, Jena.
— 1906: Biologische und morphologische Untersuchungen über Wasser- und Sumpfgewächse, 2. Teil. G. Fischer, Jena.
GÖBEL, K. v., 1926: Die Wasseraufnahme der Flechten. Ber. dtsch. bot. Ges. **44**, 158.
GOLA, G., 1929: Osservazioni sui danneggiamenti alle piante legnose della regione veneta in seguito ai freddi del gennaio-febbraio 1929. Atti Mem. r. accad. sci., Lett. Arti Padova **45**, 5—15.
GOLDSMITH, G. W., and G. H. C. SMITH, 1926: Some physico-chemical properties of spruce sap and their seasonal and altitudinal variation. Colorado College Publication. Sc. Ser. **13**. 13—71.
GOLUS, B. M., 1935: Changes of the plasma permeability induced by temperature effects. C. r. Ac. Sci. URSS **11**, 304—306.
— 1938: Permeability of plasma as a factor of resistance to cold. C. r. Ac. Sci. URSS. **18**, 363—366.
GOODSPEED, T. H., 1911: The temperature coefficient of the duration of life of barley grains. Bot. Gaz. **51**, 220—224.
GÖPPERT, H. R., 1830: Über die Wärme-Entwicklung in den Pflanzen, deren Gefrieren und die Schutzmittel gegen dasselbe. Max und Comp., Berlin, Breslau.
— 1871 a: Höhe der Kältegrade, welche die Vegetation überhaupt erträgt. Botan. Ztg. **29**, 49—58, 65—76.
— 1871 b: Wann stirbt die durch Frost getötete Pflanze, zur Zeit des Gefrierens oder im Moment des Auftauens? Botan. Ztg. **29**, 399—402.
— 1875: Einwirkung des Frostes. Bot. Z. **53**, 615.
— 1878: Einwirkung des Frostes. Bot. Z. **62**.
— 1883: Über das Gefrieren. Erfrieren der Pflanzen und Schutzmittel dagegen. Altes und Neues. Enke, Stuttgart, 1—87.
GORKE, H., 1906: Über chemische Vorgänge beim Erfrieren der Pflanzen. Landwirtsch. Versuchsstat. **65**, 149—160.
GORTNER, R. A., and W. A. GORTNER, 1934: The cryoscopic method for the determination of „bound water". J. Gen. Physiol. (Am.) **17**, 327—330.
GOVOROV, L. I., 1923: The diverse characters of winter and spring forms of cereals in connection with the problem of hardiness. Bull. of Appl. Bot. and Plant Breeding **13**, 525—561 (russ. mit engl. Zusammenfassung).
GRATZY-WARDENGG, S. A. ELFRIEDE, 1929: Osmotische Untersuchungen an Farnprothallien. Planta **7**, 307—330.
GREATHOUSE, G. A., and N. W. STUART, 1934: A study of the physical and chemical properties of red clover roots in the cold hardened and unhardened condition. Univ. Maryland Agr. Sta. Bull. 1934. 379.
— 1935: Unfreezable and freezable water equilibrium in plant tissues as influenced by sub-zero temperatures. Plant Physiol. **10**, 781—788.
GREB, Helmut, 1957: Der Einfluß tiefer Temperatur auf die Wasser- und Stickstoffaufnahme der Pflanzen und ihre Bedeutung für das „Xeromorphieproblem". Planta **48**, 523—563.
GRIEP, W., 1940: Über den Einfluß von Außenfaktoren auf die Wirkung des Windes auf die Transpiration der Pflanzen. Z. Bot. **36**, 1—54.
GYÖRFFY, I. (mit mehreren Mitarbeitern), 1932: Monographie der Thermalvegetation von Hajduszoboszló in Ungarn. Arch. Protistenkd. **76**, 274—337.

HAAN, Iz. DE, 1933: Protoplasmaquellung und Wasserpermeabilität. Rec. trav. bot. néerl. **30**, 234.
HABERLANDT, G., 1876: Über den Einfluß des Frostes auf die Chlorophyllkörner. Öst. bot. Z. **26**, 249—255.
HALL, H. M., and F. E. CLEMENTS, 1923: The phylogenetic method in taxonomy. The North American species of *Artemisia, Chrysothamnum* and *Atriplex*. Carnegie Inst. Wash. Publ. Nr. 326.
HANNIG, E., 1912: Untersuchungen über die Verteilung des osmotischen Druckes in der Pflanze in Hinsicht auf die Wasserleitung. Ber. dtsch. bot. Ges. **30**, 194—204.
HANSEN, H. C., 1926: The water-retaining power of the soil. The J. of Ecology **14**, 111—119.
HANSGIRG, A., 1884: Beiträge zur Kenntnis der böhmischen Thermalalgenflora. Öst. bot. Z. **34**, 276—284.

Harder, R., 1915: Beiträge zur Kenntnis des Gaswechsels der Meeresalgen. Jb. wiss. Bot. **56**, 254—298.
— 1925: Über die Assimilation von Kälte- und Wärmeindividuen der gleichen Pflanzenspecies. Jb. wiss. Bot. **64**, 169—200.
— 1930 a: Beobachtungen über die Temperatur der Assimilationsorgane sommergrüner Pflanzen der Algerischen Wüste. Z. Bot. **23**, 703—744.
— 1930 b: Über den Wasser- und Salzgehalt und die Saugkräfte einiger Wüstenböden Beni Unifs. Jb. wiss. Bot. **72**, 665—669.

Hardy, H., 1854: Observations sur quelques espèces ligneuses des pays chauds exposés à des températures de + 1° à + 5° (in: Bulletin scientifique). Bot. Ztg. **12**, 202—203.

Harris, I. A., 1934: The physico-chemical properties of plant saps in relation to phytogeography. Minneapolis. Univ. Minnesota Press.
— R. A. Gortner, and I. V. Lawrence, 1917: The relationship between the osmotic concentration of leaf sap and height of leaf insertion in trees. Torreya **44**, 267—286.

Härtel, Otto, 1936: Pflanzenökologische Untersuchungen an einem xerothermen Standort bei Wien. Jb. wiss. Bot. **83**. 1—59.
— 1940: Physiologische Studien an Hymenophyllaceen, II. Wasserhaushalt und Resistenz. Protoplasma **34**, 489—514.

Hartig, Th., 1874: Über die Temperatur der Baumluft im Vergleich zur Bodenwärme der den Baum umgebenden Luftschichten. Allg. Forst- u. Jagdzeitung, N. F. **50**, 145—152.

Hartig, R., 1900: Lehrbuch der Pflanzenkrankheiten. Berlin.

Hartmann, Otto, 1918: Experimentelle Untersuchungen über den Einfluß höherer Temperatur auf Morphologie und Cytologie der Algen. Arch. Entw.mechan. **44**, 589—642.
— 1919 a: Über die experimentelle Beeinflussung der Größe pflanzlicher Chromatophoren durch die Temperatur. Archiv Zellforsch. **15**, 160—176.
— 1919 b: Über den Einfluß der Temperatur auf Plasma, Kern und Nucleolus und cytologische Gleichgewichtszustände. Archiv. Zellforsch. **15**, 177—248.

Haybach, Gabriele, 1956: Zur Ökologie und Soziologie einiger Moose und Moosgesellschaften des nordwestlichen Wienerwaldes. Verh. d. Zool.-bot. Ges. Wien **96**, 132—168.

Heber, U., 1958 a: Ursachen der Frostresistenz bei Winterweizen. I. Die Bedeutung der Zucker für die Frostresistenz. Planta **52**, 144—172.
— 1958 b: Ursachen der Frostresistenz bei Winterweizen. II. Die Bedeutung von Aminosäuren und Peptiden für die Frostresistenz. Planta **52**, 431—446.
— 1959 a: Ursachen der Frostresistenz bei Winterweizen, III. Die Bedeutung von Proteinen für die Frostresistenz. Planta **54**, 34—67.
— 1959 b: Beziehungen zwischen der Größe von Chloroplasten und ihrem Gehalt an löslichen Eiweißen und Zuckern im Zusammenhang mit dem Frostresistenzproblem. Protoplasma **51**, 284—298.

Hegi, G., 1906/31: Illustrierte Flora von Mitteleuropa, Bd. **1**. Wien, Pichlers Wtw. und Sohn.

Heil, H.. 1925: *Chamaegigas intrepidus* Dtr., eine neue Auferstehungspflanze. Beih. bot. Cbl. **41**, 41—50.

Heilbronn, A., 1914: Zustand des Plasmas und Reizbarkeit. Jb. wiss Bot. **54**, 355—390.
— 1922: Eine neue Methode zur Bestimmung der Viskosität lebender Protoplasten. Jb. wiss. Bot. **61**, 284—338.

Heilbrunn, L., 1928: Colloid chemistry of protoplasm. Protoplasma Monographien **1**, Berlin.
— 1958: The viscosity of protoplasm. Protoplasmatologia, Handbuch der Protoplasmaforschung. Springer, Wien, Bd. **II**, **C 1**.

Heimann, M., 1950: Einfluß periodischer Beleuchtung auf die Guttationsrhythmik. Planta **38**, 157—195.

Heintzeler, Irene, 1939: Das Wachstum der Schimmelpilze in Abhängigkeit von den Hydraturverhältnissen unter verschiedenen Außenbedingungen. Archiv Mikrobiologie **10**, 92—132.

Hellriegel, H., 1883: Einfluß hoher Bodentemperaturen von kurzer Dauer auf die Vegetation. Beiträge zu den naturwiss. Grundlagen des Ackerbaues. Braunschweig, pag. 334 ff.

Henckel, P., 1954: Sur la Résistance des Plantes à la Sécheresse et les Moyens de la diagnostiquer et de l'augmenter. Acad. Sci. de l'URSS, Moskau, Société Botanique de l'URSS, 436—453.
Henrici, M., 1921: Zweigipfelige Assimilationskurven. Verh. naturforsch. Ges. Basel **32**, 107—171.
— 1927: Physiological plant studies in South Africa. I. Wilting and osmotic phenomena of grasses and other plants under arid conditions. Report Director Veterinary Education and Research.
— 1945: The effect of wilting on the direct assimilates of lucerne and other fodder plants. S. African J. Sci. **41**, 204—212.
Henze, J., 1959: Untersuchungen über den Kohlehydrat-Eiweiß-Haushalt der Rinde in seiner Beziehung zur Frostresistenz von Obstgehölzen. Z. Bot. **47**, 42—87.
Herrich, E. M., 1933: Seasonal and diurnal variations in the osmotic values and suction tension values in the aerial portions of *Ambrosia trifida*. Amer. J. Bot. **20**, 18—34.
Herzog, Th., und K. Höfler, 1944: Kalkmoosgesellschaften um Golling. Hedwigia **82**, 1—92.
Hildreth, A. C., 1926: Determination of hardiness in apple varieties and the relation of some factors to cold resistance. Minnesota Agr. Expt. Sta. Tech. Bull. **42**.
Hiltner, E., 1933: Klima und Witterung als Ursachen nichtparasitärer Pflanzenkrankheiten. In: Sorauer, Handb. d. Pflanzenkrankheiten, 6. Aufl., 1 Bd., 1. Teil, 318—474.
Hoffmann, Curt, 1929: Die Atmung der Meeresalgen und ihre Beziehung zum Salzgehalt. Jb. wiss. Bot. **71**, 214—268.
— 1932: Zur Bestimmung des osmotischen Druckes in Meeresalgen. Planta **16**, 413—432.
— 1935: Zur Frage nach dem Vorkommen aktiver Saugkräfte bei den Meeresalgen. Protoplasma **24**, 286—295.
— 1943: Der Salzgehalt des Seewassers als Lebensfaktor mariner Pflanzen. Kieler Blätter, Jg. 1943, 160—176.
— 1957: Ecological and physiological studies on some algae from the Baltic Sea. Colloque sur l'Ecologie des Algues Marines, Dinard 19.—28. 9. 1957.
Hoffmann, Hermann, 1860: Untersuchungen über die Keimung der Pilzsporen. Jb. wiss. Bot. **2**, 267—337.
Höfler, Karl, 1918: Permeabilitätsbestimmung nach der plasmometrischen Methode. Ber. dtsch. bot. Ges. **36**, 414—422.
— 1920: Ein Schema für die osmotische Leistung der Pflanzenzelle. Ber. dtsch. bot. Ges. **38**, 288—298.
— 1930: Das Plasmolyse-Verhalten der Rotalgen. Z. Bot. **23**, 570—588.
— 1931: Hypotonietod und osmotische Resistenz einiger Rotalgen. Österr. bot. Z. **80**, 51—71.
— 1932: Vergleichende Protoplasmatik. Ber. dtsch. bot. Ges. **50**, (53)—(67).
— 1934: Permeabilitätsstudien an Stengelzellen von *Majanthemum bifolium*. S. B. Wien. Akad. Wiss. math.-nat. Kl., Abt I, **143**, 213—264.
— 1936: Vertragen Rotalgen das Zentrifugieren? Protoplasma **26**, 377—385.
— 1937: Spezifische Permeabilitätsreihen verschiedener Zellsorten derselben Pflanze. Ber. dtsch. bot. Ges. **55**, (133)—(148).
— 1939: Nekroseformen pflanzlicher Zellen. Ber. dtsch. bot. Ges. **56**, 451—473.
— 1940: Aus der Protoplasmatik der Diatomeen. Ber. dtsch. bot. Ges. **58**, 97—120.
— 1942 a: Unsere derzeitige Kenntnis von den spezifischen Permeabilitätsreihen. Ber. dtsch. bot. Ges. **60**, 179—200.
— 1942 b: Über die Austrocknungsgrenzen des Protoplasmas. Anz. Akad. Wiss. Wien, math.-nat. Kl., Jg. 1942, Nr. 12.
— 1943 a: Über die Austrocknungsfähigkeit des Protoplasmas. Ber. dtsch. bot. Ges. **60**, (94)—(106).
— 1943 b: Über die Austrocknungsgrenzen des Protoplasmas. Anz. Akad. Wiss. Wien, math.-nat. Kl. v. 17. 12. 1942, Nr. 12.
— 1943 c: Einige Beobachtungen an *Closterium Dianae* und *Pleurotaenium nodulosum*. Protoplasma **37**, 283—286.
— 1946: Über Trockenhärtung und Härtungsgrenzen des Protoplasmas einiger Lebermoose. Anz. Akad. Wiss. Wien, math.-nat. Kl. v. 8. 3. 1945, Nr. 30.
— 1947: Einige Nekrosen bei Färbung mit Akridinorange. S. B. Wien. Akad. Wiss., math.-nat. Kl., Abt. 1, **156**, 585—644.

Höfler, Karl, 1949: Über Wasser- und Harnstoffpermeabilität des Protoplasmas. Phyton 1, 105—121.
— 1950 a: Durch plasmatische Trockengrenzen bedingte Lebermoosvereine. Proc. 7. Intern. Bot. Congr. Stockholm, Sect. Phys.
— 1950 b: Über Trockenhärtung des Protoplasmas. Ber. dtsch. bot. Ges. **63**, 3—10.
— 1951: Zur Kälteresistenz einiger Hochmooralgen. Verh. zool.-bot. Ges. Wien **92**, 234—242.
— 1954 a: Über einige Lebermoose des Bayreuther Raumes und ihre plasmatischen Trockengrenzen. Naturwiss. Verein Bayreuth, Bericht 1953/54, 8, 67—78.
— 1954 b: La résistence du protoplasme à la sécheresse. VIIIe Congrès Intern. de Botanique, Paris, Rapp. et Comm., Sect. 11, 239—241.
— 1956: Über Plastiden und Blasenzellen der Rotalgen. Pubbl. Staz. Zool. Napoli **28**, 255—265.
— 1958: Permeabilitätsstudien an Parenchymzellen der Blattrippe von *Blechnum spicant*. S. B. Wien Akad. Wiss., math.-nat. Kl., Abt. 1, **167**, 237—295.
— 1960: Permeability of Protoplasm. Protoplasma **52**, 145—156.
— E. Fetzmann und A. Diskus, 1957: Algen-Kleingesellschaften aus den Mooren des Eggstädter Seengebietes im Bayrischen Alpenvorland. Verh. d. zool.-bot. Ges. **97**, 53—86.
— H. Migsch und W. Rottenburg, 1941: Über die Austrocknungsresistenz landwirtschaftlicher Kulturpflanzen. Forschungsdienst **12**, 50—61.
— und A. Stiegler, 1921: Ein auffälliger Permeabilitätsversuch in Harnstofflösung. Ber. dtsch. bot. Ges. **39**, 157.
— — 1930: Permeabilitätsverteilung in verschiedenen Geweben der Pflanze. Protoplasma **9**, 469—512.
Hofmeister, L., 1935: Vergleichende Untersuchungen über spezifische Permeabilitätsreihen. Bibliotheca botanica **113**, 1—83.
— 1938: Verschiedene Permeabilitätsreihen bei ein und derselben Zellsorte von *Ranunculus repens*. Jb. wiss. Bot. **86**, 401—419.
Holle, H., 1915: Untersuchungen über Welken, Vertrocknen und Wiederstraffwerden. Flora **108**, 73—126.
Homén, Th., 1897: Der tägliche Wärmeumsatz im Boden und die Wärmestrahlung zwischen Himmel und Erde. Helsingfors.
Hopp, R., 1947: Internal temperatures of plants. Proc. Am. Soc. Hort. Sci. **50**, 103—108.
Horn, T., 1923: Das gegenseitige Mengenverhältnis der Kohlehydrate im Laubblatt in seiner Abhängigkeit vom Wassergehalt. Bot. Arch. **3**, 137—173.
Hosokawa, T., and H. Kubota, 1957: On the osmotic pressure and resistance to desiccation of epiphytic mosses from a beech forest, South-West Japan. J. Ecology **45**, 579—591.
Houska, Helene, 1939: Zur protoplasmatischen Anatomie der Küchenzwiebel. Österr. bot. Z. **88**, 161—186.
Huber, B., 1924: Eine einfache Methode der Messung der Verdunstungskraft am Standort. Ber. dtsch. bot. Ges. **42**, 19—26.
— 1925 a: Die Beurteilung des Wasserhaushaltes der Pflanze. Ein Beitrag zur vergleichenden Physiologie. Jb. wiss. Bot. **64**, 1—117.
— 1925 b: Die physiologische Leistungsfähigkeit des Wasserleitungssystems der Pflanzen. Ber. dtsch. bot. Ges. **43**, 410—418.
— 1925 c: Der Wasserhaushalt des Baumes. Cbl. f. d. ges. Forstwesen **51**, 111—120.
— 1932: Einige Grundfragen des Wärmehaushalts der Pflanzen. I. Die Ursache der hohen Sukkulenten-Temperaturen. Ber. dtsch. bot. Ges. **50**, (68)—(76).
— 1935 a: Der Wärmehaushalt der Pflanze. Naturw. u. Landwirtsch. **17**, 1485.
— 1935 b: Xerophyten. Handwörterbuch d. Naturwissenschaften **10**, 702—720.
— 1937: Mikroklimatische und Pflanzentemperaturregistrierungen mit dem Multithermographen von Hartmann & Braun. Jb. wiss. Bot. **84**, 671—709.
— 1956 a: Temperatur pflanzlicher Oberflächen. Handb. d. Pflanzenphysiol., Hsg. v. Ruhland 3, 285—292.
— 1956 b: V. Die Wasserleitung. c) Die Gefäßleitung. Handb. d. Pflanzenphys. 3, 541—582.
— und K. Höfler, 1930: Die Wasserpermeabilität des Protoplasmas. Jb. wiss. Bot. **73**, 351—511.
Huber-Pestalozzi, G., 1926: Die Schwebeflora (das Phytoplankton) der alpinen und nivalen Stufe. In: Schröter, Das Pflanzenleben der Alpen.
— 1938: Das Phytoplankton des Süßwassers. Die Binnengewässer **16**, Stuttgart.

HUMMEL, K., 1929: Zum Mikroklima insolierter Standorte. Dtsch. Meteor. Jahrb. f. Bayern 1929, B 1—B 11.

HUPFAUF, 1880: Über die Wirkung der Winterfröste 1879/80 auf die Nadelhölzer. Forstwiss. Zentralbl. N. F. **2**, 263.

HUSTEDT, FR., 1943: Die Diatomeenflora einiger Hochgebirgsseen der Landschaft Davos in den Schweizer Alpen. Intern. Rev. ges. Hydrobiol. **43**, 124—197.

— 1953: Algunas observaciones sobre la vida de Microorganismos en los Arroyos termales de los ansoles de el Salvador. Com. Inst. trap. Invest. Cient San Salvador.

ILJIN, W. S., 1915: Die Regulierung der Spaltöffnungen im Zusammenhang mit der Veränderung des osmotischen Druckes. Beih. bot. Cbl. **32**, 1. Abt., 15—35.

— 1922 a: Über den Einfluß des Welkens der Pflanzen auf die Regulierung der Spaltöffnungen. Jb. wiss. Bot. **61**, 670—712.

— 1922 b: Wirkung der Kationen von Salzen auf den Zerfall und die Bildung von Stärke in der Pflanze. Biochem. Z. **132**, 494—542.

— 1923: Der Einfluß des Wassermangels auf die Kohlenstoffassimilation durch die Pflanzen. Flora **116**, 360—403.

— 1927: Über die Austrocknungsfähigkeit des lebenden Protoplasten der vegetativen Pflanzenzelle. Jb. wiss. Bot. **66**, 947—964.

— 1929 b: Der Einfluß der Standortfeuchtigkeit auf den osmotischen Wert bei Pflanzen. Planta **7**, 45—58.

— 1929 c: Standortsfeuchtigkeit und der Zuckergehalt in den Pflanzen. Planta **7**, 59—71.

— 1930: Die Ursache der Resistenz von Pflanzenzellen gegen Austrocknen. Protoplasma **10**, 379—414.

— 1931: Austrocknungsresistenz des Farnes *Nothochlaena Marantae* R. Br. Protoplasma **13**, 322—330.

— 1932 a: Zusammensetzung der Salze in der Pflanze auf verschiedenen Standorten. Beih. bot. Cbl. **50**, 95—137.

— 1932 b: Über Öffnen der Stomata bei starkem Welken der Pflanzen. Jb. wiss. Bot. **77**, 220—251.

— 1933 a: Über Absterben der Pflanzengewebe durch Austrocknung und über ihre Bewahrung vor dem Trockentod. Protoplasma **19**, 414—442.

— 1933 b: Über den Kältetod der Pflanzen und seine Ursachen. Protoplasma **20**, 105—124.

— 1934: The point of death of plants at low temperatures. Bull. Assoc. Russe, Recherches scient. à Prague, Sect. sci. nat.-math. **1** (6), Nr. 4, 135—160.

— 1935 a: Lebensfähigkeit der Pflanzenzellen in trockenem Zustand. Planta **24**, 742—754.

— 1935 b: The relation of cell sap concentration to cold resistance in plants. Bulletin Association Russe, Rech. scient. à Prague **3**, 33—55.

— 1940: Boden und Pflanze, II. Physiologie und Biochemie der Kalk- und Kieselpflanzen. Abh. russ. Forschungsges. Prag **10 (15)**, 75—116.

— 1943: Salze und organische Säuren bei Kalkpflanzen. Flora **37** (N. F.), 263—299.

— 1953: Causes of death of plants as a consequence of loss of water. Bull. Torrey Bot. Club **80**, 166—177.

— 1957: Drought resistance in plants and physiological processes. Ann. Rev. Plant Phys. **8**, 257—274.

ILLERT, H., 1924: Botanische Untersuchungen über Hitzetod und Stoffwechselgifte. Botan. Archiv **7**, 133—141.

IRMSCHER, E., 1912: Über die Resistenz der Laubmoose gegen Austrocknung und Kälte. Jb. wiss. Bot. **50**, 387—449.

ITZEROTT, H., 1936: Untersuchungen zum Wasserhaushalt von *Prasiola crispa*. Jb. wiss. Bot. **84**, 254—275.

IVANOV, S. M., 1931: Determination of the frost resistance of plants from the changes induced by frost injury in the electrical conductivity of the sap. Bull. Appl. Botan. Genet. Plant Breeding **27**, 283—307 (Biol. Abstr. **9**, 4694).

IVANOFF, S. S., 1951: The use of activated oat seeds in the study of winter-hardiness. Botan. Gazette **113**, 90—94.

JAAG, O., 1945: Untersuchungen über die Vegetation und Biologie der Algen des nackten Gesteins in den Alpen, im Jura und im schweizerischen Mittelland. Beitr. z. Kryptogamenflora der Schweiz **9/3**, 1—560.

Järvenkylä, Y. T., 1937: Über den Einfluß des Lichtes auf die Permeabilität pflanzlicher Protoplasten. Annales Botanici Societatis Zool.-Bot. Fennicae Vanamo **9**, 1—99.

Jeremias, K., 1956: Zur Physiologie der Frosthärtung. (Unter bes. Berücksichtigung von Winterweizen.) Planta **47**, 81—104.

Johansson, N. O., C. E. Albertson och T. Månsson, 1955: Undersökningar över höstetetshärdning och avhärdning. Sver. Utsäds. Tidskr. 82—96.

Julander, O., 1945: Drought resistance in range and pasture grasses. Plant Physiol. **20**, 573—599.

Jumelle, H., 1892: Recherches physiologiques sur les lichens. Rev. gén. d. bot. **4**, 49.

Juratzka, J., 1882: Die Laubmoosflora von Österreich-Ungarn, Wien.

Just, L., 1877: Über die Einwirkung hoher Temperaturen auf die Erhaltung der Keimfähigkeit der Samen. Beitr. Biol. Pflanzen **2**, 311—348.

Kahl, G., 1944: Über den Einfluß von Schüttelbewegungen auf Struktur und Funktion des pflanzlichen Plasmas. Diss. Darmstadt, 1944.

Kaho, H., 1921 a: Über die Beeinflussung der Hitzekoagulation des Pflanzenplasmas durch Neutralsalze. Biochem. Z. **117**, 87—95.

— 1921 b: Zur Kenntnis der Neutralsalzwirkungen auf das Pflanzenplasma. Biochem. Z. **120**, 125—142.

— 1924: Über die Beeinflussung der Hitzekoagulation des Pflanzenplasmas durch die Salze der Erdalkalien. Biochem. Z. **151**, 102—111.

— 1926 a: Beeinflussung der Hitzekoagulation durch Salze. Biochem. Z. **151**, 103.

— 1926 b: Über den Einfluß der Temperatur auf die koagulierende Wirkung einiger Alkalisalze auf das Pflanzenplasma. Biochem. Z. **151**, 167—182.

Kaiser, P., 1879: Über die tägliche Periodizität der Dickendimensionen der Baumstämme. Inaug.-Diss., Halle 1879.

Kalle, K., 1956: Das Meerwasser. In: Ruhland, Handb. Pflanzenphysiol. **3**, 37—42.

Kaltwasser, J., 1938: Assimilation und Atmung von Submersen als Ausdruck ihrer Entquellungsresistenz. Protoplasma **29**, 498—535.

Kann, Edith, 1933: Zur Ökologie des litoralen Algenaufwuchses im Lunzer Untersee. Internat. Rev. ges. Hydrogr. u. Hydrobiol. **28**, 172—227.

— 1940: Ökologische Untersuchungen an Litoralalgen ostholsteinischer Seen. Arch. Hydrobiol. **37**, 177—269.

— 1941 a: Cyanophyceenkrusten aus einem Teich bei Abisho (Schwedisch-Lappland). Arch. Hydrobiol. **37**, 495—503.

— 1914 b: Krustensteine in Seen. Arch. Hydrobiol. **37**, 504—532.

— 1943: Krustenalgen in Alpenteichen. Arch. Hydrobiol. **40**, 459—473.

Kanwisher, J., 1957: Freezing and drying in intertidal algae. Biol. Bull. **113**, 275—285.

Kärcher, Hedwig, 1931: Über die Kälteresistenz einiger Pilze und Algen. Planta **14**, 515—516.

Karsten, G., 1918: Über Kompaßpflanzen. Flora **111**, 48—59.

Kausch, W., 1955: Saugkraft und Wassernachleitung im Boden als physiologische Faktoren (unter besonderer Berücksichtigung des Tensiometers). Planta **45**, 217—263.

Kemmer, E., und I. F. Schulz, 1955: Das Frostproblem im Obstbau. Bayrischer Landwirtschaftsverlag, München.

Kerber, E., 1882: Eine Besteigung des Vulkans von Colima in Mexiko. Verh. Ges. Erdkd. **5**, Berlin.

Kern, A., 1923: Über den im Rindenparenchym gespeicherten Eiweißstoff. Beih. bot. Cbl. **40**, 137—140.

Kessler, W., 1935: Über die inneren Ursachen der Kälteresistenz. Planta **24**, 312—352.

— und W. Ruhland, 1938: Weitere Untersuchungen über die innere Ursache der Kälteresistenz. Planta **28**, 159—204.

Kiesselbach, T. A., and J. A. Ratcliff, 1918: Freezing injury of seed corn. Nebraska Agr. Expt. Sta. Bull. **163**, 1—16.

Kihlman, A. O., 1890: Pflanzenbiologische Schilderungen aus Russisch-Lappland. Acta Soc. pro Fauna et Flora fennica **6**, Auszug in Flora **26**.

Killian, Ch., et L. Faurel, 1933: Observations sur la pression osmotique des végétaux désertiques et subdésertiques de l'Algerie. Bull. Soc. Bot. de France **80**, 775.

— et G. Lemée, 1956: Les Xérophytes: Leur économie d'eau. Handb. Pflanzenphysiol., hgg. von W. Ruhland **3**, 787—824.

KINZEL, H., 1956: Untersuchungen über Bau- und Chemismus der Zellwände von *Antithamnion cruciatum* (Ag.) Näg. Protoplasma **46**, 445—474.
KIRCHHOFF, F., 1915: Über das Verhalten von Gerbstoff in den Nadeln unserer Koniferen im Laufe des Jahres. Botan. Cbl. **128**, 154—155.
KISSELEW, N. N., 1928: Der Temperatureinfluß auf die Stärkehydrolyse in Mesophyll- und Schließzellen. Planta **6**, 135—161.
KJELLMANN, F. K., 1885: Aus dem Leben der Polarpflanzen. In: Studien und Forschungen, veranlaßt durch meine Reisen im Hohen Norden. Herausgegeb. von Erik Freih. v. NORDENSKIÖLD. Leipzig.
KLEBS, G., 1883: Über die Organisation einiger Flagellaten-Gruppen und ihre Beziehungen zu Algen und Infusorien. Unters. botan. Institut. Tübingen. Bd. **1**.
KLEMM, P., 1895: Desorganisationserscheinungen der Zelle. Jb. wiss. Bot. **28**, 627—700.
KNAFFL-LENZ, E. v., 1908: Über die Beziehungen zwischen Lipoidverflüssigung und Cytolyse. Pflügers Arch. **123**, 279.
KNIEP, H., 1914: Über Assimilation und Atmung der Meeresalgen. Internat. Rev. ges. Hydrobiol. u. Hydrogr. **7**, 1—38.
KNODEL, H., 1938: Eine Methodik zur Bestimmung der stofflichen Grundlagen des osmotischen Wertes von Pflanzensäften. Planta **28**, 704—715.
— 1939: Über die Abhängigkeit des osmotischen Wertes von der Saugkraft des Bodens. Jb. wiss. Bot. **87**, 557—564.
KÖCKEMANN, A., 1932: Vergleichend-messende Untersuchungen von Saugspannungen, Saugleistungen und Widerständen bei der Wasserleitung in Pflanzen. Planta **17**, 669—698.
KÖHNLEIN, E., 1930: Untersuchungen über die Höhe des Wurzelwiderstandes und die Bedeutung aktiver Wurzeltätigkeit für die Wasserversorgung der Pflanze. Planta **10**, 381—423.
KOL, E., 1934: Kryobiologische Studien I. Verh. int. Ver. Limnologie **6**, 2. Teil, 275.
— 1944: Vergleich der Kryovegetation der nördlichen und südlichen Hemisphäre. Arch. Hydrobiol. **40**, 835—846.
— 1949: Über den grünen Schnee der Karpaten und Vergleich der Kryovegetation der Alpen und Karpaten. Verh. intern. Ver. Limnologie **10**, 235—246.
KOLBE, R. W., 1932: Grundlinien einer allgemeinen Ökologie der Diatomeen. Ergebn. Biol. **8**, 221—348.
KOLUMBE, E., 1927: Untersuchungen über die Wasserdampfaufnahme der Flechten. Planta **3**, 734—757.
KONIS, E., 1949: The resistance of maquis plants to supramaximal temperatures. Ecology **30**, 425—429.
— 1950: The effect of leaf temperatures on transpiration. Ecology **31**, 147—148.
KOPPE, F., 1931: Beobachtungen über Frostschäden an Moosen 1927—1930. Ber. dtsch. bot. Ges. **49**, 35—51.
KÖPPEN, W., 1931: Grundriß der Klimakunde. W. de Gruyter, Berlin-Leipzig.
KOSAROFF P., 1897: Einfluß verschiedener äußerer Faktoren auf die Wasseraufnahme. Diss. Leipzig.
KRABBE, G., 1896: Über den Einfluß der Temperatur auf die osmotischen Prozesse lebender Zellen. Jb. wiss. Bot. **29**, 441—498.
KRAMER, P. J., 1955 a: Water relations of plant cells and tissues. Ann. Rev. Plant Physiol. **6**, 253—272.
— 1955 b: Bound water. Handb. Pflanzenphysiol., hgg. v. W. RUHLAND **1**, 223—242.
KRASSINSKY, N., 1930: Über jahreszeitliche Änderungen der Permeabilität des Protoplasmas. Protoplasma **9**, 622—631.
KRAUS, G., 1881: Die tägliche Schwellungsperiode der Pflanzen. Abhandl. naturf. Ges. Halle **15**.
KREBS, INGE, 1951: Beiträge zur Kenntnis des Desmidiaceen-Protoplasten. I. Osmotische Werte, II. Plastidenkonsistenz. S. B. Wien. Akad. Wiss., math.-nat. Kl., Abt. I, **160** 579—613.
KRESSIN, G., 1935: Beiträge zur vergleichenden Protoplasmatik der Mooszelle. Inaug.-Diss., Ernst-Moritz-Arndt-Universität Greifswald.
KREUZ, J., 1941: Der Einfluß von Calzium- und Kaliumsalzen auf die Permeabilität des Protoplasmas für Harnstoff und Glyzerin. Österr. bot. Z. **90**, 1—30.
KRISAI-KNYRIM, DIETLINDE, 1960: Über das osmotische Verhalten von Basidiomyceten-Hyphen im Normalzustand und nach Frosteinwirkung. Protoplasma **51**, 523—538.
KUNISCH, H., 1880: Über die tödliche Einwirkung niederer Temperaturen auf die Pflanzen. Inaug.-Diss. Breslau, 55 S.

Kursanow, A. L., N. N. Krjukowa and A. S. Morozow, 1938: The effect of temperature on the reversible action of invertase in plants in relation to their resistance to low and high temperature. Isv. Akad. Nauk SSSR, Biol. Ser. Nr. **1**, 51—66.

Küster, E., 1924: Experimentelle Physiologie der Pflanzenzelle. Handb. biol. Arbeitsmethoden, Abt. **XI**, Teil 1.

— Pathologie der Pflanzenzelle I. Pathologie des Protoplasmas. II. Pathologie der Plastiden. Protpl.-Monogr. **3** (1929) und **13** (1937), Berlin.

— 1935, 1956: Die Pflanzenzelle. Fischer, Jena, 1. Aufl. 672 S., 3. Aufl. (bearb. v. K. Höfler) 986 S.

Kutschera, Lore, 1960: Wurzelatlas mitteleuropäischer Ackerunkräuter und Kulturpflanzen. DLG-Verlags-GmbH, Frankfurt/Main, 574 S.

Kylin, H., 1917: Über die Kälteresistenz der Meeresalgen. Ber. dtsch. bot. Ges. **35**, 370—384.

— 1928: Über *Falkenbergia Hillebrandii* und ihre Beziehung zur Abspaltung von Jod. Bot. Notiser 1928, 233—234, Lund.

— 1929: Über das Vorkommen von Jodiden, Bromiden und Jodidoxydasen bei den Meeresalgen. Hoppe-Seyl. Z. physiol. Chem. **186**, 50—84.

— 1938 a: Über den osmotischen Druck und die osmotische Resistenz einiger Meeresalgen. Svensk Bot. Tidskr. **32**, 238—248.

— 1938 b: Biologie der Algen. II. Neue Daten zur Physiologie der Algen. Tabulae Biologicae **16**, 132—139.

Lampe, H., 1935: Die Temperatureinstellung des Stoffgewinns bei Meeresalgen als plasmatische Anpassung. Protoplasma **23**, 534—578.

Landolt-Börnstein, 1960: Zahlenwerte und Funktionen aus Physik, Chemie, Astronomie, Geophysik und Technik. Bd. **2**, 6. Aufl., 2. Teil, Bandteil a, Gleichgewichte, Dampf-Kondensat und osmotische Phänomene. Springer, Berlin-Göttingen-Heidelberg.

Lange O. L., 1953: Hitze- und Trockenresistenz der Flechten in Beziehung zu ihrer Verbreitung. Flora **140**, 39—97.

— 1954: Einige Messungen zum Wärmehaushalt poikilohydrer Flechten und Moose. Arch. Met. Geophys. Biokl., Serie B, **5**, 182—190.

— 1955: Untersuchungen über die Hitzeresistenz der Moose in Beziehung zu ihrer Verbreitung. I. Die Resistenz stark ausgetrockneter Moose. Flora **142**, 381—399.

— 1957: Hitzeresistenz und Blattemperaturen mauretanischer Wüstenpflanzen. Ber. dtsch. bot. Ges. **70**, (31)—(32).

— 1959: Untersuchungen über Wärmehaushalt und Hitzeresistenz mauretanischer Wüsten- und Savannenpflanzen. Flora **147**, 595—651.

— 1961: Die Hitzeresistenz einheimischer immer- und wintergrüner Pflanzen im Jahresablauf. Planta **56**, 666—683.

— und B. Schwemmle, 1960: Untersuchungen zur Hitzeresistenz vegetativer und blühender Pflanzen von *Kalanchoë bloßfeldiana*. Planta **55**, 208—225.

Larcher, W., 1954: Die Kälteresistenz mediterraner Immergrüner und ihre Beeinflußbarkeit. Planta **44**, 607—635.

— 1957: Frosttrocknis an der Waldgrenze und in der alpinen Zwergstrauchheide auf dem Patscherkofel bei Innsbruck. Veröff. Ferdinandeum Innsbruck **37**, 49—81.

— und H. Eggarter, 1960: Anwendung des Triphenyltetrazoliumchlorids zur Beurteilung von Frostschäden in verschiedenen Achsengeweben bei *Pirus*-Arten und Jahresgang der Resistenz. Protoplasma **51**, 595—619.

Laude, H. H., 1939: Diurnal cycle of heat resistance in plants. Science **89**, 556—557.

Laué, Erika, 1938: Untersuchungen an Pflanzenzellen im Dampfraum. Flora 32, 193—224.

Lebedincev, E., 1930: Untersuchungen über die wasserbindenden Kräfte der Pflanzen im Zusammenhang mit ihrer Dürre- und Kälteresistenz. Protoplasma **10**, 53—81.

Leblond, 1919: L'etat de sol dans rapports avec l'activité fonctionelle du protoplasme. C. r. Soc. Biol. **82**.

Legler, F., und H. Schindler, 1939: Zentrifugierungsversuche an Diatomeen-Zellen. Protoplasma **33**, 469—473.

Leitgeb, H., 1886: Beiträge zur Physiologie der Spaltöffnungsapparate. Mitt. bot. Inst. Graz **1**.

Lemée, G., 1953: Contribution à la connaissance physiologique des confins Saharomarocains. Vegetatio **4**, 137—154.

LEMÉE, G., et E. LAISNÉ, 1951: La méthode réfractometrique de mesure la succion. Rev. génér. Bot. **58**, 336—348.
LENK, INGEBORG, 1956: Vergleichende Permeabilitätsstudien an Süßwasseralgen (Zygnemataceen und einigen Chlorophyceen). S. B. Wien. Akad. Wiss., math.-nat. Kl., Abt. I, **165**, 173—279.
— 1953: Über die Plasmapermeabilität einer *Spirogyra* in verschiedenen Entwicklungsstadien und zu verschiedener Jahreszeit. S. B. Wien. Akad. Wiss., math.-nat. Kl., Abt. I, **162**, 235—271.
LEPESCHKIN, W. W., 1912: Zur Kenntnis der Einwirkung supramaximaler Temperaturen auf die Pflanze. Ber. dtsch. bot. Ges. **30**, 703—714.
— 1923: The constancy of the living substance. Studies from the Laboratory of Plant Physiology Charles University (Prag 1923).
— 1924: Kolloidchemie des Protoplasmas. Springer, Berlin, Monogr. a. d. Gesamtgebiet d. Physiologie der Pflanzen und der Tiere **7**.
— 1935 a: Nekrobiologische Strahlen III. Protoplasma **22**, 561—580.
— 1935 b: Zur Kenntnis des Hitzetodes des Protoplasmas. Protoplasma **23**, 347—366.
— 1937: Zell-Nekrobiose und Protoplasma-Tod. Protoplasma-Monographien **12**, Borntraeger, Berlin.
— 1938 a: Untersuchungen über thermo- und photochemische Erscheinungen beim Absterben der Zellen VI. Protoplasma **31**, 357—369.
— 1938 b: Kolloidchemie des Protoplasmas. Wissenschaftl. Forschungsber., Naturwiss. Reihe **47**.
LEVITT, J., 1939: The relation of cabbage hardiness to bound water, unfrozen water, and cell contraction when frozen. Plant Physiol. **14**, 93—112.
— 1941: Frost Killing and Hardiness of Plants. Burgers, Minneapolis.
— 1951: Frost, Drought and Heat Resistance. Ann. Rev. Plant Physiol. **2**, 245—268.
— 1954: The role of carbohydrates in frost resistance. 8. Internat. Congr. Botan. **11**, 278—280.
— 1956: The Hardiness of Plants. Academic Press Inc., New York.
— 1957 a: The role of cell sap concentration in frost hardiness. Plant Physiologie **32**, 237—239.
— 1957 b: The moment of frost injury. Protoplasma **48**, 289—302.
— 1958: Frost, Drought and Heat Resistance. Protoplasmatologia, Handb. d. Protoplasmaforschung **8**, 6. Teil, 87 S.
— 1959: Effects of artificial increases in sugar content on frost hardiness. Plant Physiology **34**, 401—402.
— and R. C. NELSON, 1942: The relative resistance of morphologically different orange-peel cells to various injury factors. Biodynamica **4**, 57—64.
— and G. W. SCARTH, 1936: Frost-hardening studies with living cells. Canad. J. Res. C **14**, 267—305.
— and D. SIMINOVITCH, 1940: The relation between frost resistance and the physical state of protoplasm I. Canad. J. Res. **C 18**, 550—561.
— C. Y. SULLIVAN and E. KRULL, 1960: Some problems in drought resistance. Bull. Res. Counc. of Israel, Sect. D, Botany **8 D**, 173—180.
LEWIS, G. N., 1908: The osmotic pressure of concentrated solutions and the laws of the perfect solution. J. Amer. Chem. Soc. **30**, 668—683.
LEWIS, F. J., and C. M. TUTTLE, 1920: Osmotic properties of some plant cells at low temperatures. Ann. Bot. Lond. **34**, 405—416.
LIDFORSS, B., 1896: Zur Physiologie und Biologie der wintergrünen Flora. Bot. Cbl. **68**, 33—44.
— 1907: Die wintergrüne Flora. Lunds Univ. Årsskr. (N. F.) **2**, 1—76.
LINDNER, J., 1915: Über den Einfluß günstiger Temperaturen auf gefrorene Schimmelpilze (zur Kenntnis der Kälteresistenz von *Aspergillus niger*). Jb. wiss. Bot. **55**, 1—52.
LIPMAN, C. B., 1936 a: Normal viability of seeds and bacterial spores after exposure to temperatures near the absolute zero. Plant Physiol. **11**, 201—205.
— 1936 b: The tolerance of liquid air temperatures by dry moss protonema. Bull. Torrey Bot. Club **63**, 515—518.
— and G. N. LEWIS, 1934: Tolerance of liquid air temperatures by seeds of higher plants for sixty days. Plant Physiol. **9**, 392—394.
LIVINGSTON, B. E., 1906: The relation of desert plants to soil moisture and to evaporation. Carnegie Inst. Publ. No. **50**.
— 1910: The relation of desert plants to soil moisture and to evaporation. Bot. Gazette **50**, 241—256.

Lloyd, F. E., 1908: Physiology of Stomata, Washington.
Lockett, M. C., and B. J. Luyet, 1951: Survival of frozen seeds of various water contents. Biodynamica **7** (134), 67—76.
Loewenstein, A., 1903: Über die Temperaturgrenzen des Lebens bei der Thermalalge *Mastigocladus laminosus* Cohn. Ber. dtsch. bot. Ges. **21**, 317—323.
Lohammar, G., 1938: Wasserchemie und höhere Vegetation schwedischer Seen. Symbolae Bot. Upsalenses **III** 1, 253 S.
Lona, F., A. Squarza, A. Bocchi e G. Cantoni, 1956: Le reazione al freddo di piante erbacee in rapporto all'azione di sostanze stimolanti ed inibenti l'attività plasmatica. Pub. Chim. Biol. e Med. **2**, 273—294.
Lott, R. V., 1926: Correlation of chemical composition with hardiness in brambles. Missouri Agr. Expt. Sta. Research Bull. **95**.
Lundegårdh, H., 1914: Einige Bedingungen der Bildung und Auflösung der Stärke. Jb. wiss. Bot. **53**, 421—463.
— 1955: Klima und Boden. Fischer, Jena.

MacDougal, D. T., 1912: The water-balance of desert plants. Ann. Bot. **26**, 71—93.
— 1924: Growth in trees and native organs of plants. Carnegie Inst. Wash. Publ. **350**, 50—53.
— 1936: Studies of tree growth by the dendrographic method. Carnegie Inst. Wash. Publ. **462**.
Mägdefrau, K., 1931: Untersuchungen über die Wasserdampfaufnahme der Pflanzen. Zeitschr. Bot. **24**, 417—448.
— und A. Wutz, 1951: Die Wasserkapazität der Moos- und Flechtendecken des Waldes. Forstwiss. Cbl. **70**, 103—117.
Malta, N., 1921: Versuche über die Widerstandsfähigkeit der Moose gegen Austrocknung. Latvijas Augusts. Raks. Acta Univers. **1**.
Mark, J. J., 1936: The relation of reserves to cold resistance in alfalfa. Iowa Agr. Expt. Sta. Res. Bull. **208**, 305—335.
Marklund, G., 1936: Vergleichende Permeabilitätsstudien an pflanzlichen Protoplasten. Acta bot. Fenn. **18**, 1—110 (und Tab. 13).
Marré, E., e O. Servettaz, 1956: Ricerche sull'adattamento proteico in organismi termoresistente. I. Sul limite di resistenza all'inattivazione termica dei sistemi fotosintetico e respiratorio di alghe di acque termali. Accad. Naz. dei Lincei, Rend. della Classe d. Sci. fis., Mat. e Nat., Ser. VIII, **20** 72—77.
— — 1957: Ricerche sull'adattamento proteico in organismi termoresistente. III. Sulla termoresistenza „in vitro" del sistema citocromo riduttasico di Cianoficee termali. Red. dell'Accad. Naz. dei Lincei, Cl. Sci. fis., e Nat., Ser VIII, **22**, 91—98.
Martin, J. H., 1927: Comparative studies of winter hardiness in wheat. J. Agr. Research **35**, 493—534.
Maximow, N. A., 1908: Zur Frage über das Erfrieren der Pflanzen. J. bot. éd. Sect. de Bot. de la Soc. imp. d. Nat. de St. Petersbourg 1908, p. 32—46 (Bot. Cbl. **110**, 597—598, 1909).
— 1912 a, b, c: Chemische Schutzmittel der Pflanzen gegen Erfrieren. Ber. d. dtsch. bot. Ges. **30**, I: 52—65, II: 293—305, III: 504—516.
— 1914: Experimentelle und kritische Untersuchungen über das Gefrieren und Erfrieren der Pflanzen. Jb. wiss. Bot. **53**, 327—420.
— 1923: Physiologisch-ökologische Untersuchungen über die Dürreresistenz der Xerophyten. Jb. wiss. Bot. **62**, 128—144.
— 1929 a: The plant in relation to water. London, 451 S.
— 1929 b: Internal factors of frost and drought resistance in plants. Protoplasma **7**, 259—291.
— und Krasnossjelskaja-Maximowa, T. A., 1917: Jahresschwankungen des osmotischen Druckes und der Zuckergehalt in immergrünen Blättern. Arb. Bot. Gart., Tiflis **19**, 1 (russisch).
— und Krasnosselsky-Maximow, T. A., 1924: Wilting of plants in its connection with drought resistance. J. Ecology **12**, 95—110.
Mayer, Helga, 1953: Jahresgang der osmotischen Werte xerothermer Freilandpflanzen vom Mödlinger Frauenstein. Verh. zool. bot. Ges. Wien **93**, 120—133.
McGee, J. M., 1916: The effect of position upon the temperature and dry weight of joints of *Opuntia*. Carnegie Inst. Wash., Yearbook **15**, 73—74.
Meindl, Tilde, 1934: Weitere Beiträge zur protoplasmatischen Anatomie des *Helodea*-Blattes. Protoplasma **21**, 362—393.

MENDER, GRETE, 1938: Protoplasmatische Anatomie des Laubmooses *Bryum capillare* I. Protoplasma **30**, 373—399.
MESSIKOMMER, E., 1942: Beitrag zur Kenntnis der Algenflora und Algenvegetation des Hochgebirges um Davos. Beitr. geobot. Landesaufn. Schweiz **24**, Mitt. bot. Mus. Univ. Zürich **158**.
MEYER, B. S., 1928: Seasonal variations in the physical and chemical properties of the leaves of the pitch pine, with especial reference to cold resistance. Amer. J. Bot. **15**, 449—472.
— 1932: Further studies on cold resistance in evergreens, with special reference to the possible role of bound water. Botan. Gaz. **94**, 297—321.
— 1956: The hydrodynamic system. Handbuch Pflanzenphysiol., hgg. v. W. RUHLAND **3**, 596—614.
MEZ, C., 1905: Neue Untersuchungen über das Erfrieren eisbeständiger Pflanzen. Flora **94**, 89—123.
MICHAELIS, P., 1934a: Ökologische Studien an der alpinen Baumgrenze IV. Zur Kenntnis des winterlichen Wasserhaushaltes. Jb. wiss. Bot. **80**, 169—247.
— 1934b: Ökologische Studien an der alpinen Baumgrenze. V. Osmotischer Wert und Wassergehalt in den verschiedenen Höhenlagen. Jb. wiss. Bot. **80**, 337—362.
MICHAELIS, G., und P. MICHAELIS, 1934: Ökologische Studien an der alpinen Baumgrenze. III. Über die winterlichen Temperaturen der pflanzlichen Organe, insbesondere der Fichte. Beih. Bot. Cbl., Abt. **B 52**, 333—377.
MILLER, E. C., 1939: A physiological study of the winter wheat plant in different stages of its development. Kansas Agr. Expt. Sta. Tech. Bull. **47**.
— and A. R. SOUNDERS, 1923: Some observations on the temperature of the leaves of crop plants. J. Agr. Res. **26**, 15—43.
MILTHORPE, F. L., 1950: Changes in the drought resistance of wheat seedlings during germination. Ann. Bot. **14**, 79—89.
MIYAKE, K., 1900: On the starch of evergreen leaves and its relation to carbon assimilation during the winter. Bot. Mag. (Tokyo) **14**, 158.
— 1902: On the starch of evergreen leaves and its relation to photosynthesis during the winter. Bot. Gazette **33**, 321—340.
MODER, ANGELA, 1932: Beiträge zur protoplasmatischen Anatomie des *Helodea*-Blattes. Protoplasma **16**, 1—55.
MODLIBOWSKA, J., and J. P. RUXTON, 1954: The effect of maleic hydrazide on the spring frost resistance of the malling exploit raspberry. J. Horticult. Sci. **29**, 184—191.
MOEBIUS, M., 1907: Die Erkältung der Pflanzen. Ber. d. dtsch. bot. Ges. **25**, 67—70.
MOHL, HUGO v., 1856: Welche Ursachen bewirken die Erweiterung und Verengung der Spaltöffnungen? Bot. Ztg. **14**. Jhg., 697—704 und 713—721.
MOLISCH, H., 1896: Das Erfrieren von Pflanzen bei Temperaturen über dem Eispunkt. S. B. Wien. Akad. Wiss., math.-nat. Kl., Abt. I, **105**, 1—14.
— 1897: Untersuchungen über das Erfrieren der Pflanzen. G. Fischer, Jena.
— 1921: Über den Einfluß der Transpiration auf das Verschwinden der Stärke in den Blättern. Ber. dtsch. bot. Ges. **39**, 339—344.
— 1926: Pflanzenbiologie in Japan. Fischer, Jena, 270 S.
— 1930: Als Naturforscher in Indien. Fischer, Jena.
— 1931: Botanische Versuche ohne Apparate. 3. Aufl., bearb. v. R. Biebl (1955), Fischer, Jena.
— und E. ROUSCHAL, 1939: Physiologische Versuche über Anthokyan. S. B. Wien. Akad. Wiss., math.-nat. Kl., Abt. I., **148**, 255—268.
MOLTSCHANOW, A. A., 1957: Die hydrologische Rolle des Kiefernwaldes auf Sandböden. Deutsch. Bauernverlag, Berlin (aus dem Russischen übersetzt).
MONFORT, C., 1931: Assimilation und Stoffgewinnung der Meeresalgen bei Aussüßung und Rückversalzung II. Ber. d. dtsch. bot. Ges. **49** (59)—(66).
— 1934: Farbe und Stoffgewinn im Meer. Jb. wiss. Bot. **79**, 493—592.
— 1935: Zeitphasen der Temperatureinstellung und jahreszeitliche Umstellungen bei Meeresalgen. Ber. d. dtsch. bot. Ges. **53**, 651—674.
— 1937: Die Trockenresistenz der Gezeitenpflanzen und die Frage der Übereinstimmung von Standort und Vegetation. Ber. dtsch. bot. Ges. **55** (85)—(95).
— und H. HAHN, 1950: Atmung und Assimilation als dynamische Kennzeichen abgestufter Trockenresistenz bei Farnen und höheren Pflanzen. Planta **38**, 503—515.
— A. RIED, und J. RIED, 1955: Die Wirkung kurzfristiger warmer Bäder auf Atmung und Photosynthese im Vergleich von eurythermen und kalt-stenothermen Meeresalgen. Beitr. Biol. Pflanzen **31**, 349—375.

MONFORT, C., A. RIED, und J. RIED, 1957: Abstufungen der funktionellen Wärmeresistenz bei Meeresalgen in ihren Beziehungen zu Umwelt und Erbgut. Biol. Zbl. **76**, 257—289.

MOSEBACH, G., 1940: Ein Mikroverfahren zur kryoskopischen Untersuchung saftfreier Gewebe. Ber. dtsch. bot. Ges. **58**, 29—40.

MOTHES, K., 1926: Ein Beitrag zur Kenntnis des N-Stoffwechsels höherer Pflanzen. Planta **1**, 472—552.

— 1928 a: Pflanzenphysiologische Untersuchungen über die Alkaloide I. Planta **5**, 563—615.

— 1928 b: Die Wirkung des Wassermangels auf den Eiweißumsatz in höheren Pflanzen. Ber. dtsch. bot. Ges. **46** (59)—(67).

— 1932: Ernährung, Struktur und Transpiration. Biol. Zbl. **52**, 193—223.

— 1960: Über das Altern der Blätter und die Möglichkeit ihrer Wiederverjüngung. Naturw. **47**, 337—351.

MUDRA, A., 1932: Zur Physiologie der Kälteresistenz des Winterweizens. Planta **18**, 435—478.

MUENSCHER, W. L. C., 1915—17: Ability of seaweeds to withstand desiccation. Puget Sound Marine Station Publ. **1**, 19.

MÜLLER, K., 1909: Untersuchungen über die Wasserdampfaufnahme durch Moose und verschiedene andere Pflanzen und Pflanzenteile. Jb. wiss. Bot. **46**, 587—598.

— 1912—16: Die Lebermoose Deutschlands, Österreichs und der Schweiz. Rabenhorsts Kryptogamenflora **6**, 1. und 2. Abt.

— 1939: Untersuchungen über die Ölkörper der Moose. Ber. d. dtsch. Bot. Ges. **57**, 326—370.

MÜLLER, O., 1889: Durchbrechungen der Zellwand in ihren Beziehungen zur Ortsbewegung der Bacillariaceen. Ber. d. dtsch. bot. Ges. **7**, 170—180.

MÜLLER-STOLL, W. R., 1935: Ökologische Untersuchungen an Xerothermpflanzen des Kraichgaus. Z. Bot. **29**, 161—253.

— 1938: Wasserhaushaltsfragen bei Sumpf- und emersen Wasserpflanzen. Ber. dtsch. Bot. Ges. **56**, 355—367.

MÜLLER-THURGAU, H., 1880: Über das Gefrieren und Erfrieren der Pflanzen. Landwirtschaftl. Jb. 1880, S. 184.

— 1882: Über Zuckeranhäufung in Pflanzenteilen infolge niederer Temperatur. Landwirtschaftl. Jb. **11**, 751—828.

— 1886: Über das Gefrieren und Erfrieren der Pflanzen, II. Teil. Landwirtsch. Jb. **15**, 453—610.

MÜNCH, E., 1913: Hitzeschäden an Waldpflanzen. Naturw. Z. Forst- u. Landwirtsch. **11**, 557—562.

— 1914: Nochmals: Hitzeschäden an Waldpflanzen. Naturw. Z. Forst- u. Landwirtsch. **12**, 169—188.

— 1933: Versuche über Frostempfindlichkeit wintergrüner Gehölze (Referat über Vortrag in der Generalversammlung). Ber. dtsch. bot. Ges. **51**, (20)—(21).

NÄGEL, 1929: Untersuchungen über die Maximaltemperatur von Keimlingen der Kiefer und der Fichte. Diplomarbeit Tharandt.

NÄGELI, C., 1855: Pflanzenphysiol. Untersuchung, Heft **I**, p. 21 ff.

— 1860: Die Bewegungen im Pflanzenreiche. Beitr. wiss. Bot. *2*, 77.

NAUMANN, E., 1928: Die eulimnische Zonation. Einige terminologische Bemerkungen. Arch. Hydrobiol. **19**, 744—747.

NEGER, F. W., 1915: Die Stärkeökonomie der grünen Pflanze. Naturw. Z. Forst- u. Landwirtsch. **13**, 370—380.

NĚMEC, B., 1901: Über die Wahrnehmung des Schwerkraftreizes bei den Pflanzen. Jb. wiss. Bot. **36**, 80—178.

NEUBAUER, H. FR., 1938: Zur Ökologie von in Buchenkronen epiphytisch lebenden Flechten. Beitr. Biol. Pflanzen **25**, 273—289.

NEWTON, R., 1924: Collodial properties of winter wheat plants in relation to frost resistance. J. Agr. Sci. **14**, 178—191.

— and MARTIN, W. M., 1930: Physico-chemical studies on the nature of drought resistance in cropplants. Canad. J. Research **3**, 336—427.

NIKLEWSKI, B., 1906: Untersuchungen über die Umwandlungen einiger stickstofffreier Reservestoffe während der Winterperiode der Bäume. Beitr. Bot. Cbl. **19**, Abt. 1, 68—117.

NITSCHE, HELENE, 1937: Der Einfluß der Wurzelabkühlung auf Wasseraufnahme und Transpiration der Pflanzen. Österr. bot. Z. **86**, 161—197.

Noack, K., 1912: Beiträge zur Biologie der thermophilen Organismen. Jb. wiss. Bot. **51**, 593—648.
Nobbe, Fr., 1876: Handbuch der Samenkunde. Berlin.
Noll, F., 1885: Über frostharte Knospenvariationen. Landwirtsch. Jb. **14**, 707—712.
Northen, H. T., 1938: Relationship of dissociation of cellular proteins by incipient drought to physiological processes. Bot. Gazette **104**, 480—485.
— 1940: Studies on the protoplasmic nature of stimulation and anaesthetica II. Plant Physiol. **15**, 645—659.
Novikov, V. A., 1934: On the problem of hardiness of seedlings of alfalfa varieties. C. r. Acad. Sci. URSS **4**, 483—486.
Nuernbergk, E., 1925: Beiträge zur Biologie des Tagesschlafes der Pflanzen. Botan. Abh. **8**, (1—138).
— 1932: Physikalische Methoden der pflanzlichen Lichtphysiologie (Erzeugung und Messung von monochromatischem Licht, Licht- u. Temperaturmessungen in Pflanzenorganen), In: Abderhalden, Handb. der biol. Arbeitsmethoden, Abt. XI., T. 4, 739—950.
Nutman, F. J., 1953: Note on the Relationship between Climatic Factors and Transpiration and Assimilation of *Eugenia aromatica*. Ann. Botany **17**, 611—614.

Oberdieck, J. G. C., 1872: Beobachtungen über das Erfrieren vieler Gewächse und namentlich unserer Obstbäume in kalten Wintern. Ravensburg, Ver. dtsch. Pom., 1—108.
Ochi, H., 1952 a: The preliminary report on the osmotic value, permeability, drought and cold resistance of mosses. Bot. Mag. (Tokio) **65**, 10—12.
— 1952 b: Autoecological study of mosses in respect to water economy. I. On the minimum hydrability within which mosses are able to survive. Bot. Mag. (Tokio) **65**, 112—118.
— 1952 c: On the relationship between socalled „xeromorphic“ characters found in mosses and their drought resistance. Bull. Plant Ecol. (Sendai) **1** Nr. 4, 182.
Oehlkers, Fr., 1956: Das Leben der Gewächse. Ein Lehrbuch der Botanik. 1. Bd.: Die Pflanze als Individuum. Springer-Verlag, Berlin-Göttingen-Heidelberg.
Oldén, I., 1955: Untersuchungen über Kälteschäden an Pflanzensorten nach künstlicher Frostung im Winter 1953/54. Förening Växtsörädling av Frukttträd, Meddel. **38** (schwedisch).
Oltmanns, Fr., 1923: Morphologie und Biologie der Algen, 3. Band. G. Fischer, Jena, 2. Aufl.
Oppenheimer, H., 1932: Zur Kenntnis der hochsommerlichen Wasserbilanz mediterraner Gehölze. Ber. dtsch. bot. Ges. **50 a**, 185—245.
Osterhout, W. J. V., 1906: The Resistance of certain marine algae to changes in osmotic pressure and temperature. Univ. Calif. Publ. Botany **2**, No. 8, 227—228.
Overton, E., 1895: Über die osmotischen Eigenschaften der lebenden Pflanzen- und Tierzellen. Vjschr. Naturf. Ges. Zürich **40**, 159—201.
— 1899: Über die allgemeinen osmotischen Eigenschaften der Zelle, ihre vermutlichen Ursachen und ihre Bedeutung in der Physiologie. Vjschr. Naturf. Ges. Zürich **44**, 88—135.
Ozerow, G., und N. Chiryayewa, 1952: Überwinterung subtropischer Pflanzen im südlichen Uzbekistan (russisch). Bull. Bot. Hort. Wiss. Akad. Moskau **13**, 63—65.

Paech, K., 1940 a: Ursache und Verlauf des Alterns bei Pflanzen I. Z. Altersforschg. **2**, 183—205.
— 1940 b: Veränderungen des Plasmas während des Alterns pflanzlicher Zellen, zugleich ein Beitrag zur Kenntnis der Narkose von Pflanzen. Planta **31**, 295—348.
— 1950: Biochemie und Physiologie der sekundären Pflanzenstoffe. Springer, Berlin.
Pantanelli, E., 1918: Sur la resistanza delle piante al freddo. Atti reale accad. Italia Mem. classe sci. fis. mat. e nat. **27**, 126—130, 148—153 (Biol. Abstr. **2**, 1135, 1919).
Parker, J., 1952: Desiccation in conifer leaves: anatomical changes and determination of the lethal level. Botan. Gazette **114**, 189—198.
— 1955: Annual trends in cold hardiness in ponderosa pine and grand fir. Ecology **36**, 377—380.
— 1956: Drought Resistance in Woody Plants. The Botanical Review **22**, 241—289.
— 1957: Seasonal Changes in Some Chemical and Physical Properties of Living Cells of *Pinus ponderosa* and their Relation to Freezing Resistance. Protoplasma **48**, 147—163.

Parker, J., 1958 a: Changes in Sugars and Nitrogenous Compounds of Tree Barks from Summer to Winter. Die Naturwiss. **45**, 139.
— 1958 b: Sol-Gel Transitions in the Living Cells of Conifers and their Relation to Resistance to Cold. Nature **182**, 1815.
— 1959 a: Seasonal Changes in White Pine Leaves: A comparison of cold resistance and free-sugar fluctuations. The Botan. Gazette **121**, 46—50.
— 1959 b: Seasonal variations in sugars of conifers with some observations on cold resistance. Forest Sci. **5**, 56—63.
— 1960: Seasonal Changes in the Physical Nature of the Bark Phloem Parenchyma Cells of *Pinus strobus*. Protoplasma **52**, 223—229.

Parija, P., and P. Mallik, 1941: Nature of reserve food in seeds and their resistance to high temperature. J. Indian Botan. Soc. **19**, 223—230.

Passerini, N., 1901: Sullo sviluppo di calore in alcune piante e sulla temperature che assumono gli organi vegetali durante la insolazione. N. Giorn. bot. Ital. N. S. **8**, 64—74.

Patterson, P. M., 1946: Osmotic values of Bryophytes and problems presented by refractory types. Amer. J. Bot. **33**, 604—611.

Pearson, W. H. H., 1914: Observations on the internal temperature of *Euphorbia virosa* and *Aloe dichotoma*. Ann. Bolus Herb. **1**, 41—66.

Pecksieder, Maria Erika, 1947: Permeabilitätsstudien an Lebermoosen. S. B. Wien. Akad. Wiss., math.-nat. Kl., Abt. I, **156**, 521—584.

Pekarek, J., 1934: Der Einfluß der Temperatur auf die Zellsaftviskosität. Protoplasma **20**, 251—278.

Perner, E. S., 1950: Die intravitale Fluorochromierung junger Blätter von *Helodea densa*. Ein Beitrag zur weiteren Erklärung der entwicklungsphysiologisch bedingten Färbegradienten. Protoplasma **39**, 400—422.

Pessin L., 1924: A physiological and anatomical study of the leaves of *Polypodium polypodioides*. Amer. J. Bot. **11**, 370—384.

Petersen, C. G. J., 1915: Studier over danske aërophile alger. Mém. acad. roy. d. sc. et lettres du Danemark, Copenhague, Sér. 7, Sec. d. Sc. **12**.

Pfeffer, W., 1897: Pflanzenphysiologie, Bd. 1. Leipzig.
— 1904: Pflanzenphysiologie. Leipzig.

Pfundt, M., 1910: Der Einfluß der Luftfeuchtigkeit auf die Lebensdauer des Blütenstaubes. Jb. wiss. Bot. **47**, 1—40.

Pictet, R., 1893: De l'emploi méthodique des basses températures en biologie. Arch. sci. phys. nat. Genève, III. Ser. **30**, 293—314.

Pirk, W., 1953: Beobachtungen an einigen kälteertragenden und frostbeständigen Pilzarten des mittleren Wesertales. Mitt. Florist.-soziol. Arbeitsgem. Stolzenau/Weser **4**, 11—14.

Pirson, A., und E. Göllner, 1953: Beobachtungen zur Entwicklungsphysiologie der *Lemna minor* L. Flora **140**, 485—498.
— und F. Seidel, 1950: Zell- und stoffwechselphysiologische Untersuchungen in der Wurzel von *Lemna minor* L. unter besonderer Berücksichtigung von K- und Ca-Mangel. Planta **38**, 431—473.

Pisek, A., 1950: Frosthärte und Zusammensetzung des Zellsaftes bei *Rhododendron ferrugineum, Pinus cembra* und *Picea excelsa*. Protoplasma **39**, 129—146.
— 1952: Zur Kenntnis der Frosthärte alpiner Pflanzen. Die Naturwiss. **39**, 73—78.
— 1953: Wie schützen sich die Alpenpflanzen gegen Frost? Umschau, Wiss. u. Techn. **21**, 53. Jhg.
— 1958: Versuche zur Frostresistenzprüfung von Rinde, Winterknospen u. Blüten einiger Arten von Obsthölzern. Die Gartenbauwiss. **23**, 54—74.
— und Edith Berger, 1938: Kutikuläre Transpiration und Trockenresistenz isolierter Blätter und Sprosse. Planta **28**, 124—155.
— und E. Cartellieri, 1932 a: Zur Kenntnis des Wasserhaushaltes der Pflanzen. I. Sonnenpflanzen. Jb. wiss. Bot. **75**, 195—251.
— — 1932 b: Zur Kenntnis des Wasserhaushaltes der Pflanzen. II. Schattenpflanzen. Jb. wiss. Bot. **75**, 643—678.
— — 1934: Zur Kenntnis des Wasserhaushaltes der Pflanzen. III. Alpine Zwergsträucher. Jb. wiss. Bot. **79**, 131—190.
— — 1939: Zur Kenntnis des Wasserhaushaltes der Pflanzen. IV. Bäume und Sträucher. Jb. wiss. Bot. **88**, 22—68.
— und W. Larcher, 1954: Zusammenhang zwischen Austrocknungsresistenz und Frosthärte bei immergrünen Pflanzen. Protoplasma **44**, 30—46.

PISEK, A., und R. SCHIESSL, 1947: Die Temperaturbeeinflußbarkeit der Frosthärte von Nadelhölzern und Zwergsträuchern an der alpinen Waldgrenze. Ber. naturw.-med. Verein Innsbruck **47**, 33—52 (1939/46).

— H. SOHM und E. CARTELLIERI, 1935: Untersuchungen über osmotischen Wert und Wassergehalt von Pflanzen und Pflanzengesellschaften der alpinen Stufe. Beih. Bot. Cbl. **52**, Abt. B, 634—675.

— und E. WINKLER, 1953: Die Schließbewegung der Stomata bei ökologisch verschiedenen Pflanzentypen in Abhängigkeit vom Wassersättigungszustand der Blätter und vom Licht. Planta **42**, 253—278.

PITTIUS, G., 1934: Über die stofflichen Grundlagen des osmotischen Wertes bei *Hedera helix* und *Ilex aquifolium*. Bot. Archiv **37**, 43—46.

— 1935: Über die stofflichen Grundlagen des osmotischen Druckes bei *Hedera helix* und *Ilex aquifolium*. Bot. Arch. **37**, 43—64.

PLANTEFOL, L., 1927: Étude biologique de l'*Hynum triquetrum*. Ann. des Sci. natur. X, **9**, 1.

PLOTHO, O. VON, 1940: Beiträge zur Morphologie und Physiologie der Actinomyceten. Arch. Mikrobiol. **11**, 33—72.

PORODKO, T. M., 1926: Über die Absterbegeschwindigkeit der erhitzten Samen. Ber. dtsch. bot. Ges. **44**, 71—80.

PRAT, H., 1948, 1951: Histo-Physiological Gradients and Plant Organogenesis (Part I and II). Bot. Rev. **14**, 603—645; Bot. Rev. **17** (Part II), 693—746.

PRILLIEUX, E., 1869: Sur la formation de glaçons à l'intérieur des plantes. Ann. sci. nat. (Paris), Sér. 5, **12**, 125—134.

PRIMAULT, B., 1954: L'influence de l'insolation sur la température du cambium des arbres fruitiers. Rév. Romande Agric. Viticult. et Arboricult. **10**, 26—28.

PRINGSHEIM, E., 1906: Wasserbewegung und Turgorregulation in welkenden Pflanzen. Jb. wiss. Bot. **43**, 89—144.

— 1923: Über die Transpiration bei *Fucus*. Jb. wiss. Bot. **62**, 244—257.

PRUZSINSZKY. S., 1960: Über Trocken- und Feuchtluftresistenz des Pollens. S. B. Wien. Akad. Wiss., math.-nat. Kl., Abt. I, **169**, 43—100.

RABE, F., 1905: Über die Austrocknungsfähigkeit gekeimter Samen und Sporen. Flora **95**, 253—324.

RAMANN, E., 1911: Bodenkunde, 3. Aufl. Berlin.

RASCHKE, K., 1956 a: Über die physikalischen Beziehungen zwischen Wärmeübergangszahl, Strahlungsaustausch, Temperatur und Transpiration eines Blattes. Planta **48**, 200—238.

— 1956 b: Mikrometeorologisch gemessene Energieumsätze eines *Alocasia*-Blattes. Arch. Met., Geophys., Biokl. **B 7**, 240—268.

— 1958: Über den Einfluß der Diffusionswiderstände auf die Transpiration und die Temperatur eines Blattes. Flora **146**, 546—578.

REIN, R., 1908: Untersuchungen über den Kältetod der Pflanzen. Z. Naturwissenschaft (Halle) **80**, 1—38.

RENNER, O., 1915: Theoretisches und Experimentelles zur Kohäsionstheorie der Wasserbewegung. Jb. wiss. Bot. **56**, 617—667 (Pfeffer-Festschrift).

— 1919: Zur Biologie und Morphologie der männlichen Haplonten einiger Önotheren. Z. Bot. **11**, 305—380.

— 1932: Zur Kenntnis des Wasserhaushaltes javanischer Kleinepiphyten. Mit einem Anhang: Zu den osmotischen Zustandsgrößen. Planta **18**, 215—287.

— 1933: Wasserzustand und Saugkraft. Planta **19**, 644—647.

— 1959: Pro domo in Sachen Gasvakuolen. Ber. dtsch. bot. Ges. **72**, 159—165.

REPP, GERTRUD, 1939: Ökologische Untersuchungen im Halophytengebiet am Neusiedlersee. Jb. wiss. Bot. **88**, 554—632.

— 1941: Ein Kulturversuch mit Erbsen bei abgestuftem Bodenwassergehalt. Forschungsdienst **12**, 154—159.

— 1942: Wasserökologische Untersuchungen an einigen Kulturpflanzen. Landwirtsch. Jb. **92**, 155—292.

— 1943: Zum Wasserhaushalt der Sojabohne. Landwirtschaftl. Jb. **93**, 732—758.

— 1951: Kulturpflanzen in der Salzsteppe. Experimentell-ökologische Untersuchungen zur Salzresistenz verschiedener Nutzpflanzen. Die Bodenkultur **5**, 249—294.

— und M. CH. KILLIAN, 1956: Recherches écologiques sur les relations entre le climat, les sols et les plantes irriguées des Oasis Sahariennes. J. d'Agric. Trop. et de Botan. Appliqu. **3**, 109—319.

Reuter, Lotte, 1937: Protoplasmatik vergilbender Blätter. Protoplasma **27**, 270—279.
— 1949 a: Zur protoplasmatischen Anatomie des Keimblattes von *Soja hispida*. (Ein Beitrag zur Protoplasmatik ernährungsphysiologisch differenter Zellzustände). Österr. bot. Z. **95**, 373—421.
— 1949 b: Protoplasmatische Pflanzenanatomie (Sammelreferat). Phyton **1**, 229—243.
— 1955: Protoplasmatische Pflanzenanatomie, 131 S. Protoplasmatologia, Handbuch d. Protoplasmaforschung **XI/2**.
Richter, A. A., 1927: Cold resistance of plants. I. Dynamics of soluble carbohydrates in wheat and rye during the winter. J. Exper. Landwirtsch. Südosten, Eur., Rußl. **4**, 326—345 (Biol. Abstr. **3**, 1781, 8, 1929).
Ried, A., 1960 a: Stoffwechsel und Verbreitungsgrenzen von Flechten. I. Flechtenzonierungen an Bachufern und ihre Beziehungen zur jährlichen Überflutungsdauer und zum Mikroklima. Flora **148**, 612—638.
— 1960 b: Stoffwechsel und Verbreitungsgrenzen der Flechten. II. Wasser- und Assimilationshaushalt, Entquellungs- und Submersionsresistenz von Krustenflechten benachbarter Standorte. Flora **149**, 345—385.
Roemer, Th., W. Rudorf und H. Lueg, 1926: Das Refraktometer als Hilfsmittel zur Bestimmung der Winterfestigkeit bei Winterweizen. Fortschr. d. Landw. **3**, 408—409.
Roeser, J., 1932: Transpiration capacity of coniferous seedlings and the problem of heat injury. J. Forestry **30**, 381—395.
Romose, V., 1940: Ökologische Untersuchungen über *Homalothecium sericeum*, seine Wachstumsperioden und seine Stoffproduktion. Dansk Bot. Arkiv **10**, 1—138.
Rosa, J. T., 1921: Investigation on the hardening process in vegetable plants. Missouri Agr. Expt. Sta. Research Bull. **48**.
Ross, Helga, 1960: Viskosität und Permeabilität des Plasmas von *Lamium maculatum* bei Dürre-, Temperatur- und Schütteleffekten. Dissertation Darmstadt 1960 (Auszugsdruck).
Rossman, E. C., 1949: Freezing injury of maize seed. Plant Physiology **24**, 629—636.
Rouschal, E., 1935: Untersuchungen über die Temperaturabhängigkeit der Wasseraufnahme ganzer Pflanzen. S. B. Wien. Akad. Wiss., math.-nat. Kl., Abt. I. **144**, 313—348.
— 1937: Die Geschwindigkeit des Transpirationsstromes in Macchiengehölzen. (Thermoelektrische Messungen.) S. B. Wien. Akad. Wiss., math.-nat. Kl., Abt. I, **146**, 119—133.
— 1938 a: Zur Ökologie der Macchien. I. Der sommerliche Wasserhaushalt der Macchienpflanzen. Jb. wiss. Bot. **87**, 436—523.
— 1938 b: Eine physiologische Studie an *Ceterach officinarum* Willd. Flora **32**, 234—252.
— 1938 c: Zum Wärmehaushalt der Macchienpflanzen. Österr. bot. Z. **87**, 42—50.
Rübel, E., 1930: Pflanzengesellschaften der Erde. Bern und Berlin, 77 Abb.
Ruge, U., 1937: Untersuchungen über den Einfluß des Heteroauxins auf das Streckungswachtum des Hypocotyls von *Helianthus annuus*. Z. Bot. **31**, 1—56.
— 1940: Kritische und entwicklungsphysiologische Untersuchungen an den Blattzähnen von *Helodea densa*. Flora **134**, 311—376.
Ruhland, W., 1912: Studien über die Aufnahme von Kolloiden durch die pflanzliche Plasmahaut. Jb. wiss. Bot. **51**, 376—431.
— 1914: Weitere Beiträge zur Kolloidchemie und physikalischen Chemie der Zelle. Jb. wiss. Bot. **54**, 391—447.
— und C. Hoffmann, 1925: Die Permeabilität von *Beggiatoa mirabilis*. Ein Beitrag zur Ultrafiltertheorie des Plasmas. Planta **1**, 1—83.
— und H. Ullrich, 1939: Richtigstellung und Erwiderung auf eine Besprechung der Leipziger „Untersuchungen zu den spezifischen Permeabilitätsreihen Höflers" durch Bruno Huber. Planta **29**, 742—746.
— — und S. Endo, 1938: Untersuchungen zu den „spezifischen Permeabilitätsreihen Höflers" I. Zur Frage der Alkoholpermeabilität von pflanzlichen Zellen unter verschiedenen Versuchsbedingungen. Planta **27**, 650—668.
Russow, E., 1882: Über das Schwinden und Wiederauftreten der Stärke in der Rinde der einheimischen Holzgewächse. S. B. Dorpater Naturforsch. Ges. **6**, 492—494.
— 1883: I. Über Tüpfelbildung und Inhalt der Bastparenchym- und Baststrahlzellen der Dikotylen und Gymnospermen. II. Über den Inhalt der parenchymatischen Elemente der Rinde vor und während des Knospenaustriebes und Beginns der Kambiumtätigkeit in Stamm und Wurzel der einheimischen Lignosen. Botan. Cbl. **13**, 271—275.

RUTTNER, F., 1930: Hydrographische und hydrochemische Beobachtungen auf Java, Sumatra und Bali. Arch. Hydrobiol., Suppl. 8 (Trop. Binnenwässer).

RYSSELBERGHE, F. v., 1901: Influence de la température sur la perméabilité du protoplasme vivant pour l'eau et les substances dissoutes. Bull. Cl. Science Acad. Roy. Belg. 1901.

SACHS, J., 1860 a: Das Erfrieren bei Temperaturen über 0°. Physiologische Mitteilungen verschiedenen Inhaltes. III. Beiträge zur Lehre von der Transpiration der Gewächse. Bot. Ztg. 18, 123—126.

— 1860 b: Krystallbildungen bei dem Gefrieren und Veränderung der Zellhäute bei dem Auftauen saftiger Pflanzenteile. Ber. math.-physik. Kl. königl. sächs. Ges. Wiss. 12, 1—50.

— 1864: Über die obere Temperaturgrenze der Vegetation. Flora 47, S. 12, 24—29, 33—39, 65—75.

— 1865: Handb. d. Experimentalphysiologie. Leipzig.

— 1892: Kristallbildungen bei dem Gefrieren etc. Gesammelte Abhandl., Bd. 1, Leipzig, S. 4.

SAKAI, A., 1955 a: A method of testing the survival of the twig. Low Temp. Sci., Ser. B, 13, 43—50.

— 1955 b: The seasonal changes of the hardiness and the physiological state of the cortical parenchyma cells of mulberry tree. Low Temp. Sci., Ser. B, 13, 33—41.

— 1956: Survival of Plant Tissue at Super-Low Temperatures. Low Temp. Sci., Ser. B. 14, 17—23.

— 1957: Relation of increase of carbohydrate and water soluble protein to frost-resistance in tree. Low Temp. Sci., B 15, 17—29.

— 1958: The Frost-Hardening Process of Woody Plants II. Relation of increase of carbohydrate and water soluble protein to frost-resistance. Low Temp. Sci., Ser. B 16, 23—34 (English résumé).

— 1959 a: The Frost-Hardening Process of Woody Plant III. Relation of Low Temperature to Frost-Hardening. Low Temp. Sci., Ser. B, 17, 29—34.

— 1959 b: The Frost-Hardening Process of Woody Plant IV. Relation of Increase in Sugar Concentration to Dehydration Resistance. Low Temp. Sci., Ser. B, 17, 35—41.

— 1959 c: The Frost-Hardening Process of Woody Plant V. The Relationship between Developmental Stage and Frost-Hardening. Low Temp. Sci., Ser. B, 17, 43—49.

— 1960 a: Relation of Sugar Content to Frost-Hardiness in Plants. Nature 185, 698—699.

— 1960 b: Survival of the Twig of Woody Plants at —196° C. Nature 185, 393—394.

SAMUELSSON, G., 1934: Die Verbreitung der höheren Wasserpflanzen in Nordeuropa. Acta Phytogeogr. Suecica 6, Uppsala.

SAPPER, ISOLDE, 1935: Versuche zur Hitzeresistenz der Pflanzen. Planta 23, 518—556.

SAUSSURE, TH. DE, 1827: De l'influence de dessèchement sur la germination de plusieurs graines alimentaires. Ann. Sci. nat. 10, Ser. 1, 68—93.

SAYRE, J. D., 1932: Methods of determining bound water in plant tissue. J. Agr. Research 44, 669—688.

SCARTH, G. W., 1944: Cell physiological studies of frost resistance. New Phytologist 43, 1—12.

— and J. LEVITT, 1937: The frost-hardening mechanism of plant cells. Plant Physiol. 12, 52—78.

SCHADE, A., 1929: Über den Wärmegenuß einiger Moose und Flechten am Valtenberge. S. B. u. Abh. naturw. Ges. Isis, Dresden 1927/28, 38—55.

SCHAFFNIT, E., 1910: Studien über den Einfluß niederer Temperaturen auf die pflanzliche Zelle. Mitt. Kaiser-Wilhelm-Inst. Landwirtsch. Bromberg 3, 93—144.

— 1911: Über den Einfluß niederer Temperaturen auf die pflanzliche Zelle. Z. allgem. Physiol. 12, 323—330.

— und M. LÜDKE, 1931: Beiträge zur Kenntnis von Kältewirkungen auf die pflanzliche Zelle (II. Mitteilung), Phytopath. Z. 4 (4), 328—386.

— und A. F. WILHELM, 1933: Kühlversuche mit verschieden ernährten Pflanzen und Untersuchungen über deren Stoffwechselphysiologie. Phytopath. Z. 5, 505—566.

SCHANDER, R., und E. SCHAFFNIT, 1919: Untersuchungen über das Auswintern des Getreides. Landwirtsch. Jb. 52, 1—66.

SCHANDERL, H., 1930: Ökologische und physiologische Untersuchungen an der Wellen- und Muschelkalkflora des Maintales zwischen Würzburg und Gambach. Planta 10, 756—810.

Scharfetter, R., 1922: Klimarhythmik, Vegetationsrhythmik und Formationsrhythmik. Österr. bot. Z. **71**, 153—170.
— 1953: Biographien von Pflanzensippen. Springer, Wien.
Scheibmair, Gertrude, 1938: Hitzeresistenz-Studien an Moos-Zellen. Protoplasma **29**, 394—424.
Schiereli, W., 1950: Überwinterung im Tifliser Botanischen Garten (russisch). Bull. Bot. Gartens Wiss. Akad. Moskau Nr. **5**, 115—118.
Schiller, J., 1926: Der thermische Einfluß und die Wirkung des Eises auf die planktische Herbstvegetation in den Altwässern der Donau bei Wien. Arch f. Protistenkd. **56**, 1—62.
— 1954: Über winterliche pflanzliche Bewohner des Wassers, Eises und des darauf-liegenden Schneebreies. Öst. bot. Z. **101**, 236—284.
— und Fr. Stefan, 1935: Zur Ökologie zweier stenothermer Kaltwasserflagellaten: *Gymnodinium tenuissimum* und *Peridinium aciculiferum*. Österr. bot. Ztschr. **84**, 102—108.
Schimper, W. P., 1848: Recherches anatomiques et morphologiques sur les mousses. Strasbourg.
— 1898: Pflanzengeographie auf physiologischer Grundlage. Fischer, Jena.
— und F. C. v. Faber, 1935: Pflanzengeographie auf physiologischer Grundlage. Fischer, Jena.
Schlieper, C., und R. Kowalski, 1956: Über den Einfluß des Mediums auf die thermische und osmotische Resistenz des Kiemengewebes der Miesmuschel *Mytilus edulis* L. Kieler Meeresforsch. **12**, 37—45.
Schmid, G., 1927: Zur Ökologie der Luftalgen. Ber. dtsch. bot. Ges. **45**, 518—533.
Schmidt, E., 1936: Baumgrenzenstudien am Feldberg im Schwarzwald. Tharandter forstl. Jb. **87**.
Schmidt, H., 1936: Plasmolyse und Permeabilität. Jb. wiss. Bot. **83**, 470—512.
— 1939: Plasmolysezustand und Wasserhaushalt bei *Lamium maculatum*. Protoplasma **33**, 25—43.
— K. Diwald und O. Stocker, 1940: Plasmatische Untersuchungen an dürreempfindlichen und dürreresistenten Sorten landwirtschaftlicher Kulturpflanzen. Planta **31**, 559—596.
Schmidt, W., 1910: Über den Einrollungsmechanismus einiger Farnblätter. Beih. bot. Cbl. **26**, 476—508.
Schneider-Orelli, O., 1910: Versuche über die Widerstandsfähigkeit gewisser *Medicago*-Samen (Wollkletten) gegen hohe Temperaturen. Flora **100**, 305—311.
Schopmeyer, C. S., 1939: Transpiration and physico-chemical properties of leaves as related to drought resistance in loblolly pine and shortleaf pine. Plant Physiol. **14**, 447—462.
Schratz, C., 1931: Vergleichende Untersuchungen über den Wasserhaushalt von Pflanzen im Trockengebiet des südlichen Arizona. Jb. wiss. Bot. **74**, 153—290.
Schröder, G., 1886: Über die Austrocknungsfähigkeit der Pflanzen. Unters. bot. Inst. Tübingen **2**, 1.
Schroeter, C., 1908: Das Pflanzenleben der Alpen. 567 S. Zürich.
— 1923: Das Pflanzenleben der Alpen. Zürich.
Schultze, M., 1863: Das Protoplasma der Rhizopoden und der Pflanzenzellen. Leipzig.
Schumacher, W., 1867: Die Physik der Pflanze. Berlin, Wiegandt u. Hempel.
Schwabe, G. H., 1933 a: Beobachtungen über thermische Schichtungen in Thermalgewässern auf Island. Arch. Hydrobiol. **26**, 187—196.
— 1933 b: Probleme der Thermalbiologie auf Island. Naturwiss. **23**, 158.
— 1936: Beiträge zur Kenntnis isländischer Thermalbiologie. Arch. Hydrobiol. **6**, Suppl.-Bd., 161—352.
— 1960: Zur autotrophen Vegetation in ariden Böden. Blaualgen und Lebensraum IV. Österr. bot. Z. **107**, 281—309.
Schwemmle, B., und O. L. Lange, 1959 a: Neue Beobachtungen über die endogene Tagesrhythmik (Änderungen der Hitzeresistenz bei *Kalanchoë bloßfeldiana*). Nachr. Akad. Wiss. Göttingen II., math.-physik. Kl. 29—35.
— — 1959 b: Endogen-tagesperiodische Schwankungen der Hitzeresistenz bei *Kalanchoë bloßfeldiana*. Planta **53**, 134—144.
Schwendener, S., 1881: Über Bau und Mechanik der Spaltöffnungen. Mber. Berliner Akad. Wiss. **46**, 833.

SCHWENKE, H., 1957: Resistenzuntersuchungen an Rotalgen. Diss. Kiel.
— 1959: Untersuchungen zur Temperaturresistenz mariner Algen der westlichen Ostsee. I: Das Resistenzverhalten von Tiefenrotalgen bei ökologischen und nichtökologischen Temperaturen. Kieler Meeresforsch. 15, 34—50.

SCOFIELD, H. T., and L. E. YARMAN, 1943: Some Investigations of the Water Relations of Lichenes. Ohio J. Sci. 43, 139—146.

SEEMANN, J., 1942: Über die Bedeutung der Unterkühlung für die Selektion frostresistenter Bohnenpflanzen. Züchter 14, 258—264.

SEEMANN, F., 1950: Der Einfluß der Wärme und UV-Bestrahlung auf die Wasserpermeabilität des Protoplasmas. Protoplasma 39, 535—566.

SEIBLE, DORA, 1939: Ein Beitrag zur Frage der Kälteschäden an Pflanzen bei Temperaturen über dem Gefrierpunkt. Beitr. Biol. Pflanz. 26, 289—330.

SEIFRIZ, W., 1920: Viscosity values of protoplasm as determined by microdissection. Bot. Gaz. 70, 360—386.
— 1952: The rheological properties of protoplasm. In: FREY-WYSSLING, Deformation and flow in biological systems, Amsterdam.

SENN, G., 1929: Strahlung und Blattemperatur in den Alpen. Verh. Schweiz. Naturf. Ges. Davos 110, 149—150.

SERGEJEV, L. J., and A. M. LEBEDEV, 1936 a: Theory of physiologic resistance of cultivated cereals. Botan. Zhur. S. S. S. R. 21, 131—152 (Biol. Abstr. 11, 18 285, 1937).
— — 1936 b: Beiträge zu einer physiologischen Resistenztheorie der Kulturgräser. Planta 25, 84—103.
— and K. A. SERGEJEVA, 1939: Ionic action as a means of controlling resistance and growth of plants. C. r. Acad. Sci. U. R. S. S. 22, 630—632.

SESTAKOV, E., and L. J. SERGEJEV, 1936: Changes in the permeability of protoplasm and the dynamics of frost resistance of winter cereals in connection with their passage through the light stage. C. r. Acad. Sci. U. R. S. S. 4 (13), 25—28.
— — 1937: Changes in frost resistance and in the properties of cell protoplasm in winter wheat during the photo-stage. Botan. Zhur. S. S. S. R. 22, 351—363.

SEYBOLD, A., 1929: Die pflanzliche Transpiration. Ergebn. Biol. 5, 29—165.
— 1929: Die physikalische Komponente der pflanzlichen Transpiration. Monogr. Gesamtgeb. wiss. Bot. 2.
— 1930: Untersuchungen über die Transpirationswiderstände und über die Temperatur ägyptisch-nubischer Wüstenpflanzen. Planta 9, 270—314.
— und F. BRAMBRING, 1933: Über die thermischen Eigenschaften der Laubblätter I. Planta 20, 201—229.
— und H. G. VAN DER WEY, 1929: Untersuchungen über iso- und heterokalorische Laubblätter. Rec. trav. bot. Néerl. 26, 97—127.

SHAW, R. H., 1954: Leaf and air temperatures under freezing conditions. Plant Physiol. 29, 102—104.

SHREVE, F., 1911: Studies on Jamaican Hymenophyllaceae. Bot. Gaz. 51, 184—209.
— 1914: The daily march of transpiration in a desert perannial. Carnegie Inst. Wash. Publ. Nr. 194.
— 1919 a: The role of temperature in the determination of the transpiring power of leaves by hygrometric paper. Plant world 22, 172.
— 1919 b: The thermoelectrical method for the determination of leaf temperature. Plant world 22, 100.

SHUTT, F. T., 1903: On the relation of moisture content to hardiness in apple twigs. Trans. roy. Soc. Can. II 9 (4), 149—153.

SIDORIN, M. J., 1950: Über die Absorption direkter Sonnenstrahlung durch Blätter von Agrikulturpflanzen. Bot. Zhur. U. S. S. R. 35, 29—39 (russisch).

SIEVERS, FR., 1908: Über die Wasserversorgung der Flechten. Wiss. Beil. 38. Jahresber. Landwirtsch. Schule Marienburg zu Helmstedt.

SIGAFOOS, R. S., 1952: Frost action as a primary physical factor in Tundra plant communities. Ecology 33, 480—487.

SIMINOVITSCH, D., 1940—1941: Abstracts Amer. Soc. Plant Physiol. (Philadelphia).
— and D. R. BRIGGS, 1949: The chemistry of the living bark of the black locust tree in relation to frost hardiness. I. Seasonal variations in protein content. Arch. Biochem. 23, 8—17.
— — 1953: Studies on the chemistry of the living bark of the black locust in relation to its frost hardiness. III. The validity of plasmolysis and desiccation tests for determining the frost hardiness of bark tissue. Plant Physiology 28, 15—34.

Siminovitsch, D., and D. R. Briggs, 1954: Studies on the chemistry of the living bark of the black locust tree in relation to its frost hardiness VII. A possible direct effect of starch on the susceptibility of plants to freezing injury. Plant Physiol. **29**, 331—337.
— and Levitt, 1941: The relation between frost resistance and the physical state of protoplasm. Canad. J. Res., Sect. C, **19**, 9—20.
Simonis, W., 1936: Untersuchungen über die Abhängigkeit des osmotischen Wertes von Bodenwassergehalt bei Pflanzen verschiedener ökologischer Gruppen. Jb. wiss. Bot. **83**, 191—239.
— 1952: Untersuchungen zum Dürreeffekt. I. Mitteilung. Morphologische Struktur. Wasserhaushalt, Atmung und Photosynthese feucht und trocken gezogener Pflanzen. Planta **40**, 313—332.
Sinnot, E. W., 1918: Factors determining character and distribution of food reserve in woody plants. Botan. Gaz. **66**, 162—175.
Sisakjan, N. M., und B. A. Rubin, 1939: Die Wirkung tiefer Temperaturen auf die Reversibilität der fermentativen Reaktion im Zusammenhang mit der Winterfestigkeit der Pflanzen. Biochimia IV, **2**, 149—154.
Skuja, H., 1958: *Gloeococcus bavaricus* nov. spec. und *Coelastrella compacta* nov. spec. Protoplasma **50**, 493—497.
Slavik, B., 1959: Gradients of Osmotic Pressure of Cell Sap in the Area of one Leaf Blade. Biologia Plantarum (Praha) **1**, 39—47.
Smith, A. M., 1909: On the internal temperature of leaves in tropical insolation, with special reference to the effect of their colour on the temperature. Ann. roy. bot. Garden Peradenija **4**, 229—298.
Smyth, R., 1934: A contribution to the physiology and ecology of *Peltigera canina* and *P. polydactyla*. Ann. Bot. **48**, 781—818.
Spalding, V. M., 1904: The creosote bush (*Covillea tridentata*) in its relation to water supply. Bot. Gaz. **38**, 122—138.
Spranger, E., 1941: Das Erfrieren der Pflanzen über 0° mit besonderer Berücksichtigung der Warmhauspflanzen. Gartenbauwiss. **16**, 90—128.
Sprenger, W. J., 1930: Bacillariales aus Thermen der Umgebung von Karlsbad. Arch. Protistenkd. **71**, 502—542.
Ssamygin, G. A., 1954: Der Einfluß von Maleinsäurehydrazid auf den Wuchs und die Frostfestigkeit von Zitronensämlingen. Ber. Akad. Wiss. U. S. S. R. **95**, zit. n. Chem. Zbl. 1955, 2930—2931.
Stahl, E., 1883: Über den Einfluß des sonnigen oder schattigen Standorts auf die Ausbildung der Laubblätter. Jen. Ztschr. Naturwiss. **16** (N. F. **9**) 162—200.
— 1894: Einige Versuche über Transpiration und Assimilation. Bot. Ztg., 55. Jhg., 117—145.
— 1909: Zur Biologie des Chlorophylls, S. 45—78. Jena.
Stålfelt, M. G., 1939: Vom System der Wasserversorgung abhängige Stoffwechselcharaktere. Bot. Notiser 176—192.
— 1945: Über die lichtbedingten Hemmungsvorgänge in der Kohlensäureassimilation. Svensk Bot. Tidskr. **39**, 365.
— 1946: The influence of light upon the viscosity of protoplasm. Ark. Bot. **33 A**, 1.
— 1947: Effect of heteroauxin and colchicine on protoplasmatic viscosity. Proc. 6th Intern. Congr. Exper. Cyt., Stockholm 63.
— 1949: The lability of the protoplasmatic viscosity. Physiol. Plantarum **2**, 341—349.
— 1954: The Relation Between the Fluidity of the Protoplasm and the Insertion and Function of the Leaves. Physiologia Plantarum **7**, 354—374.
— 1955: The Stomata as a Hydrophotic Regulator of the Water Deficit of the Plant. Physiol. Plantarum **8**, 572—593.
— 1956 a: Viscosität. In- Handb. d. Pflanzenphysiol., Hausg. Ruhland, **2**, 591—606.
— 1956 b: Die stomatäre Transpiration und die Physiologie der Spaltöffnungen. In: Handbuch der Pflanzenphysiol. Hsg. Ruhland. Bd. **3**, 251—426.
Stark, A. L., 1936: Unfrozen water in apple shoots as related to their winter hardiness. Plant Physiol. **11**, 689—711.
Steenis, C. G. G. J. van, und Fr. Ruttner, 1932: Die Pteridophyten und Phanerogamen der Deutschen Limnologischen Sunda-Expedition. Arch. Hydrobiol. Suppl. **12**, 23 (Tropische Binnengewässer).
Steinbrinck, C., 1900 a: Zur Terminologie der Volumänderungen pflanzlicher Gewebe und organischer Substanzen bei wechselndem Flüssigkeitsgehalt. Ber. dtsch. bot. Ges. **18**, 217—224.

STEINBRINCK, C., 1900 b: Über die Grenzen des Schrumpfelns. Ber. dtsch. bot. Ges. **18**, 386—396.
— 1903: Versuche über die Luftdurchlässigkeit der Zellwände von Farn-, *Selaginella*-Sporangien sowie von Moosblättern. Flora **92** 102—131.
— 1906: Über Schrumpfungs- und Kohäsionsmechanismen von Pflanzen. Biol. Zbl. **26**, 657—677, 721—744.
STEINER, M., 1933: Zum Chemismus der osmotischen Jahresschwankungen einiger immergrüner Holzgewächse. Jb. wiss. Bot. **78**, 564—622.
— 1939: Die Zusammensetzung des Zellsaftes bei höheren Pflanzen in ihrer ökologischen Bedeutung. Ergebn. Biol. **17**, 151—254.
STEINLESBERGER, ERNA, 1959 a: Plasmolysestudien an Laubmoosen. I. Erscheinungen des Plasmolyseverzuges. Protoplasma **50**, 544—589.
— 1959 b: Plasmolysestudien an Laubmoosen. II. Osmotische Werte. Protoplasma **51**, 436—462.
STEINMETZ, F. H., 1926: Winter hardiness in alfalfa varieties. Minnesota Agr. Expt. Sta. Tech. Bull. **38**.
STILES, W., 1924: Permeability. London.
— 1930: On the cause of cold death of plants. Protoplasma **9**, 459—466.
— and J. JÖRGENSEN, 1917: Studies in Permeability V. Ann. Botany **31**, 415—434.
STOCKER, O., 1927: Physiologische und ökologische Untersuchungen an Laub- und Strauchflechten. Flora **21** (121), 334—415.
— 1928: Der Wasserhaushalt ägyptischer Wüsten- und Salzpflanzen. Bot. Abhandl., **13**, Jena.
— 1929: Das Wasserdefizit von Gefäßpflanzen in verschiedenen Klimazonen. Planta **7**, 382—387.
— 1930: Über die Messung von Bodensaugkräften und ihrem Verhältnis zu den Wurzelsaugkräften. Z. Bot. **23**, 27—56.
— 1947: Probleme der pflanzlichen Dürreresistenz. Naturwiss. **34**, 362—371.
— 1948: Beiträge zu einer Theorie der Dürreresistenz. Planta **35**, 445—466.
— 1954 a: Der Wasser- und Assimilationshaushalt südalgerischer Wüstenpflanzen. Ber. dtsch. bot. Ges. **67**, 289—299.
— 1954 b: Die Trockenresistenz der Pflanzen. VIII. Congr. Internat. de Bot. (Paris), Rapp. et Comm. Sect. 11 et 12, 223—232.
— 1956: Die Dürreresistenz. In: RUHLAND, Handbuch der Pflanzenphysiol. Bd. 3, 696—741.
— und W. HOLDHEIDE, 1938: Die Assimilation Helgoländer Gezeitenalgen während der Ebbezeit. Z. Bot. **32**, 1—59.
— und H. ROSS, 1956: Reaktions- und Restitutionsphase der Plasmaviskosität bei Dürre- und Schüttelreizen. Naturwiss. **43**, 283.
STOCKING, C. R., 1945: The calculation of tensions in *Cucurbita pepo*. Amer. J. Bot. **32**, 415—434.
— 1956: Osmotic pressure or osmotic value. In: RUHLAND, Handb. Pflanzenphysiologie, Bd. **2**, 57—70.
STOCKMAYER, S., 1928 a: Die Biologie der Mineralquellen. Beitrag zum Österreichischen Bäderbuch. Wien, Österr. Staatsdruckerei, S. 85—92.
— 1928 b: Biologie und Naturschutz der Mineralquellen. Z. wiss. Bäderkde., 244—248.
STODDART, L. A., 1935: Osmotic pressure and water content of prairie plants. Plant Physiol. **10**, 661—680.
STODIEK, E., 1937: Soziologische und ökologische Untersuchungen an den xerotopen Moosen und Flechten des Muschelkalkes in der Umgebung Jenas. Fedde, Rep. spec. nov., Beih. **99**, 1.
STROUHAL, H., 1934: Biologische Untersuchungen an den Thermen vom Warmbad Villach in Kärnten. Arch. Hydrobiol. **26**, 323—385, 495—583.
STRUGGER, S., 1934: Beiträge zur Physiologie des Wachstums. I. Zur protoplasmaphysiologischen Kausalanalyse des Streckungswachstums. Jb. wiss. Bot. **79**, 406—471.
— 1940: Fluoreszenzmikroskopische Untersuchungen über die Aufnahme und Speicherung des Akridinorange durch lebende und tote Pflanzenzellen. Jena. Z. Naturw. **73**, 97—134.
— 1941: Zellphysiologische Studien mit Fluoreszenzindikatoren. Flora **35**, 101—134.
— 1943: Untersuchungen über die vitale Fluorochromierung der Hefezellen. Flora **137**, 73—94.

Strugger, S., und P. Hilbrich, 1942: Die fluoreszenzmikroskopische Unterscheidung lebender und toter Bakterienzellen mit Hilfe der Akridinorangefärbung. Dtsch. tierärztl. Wschr. **50**, 121—130.

Stuckey, J. H., and O. F. Curtis, 1938: Ice formation and the death of plant cells by freezing. Plant Physiology **13**, 815—833.

Szirmai, J., 1938: Die Dörrfleckenkrankheit (Hitzeschaden) des Paprikas. Phytopath. Z. **11**, 1—13.

Takada, H., and S. Nagai, 1953: Notes on the rich chloride content and the osmotic pressure of *Metasequoia glyptostroboides*. Proc. Jap. Acad. **29**, 274—278.

Terumoto, I., 1957 a: The relation between the activity of Phosphorylase and the frost-hardiness in Table Beet. Low Temp. Sci., Ser. B, **15**, 31—38 (English résumé).

— 1957 b: The Frost-Hardiness of Onion. Low Temp. Sci., Ser B, **15**, 39—44.

— 1958: The relation between the cell sap concentration and the frost-hardiness of the Table Beet. Low Temp. Sci., Ser. B, **16**, 7—21 (English résumé).

— 1959 a: Frost and Drought Injury in Lake-Balls. Low Temp. Sci., Ser. B, **17**, 1—7.

— 1959 b: Frost Resistance in Plant Cells after Immersion in a Solution of Various Inorganic Salts. Low Temp. Sci., Ser. B, **17**, 9—19.

— 1960 a: Ice Masses in Root Tissue of Table Beet. Low Temp. Sci., Ser. B, **18**, 39—42.

— 1960 b: Effect of Protective Agents against Freezing Injury in Lake-Ball. Low Temp. Sci. Ser. B, **18**, 43—50.

— 1960 c: Frost-resistance in a marine alga *Ulva pertusa* Kjellmann. Low Temp. Sci. Ser. B, **18**, 35—38.

Thienemann, A., 1920: Die Grundlagen der Biozönotik und Monards faunistische Prinzipien. Festschr. f. Zschokke Nr. 4, 1—14, Basel.

— 1952: Limnologie und Wasserwirtschaft. Vattenhygien **2**, 25, Stockholm.

— 1954: Ein drittes biozönotisches Grundprinzip. Arch. Hydrobiol. **49**, 421—422.

Thimann, K. V., und D. Kaufmann, 1958: Cytoplasmic streaming in the cambium of white pine. Physiology of Forest Trees. Ed. by K. V. Thimann, The Ronald Press Co., N. Y.

Thoday, D., 1921: Behavior during drought of leaves of two Cape species of *Passerina* with some notes on their anatomy. Amer. Soc. Hort. Sci., Proc. **33**, 71—81.

— 1921: On the behavior during drought of leaves of two Cape species of *Passerina*. Ann. Bot. **35**, 585—601.

Thoenes, F., 1925: Untersuchungen zur Frage der Wasserbindung in Kolloiden und tierischen Geweben. Biochem. Z. **157**, 174—186.

Thomas, E. A., 1939: Über die Biologie von Flechtenbildnern. Beitr. Kryptogamenflora Schweiz **9/1**.

Thren, R., 1934: Jahreszeitliche Schwankungen des osmotischen Wertes usw. Z. Bot. **26**, 449—526.

Till, O., 1956: Über die Frosthärte von Pflanzen sommergrüner Laubwälder. Flora **143**, 499—542.

Timm, R., 1930: Die Frostschäden des Winters 1928/29 in Nordwestdeutschland. Mitt. Florist.-soziol. Arb.-Gem. in Niedersachsen 116—146.

Tischler, G., 1905: Über die Beziehungen der Anthocyanbildung zur Winterhärte der Pflanzen. Beih. Bot. Cbl., Abt. I, **18**, 452—471.

Tobler, F., 1925: Biologie der Flechten. Berlin.

Todd, G. W., and J. Levitt, 1951: Bound water in *Aspergillus niger*. Plant Physiol. **26**, 331—336.

Tonzig, S., 1941: I Muco-proteidi e la vita della cellula vegetale. Libreria Universitoria di G. Randi, Padova.

Tranquilini, W., 1958: Die Frosthärte der Zirbe unter besonderer Berücksichtigung autochthoner und aus Forstgärten stammender Jungpflanzen. Forstw. Cbl. **77**, 65—128.

Treviranus, L. C., 1835—1838: Physiologie der Gewächse, Bd. II. Bonn, Adolph Marcus.

Tröndle, A., 1910: Einfluß des Lichtes auf die Permeabilität der Plasmahaut. Jb. wiss. Bot. **48**, 171—282.

Tumanow, I. I., 1930: Welken und Dürreresistenz. Wiss. Arch. Landw., Abt. A, Pflanzenbau, 389—419.

— 1931: Das Abhärten winterannueller Pflanzen gegen niedrige Temperaturen. Phytopath. Z. **3**, 303—334.

TURNER, H., 1958: Maximaltemperaturen oberflächennaher Bodenschichten an der alpinen Waldgrenze. Wetter und Leben **10**, 1—12.

ÜBELEIS, ILSE, 1957: Osmotischer Wert, Zucker- und Harnstoffpermeabilität einiger Diatomeen. S. B. Wien. Akad. Wiss., math.-nat. Kl., Abt. 1, **166**, 396—434.

ULLRICH, H., 1943: Biologische Kältewirkungen und plasmatische Frostresistenz (unter besonderer Berücksichtigung der Pflanzen). Protoplasma **38**, 165—183.

— 1944: Kältefragen aus der Pflanzenphysiologie (zur physiol. Grundlagenforschung pflanzlicher Kälte- und Frostschäden). Klin. Wschr. **23**, 189—192.

— und U. HEBER, 1957: Über die Schutzwirkung der Zucker bei der Frostresistenz von Winterweizen. Planta **48**, 724—728.

— — 1958: Über das Denaturieren pflanzlicher Eiweiße durch Ausfrieren und seine Verhinderung. Planta **51**, 399—413.

— und A. MÄDE, 1938: Studien über die Ursachen der Frostresistenz. I. Untersuchungen des Temperaturaustausches an Rizinusblättern durch Messung von Oberflächentemperaturen. Planta **28**, 344—351.

— — 1940: Studien über die Ursachen der Frostresistenz. II. Untersuchungen über den Temperaturverlauf beim Gefrieren von Blättern und Vergleichsobjekten. Planta **31**, 251—262.

— und P. VAN VEEN, 1942: Weitere Untersuchungen über das Ausfrieren von Kolloiden und Kolloidgemischen im Hinblick auf die plasmatische Frostresistenzforschung an Pflanzen. Kolloid. Z. **100**, 389—400.

ULMER, W., 1937: Über den Jahresgang der Frosthärte einiger immergrüner Arten der alpinen Stufe, sowie der Zirbe und Fichte. Unter Berücksichtigung von osmotischem Wert, Zuckerspiegel und Wassergehalt. Jb. wiss Bot. **84**, 553—592.

URL, W., und E. FETZMANN, 1959: Wärmeresistenz und chemische Resistenz der Grünalge *Gloeococcus bavaricus* Skuja. Protoplasma **50**, 471—482.

URSPRUNG, A., 1903: Die physikalischen Eigenschaften der Laubblätter (Abschn. II, Thermische Eigenschaften). Bibliotheca Botanica **60**, 1—115.

— 1915: Über die Kohäsion des Wassers im Farnannulus. Ber. d. dtsch. bot. Ges. **33**, 153—162.

— 1923: Zur Kenntnis der Saugkraft. VII. Eine neue vereinfachte Methode zur Messung der Saugkraft. Ber. dtsch. bot. Ges. **41**, 338—343.

— 1925: Einige Resultate der neuesten Saugkraftstudien. Flora **118/119**, 566—599.

— 1935: Osmotic quantities of plant cells in given phases. Plant Physiology **10**, 115.

— 1938: Die Messung der osmotischen Zustandsgrößen pflanzlicher Zellen und Gewebe. In: ABDERHALDEN, Handb. d. biol. Arbeitsmeth., Abt. XI, Teil **4**, Heft 7, Lieferung 469, 1109—1572.

— und G. BLUM, 1916 a: Über die Verteilung des osmotischen Wertes in der Pflanze. Ber. dtsch. bot. Ges. **34**, 88—104.

— — 1916 b: Über die periodischen Schwankungen des osmotischen Wertes. I. Die täglichen Schwankungen. II. Die jährlichen Schwankungen. Ber. dtsch. bot. Ges. **34**, 105—142.

— — 1916 c: Zur Kenntnis der Saugkraft. Ber. dtsch. bot. Ges. **34**, 539—554.

— — 1930: Zwei neue Saugkraft-Meßmethoden. I. Die Kapillarmethode zur Messung der statischen Saugkraft von Flüssigkeiten, Quellkörpern und Böden. II. Die Hebelmethode zur Messung der Saugkraft von Hartlaub und anderen schwierigen Objekten. Jb. wiss. Bot. **72**, 254—334.

VARESCHI, V., 1931: Die Gehölztypen des obersten Isartales. Ber. naturw.-med. Ver. Innsbruck **42**, 79—184.

VASSILJEV, I. M., 1931 a: Über den Wasserhaushalt von Pflanzen der Sandwüste im südöstlichen Kara-Kum. Planta **14**, 225—309.

— 1931 b: Untersuchungen über die Dynamik der Kohlehydrate bei dem Weizen. I. Mitt.: Einfluß der Wasserversorgung auf die Umwandlung der Kohlehydrate. Arch. Pflanzenbau **7**, 126—145.

— and M. G. VASSILJEV, 1936: Changes in carbohydrate content of wheat plants during the process of hardening for drought resistance. Plant Physiol. **11**, 115—125.

VAUPEL, A., 1958: Mikroklima und Pflanzentemperaturen auf trockenheißen Standorten. Flora **145**, 497—541.

VILHELM, J., 1927: Le maximum de température pour quelques algues marines. Bull. Intern. Acad. Tchéene de Sciences Cl. d. Sc. Math., Nat et de la Méd. **28**, 8—19.

VISCHER, W., 1935: Zur Morphologie, Physiologie und Systematik der Blutalge *Porphyridium cruentum* Naegeli. Verh. Naturforsch. Ges. Basel **46**, 66—103.
VOIGTLÄNDER, H., 1909: Unterkühlung und Kältetod der Pflanzen. Beitr. Biol. Pflanz. **9**, 359—414.
VOLK, O. H., 1931: Beiträge zur Ökologie der Sandvegetation der Oberrheinischen Tiefebene. Z. Bot. **24**, 81—185.
— 1936: Über das Verhalten der Pflanzen bei Trockenheit. Ber. Phys.-med. Ges. Würzburg, N. F., **60**, 16—23.
— 1938: Untersuchungen über das Verhalten der osmotischen Werte von Pflanzen aus steppenartigen Gesellschaften und lichten Wäldern des mainfränkischen Trockengebietes. Z. Bot. **32**, 65—149.
VOLKENS, G., 1887: Die Flora der ägyptisch-arabischen Wüste. Berlin.
VOUK, V., 1919: Biologische Untersuchungen der Thermalwässer Kroatiens und Sloweniens. Akad. Wissensch. u. Künste d. Südslawen, Zagreb 1919, 51.
— 1923: Die Probleme der Biologie der Thermen. Intern. Rev. ges Hydrobiol. **11**, 89—99.
— 1939: Über die Kardinalpunkte des Lebens (Ein Beitrag zur Kenntnis der ökologischen Valenzen). Bull. Internat. Acad. Yougoslave Sci. et Beaux-Arts, Cl. Sci. Math. et Natur. **32**, 1—15.
— 1948: Thermal-vegetation and ecological-valences theory. Hydrobiologia **1**, 90—95.
— 1950: Grundriß zu einer Balneobiologie der Thermen. Verl. Birkhäuser, Basel.
— 1959 a: Die Thermalalgen-Vegetation von Badgastein. Fundamenta Balneo-Bioclimatologia **1**, 212—226.
— 1959 b: Die Urblaualge in der Gasteiner Therme. Badgasteiner Badeblatt **7**, 3—10.
— und Z. KLAS, 1939: Zur Physiologie der Thermalalge *Mastigocladus laminosus* Cohn. Anz. Akad. Wiss. Wien, math.-nat. Kl., Nr. **17**, 1—4.
VRIES, H. DE, 1870: Matériaux pour la connaissance de l'influence de la température sur les plantes. Arch. néerl. Sci. **5**, 385—401.
— 1871: Sur la mort des cellules végétales par l'effet d'une température élevée. Arch. néerl. Sci. exact et natur. **6**, 245.
— 1884: Eine Methode zur Analyse der Turgorkraft. Jb. wiss. Bot. **14**, 427—601.

WAGGONER, P. E., and R. H. SHAW, 1952: Temperature of potato and tomato leaves. Plant Physiol. **27**, 710—724.
WAGNER, JOHANNA, 1958: Über das Verhalten der *Nitzschia putrida* Benecke nach Abkühlung auf — 26° C. Protoplasma **49**, 98—115.
WAHRY, ELFRIEDE, 1936: Permeabilitätsstudien an *Hippuris*. Jb. wiss. Bot. **83**, 657—705.
WALDERDORFF, MARIA, 1924: Über Kultur von Pollenschläuchen und Pilzmyzelien auf festem Substrat bei verschiedener Luftfeuchtigkeit. Bot. Arch. **6**, 84—110.
WALDRON, L. R., 1932: Frost injury to spring wheat with a consideration of drought resistance. J. Amer. Soc. Agron. **23**, 625—637.
WALLACE, R. H., and H. H. CLUM, 1938: Leaf temperatures. Amer. J. Bot. **25**, 83—97.
WALTER, H., 1924: Plasmaquellung und Wachstum. Z. Bot. **16**, 353—417.
— 1926: Die Anpassungen der Pflanzen an Wassermangel. Freising-München.
— 1929 a: Die osmotischen Werte und die Kälteschäden unserer wintergrünen Pflanzen während der Kälteperiode 1929. Ber. dtsch. bot. Ges. **47**, 338—348.
— 1929 b: Die Winterschäden an unseren immergrünen Pflanzen während der Kälteperiode Jänner—März 1929 und ihre Ursachen. Naturwiss. **17**, 854—859.
— 1931: Die Hydratur der Pflanze und ihre physiologisch-ökologische Bedeutung. G. Fischer, Jena.
— 1936 a: Die ökologischen Verhältnisse in der Namib-Unbelwüste (Südwest-afrika). Jb. wiss. Bot. **84**, 58—222.
— 1936 b: Tabellen zur Berechnung des osmotischen Wertes von Pflanzensäften, Zuckerlösungen und einigen Salzlösungen. Ber. dtsch. bot. Ges. **54**, 328—339.
— 1939 a: Die kryoskopische Bestimmung des osmotischen Wertes bei Pflanzen. In: ABDERHALDEN, Handb. biol. Arbeitsmethoden, Abt. XI, Teil 4, 1. Hälfte, 353—371.
— 1939 b: Grasland, Savanne und Busch der ariden Teile Afrikas in ihrer ökologischen Bedingtheit. Jb. wiss. Bot. **87**, 750—860.
— 1950: Einführung in die Phytologie. I. Grundlagen des Pflanzenlebens. Eugen Ulmer, Stuttgart.
— 1951: Einführung in die Phytologie. III. Grundlagen der Pflanzenverbreitung. I. Teil: Standortlehre. Eugen Ulmer, Stuttgart.

WALTER, H., 1955: The Water Economy and the Hydrature of Plants. Ann. Rev. Plant Physiol. **6**, 239—252.
— 1956: Die heutige ökologische Problemstellung und der Wettbewerb zwischen der mediterranen Hartlaubvegetation und den sommergrünen Laubwäldern. Ber. dtsch. bot. Ges. **69**, 263—273.
— 1958: Phylogenie und Physiologie des Wasserhaushaltes: Poikilohydre und homoiohydre Pflanzen. Scientia **52**, Ser. 6, 1—5.
— 1960: Einführung in die Phytologie. Band III: Grundlagen der Pflanzenverbreitung. 1. Teil: Standortslehre (analytisch-ökologische Geobotanik). 2. umgearbeitete Auflage. Ulmer, Stuttgart.
— und GRETEL BAUER, 1937: Über das Einrollen der Blätter bei Farnen und Blütenpflanzen. Flora **31**, 387—399.
— und M. STEINER, 1936: Die Ökologie der ost-afrikanischen Mangroven. Z. Bot. **30**, 65—193.
— und O. WEISMANN, 1935: Über die Gefrierpunkte und osmotischen Werte lebender und toter pflanzlicher Gewebe. Jb. wiss. Bot. **82**, 273—310.
WARTENBERG, H., 1933: Kälte und Hitze als Todesursache der Pflanze und als Ursache von Pflanzenkrankheiten (S. 473—592). In: SORAUER, Handbuch Pflanzenkrankh. (hrsgeg. Appel) **1**, 1. Teil, 3. Abschn. 6. Aufl., Parey, Berlin.
WARTIOVAARA, 1942: Über die Temperaturabhängigkeit der Protoplasmapermeabilität. Annales Bot. Soc. Zool. Bot. Fenn. Vanamo **16**, vol. I—VI, 1—111.
WASER, E. B. H., 1930: Temperaturmessung mit Thermoelementen. Handb. biol. Arbeitsmeth., Abt. V, Teil **1**, Lfg. 193, 433—458.
WEBER, FR., 1909: Untersuchungen über die Wandlungen des Stärke- und Fettgehaltes der Pflanzen, insbesondere der Bäume. S. B. Wien. Akad. Wiss., math.-nat. Kl., Abt. I, **118**, 967—1031.
— 1921: Die Zellsaftviskosität lebender Pflanzenzellen. Ber. d. dtsch. bot. Ges. **39**, 188—193.
— 1924 a: Plasmolyseform und Protoplasmaviskosität. Österr. bot. Z. **73**, 261—266.
— 1924 b: Protoplasmaviskosität kopulierender *Spirogyra*-Zellen. Ber. dtsch. bot. Ges. **42**, 279—284.
— 1925: Über die Beurteilung der Plasmaviskosität nach der Plasmolyseform. Z. wiss. Mikroskopie **42**, 146—157.
— 1926 a: Hitzeresistenz funktionierender Schließzellen. Planta **1**, 553—557.
— 1926 b: Hitzeresistenz funktionierender Stomata-Nebenzellen. Planta **2**, 669—677.
— 1929 a: Plasmolyse-Zeit-Methode. Protoplasma **5**, 622—624.
— 1929 b: Zentrifugierung und Protoplasma-Viskosität. Protoplasma **7**, 444—445.
— 1929 c: Protoplasmatische Pflanzenanatomie. Protoplasma **8**, 291—306.
— 1931: Harnstoff-Permeabilität ungleich alter *Spirogyra*-Zellen. Protoplasma **12**, 129—140.
— 1932 a: Harnstoff-Permeabilität ungleich alter Stomata-Zellen. Protoplasma **14**, 75—82.
— 1932 b: Plasmolyse-Permeabilität bei Kälte. Protoplasma **15**, 517—521.
— 1932 c: Unterschiede in der Säureresistenz der *Helodea*-Blattzellen. Protoplasma **16**, 287—290.
— 1935: Referat: KESSLER, W.: Über die inneren Ursachen der Kälteresistenz der Pflanzen. Planta **24**, 312—352, 1935. Protoplasma **24**, 631.
— und G. WEBER, 1916: Die Temperaturabhängigkeit der Plasmaviskosität. Ber. dtsch. bot. Ges. **34**, 836—846.
— und HOHENEGGER, 1923: Reversible Viskositätserhöhung des Protoplasmas bei Kälte. Ber. dtsch. bot. Ges. **41**, 198—204.
WEED, H. H., 1889: The vegetation of hot springs. Amer. Naturalist **23**.
WEIMER, J. L., 1929: Some factors involved in the winter-killing of alfalfa. J. Agr. Research **39**, 263—283.
WEISMANN, O., 1938: Eine theoretische und experimentelle Kritik der „Bound Water Theory". Protoplasma **31**, 27—68.
WEST, G. S., 1902: On some algae from hot springs. J. Bot. (London) **40**, 241—248.
WHITESIDE, A. G. O., 1941: Effect of soil drought on wheat plants. Sci. Agr. **21**, 320—334.
WIEGAND, K. M., 1906: Some studies regarding the biology of buds and twigs in winter. Botan. Gaz. **41**, 373—424.
WILHELM, A. F., 1934: Experimentelle Untersuchungen über die Kälteresistenz von Reben und Obstgehölzen. Die Gartenbauwiss. **8**, 77—114.

Wilhelm, A. F., 1935: Untersuchungen über das Verhalten sogenannter nicht eisbeständiger Kulturpflanzen bei niederen Temperaturen, unter bes. Berücksichtigung des Einflusses verschiedener Mineralsalzernährung und des N-Stoffwechsels. Phytopath. Z. **8**, 337—361.

Will-Richter, Gerda, 1949: Der osmotische Wert der Lebermoose. S. B. Wien. Akad. Wiss., math.-nat. Kl., Abt. I, **158**, 431—542.

Williams, W. T., and F. A. Barret, 1954: The Effect of External Factors on Stomatal Starch. Physiologia Plantarum **7**, 298—311.

Wilson, I. W., 1957: Observations on the Temperatures of Arctic Plants and their Environment. J. Ecol. **45**, 499—531.

Winkler, A., 1913: Über den Einfluß der Außenbedingungen auf die Kälteresistenz ausdauernder Gewächse. Jb. wiss Bot. **52**, 467—506.

Wittroch, V., 1891: Biologiska ormbunk studier. Acta Horti Bergiani I, 3.

Wollersheim, M., 1957: Untersuchungen über die Keimungsphysiologie der Sporen von *Equisetum arvense* und *E. limosum*. Z. Bot. **45**, 145—159.

Zacharova, T. M., 1926: Über den Einfluß niedriger Temperaturen auf die Pflanzen. Jb. wiss. Bot. **65**, 61—87.

Zastrow, E., 1934: Experimentelle Studien über die Anpassung von Wasser- und Sumpfmoosen. Pflanzenforschg. **17** (hrsg. Kolkwitz), Fischer, Jena.

Zeuch, L., 1934: Untersuchungen zum Wasserhaushalt von *Pleurococcus vulgaris*. Planta **22**, 614—643.

Zobl, K., 1944: Untersuchungen über die Widerstandsfähigkeit von Pilzsporen gegen feuchte und trockene Hitze sowie deren chemische Zusammensetzung, verbunden mit Untersuchungen über die Anwendung von Sulfonamide-hältigen Pilznährböden. Med. Inaug.-Diss. Würzburg.

— 1950: Über die Beziehungen zwischen chemischer Zusammensetzung von Pilzsporen und ihrem Verhalten gegen Erhitzen. Sydowia **4** (1/6), 175—184.

Zschokke, A., 1931: Sonnenbrand-, Hitzetod- und Austrocknungsschäden an Reben. Gartenbauwiss. **4**, 196—232.

Zukal, H., 1895/96: Morphologische und biologische Untersuchungen über die Flechten. S. B. Wien. Akad. Wiss., math.-nat. Kl., Abt. I, **104**, 529.

Namenverzeichnis

Sachverzeichnis

GPSR Compliance

The European Union's (EU) General Product Safety Regulation (GPSR) is a set of rules that requires consumer products to be safe and our obligations to ensure this.

If you have any concerns about our products, you can contact us on ProductSafety@springernature.com

In case Publisher is established outside the EU, the EU authorized representative is:

Springer Nature Customer Service Center GmbH
Europaplatz 3
69115 Heidelberg, Germany

Batch number: 10577878

Printed by Printforce, the Netherlands